20세기를 빛낸
과학의 천재들

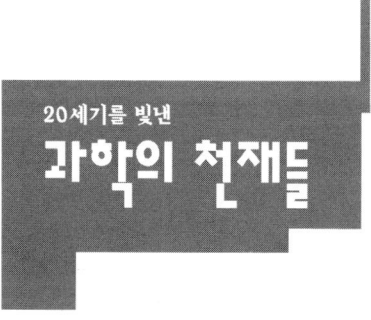

20세기를 빛낸
과학의 천재들

에이브러햄 파이스 지음. 이충호 옮김

사람과책

지은이 에이브러햄 파이스(Abraham Pais)

알베르트 아인슈타인과 닐스 보어의 전기를 쓴 작가로, 유명한 이론물리학자이기도 한 파이스는 록펠러대학의 데틀레브 W. 브롱크 물리학 석좌 교수이며, 1979년에는 오펜하이머 기념상을 수상했다. 그는 미국과학아카데미, 미국철학협회, 미국예술과학아카데미, 대외관계위원회의 회원이다.

옮긴이 이충호

서울대학교 사범대학에서 화학을 전공하고 인문대학에서 영문학을 부전공한 옮긴이는 젊은 시절 출판사에서 편집자로 경력을 쌓은 뒤 현재 과학 전문 번역가로 활동하고 있다. 주요 번역서로는 〈이야기 파라독스〉, 〈우주를 뒤흔든 7가지 과학 혁명〉, 〈최초의 인간 루시〉, 〈도도의 노래〉, 〈사이언스 오딧세이〉, 〈발명의 역사〉, 〈양자론〉 등이 있다.

The Genius of Science : A Portrait Gallery
by Abraham Pais

Copyright ⓒ Abraham Pais 2000
Korean language edition arranged with Oxford University Press through Shin Won Agency Co. Seoul.

Korean Translation Copyright ⓒ 2001 Human and Book publishing Co.

차례

전기 작가들에 대하여

Nemo igitur Vir Magnus sine aliquo adflatu divino umquam fuit.
(위대한 사람치고 신의 속성을 어느 정도 지니지 않은 사람은 없다.)

— 마르쿠스 툴리우스 키케로(Marcus Tullius Cicero),

『신에 관하여』 제2권, 167쪽.

1세기에 살았던 그리스의 플루타르코스(Plutarchos)는 흔히 전기 문학의 아버지라 불린다. 그리스인과 로마인을 한 명씩 짝을 지어 병렬식으로 서술한 46권짜리 『대비 열전』(흔히 '플루타르코스 영웅전'이라 부름)에서 그는 이야기와 일화, 분석과 드라마를 훌륭하게 조화시켰다. 초기의 전기 작가 중 기억할 만한 또 한 사람은 플루타르코스와 동시대인인 로마의 타키투스(Tacitus)로, 그는 장인의 생애를 그린 『아그리콜라의 생애』를 저술했다. 그렇게 아주 오래 되지 않은 작품 중에서 눈에 띄는 훌륭한 책으로는 16세기에 벤베누토 첼리니(Benvenuto Cellini)가 쓴 자서전을 꼽을 수 있다.

오늘날의 전기들은 영원히 끝날 것 같지 않은 방대한 분량의 책에서부터 이 사람 저 사람의 개인적인 이야기를 시시콜콜하게 담은 것에 이르기까지 종류가 다양하다. 개인의 시시콜콜한 이루어진 전기에도 그 선구자들이 있다. 16세기에 아베 피에르 드 브랑톰(Abbé Pierre de Brantôme)이 프랑스 궁정의 스캔들을 적나라하게 묘사한 『바람둥이 부인들(Dames Galantes)』과 17세기에 게데옹 탈망(Gédéon Tallemant)이 니농 드 랑클로(Ninon de L'Enclos)와 같은 여인들의 모험적인 연애담을 실은 『짤막한 이야기들(Historiettes)』을 그 예로 들 수 있다. 그렇지만 이 두 작품은 오늘날의 저속한 작품들과는 달리, 뛰어난 재치와 가벼운 필체, 적절한 언어 구사로 읽는 재미가 있다.

―――――◆―――――

영국의 초기 전기 작가 중에서 가장 유명한 사람은 제임스 보스웰(James Boswell)이다. 18세기에 쓰여진 그의 작품『새뮤얼 존슨의 생애』는 영어권에서 높이 평가받고 있다. 또, 존 로커트(John Lockhart)가 19세기에 쓴『월터 스콧의 생애』역시 보스웰 이후 영어로 쓰여진 전기 중 가장 탁월한 작품으로 평가받는다.

그 밖에 17세기에 친구들과의 잡담을 기록한『짧은 생애들』을 통해 짧은 전기를 완성시킨 존 오브리(John Aubrey)도 꼽을 수 있다. 이 작품은 도덕적인 교훈은 전혀 주지 않는 반면, 가끔은 스캔들로 비화하곤 했다. 왕립학회 최초의 회원 98명 중 한 명이었던 오브리는 뉴턴을 알았고, 또 셰익스피어의 작품을 아는 사람들을 알았다. 그의 문장의 날카로움은 구구절절이 폐부를 찌른다. 예를 들면, 그는 데카르트에 대해 이렇게 썼다. "그는 아주 현명한 남자였기 때문에 마누라를 두는 귀찮은 짓을 하지 않았다. 그러나 그도 남자였기 때문에 남자의 욕구와 식욕을 가지고 있었다. 그래서 그는 자기가 좋아하는 훌륭하고 잘생긴 여인을 곁에 두었다."

이러한 해학은 초기의 전기 사전들에서는 발견할 수 없다. 내가 알고 있는 최초의 전기 사전은 피에르 베일(Pierre Bayle)이 저술한『역사 비평 사전』으로, 그 첫 권은 1697년에 나왔다. 영국에서 나온 최초의 전기 사전은 버지니아 울프(Virginia Woolf)의 아버지로 유명한 레슬리 스티븐(Leslie Stephen)이 만든『영국 전기 사전』이다. 1885년에 나온 첫 권의 문체는 빅토리아풍의 진지함으로 가득 차 있고, 인간적인 통찰력은 결여하고 있다. 이전에는 말을 통해서만 표현할 수 있던 것들을 글로 인쇄할 수 있게 된 1950년대 이후에 출판된 이 사전의 보유편에서는 다소 형식에 얽매이지 않은 표현들을 발견할 수 있다.

과거의 대가들이 쓴 이러한 전기 작품들을 검토한 결과, 나는 이 책을 쓰는 데 알맞은 문체를 터득하게 되었다.

1970년, 유능한 편집장 찰스 콜스턴 질리스피(Charles Coulston Gillispie)의 책임하에 총 14권으로 이루어진(후에 보유편이 4권 추가됨) 『과학 전기 사전』의 첫 권이 나왔다. 각 항목마다 집필자가 다르기 때문에, 글들은 문체와 질에 차이가 있지만, 전체적으로는 고대부터 최근에 이르기까지의 과학자들에 대한 탁월하고도 꼭 필요한 정보들을 풍부하게 제공하며, 그와 함께 과학자들의 주요한 글과 사망 기사(이 사전에 실린 사람들은 모두 사망한 사람들이다)도 싣고 있다.

나는 이 책에 등장하는 인물들에 대한 생각을 정리할 때마다 맨 먼저 이 사전을 참고해 방향을 잡았다. 그러나 이렇게 얻은 정보는 내가 원하는 목적에 필요한 것이긴 했지만, 충분한 것은 못 되었다. 그 정보들은 그 사람이 무엇을 했는지는 알려주지만, 어떤 사람인가에 대해서는 알려주지 않기 때문이다.

『과학 전기 사전』의 서문에 나오는 것처럼, 사전에 실린 연구는 "과학자들의 **전문가적** 생애에 대한 기사라는 매체를 통해 과학사에 대해 신뢰할 수 있는 정보를 제공하기 위해 기획되었다…집필자들에게는 **과학적 업적**에 강조점을 두라고 요구했다…**개인적인** 전기는 의도적으로 최소한으로 다루었다…." (고딕체 부분은 내가 강조한 것임)

반면에, 나는 이 책에서 개인의 생애와 그 사람의 연구 업적을 혼합하여 제시하려고 한다. 다시 말해서, 나는 그 사람들에 대해 개인적으로 알고 있는 모든 것을 포함하여 그들의 생생한 삶을 보여주려고 한다. 물론 사람에 따라 개인적으로 내가 알고 있는 지식은 차이가 난다. 필자와 개인적인 친분의 정도 차이는 이 책에 등장하는 각 인물들에 할애된 지면에 차이를 가져온 주요 원인이 되었다. 결코 글의 분량이 그 사람들의 상대적 중요도를 나타내는 게 아니라는 점을 재삼 강조해두고자 한다. 사생활에 관한 한, 나는 그 사람의 침실까지 침입해 들어가는 데에는 흥미가 없다.

이 책에서 내가 묘사하는 과학자들의 초상화는 내가 이전에 저술한 책(알베르트 아인슈타인에 관한 두 권[1, 2]과 닐스 보어에 관한 한 권[3])과 같은 수준의 완전한 전기는 아니다. 최근에 나는 덴마크의 어느 백과 사전에 아인슈타인에 관한 글을 써달라는 청탁을 받고 수락한 바 있다. 물론 이전에 내가 쓴 책들을 활용하긴 했지만, 800페이지가 넘는 책의 내용을 2000단어로 압축해야 하는 어려운 작업이었다. 그래서 나 스스로 아인슈타인에 관한 핵심 내용을 뽑아낸 것으로 자부하는 그 덴마크어 원고를 영어로 번역하여 이 책에 포함시키는 것이 적절하다고 판단하였다. 마찬가지로, 1998년 유네스코 회의에서 내가 기조 연설로 발표한 보어에 대한 압축적인 스케치도 이 책에 포함시켰다.

이 책에 나오는 다른 사람들의 초상화는 거의 모두가 내가 방금 언급한 책들과 내 자서전[4]에 등장하는 사람들이다. 그 책들에서 그들은 조연으로 등장했지만, 이 책에서는 각자 주연으로 등장하며 합당한 대우를 받는다. 그들에 대해 이 책에서 쓴 글들은 대부분 이전에 내가 이야기하지 않았던 것이지만, 이전의 글과 반복되는 내용이 일부 포함되는 것은 불가피하다. 일부 전기들은 이전에 다른 곳에서 발표되었던 것을 가필한 것이지만, 절반 가량은 완전히 새로 쓴 것이다. 물론 나는 다른 사람들이 쓴 전기도 유용하게 활용했지만, 그것들을 모방하려고는 하지 않았다. 사실, 나는 다른 사람들과는 다른 전략을 택했다. 나는 힘들게 세부 묘사를 하는 대신에, 그 사람의 생애와 연구 업적에서 핵심적인 것만 강조하는 압축적인 방식을 추구했다.

자료를 수집하면서 여러 사람에게 받은 도움과 조언에 대해 이 자리를 빌려 고마움을 표시하고 싶다.

파이겐봄에 대해 : 밤늦게까지 많은 토론을 해준 파이겐봄 그 자신에게.

조스트에 대해 : 그의 미망인 발터 훈지커(Walter Hunziker)

크라메르스에 대해 : 그의 아들인 얀(Jan) ; 야프 괴드쿱(Jaap Goedkoop)

래비에 대해 : 촌시 오블링거(Chauncy G. Oblinger, Jr.)

위그너에 대해 : 그의 딸인 마사 위그너 업턴(Martha Wigner Upton) ; 프레더릭 세이츠(Frederick Seitz) ; 아서 와이트먼(Arthur Wightman)

윌렌베크에 대해 : 미망인인 엘세(Else) ; 아들인 오키(Ockie) ; 동생인 외헤니우스 마리우스(Eugenius Marius)

그리고 이 책을 준비하는 데 재정적인 도움을 준 A. P. 슬로언 재단에도 감사를 드린다.

이 원고를 타이핑해준 얀 마이르(Jan Maier)에게도 감사를 드린다.

언제나처럼 비평과 격려를 아끼지 않은 사랑하는 아내 아이다(Ida)에게도 큰 은혜를 입었다.

참고 문헌

1. A. Pais, *Subtle is the Lord*, Oxford University Press, Oxford and New York, 1982. 10개국어로 번역되었는데, 그 책들에 대한 자세한 참고 문헌은 다음 책에서 찾아볼 수 있다 : A. Pais, *A Tale of Two Continents*, chapter 31, refs. 15-24, Princeton University Press and Oxford University Press, 1997.

2. A. Pais, *Einstein Lived Here*, Oxford University Press, 1994. 번역서 : *Einstein woonde hier*, Bert Bakker, Amsterdam, 1995 ; *Einstein boede her*, Rhodos, Copenhagen, 1995 ; *Einstein è vissuto qui*, Boringhieri, Turin, 1995 ; *Ich vertraue auf Intuition*, Spektrum, Heidelberg, 1995 ; *Einstein viveu aqui*, Gradiva, Lisbon, 1996.

3. A. Pais, *Niels Bohr's Times*, Oxford University Press, 1991. 번역서 : *Il Danese tranquillo*, Boringhieri, Torino, 1993 ; *Niels Bohr og hans tid*, Spektrum, Copenhagen, 1994.

4. A. Pais, *A Tale of Two Continents*(ref. 1).

1960년대 초, 덴마크 티스빌데의 시골 집에 앉아 있는 닐스 보어

닐스 보어*

서론

윈스턴 처칠(Winston Churchill)은 『영어를 말하는 민족들의 역사』 제1권에서 이렇게 썼다.

늘 언급되는 긴 기간들을 우리의 짧은 생애의 경험에 계속 연관시키지 않고서는 역사를 제대로 이해할 수 없다. 5년은 상당한 기간이다. 20년은 지평선이고 …50년은 태고의 시간이다.

이 말은 닐스 보어가 살아간 시대를 적절하게 묘사하고 있다. 그의 생애는 과학 자체에 일어난 혁명적 변화들뿐만 아니라 사회에도 극적인 변화가 일어난 시대에 걸쳐 있었기 때문이다. 첫 번째 예로 몇 년 전에 유네스코 사무총장 페더리코 메이어(Federico Mayor)가 쓴 글을 살펴보자.

1988년 10월, 아마도 인류 역사상 처음으로, 그것이 우리 종에 부과하는 엄청난 위험 때문에 어마어마한 위력을 지닌 파괴 무기가 해체되었다.[1]

이것을 보어가 태어나던 시절의 상황과 비교해보자. 그 때에는 선을 위한 것이건 악을 위한 것이건, 원자력의 응용이란 저 멀리 지평선 너머로도 보이지 않았다. 원자에 대한 연구가 막 시작되고 있었지만, 원자의 실체는 여전히 논란의 대상이었으며, 원자핵은 발견되지 않고 있었다. 이 모든 것이 보어의 생애 동안에 변했는데, 그 변화 중 많은 것에 보어 자신이 큰 영향을 미쳤다. 그는 원자들이 어떻게 결합되는지 최초로 이해한 사람이었

---

* 1998년 5월 27일, 파리의 유네스코 건물에서 열린 '닐스 보어와 20세기 물리학의 발전' 이란 회의에서 한 기조 연설.

고, 원자핵 이론의 발달에 선구적인 역할을 했으며, 자신의 연구소에서 핵의학이 탄생하는 데 큰 영향을 미쳤다. 그는 또한 주요 정치 지도자들에게 동서 상호간의 개방적 태도의 필요성을 최초로 촉구한 사람이기도 했다. 개방적 태도는 제2차 세계 대전 기간과 그 후에 개발된 가공할 신무기의 출현으로 더욱 절실해졌다. 기회가 닿을 때마다 보어는 개방성이야말로 정치적 세계의 안정에 필수적이라고 강조했다.

물질의 구조에 관한 새로운 발견과 인식보다 훨씬 중요한 것은 같은 기간에 발견된 새로운 물리 법칙들이다. 그 중 핵심 개념이 상대성 이론과 양자론이다. 보어는 양자론의 현상을 이해하기 위해 물리학의 철학적 기초를 어떻게 수정해야 하는지 명확하게 밝혀준 주요 인물이다.

보어의 과학적 유산을 개략적으로 살펴본 후에 보어의 개인적인 측면과 과학자로서의 활동을 살펴보기로 하자.

1957년 10월 24일 아침, 로버트 오펜하이머(Robert Oppenheimer)와 나는 기차를 타고 프린스턴에서 워싱턴으로 향했다. 우리는 미국과학아카데미의 대회의장으로 가고 있었다. 그 날 오후, 그 곳에서는 제1회 '평화를 위한 원자상'을 닐스 보어에게 수여하기로 되어 있었다. 그것은 축제 같은 즐거운 사건이었다. 제임스 킬리언(James Killian)이 낭독한 수상 이유를 인용해보자.

닐스 헨드릭 다비드 보어(Niels Hendrik David Bohr), 당신은 전공 분야인 물리학에서 원자의 구조를 탐구하고, 자연의 많은 비밀들을 풀었습니다. 당신은 물질과 에너지를 더 잘 이해할 수 있는 기초를 제공했습니다. 그리고 이 지식을 실용적으로 이용하는 데 기여했습니다. 과학자들의 지적, 정신적 중심지의 역할을 해온 코펜하겐의 이론물리학연구소에서 당신은 전세계 각지에서 온 과학자들에게 원자 현상에 관한 인간의 지식을 확장시킬 수 있는 기회를 제공했습니다. 이들 과학자는 당신의 연구소에서 단지 과학적 이해만을 습득한 것이 아니라, 과학 지식의 적절한 사용에 적극적인 관심을 가져야 한다는 인도적 정신까지도 배웠습니다.

공식적인 발표와 세상과의 접촉을 통해 당신은 원자력의 평화적 이용을 옹호하는 데 위대한 도덕적 영향력을 발휘했습니다.

자신의 직업과 가르침과 공적인 생활을 통해 당신은 과학과 인문학이 실제로는 단일 영역이라는 것을 보여주었습니다. 모든 활동에서 당신은 모범적으로 겸손과 지혜, 인도주의와 지적인 탁월함을 보여주었기에 평화를 위한 원자상을 수여하는 바입니다.

그런 다음, 킬리언은 보어에게 상(금메달과 75,000달러짜리 수표)을 수여했는데, 옆에서 아이젠하워 대통령이 미소를 지으며 바라보고 있었다.[2] 짧은 연설을 통해 보어는 국제적인 이해의 필요성을 강조했다. "우리 시대의 과학과 기술의 급속한 발전은…문명에 가장 심각한 도전을 제기하고 있습니다. 이 도전에 맞서기 위한…그 길은 전세계적인 협력을 촉구하고 있습니다."

그 다음에는 대통령이 보어를 치하하는 연설을 했다. 그는 보어를 "그의 마음은 원자의 내부 구조의 미스터리를 탐구하고, 그의 정신은 인간의 가장 깊은 마음 속까지 파고 들어간 위대한 사람"[3]이라고 불렀다.

킬리언의 연설은 보어만이 지닌 뛰어난 특성들을 웅변적으로 묘사하고 있다. 즉, 과학의 창조자, 과학 스승, 과학 자체뿐만 아니라 공동의 선(善)을 위한 잠재적인 원천으로서의 과학의 대변자로서 말이다.

창조자로서의 그는 20세기의 특별한 사고 방식인 양자물리학의 탄생에서 빼놓고 생각할 수 없는 세 사람 가운데 하나이다. 세 사람을 시대순으로 나열하면, 첫 번째는 혁명가로서의 자신의 역할을 썩 내켜하지 않은 양자론의 창시자, 막스 플랑크(Max Planck)이다. 플랑크는 자신의 양자 법칙이 고전물리학에 종말을 가져온다는 사실을 바로 깨닫지 못했다. 두 번째 인물은 빛의 양자인 광양자를 발견하고, 고체의 양자론을 창시한 알베르트 아인슈타인이다. 아인슈타인은 고전물리학이 한계에 이르렀다는 사실을 즉시 깨달았지만, 그것을 결코 마음 편하게 받아들이지는 못했다. 세 번째 인물이 물질 구조에 대한 양자론을 창시한 보어인데, 보어 역시 자신의 이론이 신성한 고전물리학의 개념들과 어긋난다는 사실을 즉시 깨달았지만, 고전물리학과 새로운 물리학을 연결해줄 수 있는 것을 찾는 데 착수하여 대응 원리를 개발해 성공을 거두었다.

세 사람의 성격은 아주 대조적이었다. 대학에서 강의를 하고, 많은 박사들을 배출하면서 평생을 보낸 플랑크는 어느 모로 보나 전통적인 대학 교수의 면모를 지니고 있었다. 아인슈타인은 고독한 적은 거의 없었으나 대개 혼자서 지냈고, 강의를 별로 좋아하지 않았으며, 박사 학위도 한 번도 준 적이 없었다. 그는 쉽게 가까워질 수 있지만 여전히 멀게 느껴지고, 친절하지만 거리감을 느끼게 하는 인물이었다. 보어는 자신의 생각을 명확하게 하기 위해 항상 다른 물리학자들, 그 중에서도 특히 젊은이들의 도움을 필요로 했다. 그러면서 다른 물리학자들을 기꺼이 도와주었으며, 학생을 가르치는 교수나 박사 학위의 심사 위원이라기보다는 박사 학위 후 연구 과정이나 연구원으로 일하는 많은 사람들에게 영감을 주며 이끌어주었고, 필자를 비롯해 여러 세대의 물리학자들에게 특별한 아버지와 같은 역할을 한 인물이었다.

보어의 연구와 가르침, 정치 분야에서 기울인 그의 노력, 그리고 동시대의 중요한 인물들과의 관계, 이것들은 이 글에서 중요한 주제로 다루어질 것이다. 그러나 그 밖에도 중요한 것들이 더 있다. 보어는 철학자, 행정가, 기금 모금인, 생물학에 물리학을 응용하도록 촉진시킨 촉매자, 정치적 망명자들을 도운 사람, 덴마크의 원자력 연구 계획뿐만 아니라 국제 물리학 연구 단체들의 공동 설립자, 그리고 마지막으로 가정에 헌신한 인물이었다. 한 개인이 어떻게 이렇게 풍부하고도 헌신적인 역할을 다 해낼 수 있었는지 의아스러울 정도이다.

보어의 활동 폭은 아주 넓었으며, 자기에게 주어진 일에 집중하는 강도 역시 매우 높았다. 그를 아는 사람이면 누구나 그의 엄청난 집중력을 알고 있다. 종종 그를 바라보는 것만으로도 그것을 알 수 있을 정도이다. 이것을 설명해주는 재미있는 일화가 있다.

보어의 이모인 한나 아들러(Hanna Adler)는 코펜하겐에서 보어의 어머니와 그 두 아들, 하랄과 닐스와 함께 전차를 탔던 이야기를 내게 들려주었다. 두 아이는 어머니가 들려주는 이야기를 듣느라고 어머니의 입에서 눈

길을 떼지 않았다. 그런데 두 아이가 어머니의 이야기에 열중하는 것이 사람들에게 이상하게 보일 정도로 도가 지나쳤던 모양이다. 전차에 타고 있던 한 여인이 옆사람에게 "저 엄만 참 불쌍하군." 하고 속삭이는 것을 하나가 들었기 때문이다.

보어에 대한 회고담이나 전기를 읽은 사람들이 그의 생애는 사실이라고 믿기 힘들 정도로 너무나 훌륭하다고 말하는 것을 나는 자주 듣는다. 나 역시 그의 생애는 아주 훌륭한 것이었으며, 그는 행복을 줄 능력과 받을 능력을 모두 지닌 사람이었다고 생각한다. 그러나 나는 그가 싸움이나 야망, 실망, 개인적인 비극과는 거리가 먼, 천사 같은 인물이라고는 생각지 않는다.

그래서 그에 대한 내 개인적인 기억을 몇 가지 소개하고자 한다.

━━━━◆━━━━

1946년 1월, 나는 처음으로 조국 네덜란드를 떠나 코펜하겐에 도착했다. 나는 장기간의 연구를 목적으로 외국에서 보어의 연구소에 온 전후 세대 최초의 학생이기도 했다. 도착 다음 날 아침, 비서인 베티 슐츠 여사를 만나자, 그녀는 내게 서재에서 기다리라고 했다. 보어 교수가 시간이 나면 나를 불러주겠다고 했다. 거기서 한참 동안 책을 보고 있는데, 누군가 문을 두드렸다. 내가 들어오라고 하자, 문이 열렸다. 그 사람은 보어였다. 첫인상은 아주 우울해보이는 얼굴이었다.

보어는 곧 말을 시작했다.

세월이 지난 후 나는 종종 그 첫인상이 기묘하게 느껴지곤 했다. 그 첫인상은 그 날 아침 보어가 말을 하기 시작하는 순간에 싹 사라져버렸고, 그 후로는 다시는 그러한 인상을 받지 못했다. 사실, 보어의 외모는 아주 침울하고 거칠어보인다고 묘사하는 게 옳을 것이다. 그렇지만 그를 아는 모든 사람들은 그의 얼굴을 생기가 넘치고, 따뜻하고 환한 미소를 띠고 있는 것으로 기억하고 있다.

바로 그 때, 나는 보어와 물리학에 대해 이야기를 나눌 수 있는 첫 기회를 얻었다. 나는 양자전기역학의 문제점에 대해 이야기했다. 나는 네덜란드에서 숨어 지내는 동안에 그것에 대해 연구했다. 내가 이야기하는 동안 보어는 파이프 담배를 피웠다. 그는 거의 줄곧 마루를 바라보고 있었고, 내가 열정적으로 여러 가지 공식들을 적어가는 칠판은 이따금씩 홀끗 쳐다볼 뿐이었다. 내가 이야기를 끝내자, 보어는 별로 말을 많이 하지 않았다. 나는 내가 이야기한 주제에 대해 보어가 별로 관심을 보이지 않는다는 인상을 받고 낙담했다. 나는 그 당시에 그를 충분히 알지 못했기 때문에, 사실은 그렇지 않다는 것을 알지 못했다. 나중이었다면 내 이야기가 아주 흥미롭다거나 자기가 생각했던 것보다 우리의 의견이 일치한다는 말을 보어가 전혀 하지 않았다는 사실에서 나는 보어가 큰 흥미를 느꼈다는 것을 즉각 알아챘을 것이다. 그러한 의례적인 칭찬은 자기가 들은 것을 믿을 수 없다고 표현할 때 보어가 즐겨 쓰는 방식이었다.

실제로 보어는 내 이야기에 아주 큰 흥미를 느꼈다. 5월의 어느 날, 보어는 다음 달부터 매일 자기와 함께 일하지 않겠느냐고 물었다. 나는 흥분하여 그 제의를 받아들였다. 그 다음 날 아침, 나는 칼스버그로 갔다. 보어가 내게 맨 먼저 한 말은, 자신이 딜레탕트(아마추어 애호가)라는 것을 내가 이해해야만 자신과 일하는 것이 도움이 될 것이라고 했다. 예기치 못한 이 발언에 내가 보일 수 있는 반응은 믿을 수 없다는 정중한 미소뿐이었다. 그러나 보어는 진지하게 그 말을 한 것이 분명했다. 그는 모든 새로운 의문에 대해 자신이 어떻게 완전한 무지의 출발점에서 접근해야 했는지 설명해주었다. 보어의 강점은 박학다식보다는 뛰어난 직관과 통찰력에 있다고 말하는 것이 옳을 것이다. 몇 년 뒤, 프린스턴대학에서 열린 세미나에서 그의 옆자리에 앉게 되었을 때, 그가 했던 말이 생각난다. 세미나의 주제는 원자 이성질체에 관한 것이었다. 발표자가 강의를 계속해나가자, 보어는 점점 참지 못하게 되어 저 사람의 주장은 완전히 잘못된 것이라고 내게 속삭였다. 마침내 그는 더 이상 참지 못하고, 이의를 제기하려고 했다. 그러나 몸을 반쯤 일으키다말고 보어는 다시 주저앉고 말았다. 그리고는 당혹스러운 표정을 지으며 내게 "이성질체가 뭐야?" 하고 물었다.

내가 맨 처음 맡은 일은 1946년 7월에 영국 케임브리지대학에서 열릴 소립자국제회의에서 보어가 할 기조 연설을 준비하는 것이었다. 우리가 함께 일한 초기에 나는 보어가 생각하는 방향을 제대로 파악하지 못했고, 그래서 자주 당혹해한 것이 사실이다. 예를 들면, 나는 1926년에 에어빈 슈뢰딩거(Erwin Schrödinger)가 양자역학의 확률론적 해석을 들었을 때 엄청난 충격을 받았다는 말이나, 또 겉보기에는 주제와 아무 상관도 없어보이는, 1927년에 아인슈타인이 제기한 이의에 대해 언급하는 것이 무슨 의미가 있는지 알지 못했다. 그러나 안개가 걷히기까지는 그리 오랜 시간이 걸리지 않았다. 나는 보어가 주장하는 것의 실마리뿐만 아니라, 그 목적까지도 이해하기 시작했다. 운동 선수들이 경기장에 들어서기 전에 몸을 푸는 것처럼, 보어는 양자역학이 많은 과학자들에게 이해되고 받아들여지기 전에 일어났던 논쟁을 되살리고자 했던 것이다. 보어의 마음 속에서 그 논쟁은 매일 새롭게 시작되었다고 말할 수 있다. 아인슈타인은 영원한 정신적 스파링 파트너로 등장했다. 심지어는 아인슈타인이 죽고 나서도 보어는 마치 그가 여전히 살아 있는 것처럼 논쟁을 하려고 했다.

그 후 보어 가족이 티스빌데에 있는 여름 별장으로 갈 때, 나도 그 곳에서 함께 지내면서 연구를 계속하자는 초대를 받았다. 그것은 아주 멋진 경험이었다. 하루 중 상당 시간은 땅 위에 쳐놓은 천막에서 연구를 하며 보냈다. 거기서 지내는 동안 보어의 아들인 아게 보어(Aage Bohr)도 함께 참여했다. 오후에는 수영을 했고, 밤에도 종종 연구를 계속했다. 아게와 내가 잠자리에 든 후에도 가끔 보어는 구두와 양말을 신은 채 들어와, 막 떠오른 생각을 우리에게 말하면서 한 시간 가량이나 계속 이야기하곤 했다.

연구에 몰두하지 않는 밤은 가족들과 함께 즐기며 보냈는데, 보어는 가끔 좋아하는 시를 낭송하곤 했다. 그는 특히 쉴러가 지은 시에서 다음 구절을 인용하길 좋아했다.

···Wer etwas Treffliches leisten will,
Hätt' gern etwas Grosses geboren,
Der sammle still und unerschlafft
Im kleinsten Punkte die höchste Kraft.

이것은 다음과 같이 번역되었다.[4]

Ah! he would achieve the fair,
Or sow the embryo of the great,
Must hoard—to wait the ripening hour—
In the least point the loftiest power.

(아! 미인을 취하려고 하거나
훌륭한 씨를 뿌리려고 하는 자는
저장해야만 한다—적절한 시기를 기다리기 위해—
최소한의 점에 가장 높은 힘을.)

자신이 행한 크고 작은 모든 일에서와 마찬가지로, 보어는 자신의 모든 것을 그 속에 몰입시킬 수 있었고, 그 점이 얼마나 작으며, 그 힘이 얼마나 높은지 아름답게 전달할 수 있었다.

보어는 지칠 줄 모르는 일벌레였다. 토론 도중에 휴식이 필요하다 싶으면, 그는 밖으로 나가서 잡초를 뽑곤 했는데, 그것도 아주 격렬한 기세로 뽑았다. 여기서 나는 파이프 애연가로서의 보어에 대한 전설을 하나 더 소개하고자 한다. 보어가 파이프에 담배를 채우는 동작과 거기에 불을 붙이는 동작이 종종 뒤바뀌곤 했다는 것은 잘 알려져 있지만, 다음 이야기는 그것보다 좀더 심한 것이다. 어느 날, 보어는 파이프를 입에 문 채 잡초를 뽑고 있었다. 그런데 담배를 담는 통 부분이 파이프에서 떨어져 나가고 말았는데, 보어는 그것을 전혀 눈치채지 못하고 있었다. 아게와 나는 풀밭에서 어슬렁거리면서 그 다음에 일어날 일을 기대하고 있었다. 그 다음 순간, 사색에 잠긴 표정으로 성냥불을 착 그어 파이프에 붙이려고 하다가 담배통이 사라진 것을 보고 깜짝 놀라던 보어의 그 표정이 잊혀지지 않는다.

보어는 자신의 논문을 글로 옮기는 데 상당한 노력과 주의를 기울였다. 그러나 펜이나 분필을 손에 쥐고 글을 쓰는 물리적 행동은 그에게는 몹시 이질적인 것이었다. 그는 말로 구술하기를 좋아했다. 그가 글을 쓰는 것을 실제로 볼 수 있는 기회는 몇 번밖에 되지 않았는데, 한번은 내 평생 본 것 중에서 가장 놀라운 필체를 보여주었다.

그것은 티스빌데의 천막에서 보낸 여름에 일어났다. 그 때, 우리는 뉴턴

탄생 300주년을 기념하여 보어가 할 연설문에 대해 논의하고 있었다. 보어는 칠판 앞에 서서(그가 있는 곳이면 항상 근처에 칠판이 있었다) 논의할 일부 주제들을 적었다. 그 중 하나는 무엇인가의 조화에 관한 것이었다. 그래서 보어는 'harmony(조화)'라는 단어를 썼는데, 그것은 이런 모양이었다.

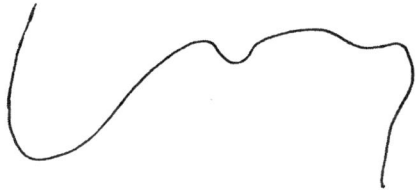

그러나 토론이 진행되면서 보어는 '조화'라는 단어에 불만을 느끼게 되었다. 그는 초조하게 왔다갔다했다. 그러다가 얼굴이 환히 펴지면서 멈춰섰다. "됐어. 조화라는 단어를 균일성(uniformity)이라는 단어로 바꾸자." 그리고는 분필을 집어들고 칠판에 써놓은 글을 잠깐 바라보더니 거기서 딱 한 가지만 변화시켰다.

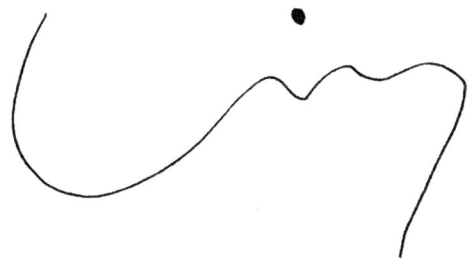

의기양양하게 분필로 칠판에 꽝 하고 점을 하나 찍는 것으로 말이다.

1946년 가을에 보어와 나는 프린스턴대학에 머물고 있었는데, 거기서 나는 그의 강의 준비를 도와주었다. 보어는 훌륭한 대중적인 연설가는 못되었지만, 가장 명료한 사고를 지닌 사람이었다. 보어는 목소리가 작은 편이어서 큰 강당의 뒤에서는 그의 목소리가 제대로 들리지 않았다. 그러나 대중적인 연설가가 못 된 주된 이유는 그 때문이 아니었다. 말을 하면서 깊은 생각에 빠지곤 했기 때문이다. 그 날 강의에서도 보어는 한 부분의 결론을 내리면서 이렇게 말했다. "And…and," 그리고는 잠시 침묵이 흐르더니 다시 "But…" 하고 이야기를 시작했다. 'and'와 'but' 사이의 내용은 그의 마음 속에서 스쳐지나갔다. 그러나 보어는 그것을 입 밖으로 말하는 것을 잊어버리고는 그 다음의 이야기를 계속했던 것이다. 그렇지만 나는 보어가 건너뛴 틈을 어떻게 메워야 하는지 정확하게 알고 있었으므로, 그의 이야기는 연속적인 것으로 들렸다. 보어는 강의를 자세하게 하려고 엄청난 노력을 기울였지만, 청중들이 약간 어리둥절한 상태로 떠나는 것을 본 적이 한두 번이 아니다. 강의가 끝난 후에 보어가 내게 와서 "참고 들을 만한 것이었어야 하는데…."라고 반응을 물어보면, 나는 선생님의 생각보다는 훨씬 나았다고 말해주곤 했다. 언어 구사에 이러한 약점이 있었음에도 불구하고, 진리를 향한 불굴의 투지는 영감을 불러일으키는 강력한 원천이 되었다.

아인슈타인이 보어에게 얼마나 큰 영향력을 미쳤는지 내가 직접 목격한 일이 있는데, 그것은 1948년, 프린스턴대학의 고등학술연구소에 머물 때의 일이다. 그 당시에 보어는 잠시 동안 방문 교수로 그 곳에 와 있었고, 나는 정식 교수로 근무하고 있었다. 하루는 보어가 내 연구실로 왔다. 그는 몹시 분노한 절망 상태였고, 몇 번이나 "나 자신이 싫어."라고 말했다. 나는 가만 있을 수 없어 무슨 일이 있었는지 물어보았다. 그는 좀전에 아래층에서 아인슈타인을 만나고 왔다고 했다. 언제나처럼 그들은 양자역학의 의미를 놓고 논쟁을 벌였다. 그리고 끝까지 그러했지만, 보어는 아인슈타인을 설득시킬 수 없었다. 아인슈타인이 자신의 견해에 동의하지 않는 것에 보어는 큰 좌절을 느꼈다. 그렇지만 이것은 보어로 하여금 양자역학을 좀더 명확하고 훌륭하게 기술하도록 자극했다는 점에서 우리에게는 행운이며, 또한 보어 자신에게도 행운이었다.

하루는 보어가 내 연구실에 들어오더니 "Du er så klog(자넨 참 똑똑해)…."라고 말했다. 나는 웃음을 터뜨리면서(그와는 어떤 격식도 필요 없었다) "알았어요."라고 말했다. 보어는 내가 자기 연구실로 와 함께 이야기하기를 원했던 것이다. 그래서 우리는 보어의 연구실로 갔는데, 그 때 마침 보어는 풀드 홀(Fuld Hall)에 있는 아인슈타인의 연구실을 사용하고 있었다. 아인슈타인은 그 옆에 붙어 있는 조수의 작은 방을 사용했다. 아인슈타인은 큰 방을 싫어했고, 사실 그 방은 거의 사용하지도 않고 있었다. 방에 들어간 뒤, 보어는 내게 앉으라고 말하고는("좌표계에는 항상 원점이 있어야 해."), 방 한가운데에 놓여 있던 직사각형 테이블 주위를 거칠게 돌기 시작했다. 그는 내게 자기 입에서 나오는 문장들을 좀 적어달라고 부탁했다. 그러는 동안에 보어가 완전한 문장을 말하는 경우는 거의 없었다. 그는 종종 단어 하나에 매달려 한참 고민하다가 그 다음에 계속되는 단어를 찾아내곤 했다. 그러한 하나의 과정은 몇 분 동안이나 걸리곤 했다. 그 때, 보어가 내뱉은 단어는 '아인슈타인' 이었다. 보어는 테이블 주위를 거의 뛰다시피 돌면서 "아인슈타인…아인슈타인…"을 반복하고 있었다. 그를 잘 모르는 사람에겐 정말 기묘한 광경이었을 것이다. 잠시 후, 그는 창가로 걸어가 밖을 내다보면서 가끔 "아인슈타인…아인슈타인…" 하고 계속 말했다.

바로 그 순간, 문이 살짝 열리더니 아인슈타인이 발끝으로 살금살금 걸어들어왔다. 그는 개구쟁이 같은 미소를 띠고 손가락을 입에 갖다대면서 내게 조용히 하라고 했다. 그 무렵, 아인슈타인은 의사로부터 담배를 사 피우지 말라는 지시를 받고 있었다. 그렇지만 의사가 아인슈타인에게 담배를 훔치지 말라는 지시는 하지 않았기 때문에, 그는 지금 몰래 담배를 훔치려고 들어온 것이었다. 그는 계속 발끝으로 살금살금 걸으면서 내가 앉아 있는 테이블 위에 놓여 있던 보어의 담배 상자를 향해 갔다. 보어는 아무것도 모르고 여전히 창가에 서서 "아인슈타인…아인슈타인…"을 중얼거리고 있었다. 나는 어떻게 해야 할지 난감했다. 특히, 그 때 아인슈타인이 도대체 무얼 하려는 것인지 전혀 몰랐기 때문에 더더욱 그랬다.

그 때, 보어가 "아인슈타인!" 하고 크게 말하면서 휙 돌아섰다. 그러자 마치 보어가 마술을 써서 그를 불러낸 것처럼 두 사람이 서로 마주 보고 섰다. 보어는 잠시 동안 멍하니 말을 잊고 서 있었다. 그 모든 상황을 지켜본 나 자신도 잠시 동안 기괴한 느낌이 들었을 정도이니, 보어의 반응은 충분히 이해할 수 있다. 그렇지만 잠시 후 아인슈타인이 자신이 이 방에 들어온 목적을 이야기해주자, 마술의 비밀은 밝혀졌고, 우리는 모두 폭소를 터뜨렸다.

내가 보어와 가장 가깝게 지낸 시절은 지금까지 이야기한 기간들이다. 그 후로도 나는 덴마크나 미국에서 그를 자주 보았지만, 조금이라도 오랫동안 그와 함께 지낸 적은 없다.

1961년 가을, 우리는 벨기에의 브뤼셀에서 열린 솔베이 회의에 참석했다. 그 해는 제1회 솔베이 회의가 열린 지 50주년 되는 해였으며, 보어는 그 동안에 일어난 발전을 설명하는 매력적이고도 흥미로운 연설[5]을 했다. 그는 그 회의에서 내가 발표하는 보고에 참석했고, 그 후 우리는 복도를 걸어가면서 입자물리학의 미래에 대해 이야기를 나누었다. 그것이 그와 대화를 나눈 마지막 기회가 되었다.

집안 배경과 어린 시절

닐스 보어는 상류층 집안에서 태어났다. 아버지는 코펜하겐대학의 생리학 교수로, 1905~1906년에 학장을 지냈고, 노벨 생리학 및 의학상 후보로 두 차례나 추천되기도 했다. 어머니는 은행업을 하는 유태인 가문 출신이었다. 그녀의 아버지는 덴마크에서 주요한 두 은행의 공동 설립자였고, 국회의원이기도 했다. 닐스 보어는 1885년 10월 7일, 코펜하겐에서 가장 아름다운 맨션 중 하나인 베드 스트란덴 14번가(그 당시 외할아버지의 집)에서 태어났다. 닐스 위로는 누나인 예니가 있었고, 밑으로는 남동생 하랄이 있었는데, 하랄은 훗날 유명한 수학자가 된다. 어린 시절의 닐스를 기억하는 사람이라면, 매우 친밀하고 조화롭고 자극적인 가족을 떠올린다.[6] 두 형제를 보았을 때, 나는 누구나 하랄의 얼굴에서 유태인 조상의 특징을 약간 발견할 수 있을 것이라는 생각이 들었다(그러나 보어에게서는 그러한 특징을 발견할 수 없다). 닐스가 태어나고 나서 얼마 후, 보어 가족은 브레드가데 62번지에 있는 교수 아파트로 이사했으며, 닐스는 박사 학위를 받을 때까지 그 곳에서 살았다.

학창 시절에 닐스는 키가 컸고 곰처럼 튼튼했다. 청소년기에 그는 가끔 급우를 두들겨패곤 했다. 학교 성적은 좋은 편이었으나, 큰 포부는 없었다. 일찍부터 닐스는 수학과 물리학에 특별한 재능을 보였으며, 외국어는 별로였지만, 덴마크어는 아주 잘 했다. 체육은 가장 잘 하는 축에 들었으며, 특히 축구를 잘 했다. 동생은 축구를 더 잘 해, 1908년 올림픽에서 덴마크 국가 대표 선수로 참가하여 은메달을 땄다.

보어와 축구에 관한 재미있는 일화가 있다. 코펜하겐대학의 교수로 임명된 보어는 덴마크의 관습에 따라 왕을 알현하게 돼 있었다. 모닝코트와 흰 장갑을 착용해야 했고, 왕과 악수를 하는 동안에는 장갑을 벗지 못하는 것이 궁중 관습이었다. 보어는 다소 뻣뻣한 군인 기질이 있는 크리스티안 10세를 알현하였다. 나는 믿을 만한 사람으로부터 그 때 일어난 일을 전해들었다. 소개가 끝난 뒤에 왕은 유명한 축구 선수 보어를 만나게 되어 기쁘다고 말했다. 그러자 보어는 "전하는 지금 제 동생과 저를 착각하신 것 같습니다."라는 뜻의 말을 했다고 한다. 그러자 왕은 화들짝 놀랐다. 공식 알현 석상에서는 왕의 말에 이의를 제기하지 않는 것이 궁중의 법도였기 때문이다. 그래서 크리스티안 10세는 다시 "유명한 축구 선수 보어…"라고 말을 시작했다. 그러자 보어는 매우 기분이 언짢아져서 자기가 축구 선수인 것은 사실이지만, 유명한 축구 선수는 자기 동생이라고 대답했다. 그러자 왕은 "Audiensen er forbi.(알현은 끝났노라.)"라고 말했고, 보어는 관습에 따라 뒷걸음치면서 그 자리를 물러났다.

1903년, 보어는 코펜하겐대학에 입학했다. 그는 물리학을 전공으로 택하고, 천문학, 화학, 수학을 부전공으로 공부했다. 그의 화학 교수는 유리 기구를 깨뜨리는 것만큼은 보어가 타의 추종을 불허했다고 말했다. 어느 날 실험실에 폭발이 일어났을 때, 그는 "오, 저건 분명히 보어가 한 짓일 거야."라고 중얼거렸다고 한다.[7]

보어가 최초로 발표한 과학 논문은 자신이 한 몇 가지 훌륭한 물리학 실험을 설명한 것이었다. 그 실험들을 하기 위해 보어는 어려운 문제를 해결하지 않으면 안 되었다. 그가 다니던 대학에는 물리학 실험실이 없었기 때문에 보어는 아버지의 생리학 실험실에서 그 실험을 했다. 그는 그 결과 논문[8]을 동생인 하랄에게 구술하여 받아쓰게 했는데, 이 때부터 자신이 한 연구에 대한 논문을 다른 사람에게 쓰게 하는, 평생 동안 계속되는 습관이 시작되었다.

1910년에 보어는 석사 학위를 땄고, 1911년 5월에는 공개석상에서 전통적인 흰색 넥타이와 연미복을 입고서 자신의 박사 학위 논문을 변론하였다. 한 신문에서는 거기에 참석한 사람들 중 대다수는 축구 선수들이었다고 언급했다.

그 논문의 제목은 '금속의 전자 이론에 대한 연구'[9]였다. 그것은 로렌츠(Lorentz)가 시작한 고전 이론을 확장시킨 것이었다. 여기서 특히 흥미를 끄는 것은 홀 효과(Hall effect : 전류가 흐르는 도체에 직각 방향으로 자기장을 가하면, 전류와 자기장의 직각 방향으로 전위차가 발생하는 현상—역주)와 관련된 일부 역설을 '고전적으로' 설명하려고 한 시도가 실패할 수밖에 없었다는 것이다.

현재의 전자 이론 발전 단계에서는 이 이론으로 물체의 자기 성질을 설명하는 것이 가능하다고 보이지 않는다.

이러한 경험은 보어에게 기존의 영역들을 넘어서서 양자물리학의 미스터리를 향해 나아가게 하는 자극이 되었는지도 모른다.

1911년은 보어의 생애에서 첫 번째 단계가 끝나는 한편, 두 번째 단계가 시작된 해였다고 말할 수 있다. 1909년에 보어는 장차 자신의 아내가 될 마르그레테 노를룬드(Margrethe Norlund)를 만났다. 두 사람은 1912년 8월 1일에 결혼했다. 닐스와 마르그레테의 만남을 가장 멋지게 표현한 말은 닐스가 사망한 직후에 수십 년 동안 보어의 친구로 지내온 리처드 커랜트(Richard Courant)가 한 것이다.

어떤 사람들은 닐스를 그렇게 큰 성공으로 이끈 행운의 조건들이 무엇이었느냐를 놓고 많은 추측을 해왔습니다. 나는 그의 삶을 구성하는 요소들은 결코 우연의 문제가 아니라, 그 자신의 성격 구조에 깊이 뿌리박고 있었다고 생각합니다…. 그의 모든 과학적 활동과 개인적 활동을 가능하게 하고 조화롭게 하는 데 결정적인 역할을 한 아내를 젊은 시절에 찾도록 그를 이끈 것은 운이 아니라 바로 깊은 통찰력이었습니다.[10]

나는 마르그레테를 잘 알 수 있는 특권을 누렸다. 그녀는 아주 매력적이고도 강인한 여자였다.

원자의 아버지, 보어

1911년, 보어는 칼스버그 재단에 다음과 같은 편지를 보냈다.

"외람되게도 본인은 해외의 대학들에서 1년간의 연구를 위해 2500크로네의 장학금을 요청하는 바입니다." 이 액수는 하찮아 보이지만, 그 이후 덴마크의 크로네가 약 40배나 평가 절하되었다는 점을 감안해야 한다. 더 놀라운 것은, 어떤 이력서나 연구 계획도 첨부되지 않았다는 사실이다. 이것은 보어가 이미 유력 인사들 사이에 충분히 알려져 있었다는 것을 의미한다.

Köbenhavn d. 20 Juni 1911.

Undertegnede tillader sig at ansöge om et Rejsestipendium paa 2500 Kr til et etaarigt Studieophold ved udenlandske Universiteter

ærbödigst

Niels Bohr
Dr. phil.

Til Carlsbergfondets Direktion

보어가 칼스버그 재단에 보낸 장학금 신청서 사본

9월부터 보어는 케임브리지대학의 캐번디시연구소에서 일하게 되었다. 그는 톰슨(J. J. Thomson)의 지도를 받으며 성과 있는 연구를 기대했을 것이다. 그러나 두 사람의 첫 만남은 대충 다음과 같았다. 보어는 톰슨의 연구실로 들어가 톰슨이 쓴 책 『기체 속에서의 전기 전도』를 펼치고는, 한 공식을 가리키며 정중하게 말했다. "이것은 틀렸습니다(This is wrong)." 훗날 보어는 그 때의 만남에 대해 이렇게 이야기했다.

톰슨이 자신의 계산이 틀렸다는 사실을 알려고 하지 않은 것은 실망스러웠다. 그것은 나의 실수이기도 했다. 나는 영어를 정확하게 구사하지 못했기 때문에 내 뜻을 적절히 표현하지 못했다. 그리고 그는 그것이 옳지 않다는 지적에 흥미를 보이지 않았다…톰슨은 실제로 모든 사람에게 길을 보여준 천재였다. 그렇지만 어떤 젊은이가 그것을 약간 개선시킬 수도 있는 일이다…케임브리지대학에서 지낸 시간은 전체적으로 매우 흥미로운 것이었으나, 사실 전혀 쓸모없는 것이었다.[11]

그러다가 케임브리지대학에서 보어는 러더퍼드를 만났다. 그것은 그의 인생을 바꾸어놓는 계기가 되었다.

20세기가 시작될 무렵만 해도 원자 구조에 관한 이론을 다루기에는 아직 때가 무르익지 않았다. 어느 물리학자가 쓴 것처럼 "그 당시의 보통 물리학자들에게는 원자 구조에 대해 추측하는 일이 화성의 생명에 대해 추측하는 것과 비슷한 것이었다고 해도 과히 심한 표현이 아니다. 그러한 종류의 문제를 좋아하는 사람에게는 매우 흥미로운 것이지만, 설득력 있는 과학적 증거가 나올 가망도 거의 없을뿐더러, 과학적 사고와 발달에도 큰 영향을 미칠 수 없었다."[12] 원자 질량의 대부분이 중심의 아주 작은 부분인 원자핵에 몰려 있다는 사실을 러더퍼드가 발견한 것은 이 문제를 명확하게 밝히는 길을 향해 나아간 최초의 중요한 첫걸음이었다. 이 연구는 보어가 러더퍼드를 만나기 반 년 전인 1911년 5월에 발표되었다. 이것은 성공을 거두기 위해서는 지혜만으로는 부족하고, 적절한 장소(맨체스터대학의 러더퍼드의 실험실)와 적절한 때(보어가 그 곳으로 옮겨간 1912년 3월)를 만나야 한다는 것을 보여준다.

러더퍼드는 과학자로서의 보어의 생애에서 가장 중요한 인물이었다. 단지 원자핵의 발견이 보어의 가장 중요한 업적인 전체 원자 구조의 발견으로 이어졌기 때문이 아니라, 러더퍼드의 개인적, 과학적 스타일이 보어에게 깊은 영향을 주었기 때문이기도 하다. 훗날 보어는 러더퍼드에 대해 이렇게 말했다. "나에게 그는 제2의 아버지와 같았다."

러더퍼드는 원자는 원자핵과 그 주위를 도는 전자들로 이루어져 있다고 주장했는데, 이 구도에서 필연적으로 나타나는 역설들에 대해서는 알지 못했거나 신경을 쓰지 않았다. 이 문제에 관한 보어의 처음 생각은 1912년 7월 6일에 러더퍼드에게 보낸 글[14]에 담겨 있다. 이 글에서 가장 중요한 문장은, 그 역설을 이해하는 데에는 "역학적 기초를 찾으려고 시도하지 않는 (그런 것을 찾을 가망이 없어 보이므로) 새로운 가설"이 필요하다는 그의 깨달음이다. 그는 원자의 안정성은 고전물리학의 기초 위에서는 이해할 수 없으며, 새로운 양자론이 어떻게든 필요하다는 사실을 깨달았다.

7월 말경에 보어는 결혼을 하기 위해 덴마크로 돌아왔으며, 덴마크대학에서 낮은 직책의 자리를 얻었다. 친구들은 그 무렵의 보어의 모습을 다음과 같이 표현한다. "다소 내성적이고, 성인 같고, 매우 친근하지만 수줍어 했다[15]… 항상 서두르고, 지칠 줄 모르는 일벌레, 침착함과 파이프 애연가의 모습은 나중에 나타났다."[16]

━━━━━◆━━━━━

보어가 자신의 목적을 이루기 위해 분광학 데이터가 필요하다는 사실을 깨달은 것은 1913년 2월이 되어서였다. 그 결과로 7월에 발표된 논문[17]은 양자동역학의 탄생을 알렸다. 그는 스위스의 고등학교 교사이던 요한 발머 (Johann Balmer)의 대담한 추측으로부터 중요한 영감을 얻었다. 발머는 1885년에 수소 원자의 스펙트럼을 설명할 수 있는 다음 공식을 제안했다.

$$v_{mn} = R\left[\frac{1}{n^2} - \frac{1}{m^2}\right]$$

($n=1, 2, 3, \cdots, m>n$인 정수). 이미 1885년에 리드베리 상수 R의 값은 소수 넷째 자리까지 알려져 있었고, 소수 셋째 자리까지는 유효숫자였다.

$$R=3.2916\times10^{15}\sec^{-1}$$

이제 수소에 관한 보어의 논문[17]을 살펴보자. 그는 고전 이론에 따르면, "전자는 더 이상 정상 궤도에 머물지 못하고" 복사의 방출에 따른 에너지 상실로 원자핵 속으로 떨어질 것이라고 지적했다. 그런 다음, 그는 양자론으로 건너뛴다. 그의 첫 번째 가설은, 원자는 가장 낮은 에너지 상태, 곧 바닥 상태를 가지고 있으며, 그 상태에서는 '가정에 따라' 복사를 방출하지 않는다는 것이었는데, 이것은 물리학에 도입된 가장 대담한 가설 중 하나였다. 두 번째 가설은, 바닥 상태보다 더 높은 '정상 상태들'은 더 낮은 상태들로 떨어지면서 진동수 ν의 광양자를 방출한다는 것이었다. 이 때, 두 상태의 에너지 차 $E=h\nu$가 된다(h는 플랑크 상수).

나는 수소의 궤도에 관한 보어의 양자 제한에 대해 자세히 다루지 않으려고 한다. 그것은 우리가 학교에서 배운 것과 같다고 언급하는 것만으로 충분하다고 생각한다. 즉, 궤도 각운동량 L은 다음 값들로 제한되어 있다.

$$L=n(h/2\pi), \qquad n=0, 1, 2, \cdots$$

여기에서 발머의 공식이 즉각 유도될 뿐만 아니라, 이제 R은 기본 상수로 나타난다.

$$R=(2\pi^2 e^4 m/h^3)\sec^{-1}$$

"이론적 값의 식에 대입되는 상수들의 실험 오차 이내에서" R의 값을 이렇게 예측한 것은 양자동역학에서 거둔 최초의 성공이자, 보어가 평생 동안 유도한 방정식 중 가장 중요한 것이었다. 그것은 논리에 대한 승리를 의미했다. 불연속적인 궤도들이 그 당시 알려진 물리학 법칙에 위배된다는 사실에는 신경쓰지 마라. 자연은 보어에게 어쨌든 그가 옳다고 말해주었으며, 보어의 이론과 고전물리학의 인과율의 심각한 충돌을 설명해줄 수 있는 새로운 논리가 필요하다고 충고해주었다. 광양자를 방출할 때, 전자는 자기가 옮겨갈 정상 상태를 어떻게 사전에 선택할 수 있단 말인가? 이 모든 문제는 양자역학이 수립된 1925년 이후에 가서야 명쾌하게 밝혀진다. 그가 세상을 떠났을 때 그에 대해 묘사한 글처럼, "그는 자신의 수소 원자를 처음으로 제안하던 그 때부터 그것이 자신의 이해를 넘어서는 하나의 모형에 불과하다는 것을 강조함으로써 모든 과학적 진보가 지닌 임시적인 성격을 항상 염두에 두고 있었다. 그는 모든 진보는 기존의 어떤 확실성을 희생시킴으로써 이루어지며, 자신이 그 다음 번 희생자가 될 마음의 준비가 항상 되어 있었다."[19]

보어가 1913년에 한 연구는 유럽뿐만 아니라 미국에서도 양자물리학의 폭발적인 연구를 일으키는 계기가 되었다. 보어가 러더퍼드에게 보낸 편지에서 말한 것처럼, "양자물리학은 아주 고독한 상태에서 갑자기 엄청나게 미어터지는 상태로 변해버렸다."[19] 여기서는 그 다음 몇 년 동안에 보어가 직접 이룬 업적만 언급하고자 한다. 즉, 큰 파장에 대해 그 이론은 고전역학 및 전자기학과 형식적으로 일치해야 한다는 대응 원리, 하나의 전자만 이온화된 헬륨과 수소에 대한 리드베리 상수들의 비 예측, 전기 쌍극자 전이에 대한 선택 규칙, 원소들의 화학적 성질은 대체로 최외곽 전자 껍질의 구조에 의해 결정된다는 선택 규칙(이 때문에 그는 양자화학의 창시자로 일컬어진다) 등이 그것이다. 그는 또한 자신의 이론으로 해결할 수 없었던 여러 문제 중 하나인 헬륨의 스펙트럼에 매달려 씨름했는데, 그것은 1926년까지 이해되지 않았다.

그 시절의 보어의 활동에 대해서는 1949년에 70세가 된 아인슈타인이 가장 적절하게 묘사하였다. "이 불안정하고 모순적인 기초가 인간 보어로 하여금 자신의 특별한 본능과 재치로 스펙트럼선의 주요 법칙들을 발견하게 하는 데 충분했다는 사실은 내게 기적처럼 보였고, 지금까지도 기적으로 보인다. 이것은 사고의 구(球)에서 가장 높은 곳에 위치한 음악성의 구이다."[20]

명확성과 불명확성에 대한 그러한 투쟁 기간은 보어의 스타일에 영원히 지워지지 않는 자국을 남겼는데, 여기에 대해서도 아인슈타인이 가장 적절하게 표현했다. "그는 자신의 의견을 마치 영원히 더듬는 사람처럼 이야기했고, 결코 절대적인 진리를 손에 쥐고 있다고 믿는 사람처럼 이야기하지 않았다."[21] 보어가 자주 쓴 말처럼, "자신이 생각하는 것보다 더 명확하게 표현하지 마라."

행정가와 기금 조달자로서의 역할

1916년 4월, 보어는 코펜하겐대학에 새로 생긴 이론물리학과 교수로 임명되었다. 1921년 3월 3일에는 자신이 만든 이론물리학연구소(훗날 닐스 보어 연구소로 개명됨)가 공식적으로 문을 열었다. 곧 세계 각지의 물리학자들이 몰려들기 시작하여, 그 곳은 1920년대와 1930년대에 세계 최고의 이론물리학 중심지가 되었다. 이 연구소의 국제적 성격은 출발부터 분명하게 드러났다. 1930년경에는 오스트리아, 벨기에, 캐나다, 중국, 독일, 네덜란드, 헝가리, 인도, 일본, 노르웨이, 폴란드, 루마니아, 스위스, 영국, 미국, 소련에서 온 60여 명의 물리학자들이 코펜하겐에서 연구하고 있었다. 보어가 사망할 무렵에는 최소한 한 달 이상 코펜하겐에 머물다 간 방문객의 수는 400명 이상으로 늘어났다. 연구소의 개원식에서 보어는 그 중심 목표를 "항상 새로운 젊은이들을 과학의 결과와 방법에 접하도록 하기 위한 것"[23] 이라고 밝혔다. 그러한 과학의 결과와 방법은 단지 이론뿐만 아니라 활발한 실험 프로그램을 망라한 것이며, 그 모든 것을 보어 자신이 지휘하고 감독했다. 보어는 또한 연구소 건물을 계속 확장하는 것까지도 직접 감독하였다. 코펜하겐에서 이루어진 많은 업적들은 다음에 열거하는 젊은이들에 의해 이루어졌다 : 하이젠베르크(Heisenberg)의 불확정성 관계식, 디랙(Dirac)의 변환 이론, 디랙의 통계학, 양자전기역학에 대한 디랙의 최초의 논문, 프리슈(Frisch)와 마이트너(Meitner)의 핵분열 이론, 새로운 원소인 하프늄(코펜하겐에서 그 이름을 땄음)의 실험적 발견. 게다가 1929년부터 보어는 자신의 연구소에서 일련의 국제 회의를 열기 시작했는데, 그 당시 그러한 종류의 회의로서는 최고로 꼽혔다. 그 무렵에 보어가 '원자 이론의 지휘자'[24]라고 불린 것은 놀랄 만한 일이 아니다.

보어는 이렇게 교수이자 행정가로서 자신의 임무를 충실하게 수행하였다. 그런데 그뿐만이 아니었다. 보어는 스스로 덴마크와 해외로부터 기금을 모아들이는 역할을 했다. 1923년에 록펠러 재단과 기금 출연을 교섭하기 위해 그가 미국에 왔을 때, 〈뉴욕타임스〉지는 그를 "위대한 사명을 띠고 온 현대의 바이킹"[25]이라고 불렀으며, "과학자들 사이에서 보어 박사와 함께 연구하는 것은 혁명적인 과학인 새로운 원자물리학의 대표적 인물과 함께 연구하는 것으로 간주된다."[26]고 묘사했다. 보어는 이 모든 활동을 물리학의 최전선에서 자신의 가장 중요하고 강도 높은 연구 프로그램과 결합시키는 탁월한 능력이 있었다고 나는 생각한다. 그는 과로 상태에서 일을 계속했으며, 그것은 튼튼한 그의 육체적 건강을 극한까지(그리고 그것을 넘어서까지) 몰고 갔다. 그는 과로 때문에 몇 차례 수 주일씩 휴식을 취해야 했다.

———◆———

1922년, 보어는 노벨상을 받았다. 오늘날에는 노벨상 수상 기사가 전세계의 신문에서 일면을 장식하지만, 늘 그랬던 것은 아니다. 〈뉴욕타임스〉지에 실린 보어의 노벨상 수상 관련 기사는 10월 10일자 신문에서 4면의 두 번째 칼럼 중간에 다음과 같이 나온다.

아인슈타인에 대한 노벨상

노벨위원회는 상대성 이론을 발견한 알베르트 아인슈타인에게 1921년도 물리학상을 수여하였다. 그리고 1922년도 노벨상은 코펜하겐의 네일스 보어에게 주어졌다.

(〈뉴욕타임스〉지에서는 Niels를 Neils로 잘못 표기하였다―역주)

전통적인 노벨상 시상 축하 연회석상에서 보어는 "많은 측면에서 슬픈 이 시대에 존재의 중대한 목적 중 하나인 과학의 발전을 위해 국제적인 연구가 활발해지도록 건배합시다."[27]라고 제안하였다. 그것은 제1차 세계 대전이 끝난 지 얼마 안 된 시점에서 적절한 발언이었다.

상보성(complementarity)

1925년, 양자역학이 등장했다. 1927년 3월, 이탈리아 코모에서 열린 볼타 회의에서 하이젠베르크는 불확정성 원리를 발표했다. 보어는 불확정성 관계식의 물리적 해석을 포함하는 상보성 원리를 처음으로 발표했다.[28]

그 때부터 평생 동안 보어는 우리가 서로 의사 소통을 할 때 사용하는 과학의 언어에 관심을 쏟았다. 1927년, 보어는 자신의 중심 주제를 직설적으로 표현하였다.

실험 자료에 대한 우리의 해석은 본질적으로 고전적인 개념에 바탕하고 있다.

이것은 아주 단순해보이지만, 아주 심오한 의미를 지니고 있다. 조금 더 자세하게 설명해보기로 하자. 고전물리학 시대에는 저울이나 온도계, 전위계 등으로 행한 실험적 관측과 비교함으로써 이론의 유효성을 검증하였다. 양자 시대가 되자 이론들은 수정되었지만, 그 유효성은 여전히 저울의 평형 위치, 온도계의 수은 기둥, 전위계의 바늘 등을 읽음으로써 확인되고 있었다(이것이 바로 보어가 말하고자 하는 핵심이다). 현상은 새로운 것일지 모르며, 그것들을 탐지하는 방식도 현대화되었을지 모르나, 그것을 탐지하는 도구나 장치는 고전적인 물체로 다루어지며, 그 결과들을 읽는 것 역시 고전적인 용어로 기술할 수밖에 없다.

"이렇게 해서 생겨난 상황은 특별한 성격을 지니고 있다."[27]고 보어는 지적했다. 다음 질문을 생각해보자. 예를 들어 전위계와 같은 측정 장치에게 양자역학적 성질을 물어볼 수는 없는 것일까? 그 답은 '있다' 이다. 그 다음에는 이런 질문이 잇따른다. 그렇다면 전위계에 대한 제한적인 기술은 고전적인 것이라고 무시하고서 그것을 양자역학적으로 취급해서는 안 된다는 것인가? 그 답은 '무시해야 한다' 는 것이다. 그러나 전위계의 양자론적 성질을 기록하기 위해서는 또 다른 측정 장치가 필요한데, 그것은 고전적인 방식으로 읽어야 한다. 보어 자신의 다소 신비적인 표현을 빌린다면, "관찰이라는 개념은 아주 임의적인 것이어서 관찰하고자 하는 계에 어떤 물체가 포함되느냐에 따라 달라진다."[28]

이러한 생각에서 보어는 양자역학이 요구하는 개량된 언어를 도입하였다. 그래서 그는 이렇게 말했다(필자가 약간 수정을 가했음) : 전자가 입자냐 파동이냐 하는 질문은, 연구 대상과 측정 장치 사이의 관계가 어떤 구체적인 설명도 필요 없거나 제어 가능한 고전적인 상황에서는 분별 있는 질문이다. 그러나 양자역학에서는 그 질문은 의미가 없다. 양자역학적 상황에서는 질문을 다음과 같이 바꾸어 물어야 한다. 즉, 그 전자(혹은 다른 어떤 물체)는 입자처럼 행동하는가, 파동처럼 행동하는가? 이 질문에 대답하는 것은 가능하다. 다만, 그 전자를 '관찰하는' 실험 조건을 구체적으로 명시해야만 한다. 보어가 코모에서 상보성의 개념을 도입하며 주장한 이야기의 요지는 바로 이것이었다.

> 보통의(즉, 고전적인) 물리적 견지에서 하나의 독립적인 실체는…관찰 현상이나 관찰 작용에 기인하는 것으로 볼 수 없다…양자론의 본질은…고전 이론을 특징짓는 시공간의 일치와 인과율을 각각 관찰과 정의의 이상화를 상징하는 상보적이면서도 서로 배타적인 기술(記述)의 측면으로 보도록 강요한다.[28]

보어가 의미한 것을 좀더 풀어서 이야기해보기로 하자. 파동과 입자의 행동은 서로 배타적이다. 고전물리학자는 만약 두 가지 기술이 상호 배타적이라면, 둘 중 하나는 틀린 것이 분명하다고 말할 것이다. 그러나 양자물리학자는 어떤 물체가 입자로 행동하느냐 파동으로 행동하느냐 하는 것은 그것을 관찰하는 실험 장치를 어떤 것을 선택하느냐에 따라 달라진다고 말할 것이다. 그는 입자와 파동의 성질이 상호 배타적이라는 사실을 부정하진 않겠지만, 그 물체의 성질을 완전히 이해하는 데에는 두 가지가 모두 필요하다고 주장할 것이다.

보어의 1927년 논문이 나옴으로써 오늘날 우리가 알고 있는 양자역학의 논리가 완결되었다고 말할 수 있다. 양자물리학의 기초에 대해 근본적으로 새로운 이 해석에 **der Kopenhagener Geist**, 곧 '코펜하겐 정신'이라는 이름을 붙인 사람은 하이젠베르크[29]이다.

그러나 보어의 코모 강연이 갈채를 받은 것은 아니었다. 그는 훗날 자신이 거기서 사용한 '관찰에 의한 현상의 교란'과 같은 표현들에 얼굴을 찌

푸리곤 했다. 그러한 언어는 이 주제를 둘러싸고 오랫동안 지속돼온 혼란에 상당히 기여했을 수도 있다. 그의 철학적 글들[30]은 "가끔 이 에세이들이 가져다준 뼈아픈 좌절과는 대조적으로, 보어가 그 문제에 대한 이야기를 시작하고 나서 60년 동안 아무도 더 나은 말을 하지 못했다."[31]는 평을 듣는다. 그러나 그 문제들에 대해 보어와 많은 대화를 나누는 특권을 누렸던 내가 볼 때, 그 글들은 전혀 좌절을 가져다줄 성격의 것이 아니었다.

코모 회의가 끝나고 나서 한 달 후, 거장들은 브뤼셀에서 열린 제5차 솔베이 회의에 모였다. 아인슈타인이 양자역학에 대해 비판적인 태도를 처음으로 드러낸 것은 바로 여기에서였으며, 그는 죽을 때까지 그러한 태도를 견지했다. 아인슈타인의 이러한 태도는 보어로 하여금 자신의 언어를 더욱 다듬도록 자극하였다. 그의 가장 정교한 진술은 아인슈타인의 70세 생일을 맞이해 펴낸 책에서 발견된다. 프린스턴대학에서 보어가 그것을 준비하는 것을 내가 도왔기 때문에 나는 그 논문을 아주 잘 알고 있다. 이 논문에서 보어는 EPR 역설[34]에 대한 자신의 입장[33]을 다시 밝혔다. EPR 역설을 다룬 논문은 논리적으로 전혀 결함이 없으므로, 역설이란 단어는 잘못 붙여진 이름이다. EPR 역설을 주장한 사람들은 단순히 보어의 견해는 양자역학이 완전하다는 가정과 양립할 수 없다고 결론내렸다. 양자역학은 사리에 맞지 않는다는 아인슈타인의 주장[32]은 '그 자신의' 문제이다.

아인슈타인을 위한 그 책에서 보어는 그것을 명확하게 표현하기 위해 20년을 바쳐 완성한 그 정확한 언어를 반복했다.[35] 즉, '현상'이라는 용어를 연구 대상과 관찰 방식을 모두 포함하도록 정의했다.

물리학 문헌에서 종종 발견되는 '관찰에 의한 현상의 교란'이라든가 '측정에 의한 사물의 물리적 속성의 창조'와 같은 표현들은 일반적인 용법이나 실제적인 정의와 양립할 수 없는, '현상'이나 '관찰', '속성', '측정'과 같은 단어들의 사용이 혼란을 일으키기 쉽다는 것을 보여준다. 좀더 적절한 표현 방법으로, 현상이라는 단어는, 전체 실험의 기술을 포함하여 특정 상황에서 얻어진 관찰만 가리키는 것으로 사용을 제한하자는 안을 강력하게 옹호할 수도 있을 것이다.[35]

이제 왜 내가 보어를 물리학의 주요 인물로서뿐만 아니라 20세기의 가장 중요한 철학자 가운데 한 사람으로 생각하는지 이야기할 단계가 되었다. 철학자로서 그는 인과율을 경험에서 도출되는 것이 아니라 '선험적인 종합적 판단'으로 여긴 칸트의 후계자로 간주할 수 있다. 칸트 자신의 표현을 빌린다면, 인과율은 "현상이 그것에 따라 순서적으로 결정되는 규칙이다. 그러한 규칙을 가정해야만, 일어나는 어떤 일의 경험을 이야기하는 것이 가능하다." 이러한 견해는 이제 시대에 뒤떨어진 것으로 간주해야 한다. 보어 이래로 무엇이 현상을 구성하느냐 하는 정의 자체가 많은 변화를 겪어왔고, 불행하게도 아직도 전문 철학자들 사이에서 충분히 이해되지 않고 있다.

다시 칸트의 말을 빌리면, 건설적인 개념들은 'Ding an sich(물 자체)'의 고유한 속성이다. 이것은 아인슈타인이 강하게 견지해온 견해이지만, 양자 물리학자들은 버린 견해이다. 보어의 표현을 빌리면, "우리의 임무는 어떻게 해도 우리가 그 의미를 알 수 없는 사물의 본질 속으로 침투해 들어가는 것이 아니라, 자연의 현상들에 대해 생산적인 방식으로 이야기할 수 있도록 해주는 개념들을 개발하는 것이다."[36] 보어가 사망하고 난 후, 하이젠베르크는 보어는 "물리학자라기보다는 철학자"[57]였다고 썼다. 하이젠베르크가 보어의 물리학을 얼마나 존경했는지를 감안한다면, 이것은 논쟁의 여지가 있지만 특별한 의미가 있는 판단이다.

보어와 많은 토론을 통해 나는 상보성이 보어 자신이 가장 소중하게 여긴 업적이라는 사실을 알게 되었다. 그것은 말년에도 결코 고갈되지 않은 그의 정체성의 원천이었다. 그러나 그가 즐겨 사용한 전문가와 철학자의 정의에서 볼 수 있듯이, 보어는 자신을 철학자로 여기지 않으려 했다. 전문가는 어떤 것들에 대해 무언가를 아는 것에서 시작하여 점점 더 적은 것에 대해 점점 더 많은 것을 알아가다가, 결국에는 무(nothing)에 대해 모든 것을 아는 사람이다. 반면에, 철학자는 어떤 것들에 대해 무언가를 아는 것에서 시작하여 점점 더 많은 것에 대해 점점 더 적은 것을 알아가다가, 결국에는 모든 것에 대해 아무것도 알지 못하는 사람이다. 내가 좋아하는 "철학을 조롱하는 것도 매우 철학적이다."[38]라는 파스칼의 말을 보아도 마음에 들어했을 것이다.

보어가 여러 철학자들의 책을 읽고 어떤 영향을 받았는지에 대해 쓴 글들은 아주 많다. 그러나 아무리 줄여서 말하더라도, 그러한 추측들은 견강부회라고 생각된다. 그렇지만 보어가 윌리엄 제임스(William James)를 존경했고, 부처와 노자에 대해 이야기했다는 사실을 나는 알고 있다.

보어는 물리학 외의 다른 분야들에 상보성을 확대하는 것에 대해 많이 생각했다. 그가 검토한 분야들은 지금은 그의 개념이 폐기된 생물학, 자연대 양육 문제에서 보어가 후자의 편을 강하게 지지한 인류문화학, 내 생각에는 아직도 그의 개념이 여전히 상당한 영향력을 미치고 있는 심리학이다. 예를 들면, "생각과 감정과 같은 단어들은…언어가 기원한 이래 전형적으로 상보적인 방식으로 사용돼왔다."[39]거나 "정의의 엄격한 적용이 요구되는 상황에서는 사랑을 펼칠 어떤 여지도 없으며, 반대로 사랑의 감정이 궁극적으로 필요한 상황은 정의의 모든 개념과 충돌할지도 모른다는 사실을 인식해야 한다."[40]와 같은 표현들이 있다. 그러한 상보적인 사고 방식은 나의 인생에서도 계속해서 자신을 자유롭게 만드는 영향력을 발휘했다.

이러한 사고에서 가장 주요하고 포괄적인 주제는 언어의 사용이다. 보어는 다음 이야기를 즐겨 들려주었다. 옛날에 라비가 되기 위해 교육을 받고 있던 젊은이가 유명한 라비를 찾아가 세 가지 강의를 들었다. 나중에 그는 친구들에게 이렇게 말했다. "첫 번째 강의는 아주 훌륭하고 명확하고 간단했어. 단어 하나하나를 다 이해할 수 있었거든. 두 번째 강의는 그것보다 더 훌륭하고 심오하고 미묘했어. 나는 그것을 다 이해할 수 없었지만, 라비는 그 모든 것을 이해했지. 세 번째 강의는 가장 훌륭하고 위대하고 잊혀지지 않는 경험이었어. 나는 아무것도 이해할 수 없었고, 라비 역시 그 중 많은 것을 이해하지 못했지."[41] 그는 또한 스스로 만들어낸 경구들을 써먹곤 했다. 예를 들면, "잘못을 저지르는 것만으로는 충분치 않으며, 공손함까지 갖추어야 한다."거나 "어떤 주제들은 너무 진지해서 그저 농담으로만 이야기할 수 있다."와 같은 것들이 있다.

마지막으로, 나는 보어가 자신의 철학에 대해 스스로 간결하게 요약한 말을 소개하고자 한다. 여기서도 강조점은 언어의 사용에 관한 것이었다.

> 양자 세계 같은 것은 없다. 단지 추상적인 양자물리학의 기술만이 있을 뿐이다. 물리학의 과제가 자연이 어떤 모습을 하고 있는가를 밝히는 것이라고 생각하는 것은 잘못이다. 물리학자들은 우리가 자연에 대해 어떤 이야기를 할 수 있는지를 연구할 뿐이다…우리 인간들이 의존하고 있는 것은 무엇인가? 우리는 우리 자신의 말에 의존하고 있다. 우리의 과제는 경험과 아이디어를 다른 사람들과 소통하는 것이다. 우리는 언어에 매달려 있다.[41]

원자물리학과 생물학 분야에서의 보어의 역할

1931년 12월 11일, 덴마크과학문학아카데미는 보어를 칼스버그 양조회사에 있는 명예로운 대저택인 아에레스볼리의 다음 번 입주자로 선정하였다. 그 무렵에 보어는 실험의 주안점을 원자 분광학에서 원자핵 과정으로 옮김으로써 자신의 연구소를 원자물리학이라는 새로운 분야로 방향을 돌리는 작업을 시작했다. 기금 조달자로서 보어는 가능한 모든 노력을 다 기울였다. 수소 원자의 논문을 완성한 지 25주년 되던 1938년 4월 25일, 국왕 크리스티안 10세의 참석하에 새로운 연구소가 문을 열었다. 여기에 대해 한 신문은 이렇게 묘사했다. "이 연구소는 또 한 번 공개되는 것을 피하기 위해 그 문을 굳게 잠갔다. 이 곳에서는 결과를 얻을 수 있기 전까지는 알려지지 않은 채 일하는 것을 좋아한다."[42] 그 결과는 코펜하겐대학에 설치된 유럽 최초의 사이클로트론 중 하나에서 4MeV의 중앙성자 빔에 의해 강력한 중성자들이 만들어지기 시작한 1938년 후반부터 나오기 시작했다. 1939년에는 또 다른 입자가속기(코크로프트-월턴형)에서 1MeV의 중성자들을 만들어내기 시작했다. 같은 해에 2MeV의 밴드그래프 입자가속기를 만들기 위한 계획이 수립되었으나, 이것은 1946년에 가서야 과학 연구용으로 사용되기 시작했다.

한편, 독일에서 불행한 나치의 시대가 시작되자, 닐스와 하랄은 망명 지식인을 지원하기 위한 덴마크 위원회에 들어갔다. 닐스는 많은 물리학자들에게 임시 거처를 제공하기 위한 재정적 지원을 구했다. 그들 중 극소수 예외를 제외하고는 모두 다른 나라에서 명성을 떨치게 된다.

이러한 많은 업적만으로도 충분치 않다는 듯, 보어는 1930년대에 핵반응 이론에 중요한 기여를 했다. 핵반응은 두 단계 과정으로 취급해야 한다고 그는 제안했다.[43] 첫 번째 단계에서는 들어온 투사체가 원자핵과 융합하여 복합 원자핵이라는 하나의 단위가 된다. 시간이 지나면 이 복합물이 분열하는 두 번째 단계가 시작된다. 한스 베테(Hans Bethe)는 이렇게 썼다. "복합 원자핵은 최소한 1936년부터…로스앨러모스에서 복합 원자핵 모형이 많은 현상들을 설명할 수 있는 (확률)을 우리가 구하려고 시도한 1954년까지…핵반응 이론을 지배하였다."[44]

보어가 원자물리학에 마지막으로 기여한 것(물리학에서도 그의 마지막 기여)은 53세이던 1939년에 우라늄에 '느린' 중성자를 충돌시킬 때에만 희귀한 우라늄 동위 원소 U^{235}가 핵분열을 일으킨다는 사실을 발견한 것이다.[45] 이 발견은 휠러(Wheeler)와 함께 쓴 핵분열 이론에 대한 유명한 논문[46]으로 이어졌다.

보어는 또한 1930년대에 원자물리학을 생물학에 응용하는 작업에도 기여했다. 1920년대에 그는 게오르크 폰 헤베시(Georg von Hevesy)를 코펜하겐으로 오도록 해 추적자 동위 원소를 처음으로 생명과학에 응용할 수 있도록 도와주었다. 헤베시는 1935~1943년에 다시 코펜하겐으로 돌아와 추적자 동위 원소 연구를 계속했으며, 그 연구를 결국 핵의학에 응용하는 길을 닦았다. 핵의학은 헤베시가 세웠다는 데 이의가 없으며, 보어가 그 대부 역할을 했다.

마지막으로, 이제 더 이상 할 일이 없다는 듯, 보어는 1939년부터 세상을 떠나던 1962년까지 덴마크왕립과학문학아카데미의 회장을 지냈다.

———————

제2차 세계 대전은 보어의 삶에 큰 변화를 가져왔다. 1943년, 독일군에게 체포될 것이라는 소식을 들은 보어는 영국으로 피신했다. 전쟁이 끝날 때까지 보어는 그 곳에서 원자폭탄 개발 계획의 자문 역할을 했다. 나머지 생애 동안 그의 주된 관심사는 이 새로운 무기들이 지닌 정치적 의미였다.

말년의 생애

이제 60세 이후의 보어의 말년의 삶을 살펴보기로 하자. 이 나이에도 보어는 여전히 활기가 넘쳤고, 한 걸음에 계단을 두 단씩 걸어올라가곤 했다.

보어의 영향력은 이제 절정에 이르렀다. 그는 이제 최고의 대중적인 인물이 되었고, 보어 부부는 종종 덴마크의 제2 왕족으로 불리곤 했다. 고위 관리들도 그의 집을 방문했다. 70세 생일(1955년) 때에는 국왕 부부가 축하하기 위해 왔으며, 총리는 라디오를 통해 덴마크 국민에게 보어의 업적을 칭송하는 연설을 했다.[47] 외국의 저명 인사들도 칼스버그를 방문했는데, 그 중에는 영국 여왕 엘리자베스 2세와 필립 공, 시암(타이의 구칭) 여왕, 일본 황태자(지금의 천황), 인도 총리 네루, 이스라엘 총리 벤 구리온, 애들레이 스티븐슨도 포함돼 있었다. 일간 신문 〈폴리켄〉지가 독자들을 상대로 그 시대에 덴마크의 발전에 가장 큰 업적을 남긴 사람을 묻는 투표를 했을 때, 보어가 당당히 1위를 차지했다.

이러한 바쁜 활동 중에도 보어 가족은 시간을 내어 젊은 물리학자들과 나이 든 물리학자들을 집으로 초대하여 대접하는 것을 즐기곤 했다.

전후의 일부 기간에 보어는 연구 활동에 종사하기도 했지만, 그는 점점 늙은 정치가나 철학자의 역할을 맡게 되었다. 그는 상보성에 관한 글을 계속 썼고, 연설도 자주 했으며, 미국, 아이슬란드, 이스라엘, 유고슬라비아, 그린란드, 인도, 소련 등으로 여행도 많이 했다. 1950년에 미국에 왔을 때에는 UN에 보내는 그의 공개 서한의 마지막 손질 작업을 내가 도와주었다. 그는 CERN(유럽원자핵연구소), NORDITA, 리쇠연구소의 설립에도 관여하였다.

───◆───

1962년 11월 18일 일요일, 보어는 칼스버그 저택에서 심장마비로 사망하였다. 노소를 가리지 않고 물리학자들과 그 밖의 친구들이 마르그레테와 그 가족에게 슬픔과 조의를 표시했다. 세계 각지의 저명 인사들도 빠지지 않았다.

케네디 대통령은 보어 여사에게 다음과 같은 애도의 글을 보냈다. "보어 교수의 죽음에 큰 슬픔을 금할 수 없습니다. 미국의 과학자들, 그리고 보어 박사의 이름과 그의 위대한 업적을 알고 있는 모든 미국 시민들은 두 세대 이상에 걸쳐 그를 존경하고 흠모해왔습니다…. 우리는 그가 미국을 여러 차례 방문하여 전해준 과학적 영감과, 특히 로스앨러모스의 원자력 센터에 크게 기여한 공로에 대해 영원히 갚을 수 없는 빚을 졌습니다. 고인에게 깊은 애도를 보냅니다."[47] 그 밖에도 이스라엘 총리, 스웨덴 국왕, 서독 수상 등이 메시지를 보내왔다.[48] CERN에서는 모든 회원국의 깃발이 조기로 게양되었다. 뉴욕의 유엔에서도 보어에게 애도를 표시했다.[49] 파리에서 열린 유네스코 회의에서는 1분간 묵념의 시간을 가졌다.[48]

보어의 재는 코펜하겐의 아시스텐스 키르케가르에 있는 가족 묘지에 묻혔다. 지금은 그가 가장 사랑하던 사람들인 아내(그로부터 22년 후에 사망)와 부모, 동생 하랄 그리고 아들 크리스티안과 함께 누워 있다.

———◆———

1937년에 러더퍼드가 죽은 후부터 그를 기리는 보어의 연설에는 다음 구절들이 포함되었다.

그의 지칠 줄 모르는 정열과 실수하는 법이 없는 열의는 하나의 발견에서 다음의 발견으로 그를 이끌었으며, 그 발견들 중에서 그의 이름이 영원히 붙어다닐 가장 위대한 연구 업적은 사슬 중의 연결 고리들처럼 자연스럽게 연결되어 나타날 것입니다.

그와 만나는 행운을 누린 우리는 그의 숭고하고 관대한 인품에 대한 기억을 영원히 간직할 것입니다. 그는 살아 있는 동안 과학자로서 상상할 수 있는 모든 영예를 다 누렸지만, 그럼에도 불구하고 그는 모든 것에서 아주 단순한 방식을 유지했습니다. 제가 처음으로 그의 개인적인 영감을 받으며 연구하는 특권을 얻었을 때, 그는 이미 위대한 명성을 지닌 물리학자였지만, 젊은이가 생각하는 것에 귀를 기울였고, 언제나 그러한 자세를 유지했습니다. 이것은 제자들의 복지에 친절한 관심을 기울여준 그의 마음과 함께 그가 일하는 곳이면 어디든지 따라다니던 애정의 분위기를 만들어내는 원인이 되었습니다…그에 대한 기억은

우리에게 언제나 격려와 불굴의 정신의 귀중한 원천으로 남아 있을 것입니다.[50]

나는 이 추모사를 닐스 보어 자신에게 돌리면서 이 글을 마치고자 한다.

참고 문헌

아래에서 CW는 Niels Bohr, Collected Works, North Holland, Amsterdam, volumes published starting in 1972를, NBA는 Niels Bohr Archive, Copenhagen 을 가리킨다.

1. E. Mayor, *The New Page*, Dartmouth Publishing, Aldershot, England, 1995

2. J. R. Killian, *Sputnik, Scientists and Eisenhower*, p. 24, MIT Press, Cambridge, MA, 1977에 실린 사진.

3. *The New York Times*, October 25, 1957.

4. Translation by P. E. Pinkerton of Heinrich Düntzer's *Poetical Works, Life of Schiller*, Dana Estes, Boston, 1902.

5. N. Bohr, in *La théorie Quantique des Champs* (R. Stoops, Ed.), Interscience, New York, 1962.

6. 예를 들면, A. V. Jorgensen, *Naturens verden*, 1963, p. 225.

7. N. Bjerrum, unpublished MS, MBA.

8. N. Bohr, *Trans, Roy. Soc.* **209**, 281, 1909; reprinted. in CW, Vol. 1, p. 29.

9. CW, Vol. 1, p. 294.

10. R. Courant, in *Niels Bohr* (S. Rozental, Ed.), p. 304, North-Holland, Amsterdam, 1967.

11. N. Bohr, interviews with T. S. Kuhn, L. Rosenfeld, A. Petersen, and E. Rüdinger, November 1 and 7, 1962, NBA.

12. E. N. da Costa Andrade, *Proc. Roy, Soc.* **A244**, 437, 1958.

13. CW, Vol. 1, p. 106.

14. CW, Vol. 2, p. 577.

15. R. Courant, ref. 10, p. 159.

16. J. R. Nielsen, *Phys. Today*, October 1963, p. 22.

17. N. Bohr, *Phil. Mag.* **26**, 1, 1913; CW, Vol. 2, p. 159.

18. *The New York Times*, November 19, 1962.

19. N. Bohr, letter to E. Rutherford, September 6, 1916, NBA,

20. A. Einstein, in *Albert Einstein: Philosopher-Scientist* (P. A. Schilpp, Ed.), Tudor, New York, 1949.

21. A. Einstein, letter to B. Becker, March 20, 1954.

22. P. Robinson, *The Early Years*, p. 51, Akademisk Forlag, Copenhagen, 1979.

23. CW, Vol. 3, p. 293.

24. A. Sommerfeld, letter to N. Bohr, April 15, 1921, NBA.

25. *The New York Times*, November 5, 1923.

26. *Ibid.*, January 7, 1924.

27. CW, Vol. 4, p. 26.

28. N. Bohr, *Nature* **121**(supplement.) 580, 1928; CW, Vol. 6, p. 24.

29. W. Heisenberg, preface to *Die physikalische Prinzipien der Quantentheorie*, Hirzl, Leipzig, 1930.

30. *The Philosophical Writings of Niels Bohr*, 3 vols., Ox Bow Press, Woodbridge, Connecticut, 1987.

31. D. Mermin, *Phys. Today* **42**, February 1989, p.105.

32. N. Bohr, in ref. 20, p. 199.

33. N. Bohr, *Nature* **136**, 65, 1935; *Phys. Rev.* **48**, 696, 1935; CW, Vol. 7.

34. A. Einstein, B. Podolsky, and N. Rosen, *Phys. Rev.* **47**, 777, 1935.

35, N. Bohr, *Dialectica* **2**, 312, 1948.

36. N. Bohr, letter to H. P. E. Hansen, July 20, 1935, NBA.

37. W. Heisenberg, ref. 10, p. 95.

38. B. Pascal, *Pensées*, Part VII, No. 35.

39. N. Bohr, *Nature*, **50**, 725, 1963; CW, Vol. 10.

40. N. Bohr, *Studia Orientalia Ioanni Pedersen*, p. 385, Munksgaard, Copenhagen, 1953; CW, Vol. 10.

41. A. Petersen, *Bull, Atom. Sci.*, September 1963, p. 8.

42. *Politiken*, April 6, 1938.

43. N. Bohr, *Nature* **137**, 344, 1936; CW, Vol. 9, p. 152.

44. H. Bethe, in *Nuclear Physics in Retrospect* (R. Stuewer, Ed.) p. 11, University of Illinois Press, 1979.

45. N. Bohr, *Phys. Rev.* **55**, 418, 1939; CW, Vol. 9, p. 343.

46. N. Bohr and J. Wheeler, *Phys. Rev.* **56**, 426, 1056, 1939; CW, Vol. 9,

     pp. 363, 403.

47. Repr. in *Berlingske Tidende*, November 21, 1962.

48. *Politiken*, November 21, 1962.

49. *The New York Times*, December 2, 1962.

50. N. Bohr, *Nature* **140**, 752, 1937.

1959년경의 막스 보른

막스 보른*

　이 글의 주 목적은 1926년에 보른이 쓴 두 편의 논문을 살펴보기 위한 것이다. 이 두 논문은 물리학의 기본 법칙에 통계학적 요소를 처음으로 도입한 것이다. 보른의 생애를 간략하게 살펴보고 나서, 미국에 새로운 양자역학을 소개한 것을 포함해 그가 양자물리학에 기여한 업적을 간단하게 알아보고, 그 다음에 1926년의 두 논문을 쓰게 된 동기와 그 내용, 그리고 동료 물리학자들의 반응을 이야기하고자 한다.

보른의 생애

　막스 보른(Max Born)은 독일의 브레슬라우(지금은 폴란드의 브로츨라프)에서 해부학 교수인 구스타프 보른(Gustav Born)과 마르가레테 카우프만(Margarethe Kauffmann)의 아들로 태어났다. 그는 고향에서 죽 학교를 다녔으며, 대학의 세 학기도 고향에 있는 대학에서 다녔다. 1904년, 그는 괴팅겐대학에 들어가 1907년에 박사 학위를 받았다. 1913년, 그는 헤드비히 에렌베르크(Hedwig Ehrenberg)와 결혼했다. 그들 사이에는 이레네, 마르가레트, 그리고 훗날 유명한 생물학자가 된 구스타프, 이렇게 세 자녀가 태어났다.

　1915년에 보른은 베를린대학의 임시 교수로 임명되었고, 1919년에는 프랑크푸르트대학 교수, 1921~1933년에는 괴팅겐대학 교수를 지내다가, 유태인은 공직을 가질 수 없다는 법이 제정되면서 물러났다. 1936년에 그는

＊ 이 글은 1982년 10월 21일 보른 탄생 100주년을 기념해 애리조나 주 터스컨에서 열린 미국광학협회 회의에서 연설한 내용을 보완한 것이다.

에든버러대학 교수로 임명되어 1954년까지 그 곳에 머물다가 독일로 돌아와 바드피르몬트에서 여생을 보냈다.

보른의 저술에는 물리학 학술지에 발표된 300편 이상의 논문과 20권 이상의 저서가 있다. 그는 상대성 이론(그는 아인슈타인과 절친한 친구 사이였다), 결정 격자의 동역학, 광학, 그리고 양자물리학에 기여한 업적으로 유명하며, 길이 기억될 것이다.

말년에 보른은 원자력 시대에 인류가 직면한 위험에 사람들의 관심을 돌리기 위한 활동에 적극적으로 가담했다. 어느 날 오후 제네바에서 내가 그와 함께 정치보다는 물리학에 대해 토론하면서 긴 시간을 보낸 것도 그 무렵(1955년)이었다.

혁명의 끝

양자역학적 의미의 확률을 도입한 것—즉, 기본 물리 법칙의 고유 특성으로서의 확률—은 20세기의 과학에 일어난 가장 극적인 변화일 것이다. 그와 동시에 이 사건은 한 과학 혁명의 시작보다는 끝을 의미하였다. 과학 혁명이란 용어는 흔히 사용되지만, 제대로 정의되는 경우는 드물다.

정치의 영역에서 혁명은 다소 분명한 개념이다. 혁명이 일어나면 하나의 체제가 물러나고, 완전히 새로운 형태의 다른 체제로 대체된다. 그러나 과학에서는 상황이 좀 다르다. 과학에서 혁명이란 사랑과 마찬가지로 사람에 따라 다른 의미로 통한다. 언론인과 물리학자가 생각하는 과학 혁명에 대한 인식은 반드시 일치하는 것은 아니다. 예를 들면, 런던에서 발행된 1919년 11월 7일자 〈더 타임스〉지는 첫 번째 기사로 그 당시 발견된, 빛이 휘어지는 현상을 다루면서 제목을 이렇게 달았다. "과학에서의 혁명…뉴턴의 개념이 뒤집어지다." 반면에, 아인슈타인은 1921년에 행한 강연에서 상대성 이론이 혁명적이라는 생각에 반대하면서, 자신의 이론은 패러데이와 맥스웰, 로렌츠의 연구가 자연스럽게 완성된 것이라고 강조했다. 나는 아인슈타인의 판단에 동조하는 바이지만, 절대적인 동시성과 절대 공간을 버린 것은 분명히 혁명적이었다고 반론을 제기하는 다른 물리학자들의 주장에도 일리가 있다.

그러나 "뉴턴의 개념이 뒤집어지다"라는 〈더 타임스〉지의 헤드라인은 적절치 못한 것이며, 과거가 한꺼번에 싹 사라져버리는 듯한 잘못된 인상을 심어줄 위험이 있다는 데에는 모두가 동의할 것이다. 과학은 그런 식으로 발전하지 않는다. 과학자는 되도록이면 과거를 온전히 보호하는 것이 자신에게 이익이 된다는 사실을 잘 알고 있다. 플로지스톤설을 버린 라부아지에이건, 에테르설을 부정한 아인슈타인이건, 고전물리학의 인과율과 결별한 막스 보른이건 간에 누구든 그러하다.

진보주의자와 보수주의자 사이의 이러한 긴장은 과학에서 혁명기에 가장 두드러지게 나타난다. 여기서 혁명기라고 하는 것은 (i) 과거의 과학 중 일부를 폐기해야 하는 것이 분명해지고, (ii) 낡은 체계 중 어느 부분들이 더 광범위한 새로운 틀에 재통합될 것인지 아직 불분명한 기간을 말한다. 그러한 기간들은 기존의 그림과 일치하지 않는 실험적 관찰이 나타나거나 기존의 이론물리학 체계에 위배되는 가정을 하나 이상 생각함으로써 실제 세계를 더 성공적으로 묘사할 수 있는 이론적 쾌거를 통해서 시작된다.

1900년부터 1926년까지의 소위 구양자론 시대는 현대 과학에서 가장 오랫동안 지속된 혁명기이다. 위에서 언급한 의미로 혁명적이라고 할 수 있는 이론적 논문 여섯 편이 이 기간에 나왔다. 양자론의 발견에 관한 플랑크의 논문(1900), 광양자에 대한 아인슈타인의 논문(1905), 수소 원자에 관한 보어의 논문(1913), 양자통계학에 관한 보스(Bose)의 논문(1924), 행렬역학에 관한 하이젠베르크의 논문(1925), 파동역학에 관한 슈뢰딩거의 논문(1926)이 그것이다. 이 논문들이 지닌 공통점을 한 가지 든다면, 모두 그 당시로서는 정당화될 수 없는 이론적 단계를 최소한 하나 이상 포함하고 있었다는 점이다(그 글을 쓸 당시의 저자들이 이 사실을 알았건 몰랐건 간에).

이 혁명기의 끝(나는 단지 비상대론적 양자역학만을 고려한다)은 딱 부러지게 어느 날에 일어났다고 할 수 없으며, 또 한 개인에 의해 이루어지지도 않았다. 그것은 하이젠베르크, 보른, 보어 세 사람에 의해 이루어졌다. 마지막 단계는 1925년에 발표된 하이젠베르크의 첫 번째 논문으로 시작되었다. "이 논문에서는 원리상 관측 가능한 양들 사이의 관계에만 기초하고 있는 양자역학의 토대를 확고히 하기 위해 시도할 것이다." 이 말과 함께 하이젠베르크는 새로운 공리 체계에 필요한 특별한 조건들을 기술하였다. 그의 논문은 새로운 방향을 향해 올바르게 나아간 첫걸음이었다. 마지막 단계는 1926년에 확률과 인과율에 대한 보른의 언급과 함께 계속되며, 1927년에 하이젠베르크의 불확정성 관계식과 보어의 상보성 개념으로 완결된다. 이 단계에서 일관성 있는 양자역학의 이론적 기초를 위한 기본 요소들이 제공되었다.

이제 아바르바넬 종족[1]의 후손인 막스 보른의 이야기로 돌아가기로 하자. "아버지는 과학자였고…어머니는 실레지아 지방에서 오랫동안 살아온 유태인 가문 출신이었다…외할아버지는 직물 공장을 운영하는 큰 산업가였다."[2]

보른과 양자 : 1912년에서 1926년까지

보른이 양자론에 푹 빠지게 된 계기는 1912년으로 거슬러 올라간다. 그때, 보른과 테오도레 폰 카르만(Theodore von Kármán)은 다체계(many-body system)의 집단 양태, 즉 결정 격자의 정상 진동 양태에 양자화 조건을 처음으로 적용했다. 6년 후, 보른과 알프레드 란데(Alfred Landé)가 전자들이 원자핵 주위의 평면 궤도를 돌고 있는 보어의 이온 모형을 사용해 그 성질들 중 일부를 계산해내자, 이온성 결정은 다시 이슈로 떠올랐다. 그들은 이 모형은 제대로 성립하지 않는다는 사실을 발견했다. 모형에 따르면, 결정들은 너무 무른 것으로 예측되었고, 그것들의 압축성은 너무 높게 나타났다. 그들의 계산 결과는 "단일 원자 내의 전자들은 평면상의 원반보다는 (모든) 공간 방향으로 균일하게 분포하고 있다…평면 궤도로는 충분치 않으며, 원자들은 명백히 (3차원) 공간 구조로 이루어져 있다…이러한 맥락에서 우리는 이론의 일반화를 추구해야 한다."[3]는 것을 시사했는데, 이것은 그 탁월한 선견지명 때문에 기억할 만하다. 보른이 구양자론의 한계와 세 번째로 맞닥뜨린 사건은 그로부터 5년 후인 1923년에 일어났다. 그는 크게 문제가 되고 있던 헬륨 원자의 스펙트럼[4]에 관한 수수께끼를 다루었다. 보른과 그의 젊은 조수 하이젠베르크는 이전의 다른 사람들과 마찬가지로, 구양자론의 양자 규칙으로는 헬륨의 스펙트럼을 정성적(定性的)으로도 설명할 수 없다고 결론내렸다.[5]

따라서, 보른은 구양자론은 옳은 점도 약간 있지만 근본적으로 부족한 이론이라는 사실을 일찍부터 알았던 선택받은 물리학자 집단에 속했다. 그는 냉소적인 방관자의 입장에서가 아니라, 양자 문제에 치열하게 매달린 참여자의 입장에서 이러한 사실을 알게 되었다. 그는 새로운 역학이 필요하다는 사실을 깨달았고, 그래서 그것이 발견되기도 전인 1924년에 그것에 양자역학(quantum mechanics)이라는 이름을 붙여주었다.[6]

하이젠베르크는 훗날 이렇게 말했다. "(내) 아이디어가 완전한 결실을 맺도록 해준 것은 괴팅겐의 독특한 정신이었다. 곧 자기 모순이 없는 새로운 양자역학만이 기본 연구 목표가 될 수 있다는 보른의 신념이었다."[7] 실제로 새로운 물리학 연구가 유럽에서만 이루어지던 마지막 10년간인 1920년대에 새로운 세대의 물리학자들이 네 개의 주요 대학에서 자라고 있었다. 그들은 코펜하겐의 보어, 괴팅겐의 보른, 케임브리지의 러더퍼드, 뮌헨의 조머펠트 밑에서 연구하고 있었다. 초기에 보른의 조수를 거쳐간 사람들의 명단은 무척 인상적이다 : 파울리, 하이젠베르크, 요르단, 훈트, 휘켈, 노르트하임, 하이틀러, 로젠펠드. 괴팅겐대학에서 보른에게 박사 학위를 받은 사람들은 최소한 24명인데, 그 중에는 델브뤼크, 엘새서, 플뤼게, 훈트, 요르단, 괴페르트-마이어, 노르트하임, 오펜하이머, 바이스코프가 포함돼 있다. 1920년대에 괴팅겐대학에 매력을 느껴(보른뿐만이 아니라, 제임스 프랑크와 다비드 힐베르트도 그러한 매력의 대상이었다) 그 곳을 방문한 사람들 중에는 블래킷, 보어, 콤프턴, 콘던, 데이비슨, 디랙, 에렌페스트, 페르미, Ph. 프랑크, 헤르츠베르크, 후터먼스, 힐레라스, 요페, 카피차, 크라메르스, 폰 노이만, 폴링, 라이헨바흐, H. P. 로버트슨, 텔러, 윌렌베크, V. 포크, 벤첼, N. 위너, 위그너 등이 있다. 콤프턴은 "1926년 겨울에 나는 이 양자 지식의 원천인 괴팅겐대학에서 미국인을 20명 이상이나 보았다."[8]라고 회상했다. 보른은 그 당시를 이렇게 회상했다. "미국, 러시아, 이탈리아에서 많은 사람들이 왔다. 그 당시 그것은 내게 엄청난 압박을 주었다. 젊은 이들은 그것을 재빨리 받아들인 다음, 너무나도 복잡하게 만드는 바람에 내가 따라갈 수 없는 지경이 되었다…오펜하이머도 있었는데, 나는 그에게 박사 학위 논문에 쓸 과제로 논문을 한 편 주었다. 아주 복잡한 논문이었는데도 그는 그것을 아주 잘 처리했다."[9]

보른이 양자역학의 통계학적 해석 연구를 시작할 때, 40대 중반이었다는 사실을 기억할 필요가 있다. 그 무렵에 그는 이미 유명한 물리학자이자 교수였고, 연구 논문을 100편 이상이나 발표했으며, 저서도 6권이나 썼다. 마찬가지로, 보어 역시 양자역학의 상보성 해석을 제시할 때, 화려한 명성을 떨치고 있던 40대였다. 그러나 양자역학의 창시자들—하이젠베르크, 디랙, 요르단, 파울리—은 양자역학이 시작되던 1925년에 겨우 20대였다. 그래서 1925~1927년까지의 시기는 괴팅겐대학에서 'Knabenphysik', 곧 '소년 물리학'의 시대로 알려지게 된다. 다만, 슈뢰딩거는 이 단순화된 구도에 들어맞지 않는다. 그 당시 그는 38세였으니까. 헤르만 바일(Hermann Weyl)에게서 들은 이야기인데, 슈뢰딩거는 열정적인 로맨스를 즐기는 동안에 위대한 성과를 얻었다고 한다. 또, 슈뢰딩거는 이 새로운 역학을 만들어낸 사람들 중에서 자신이 얻은 결과를 탐탁치 않게 생각했던 유일한 사람이다.

학술지들에 접수된 날짜를 기준으로 1925년의 중요한 날짜 몇 개를 꼽아보자. 7월 29일, 양자역학에 관한 하이젠베르크의 첫 번째 논문[10]이 제출되었고, 9월 27일에는 보른과 요르단이 하이젠베르크의 역학이 행렬역학이라는 것을 인식하고,[11] $pq-qp=h/2\pi$(여기서 p는 운동량, q는 해당 좌표, h는 플랑크 상수)임을 최초로 증명했고, 11월 7일에는 같은 관계식을 디랙이 독자적으로 증명했으며,[12] 11월 16일에는 보른과 하이젠베르크와 요르단이 최초로 행렬역학의 기초를 전반적으로 다루었다.[13]

이 새로운 역학을 미국에 처음으로 가져온 사람은 보른이었다. 1925년 11월 2일, 보른은 괴팅겐을 떠나 매사추세츠공과대학(MIT)을 방문했다.

떠나기 하루 전날, 디랙이 보낸 논문 뭉치가 나타났다. 디랙이라는 이름은 한 번도 들어본 적이 없었다. 그런데 거기에는 우리의 논문(요르단과 함께 쓴)과 똑같은 내용이 쓰여 있었다. 제출 시점으로 본다면 우리가 4주일 가량 빨랐지만, 우리의 논문은 아직 발표되지 않은 상태였다. 나는 큰 충격을 받았다. 내 생애에서 그 때처럼 놀란 적은 없었다. 무명의 젊은이가 그렇게 완벽한 논문을 쓰다니! 그렇지만 나는 그가 누구인지 몰랐다. 반 년 뒤 영국에 갔을 때에야 비로소 나는 그를 만났다.[9]

보른의 1925년 미국 여행은 두 번째 방문이었다. 1911년에 이미 그는 앨버트 마이컬슨(Albert Michelson)의 초청으로 시카고를 방문한 적이 있었다. 그 때, "나는 많은 곳을 여행하면서 강의는 전혀 하지 않고, 단지 몇몇 세미나에만 참석했다…(그러나 MIT를 방문했을 때) 나는 엄청난 청중 앞에 서게 되었다."[14]

1925년 11월 14일부터 1926년 1월 22일까지 MIT에서 계속된 보른의 강의 중 일부는 양자론에 관한 것이었다. 그 강의 내용을 출판한 것[15]이 양자역학을 다룬 최초의 책이 되었다. 괴팅겐으로 돌아오기 전에 보른은 시카고대학, 위스콘신대학, 캘리포니아대학, 칼텍, 컬럼비아대학에서도 강의를 했다.

보른이 미국 여행을 할 무렵, 과학자들 사이에는 양자역학에 대한 관심이 확산되고 있었다. 다른 물리학자들도 거기에 대해 생각하기 시작했지만, 가장 앞선 분야에서 일어나고 있는 일을 제대로 파악하고 있는 사람은 얼마 되지 않았다. 사용된 수학은 낯선 것이었으며, 물리학은 명확하지 않았다. 9월에 아인슈타인은 에렌페스트에게 보낸 편지에서 하이젠베르크의 논문에 대해 언급했다. "괴팅겐 사람들은 그것을 믿고 있네(나는 믿지 않지만)."[16] 같은 무렵에 보어는 하이젠베르크의 연구를 "아마도 근본적인 중요성을 지닌 한 걸음"으로 간주했지만, "아직도 그 이론을 원자 구조의 문제에 적용하는 것은 가능하지 않다."[17]고 지적했다. 보어가 처음에 가졌던 유보적인 태도는 11월 초에 이르러 완전히 가시게 된다(참고 문헌 17, 각주 17). 그 때, 보어 자신이 구양자론에서 이룬 성과(수소 스펙트럼에 대한 발머

공식을 유도한 것)에 필적하는 연구를 파울리가 행렬역학으로 이루었다는 소식이 전해졌기 때문이다.[18]

다시 MIT로 돌아가자. 보른은 미국에서 쓰여진 양자역학에 관한 최초의 논문을 쓴 저자 중 한 사람이 되었다. 그 당시 하이젠베르크의 역학은 특별히 불연속적인 에너지 스펙트럼을 다루도록 만들어져 있었다. MIT에서 보른과 노버트 위너(Norbert Wiener)는 연속적인 경우뿐만 아니라 불연속적인 경우에도 적용할 수 있는 일반 연산자 미적분을 개발했다. 그들은 최초로 연속체(1차원에서의 자유 입자의 운동) 문제를 푼 것[19]을 몹시 자랑스럽

1925년 11월 혹은 12월에 MIT에서 함께 있는 막스 보른과 노버트 위너의 모습. 그 때, 두 사람은 미국에서 쓰여진 양자역학에 관한 최초의 논문을 완성했다.

게 여겼다(그들의 방법은 이후에 다른 것으로 대체되었다). 앞으로 보게 되겠지만, 보른이 처음에 연속체 문제를 다룬 것은 장차 그가 양자역학적 확률 개념을 발견하는 데 결정적인 역할을 하게 된다.

1926년 여름

보른이 미국 여행을 마치고 괴팅겐으로 돌아올 무렵, 슈뢰딩거는 파동역학을 발견하고, 수소 원자의 완전한 스펙트럼을 도출했다.[20] 윌렌베크는 내게 이렇게 말했다. "슈뢰딩거의 이론은 정말 희소식이었지. 이제 우리는 더 이상 괴상한 행렬수학을 배울 필요가 없어졌으니까." 래비는 보른의 저서 『원자역학』을 뒤져 슈뢰딩거의 방법으로 풀 만한 적당한 문제를 찾아냈다. 그리고 크로니그(Kronig)에게 가서 "이걸 한번 풀어보자."고 말했다. 그리고 그들은 그것을 해냈다.[21] 위그너는 내게 이렇게 말했다. "사람들은 계산을 하기 시작했지만, 그것은 다소 모호했다."

실제로 1926년 봄까지는 양자역학은 그것이 행렬수학이든 파동 방정식이든 새로운 종류의 난해한 수학적 기술이었다. 그것은 거기서 얻을 수 있는 답 때문에 분명히 중요한 것이었지만, 그 기초를 이루는 물리적 원리를 명확하게 기술하지 못했다. 내가 알기로는 그러한 원리들을 양자역학의 맥락에서 최초로 제안한 사람은 슈뢰딩거였다. 그 원고는 늦어도 5월 이전에 완성되어 7월 9일에 발표되었다.[22] 그는 파동만이 유일한 실체이며, 입자는 파생적인 것에 불과하다고 주장했다. 이 일원론적 견해를 뒷받침하기 위해 그는 선형 조화 진동자 파동함수의 적절한 중첩을 생각하고, 다음과 같이 주장했다. "우리의 파동 집단은 영원히 함께 붙어 있으며, 시간이 지나더라도 더 큰 영역으로 팽창해가지 않는다." 그리고 수소 원자 내의 높은 궤도들에서 움직이는 전자들에 대해서도 마찬가지 현상이 일어나리라고 "확실하게 기대할 수 있다."고 덧붙였다. 이렇게 함으로써 그는 파동역학이 고전물리학의 한 분야라는 것이 증명되기를 기대했다. 분명히 새로운 분야이긴 하지만, 진동하는 현이나 북이나 공에 관한 이론처럼 고전물리학의 틀 속에 들어가는 분야로 말이다.

슈뢰딩거의 계산은 옳았지만, 그의 기대는 오산이었다. 진동자의 경우는 매우 특별한 경우이다. 파속(波束)은 거의 언제나 확산되고 만다. 고전적인 꿈에 젖어 있던 슈뢰딩거는 자신의 이론을 정확하게 해석할 수 있는 두 번째 기회를 놓치고 말았다. 1926년 6월 21일, 비상대론적 시간 종속 파동방정식에 관한 그의 논문[23]이 접수되었다. 거기에는 특히 하나의 입자에 관한 방정식이 담겨 있었다(그의 표기법을 내가 약간 수정했음).

$$ i\hbar \frac{\partial \psi}{\partial t} = \left(- \frac{\hbar^2}{2m} \Delta + V \right) \psi $$

(여기서 ψ는 파동함수이고, t는 시간, $\hbar$는 플랑크 상수를 2π로 나눈 값이다. Δ는 라플라스 연산자이고, V는 퍼텐셜이다.)

그리고 그것과 함께 그 켤레방정식과 그에 대응하는 연속체 방정식도 있었다.

$$ \frac{\partial \rho}{\partial t} + \mathrm{div}\, j = 0 \qquad (1) $$
$$ \rho = \psi^\star \psi $$
$$ j = \frac{i\hbar}{2m} (\psi^\star \nabla \psi - \nabla \psi^\star \psi) $$

슈뢰딩거는 식 (1)이 전하의 보존과 관련된 식이라고 믿었다.

그러나 보른은 슈뢰딩거의 해석을 받아들이려 하지 않았다. "우리는 이 문제에 대해 다소 신랄한 논쟁을 펼쳤다…자기 의견에 반대되는 주장을 펼치는 사람이 있을 때마다 항상 그래 왔듯이, 그는 매우 공격적이었다. 그것이 우리의 우정을 해치지는 않았지만, 우리 사이에는 격렬한 논쟁이 벌어졌다."[9]

4일 뒤인 1926년 6월 25일에 보른이 학술지에 보낸 논문은 과거와의 결별을 선언한 것이었다. 결정적인 새로운 걸음을 내딛기 위해 "고전적인 연속체 이론의 부활을 겨냥한 슈뢰딩거의 물리적 구도를 완전히 버리고, 단지 그 수학적 형식만을 유지하면서 새로운 물리적 내용을 채우는 것이 필

요하다."(보른은 그로부터 반 년 뒤에 이렇게 썼다.[24])

'충돌 현상의 양자역학'이라는 제목이 붙은 그의 6월 논문[25]에서 보른은 (여러 경우 중에서도) z 방향으로 달리는 질량 m과 속도 v를 가진 일정한 입자 빔이 먼 거리에서 $1/r$보다 더 빠른 속도로 감소하는 정전위에 의해 탄성적으로 산란되는 경우를 고려하였다. 현대적인 표현으로 고친다면, 산란을 기술하는 정상 파동방정식은 $\exp(ikz) + f(\theta, \varphi)\exp(ikr)/r$, $k = mv/\hbar$로 점근적으로 행동한다. 입체각 $d\omega = \sin\theta\, d\theta\, d\varphi$의 요소로 산란되는 입자들의 수는 $N|f(\theta, \varphi)|^2 d\omega$로 주어진다. 여기서 N은 단위 시간당 단위 면적을 지나가는 입사 빔에 들어 있는 입자들의 수이다. 보른의 표기법으로 되돌아가려면, $f(\theta, \varphi)$를 Φ_{mn}으로 대체하면 된다. 여기서 n은 z 방향으로 나아가는 초기 상태의 평면파를 나타내며, m은 파동이 (θ, φ) 방향으로 움직이는 점근적인 최종 상태를 나타낸다. 그리고 나서 보른은 "Φ_{mn}은 z 방향으로부터 (θ, φ) 방향으로 전자가 산란될 확률을 결정한다."고 선언했다.

아무리 좋게 봐주어도, 이 선언은 모호하다. 보어는 급히 쓴 것이 분명한 논문에 증명을 위한 각주를 첨가했다. "더 정확하게 고려한 결과는 그 확률이 Φ_{mn}의 제곱에 비례함을 보여준다." '절대값의 제곱'이라고 말했어야 더 정확했지만, 어쨌든 그가 핵심을 파악한 것은 분명하며, 전이 확률 개념에 대한 정확한 표현이 각주를 통해 물리학에 도입되었다.

보른은 자신의 새로운 개념에 대한 슈뢰딩거의 반응을 이렇게 말했다. "나는 그것에 대한 편지를 슈뢰딩거에게 보냈는데, 그는 몹시 분개하였다. 왜냐하면, 그는 그것을 원하지 않았기 때문이다."[9]

나는 여기서 잠깐 보른이 처음에 확률을 $|\Phi_{mn}|^2$이 아니라 Φ_{mn}과 연관시켰다는 중요한 사실을 이야기하려고 한다. 최근에 개인적인 토론을 통해 알게 된 것이지만, 디랙도 그 무렵에 같은 생각을 하고 있었다. 위그너 역시 그러했는데, 그는 내게 그 당시 일종의 확률 해석을 여러 사람이 생각하고 있었고, 자신도 Φ_{mn}이나 $|\Phi_{mn}|$을 확률과 동일시하는 것을 생각했다고 말했다. 보른의 논문이 발표되고, 또 $|\Phi_{mn}|^2$이 올바른 값으로 밝혀지자, "나는 처음에 허를 찔려 깜짝 놀랐지만, 곧 보른이 옳다는 것을 깨닫게 되

었다."고 위그너는 말했다.

보른의 논문은 수학적 형식상으로는 정밀성을 결여했지만, 인과율을 뜨거운 중심 이슈로 제기했다.

"충돌 후의 상태는 무엇이냐?"라는 질문이 아니라 "충돌에서 나타나는 어떤 효과의 확률은 얼마냐?"라는 질문에 대한 답을 얻는다…여기서 결정론의 문제가 제기된다. 양자역학의 관점에서 볼 때, 개개의 경우에 어떤 충돌의 효과를 인과율적으로 결정하는 양 같은 것은 존재하지 않는다…나 자신은 원자 세계에서 결정론을 포기하고자 한다.

그러나 그는 양자역학적 관점에서 본 새로운 확률과 고전적인 통계역학에서 나타나는 구확률 사이의 차이에 대해 아직 분명한 생각을 갖고 있지 않았다. "역학과 통계학 사이에서 나타나는 이 밀접한 관계가 열역학적-통계학적 원리들을 수정할지도 모른다는 것은 전혀 생각할 수 없는 일은 아니다."

6월의 논문이 나오고 나서 한 달 후, 보른은 같은 제목의 후속 논문[26]을 완성했다. 이번에는 수학적 형식을 완전하게 갖추었으며, 중요한 새로운 사실을 지적했다. 그는 불연속적인 비축퇴 고유 상태(non-degenerate eigenstate) ψ_n을 가진 계에 해당하는 표준 정상 파동함수 ψ를 생각하고, 다음의 전개식

$$\psi = \Sigma c_n \psi_n$$

에서 $|c_n|^2$은 계가 상태 n에 있을 통계적 확률이라고 지적했다. 6월에 그는 1916년 이래 최소한 현상학적으로는 물리학의 일부로 여겨져온 개념인 전이 확률에 대해 논의했다. 1916년에 아인슈타인은 방출 전이 이론에서 A와 B 계수를 도입했고, 그와 함께 기본 물리 법칙의 한 요소인 인과율에 대해 염려하기 시작했다. 이미 1920년에 그는 보른에게 쓴 편지에서 이렇게 말했다. "인과율에 관한 문제는 정말 골치를 아프게 한다. 빛의 양자 흡수와 방출은 완전한 인과율의 개념으로 이해가 가능할까, 아니면 통계학적 잔재가 남을까? 여기서 나는 내 신념에 대해 용기를 잃게 된다고 인정할

수밖에 없다. 그러나 완전한 인과율을 포기해야 한다면 나는 매우 불행할 것이다."[27]

아인슈타인이 용기를 잃은 곳에서 보른은 용기를 잃지 않았다. 1926년에 발표한 두 번째 논문[26]에서 보른은 '한 상태에 대한 확률'을 도입했다. 그것은 이전에 시도된 적이 없었던 것이다. 그는 또한 파동역학의 본질을 아름답게 표현하였다. "입자들의 운동은 확률 법칙을 따르지만, 확률 자체는 인과율의 법칙에 따라 퍼진다."

1926년 여름에 양자역학의 물리적 원리에 대한 보른의 직관이 급속하게 발달하였다. 8월 10일, 그는 옥스퍼드대학에서 열린 영국협회 회의에서 한 논문[28]을 낭독했다. 거기서 그는 물리학의 '새로운' 확률과 '구' 확률을 분명히 구별하였다.

고전 이론에서는 개개의 과정들을 결정하는 미시적인 좌표들을 도입하는데, 무지 때문에 그 값들을 평균하여 그것들을 제거해버린다. 반면에, 새 이론에서는 그러한 것들을 전혀 도입하지 않고도 같은 결과를 얻을 수 있다…우리는 입자들의 운동을 직접 결정해야 하는 고전적인 의무로부터 힘들을 해방시켜 그 대신에 상태들의 확률을 결정할 수 있게 해준다. 전에는 힘에 관한 이 두 가지 개념을 동일하게 만드는 것이 우리의 목적이었으나, 엄밀하게 말하면 이 문제는 이제 더 이상 아무런 의미가 없다.

과학의 역사는 가벼운 아이러니들로 가득 차 있다. 양자역학을 가르칠 때, 대부분의 사람들은 식 (1)에 이르러, 무엇이 보존된다는 것을 알게 되고, 그 무엇을 확률과 동일시하게 된다. 그러나 그 방정식을 발견한 슈뢰딩거는 그러한 연결 관계를 말하지 않았으며, 양자 확률을 결코 좋아하지 않았다. 반면에, 보른은 식 (1)을 사용하지 않고서 확률을 도입했다.

양자물리학에서 확률의 역사에 일어난 모든 측면들을 여기서 다 이야기할 생각은 전혀 없다. 그러나 1926년 12월에 완성된 한 논문에서 언급된 구절은 빼놓을 수가 없다. 그것은 $q_1, \cdots, q_f$의 좌표를 가지는 다입자계에 대한 확률이 최초로 활자화되어 발표된 것이기 때문이다. 그 구절은 다음과 같다. "$|\psi(q_1, \cdots, q_f)|^2 dq_1, \cdots, dq_f$는 그 계의 적절한 양자 상태에서 좌표들

이 동시에 배치 공간의 적절한 체적 요소들에 놓여 있을 확률이다." 이 논문은 파울리가 쓴 것으로, 기체의 축퇴와 상자성을 다룬 것이다. 보른의 연구에 영감을 받은 이 구절은 각주에서 다시 발견된다.[29]

보른을 그 길로 나아가게 한 것은 무엇인가?

1954년, 보른은 "그의 기본적인 연구, 특히 파동함수의 통계학적 해석에 대한 연구 업적으로" 노벨상을 받았다. 70대의 보른은 수상 연설에서 자신의 통계학적 해석에 영감을 준 것은 "아인슈타인의 아이디어였다. 그는 광파의 진폭의 제곱을 광자가 출현하는 확률 밀도로 해석함으로써 입자(광자)와 파동의 이중성을 이해할 수 있게 만들려고 노력했다. 이 개념은 즉시 ψ 함수로 바꿀 수 있었다. $|\psi|^2$은 전자들의 확률 밀도를 나타낸다."[30]고 말했다. 이와 비슷한 표현은 보른이 말년에 쓴 다른 글들에서도 자주 발견된다. 액면 그대로 받아들일 때, 이것은 완벽하게 자연스러운 설명으로 보인다. 아인슈타인은 세기가 약한 빛은 마치 $h\nu$라는 에너지 다발로 이루어진 것처럼 행동한다고 말하지 않았던가? 그리고 빛의 세기는 전자기장에서 2차함수가 아닌가? 이러한 개연성과 보른 자신의 말에도 불구하고, 나는 이러한 아인슈타인의 기여가 1926년에 보른을 이끌었다고 믿지 않는다.[31]

보른의 생각(필연적으로 모호한 성격을 지닌)을 재구성하는 나의 노력은 오로지 충돌 현상에 관한 그의 논문 두 편과 1926년에 그가 아인슈타인에게 보낸 편지에 바탕하고 있다. 보른이 처음에 $|\psi|^2$보다는 ψ를 확률로 생각했다는 사실을 상기해보라. 만약 그 당시에 보른이 복사 방출에 관한 2차적인 양의 요동에 관한 아인슈타인의 뛰어난 견해에 정말로 자극을 받았다면, 이것은 이해하기 어렵다. 그럼에도 불구하고, 보른이 아인슈타인으로부터 영감을 얻었다는 것은 사실이다. 다만, 빛에 관한 아인슈타인의 통계학적 논문에서 영감을 얻은 것이 아니라, 1920년대 초에 아인슈타인이 생각했지만 결코 발표하지는 않은, 광양자와 파동장(wave field)의 역학에 관한 생각에서 영감을 얻었다. 보른은 자신의 두 번째 논문[26]에서 명백하게 밝히고 있다. "나는 (한) 파동장과 광양자 사이의 관계에 대해 아인슈타인

이 언급한 말에서 출발하였다. 그는 대략적으로 파동은 단지 입자인 광양자에게 길을 보여주기 위해 그 곳에 존재한다고 말했으며, 이러한 맥락에서 '유령의 장(Gespensterfeld)'이 광양자가…결정적인 경로를 취할 '확률'을 결정한다고 말했다.''

아인슈타인이 그렇게 일찍이 이러한 문제들에 관심을 가졌다는 것은 그다지 놀랄 만한 일이 아니다. 1909년에 그는 입자-파동의 이중성에 대한 글을 최초로 썼다. 1916년에 그는 처음으로 전이 확률(빛의 자발적인 방출에 대한)의 존재를 양자론의 근원과 연결시켰다(비록 이 연결 관계가 어떻게 공식적으로 수립될 것인지는 그도 아직 몰랐지만). 그가 생각한 유령의 장 또는 길잡이 장(guiding field)의 개념에 대해서는 구체적으로 알려진 것이 거의 없다. 그것에 대한 최선의 기술은 1920년대에 아인슈타인과 개인적으로 잘 알고 지냈던 위그너에게서 찾아볼 수 있다.[32]

> (아인슈타인의) 그림은 현재의 양자역학의 그림과 닮은 것이 아주 많다. 그렇지만 아인슈타인은 한편으로는 그것을 좋아했으면서도 결코 발표하지 않았다. 그는 그것이 보존 법칙과 충돌한다는 사실을 알았다…그는 그것을 결코 받아들일 수 없었으며, 그래서 길잡이 장의 개념을 결코 심각하게 검토하지 않았다… 알다시피, 그 문제는 슈뢰딩거의 이론에 의해 풀렸다.[33]

보른은 1926년 11월에 아인슈타인에게 보낸 편지에서 자신이 얻은 영감의 원천을 좀더 구체적으로 밝히고 있다(나로서는 알 수 없는 이유로 이 편지는 보른과 아인슈타인의 서신 교환집에서 발견할 수 없다).

> 나로서는, 슈뢰딩거의 파동장을 당신의 '유령의 장'으로 간주하는 내 개념이 항상 옳은 것으로 증명되기 때문에 나는 물리학적으로 완전히 만족한다고 말할 수 있다. 파울리와 요르단이 이 방향에서 아름다운 성과를 이루었다. 확률장은 물론 정상적인 공간에서 움직이는 것이 아니라 위상(혹은 배치) 공간에서 움직인다…슈뢰딩거의 업적은 순전히 수학적인 것으로 축소되고, 그의 물리학은 아주 초라하다.[34]

따라서, 내가 볼 때 보른의 생각은 다음과 같은 상황에 의해 조건화된 것으로 보인다. 그는 슈뢰딩거의 수학적 형식의 풍부성을 알고 받아들였지만, 슈뢰딩거의 해석은 받아들이지 않았다.

그(슈뢰딩거)는 고전적 사고로의 회귀를 이루었다고…믿었다. 그는 전자를 입자가 아니라 자신의 파동함수의 제곱, 곧 $|\psi|^2$으로 주어지는 밀도 분포로 간주했다. 그는 입자와 양자 도약에 대한 개념을 모두 버릴 수 있다고 주장했다. 그는 이 신념에 조금도 흔들림이 없었다…그러나 나는 원자와 분자의 충돌에 관한 (제임스) 프랑크의 훌륭한 실험에서 입자 개념의 풍부성을 매일 목격하고 있으며, 입자는 그냥 버릴 수 없다고 확신하게 되었다. 입자와 파동을 화해시킬 수 있는 어떤 방법을 모색해야 한다.[35]

이러한 길을 찾다가 그는 아인슈타인의 유령의 장의 개념을 생각하게 되었다. 그렇게 보면 그가 처음에 확률을 (유령의 장)^{2}이 아니라 유령의 장과 연관시킨 것이 당연하게 여겨진다. 그 다음 단계, 곧 ψ에서 $|\psi|^2$으로 나아간 것은 순전히 자신의 깨달음을 통해서 이루어졌다. ψ 그 자체는 전자기장과는 달리, 어떤 직접적인 물리적 실체도 갖고 있지 않다는 보른의 직관은 높이 평가할 만하다.

통계학적 해석에 관한 보른의 연구는 그의 업적 중에서도 높은 위치를 차지한다. 그것은 그가 남긴 가장 혁신적인 업적이다. 얼핏 보기에는 이 문제를 선택한 것은 보른과는 다소 어울리지 않는다. 하이젠베르크가 말한 것처럼, 보른은 '문제를 잘 제기하는' 사람이라기보다는 "오히려 수학자에 가까웠다."[36] 그러나 "입자와 파동을 화해시킬 수 있는 어떤 방법을 모색해야 한다."고 한 1926년 6월과 7월의 보른의 문제를 액면 그대로 받아들이는 것도 지나친 것으로 보이지는 않는다. 또 한 가지, 보른은 자신이 이룬 업적의 중요성, 즉 자신의 연구가 양자 혁명의 완성을 가져오는 데 기여했다는 사실을 즉각 알아채지 못했는지도 모른다. 훗날 그는 인터뷰에서 1926년에 대해 다음과 같이 회상했다. "우리는 통계학적인 고려를 하는 데 너무나도 습관화돼 있었으며, 그것을 한 단계 더 깊이 파고드는 것에 대해서는 그렇게 중요하게 생각하지 않았다."[9]

근위병 교대식

1926년 3월, 아인슈타인은 보른에게 보낸 편지에서 이렇게 썼다. "하이젠베르크-보른의 개념들은 우리 모두를 숨죽이게 만들었으며, 이론물리학에 종사하는 모든 사람들에게 깊은 인상을 주었다."[37] 이 구절은 슈뢰딩거가 파동역학을 내놓기 이전에 쓰여진 것이다. 1926년 12월, 11월에 보른이 보낸 편지[34]에 아인슈타인이 답장을 보낼 무렵에는 슈뢰딩거의 연구가 발표되었고, 보른의 확률 해석도 나와 있었다. 그러나 자주 인용되는 12월의 편지 구절에서 보듯이, 아인슈타인은 이에 대해 아무 관심도 보이지 않았다. "양자역학은 정말 인상적이다. 그러나 내부의 목소리는 양자역학이 아직 실체가 아니라고 내게 속삭인다. 그 이론은 많은 것을 말해주지만, '구이론'의 비밀에 더 가까이 다가가게 해주지 않는다. 어쨌든 나는 신이 주사위놀이를 하고 있지 않다고 확신한다."[38] 아인슈타인은 그 후 평생 동안 이러한 입장을 견지했다. 예를 들면, 1930년대 중반에 아인슈타인은 보른에게 보낸 편지에서 이렇게 썼다. "나는 아직도 양자론의 통계학적 방법이 최종적인 답이라고 믿지 않는다. 그러나 현재로서는 내 의견을 지지하는 사람은 나 혼자뿐이다."[39]

또한, 한때 큰 영향력을 떨쳤던 베를린 학파의 다른 거물들(플랑크, 폰 라우에, 슈뢰딩거)의 태도도 회의적인 것이었으며, 심하게는 반대하는 입장을 보이고 있었다. 1926년 첫주에 슈뢰딩거는 보어의 초청으로 코펜하겐을 방문해 양자론의 현실에 대해 토론했다. 하이젠베르크도 거기에 왔다. 훗날 보어는 다른 사람들에게(나를 포함해) 그 때 슈뢰딩거가 보인 반응을 자주 이야기하곤 했다. 슈뢰딩거는 그 결과를 미리 알 수 있었더라면 자기 논문을 결코 발표하지 않았을 것이라고 했다. 슈뢰딩거는 여전히 입자 개념을 버려야 한다고 믿었다. 보른은 계속 그의 생각을 반박했다. 슈뢰딩거가 사망한 후, 보른은 오랜 친구를 잃은 것을 애도하며 오랜 세월에 걸친 두 사람의 논쟁에 대해 이렇게 썼다. "그 논쟁은 매우 거칠고도 부드러웠으며, 날카로운 의견 교환은 있었지만, 상대방의 감정을 해친다는 느낌은 전혀 없었다."[40]

보른의 연구가 나오자, 로렌츠는 더 이상 양자론이 가져온 변화를 이해할 수 없었다. 1927년 여름에 그는 에렌페스트에게 보낸 편지에서 이렇게 썼다.

나는 $\psi\psi^\star$이 확률이라는 개념이 도저히 마음에 들지 않네…수소 원자의 경우에 $\psi\psi^\star$을 확률로 해석하는 것이 무엇을 의미하는지 정확하게 파악하기 어렵다는 점은 주어진 값 E(고유값 중 하나)에 대해 에너지 E를 가진 전자들이 그 밖으로 나갈 수 없는 구 바깥에도 (0이 아닌) 확률이 존재한다는 사실에서 명백하게 드러나네.[41]

양자 혁명은 제5차 솔베이 회의가 개최된 1927년 10월에 완료되었다. 그 해 3월에 하이젠베르크는 불확정성 관계식을 유도했고, 9월에는 보어가 처음으로 상보성에 대해 강의했다. 이 솔베이 회의의 의사록[42]은 1928년에 출판되었다. 그것은 10월의 회의를 주재하고 나서 얼마 후 사망한 로렌츠에게 바치는 마리 퀴리(Marie Curie)의 헌사로 시작된다. 그 다음에는 참석자들의 명단이 나오는데, 거기에는 플랑크, 아인슈타인, 보어, 드 브로이, 보른, 슈뢰딩거가, 그리고 젊은 과학자들로는 디랙, 하이젠베르크, 크라메르스, 파울리 등이 포함돼 있다. 그 다음에는 그 회의에 제출된 논문들이 나온다. 전체적으로 볼 때, 이 기록은 마치 근위병 교대식의 보고서처럼 보인다.

이 격동의 시대에 창조된 것들은 오늘날까지도 남아 있다. 오늘날에도 확률 해석을 불편하게 느끼는 물리학자들이 있다. 그러나 비상대론적 양자론의 규칙들을 개정해야 할 필요성을 설득력 있게 제시하는 실험적 또는 이론적 주장은 어떤 것도 없다. 나는 미래에 대해 전망하는 것에 관심이 없지만, 25년도 더 전에 유행하던 말로써 결론을 맺고자 한다. 그 말은 지금도 시의 적절하게 생각된다. "현대 물리학자는 월요일, 수요일, 금요일에는 양자 이론물리학자이고, 화요일, 목요일, 토요일에는 중력 상대성 이론의 제자라고 한다. 일요일에는 물리학자는 그 어느 쪽도 아니고, 자신의 신에게 누군가가, 그것이 자신이 되면 더 좋겠지만, 양 견해를 화해시킬 수 있는 방법을 찾게 해달라고 기도한다."[43]

보른의 확률 개념에 대한 반응

확률 개념에 대한 보른의 논문이 초기에 제대로 인정받지 못했다는 사실은 다소 이상하게 생각될 것이다(보른은 이에 대해 몹시 유감스럽게 생각했다). "그들이 핵심을 파악하지 못하는 데 대해 나는 몹시 화가 났다."[9] 1926년 11월에 코펜하겐에서 쓴 하이젠베르크의 확률 해석 논문[44]에는 보른에 대한 언급이 전혀 없다. 모트(Mott)와 매시(Massey)가 원자 충돌에 대해 쓴 글들이나 양자역학에 관한 크라메르스의 책에서도 보른의 연구는 전혀 언급되지 않았다. 1933년에 나온 '물리학 핸드북'이라는 권위 있는 글에서 파울리는 보른의 기여에 대해 단지 각주에서만 잠깐 언급했다. 코펜하겐 출신의 요르겐 칼카르(Jörgen Kalckar)는 이 문제에 관해 보어와 나눈 대화를 내게 편지로 쓴 적이 있다. "보어는 슈뢰딩거가 자신의 파동역학과 하이젠베르크의 행렬역학이 동일하다는 것을 증명하자마자, 파동함수의 '해석'은 명백해졌다고 말했다…이러한 이유에서 보른의 논문은 코펜하겐에서는 그다지 놀라운 것으로 받아들여지지 않았다. '우리는 그것과 다른 결과는 전혀 생각지 않고 있었다'고 보어는 말했다." 모트도 이와 비슷한 말을 했다.

아마도 확률 해석은 모든 것 중에서(양자역학에 남긴 보른의 기여 중에서) 가장 중요한 것이었겠지만, 슈뢰딩거와 드 브로이의 연구와 실험 결과들을 고려한다면 이것은 모든 사람에게 곧 명백해보였던 것이 분명하고, 실제로 내가 1928년에 코펜하겐에서 연구할 때 그것은 이미 '코펜하겐 해석'이라 불리고 있었다. 돌이켜보면, 나는 보른이 그것을 최초로 주장한 사람이라고 생각한 적이 한 번도 없었다.[45]

내가 보낸 질의에 대해 1926년에 대학에서 공부를 시작한 카시미르(Casimir)는 이렇게 답했다. "나는 슈뢰딩거의 방정식을 그 해석과 함께 배웠다. 그것과 관련해 보른이 특별히 언급된 기억이 없다는 것은 이상하다. 물론 그는 행렬역학의 공동 창시자로 언급되었다." 그보다 10년쯤 늦게 대학에 들어간 내 생각도 같다.

후기 : 보른 근사법

보른이 1926년에 쓴 충돌에 관한 두 번째 논문에 대한 평가는 이와는 대조적이었다. 거기에 나오는 보른 근사법(Born approximation)은 양자역학에 관한 웬만한 과정에서는 다 가르치고 있으며, 양자물리학이 사용되는 곳이라면 지금도 여전히 사용되고 있다. 물론 나중 세대의 학생들은 보른의 원래 논문을 참조할 근거를 발견하기 어렵다. 그러나 이 글을 준비하기 오래 전에 나는 그렇게 할 기회가 있었다. 한 번은 보른 근사법을 개선하는 작업[46]을 할 때였고, 또 한 번은 레스 조스트(Res Jost)와 내가 구대칭적인 정퍼텐셜에 의한 산란에 대한 보른 전개식의 수렴에 관심을 가졌을 때였다. 그것은 적절한 재규격화 과정을 거치면 $\lambda V(r)$로 쓸 수 있다(여기서 λ는 퍼텐셜의 세기). 산란 파동함수 ψ를 λ의 멱급수로 쓸 수 있다. 문제는 $V(r)$에 부과된 어떤 특정 조건에서 이 멱급수(보른 전개식)가 수렴하는가 하는 것이었다. 우리는 ψ를 λ에서 수렴하는 두 개의 멱급수의 지수로 쓸 수 있는 V에 대한 일반 조건을 발견했다. 그리고 이 결과로부터 보른의 전개식에 대한 수렴 반지름을 결정하는 방법을 얻었다.[47]

연구를 마친 뒤에 우리는 이 수렴 문제에 대해 이전에 어떤 연구들이 있었는지 궁금했다. 우리는 문헌을 샅샅이 뒤졌지만, 그 전개식은 에너지가 더 높거나 $|\lambda|$의 값이 작을수록 신뢰성이 높아진다는 주장말고는 구체적인 것은 아무것도 발견하지 못했다. 그러다가 마침내 보른이 충돌에 관해 쓴 1926년의 두 번째 논문[26]에서 우리의 문제를 고려했다는 사실을 발견했다. 그는 먼저 $|V(x)| <$ 상수 $\cdot x^{-2}$인 퍼텐셜에 대한 1차원의 경우를 이야기한 다음, 이러한 조건에서 자신의 전개식은 어떤 유한한 간격에 대해서도 균일하게 수렴한다는 것을 정확하게 보였다. 그는 이 결과로부터 3차원의 경우에 대한 결론을 끌어냈을 것이다. "이 절차의 수렴은 V가 r^{-2}로서 0으로 접근한다는 가정하에 쉽게 보여줄 수 있다. 그러나 여기서 그것을 자세히 다루지는 않겠다." 그러나 애석하게도, 이것은 틀린 결론이었다.

우리 자신의 연구로 돌아와 우리는 상대론적 장 이론들에 대해서도 어떤 성과를 얻을 수 있는지 검토해보았다. 그러나 우리는 실패하였다. 그러한 경우에 마주치는 핵심적인 것들은 너무나 특이적인(singular) 것이어서 우리의 방법을 적용할 수 없었다. 오늘날까지도 장 이론에서 보른의 전개식의 수렴에 관한 증명과 반증은 중요한 도전 과제로 남아 있다.[48]

참고 문헌

1. 보른의 세파르디(에스파냐, 포르투갈, 북아메리카계 유태인) 조상이 독일로 오고 나서 얼마 후에 집안의 성은 보른으로 바뀌었다(딸 이레네와의 개인적인 대화에서).

2. M. Born, interview by T. S. Kuhn, October 18, 1962; transcript in Niels Bohr Archive(NBA), Copenhagen.

3. M. Born and A. Landé, *Verh. Deutsch. Phys. Ges.* **20**, 210, 1918; reprinted. in ref. 4.

4. *Max Born, Ausgewählte Abhandlungen*, Vol. 1, p. 356, Vandenhoeck and Ruprecht, Göttingen, 1963.

5. M. Born and W. Heisenberg, *Zeitschr. f. Physik* **16**, 229, 1923.

6. M. Born, *Zeitschr. f. Physik* **26**, 379, 1924; reprinted in ref. 4, Vol. 2, p. 61.

7. N. Kemmer and R. Schlapp, *Biogr. Mem. Fellows R. Soc.* **17**, 17, 1971.

8. K. T. Compton, *Nature (London)* **139**, 238, 1937.

9. Ref. 2, interview October 17, 1962.

10. W. Heisenberg, *Z. Phys.* **33**, 879, 1925.

11. M. Born and P. Jordan, *ibid.*, **34**, 858, 1925; reprinted in ref. 4, Vol. 2, p. 124.

12. P. A. M. Dirac, *Proc. R. Soc. London Ser.* **A109**, 642, 1925.

13. M. Born, W. Heisenberg, P. Jordan, *Zeitschr. f. Physik* **35**, 557, 1926; reprinted in ref. 4, Vol. 2, p. 155.

14. M. Born, interview by P. P. Ewald, June 1960; transcript in NBA.

15. M. Born, *Probleme der Atomdynamik*, Springer, Berlin, 1926; in English: *Problems of Atomic Dynamics* MIT Press, Cambridge, MA, 1926; reprinted by Ungar, New York, 1960.

16. A. Einstein, letter to P. Ehrenfest, September 20, 1925.

17. N. Bohr, *Nature (London)* **116**, 845, 1925.

18. *Wolfgang Pauli Scientific Correspondence,* Springer Verlag, New York, 1979, Vol. 1, pp. 252-4.

19. M. Born and N. Wiener, *J. Math. Phys. (Cambridge, Mass.)* **5**, 84, February 1926; *Zeitschr. f. Physik* **36**, 174, 1926; reprinted in ref. 4, Vol. 2, p. 214.

20. E. Schrödinger, *Ann. d. Phys. (Leipzig)* **79**, 361, 1926.

21. R. de L. Kronig and I. I. Rabi, *Phys. Rev.* **29**, 262, 1927.

22. E. Schrödinger, *Naturwissenschaften* **14**, 644, 1926.

23. E. Schrödinger, *Ann. d. Phys. (Leipzig)* **81**, 109, 1926.

24. M. Born, *Gött. Nachr.* 1926, p. 146; reprinted in ref. 4, Vol.2, p. 284.

25. M. Born, *Zeitschr. f. Physik* **37**, 863, 1926; reprinted in ref. 4, Vol. 2, p. 228.

26. M. Born, *Zeitschr. f. Physik* **38**, 803, 1926; reprinted in ref. 4, Vol. 2, p. 233.

27. A. Einstein, letter to M. Born, January 27, 1920, in *The Born-Einstein Letters* (I. Born, Ed.), p. 23, Walker, New York, 1971.

28. M. Born, *Nature* **119**, 354, 1927.

29. W. Pauli, *Zeitschr. f. Physik* **41**, 81, 1927, footnote on p. 83.

30. M. Born, in *Nobel Lectures in Physics 1942-1962*, p. 256, Elsevier, New York 1964.

31. 나는 보른이 1924년에 제기되었다가 1925년에 폐기된 보어-크라메르스-슬레이터의 이론에 인도받았다[W. Heisenberg, in *Theoretical Physics in the Twentieth Century*, Interscience, New York, 1960, p. 44]고도 믿지 않으며, 그의 개념이 '아인슈타인- 드 브로이의 이중적 접근 방법 경향에서 형성되었다' [H. Konno, *Jpn, Stud. Hist, Sci.*, 17, 129, 1978]고도 믿지 않는다.

32. E. Wigner, in *Some Strangeness in the Proportion*, Addison-Wesley, Reading, MA, 1980, p. 463.

33. 보존 법칙과의 충돌은 아인슈타인이 입자 하나마다 개개의 길잡이 장을 생각했기 때문에 발생했다. 이와는 대조적으로, 슈뢰딩거의 파동은 동시에 모든 입자들의 배치 공간 속의 '길잡이 장' 이다.

34. M. Born, letter to A. Einstein, November 30, 1926.

35. M. Born, *My Life and My Views*, Scribner's, New York, 1968, p. 55.

36. Oral history interview of Heisenberg by T. Kuhn, 1963, Archives of the History of Quantum Physics, Niels Bohr Library, American Institute of Physics, New York.

37. A. Einstein, letter to M. Born, March 7, 1926, in ref. 27, p. 88.

38. A. Einstein, letter to M. Born, December 4, 1926, in ref. 27, p. 90.

39. A. Einstein, letter to M. Born, undated, probably 1936, ref. 27, p. 124.

40. M. Born, *Phys. Bl.* **17**, 85, 1961; reprinted in ref. 4, Vol. 2, p. 691.

41. H. A. Lorentz, letter to P. Ehrenfest, August 29, 1927.

42. *Électrons et Photons*, Gauthier-Villars, Paris, 1928.

43. N. Wiener, *I am a Mathematician*, MIT Press, Cambridge, MA, 1956, p. 109.

44. W. Heisenberg, *Z. Phys.* **40**, 50, 1926.

45. N, F. Mott, Introduction to ref. 35, pp. x-xi.

46. A. Pais, *Proc. Cambridge Philos. Soc.* **42**, 45, 1946.

47. R. Jost and A. Pais, *Phys. Rev.* **82**, 840, 1951.

48. 큰 도움이 된 편지를 보내준 괴팅겐대학의 K. P. Lieb 교수에게 감사드린다.

1948년 프린스턴대학의 고등학술연구소의 교원 휴게실에 모여 있는
오펜하이머, 디랙, 파이스(왼쪽에서 오른쪽으로).

폴 디랙[1]

"모든 물리학자들 중에서 디랙은 가장 순수한 영혼을 가졌다."

—닐스 보어

1902년, 문학계에서는 에밀 졸라가 사망하고 존 스타인벡이 탄생했으며, 『배스커빌의 개』, 『배덕자』, 『세 자매』, 『종교적 경험의 다양성』이 출간되었다. 모네는 '워털루 다리'를 그렸고, 엘가는 '장관과 상황'을 작곡했으며, 카루소는 최초의 축음기 녹음을 했다. 이 해에는 또 최초의 아일랜드 해협 기구 횡단 여행이 이루어졌다. 과학계에서는 헤비사이드(Heaviside)가 헤비사이드층 가설을 세웠고, 러더퍼드와 소디(Soddy)가 방사성 원소의 변환 이론을 발표했으며, 아인슈타인은 베른의 특허국에서 말단 공무원으로 근무를 시작했고, 8월 8일에는 브리스틀에서 폴 에이드리언 모리스 디랙(Paul Adrien Maurice Dirac)이 스위스 발레주 몽테 출신인 찰스 디랙(Charles Dirac)과 영국 해군 대령의 딸인 플로렌스 홀텐(Florence Holten)의 아들로 태어났다. 위로는 두 살 많은 형인 레지널드(Reginald)가 있었는데, 그는 1924년에 자살로 삶을 마감했고, 아래로는 네 살 어린 여동생 베아트리스(Beatirce)가 있었다. 아버지에 대해 폴 디랙은 다음과 같이 회상하였다.

아버지는 자기에게 말할 때에는 오로지 프랑스어로만 말하라고 시켰다. 아버지는 그렇게 해야 내가 프랑스어를 잘 배울 수 있을 것이라고 여겼다. 나는 프랑

---

1. 웨스트민스터 대성당에 묻힌 디랙에게 바치는 기념 명판의 제막식에 즈음하여 1995년 11월 13일에 런던의 왕립학회에서 한 강연.

스어로 내 의사를 잘 표현할 수 없었기 때문에 차라리 침묵을 지켰다. 그래서 그 무렵에 나는 아주 과묵했다. 그것은 아주 이른 시절부터 시작되었다.[2]

그리고 형의 죽음에 대해서는 이렇게 말했다.

그것은 물론 우리 가족에게 엄청난 충격이었다…형은 매우 의기소침한 삶을 살았으리라고 짐작된다. 어떤 사교적 접촉도 없이 자라난 그러한 종류의 생활은 나뿐만 아니라 형도 매우 의기소침하게 만들었다. 동생이 자기보다 똑똑하다는 사실 또한 형을 우울하게 만든 것이 분명하다…예를 들면, 공학 우등 시험에서 나는 1급을 받았는데, 형은 3급을 받았다…형은 기술자의 일자리를 얻어 주로 중부 지방의 코번트리에서 일했고, 가끔은 울버햄프턴에서 일했다. 형은 비록 우리 집이 따뜻한 면은 별로 없었지만, 집에 오기를 좋아한 것 같다. 적은 휴가 일수에도 불구하고, 형은 브리스틀까지 와서 될 수 있는 한 집에서 시간을 보내다 돌아가곤 했기 때문이다…형에게도 여자 친구가 있었다…(형이 죽은 후에) 아버지는 그 여자를 집으로 한번 오라고 하는 게 어떻겠느냐고 말씀하셨는데, 어머니는 그 여자가 나를 쫓아다닐지도 모른다며 안 된다고 했다…그 때, 나는 22세였지만, 어머니는 여전히 나를 여자로부터 보호할 필요가 있다고 생각했다. 나는 그것을 다소 불만스럽게 생각했으나, 결과적으로 나는 그녀를 한 번도 만나지 못했다….

형의 죽음에는 약간의 미스터리가 얽혀 있다. 형은 죽기 석 달 전에 직장을 그만두었는데, 그러고 나서 마지막 석 달 동안 무엇을 하고 살았는지 아무도 아는 사람이 없었다. 형은 하숙집 주인에게 직장을 그만두었다는 사실을 말하지 않았다. 형은 아침이 되면 평소와 다름없이 출근 시간에 집을 나섰으며, 저녁에 돌아왔다. 하숙집 주인은 형이 직장을 그만두었다는 사실을 전혀 몰랐다고 한다. 형은 하숙비도 제때에 지불했다. 저축해놓은 돈으로 살아갔던 것이다. 그리고 돈이 다 떨어지자, 형은 자살했다. 경찰은 광범위한 탐문 조사를 벌였으나, 마지막 석 달 동안에 형이 무엇을 했는지 밝혀낼 수 없었다….

우리는 서로 편지도 주고받지 않았고, 사실상 다년간 서로 이야기도 나눈 적이 없었다…그렇게 서로 대화가 없었던 한 가지 이유는 프랑스어로 이야기하지 않으면 꾸지람을 듣기 때문이었다.[2]

정말 우울한 가족 이야기가 아닌가!

내 책꽂이에는 디랙의 저서 『양자역학의 원리』 초판본이 내가 네덜란드에서 대학원에 다니던 시절부터 줄곧 꽂혀 있다. 거기서 간결하고 짧은 디랙 방정식의 아름다움과 힘을 배우는 것은 결코 잊을 수 없는 스릴을 느끼게 했다. 세월이 한참 지나고 나서 1946년 1월, 나는 처음으로 디랙과 그의 부인을 케임브리지의 캐번디시가 7번지에 있는 그들의 집에서 만났다. 그리고 그 해 가을에는 프린스턴대학의 고등학술연구소에서 그를 자주 만나게 되었다. 그는 그 곳에서 1934-35학년도(미국에서는 가을부터 학년이 시작되기 때문에 1934-35학년도는 1년간을 가리킨다—역주)에 교수로 지냈으며, 또 내가 그 곳에 있는 동안 1946년 가을 학기와 1947-48학년도, 1958-59학년도, 1962-63학년도에도 그 곳의 교수로 지냈다. 이 모든 만남을 통해 나는 디랙과 아주 가까워지게 되었다. 함께 대화를 나누거나 산책을 하거나 나무베기 여행 등을 통해 나는 물리학에 대한 그의 견해를 잘 이해하게 되었다. 나는 다른 곳에서도 그를 만났는데, 특히 그가 70세 때 플로리다주립대학의 물리학 교수로 새로운 경력을 시작한 탤러해시에서도 만났다.

나는 이제 디랙과의 만남을 통해 알게 된 모든 이야기와 내가 파악한 그의 성격에 대해 이야기하고자 한다. 그러나 우선 그가 살아온 경력부터 이야기하는 게 순서일 것 같다.

───────

폴 디랙은 비숍로드초등학교를 마친 다음, 12세에 머천트벤처러즈공과대학 부속중학교에 입학했다. 두 학교는 모두 아버지가 프랑스어를 가르치던 브리스틀에 있었다. 훗날 디랙은 이렇게 회상했다. "그 곳은 과학과 현대 언어를 배우기에는 아주 훌륭한 학교였다. 라틴어나 그리스어 과목은 가르치지 않았는데, 오래된 문화의 가치를 높이 평가하지 않는 내게는 다행한 일이었다…나는 축구와 크리켓을 했고…결코 크게 두각을 나타내지 못했다. 그러나 학창 시절에 과학에 대한 관심이 커졌다."[3]

아버지의 충고에 따라 디랙은 1918년에 브리스틀대학의 전기공학과에 입학하여 1921년에 최우등의 성적으로 졸업했다. 40년 뒤, 그는 그 시절에 대해 이렇게 묘사했다.

그 때, 공학을 공부한 것이 내게 미친 영향을 설명하고 싶다. 나는 그 후 더 이상 그 때 배운 것을 더 자세하게 응용하지 못했으나, 그것은 나의 전체적인 시각을 크게 변화시켰다. 그 전에는 나는 오직 정확한 방정식에만 관심이 있었다. 그런데 내가 배운 공학 교육은 근사를 받아들이도록 가르쳐주었으며, 나는 근사에 기초한 이론들도 때로는 그 속에 상당한 아름다움을 지니고 있음을 볼 수 있게 되었다…만약 그 때 공학 교육을 받지 않았더라면, 훗날의 연구에서 큰 성공을 거두지 못했을 것이라고 생각한다…나는 훗날의 연구에서 대개 엄격하지 않은 공학 수학을 사용했는데, 내가 쓴 대부분의 글에는 엄격하지 않은 수학이 포함돼 있는 것을 여러분도 발견할 수 있을 것이다…절대적인 정확성에 기초해 연구를 하고자 하는 순수 수학자는 물리학에서는 큰 성공을 거두기 어렵다.[4, 5]

공학도로서 공부하던 그 기간에,

놀라운 일이 일어났다. 상대성 이론이 온 세상에서 폭발하고 있었다…그것이 그렇게 엄청난 충격을 몰고 온 이유는 쉽게 이해할 수 있다. 우리는 끔찍하고도 매우 심각한 전쟁을 막 끝마친 참이었다…모두가 그것을 잊고 싶어했다. 바로 그 때, 상대성 이론이 나온 것이다…그것은 전쟁으로부터의 탈출구였다.

중고등학교에 다닐 적에 나는 시간과 공간의 관계에 대해 큰 흥미를 느꼈다. 나는 그것에 대해 깊이 생각했는데, 시간이 또 하나의 차원이라는 사실은 명백하게 느껴졌다. 그리고 시간과 공간 사이에 어떤 연결 관계가 있을 가능성과, 그것을 일반적인 4차원의 관점에서 고려해야 할 가능성에 대해서도 생각해보았다. 그러나 그 당시에 내가 알고 있던 기하학은 유클리드 기하학뿐이었다.[4]

1921년, 디랙은 공학자의 일자리를 구하려고 했으나, 적당한 자리를 얻지 못했다. 그러다가 운 좋게도 브리스틀대학에서 2년 동안 공짜로 수학을 공부할 수 있는 기회를 얻었다.

그 기간은 과학자로서 디랙이 경력을 시작하는 출발점이 되었다.

1923년 가을, 디랙은 과학산업연구부로부터 생계비 보조를 받아 케임브리지대학에 등록했다. 9년 후, 그는 조지프 라머(Joseph Larmor)의 뒤를 이어 한때 뉴턴이 차지했던 루카시안 수학 석좌 교수 자리에 오른다.[6] 케임브리지에서 디랙에게 구양자론을 접하게 해준 사람은 랠프 파울러(Ralph

Fowler)였으며, 러더퍼드와 보어와 조머펠트의 원자에 대한 지식을 처음으로 전해준 것도 그였다.

1925년 5월 보어가 케임브리지대학에 와서 양자론의 기본적인 문제와 어려움에 대해 강의할 때, 디랙은 보어를 처음으로 만났다. 그 때의 만남에 대해 디랙은 훗날 이렇게 묘사했다.

사람들은 보어가 하는 말을 듣고 마법에 홀린 듯했다…나도 깊은 인상을 받긴 했지만, 그의 주장은 주로 정성적인 것이었고, 나는 그 주장들 뒤에 있는 사실들을 정확하게 꼬집어낼 수 없었다. 내가 원한 것은 방정식으로 표현할 수 있는 진술들이었지만, 보어의 연구는 그러한 진술을 제공하는 경우가 드물었다. 나중의 내 연구가 보어의 그 강의에 얼마나 영향을 받았는지는 확신할 수 없다…새로운 방정식을 생각하게끔 자극을 주지는 않았기 때문에, 그가 직접적인 영향을 미친 것은 아닌 것이 분명하다.[4]

1925년 7월, 디랙은 역시 케임브리지대학에서 하이젠베르크를 처음으로 만났다. 같은 달에 양자역학에 관한 하이젠베르크의 첫 번째 논문이 나왔다. "나는 하이젠베르크의 이 이론을 9월에 알게 되었는데, 처음에는 이해하기가 무척 어려웠다. 그것을 이해하는 데에는 2주일이 걸렸다. 그 때, 갑자기 하이젠베르크가 도입한 가장 중요한 개념은 교환법칙이 성립하지 않는 성질이라는 사실을 깨닫게 되었다."[7] 그 결과로 양자역학에 관한 디랙의 첫 번째 논문[8]이 나왔다. 그 전에 디랙은 이미 일곱 편의 훌륭한 논문을 발표한 바 있었지만, 특별한 반응을 얻지는 못했다. 그러나 여덟 번째 논문은 큰 반향을 일으켰다. 거기에는 $pq - qp = h/2\pi i$ 라는 관계식이 포함돼 있었는데, 이것은 보른과 요르단이 발견하기 전에 독자적으로 유도한 것이었다. 이 세 사람은 서로의 연구에 대해 전혀 알지 못하고 있었다. 보른은 디랙의 논문을 받았을 때의 반응을 이렇게 묘사했다. "이것은, 내가 생생하게 기억하고 있는데, 과학자로서의 내 생애에서 가장 놀라운 사건 중 하나였다. 디랙이라는 이름은 전혀 생소한 것이었고, 저자는 아주 젊은 사람처럼 보이는데도 불구하고, 모든 것이 완벽하고 존경할 만했기 때문이다."[9]

그 당시에 디랙은 q-수(q는 quantum 또는 queer를 나타낸다)라든가 c-수(c

는 classical 또는 commuting을 나타낸다)와 같은, 오늘날 우리가 사용하는 언어의 일부가 된 여러 가지 표기법을 만들어냈다.[4] 그는 그 당시의 자신의 연구 습관에 대해 이렇게 묘사했다. "주중 내내 그러한 문제들에 대해 집중적으로 생각하고, 일요일에는 혼자서 시골을 산책하면서 휴식을 취했다."[4] 디랙은 평생 동안 자연의 미, 그 중에서도 특히 산악 지역의 미에 큰 매력을 느꼈다. 그는 등산을 좋아했다. 이를 위해 그는 케임브리지대학 바깥에 있는 고그마고그산에 있는 나무들을 오르는 연습을 하기도 했는데, 그 때에도 그는 사시사철 입고 다니던 어두운 색 옷을 입었다. 그는 고도의 기술이 필요한 등반은 피했지만, 그럼에도 불구하고 로키산맥, 알프스산맥, 카프카스산맥에서 제법 높은 봉우리들에 올랐다. 1936년, 그는 이고르 탐(Igor Tamm)과 함께 유럽에서 가장 높은 산인 해발 5640m의 엘브루스산 정상에 올랐으나, 높은 고도에서 졸도하는 바람에 24시간 동안 휴식을 취한 다음 하산해야 했다.[10]

1926년 5월, 디랙은 '양자역학' 이라는 제목의 논문[11]으로 박사 학위를 받았다. 그 사이에 파동역학에 관한 슈뢰딩거의 논문이 나왔는데, 디랙은 처음에는 적대적으로 대하다가 나중에는 그것을 열정적으로 받아들였다. 그는 곧 그 이론을 동일한 입자들의 계에 적용했다.[12] 거의 같은 시기에 하이젠베르크도 그 문제에 관심을 기울였는데,[13] 그는 몇 가지 입자계에 관심을 집중하여 헬륨 원자에 관한 이론[14]을 만들었다. 반면에, 디랙의 논문(1926년 8월)[12]은 양자역학을 통계역학과 연관시킨 최초의 논문으로 기억된다. 보스와 아인슈타인에 의해 이루어진, 양자통계학에 대한 초기의 연구가 양자역학보다 앞섰다는 사실을 상기하기 바란다. 또한, 페르미가 통계 문제에 도입한 배타 원리는 비록 양자역학이 탄생하고 난 다음에 발표되었지만,[15] 아직 구양자론의 상황에서 사용되고 있었다.[16] 이러한 모든 기여들에 대해 디랙이 양자역학적 기초를 제공해주었고, 모든 것의 출발점이 된 플랑크의 법칙에 대해 사실상 최초로 정확한 정당성을 부여해주었다. "대칭적인 고유함수들에서…바로 아인슈타인-보스의 통계역학이 나오며 …(이것은) 플랑크의 흑체 복사 법칙으로 연결된다."[12]

보스-아인슈타인 통계학과 페르미-디랙의 통계학을 언제 적용해야 하는지 구별하는 데 약간의 시간이 걸렸다는 사실은 교훈적이다. 1926년 8월에 디랙은 이렇게 말했다. "반대칭적인 고유함수들의 해(F. D. 통계학)는⋯아마도 기체 분자들에 대해서는 정확한 해일 것이다. 왜냐하면, 그것은 원자 속의 전자들에 대해 정확한 해로 알려져 있고, 분자들은 광양자보다 전자들을 더 닮은 것으로 기대되기 때문이다."[12] 아인슈타인, 페르미, 하이젠베르크, 파울리를 포함해 다른 위대한 물리학자들은 아직 이 문제에 대해 분명한 생각을 갖고 있지 않았다.[16]

박사 학위를 받은 뒤, 디랙은 자유롭게 여행을 했고, 1926년 9월에는 코펜하겐으로 갔다. "나는 보어를 매우 존경했다. 우리는 긴 대화를 나누었는데, 그 긴 대화 동안 사실상 보어 혼자서 말을 했다."[4] 디랙이 그 후 변환 이론이라 불리게 되는, 양자역학에서 규범적인 변환 이론을 개발해낸 것도 코펜하겐에서였다.[17] "내 평생의 연구 중에서 가장 큰 기쁨을 주었던 것은 바로 그 연구라고 생각한다⋯변환 이론은 내가 가장 애지중지하는 것(my darling)이 되었다."[7] 이 논문에서 디랙은 현대 물리학의 중요한 도구 하나를 도입했다. 그것은 δ-함수라고 하는 것으로, 그는 이렇게 말했다. "물론 엄격하게 말한다면, $\delta(x)$는 x의 적절한 함수가 아니라, 함수들의 특정 수열의 극한값으로 간주할 수 있다. 그럼에도 불구하고, 우리는 $\delta(x)$를 사실상 양자역학의 모든 목적을 위한 적당한 함수처럼 사용할 수 있으며, 거기서 틀린 결과가 나오는 일은 없다."[18]

디랙이 코펜하겐에 머문 기간(1927년 2월까지)은 높이 평가할 만한 가치가 있다. 왜냐하면, 디랙이 양자전기역학의 기초를 놓은 두 편의 논문 중 첫 번째 논문[19]이 여기에서 완성되었기 때문이다. 그리고 두 번째 논문[20]은 그 다음 번의 중요한 여행 경유지인 괴팅겐에서 쓰여졌다.

이 두 논문을 쓰기 전에 디랙은 이미 원자를 양자역학적으로 다루면서도 맥스웰장을 고전적인 계로 취급한 유도 복사 전이 이론을 내놓았다.[21] 그러나 "더 정교한 이론이 나오지 않고서는 자연 발생적인 방출을 다룰 수 없다."[12]고 지적했다. 여기서 디랙은 아인슈타인이 이미 구양자론이 아직 득

세하고 있던 1917년에 강조한, 자연 발생적인 방출은 "복사에 대한 진정한 양자화 이론을 만드는 것을 거의 불가피하게 만든다."[22]고 했던 말을 되풀이했다. 코펜하겐에서 쓴 논문[19]에서 디랙은 바로 그 일을 했다. 그는 전자기장을 정량화하는 데 착수했으며, 이를 통해 광양자에 대한 최초의 합리적인 기술을 제공했고, 첫 번째 원리들로부터 자연 발생적인 방출에 대한 아인슈타인의 현상학적 계수를 유도했다.[23]

그러나 그 이론은 아직 완전한 것이 아니었다. "둘 이상의 광양자가 동시에 참여하는 복사 과정은…현 이론에서는 허용되지 않는다."[19] 1927년 초에 디랙은 이러한 과정들이 자신의 이론에 완전히 포함돼 있다는 사실을 아직 깨닫지 못하고 있었다. 섭동 이론을 1차(디랙이 자연 발생적인 방출을 다룰 때 사용한 것)로부터 2차로 확장하기만 하면 되었다. 그리하여 괴팅겐에서 쓴 논문[20]에서 디랙은 2차 섭동 이론을 개발했는데,[24] 그것을 사용하여 분산에 관한 양자론을 만들 수 있었다.[25] 그는 또한 이 이론을 이전에 자신이 관심을 가졌던 콤프턴 효과[27]에도 적용할 수 있다는 사실을 알았다.[26]

괴팅겐에서 디랙은 같은 하숙집에서 생활하던 로버트 오펜하이머를 만났는데, 두 사람은 절친한 친구가 되었다. 디랙은 오펜하이머의 관심 분야가 다양하다는 사실을 발견했다. 오펜하이머는 이해하기 어려운 원문 그대로 단테의 작품을 읽느라고 많은 시간을 보내곤 했다. 한번은 디랙이 오펜하이머에게 이렇게 물었다. "당신은 어떻게 물리학과 시를 동시에 할 수 있습니까? 물리학에서는 간단한 용어를 사용해 이전에 아무도 몰랐던 것을 설명하려고 하는 반면, 시는 그것과는 정반대인데 말입니다."

———————●———————

1927년, 디랙은 케임브리지대학의 세인트존스 칼리지의 펠로(특별 연구원)로 선출되었고, 양자역학 강의를 하기 시작했다. 1929년, 그는 수학 및 물리학 특별 강의자로 임명되었는데, 이것은 단지 명목상으로만 강의 의무를 지는 직위였다. 1930년, 그는 왕립학회의 회원으로 선출되었다. 1932년 9월 30일, 그는 루카시안 석좌 교수의 자리에 올라 1969년까지 그 자리에 있었다. 1930년에는 또 학생들에게 강의한 내용을 바탕으로 쓴 양자역학

저서가 출판되었다. 그가 평생 동안 발표한 논문은 모두 합쳐 약 200편이
나 된다.

　디랙은 자신에게 부과된 강의 의무 중 일부만을 수행했으며, 행정적인
일은 조금도 하지 않았다. 그는 혼자서 연구하기를 좋아했고, 자신의 학과
를 만들지도 않았다. 그는 고립된 무인도에 갖다놓아도 연구를 할 수 있는
극소수의 과학자 중 한 사람이라고 묘사되었다.[28] 천성적으로 그는 연구생
들을 구하는 스타일이 아니었지만, 그래도 상당수의 학생들에게 박사 학위
를 주었다.[29]

　디랙은 글을 쓰거나 강의를 할 때, 자신이 신중하게 선택한 표현을 바꾸
는 것을 불필요하다고 여겼다. 강의를 듣던 사람이 잘 이해하지 못하는 부
분을 다시 설명해달라고 하면, 디랙은 앞서 말했던 그 부분을 단어 하나 틀
리지 않고 그대로 반복하곤 했다.[30] 그럼에도 불구하고, 내가 여러 차례 목
격한 바처럼 그의 강의 스타일은 존경할 만한 것이었다. 일부 학생들은 그
것을 아주 적절하게 표현했다. "강의 내용은 항상 아주 명확했고, 그것을
듣는 사람은 바흐의 푸가처럼 장엄하고도 불가피한 것처럼 보이는 논리의
전개에 이끌렸다."[31] 그럼에도 불구하고, 나는 네빌 모트(Neville Mott)의
견해에 찬성하고 싶다. 그는 "그의 영향력은 선생으로서는 그리 크지 않았
다고 생각한다…그는 학생에게 실험적 증거를 검토하거나 그것이 무엇을
의미하는지 알아보라고 지도한 적이 결코 없었다…그는 위대한 발견들 사
이에서 일상적인 문제는 어떤 종류의 것이든 하려 하지 않았다. 그는 그러
한 것에 전혀 관심이 없었다."[32]라고 말했다.

────────●────────

　내가 괴팅겐에서 디랙과 헤어진 1927년으로 다시 돌아가자. 거기서 그
는 네덜란드의 레이덴으로 갔으며, 브뤼셀에서 열린 솔베이 회의(10월)에
참석하는 것으로 그 해의 여행을 끝냈다. 솔베이 회의에서 그는 처음으로
아인슈타인을 만났다. 디랙과의 대화를 통해 나는 그가 아인슈타인을 존경
한다는 사실을 알 수 있었다. 그러한 존경은 상호적인 것이었다("나는 논리
적으로 양자역학에 대해 가장 완벽한 표현을 제시한 사람은 디랙이라고 생각한

다."[33]). 그렇지만 두 사람 사이의 접촉은 미미했는데, 나는 그 주된 이유를 아버지와 같은 이미지를 원치 않았던 디랙의 성격 때문이라고 생각한다.

1927년의 솔베이 회의는 양자역학의 해석을 놓고 보어와 아인슈타인 사이에 유명한 논쟁이 시작되는 장을 제공했다. 50년 후, 디랙은 이렇게 말했다. "해석이라는 이 문제는 방정식을 유도하는 것보다 훨씬 어려운 것으로 드러났다."[7] 세월이 흐르면서 디랙은 단지 양자장 이론에 대해서뿐만 아니라, 비록 강도가 약하긴 했지만 보통의 양자역학에 대해서도 유보적인 입장을 나타냈다.[34, 35] 그러한 입장을 가장 분명하게 드러낸 것은 1979년에 아인슈타인 탄생 100주년 기념식에 참석하기 위해 나와 함께 예루살렘에 갔을 때였다.

솔베이 회의(1927년의)에서 아인슈타인과 보어 사이에 벌어진 그 논쟁에 나는 별로 깊이 관여하지 않았다. 나는 그들의 주장을 들었지만, 어느 쪽도 편들지 않았다. 본질적으로 나는 그 문제에 별로 관심이 없었기 때문이다. 나는 정확한 방정식을 얻는 데 더 관심을 쏟았다. 수리물리학자의 연구 기반은 정확한 방정식을 얻는 것이며, 그러한 방정식들의 해석은 부차적인 것이라고 나는 생각했다 …현재의 양자역학이 그 최종적인 형태에 이른 것이 아니라는 것은 명백해보인다…나는 결국에는 아인슈타인이 옳은 것으로 밝혀질 가능성이 매우 높으며, 최소한 가능성은 충분히 있다고 생각한다. 다만, 현재로서는 물리학자들은 보어의 확률 해석을 받아들이지 않을 수 없다. 특히, 그들 앞에 시험지가 놓여 있을 경우에는.[36]

디랙의 입장에 대해서는 나중에 더 자세히 이야기하겠다.

디랙은 1927년 솔베이 회의에서 보어와 나눈 대화를 기억했다. 보어 : "당신은 무슨 연구를 합니까?" 디랙 : "저는 전자에 관한 상대성 이론을 얻으려고 노력하고 있습니다." 보어 : "그 문제는 이미 클라인이 풀었는데요."[4]

그러나 디랙은 그의 말에 동의하지 않았다.

━━━━━◆━━━━━

1927년 솔베이 회의 무렵, 상대론적 파동방정식은 이미 알려져 있었다.

최소한 6명의 저자가 각자 독자적으로 그 스칼라 파동방정식을 발견했는데,[37] 그 중에 클라인과 슈뢰딩거가 끼여 있었다. 그러나 양(陽)의 확률 밀도를 그 방정식과 연관시킬 수는 없는 것처럼 보였다. 디랙은 그것을 좋아할 수가 없었다. 그러한 밀도의 존재는 자신의 변환 이론에서 핵심이기 때문이었다. "변환 이론은 내가 애지중지하는 것(my darling)이 되었다. 나는 그것과 들어맞지 않는 이론은 어떤 것이라도 고려하고 싶지 않았다…나는 변환 이론을 포기하는 상황을 받아들일 수 없었다."[7] 디랙이 보어의 의견에 동의하지 않았던 것은 이러한 이유에서였다. 그래서 그는 양의 확률 밀도를 가진 상대론적 파동방정식을 스스로 찾는 일에 착수했다. 그는 그것을 발견했을 뿐만 아니라, 그 과정에서 스핀을 상대론적 양자역학적으로 다룰 수 있는 방법도 발견했다.

그것은 새로운 대발견이었다. 1927년 5월, 파울리는 전자는 명백히 전자의 궤도 각운동량과 결합돼 있는 전자 스핀을 포함한 2성분 파동방정식을 만족해야 한다고 제안했다.[38] '토머스 인수(Thomas factor)'라고 부르는 그 결합의 세기를 결정할 수 있는 것은 아무것도 없었으며, 그것은 '추가적인 합리화 과정 없이' 손으로 삽입해야 했다. 이러한 결함은 자신의 방정식이 상대성 이론의 요구 조건을 충족시키지 못하기 때문이라고 파울리는 지적했다. 그의 표현을 그대로 빌린다면, 그 이론은 임시적이고 근사적인 것이었다.

자신의 방정식에서 파울리는 스핀을 2×2 행렬(이것은 그 후로 파울리 행렬이라 불린다)로 기술했다. 디랙은 이것을 독자적으로 발견했던 것 같다. "나는 이 행렬들을 파울리와는 무관하게 발견했고, 파울리도 나와는 무관하게 독자적으로 그것들을 발견했다고 믿는다."[4] 디랙은 양의 확률 밀도를 가진 상대론적 파동방정식을 계속 추구하면서 스핀 행렬의 연구[39]도 계속했다.

> 단지 두 행과 두 열을 가진…양들에 집착해야 할 필요가 없다는 사실을 별안간 깨닫기까지는…오랜 시간이 걸렸다. 네 행과 네 열을 가진 것은 왜 안 되겠는가?"[4]

여기서 말한 오랜 시간은 실제로는 겨우 몇 주일에 불과했다. 말년에 디랙은 이렇게 회상했다. "돌이켜보면, 그런 기초적인 것에 막혀서 전혀 나아가지 못하고 있었다는 것이 이상하게 생각된다(!)"[40]

이렇게 해서 1928년 초에 그렇게도 열망하던 양의 밀도를 가진 디랙 방정식[41, 42]이 탄생했다. 그런데 놀랍게도, 그는 더 대단한 사실을 발견했다.

> 이 방정식은 입자에게 1/2양자의 스핀을 부여한다는 사실이 발견되었다. 또한, 자기 모멘트도 부여했다. 그것은 전자에게 필요한 바로 그 성질들을 부여했다. 그것은 내게는 전혀 기대하지 않았던 예상 밖의 보너스였다.[7]

스핀은 필연적인 결과였고, 자기 모멘트와 조머펠트 미세 구조 공식이 즉시 나왔고, 토머스 인수도 자동적으로 나타났다. 그리고 mc^2(m=전자 질량)에 비해 작은 운동 에너지에 대해 비상대론적 슈뢰딩거 이론의 모든 결과가 재발견되었다. 디랙은 아주 열심히 그리고 아주 훌륭하게 일했다. 20세기의 가장 위대한 과학 업적 중 하나로 평가받는 그의 발견("일단 올바른 길에만 들어서면, 아무런 노력을 하지 않아도 기회가 달려든다."[43])은 결국에는 지엽적인 문제로 밝혀지는 양의 확률을 추구하는 과정에서 이루어진 것이기 때문에 더욱 주목을 받는다.[44]

그러나 이러한 극적인 성공과 함께 디랙 방정식은 몇 년간 큰 말썽의 원인이 되기도 했다.

파울리의 파동방정식은 업(up) 스핀과 다운(down) 스핀의 선택에 해당하는 2개의 성분을 포함하고 있다. 그러나 디랙의 파동방정식에는 성분이 4개 포함돼 있다. "왜 4개냐?" 하는 문제는 아주 큰 혼란을 초래했는데, 이에 대해 하이젠베르크는 1960년대에 이렇게 회상했다. "그 때(1928년)까지 나는 우리가 양자론의 항구에 무사히 도착했다고 느끼고 있었다. 그런데 디랙의 논문은 우리를 다시 바다로 끌어냈다."[45]

처음부터[41] 디랙은 성분의 수가 2배가 되는 원인을 정확하게 진단했다. 둘은 양의 에너지, 나머지 둘은 음의 에너지이며, 각 쌍은 업 스핀과 다운 스핀을 가진다. 음의 에너지의 해는 무슨 관계가 있는가? "고전 이론에서는 임의적으로 음의 에너지를 가진 해들을 배제함으로써 어려운 문제를 피했다. 그러나 양자론에서는 그렇게 할 수 없다. 왜냐하면, 일반적으로 섭동은 양의 E 상태에서 음의 E 상태로 전이를 일으키기 때문이다."[41] 그리고 그는 음의 에너지 해들은 전자와 반대되는 전하를 가진 입자들과 관련이 있을지 모른다고 추측했다. 이 점에 관해서 디랙은 그 당시에는 자기가 말하는 것이 무엇인지 정확하게 모르고 있었다(1년 반 뒤에는 알게 되지만). 이렇게 제대로 다듬어지지 않은 개념 때문에 그는 처음에는 그 문제를 가볍게 취급했다. "해들 중 절반은 전자의 $+e$ 전하에 해당하므로 버려야 한다."[41] 그러나 1928년 6월, 라이프치히대학에서 한 강연에서 그는 더 이상 그 해를 버려야 한다는 이야기를 하지 않았다. 음의 에너지 상태로 전이하는 것을 간단히 무시해버릴 수 없었기 때문이다. "결과적으로, 현재의 이론은 근사법이다."[46]

라이프치히에 머무는 동안 디랙은 물론 하이젠베르크(얼마 전에 그 곳에 임명된)를 방문했다. 하이젠베르크는 이러한 어려운 문제들을 잘 알고 있었을 것이다. 5월에 파울리에게 보낸 편지에서 하이젠베르크는 이렇게 썼다. "디랙에게 영원히 시달리지 않기 위해 나는 변화를 위한 어떤 것을 만들었다."[47] 어떤 것이란, 강자성에 관한 양자론이었다. 디랙과 하이젠베르크는 새로운 이론의 여러 측면에 대해 토론했다.[48] 그 직후에 하이젠베르크는 파울리에게 다시 편지를 보냈다. "현대 물리학의 가장 슬픈 장은 디랙의 이론으로 여전히 남아 있다."[49] 그러면서 자신의 연구 중 일부를 언급하면서 그 어려운 문제들을 설명하고, 자기를 가진 전자는 요르단을 우울하게 만들었다고 덧붙였다. 거의 같은 무렵에 역시 유쾌한 기분이 아니었던 디랙은 오스카르 클라인(Oskar Klein)에게 편지를 썼다. "$\pm e$ 문제를 풀려는 내 시도는 어떤 성공도 거두지 못했습니다. 하이젠베르크(라이프치히에서 만난)는 이 문제가 양성자와 전자를 모두 포함하는 이론이 나오기 전까지는 풀리지 않을 것이라고 생각합니다."[50]

1929년 초, 디랙과 하이젠베르크는 둘 다 처음으로 미국을 여행하게 된다. 디랙은 위스콘신대학에서, 하이젠베르크는 시카고대학에서 강의를 했다. 그 해 8월, 두 사람은 샌프란시스코에서 함께 신요마루호에 승선하여

하와이[51]에 잠깐 들렀다가 일본으로 가 도쿄대학과 교토대학에서 강의를 했다. 나는 그들이 여행 동안에 디랙 방정식의 문제점에 대해 토론을 했는지 궁금하여 디랙에게 물어보았다. 그의 답변은 다음과 같았다.

1929년에 하이젠베르크와 나는 태평양을 건너 일본에서 한동안 함께 지냈다. 그러나 우리는 기술적인 토론을 한 적은 없었다. 우리는 둘 다 휴가를 원했으며, 그래서 물리학을 멀리하고자 했다. 우리는 일본에서 강의를 하던 때를 빼고는 물리학에 대한 토론은 전혀 하지 않았다. 우리는 상대방의 강의에 참석했다. 그 당시에 무슨 말을 주고받았는지는 기억이 나지 않지만, 둘 사이에는 근본적으로 의견이 일치했다고 나는 믿는다.[52]

하이젠베르크는 여성에 대한 디랙의 태도를 엿보게 해주는 에피소드를 들려주었다.

우리는 미국에서 일본으로 가는 기선에 타고 있었는데, 나는 배에서 벌어지는 사교적인 행사에 참석하기를 좋아했다. 예컨대, 저녁에 댄스 파티에 참석하곤 했다. 폴은 춤추는 것을 그다지 좋아하지 않았으며, 의자에 앉아 구경만 하곤 했다. 한번은 내가 춤을 추다 돌아와 그의 옆에 앉자, 그가 이렇게 물었다. "하이젠베르크, 당신은 왜 춤을 추죠?" 나는 이렇게 대답했다. "멋진 여자들이 있을 때에는 춤추는 것이 즐겁거든요." 그는 한참 동안 생각하더니, 한 5분 뒤에 이렇게 말했다. "하이젠베르크, 그 여자들이 멋지다는 것을 어떻게 사전에 알 수 있지요?"[53]

한편, 바일(Weyl)이 여분의 두 성분에 관해 새로운 제안을 했다.[54] "디랙의 양의 성분 두 쌍 중 하나는 전자에 속하고, 다른 하나는 양성자에 속한다고 추측할 수 있다." 1929년 12월, (케임브리지로 돌아온) 디랙은 여기에 동의하지 않았다.[55] "음의 에너지를 가진 전자가 양성자라고 단순히 주장할 수는 없다. 만약 전자가 양의 에너지 상태에서 음의 에너지 상태로 도약한다면 전하의 보존 법칙에 위배되기 때문이다."[56] 그보다는 "아마도 아주 작은 속도를 가진 일부를 제외하고는, 음의 에너지의 모든 상태들이 채워져 있다고…가정하자." 이렇게 채워져 있는 것은 배타 원리에 따라 하나의 상태당 전자 하나씩이다. 그러한 음의 에너지를 가진 전자 하나가 없어지면서 원래의 분포에 홀(hole : 구멍) 하나가 생긴다고 상상하자. 그 결과는 에너지와 전하가 한 단위 증가하는 것으로 나타난다. 이 구멍은 양의 에너지와 양전하를 가진 것처럼 행동한다고 디랙은 지적했다. "우리는…음의 에너지를 가진 전자들의 분포에 생긴 구멍들은 양성자라는 가정으로 이끌리게 된다."[56]

구멍들을 입자라고 한 것은 훌륭하지만, 왜 그것이 양성자여야 하는가? 디랙은 훗날 이렇게 말했다. "그 당시에는…모든 사람들이 전자와 양성자가 자연계에서 유일한 기본 입자라고 확신했다."[57] (1929년에는 원자핵은 양성자와 전자로만 이루어져 있는 것으로 믿었다는 사실을 기억하기 바란다![58])

논문을 제출하기 직전에 디랙은 보어에게 편지[59]를 썼는데, 최소한 상호작용이 존재하지 않는 상황에서는 자신의 구멍들이 전자와 똑같은 질량을 가진다는 사실을 잘 알고 있었음을 보여준다. 이러한 동등성이 전자기 상호작용에 의해 깨어지지 않을까 하는 것이 그의 희망이었다.

상호작용을 무시하는 한, 전자와 양성자 사이에는 완전한 대칭성이 존재한다. 양성자를 실제 입자로, 전자를 양성자의 분포에 생긴, 음의 에너지를 지닌 구멍으로 간주할 수 있다. 그러나 전자들 사이의 상호작용을 고려하면, 이러한 대칭성은 무너지고 만다. 나는 아직 이러한 상호작용의 결과를 수학적으로 계산하지 않았다…그렇지만 이것에 대한 적절한 이론은 양성자와 전자의 질량비를 계산할 수 있게 해줄 것으로 기대된다.

실제로 디랙이 언급한 '완전한 대칭성', 즉 하전 공액 불변성은 전자기 상호작용까지 연장된다. 더 나은 절차를 발견할 수 없었던 디랙은 자신의 방정식에서 질량 m을 양성자와 전자 질량의 평균으로 간주했다.[60]

브리스틀에서 열린 영국과학발전협회 회의에서 디랙이 그 상황에 대해 보고할 때, 홀 이론은 이처럼 어설픈 상태에 있었다. 〈뉴욕타임스〉지[61]에 따르면, 디랙은 청중을 어리둥절하게 만들었다(그야 놀랄 만한 일도 아니다). "나중에 디랙 박사에게 그 이론에 대해 토론하자고 제안했을 때, 그는 고개를 흔들면서 부정확해지지 않고는 자신이 뜻하는 바를 더 간단한 언어로 표현할 수 없다고 말했다."

그러한 혼란은 1930년 내내 계속되다가, 마침내 처음에는 오펜하이머[62]가, 그 다음에는 탐[63]이 각자 독자적으로, 양성자 가설은 양성자 + 전자 → 광자가 되는 과정 때문에 모든 원자들을 불안정하게 만든다고 지적하였다. 1930년 11월, 바일은 양성자에 관한 새로운 견해를 내놓았다.[64]

이 개념이 처음에 아무리 매력적으로 보이더라도, 다른 심오한 수정을 도입하지 않고서는 성립하는 것이 분명히 불가능하다…실제로 (홀 이론)에 따르면, 양성자의 질량은 전자의 질량과 똑같아야 한다. 게다가…이 가설은 모든 상황에서 양전기와 음전기가 본질적으로 똑같다는 결론으로 귀결된다…따라서, 두 종류의 전기의 차이는 과거와 미래의 차이보다 훨씬 더 깊은 자연의 비밀을 숨기고 있는 것처럼 보인다…이 문제 위에 머물고 있는 구름이 함께 뭉쳐 양자물리학에 새로운 위기를 가져오지 않을까 염려된다.

1931년 5월에 디랙이 위기 상황을 정면으로 돌파하고 나섰다[65](또는, 그의 표현대로 '아주 작은 진일보'[43]를 이루었다). "홀은, 만약 그런 것이 있다면, 실험물리학에서 아직 알려지지 않은 새로운 종류의 입자로, 전자와 똑같은 질량을 가지며, 반대의 전하를 가진다." 디랙은 이 새로운 입자를 반전자라고 불렀다. 그 해 연말에 칼 앤더슨(Carl Anderson)은 최초로 반전자에 대한 실험적 증거를 발견했다고 발표했다.[66] 양전자(positron)라는 이름은 나중에 쓴 그의 논문[67]에서 처음 등장한다. 양전자의 존재를 예측한 것과 그것의 발견은 현대 물리학의 가장 위대한 승리 중 하나로 기록되었다.

그러나 그것은 즉시 명백해진 것은 아니었다.

양전자의 발견은 거의 모든 사람들에게 디랙의 이론을 증명해주는 것으로 받아들여졌다. 그러나 그 기본 개념, 즉 무한히 많은 음전하의 전자들로 이루어진 바다에 양전자들이 구멍으로 존재한다는 개념을 일부 사람들은 못마땅하게 여겼는데, 그러한 생각에는 전혀 근거가 없는 것도 아니었다. 가장 간단한 상태인 진공조차도 무한히 많은 입자들의 바다로 채워져 있는 복잡한 상태이다. 이들 입자들 사이의 상호작용은 젖혀놓고라도, 진공은 음의 무한한 '0의 점에너지'와 무한한 '0의 점전하'를 포함하고 있다. 파울리는 그 생각이 마음에 들지 않았다. 양전자가 발견되고 난 후에도 그는 디랙에게 쓴 편지에서 이렇게 주장했다. "설사 '반전자'가 증명된다 하더라도, 나는 당신의 '홀' 개념을 믿지 않는다."[68] 그뿐만이 아니었다. 파울리는 한 달 후에 하이젠베르크에게 편지를 보냈다. "나는 홀 이론을 믿지 않는다. 자연의 법칙에는 양전기와 음전기 사이에 비대칭성이 존재하는 편이 더 좋기 때문이다(실험적으로 확립된 비대칭성을 초기 상태 중 하나로 옮기는 것이 나는 마음에 들지 않는다)."[69]

0의 점에너지와 점전하는 실제로는 아무런 해도 끼치지 않으며, 간단한 재규격화를 통해 제거할 수 있다.[70] 그러나 그러고 나서도 그 이론은 상호작용들에 의해 야기되는 무한의 값들로 가득 차 있다. 오늘날까지도 상호작용들의 영향은 엄격하게 다룰 수가 없다. 그 대신에 기본 전하 e가 작다는 사실을 이용한다. 더 정확하게 말하면, 무차원의 수 $\alpha = e^2/\hbar c \simeq 1/137$은 작으며, α 내에서 전개된다. α의 주요한 멱에 대해 이론적 예측은 광자-전자 산란이나 전자-양전자 쌍의 생성과 소멸을 포함해 많은 과정들에 대해 아주 훌륭하게 성립한다. 그러나 α의 높은 멱으로부터 파생하는 이와 똑같은 과정에 대한 영향은 항상 무한대에 이를 정도로 크다. 여기서 위기에 봉착한다. 근사적으로는 아주 잘 성립하지만, 엄격하게는 성립하지 않는 이론을 어떻게 처리해야 할 것인가? 1936년에 파울리가 프린스턴대학에서 열린 세미나에서 말한 것처럼, "승리는 논리보다는 디랙의 편에 있었던 것처럼 보인다."[71] 또는, 하이젠베르크가 파울리에게 보낸 편지(1935년)[72]에서 묘사한 것처럼, "양자전기역학에서 우리는 1922년에 양자역학에서 처했던 것과 똑같은 상황에 있다. 우리는 모든 것이 잘못되었다는 걸 알고 있다. 그러나 보편적인 것으로부터 벗어나 나아갈 방향을 찾기 위해서는 보편적인 수학적 형식의 결과를 현재 우리가 알고 있는 것보다 훨씬 더 잘 알아야 한다." 양자전기역학의 그러한 측면들은 재규격화를 통해 그 문제를 더 체계적이고 성공적으로 다룰 수 있게 되는 1940년대 말까지 불확실한 상태에 있었지만, 하이젠베르크는 그것을 탐구하려는 용기를 가진 극소수의 이론물리학자들 중 한 사람이었다.

재규격화를 향한 첫걸음은 다시 디랙이 내디뎠다. 1933년 8월, 그는 보어에게 보낸 편지에서 이렇게 썼다.

페이얼스와 저는 정전기장에 의해 만들어진 음의 에너지를 가진 전자들의 분포 변화 문제를 조사해왔습니다. 이 분포의 변화는 장을 만들어내는 전하의 부분적인 중성화를 초래한다는 사실을 우리는 발견했습니다… 만약 $-137mc^2$보다 작은 음의 에너지를 가진 전자들 속에서 장이 만들어내는 요동을 무시한다면, 음의 에너지를 가진 다른 전자들에 의해 생겨난 전하의 중성화 작용은 미미하고, 136/137의 규모일 것입니다… 유효 전하는 낮은 에너지의 모든 실험에서 측정되는 것이고, 실험적으로 결정된 e의 값은 전자 하나의 유효 전하여야 하는데, 실제 값은 그것보다 약간 더 클 것입니다… mc^2 규모의 에너지가 작용할 때에는 러더퍼드의 산란 공식, 클라인-니시나의 공식, 조머펠트의 미세 구조 공식에 약간의 변화가 생기리라 기대할 수 있습니다.

현대의 전문 용어로 옮긴다면, 디랙의 유효 전하는 물리적 전하, 실제 전하는 나전하(bare charge), 전하의 중성화는 전하의 재규격화, 음의 에너지를 가진 전자들 속에서 장이 만들어내는 요동은 진공 분극[74]이다.

디랙이 보어에게 언급한 결과들의 정량적 형태는 제7차 솔베이 회의(1933년 10월)에 그가 제출한 보고서[75]에서 발견된다. 이 논문은 양전자 이론이 진지한 학문으로 성립하는 효시가 되었다. 이 논문에서 디랙은 진공 분극에 대해서도 제한적인 기여를 했는데,[76] 1935년에 우엘링(Uehling)[77]이 수소와 같은 원자 속에서 움직이는 전자에 대해 그 값을 구하게 된다(이 결과는 1946년에 유명한 램 이동 실험을 하게 만든 직접적인 계기가 되었다).

디랙의 솔베이 보고서를 통해 물리학의 최전선에서 8년 동안 그가 분출해온 정교한 창조성이 마침내 결실을 맺게 되었다.

1925~1933년은 디랙의 인생에서 최전성기였다. 그는 20세기 과학의 주요 인물 중 하나로 부상했고, 물리학의 면모를 변화시켰다. 디랙 자신도 그 시기를 자신의 경력에서 '감동 시대'라고 불렀다.[78] 내가 앞에서 제시한 그 시대의 묘사는 어떤 기준에서 보더라도 결코 완전한 것이 못 된다. 예를 들면, 1931년에 디랙은 최초로 우주 토폴로지를 물리학에 적용했는데,[65] 그것은 자기 단극의 존재는 양자역학적으로 전하가 정량화돼 있음을 의미

한다는 증명이었다. 그는 20년 뒤에 다시 이 문제를 다루었고[79] (그는 1948년 3월 31일부터 4월 1일까지 열린 포코노 회의에서 이것에 대해 강의했다[80]), 그로부터 30여 년 후에 또다시 그 문제로 돌아왔다.[81] 그 사이의 기간들이 보여주는 것처럼, 디랙은 1933년에 결론에 이른 연구 후에도 50년 동안 과학적으로 활발한 활동을 펼쳤다.

잠시 후에 디랙이 나중에 이룬 업적들을 간략하게 살펴보기로 하고, 먼저 1930년대의 그의 개인적인 삶에 대해 잠깐 살펴보기로 하자.

━━━◆━━━

1933년, 디랙은 "새롭고 유익한 형태의 원자 이론의 발견과 그 응용에 대한 공로로" 슈뢰딩거와 함께 노벨상을 공동 수상했다. "처음에 그는 대중적으로 알려지는 것을 꺼려 수상을 거부하려고 했지만, 러더퍼드가 '수상을 거부하면 더 유명해질 것'이라고 하자, 상을 받기로 했다."[82] 그 무렵 그는 아버지와 모든 접촉을 끊고 있었기 때문에 스톡홀름에는 어머니만 모시고 갔다. 그 곳에서 그는 노벨상 수상 강연을 했다.[83]

디랙으로서는 당혹스럽게도, 노벨상은 그를 대중적인 인물로 만들었다. 런던의 한 신문은 그를 "가젤영양처럼 수줍음을 타고, 빅토리아 시대의 처녀처럼 정숙하다."고 묘사했으며, "모든 여성을 두려워하는 천재"[84]라고 불렀다.

그러나 반드시 그렇지만은 않았다.

━━━◆━━━

앞에서 언급한 것처럼, 디랙은 1934-35학년도에 프린스턴대학에서 교수로 지냈다. 그 해 가을 프린스턴대학의 물리학 교수이던 유진 위그너 (Eugene Wigner)의 여동생 마르기트 비그너 발라시(Margit Wigner Balasz, 친구들 사이에는 맨시라는 이름으로 불림)가 부다페스트에서 찾아왔다. 그때, 맨시는 디랙을 만났다. "그는 제게 자신의 어려웠던, 제가 보기에는 매우 어려웠던, 어린 시절 이야기를 해주었어요. 저도 약간의 슬픈 기억을 남긴 제 불행한 결혼에 대해 이야기했지요."[85] 1935년 여름에 디랙은 부다페스트로 맨시를 찾아갔다. 맨시는 그들의 연애 시절에 대해 감미롭고 사랑스러운 글을 썼다.[85] 그들은 1937년 1월 2일에 결혼했다. "그리하여 빅토리아풍의 구식 결혼 생활이 시작되었다."[85] 디랙은 세인트존스 칼리지의 독신자 숙소를 포기했다. 두 사람은 캐번디시가에 있는 집으로 이사했는데, 내가 그들을 처음으로 만난 곳도 그 곳이다. 맨시는 이전의 결혼에서 낳은 두 아이인 모니카와 가브리엘(훗날 유명한 수학자가 됨)을 데려왔고, 두 아이는 디랙이라는 성을 사용하게 되었다. 두 사람 사이에는 메리와 플로렌스라는 두 딸이 태어났다. "폴은 비록 권위적인 아버지는 아니었지만, 아이들과는 거리를 두었다."[85]

1936년에 아버지가 죽고 나서 디랙은 맨시에게 보낸 편지에서 이렇게 썼다. "이제 나는 훨씬 자유로워진 것 같소."[85] 그의 어머니는 캐번디시가에 있는 디랙의 집을 자주 방문했으며, 1941년에 그 곳에서 세상을 떠났다.

━━━━●━━━━

앞에서 언급한 것처럼, 이제 디랙이 한 그 후의 연구에 대해 알아보자. 먼저 그의 연구 중 잘 알려지지 않은 것들을 몇 가지 살펴보자. 맨 먼저, 1933년에 디랙은 친구인 표트르 카피차(Pyotr Kapitza)와 함께 정상 광파로부터 전자들의 반사에 관한 이론적 연구를 했다.[86] 이 '카피차-디랙 효과'는 1986년에 가서야 실험으로 확인되었다.[87]

둘째로, 역시 1933년에 디랙은 기체 동위 원소 혼합물을 분리하는 원심 분리법을 발명하였다. 카피차는 그 실험을 직접 해보라고 디랙을 격려했는데, 디랙은 실험을 했지만 완전한 결과를 얻지 못했다. 달리츠(Dalitz)는 1940년 이후에 원자폭탄 제조 계획이 그 연구에 대한 관심을 부활시킨 이야기와, 디랙이 그 계획에 비공식적 자문 역할을 한 일에 대해 자세히 묘사했다.[88] 디랙은 최초의 공습이 예상되던 시절에 세인트존스 칼리지의 소방대원으로 활동하면서 전쟁 수행 노력에 기여했다.

이 두 가지 주제는 흥미롭긴 하지만, 디랙이 훗날에 이룬 기본적인 주요 연구에서는 벗어난 이야기이다. 기본적인 연구에서도 그는 높은 수학적 창의성과 장인 정신을 계속 발휘했지만, 전성기의 특징이던 참신성과 단순성의 놀라운 결합은 더 이상 보여주지 못했다.

훗날의 그의 사고 경향을 잘 보여주는 것으로 생각되는 몇 가지 주요 주제를 완성도에 관계 없이 임의적인 순서대로 나열해보자.

해밀턴 동역학을 정교하게 만듦. 여기에는 고전 이론[89]과 양자역학[90]의 두 측면에서, 다양한 종류의 초표면 위에서 계들의 특수 상대론적 동역학적 진화에 대한 연구가 포함된다. 또, 제한적인 해밀턴계[91, 92]에 대한 탐구는 일반 상대성 이론의 해밀턴 연산자 기술[93]로 이어진다. 이 연구는 또한 중력파에 대한 그의 관심을 불러일으켰다.[94] 중력자(graviton)라는 이름을 만들어낸 사람은 디랙일까? 1959년 1월 31일자 〈뉴욕타임스〉지에 따르면, "디랙 교수는 중력파의 단위를 중력자라고 부르자고 제안했다."

디랙은 평생 동안 일반 상대성 이론에 대해 깊은 관심을 기울였는데, 이와 관련된 논문들은 등각 공간,[95] 드 지터 공간,[96] 리만 공간[97]에서의 파동 방정식에 관한 것이다. 그는 70대가 되어서도 일반 상대성 이론에 대해 강의를 했다.[98]

우주론에 관한 문제. 디랙은 일찍이 괴팅겐대학 시절부터 우주론에 관심을 보였다.[99] 그는 1937년에 가서야 이 주제에 관한 논문[100]을 발표했다. 그 때부터 말년에 이르기까지 그는 자연의 기본 상수들이 실제로는 일정한 것이 아니라 우주론적 시간, 곧 빅 뱅에서 현재까지의 시간 간격에 의해 정해진 척도 내에서 시간에 따라 좌우될 가능성에 큰 흥미를 느꼈다.[101] 우주론적 시간과 원자적 시간의 비와, 전자와 양성자 사이의 전기력과 중력의 비의 경우처럼 엄청나게 큰 수들 사이에 일정한 비례 관계가 나타나지 않을까 하고 그는 기대하였다.[102] 이 분야에서 아직 결정적인 진전은 이루어지지 않았지만, 단순한 정열 이상의 큰 관심을 가지고 이 문제를 파고든 다른 과학자들도 있다.

에테르. 잠깐 동안(1951~1953) 양자역학이 에테르의 존재를 허용할 수 있는 효과에 대해 생각하였다.[103]

양자전기역학. 이 분야에서 이루어진 또 하나의 업적은 전성기 때 이루어졌다. 1932년 3월, 디랙은 개개의 전자에 개개의 시간을 부여하는 '다시간 수학적 형식'을 제안했다.[104] 이전의 공식들[105]과 동일한 이 새로운 버전의 이론은 1940년대 말부터 아주 중요한 역할을 하게 될 공변 절차를 향해 나아간 중요한 첫걸음이었다.

몇 년 뒤에 디랙은 양자전기역학에 대해 매우 비판적인 자세로 돌아선다. 이러한 부정적인 태도의 결과로 그가 얻은 연구 성과는 근본적인 문제에 대한 우리의 이해를 조금도 진전시키지 못한 것이 사실이다. 반면에, 훗날의 이러한 투쟁은 디랙을 이해하는 데 아주 중요하다. 급진적으로 바뀐 그의 태도는 진공 분극에 대한 자신의 연구[75]에서 비롯되었다. 거기서 그는 무한들에 마주치게 되었는데, 앞에서 말한 것처럼 그것은 1930년대의 양자장 이론에 위기를 초래하였다.

디랙의 급진적인 태도 변화는 양전자 이론의 의미에 대해 그가 관여한 뒤에 처음으로 쓴 1936년의 짧은 논문[75]에서 분명하게 표출되었다. 이 논문은 디랙이 1년 이상 아무것도 발표하지 않다가 나온 것이라는 점에서 나는 중요하게 생각한다. 때마침 광자-전자 산란 이론의 유효성에 대해 실험적으로 잠시 의문이 제기되던 때였다. 디랙은 다음과 같은 반응을 보였다.[106] "(이론물리학에서) 우리가 포기해야 할 유일하게 중요한 부분은 양자전기역학이다…우리는 아무런 후회 없이 그것을 포기할 수 있을지도 모른다…사실, 그 복잡성을 감안한다면, 대부분의 물리학자들은 그것의 종말을 보고 매우 기뻐할 것이다."

무한과 관련된 어려움이 처음으로 나타난 것은 멀리 고전 시대로 거슬러 올라간다는 사실을 기억할 필요가 있다. 점입자로 간주된 고전적인 전자는 자신의 정전기장에 결합돼 있다는 사실 때문에 무한의 에너지를 가진다. 이것을 염두에 두고 디랙은 무한들을 제거하기 위해 먼저 고전 이론을 수정하려고 시도하였다. 그리고 나서 모든 것이 잘 해결되지 않을까 하는 희망에서 양자론을 다시 찾았다. 그 무렵, 보른, 크라메르스, 벤첼을 비롯해 다른 물리학자들도 같은 접근 방법을 택하고 있었다. 심지어 오늘날에도 무한 너머에 무엇이 있는지에 대해서는 더 많은 이해가 필요하다. 그러나 고전 이론으로의 회귀가 왜 가서는 안 되는 길인지 설명해주는 이유는 압도적으로 많다.[107]

어찌 됐든, 디랙은 전자에 관한 고전 이론을 다시 기술하려고 여러 차례 시도했다. 첫 번째 시도[108]는 1938년부터 시작되었다. "고전 이론과 양자론에서 모두 이해가 가능한 새로운 물리학 이론이 필요하다. 우리가 택할 수 있는 가장 쉬운 접근 방법은 고전 이론의 테두리 안에서 나아가는 것이다." 그는 전자의 운동에 관한 로렌츠의 고전 이론이 높은 가속도에서는 엄밀하게 성립하지 않는다는 관찰에서 출발했다. 로렌츠의 전자는 유한한 반지름을 갖고 있기 때문이었다. 그래서 디랙은 반지름이 0인 전자에서 출발하여 엄밀한 고전 운동 방정식을 찾을 수 있었다. 그러나 그것은 고전적인 무한들로부터는 자유로웠으나, 새로운 결함들을 드러냈다. 외부의 장이 존재하지 않는 상황에서도 가속도에 상응하는 해를 가졌던 것이다. 이러한 원치 않는 해들을 제거하기 위해 그는 별로 달갑지 않은 제약 조건을 발견했다. 그러나 더 큰 문제가 나타났다. 그 이론을 정량화하는 과정에서 새로운 무한들이 나타난 것이다.[109] 이것들을 제거하기 위해 디랙은 음의 에너지를 지닌 광자에 해당하는 것을 도입했고,[110] 이 새로운 가정에서 비롯되는 물리적 역설을 제거하기 위해 힐베르트 공간에 정해지지 않은 거리를 도입했다.[111] 그러나 그것은 다시 새로운 문제들을 낳았는데, 파울리가 그것을 비판적으로 분석했다.[112] 이러한 새로운 가정들은 양전자 이론에서는 다시는 논의되지 않았다.

자신의 점전자에 대해 만족할 만한 양자론을 찾을 수 없게 된 디랙은 말년에 이 이론을 다시는 언급하지 않았다. 1946년 무렵에 그는 무한은 α 내에서의 전개로부터 비롯된 수학적 인공 산물이며, 실제로는 유효하지 않다는 입장을 취했다.[113]

그 직후인 1947~1978년에 양자전기역학은 재규격화 프로그램이 체계적으로 발달함에 따라 새로운 전기를 맞이하게 되었다. 이 방법은 무한의 문제를 완전히 해결해주지는 않는다. 전자의 질량과 전하는 변함없이 무한으로 남는다. 그러나 대부분의 경우, α에서 임의로 높은 차수에 대한 예측들을 앞서 언급한 산란, 생성, 소멸 과정들에 대해 할 수 있다는 점에서 이 두 가지 무한은 아무런 영향을 끼치지 않는 것으로 취급할 수 있다. 전에는 α의 낮은 차수에 대해서는 잘 성립했지만, 높은 차수들은 잘 성립하지 않았다. 그 결과, 양자전기역학은 이제 엄청나게 큰 규모의 차수들에 대한 실험에 직면할 수 있게 되었다. 그 결과는 극적인 것이었다. 파인먼이 새로운 버전의 양자전기역학을 "물리학의 보석―우리의 자랑스러운 재산"[114]이라고 부른 것은 충분한 이유가 있다.

그러나 디랙은 전혀 동의하려 하지 않았다.

1951년에 그는 이렇게 썼다. "최근에 램, 슈윙거, 파인먼 등이 한 연구는 아주 성공적이었지만…그 결과로 나온 이론은 추하고 불완전한 것이었다."[115] 그는 재규격화 과정을 통해 무한의 질량들과 전하들이 처리되는 방식에 깊은 혐오감을 가지고 있었다. 그 해에 그는 처음부터 완전히 다시 새로운 고전적인 출발점을 찾기 시작했다. "문제들은…잘못된 고전 이론에서 출발한 데…기인할 것이다."[115] 그의 새로운 제안은 그가 1938년에 제안한 것과는 극단적으로 반대되는 것으로 볼 수도 있다. 이번에 그는 개개의 입자들을 전혀 포함하지 않은 고전 이론으로 시작했다. "전자의 개념은 점전하의 운동보다는 전기의 연속적 흐름 운동[116]에 관한 고전 이론으로부터 만들어야 한다. 그러면 개개의 전자들을 하나의 양자 현상으로 보게 된다."[117] 1954년 이후에 이 모형 역시 그의 글에서 흔적을 찾아보기 어렵게 된다.

이렇게 1950년대 초부터 디랙은 자신만의 고독한 길을 걸어갔다. 그는 재규격화 방법의 성공을 받아들였다. 사실, 1960년대 중반에 그는 비정상 자기 모멘트와 램 이동의 계산[118]에 대해 강의했다. 그러나 양자전기역학에 새로운 출발점이 필요하다는 그의 신념은 결코 흔들리지 않았다. 말년에 그는 고전 이론보다는 양자론의 재공식화에서 가끔 새로운 해결책을 찾곤 했다.[119] 1970년, 그는 양의 에너지만을 가진 상대론적 파동방정식인 마지막 디랙 방정식들을 만들었다.[120]

1970년 9월부터 1971년 1월까지 디랙은 탤러해시에 있는 플로리다주립대학에서 방문 교수로 지냈다. 그 때, 그는 그 곳에서 종신 교수직을 제의받고 수락했다. 1972년, 그는 플로리다대학의 교수가 되어 새로운 삶을 시작했다. 그 곳의 동료 중 한 사람은 내게 이렇게 들려주었다.

그 무렵에 디랙은 스토니브룩에 있는 뉴욕주립대학과 마이애미대학에서도 제의를 받았다. 그는 그 제의들을 거절했는데, 주된 이유는 그 곳들에는 산책할 만한 곳이 없기 때문이었다…탤러해시에서는 연구실까지 가려면 약 1마일이나 걸어야 했다…그는 근처에 있는 실버 호수나 로스 호수에서 수영하기를 좋아했으며, 때로는 해변에서도 수영을 했다.

디랙은 탤러해시에서 가장 행복해했다. 그의 삶은 정말로 변했다. 케임브리지에서는 강의나 세미나를 할 때에만 대학에 갔고, 그러지 않으면 집에서 일했다. 그러나 탤러해시에서 그는 하루 종일 열심히 활동했고, 젊은이들과 어울려 점심식사를 하고, 점심 후에는 낮잠을 즐겼다. 오후 늦게 그의 부인이 차를 몰고 와서 그를 태워갔다…우리는 그를 학생들 중 하나처럼 취급했고…그다지 정중하게 대하지 않았다. 그는 그것을 좋아했다.”[121]

플로리다에서 지내는 동안 디랙은 아주 많은 글을 썼다. 그는 이 곳에서 보낸 생애의 마지막 12년 동안 60편이 넘는 논문(그 대부분은 과거에 일어난 사건을 회고한 것)과 일반 상대성 이론에 관한 짧은 책을 썼다.[122] 나는 그 시절에 그가 내게 보낸 ‘Dear Bram’으로 시작하는 편지[52]를 간직하고 있다. 그것은 내가 쓴 아인슈타인의 전기를 보내준 데 대해 고마움을 표시하는 편지였다. 그 책의 뒷날개에는 디랙이 그 책을 칭찬한 글이 실려 있다.

‘양자장 이론의 결점’이라는 제목이 붙은 디랙의 마지막 논문(1984년)에는 양자전기역학에 관한 그의 마지막 판단이 담겨 있다. “이 재규격화 규칙들은 실험 결과와 놀랍고도 과도할 정도로 훌륭한 일치를 제공한다. 그래서 대부분의 물리학자들은 이렇게 잘 성립하는 규칙들은 옳은 것이라고 말한다. 나는 그것은 적절한 이유가 될 수 없다고 생각한다. 단지 결과가 관찰과 일치한다는 이유로 어떤 이론이 옳다는 것이 증명되는 것은 아니다.” 그 논문은 디랙이 발표한 다음 글로써 결론을 맺었다.

나는 그 이론에 적용할 수 있는 해밀턴 연산자를 찾느라고 많은 세월을 보냈으나, 아직 발견하지 못했다. 나는 할 수 있는 한 오랫동안 그 연구를 계속할 것이다. 그리고 다른 사람들도 그 길을 따라오리라고 기대한다.

디랙은 1984년 10월 20일, 82세의 나이로 세상을 떠났다. 그는 탤러해시의 로즈론 묘지에 묻혔다. 그가 세상을 떠난 곳에서 안식하도록 해주자는 것이 가족의 뜻이었다.

───────◆───────

디랙의 삶은 대부분 과학이었고, 그의 과학은 물리학이었다. 그것은 지금까지 한 이야기에 충분히 반영돼 있다. 그 대부분은 그의 과학적 업적에 관한 것이었고, 그의 삶의 다른 측면들은 간간이 조금씩만 소개했다. 그러나 다른 측면들에 좀더 살을 붙이지 못했다면, 그것은 오로지 필자의 게으름 때문일 것이다.

디랙의 금욕적인 생활 방식과 불편이나 음식에 대한 무관심은 간디와 비교되기도 했다.[124] 그는 술과 담배를 하지 않았다. 그는 명성과 명예를 피했지만, 그것들은 그를 따라다녔다.[125] 종교에 관해서는 단 한 차례 공식적으로 언급한 것처럼, 그는 무신론자에 가까웠다.[126] 파울리는 "신은 없으며, 디랙은 그의 사도이다."라고 말했다.[127] 그러나 맨시는 내게 보낸 편지에서 이렇게 썼다. "폴은 무신론자가 아닙니다. 우리는 자주 예배당에서 나란히 무릎을 꿇고 기도했어요. 우리 모두는 그가 위선자가 아니라는 것을 알고 있습니다."[128]

디랙은 평생 동안 말을 하거나 글을 쓸 때, 최소한의 단어를 사용해 간결하고 정확하고 우아한 문체로 표현했다. 예를 들어 『죄와 벌』이라는 소설에 대한 그의 소감을 들어보자. "그것은 훌륭하지만, 한 장에서 저자는 실수를 저질렀어. 하루에 태양이 두 번 떠오르는 것으로 묘사했거든."[129] 오펜하이머가 디랙에게 몇 권의 책을 읽어보라고 권했을 때, 그는 독서는 사색을 방해한다면서 정중하게 거절했다.[130]

결혼 후에 디랙은 세심한 정원사가 되었는데, 원예 문제를 기초 원리에 바탕해 해결하려고 노력했다. 물론 그것이 항상 좋은 결과를 낳은 것은 아

니었다.[131]

　내가 개인적으로 경험한 디랙의 이야기를 좀 해보겠다. 그것은 주로 1946년 가을부터 프린스턴대학의 고등학술연구소에서 함께 지낼 때의 이야기이다. 그 무렵, 우리는 종종 점심을 함께 하곤 했다. 디랙 특유의 끈질긴 질문에 처음 접한 것도 그 때였다. 나는 식욕이 왕성한데다가 네덜란드에서 자란 배경 때문에 점심때 샌드위치를 3개씩 먹곤 했다. 하루는 디랙이 내게 물었다(대답과 그 다음 질문 사이에는 약 30초 가량의 침묵이 있었다). "자네는 점심때마다 항상 샌드위치를 3개씩 먹나?" "예." "자네는 점심때마다 항상 똑같은 종류의 샌드위치를 3개씩 먹나?" "아뇨, 그 날의 기분에 따라 다르죠." "자네는 어떤 정해진 순서에 따라 샌드위치를 먹는가?" "아뇨." 몇 달 후, 살람(Salam)이라는 젊은이가 고등학술연구소에 있던 나를 찾아와서는 이렇게 말했다. "케임브리지에 있는 디랙 교수로부터 안부를 전해달라는 부탁을 받았습니다. 디랙 교수께서는 선생님이 지금도 여전히 점심때 샌드위치를 3개씩 먹는지 알고 싶어하더군요." 1947-48학년도에 그가 다시 고등학술연구소에 교수로 왔을 때, 우리는 다시 종종 점심을 함께 하게 되었다. 그런데 얼마 후, 디랙은 내 접시를 바라보더니 의기양양하게 말했다. "이제 자네는 점심때 샌드위치를 2개만 먹는구먼." 고등학술연구소의 복도에서 나누었던 대화도 기억난다. 디랙 : "우리 마누라가 자네보고 오늘 저녁에 우리 집에서 식사를 함께 하지 않겠느냐고 물어보라더군." 나 : "유감이군요. 선약이 있어서요." 디랙 : "잘 가게." 어떤 불쾌감의 표시도 없었다. "그럼 다음 기회에 하세."와 같은 말도 없었다. 질문을 제기했고 답이 나왔으니, 대화는 끝난 것이다.

　고등학술연구소에서는 1954-55학년도에도 디랙을 방문 교수로 초청하기 위해 만반의 준비를 갖추고 있었다. 그러나 그것은 실현되지 않았다. 1954년 봄에 일어난 불미스러운 사건은, 〈*Physics Today*〉지 1954년 7월호 '뉴스와 견해' 칼럼란에 '오펜하이머 사건'과 '디랙, 비자를 거부당하다'라는 두 머리기사 아래에 요약돼 있다. 디랙은 런던 주재 미국 영사관으로부터 이민 및 귀화법 212A항에 의거하여 비자를 발급받을 자격이 없다는 통보를 받았다. 이 법은 악명 높은 매카란법으로, (〈Physics Today〉지의 말을 인용하면) "부랑자에서 밀항자에 이르기까지 부적격자의 범위를 명시하고 있다." 이러한 결정이 내려진 이유는 명확하게 밝혀지지 않았으나, 전쟁 전에 디랙이 러시아를 일곱 차례 방문한 전력(세 차례는 세계 일주 여행의 연장선상에서 이루어졌고, 모든 여행은 과학적인 목적에서 이루어졌다)과 관계가 있는 것으로 생각되었다.[132] 전세계의 언론에 널리 보도된[133] 이 사건에 대해 일부 미국 물리학자들은 〈뉴욕타임스〉지에 다음과 같은 글을 기고했다. "만약 이것이 실제로 매카란법이 의미하는 것이라면, 이것은 일종의 문화적 자살로 보인다."[134] 그것은 아주 나쁜 사례였지만, 그 기간에 일어난 최악의 사례는 못 되었다. 그것은 그냥 아무렇지도 않게 지나갔다.

1988년, 나는 디랙의 FBI 파일을 요청하여 열람할 수 있는 기회를 얻었다. 그 사건에 관해 적절하다고 판단되는 기록은 단 한 줄만 포함돼 있었다. "디랙의 (1954년) 방문 목적은 케임브리지대학에서 오펜하이머를 교수로 초청하려는 제의를 논의하기 위해서였다. 오펜하이머 박사는 자신에 대한 (기밀 사항 취급 허가) 반대 투표 결과를 비통하게 생각한 나머지 영국의 제의를 받아들일 것이다." 문서의 나머지 내용은 흥미로운 것이 아무것도 없었다.

나중에 디랙은 프린스턴대학에서 두 학년도를 더 보냈다. 방문 때마다 나는 그와의 대화를 통해 양자전기역학에 관한 그의 불만을 들을 수 있었다. 그는 재규격화의 성공은 인정했으나, 여전히 남는 질량과 전하의 무한들은 "거기에 나타나서는 안 된다. 그들은 그것을 인위적으로 없앤다."는 견해를 견지했다.[123] 이러한 진단은 그가 제안한 치료법보다는 훨씬 나은 것일지 모른다.

또, 그가 브라(bra)와 케트(ket) 표기법을 발명한 데 대해 자부심을 느끼던 기억도 생생하다. 그것은 이 목적을 위해 특별히 쓴 논문[135]에서 발표한 것이다. 1960년대 초에 왜 양자역학에 관한 그의 책에는 공간 굴곡과 시간역전의 불변성에 대한 언급이 없느냐고 내가 묻자, 그는 "나는 그것을 믿지 않으니까."라고 대답했다. 사실, 그는 1949년에 이렇게 썼다. "비록 지금까지 알려진 모든 정확한 자연의 법칙들이 이러한 불변성을 갖고 있긴 하지만, 이러한 반사들에서 물리학 법칙들이 불변이어야 할 필요가 있다고는 나는 믿지 않는다."[136]

디랙이 방정식을 다루는 방식에 관해 나눈 대화에서 내가 얻은 가장 유익한 직관은 다음과 같이 요약할 수 있다. 우선, 그 자체로 아름다운 수학을 다루어라. 그런 다음, 그것이 새로운 물리학으로 연결되는지 생각하라.

거의 평생 동안 견지한 그의 이러한 태도는 그의 글에서 명백하게 드러난다. 28세 때 그는 다음과 같이 썼다.

현재로서는 이론물리학에 근본적인 문제들이 있다…그것을 해결하기 위해서는…아마도 우리의 기본 개념을 이전에 일어났던 그 어떤 경우보다도 획기적으로 개정하는 것이 필요해보인다. 필시 이러한 변화들은 너무나도 크기 때문에, 실험 데이터를 수학적 용어로 기술하려는 직접적인 시도를 통해 필요한 새로운 개념들을 얻는 것은 인간 지성의 능력을 넘어설 것이다. 따라서, 미래의 이론 연구가는 좀더 직접적인 방법을 향해 나아가야 할 것이다. 지금 제안할 수 있는 가장 강력한 방법은, 현재의 이론물리학의 기초를 이루고 있는 수학적 형식을 완전하게 하고 일반화하기 위한 시도로 순수 수학의 모든 자원을 이용하는 것이다. 그리고 이러한 방향에서 성공이 이루어질 때마다 새로운 수학적 특징을 물리적 실체로 해석하기 위해 노력하는 데 순수 수학의 모든 자원을 이용해야 한다.[65]

이것은 바로 오늘날 일어나고 있는 상황과 같다. 36세 때에는 이렇게 썼다. "시간이 지남에 따라, 수학자가 흥미롭다고 발견하는 법칙들은 자연이 선택한 것과 같은 것이라는 사실이 점점 더 명백해지고 있다."[34] 60세 때에는 이렇게 썼다. "단지 아름다운 수학적 관계만을 찾으면서 방정식들을 만지기를 좋아하는 것은 나의 특이한 점이라고 생각한다. 그것은 아무런 물리적 의미가 없을 수도 있지만, 언젠가는 의미가 생길 것이다."[2] 그리고 78세 때에는 다음과 같이 썼다.

나의 물리학 연구 중 많은 것은 특정 문제를 풀기 위해 착수한 것이 아니라, 그 연구가 어떤 응용 가치가 있는지에 상관 없이, 단순히 물리학자들이 사용하는 종류의 수학적 양들을 검토하고, 그것을 흥미로운 방식으로 결합해본 것이었다. 그것은 단순히 아름다운 수학을 찾는 것이다. 훗날에 그 연구가 응용 가치가 있는 것으로 밝혀질지도 모른다. 그렇다면 운이 좋은 것이다.[40]

마지막 논문에서 그는 자신이 그런 방식으로 성과를 이룬 세 가지 예를 들었다. 그것은 디랙 방정식, 자기 단극, 마지막 디랙 방정식이다. 69세 때 그는 스스로를 이렇게 평가했다. "젊은 시절부터 내가 이룬 것들은 사소한 것들이었다."[137]

디랙은 어떤 종류의 수학을 아름답다고 여길까? "자연의 기본 법칙을 수학적 형식으로 표현하고자 하는 연구자는 주로 수학적 아름다움을 위해 노력해야 한다. 단순성은 아름다움에 종속적으로 다루어야 한다…단순성과 아름다움의 조건이 동일한 경우도 종종 있지만, 양자가 충돌할 때에는 아름다움이 우선되어야 한다."[34] 아름다움과 단순성의 차이와 같은 주관적인 문제를 따지려고 하는 것은 물론 한가로운 짓이다.

디랙은 철저하게 개인적인 삶을 살아간 사람이어서 다른 사람이나 옛날의 사건에 대해서는 별로 기억하지 않았다. 단지 자신에 대한 이야기만 이따금씩 할 뿐이었다. 그러나 아주 가끔 그는 글을 통해 자신의 감정을 조금씩 내비치곤 했다. 디랙이 변환 이론을 '마이 달링'[7]이라고 부른 것은 인상적이었다. 또, 드물게 불안감을 내비친 그의 발언도 이채롭다. 60세 때 그는 디랙 방정식을 발견한 것에 대한 소감을 질문받고서 이렇게 답변했다. "음, 무엇보다도 그것이 옳은 것으로 밝혀질지 틀린 것으로 밝혀질지 큰 불안감을 야기하지요…그것이 아마 지배적인 감정일 겁니다. 그것은 열병과 비슷하지요…."[2] 67세 때에는 이런 말을 했다. "기대는 항상 두려움을 동반한다. 그리고 과학 연구에서는 두려움이 지배적인 감정이 되기 쉽다."[138] 69세 때에는 또 이렇게 말했다. "새로운 개념을 만들어낸 사람은 그것을 발전시키기에 가장 적합한 사람이 아니라는 게 일반적인 법칙이라고 나는 생각한다. 왜냐하면, 무엇이 잘못되지 않을까 하는 두려움이 너무나도 크기 때문이다…."[137]

디랙이 자기 자신에 대해 언급한 마지막 예는 어느 동료가 내게 보낸 편지[139]에서 인용하기로 하자. "나는 그가 사망하기 1년 반쯤 전에 대화를 한 적이 있다…그에게 플로리다대학으로 와서 이야기를 좀 하자고 부탁했더니, 그는 이렇게 말했다. '싫네! 난 이야기할 게 아무것도 없네. 내 인생은 실패작이었어….' 그리고는 [양자전기역학의] 무한에 대해 이야기했다!!" 많은 경우, 위대한 사람들의 마음 속에는 성공보다는 실패의 느낌이 더 무겁게 자리잡고 있다.

———◆———

이번에는 디랙에 관한 많은 전설에 두 가지를 더 보태고자 한다.

하루는 닐스 보어가 머리를 마구 흔들면서 프린스턴대학의 내 방으로 들어왔다. 그는 방금 디랙과 토론을 하고 왔다고 말했다. 그 때는 냉전 시대인 1950년대 초였는데, 보어는 미국 언론이 러시아인에 대해 사용하는 욕지거리 표현에 불쾌감을 표시했다. 그러자 디랙은 몇 주일 지나면 그런 일은 모두 끝날 것이라고 말했다. 보어가 무슨 소리냐고 묻자, 디랙은 그 때쯤이면 기자들이 영어에 있는 모든 욕설을 다 써먹을 것이기 때문에 더 이상 쓸 욕설이 없을 것이라고 답했다.

또 하나의 이야기는 디랙에 관한 것이 아니고, 디랙이 두 차례 이상 재미있게 이야기하는 것을 내가 들은 것이다. 작은 마을에 새로 임명된 목사가 교구민들을 방문하러 나섰다. 한 가난한 집을 방문하자, 그 집 아주머니가 목사를 맞아주었다. 그 집에 아이들이 많이 있는 것을 본 목사는 아이가 몇이냐고 물었다. 그러자 그 여자는 쌍둥이가 다섯 쌍이니 모두 열 명이라고 대답했다. 목사는 놀라서 다시 물었다. "그러니까 당신은 항상 쌍둥이를 낳았단 말인가요?" 그러자 그 여자는 이렇게 대답했다. "아니에요, 목사님. 가끔은 하나도 낳지 않기도 하지요." 이러한 일상적인 차원의 대화에서도 정확성이 디랙에게 크게 와닿았던 것이다.

———◆———

디랙에 관한 마지막 이야기는 우리 두 사람을 모두 잘 아는 친구가 내게 보낸 편지이다.[140] 그것은 내가 처음으로 디랙 가족을 만난 1946년 1월에 디랙이 내게 전쟁 기간에 겪은 일에 대해 물어보았던 이야기였다. 편지의 일부를 인용해보자.

그가 죽기 2주일쯤 전이었네…마르기트와 나는 그의 침대 곁에 앉아 있었지. 그는 얼굴이 창백하고 비쩍 말랐지만, 비정상적으로 말이 많았다네…그는 전쟁이 끝날 무렵에 자네가 독일군에게 붙잡혀 처형당하게 되었다고 말하더군…이상한 것은, 그 이야기를 처음부터 끝까지 최소한 네 차례나 반복했다는 거야…마침내 마르기트가 그를 이해시켜 말을 멈추게 했지…언젠가 그것에 대해 자네가 내게 이야기해줄 수 있겠지.

내가 디랙을 알고 지낸 40년간을 돌아보니, 떠오르는 기억은 모두 좋은 것뿐이다. 나는 닐스 보어가 디랙에 대해 평한 말에 동의한다. "모든 물리학자들 중에서 디랙은 가장 순수한 영혼을 가졌다."[141] 어떤 점에서는 그는 아인슈타인을 연상시킨다. 그는 20세기의 가장 위대한 업적을 남긴 사람 중 하나였고, 항상 자신의 길을 걸어갔고, 자기 학파를 만들지 않았으며, 물리학 이론에서 아름다움과 단순성을 추구했고, 말년에는 물리학보다는 수학에 더 탐닉했고, 생을 마감하기 직전까지 순수 연구 활동을 계속했다. 그와 비슷한 사람을 나는 알지 못한다.

참고 문헌

(아래에서 D.는 P. A. M. Dirac을 나타낸다.)

1. 웨스트민스터 성당에 묻힌 디랙에게 바치는 기념 명판의 제막식에 즈음하여 1995년 11월 13일 런던의 왕립학회에서 한 연설. 이 논문의 일부는 내가 이전에 D.에 대해 쓴 다음 글들에서 인용했다 : *Aspects of Quantum Theory* (A. Salam and E. P. Wigner, Eds), p. 79, Cambridge University Press, 1972; in *Inward Bound*, Oxford University Press, 1986; and in *Reminiscences about a Great Physicist* (B. Kursunoglu and E. P. Wigner, Eds), p. 93, Cambridge University Press, 1987. 내가 주로 사용한 2차 자료들은 다음 글들에서 취했다 : by R. H. Dalitz and R. Peierls, *Biogr. Mem. Fell. Roy. Soc.* **32**, 139, 1986; and by H. S. Kragh, *Dirac*, Cambridge University Press, 1990.

2. T. Kuhn, interview with D., May 7, 1963, Niels Bohr Archive, Copenhagen.

3. D., 'A little "prehistory,"' *The Old Cathamian*, p. 9, 1980.

4. D., in *History of Twentieth Century Physics* (C. Weiner, Ed.) p. 109, Academic Press, New York, 1977.

5. D., interview in *Florida State University Bulletin*, Vol. 3, February 1978.

6. D.의 케임브리지 시절에 대해서는 다음을 참조하라 : R. J. Eden and J. C. Polkinghorne, in *Aspects of Quantum Theory*, ref. 1, p. 1.

7. D., Report KFKI-1977-62, *Hung. Ac. of Sc.*

8. D., *Proc. Roy. Soc.* **A109**, 642, 1925.

9. M. Born, *My Life,* p. 226, Scribner, New York, 1978.

10. *Reminiscences about I. E. Tamm* (E. Feinberg, Ed.) Nauka, Moscow, 1987.

11. Cf. D., *Proc. Camb. Phil. Soc.* **23**, 412, 1926.

12. D., *Proc. Roy. Soc.* **A112**, 661, 1926. 디랙의 초기 시절에 관한 이야기와 1925~1926년에 양자역학에 기여한 자세한 이야기는 다음을 참조하라 : J. Mehra and H. Rechenberg, *The Historical Development of Quantum Theory*, Vol. 4, part 1, Springer, New York, 1982.

13. W. Heisenberg. *Zeitschr. f. Physik* **38**, 411, 1926.

14. W. Heisenberg, *Zeitschr. f. Physik* **39**, 499, 1926.

15. E. Fermi, *Rend. Lincei* **3**, 145, 1926; *Zeitschr. f. Physik* **36**, 902, 1926; reprinted in *Enrico Fermi, Collected Works*, Vol. 1, pp. 181, 186, University of Chicago Press, 1962. ref. 4, pp. 133, 134에서 디랙은 자신과 페르미의 업적에 대해 시간 순서대로 흥미로운 이야기를 들려준다.

16. 구양자론 시대의 양자통계학의 역사에 대해서는 다음을 참조하라 : *Inward Bound*, ref. 1, chapter 13, section (d).

17. D., *Proc. Roy. Soc.* **A113**, 621, 1927.

18. 엄격하게 다룬 연구는 분배 이론을 낳게 되었다: cf. I. Halperin and L. Schwartz, *Introduction to the Theory of Distributions*, Toronto University Press, 1952.

19. D., *Proc. Roy. Soc.* **A114**, 243, 1927.

20. D., *Proc. Roy. Soc.* **A114**, 710, 1927.

21. 소위 준고전적인 이 절차(W. Pauli, *Handbuch der Physik*, Vol. 24/1, sections 15, 16, Springer, Berlin, 1933에서 자세히 다룸)는 훌륭한 근사를 제공하지만, 유도된 과정들을 엄격하게 다루지는 못한다 ; 복사 보정에 대해서 는 적절한 설명을 제공하지 못한다.

22. A. Einstein, *Phys. Zeitschr.* **18**, 121, 1917. See further A. Pais, *Subtle is the*

Lord, chapter 21, section (d), Oxford University Press, New York, 1982.

23. D.는 아직 분극을 적절하게 다루지 못했기 때문에 이 계수에서 인수 2를 빠뜨렸다는 사실을 알고 있었다.[19]

24. Schrödinger, *Ann. der Phys.* **81**, 109, 1926과는 관계 없이 독자적으로.

25. 양자전기역학의 효시가 된 D.의 두 논문에 대한 상세한 분석은 다음을 참고하라 : R. Jost, in *Aspects of Quantum Theory*, ref. 1, p. 61.

26. Ref. 20, p. 719.

27. D., *Proc. Roy. Soc.* **A111**, 405, 1926; *Proc. Camb. Phil. Soc.* **23**, 500, 1926.

28. L. Infeld, *Quest*, p. 203, 2nd edn, Chelsea, New York, 1980.

29. D.의 연구생들이 한 말에 대해서는 다음을 참고하라 : Dalitz and Peierls, ref. 1, pp. 155-7.

30. H. B. G. Casimir, *Haphazard Reality*, p. 72, Harper and Row, New York, 1983.

31. R. Eden and J. Polkinghorne, in *Tributes to Paul Dirac* (J. C. Taylor, Ed), p. 5, Hilger, Bristol, 1987.

32. N. F. Mott, interviewed by T. S. Kuhn, March 1962, Niels Bohr Archive, Copenhagen.

33. A. Einstein, in *James Clerk Maxwell*, p. 66, New York, 1931.

34. D., *Proc. Roy. Soc. Edinburgh* **59**, 122, 1939.

35. D., *Sci. Am.* **208**, 45, May 1963.

36. D. in *Albert Einstein, Historical and Cultural Perspectives* (G. Holton and Y. Elkana, Eds), p. 79, Princeton University Press, 1982.

37. O. Klein, *Zeitschr. f. Physik* **37**, 895, 1926; E. Schrödinger, *Ann. der Phys.* **81**, 109, 1926; V. Fock, *Zeitschr. f. Physik* **38**, 242, 1926; Th. de Donder and H. van den Dungen, *Comptes Rendues* **183**, 22, 1926; J. Kudar, *Ann. der Phys.* **81**, 632, 1926; W. Gordon, *Zeitschr. f. Physik* **40**, 117, 1926.

38. W. Pauli, *Zeitschr. f. Physik* **43**, 601, 1927.

39. 그는 $\sigma \cdot \mathbf{p}$의 4차원 일반화를 찾고 있었다. 나중에 그는 높은 스핀에 대한 파동방정식들을 잠깐 다룬다 : D., *Proc. Roy. Soc.* **A155**, 447, 1936.

40. D., *Int. J. Theor. Phys.* **21**, 603, 1982.

41. D., *Proc. Roy. Soc.* **A117**, 610, 1928.

42. D., *Proc. Roy. Soc.* **A118**, 351, 1928.

43. Ref. 2, interview May 14, 1963.

44. 나중에 파울리와 바이스코프가 스칼라 파동방정식은 변환 이론과 모순되지 않

는 처리가 잘 적용된다는 사실을 증명했다(*Helv. Phys. Acta* **7**, 709, 1934).

45. W. Heisenberg, interviewed by T. Kuhn, July 12, 1963, Niels Bohr Library, American Institute of Physics, New York.

46. D. *Phys. Zeitschr.* **29**, 561, 712, 1928.

47. W. Heisenberg, letter to W. Pauli, May 3, 1928; reprinted in *Wolfgang Pauli, Scientific Correspondence*, Vol. 1, p. 443, Springer, New York, 1979; 이하 PC로 표기함.

48. Ref. 46, p. 562, footnote 2.

49. W. Heisenberg, letter to W. Pauli, July 31, 1928; PC, Vol. 1, p. 466.

50. D., letter to O. Klein, July 24, 1928, copy in Niels Bohr Library.

51. S. F. Tuan, *Dirac and Heisenberg in Hawaii*, 미발표 원고.

52. D., letter to A. Pais, October 21, 1982.

53. W. Heisenberg, in *The Physicist's Conception of Nature* (J. Mehra, Ed.), p. 816, Reidel, Dordrecht, 1973.

54. H. Weyl, *Zeitschr. f. Physik* **56**, 330, 1929.

55. 그 무렵에 일어난 그 밖의 적절한 발전에는 콤프턴 산란에 대한 클라인-니시나 공식의 유도와 클라인 역설이 있다. 더 자세한 것은 다음을 참고하라 : *Inward Bound*, ref. 1, chapter 15, section (f).

56. D., *Proc. Roy Soc.* **A126**, 360, 1929; also *Nature* **126**, 605, 1930.

57. D., ref. 4, p. 144.

58. See *Inward Bound*, ref. 1, chapter 14.

59. D., letter to N. Bohr, November 26, 1929, copy in Niels Bohr Library.

60. D., *Proc. Camb. Phil. Soc.* **26**, 361, 1930.

61. *The New York Times*, September 9, 1930.

62. J. R. Oppenheimer, *Phys. Rev.* **35**, 562, 1930.

63. I. Tamm, *Zeitschr. f. Physik* **62**, 545, 1930.

64. H. Weyl, *The Theory of Groups and Quantum Mechanics*, pp. 263-4 and preface, Dover, New York.

65. D., *Proc. Roy. Soc.* **A133**, 60, 1931.

66. C. D. Anderson, *Science* **76**, 238, 1932.

67. C. D. Anderson, *Phys. Rev.* **43**, 491, 1933.

68. W. Pauli, letter to D., May 1, 1933; PC, Vol. 2, p. 159.

69. W. Pauli, letter to W. Heisenberg, June 16, 1933; PC, Vol. 2, p. 169.

70. Cf. *Inward Bound*, ref. 1, chapter 16, section (d).

71. *The Theory of the Positron and Related Topics*, report of a seminar conducted by W. Pauli, notes by B. Hoffmann, Institute for Advanced Study, Princeton, 1935-36, mimeographed notes.

72. W. Heisenberg, letter to W. Pauli; PC, Vol. 2, p. 386.

73. D., letter to N. Bohr, August 10, 1933, copy in Niels Bohr Library.

74. 진공 분극의 존재 또한 퍼리와 오펜하이머에 의해 독자적으로 규명되었다 ; W. H. Furry and J. R. Oppenheimer, *Phys. Rev.* **45**, 245, 343, 1934.

75. D., in *Rapports du Septième Conseil de Physique*, p. 203, Gauthier-Villars, Paris, 1934; cf. also D., *Proc. Camb. Phil. Soc.* **30**, 150, 1934.

76. 유한한 그 항의 계수에 나타난 수치의 오류는 하이젠베르크가 바로잡았다 : W. Heisenberg, *Zeitschr. f. Physik* **90**, 209, 1934.

77. E. Uehling, *Phys. Rev.* **48**, 55, 1935.

78. Ref. 4, p. 140.

79. D., *Phys. Rev.* **74**, 817, 1948.

80. D., in dittoed notes of the Pocono conference, p. 72, unpublished.

81. D., in *New Pathways in Science* (A. Perlmutter, Ed.), Vol. 1, Plenum Press, New York, 1976; see further E. Amaldi and N. Cabibbo, in *Aspects of Quantum Theory*, ref. 1, p. 183.

82. Dalitz and Peierls, ref. 1, p. 150.

83. D., 'Theory of electrons and positrons,' in *Nobel Lectures in Physics, 1922-1941*, p. 320, Elsevier, Amsterdam, 1965.

84. *Sunday Dispatch*, November 19, 1933.

85. Margit Dirac, in Kursunoglu and Wigner, ref. 1, p. 3.

86. D., and P. Kapitza, *Proc. Cambr. Phil. Soc.* **29**, 297, 1933.

87. P. Gould *et al.*, *Phys. Rev. Lett.* **56**, 827, 1986.

88. R. H. Dalitz, in *Reminiscences about a Great Physicist*, ref. 1, p. 69; also Dalitz and Peierls, ref. 1, p. 152.

89. D., *Rev. Mod. Phys.* **21**, 392, 1949.

90. D., *Phys. Rev.* **73**, 1092, 1948; *Proceedings of the Second Canadian Mathematical Congress 1949*, p. 10, University of Toronto Press, 1951.

91. D., *Can. J. Math.* **2**, 129, 1950; **3**, 1, 1951; *Proc. Roy. Soc.* **A246**, 326, 1958; *Proc. Roy. Irish Acad.* **A63**, 49, 1964.

92. See also F. Rohrlich, in *High Energy Physics* (B. Kursunoglu and A. Perlmutter, Eds.), p. 17, Plenum Press, New York, 1985.

93. D., *Proc. Roy. Soc.* **A246**, 333, 1958; *Phys. Rev.* **114**, 924, 1959: also in *Recent Developments in General Relativity*, p. 191, Pergamon Press, London, 1962. See further D., *Proc. Roy. Soc.* **A270**, 354, 1962; *Gen. Rel. and Grav.* **5**, 741, 1974.

94. D., *Phys. Rev. Lett.* **2**, 368, 1959; *Proceedings of the Royaumont Conference 1959*, p. 385, Editions du CNRS, Paris, 1962, *Phys. Bl.* **16**, 364, 1960.

95. D., *Ann. of Math.* **37**, 429, 1935.

96. D., *Ann. of Math.* **36**, 657, 1935.

97. D., in *Max Planck Festschrift 1958*, p. 339, Deutscher Verlag der Wissenschaften, Berlin, 1958.

98. D., *General Theory of Relativity*, Wiley, New York, 1975.

99. Ref. 4, p. 149.

100. D., *Nature* **139**, 323, 1001, 1937; also *ibid.*, **192**, 441, 1961.

101. D., Report CTS-T. Phys. 69-1, Center for Theoretical Studies, Coral Gables, Florida, 1969; *Comm. Pontif. Acad. of Sci.* **2**, No. 46, 1973; **3**, No. 6, 1975; *Proc. Roy. Soc.* **A338**, 446, 1974; *Nature* **254**, 273, 1975; in *Theories and Experiments in High Energy Physics* (B. Kursunoglu *et al.*, Eds), p. 443, Plenum Press, New York, 1975); *New Frontiers in High Energy Physics* (A. Perlmutter and L. Scott, Eds), p. 1, Plenum Press, New York, 1978; *Proc. Roy. Soc.* **A365**, 19, 1979.

102. See further F. J. Dyson, in *Aspects of Quantum Theory*, ref. 1, p. 213.

103. D., *Nature* **168**, 906, 1951; **169**, 146, 1952; *Physica* **19**, 888, 1953; *Sci. Monthly* **78**, 142, 1954.

104. D., *Proc. Roy. Soc.* **A136**, 453, 1932.

105. Cf. e.g. D., V. Fock and B. Podolsky, *Phys. Zeitschr. der Sowjetunion* **2**, 468, 1932.

106. D., *Nature* **137**, 298, 1936.

107. *Inward Bound*, ref. 1, chapter 16, section (c); chapter 18, section (a).

108. D., *Proc. Roy. Soc.* **A167**, 148, 1938; see also ref. 92.

109. D., *Ann. Inst. H. Poincaré* **9**, 13, 1939.

110. D., *Comm. Dublin Inst. Adv. Studies* **A1**, 1943.

111. D., *Proc. Roy. Soc.* **A180**, 1, 1942.

112. D., *Rev. Mod. Phys.* **15**, 175, 1943.

113. D., *Comm. Dublin Inst. Adv. Studies*, **A3**, 1946; *Proceedings of the*

International Conference on Fundamental Particles and Low Temperatures,
Cambridge, June 1946, p.10, Taylor and Francis, London, 1946;
Proceedings of the 8th Solvay Conference 1948 (R. Stoops, Ed.), p. 282,
Coudenberg, Brussels, 1950.

114. R. P. Feynman, *Quantum Electrodynamics, the Strange Story of Light and Matter*, Princeton University Press, 1985.

115. D., *Proc. Roy. Soc.* **A209**, 251, 1951.

116. See also D., in *Deeper Pathways in High Energy Physics* (B. Kursunoglu *et al.*, Eds), Plenum Press, New York, 1977.

117. See further D., *Proc. Roy. Soc.* **A212**, 330, 1952; **223**, 438, 1954; also D., *Proc. Roy. Soc.* **A257**, 32, 1960; **268**, 57, 1962.

118. D., *Lectures on Quantum Field Theory*, Belfer School of Science, Yeshiva University, New York, 1966.

119. Cf. D., *Nuov. Cim. Suppl.* **6**, 322, 1957; *Nature* **203**, 115, 1964; **204**, 771, 1964; *Phys. Rev.* **139B**, 684, 1965.

120. D., *Proc. Roy Soc.* **A322**, 435, 1971; **328**, 1, 1972; and in *Fundamental Interactions in Physics and Astrophysics* (G. Iverson, Ed.), p. 354, Plenum Press, New York, 1973.

121. Interview with Professor Joe Lannutti, January 30, 1986.

122. D., *General Theory of Relativity*, ref. 98.

123. D., in *Proceedings of Loyola University Symposium, New Orleans*, 1984; *reprinted in Reminiscences about a Great Physicist*, ref. 1, p. 194.

124. N. F. Mott, *A life in Science*, p. 42, Taylor and Francis, London, 1986.

125. 전체 목록에 대해서는 다음을 참고하라 : *Dirac*, ref. 1, p. 356, note 20.

126. D., *Chem. Zeitung* **95**, 880, 1971.

127. Quoted by Heisenberg in *Schritte und Grenzen*, Piper, Munich, 1971.

128. Manci Dirac, letter to A. Pais, November 25, 1995.

129. G. Gamow, *Thirty Years that Shook Physics*, p. 121, Doubleday, New York, 1966.

130. L. Alvarez, *Adventures of a Physicist,* p. 87, Basic Books, New York, 1987.

131. R. Peierls, in ref. 31, p. 36.

132. *Washington Post* and *Times Herald*, September 24, 1954.

133. 예를 들면, *The New York Times*, May 27, June 11, 1954; *New York Herald Tribune*, May 28, 1954; *The Times* (London), June 18, 1955; *The Financial*

Times (London), August 6, 1954.

134. *The New York Times*, June 3, 1954.

135. D., *Proc. Camb. Phil. Soc.* **35**, 416, 1939.

136. Ref. 89, p. 393.

137. D., *The Development of Quantum Theory*, Gordon and Breach, New York, 1971.

138. D., *Eureka* No. 32, 2-4, October 1969.

139. P. Ramon, letter to A. Pais, February 22, 1996.

140. J. Lannutti, letter to A. Pais, May 19, 1986.

141. Quoted by R. Peierls in ref. 130.

1931년 패서디나에서 찍은 아인슈타인의 사진. 함께 있는 사람들도 모두 저명한 물리학자들이다: 미국인으로서는 최초로 노벨물리학상을 받은 A. A. 마이컬슨(아인슈타인의 왼쪽), 역시 노벨상 수상자인 로버트 밀리컨(오른쪽), 얼음산 천문대의 월터 애덤스(뒷줄), 아인슈타인의 조수 월서 마이어, 윌텀 도서관의 막스 패런드.

알베르트 아인슈타인*

20세기의 가장 유명한 과학자 알베르트 아인슈타인(Albert Einstein)은 뷔르템베르크 왕국(지금은 독일의 일부)의 울름에서 사업가인 아버지 헤르만 아인슈타인(Hermann Einstein)과 어머니 파울리네 코흐(Pauline Koch) 사이에서 태어났다. 1881년에는 유일한 형제인 마리아가 태어났다. 1880년, 아인슈타인 가족은 뮌헨으로 이사했고, 아인슈타인은 그 곳에서 초등학교와 중고등학교를 다녔는데, 성적은 항상 좋은 편이었다(아인슈타인의 학교 성적이 나빴다는 이야기는 아마도 그가 정규 교육을 싫어한 데서 만들어진 전설일 것이다). 그 시절에 그는 바이올린 개인 교습도 받았으며, 법적 요건을 채우기 위해 유태교 교리 학습도 받았다. 이러한 교육의 결과로 아인슈타인은 11세 무렵에 종교적 계율을 일일이 따르고, (훗날 친구에게 이야기한 바에 따르면) 신을 찬양하는 노래를 작곡하면서 강한 종교적 신앙 단계에 빠졌다. 1년 후, 이 단계는 갑작스럽게 그리고 영원히 끝나고 말았다. 그것은 아인슈타인이 교양 과학책과 (그의 표현에 따르면) 유클리드 기하학을 다룬 '신성한 기하학책', 그리고 칸트의 책 등에 접하고 나서 일어났다.

1895년, 아인슈타인은 취리히에 있는 스위스연방공과대학(ETH)에 입학 시험을 쳤지만, 문학과 정치사에서 낙제점을 받는 바람에 낙방하고 말았다. 1896년, 스위스의 아라우에 있는 한 고등학교에서 1년간 더 공부한 뒤에 입학이 허용되었다. 그 해에 그는 독일 시민권을 포기하고 무국적자가 되었다가, 1901년에 스위스 시민이 되었다.

ETH에 다니던 4년 동안 아인슈타인은 정규 과목의 강의에는 제대로 출

---

* 이 원고는 원래 덴마크대백과사전에 쓴 글을 영어로 번역한 것이다.

석도 하지 않고, 독학에 열중하였다. 1900년, 그는 최종 시험을 우수한 성적으로 통과함으로써 수학과 물리학을 가르칠 수 있는 고등학교 교사 자격을 얻었다. 그 다음 2년 동안 그는 임시 교사직으로 만족해야 했지만, 1902년 6월에 베른의 특허국에 3급 기술 전문가로 임명되었다.

1903년 1월, 아인슈타인은 ETH를 같이 다녔던, 그리스인과 카톨릭계 세르비아인의 혈통을 이어받은 밀레바 마릭(Mileva Marić)과 결혼하였다. 1902년에 두 사람은 이미 결혼도 하기 전에 딸 리절을 낳았는데, 이 아이의 운명에 대해서는 알려진 바가 없다. 결혼 후에는 아들을 둘 낳았는데, 한스 알베르트(Hans Albert)는 캘리포니아대학에서 유명한 수력공학 교수가 되었고, 뛰어난 재능을 타고났던 에두아르트(Eduard)는 취리히대학에서 의학을 공부했으나 심한 정신분열증을 앓다가 정신 병원에서 사망하였다.

1914년, 아인슈타인 부부는 별거에 들어가 1919년에 이혼하였다. 그 후에 아인슈타인은 사촌인 엘사 아인슈타인(Elsa Einstein)과 재혼했는데, 엘사는 이전의 결혼에서 얻은 두 딸을 데리고 왔다. 두 번째 결혼 기간에 아인슈타인은 여러 차례 혼외 정사를 했다.

아인슈타인이 1901년에서 1904년 사이에 발표한 최초의 논문 네 편은 그에게 기적의 해인 1905년에 나타날 그의 폭발적인 천재성을 예고하는 것이었다. 1905년 3월에 그는 광양자의 존재를 제안하고, 광전 효과를 설명하는 논문을 발표했는데, 이 업적으로 1922년에 노벨상을 받는다. 4월에는 분자 크기를 결정하는 방법에 대한 논문을 써서 그 덕분에 취리히대학에서 박사 학위를 받는다. 5월에는 특수 상대성 이론에 관한 논문을, 9월에는 이 논문의 속편으로 $E=mc^2$이라는 식을 담고 있는 논문을 발표했다. 이 중 단 한 편의 논문만 해도 엄청난 명성을 얻을 수 있을 만큼 대단한 것이었기 때문에, 네 편을 다 발표한 아인슈타인은 불멸의 존재가 되었다.

이 논문들을 발표하고 난 후에야 아인슈타인은 학계에서 활동을 시작할 수 있었다. 1908년 베른대학에서 객원 강사를 시작으로 첫 명예 박사 학위를 받은(제네바대학에서) 1909년에는 취리히대학 부교수, 1911년에는 프라하에 있는 카를페르디난트대학 정교수, 1912년에는 ETH 교수, 1914~

1932년에는 베를린의 프로이센과학아카데미의 교수이자 회원으로 지냈다 (아인슈타인은 제1차 세계 대전이 발발하기 넉 달 전에 베를린으로 갔다).

1915년, 아인슈타인은 자신의 첫 정치적 글인 '유럽인에게 보내는 선언' 을 썼는데, 유럽 문화를 소중히 여기는 모든 사람들에게 유럽 연맹(결코 실현되진 못했지만)에 가입하라고 촉구했다. 그 해에 아인슈타인이 한 훨씬 중요한 일은 20세기 물리학에서 가장 큰 업적으로 평가되는 일반 상대성 이론을 완성한 것이다. 특수 상대성 이론에서는 서로에 대해 시간 종속적인 등속 직선 운동을 하는 어떤 두 관측자에 대해서도 물리학의 모든 법칙이 똑같은 형태를 지닌다. 일반 상대성 이론에서는 모든 종류의 상대 운동에 대해서도 이것이 성립한다. 그러기 위해서는 뉴턴의 중력 이론을 수정해야 했다. 공간은 굽어 있고, 곡률의 정도는 그 장소에 있는 물질의 밀도에 따라 달라진다고 아인슈타인은 주장했다. 즉, 물질이 중력 작용을 통해 '공간의 모양'을 결정한다는 것이다.

아인슈타인의 이론이 뉴턴의 이론보다 더 뛰어나다는 것은 1915년에 명백하게 밝혀졌다. 아인슈타인은 자신의 이론을 사용하여 1859년부터 관측으로 확인된, 수성의 운동에 나타나는 이상한 움직임(근일점 이동)을 처음으로 설명할 수 있었다. 그는 또한 태양 옆을 스쳐 지나오는 빛이 뉴턴의 이론이 예측하는 것보다 수십 배나 더 많이 휘어질 것이라고 예측했다.

1916년, 아인슈타인은 자신의 책 중에서 가장 널리 알려진 『일반인을 위한 특수 상대성 이론과 일반 상대성 이론』을 완성했고, 중력파에 대한 최초의 논문을 썼으며, 독일물리학협회의 회장이 되었다. 1917년에는 간장병, 위궤양, 황달, 전반적인 쇠약 등이 차례로 나타나며 병치레를 했으나, 그럼에도 불구하고 상대론적 우주론에 대한 최초의 논문을 완성하였다. 그는 1920년에 가서야 병에서 완쾌되었다.

1919년 11월, 아인슈타인을 영원히 신화적인 인물로 남게 만든 사건이 일어났다. 그 해 5월에 일식을 관측하러 떠난 두 탐사대가 (에딩턴의 표현에 따르면) "아인슈타인의 비유클리드 공간에 관한 신비한 이론을 확인했다." 11월 6일, 왕립학회 회장은 런던에서 이것은 "예측돼오던 해왕성이 발견된

(1846년에) 이래 가장 놀라운 과학적 사건"이라고 발표하였다.

다음 날, 런던에서 발행된 〈더 타임스〉지는 '과학의 혁명/우주의 새로운 이론/뉴턴의 개념이 뒤집어지다'라는 제목의 기사를 내보냈다. 아인슈타인은 뉴턴(물론 지금도 과학에서 별과 같은 인물로 남아 있는)을 뛰어넘었던 것이다. 그 순간의 극적인 상황은 수백만 명의 희생자를 내고, 제국들을 몰락시키고, 불확실한 미래를 남기고 막 끝난 제1차 세계 대전과 대비되어 더욱 고조되었다. 바로 그러한 때에 아인슈타인이 새로운 법칙과 질서를 가지고 등장했던 것이다. 그 때부터 전세계의 언론은 그를 20세기의 상징이자 신성한 인물로 만들었다.

그 무렵 중년에 접어든 아인슈타인의 행동에는 변화가 나타나기 시작했다. 그는 과학 외의 다른 분야의 글들을 쓰기 시작했다. 1920년, 그는 베를린대학에서 강의를 하던 도중에 반유태인 시위에 마주쳤다. 그리고 그 무렵에 동구에서 도망쳐온 유태인들이 도움을 청하기 위해 그의 집 문을 두드리는 일이 잦아졌다. 이 모든 일은 아인슈타인의 마음 속에서 유태인의 곤경에 대한 깊은 인식을 일깨웠으며, 그 때부터 유태인이 팔레스타인에 정착하여 그 곳에서 박해를 받지 않고 존엄성을 지키며 살 수 있는 평화로운 중심지를 건설하는 것을 지지하는 연설을 하고 글을 쓰게 되었다. 이렇게 해서 그는 비록 어떤 시온주의 단체에도 가입하지 않았지만, 도덕적 시온주의라고 부를 수 있는 주의의 옹호자가 되었다.

1920년대에 아인슈타인은 여행을 많이 했다. 1921년, 그는 히브리대학 설립을 위한 기금을 모금하기 위해 처음으로 미국을 방문했는데, 하딩 대통령으로부터 영접을 받는 등 극진한 예우를 받았다. 1922년에 그가 파리를 방문한 것은 프랑스와 독일의 관계 정상화에 기여하였다. 그 해에 그는 국제연맹의 지식인협력위원회의 회원으로 가입하는 것을 수락하였다. 그 해 6월, 유태인이자 아인슈타인의 지기인 독일 외무장관 발터 라테나우(Walter Rathenau)가 암살되었다. 자신도 위험에 처해 있다는 경고를 받은 아인슈타인은 부인과 함께 다섯 달 동안 해외 여행에 나섰다. 콜롬보, 싱가포르, 홍콩, 상하이를 잠깐씩 들른 뒤, 그들은 일본에서 5주일 동안 머물렀다. 언론은 환영식장에서 관심의 초점은 황후가 아니라 온통 아인슈타인에게 쏠렸다고 보도했다.

돌아오는 길에 그들은 팔레스타인을 방문했다. 시온주의자 집행부 의장은 강연에서 아인슈타인을 소개하면서 이렇게 말했다. "당신을 2천 년 동안 기다려온 연단에 오르십시오." 그 다음에 아인슈타인은 에스파냐에서 3주 동안 머물렀다. 1925년에 그는 남아메리카를 여행하면서 부에노스아이레스, 몬테비데오, 리우데자네이루에서 강연을 했다. 나중에 미국을 세 차례 방문한 것을 제외한다면, 이것이 아인슈타인의 일생에서 마지막 주요 여행이었다.

이러한 다양한 활동은 아인슈타인의 에너지를 많이 소진시켰으나, 그의 물리학 연구를 방해하지는 못했다. 1922년, 그는 통일장 이론에 관한 최초의 논문을 발표했다. 이것은 중력뿐만 아니라 전자기력까지 새로운 우주 기하학에 포함시키려는 시도로, 아인슈타인이 생을 마감할 때까지 가장 큰 관심을 쏟은 문제였다. 그는 여러 가지 접근 방법을 시도해보았으나, 어떤 것도 결실을 맺지 못했다. 1924년, 그는 양자전기역학에 관한 논문 세 편을 발표했는데, 거기에는 소위 보스-아인슈타인 응축물의 발견도 포함돼 있다. 그가 물리학에 남긴 공헌 중 생산적이라 할 수 있는 것은 이것이 마지막이었다. 그러나 그 후에도 그는 논문을 계속 발표했다.

1925년에 양자역학이 등장하자, 아인슈타인은 이것을 결코 받아들이려 하지 않았다. 이 문제를 놓고 보어와 벌인 유명한 논쟁은 1927년 솔베이 회의 때부터 시작되었다. 그들은 아인슈타인이 죽기 직전까지 논쟁을 계속했지만, 결코 의견의 일치를 보지 못했다.

1928년, 아인슈타인은 심장 확장으로 건강이 매우 나빠졌다. 그는 넉 달 동안 침상에서 지내며 소금이 들어가지 않은 음식물만 먹어야 했다. 그는 완쾌되었으나, 일 년 동안은 계속 허약한 상태였다. 1929년에는 처음으로 벨기에의 왕실 가족을 방문했으며, 그 후 엘리자베스 여왕과 평생 동안 편지를 주고받았다.

아인슈타인은 젊은 시절부터 평화주의자였지만, 1920년대에 들어 그의 입장은 이 점에서 더 급진적으로 변했다. 예를 들면, 1925년에 그는 간디와 그 밖의 사람들과 함께 의무 징집 제도에 반대하는 선언에 서명했으며, 1930년에는 세계 정부를 지지하는 또 다른 선언에 서명했다. 1930년과 1931년에 그는 미국을 방문했다. 1932년, 그는 프린스턴대학의 고등학술 연구소 교수직을 수락했는데, 처음에는 자신의 시간을 프린스턴대학과 베를린대학 양쪽에 쪼개 쓸 생각이었다. 그러나 그 해 10월, 독일을 떠난 아인슈타인 부부는 다시는 독일로 돌아가지 않았다. 1933년 1월에 나치가 권력을 잡았기 때문이었다. 마음 속으로는 여전히 평화주의자였음에도 불구하고, 아인슈타인은 나치는 무력을 통해서만 굴복시킬 수 있다고 깊이 확신했다.

새로운 정치 상황 때문에 아인슈타인은 계획을 바꿔 1933년 10월 17일 미국에 도착하자 프린스턴에 영원히 정착하기로 마음먹었다. 그 후, 아인슈타인이 미국을 떠난 것은 1935년에 버뮤다로 여행한 것 단 한 차례뿐인데, 그것도 영구 거주를 위한 신청서를 그 곳에서 만들기 위해서였다. 1940년에 그는 미국 시민권자가 되었다.

아인슈타인은 새 조국에서도 유명 인사로 대우받았다. 1934년, 아인슈타인 부부는 루스벨트 대통령의 초대를 받아 백악관에서 하룻밤을 묵었다. 그는 과학적인 활동을 계속했고, 실제로 훌륭한 논문들도 일부 썼지만, 유럽 시절처럼 획기적인 연구 업적은 남기지 못했다.

1939년, 아인슈타인은 루스벨트 대통령에게 원자력의 군사적 이용에 대해 관심을 촉구하는 편지를 보냈다. 그러나 원자폭탄의 개발에 미친 그의 영향은 미미했다. 1943년, 그는 미 해군 군수품부의 자문 위원이 되었지만, 원자폭탄 연구에는 전혀 관여하지 않았다. 1944년, 1905년의 상대성 이론 논문을 아인슈타인이 직접 손으로 쓴 원고(이 목적을 위해)가 전쟁 지원을 위한 모금 목적으로 열린 경매에서 600만 달러에 팔렸다(현재 이 원고는 의회 도서관에 소장돼 있다).

전쟁 후에 아인슈타인은 세계 정부의 결성을 촉구하는 공개 서한을 유엔에 보내거나 언론을 통해 매카시의 활동을 종종 비난하는 등 정치적 문제들에 대해 계속 자기 견해를 주장하고 나섰다. 이스라엘의 초대 대통령인 차임 바이츠만(Chaim Weizmann)이 사망한 후, 아인슈타인은 그 후임자로 제의를 받았으나 거절하였다.

1948년, 아인슈타인의 복부 대동맥에서 커다란 동맥류가 발견되었다. 1950년, 그는 유언장을 작성하면서 자신의 논문과 원고들을 히브리대학에 기증한다고 썼다(현재 그것들은 히브리대학에 소장돼 있다). 1955년 4월 11일, 아인슈타인은 버트런드 러셀에게 보낸 자신의 마지막 편지에서, 모든 국가가 핵무기를 포기하도록 촉구하는 선언에 서명하기로 동의했다. 4월 13일에 아인슈타인은 라디오 연설을 위한 초안을 썼는데(완성하지는 못했음), 그것은 다음과 같이 끝난다. "도처에서 고양되고 있는 정치적 열정은 그 희생자를 요구합니다." 그 날 오후, 동맥류가 파열되었다. 15일, 그는 프린스턴병원에 입원했으나, 4월 18일 오전 1시 15분에 세상을 떠났다. 그의 시신은 바로 그 날 화장되었다. 그 재는 알려지지 않은 장소에 뿌려졌다. 그 해 11월에는 그의 첫 증손자가 태어났다.

1997년의 미첼 파이겐봄의 모습

미첼 파이겐봄

얼마 전 아침 8시경에 나는 매일 하는 산책을 위해 내가 살고 있는 요크가의 뉴욕 아파트를 나섰다. 그 날, 나는 63번가를 따라 센트럴파크까지 걸어가 그 곳을 한 바퀴 돈 다음, 집으로 돌아왔다. 1번가 모퉁이에 이르렀을 때, 나는 헝클어진 갈기머리의 낯익은 얼굴을 보았다. "이렇게 늦은 시간에 여기서 뭘 하고 있나?" 하고 내가 물었다. 그는 담배가 떨어졌고, 또 잠자기 전에 읽곤 하는 〈뉴욕타임스〉지를 사러 나왔다고 말했다. 나는 그에게 좋은 밤을 보내라고 말하고, 산책을 계속했다.

그는 나의 좋은 친구 미첼 제이 파이겐봄(Mitchell Jay Feigenbaum)이다. 우리는 같은 아파트 단지에 살며, 록펠러대학에 있는 연구실도 서로 나란히 붙어 있다. 운이 좋으면 우리는 오후 늦게 그 곳에서 만난다. 다음에 소개하는 그의 생애와 연구는 대부분 오후 늦게 그와 나눈 수많은 대화를 통해 알게 된 것이다.

가족

미첼 파이겐봄은 1944년 12월 19일 필라델피아에서 뉴욕 토박이인 에이브러햄 조지프(Abraham Joseph)와 밀드리드 슈거(Mildred Sugar)의 아들로 태어났다. 아버지는 4형제 중 셋째였고, 그의 가족은 폴란드 바르샤바 근처에 있는 로시츠 출신인데, 파이겐봄의 할아버지 때 미국으로 이민 왔다. 파이겐봄은 자기 가족의 성이 원래는 파이겐보임(Fejgenboim)이었던 것으로 기억한다. 외할아버지는 키예프에서 미국으로 이민 왔다. 슈거라는 성은 엘리스섬(이민자들을 임시적으로 수용하면서 적격 여부를 심사하던 곳)

의 관리들이 만들어준 것이다. 어머니는 세 자녀 중 둘째였으며, 배다른 누이도 두 명 있었다.

미첼의 형 에드워드는 아주 어린 나이부터 글을 읽기 시작한 신동이었다. 그는 현재 시스템 공학자로 일하며, 워싱턴 DC 교외에서 부인과 두 자녀와 함께 살고 있다(성과 퍼스트 네임이 똑같은 유명한 컴퓨터 과학자와 혼동하지 말 것). 미첼의 여동생 글렌다는 메트로폴리탄생명보험회사의 보험 계리사로 일하고 있으며, 뉴저지에서 남편과 두 자녀와 함께 살고 있다.

뉴욕대학에서 생물학 석사 학위를 받은 후, 에이브러햄 조지프는 뉴욕주 로체스터대학에서 연봉 2000달러의 교수직을 제의받았다. 그의 부인은 그것이 적다고 생각했다. 그래서 대신에 그는 필라델피아의 해군 조선소에서 분석화학자로 일했는데(그 무렵, 미국은 제2차 세계 대전에 참전하게 된다), 거기서 그는 배에 사는 바퀴벌레를 죽이는 살충제를 연구했으며, 주말에는 돈을 더 벌기 위해 음식 배달 일을 했다.

1947년(파이겐봄이 만 두 살 반일 때), 가족은 뉴욕 시로 이사했다. 그들은 브루클린에 있는 2층짜리 집을 사서 한 층은 세를 내주었다. 이제 아버지는 뉴욕 항만청의 분석화학가로 일했다. 그가 맡은 임무 중에는 아이들와일드 공항(지금의 J. F. 케네디 공항)이 들어설 예정 부지의 토양을 분석하는 것도 포함돼 있었다.

파이겐봄은 어머니를 '육체적으로나 정신적으로 강한 여성'이라고 부른다. 14세 때 그녀는 헌터대학에 입학했으나, 가족 부양을 위해 중퇴해야 했다. 십대 후반에 그녀는 핸드볼 선수로 뛰면서 돈을 벌었는데, 웬만한 남자 선수도 적수가 되지 못했다. 또, 독서 지도를 통해서도 돈을 벌었다. 그 다음에는 스페니시 할렘에 있는 램스턴백화점의 편물 부서에 일자리를 얻었다. 그 당시 그녀는 에스파냐어도 뜨개질도 할 줄 몰랐으나, 곧 두 가지 모두에 익숙해졌다. 파이겐봄은 어머니의 인상을 특히 자신의 첫 번째 역할 모델이 된 교육자로 기억했다. 훗날 그 모델은 아버지로 바뀐다. "나는 아버지의 사고 방식이 훨씬 실질적이라는 사실을 알게 되었다…. 또, 아버지는 더없이 정직했다. 그러나 아버지는 다소 피상적으로 말하면서 자신을 잘 표현하지 않았다."

어린 시절의 기억

파이겐봄은 태어난 지 반 년쯤 될 무렵부터 대소변을 가렸다. 그는 "비교적 늦게 말을 하기 시작했다. 그 전에는 나는 사물들을 가리키면서 형보고 그 이름을 말하게 했다." 어머니는 파이겐봄에게 읽기를 가르치려고 했으나, 파이겐봄은 그것을 좋아하지 않았고, 실제로 파이겐봄은 학교에 입학할 때까지 글을 읽지 못했다. 어린 시절부터 파이겐봄은 '사물들이 (역학적으로) 어떻게 작용하는지' 알고 싶어했으며, 물건들을 분해하고, '사물들이 어떻게 보이는지' 알기를 좋아했다. 세 살 때부터 파이겐봄은 음악을 듣기 시작했다. "그것은 내게 매우 중요했다." 파이겐봄은 음악을 듣기 위해 아침 7시에 일어나곤 했다. 집에는 라디오가 있었다. 저것은 어떻게 소리를 내는 걸까? "라디오는 정말 경이로운 존재였다. 전축판도 없이 소리를 낼뿐더러, '전파'는 벽도 통과하기 때문이었다."

아주 어린 시절부터 파이겐봄은 앉아서 사물에 대해 생각하고, 베란다에 앉아 사물들을 관찰하기를 좋아했다. 파이겐봄은 너댓 살 무렵에 어머니를 베란다로 불러 "저 여자 좀 봐요. 저 여자는 왜 넘어지지 않아요?"라고 물은 적이 있다고 한다. 그 여자는 아주 큰 가슴을 가지고 있었는데, 파이겐봄은 그녀의 역학적 균형에 대해 궁금하게 생각했던 것이다.

파이겐봄은 아주 어린 시절부터 그림그리기를 좋아했는데, 특히 초상화를 좋아했다. 그는 부드럽고 완벽하고 정교하게 그은 곡선은 세밀한 묘사를 대체할 수 있다는 사실을 발견했다. 그의 그림은 점점 추상적으로 변해가 미로의 작품을 닮게 되었다. 그는 21세 무렵에 그림을 그만두었다. "끝에 가서는 나는 새롭게 표현할 것이 아무것도 없었다. 그림은 만화가 되었다. 나는 더 이상 무엇을 그려야 할지 알지 못했다."

학생 시절

파이겐봄은 만 다섯 살 때 재능 있는 어린이들이 들어가는 공립학교

PS208에 입학했다. 그 학교에는 훌륭한 교육 과정이 마련돼 있었다. 1학년 때에는 공작과 타자(그 당시로서는 특별한 것이었다)와 함께 에스파냐어를 가르쳤다. 1학년 중간 무렵까지 파이겐봄은 영어를 잘 읽지 못했다. 어머니는 학교를 방문하여 선생님들과 면담한 후, 집에서 파이겐봄을 직접 가르쳤다. 그 결과, 한 달 뒤에 파이겐봄은 자기 학급에서 글을 가장 잘 읽는 학생이 되었다.

1학년 때 선생님이 유태교 축일 기간에 학교에 결석할 학생이 있느냐고 물었다(이것은 파이겐봄이 내게 들려준 이야기이다). 파이겐봄은 무슨 말인지 몰라 어리둥절했는데, 친구가 옆구리를 찌르는 바람에 엉겁결에 손을 들었다고 한다. "우리 집안에서는 유태교 전통 같은 것은 지키지 않았다. 언젠가 유월절에 어머니는 햄을 구워주었다. 그렇지만 어머니의 조상 중에는 라비들이 있었다."

당국의 명령에 따라 파이겐봄은 얼마 후에 PS251로 옮겨가게 되었는데, 그 곳 생활은 몹시 지겨웠다. "나는 창문 밖을 내다보며 그냥 앉아 있었다." 학교에서는 그를 수업에서 빼내어 시청각 시스템을 관리하는 일을 맡겼다. 2학년 때 파이겐봄은 6학년 학생들에게 수학과 읽기 공부를 도와주었다. 선생님들은 그에게 무관심하지 않았다. "어떤 선생님들은 나를 사랑했고, 어떤 선생님들은 미워했다." 급우들의 말에 따르면, 그는 친구들과 절대로 싸우지 않았고, 오히려 그들을 자기 친구로 만들었다고 한다. 여덟 살이 되자, 파이겐봄은 그들에게 흥미를 잃었다. "나는 아이들보다 부모가 더 좋았다." 그 때부터 그는 몇 년 동안 비슷한 나이의 친구가 사실상 하나도 없었다.

5학년 때 어머니는 파이겐봄에게 대수학을 약간 가르쳤다. 그렇지만 그는 독서는 계속 싫어했다. "나는 도서관을 싫어했고, 지금도 그렇다." 그러나 그는 〈브리태니커 백과사전〉에 실린 과학 항목을 읽는 것을 좋아했다. 물론 그것들은 대부분 이해하기 어려운 것이었고, 훗날 그 내용을 이해하게 되자 그것들은 어떤 수준의 사람에게도 거의 쓸모가 없는 내용이라는 사실을 파이겐봄은 알게 되었다. 그 시절에 파이겐봄은 시험들을 치러야 했는데, 모두 아주 쉽게 통과하였다.

열두 살 무렵부터 파이겐봄은 결벽증이라는 강한 강박증이 나타나기 시작해 하루 종일 자기 손을 씻었다. 또, 물건들도 제자리에 질서정연하게 놓여 있어야 했다. 자명종 시계를 맞춰놓을 때면 뽑아놓은 레버가 도로 들어가지 않았는지 자꾸 확인하곤 했다. 이 강박증은 열아홉 살 때 끝나게 되는데, 그 계기에 대해서는 나중에 다시 이야기하겠다.

열두 살 때 파이겐봄은 브루클린에 있는 PS258이라는 중학교로 옮겨갔다. 그는 3년 과정 중 1년을 건너뛸 수 있는 특수 프로그램 대상에 속했다. 한 달 후, 대수학 선생은 그를 교실에서 내쫓았다. 파이겐봄이 항상 그 여선생의 잘못을 지적했기 때문이다. 파이겐봄은 수업에 들어가지 않기 위해 또다시 모든 일을 시작했다. 그는 시청각 시스템을 책임지게 되었고 영사기도 돌렸다. 게다가 그는 체육 수업의 보조자가 되었고(이 덕분에 그는 직접 체육을 하지 않아도 되었다), 체스 팀에도 들어갔는데, 체스 실력은 중간 정도였다고 한다. 그는 프랑스어도 배웠지만 그것을 쓸모없는 것으로 여겼다. 그러나 나중에 그는 프랑스를 여러 차례 방문한 결과 프랑스어에 유창해진다.

연말마다 모든 학생은 전국적으로 실시되는 시험을 치러야 했다. 파이겐봄은 수학과 과학은 100점 만점을 받았고, 다른 과목들도 높은 점수를 받았다.

역시 열두 살 때 파이겐봄은 친구 집에 있는 피아노를 이용하여 혼자서 피아노를 치는 법을 배웠다. 반 년 뒤에 부모님은 여동생을 위해 피아노를 사주었다. 그 후에 파이겐봄은 피아노 레슨을 6개월간 약간 받았다. 그리고 열다섯 때 또 반 년 동안 레슨을 받았고, 혼자서 연습하면서 피아노를 계속 쳤으나, 열아홉 살 때 집을 떠난 뒤에는 피아노를 접할 수 없게 되었다. 그러다가 1987년에 뉴욕 시로 이사한 뒤에 그는 그랜드피아노를 샀다. 그는 다시 특별 교육을 조금 받았지만, 이제는 아주 간간이 피아노를 친다.

그 다음에 파이겐봄이 간 학교는 브루클린의 명문인 틸든고등학교였다. 그는 3년 과정을 2년 반 만에 마쳤다. 그는 그 곳의 교육이 시시했고, 학생들도 재미가 없었다. 그는 일 주일에 하루의 수업을 면제해주는 수학반에 들어갔고, 다시 학교의 시청각 시스템을 만졌고, 체육 보조자가 되었다. 연말 시험의 성적은 이전과 마찬가지로 높았다.

대학 시절

파이겐봄은 열여섯 살이 되던 1961년 2월에 브롱크스에 있는 뉴욕시립 대학에 들어갔다. 그 당시 이 학교의 입학 요건은 고등학교 평균 점수가 88점 이상이 되어야 했다. 15달러의 입학금만 내면 수업료는 전액 무료였다. 그 당시 그 학교는 일류 대학이었는데, 나중에 입학 요건이 고등학교 졸업으로 완화되면서 명성을 잃게 되었다. 파이겐봄은 버스와 지하철(그 당시 요금은 각각 15센트였다)을 타고 대학까지 통학했고, 오가는 데 각각 1시간 46분이 걸렸다.

파이겐봄은 열 살 때 전기공학자들은 라디오가 어떻게 작동하는지 잘 알고 있다는 사실을 발견하고 나서 마음먹었던 대로 전기공학을 선택했다. 그 학위를 따면 연봉 1만 달러 정도의 일자리를 얻을 수 있다는 사실도 그 선택에 영향을 미쳤다. 그것은 5년짜리 과정이었으나, 파이겐봄은 3년 반 만에 마쳤을 뿐만 아니라 물리학과 수학의 대학원 과정까지 모두 이수했다. 그는 곧 전파의 비밀을 다루는 분야는 물리학이라는 사실을 깨달았다. 그는 많은 실험 과정도 이수했으며, 모든 것을 빨리 마치기 위해 뉴욕시립 대학의 서머스쿨에도 갔다. 성적은 관심이 있는 과목은 모두 A였고, 관심이 없는 과목은 C였다. 열아홉 살 때이던 1964년, 그는 2등으로 전기공학 학사 학위를 받았는데, 실험 성적이 보통으로 나오는 바람에 0.001점 차이로 수석을 놓쳤다.

파이겐봄은 고등학교 마지막 학년 때 독학으로 미적분을 공부했다. 이 경험은 그의 학습 방식을 바꾸어놓았는데, 독학을 가장 중요한 학습 방법으로 여기게 되었다. 그는 이미 대학생 시절부터 만수르 자비드(Mansour Javid) 교수와 함께 연구를 시작했다. 그의 첫 번째 연구는 음성 인식과 관련된 신경망(그 때에는 Adeline이라 불렀다)이었다. 그 무렵에 이미 그는 피드백 제어를 경제 문제에 응용하는 데에도 관심을 가졌다. 그것과 연결하여 그는 1963년에 선형 반응 행동 이론을 생각했는데, 이것은 1968년에 가서야 크게 유행하게 된다.

대학원 시절

파이겐봄은 칼텍, 컬럼비아대학, 하버드대학, MIT, 프린스턴대학의 대학원에 지원서를 냈는데, 모든 곳에서 합격 통지를 받았다. 형 친구의 경험에 영향을 받은 그는 MIT를 선택했고, 1964년 여름부터 그 곳에서 공부를 시작했다. 얼마 후, 그는 미국물리학협회 회원이 되었으며, 현재는 특별 회원으로 있다.

거처에 대해서 그는 "나는 항상 이사를 다녔다."고 말한다. 대학원 기숙사에 들어갔다가 그 다음에는 케임브리지, 브루클린, 벨몬트의 셋방들을 전전했다. MIT를 6년간 다닐 때(박사 학위를 따는 기간까지 포함해), 그는 처음 3년 동안은 전미과학재단(NSF) 대학원생 장학금을 받았고, 그 다음에는 프랜시스 로(Francis Low)의 연구 조수가 되었다. 처음에 파이겐봄은 전기공학 과정에 등록했으나, 라디오가 실제로 작동하는 방식을 이해하기 위해서는 물리학이 필요하다는 사실을 알게 되었다. 학생들은 각자 자기 강의 스케줄을 자유롭게 선택할 수 있었기 때문에 그는 물리학과 수학을 집중적으로 공부하였다. 첫 학기 때 그는 물리학과로 전과를 신청했으며, 그 다음 학기부터 물리학과에서 공부하게 되었다.

첫 학기 때부터 파이겐봄은 양자역학과 고전역학 강의를 모두 수강했을 뿐만 아니라, 수학과에서 복소수함수 강의도 들었다. 양자역학에 관해 그는 이체(二體) 산란 이론을 좋아하지 않았으며, 복잡계를 연구하려는 생각에 더 이끌렸다고 회상했다. 파이겐봄은 첫 학기 때부터 일찌감치 지루함을 느껴 란다우(Landau)와 리프시츠(Lifshitz)의 책을 앞표지부터 뒤표지까지 샅샅이 읽으며 독학으로 일반 상대성 이론을 공부하기 시작했다. 그는 박사 학위 논문의 주제도 그것으로 선택하려 했지만, 곧 그것은 불가능한 것으로 드러났다. "그 당시 MIT에는 그러한 종류의 연구를 이끌어줄 사람이 아무도 없었기 때문이다." 그 문제에 관한 한, 그 당시로서는 다른 어느 곳에도 그럴 만한 사람이 없었다. MIT의 교수진이 원리 문제들에 별로 관심을 보이지 않는 것은 그를 불편하게 만들었다.

대학원 시절에 파이겐봄은 모든 시험에서 100점 만점을 받았으나, 수업 중에 문제들을 풀지 못한 것 때문에 전기공학에서는 B를 받았다. 대학원 공부를 끝마치기도 전에 파이겐봄은 전기공학 조교수 자리를 제의받았으나, 그는 그 제의를 거절하였다.

정규 과목 이외에도 그는 이미 첫 학기 때부터 칸트의『순수 이성 비판』과 도스토예프스키의 모든 작품을 포함하여 광범위한 독서를 했다. 그는 또한 하루에 몇 시간씩 음반을 듣고 악보를 읽으면서 음악 도서관에서 보내곤 했다.

스무 살이 된 어느 날, 파이겐봄은 몇몇 친구와 함께 링컨 저수지로 놀러 갔다. 친구들이 산책을 떠난 사이에 파이겐봄은 혼자서 근처의 언덕에 있던 데코르도바 현대미술관을 찾아가보았다. 그 곳으로 걸어올라가는 동안에 그는 계시를 얻었다. 사람들의 시각, 청각 등의 지각은 그들이 지각하는 실체와 무슨 관계가 있을까 하는 의문이 떠오른 것이다. 그는 자신이 알고 있는 심리학과 철학보다 더 많은 것을 알아야겠다고 느꼈다. 그래서 그는 프로이트의 연구를 모조리 다 공부하는 데 착수했다. 또, 에른스트 마흐 (Ernst Mach)와 뉴턴의『프린키피아』, 갈릴레이의 글도 읽었다. "나는 스스로를 교육시켰다." 스물두 살 때 그는 시각심리학에 진지한 관심을 가지게 되었다.

나는 앞에서 파이겐봄이 여덟 살 때부터 동년배 친구가 없었다고 말했다. 이러한 상태는 뉴욕시립대학 마지막 학년까지 계속되었는데, 그 때 파이겐봄은 이 문제에 뭔가 대책을 세워야겠다고 마음먹고서 급우들을 만나기 위해 노력을 기울였다. 그는 일부러 카페테리아에 가서 대화를 나누곤 했지만, 거기서 별다른 영감을 얻지는 못했다. 그렇지만 이 때 만난 사람 중에서 몇 명은 평생 친구로 남게 된다. 프로이트를 읽은 것은 깊은 인상을 주었지만, 자신의 강박증을 없애는 데 그것이 실제적인 도움이 될지는 알 수 없었다. 그렇지만 이러한 독서의 결과로 자기 분석은 그에게 매우 중요하게 자리잡았다.

젊은 시절의 파이겐봄이 지녔던 한 측면은 이미 앞에서 언급한 것처럼 강박증에 사로잡힌 행동이다. 그런데 그것은 열아홉 살 때 여자와 키스를 시작하면서 싹 사라져버렸다. 대학원 시절에 파이겐봄은 처음으로 사랑에 빠졌다(그것은 비극으로 끝났다). 스물세 살 때에는 여자와 동거하기 시작했다. 그런데 그의 여자 친구들은(그리고 그의 두 아내도) 모두 미국에서 태어나지 않은 사람들이었다.

1970년, 파이겐봄은 박사 학위를 받았다(석사 학위는 MIT에서 받았다). 논문 지도 교수는 프랜시스 로였고, 주제는 분산 관계였다. 이 연구로 그는 로와 공동으로 최초의 논문[1]을 발표했다. 그 다음에는 수 년 동안 박사 학위 후 연구 과정에 들어가게 된다.

박사 학위 후 연구 과정

파이겐봄은 먼저 코넬대학에서 2년을 보냈는데, 그 중 절반은 강사료로, 그리고 나머지 절반은 연간 1만 달러에 이르는 NSF 박사 학위 후 연구 과정 장학금의 지원을 받았다. 그 당시에 미국 전역에서 그러한 장학금을 받은 사람은 단 50명에 불과했다. 그의 직위는 강사 및 연구원이었다. 그는 강의를 진지하게 생각했으며, 변분의 방법과 비상대론적 양자역학에 대해 강의했다. 또, 의과대학 2학년생 500~700명의 물리학 강의도 맡고 있었는데, 그는 강의 내용에 특수 상대성 이론을 포함시켰고, 그것을 확장시켜 1년 후에 논문[2]으로 발표했다.

코넬대학에서 보낸 2년 동안 파이겐봄은 이론 입자물리학에 관한 모든 것에 완전히 통달했지만, 그것이 세계에 대한 이해를 밝혀주는 영역이라고는 생각하지 않았다. 그럼에도 불구하고, 그는 그 주제에 관해 세 편의 논문을 썼다.[3, 4, 5] 그 내용은 복잡계에 대해 점점 커져간 그의 관심을 시사해 준다.

코넬대학의 물리학자들 중에서 파이겐봄은 에드 살페터(Ed Salpeter)와

피트 캐러더스(Pete Carruthers)를 좋아했다. 그는 켄 윌슨(Ken Wilson)의 기술에 감명을 받았으며, 재규격화군에 대한 그의 연구를 매우 좋아했고, 그것에 관한 윌슨의 강의를 듣고 영감을 얻었다. 파이겐봄은 베테(Bethe)의 기능적 능력을 존경했지만, 세계 문제에 관한 그의 견해에는 별로 감명을 받지 않았다. 코넬대학 시절에 파이겐봄은 예시바대학에서 온 데이비드 핑켈스타인(David Finkelstein)을 만났는데, 기본적인 문제들에 대한 그의 '실제적인 생각'은 큰 영향을 주었다.

코넬대학 시절의 경험에 대해 파이겐봄과 이야기를 나누노라면, 자연히 주제는 다른 물리학자들과의 만남으로 흘러간다. 그는 스티브 와인버그(Steve Weinberg)의 능력을 높이 평가하는데, 특히 전류 대수학에 관한 그의 연구를 꼽았다. 그는 파인먼을 여러 차례 만났지만, 칼텍에 초청받아 그곳의 교수직을 제의받은 1981년까지는 실질적인 대화를 나누지 못했다. 그는 파인먼과 란다우를 물리학에서 마지막 위대한 인물로 생각한다.

파이겐봄은 코넬대학 다음에 버지니아공과대학으로 갔는데, 그 곳에서 폴 츠바이펠(Paul Zweifel)이 그를 위해 장학금을 마련해주었다. 파이겐봄은 그 곳에서 1972년부터 1974년까지 머물렀으며, 연간 1만 달러의 장학금을 받았다. "버지니아공과대학에서 츠바이펠은 훌륭한 포도주에 대한 내 교육을 완성시켜주었다. 포도주에 대해서라면 나도 다년간 관심을 가져왔고, 그 당시에도 이미 많은 것을 알고 있었다." 대학원생으로서 그가 처음 구한 직업은 포도주 세일즈맨이었다. 그는 그 일에 관한 한 지금도 전문가이다.

파이겐봄은 다시 강사로 강의를 했는데, 다른 과목 중에서도 바나흐 공간(Banach space)과 $C^\star$ 대수학을 강의했다. 2년째 되던 해에 그는 핑켈스타인과의 대화에서 영감을 얻어 불연속적인 우주의 시간의 성질에 깊은 관심을 가지게 되었다. 그는 이 주제에 관해 많은 연구를 했으나, 아직까지 발표하지는 않았다. 그 해에 그는 재규격화군에 대해 전문적인 관심을 가지게 되었다.

"이 2년 동안에 내가 맡은 직위로는 진지한 연구가 거의 불가능했다. 일

년이 끝나면 다음에는 어디로 가느냐에 대해 고민을 시작해야 했으니까."

블랙스버그 다음에 파이겐봄은 처음으로 장기적인 자리를 얻게 되었다. 캐러더스는 로스앨러모스로 가 이론부의 최고 책임자가 되었다. 그는 파이겐봄에게 그 곳 직원으로 일자리를 제공했다. 연봉 22,500달러에 여행 경비를 제공한다는 조건이었다. 파이겐봄은 과학을 위해 기꺼이 그 제의를 받아들였으나, 그 곳에 대해 진지한 자기 분석을 한 뒤 1974년에 옮겨갔다.

1976년, 자신의 생애에서 가장 중요한 연구(이것에 대해서는 곧 다룰 것이다)를 완성하는 시련으로부터 회복한 직후, 파이겐봄은 로스앨러모스에서 독문학 석사 과정에 있던 코넬리아 드로보볼스키(Cornelia Drobowolski)라는 독일 여성을 만난다. 두 사람은 1978년에 결혼했다. 그녀는 결혼하면서 네 살과 여덟 살 먹은 두 아들을 데리고 왔다. 두 사람은 1981년에 이혼했지만, 파이겐봄은 두 아이를 여전히 자기 아들로 여긴다. 그들은 뉴욕에 있는 파이겐봄과 친밀한 관계를 유지하고 있으며, 가끔 파이겐봄을 만나러 오기도 한다.

이혼 후에 파이겐봄은 비참한 상태에 빠졌으며, 특히 로스앨러모스에서 사람들과 접촉을 피했다. 친구들의 권유로 그는 샌터페이에 사는 융 학파의 정신과 의사와 상담을 했다. 그는 일 주일에 한 번씩 모두 여덟 차례 상담했다. 그 의사는 현명하고 매우 인간적인 사람이었으며, 이혼의 실제적인 측면들을 어떻게 다루어야 할지 잘 충고해주었다. 파이겐봄은 그 사람에 대해 아주 존경하는 마음을 가지고 내게 그 이야기를 해주었다.

1986년, 파이겐봄은 스웨덴 출신의 거닐러 오만(Gunilla Ohman)과 재혼했다. 그녀는 뛰어난 재능을 가진 작가이자 화가이다. 내 아내와 나는 기꺼이 두 사람을 좋은 친구로 꼽는다.

카오스를 향하여[6]

"내가 로스앨러모스에 도착했을 때, 캐러더스는 마침내 적절한 때를 만났고, 내가 켄 윌슨의 재규격화군에 대한 개념이 난류(亂流) 문제(윌슨 자신이 제기한 문제[7])를 해결할 수 있는지 알아내는 일을 하기에 적절한 사람이라고 느꼈다. 짧게 말하자면, 그것은 해결할 수 없었지만(혹은 아직까지는 해결되지 않았지만), 그 연구는 나를 경이로운 다른 길로 인도했다."[9] 경이로운 길은 무작위적인 것처럼 보이지만 무작위적이 아닌 계를 연구하는 카오스 이론이었다. 여기서 그리고 다음에 이어지는 글에서 나오는 카오스(chaos)는 더 정확하게는 동역학적 카오스(dynamical chaos)라고 불러야 더 정확할 것이다. 이것은 동역학적 계, 즉 어떤 무작위적인 힘도 작용하지 않는 계에서 겉보기에 무작위적으로 나타나는 운동을 의미한다.

파이겐봄이 이 문제를 연구하기 시작한 것은 1970년대부터였다. 그것은 고전물리학을 확장한 것이었는데, 그 문제는 이미 고전물리학에서 오랜 역사를 지니고 있었다. 그 중요한 사건 몇 가지를 살펴보자.

첫째, 켈빈 경[9]이 만들어낸 난류(turbulence)라는 용어는 '소용돌이' 또는 '회오리바람'이란 뜻의 프랑스어 tourbillon에서 유래했다. 그것은 영국의 물리학자 오스본 레이놀즈(Osborne Reynolds)[10]가 획기적인 발견을 이루고 나서 몇 년 후에 일어났다. 오늘날 레이놀즈의 이름은 흐름의 속도가 증가함에 따라 규칙적인 층류(층이 되어 흐르는 흐트러짐이 없는 흐름)에서 카오스적인 난류로 전이하는 지점을 가리키는 수에 붙어 있다.

태양, 지구, 달로 이루어진 아주 간단한(이렇게 표현한 것에 죄송스럽게 생각한다) 계의 운동을 나타내는 물리 법칙들은 엄밀하게는 풀 수 없다는 사실을 최초로 깨달은 사람은 19세기 말의 앙리 푸앵카레(Henri Poincaré)였다.[11, 12] 그것은 운동에 대한 상수들이 충분하지 않기 때문이었는데, 이것은 카오스의 특징 중 하나이다. 또 하나의 특징은, 주어진 계 속에서 처음에 바짝 붙어 시작된 두 궤도는 시간이 경과함에 따라 서로에게서 지수함수적으로 멀어진다는 것이다. 두 궤도의 상대 거리는 $e^{\lambda t}$의 비율로 증가한다. 양수인 λ는 리아푸노프 지수(이것 역시 1890년대에 유래한 것으로,[13] 알렉산드르 리아푸노프의 이름에서 딴 것이다)라고 부른다. 푸앵카레는 그것을 당연하다고 생각하였다.

우리가 자연의 법칙들과 최초 순간의 우주의 상황을 정확하게 안다면, 그 다음에 이어지는 똑같은 우주의 상황을 정확하게 예측할 수 있을 것이다. 그러나 설사 자연의 법칙들을 완전히 다 안다고 하더라도, 우리는 여전히 그러한 상황을 근사적으로만 알 수 있을 뿐이다. 만약 그것이 다음에 이어지는 상황을 똑같은 근사치로 예측할 수 있게 해준다면, 우리는 그 현상은 정확하게 예측되었고, 법칙의 지배를 받는다고 이야기할 것이다. 그러나 반드시 그렇게 되는 것은 아니다. 초기 조건의 미소한 차이가 최종 현상에 엄청난 차이를 일으키는 일이 일어날 수도 있다. 초기 조건의 미소한 오차는 최종 현상에 엄청난 오차를 일으키게 된다. 그러면 예측은 불가능해진다.[14]

그런데 이러한 상황에 카오스라는 용어를 사용하기 시작한 것은 1975년에 와서였는데, '제3주기는 카오스를 수반한다'[15]라는 논문 제목으로 최초로 나타났다.

카오스계의 기초적인 예[16]는 야샤 시나이(Yasha Sinai)의 당구대이다. 정사각형 당구대 안에서 작은 구가 움직이는데, 당구대 주위에는 반사벽으로 장애물이 둘러쳐져 있다. 작은 구의 움직임은 결정론에 따라 정해지지만, 장애물과 계속 충돌하면서 그 다음의 궤도들은 지수함수적으로 벗어나게 된다. 대략적으로 계산해보면, 여기에 해당하는 리아푸노프 지수는 $\lambda=v/L$로 주어지는데, v는 구의 속도이고, L은 대표 길이이다.

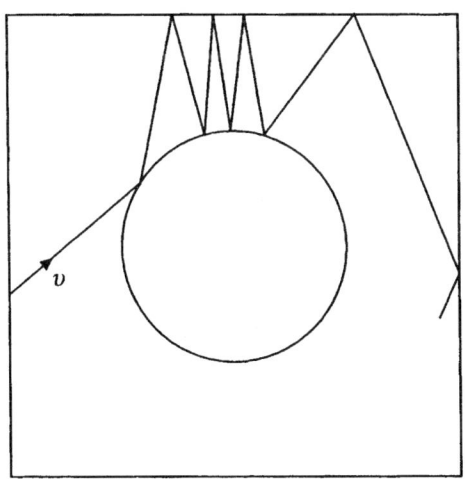

시나이 당구대

마지막으로 푸앵카레의 삼체(三體) 문제를 살펴보자. 푸앵카레는 엄밀한 해는 불가능하지만, 그 궤도들은 상당히 정확하게 계산할 수 있다는 사실을 발견했다(최소한 당분간에 대해서는). 그러나 장기간에 대해서는 삼체 문제를 풀 수 없다. 현재까지도 우리는 태양계가 안정한지 불안정한지 알지 못하고 있다. 현재까지 얻은 최고의 수치들은 불안정하다는 것을 시사한다. 단기간에 대해서는 분명히 그렇게 나타난다. 그러나 "행성들이 태양계에서 벗어나고 말 것인가?"라는 질문에 대해서는 (아직) 엄밀한 답을 얻을 수 없다.

푸앵카레의 시대에는 컴퓨터가 없었다. 만약 컴퓨터를 이용할 수 있었더라면, 그는 삼체의 궤도들을 아주 긴 시간에 대해서도 추적할 수 있었을 것이다. 비록 탈출 문제에 대한 답은 종말이 올 때까지 여전히 풀 수 없겠지만 말이다.

그건 그렇다 하더라도, 1960년대 이래 컴퓨터는 카오스 현상에 대한 이해를 증진시키는 데 절대적인 역할을 담당하게 되었다.

———————◆———————

1961년의 어느 겨울날, 기상학자 에드워드 노턴 로렌츠(Edward Norton Lorenz)는 평소처럼 MIT의 자기 연구실에서 로열 맥비 LGP-30 컴퓨터(오늘날의 시점에서 보면 성능이 한참 뒤떨어진 것이지만)로 기상 지도를 작성하고 있었다. 그는 공기의 흐름 방향이나 기압, 온도 등등 변수들을 하나씩 프린트해내고 있었다. 그것은 '장난감 기후(toy weather)'였다. 즉, 그는 지구의 실제 기후를 닮은 단순화된 순전히 결정론적인 방정식들(오늘날 '로렌츠 방정식'으로 알려진)만 사용했다. 그 날, 로렌츠는 앞서 얻은 결과를 확인하고 싶었기 때문에, 초기 조건을 다시 한 번 입력한 다음, 커피를 마시러 밖으로 나갔다. 잠시 후 돌아온 로렌츠는 전혀 예상치 못한 결과를 보게 되었다. 그의 표현을 그대로 인용해보자.

계산을 하는 과정에서 우리는 여러 해들 중 하나를 좀더 자세히 알아보기로 결정했다. 그래서 컴퓨터에서 출력돼나온 중간 조건들 중 일부를 선택하여 그것을 새로운 초기 조건으로 입력했다. 한 시간 뒤 컴퓨터로 돌아왔을 때, 컴퓨터는 약 두 달간의 '기후'를 시뮬레이션해 보여주었는데, 그 결과는 앞서 얻었던 것과는 완전히 다른 것이었다. 처음에 우리는 종종 일어나는 기계의 결함을 의심했지만, 곧 두 해는 동일한 조건에서 나온 것이 아니라는 사실을 알게 되었다. 원래 계산은 컴퓨터 내부에서 소수 여섯째 자리 단위까지 이루어졌지만, 출력되는 결과는 소수 셋째 자리까지만 찍혀 나왔다. 그래서 새로 입력해넣은 초기 조건에는 이전의 조건에 미소한 섭동이 포함되었다. 이 섭동들은 거의 지수함수적으로 증폭되어 약 4일마다 두 배씩 늘어났으며, 그래서 두 달 후에는 그 결과가 앞서의 결과와는 전혀 다른 것이 되었던 것이다.[17]

여기서 로렌츠는 초기 조건에 민감하게 의존하는 성질을 계량화했다.[18] 초기 조건에 민감하게 의존하는 성질은 탁월한 선견지명을 지녔던 푸앵카레가 지적하였다(앞에서 인용한 글 바로 다음에서).

왜 기상학자들은 날씨를 확실하게 예측하기가 그렇게 어려울까?…대기가 불안정한 평형 상태에 있는 지역에서는 일반적으로 큰 교란이 발생한다는 사실을 우리는 알고 있다. 기상학자들은 평형이 불안정하면 어디선가 사이클론이 발생할 것이라는 사실을 잘 알고 있지만, 정확하게 어디에서 발생하느냐에 대해서는 말할 수 있는 입장에 있지 않다. 주어진 점에서 0.1° 정도 벗어나기만 해도 사이클론은 저기가 아니라 여기서 갑자기 생겨나며, 그렇지 않았더라면 무사했을 지역을 향해 그 무서운 기세를 뻗치게 된다…여기서 우리는 또다시 관찰자가 알아챌 수 없는 아주 사소한 원인과 가끔 무시무시한 재앙으로 나타나는 엄청난 결과 사이에서 똑같은 대비를 발견하게 된다.[14]

이러한 상황은 오늘날 '나비 효과(butterfly effect)'로 널리 알려져 있다. 교토에서 나비 한 마리가 날개를 퍼덕이는 사소한 사건이 시카고에 파괴적인 폭풍을 가져오는 원인이 될 수 있다는 의미에서 이런 이름이 붙었다. 로렌츠의 말을 다시 빌린다면, "아주 장기간의 정확한 기상 예보는 불가능한 것 같다."[18]

"세월이 흐른 후, 물리학자들은 로렌츠의 논문[19]—그 아름답고 경이로운 논문에 대해 이야기할 때면 탐나는 듯한 표정을 짓곤 했다…카오스의 모든 풍부성이 거기에 담겨 있었다…그 무렵에는 마치 그것이 영원한 비

밀을 간직하고 있는 고대의 두루마리인 양 이야기되었다."[19] 나는 무엇보다도 자신이 본 것에서 기계적인 결함이 아니라, 뭔가 새롭고 심오한 원인이 있다는 것을 알아챈 로렌츠의 능력을 높게 평가한다. 그 밖에도 그 논문에는 참신한 개념들이 더 있다. 예를 들면, 그 논문에는 오늘날 '이상한 끌개(strange attractor)'[24]라 부르는 무한히 복잡하게 얽힌 추상 작용에 대한 최초의 그림[20]도 들어 있다.

로렌츠의 논문[19]은 과학에서 새로운 시대의 시작을 알렸다. 카오스(혼돈)를 계량화하는 이 연구에 대해 일부 과학자들은 거부감을 나타내지만, 많은 과학자들은 복음처럼 받아들였다. "카오스는 아무도 부정할 수 없게 미래를 예언한다."[22]고 일컬어진다. 카오스에서 직관적 지식은 컴퓨터의 도움으로 계속 발달하고 있으며, 수학은 가장 훌륭한 실험 도구가 되었다. "카오스의 심장은 수학적으로 접근이 가능하다."[23]

이제 카오스는 도처에 존재하는 것으로 드러났다. 처음에 기상학에서 출발한 카오스는 난류의 연구, 천문학과 우주론, 레이저 광학, 음향학, 플라스마 물리학, 가속기 물리학, 화학 반응의 연구에도 이용되고 있다. 또, 동물 집단이나 전염병학(일정한 시간에 전염되는 인구 비율의 형태로 뉴욕의 홍역 전염 기록에서 카오스가 발견되었다[24]), 학습 이론(일정한 시간이 경과한 후에 기억되는 정보 비트의 양), 소문의 확산(일정한 시간이 지난 후 특정 소문을 들은 사람의 수), 교통 흐름, 주식 시장에서 거래량과 주가 사이의 관계[25] 등에도 카오스가 이용된다. 이 모든 것은 물리학과 다른 분야들 사이의 협력을 낳게 되었다. 카오스에 대한 문헌도 폭발했다. 1963년에서 1983년 사이에 카오스를 주제로 발표된 문헌은 1000개가 넘는다. 1980년대 후반에는 2000편 이상의 배경 논문이 나왔다.[26] 1977년에는 카오스에 관한 최초의 학술 회의가 열렸다. 오늘날에는 카오스만을 다루는 회의뿐만 아니라 학술 잡지들도 도처에서 볼 수 있다.

────── ● ──────

파이겐봄이 카오스 이론에 기여한 것을 이야기하기 전에 마지막으로 한 가지 더 언급하고 넘어가야 할 것이 있다. 그것은 분기(bifurcation)라는 개념인데, 이것 역시 위대한 푸앵카레가 1900년 소르본대학에서 액체의 원통형 기둥 운동을 설명하는 강의에서 처음으로 언급했다.[27] 그 때, 그는 '분기'라는 용어 대신에 échange des stabilités(안정성의 교환)라는 표현을 사용했다. 그런데 분기에 관한 문헌에서 푸앵카레에 대한 언급이 전혀 없다는 것은 아주 놀라운 일이다.

분기에 대한 물리학적, 생물학적 연구가 널리 알려지기 시작한 것은 로버트 매크레디 메이(Robert McCredie May)가 '아주 복잡한 역학을 지닌 간단한 수학적 모형들'[28]이라는 논문을 발표한 1970년대부터였다. 메이는 그 당시 프린스턴대학의 생물학 교수였는데, 나중에 같은 대학의 연구 학장까지 지냈고, 지금은 영국 정부의 과학 최고 자문 위원이다. 그 논문은 "만약 더 많은 사람들이…간단한 비선형 방정식들이 할 수 있는 뜻밖의 일들을 이해한다면, 연구 분야뿐만 아니라 정치와 경제 등 일상 생활에서도 우리는 훨씬 더 잘 살 수 있을 것이라는…복음적인 탄원"을 담고 있다(뒤에서 보게 되겠지만, 그 문제는 이미 메이가 논문을 쓸 때 해결돼 있었다).

메이의 전공 분야는 집단생물학이었고, 그 중에서도 특히 시간이 지남에 따라 개체수의 변화 양상이 어떻게 나타나느냐 하는 생태학적 문제에 집중했다. 이 문제는 최소한 토머스 맬서스(Thomas Malthus)까지 거슬러 올라간다. 맬서스는 인구가 무한정 증가해 식량의 공급을 초과하는 두려운 상황을 가정한 시나리오를 썼다. 수학 용어를 빌려 나타내보자. x_t는 시간 t에서의 인구를 나타내고, x_{t+1}은 1년 후의 인구를 나타낸다고 하자. 그러면 $x_{t+1} = rx_t$가 된다고 맬서스는 가정했다(여기서 r은 인구 증가율).

메이가 분석한 방정식은 다음과 같은 것으로,

$$x_{t+1} = f(x_t) \qquad\qquad (1)$$
$$f(x_t) = rx_t(1 - x_t)$$

비선형 로지스틱(logistic) 미분방정식이라고 부르는 것이다. 비선형 역학에서 사용하는 용어로 $f(x_t)$는 맵(map : 여기서는 '함수'란 뜻)이라 부른다. 여기서 '인구'는 0과 1 사이의 소수로 취급된다. 0은 멸종을 나타내고, 1은 최대 인구를 나타낸다. 이 방정식은 이전에도 이미 충분히 검토되었으나,

이 간단해보이는 방정식이 얼마나 많은 정보를 담고 있는지 알아낸 사람은 메이가 처음이었다.

성장 매개변수가 증가함에 따라 무슨 일이 일어나는지 알아보고 싶은 독자는 계산기를 꺼내 직접 확인해보아도 좋다.

$r<1$일 때, 인구는 0을 향해 끌려간다. 예: $x_1=0.4$, $r=0.5$: $x_2=0.12$, $x_3=0.053$, ….

$r>4$일 때, 인구는 음의 무한대를 향한다. 예: $x_1=0.4$, $r=5$: $x_2=1.2$, $x_3=-1.2$, $x_4=-13.2$, ….

r이 1과 3 사이의 값을 가질 때, 인구는 다소 평범하지 않은 방식으로 변한다. 예를 들어 $x_2=0.02$, $r=2.7$인 경우, 인구는 위아래로 요동하다가 최종적으로 0.6296의 값에서 머문다.

정말로 놀라운 일은 r이 3과 4 사이의 값을 가질 때 일어난다. 예를 들어 $x_1=0.4$, $r=3.1$이라고 하자. 처음 8년간의 인구 변화는 다음과 같이 나타난다.

0.4	0.744
0.590	0.770
0.549	0.770
0.539	0.770

(첫째 줄을 왼쪽에서 오른쪽으로 읽은 다음, 그 다음 줄로 넘어가라.) 따라서, 첫해의 인구는 0.4이고, 둘째 해에는 0.744, 셋째 해에는 0.590이다. 여기에 분기가 나타난다! 인구는 2년마다 두 값 사이에서 진동한다. x_1에 다른 값을 대입하더라도, 인구는 똑같은 2년 주기로 수렴한다.

이번에는 $x_1=0.4$로 하되, r을 3.5로 증가시켜보자. 그러면 다음과 같은 결과가 나타난다.

0.4000	0.8400	0.4704	0.8719
0.3908	0.8332	0.4862	0.8743
0.3846	0.8284	0.4976	0.8750
0.3829	0.8270	0.4976	0.8750

0.3829	0.8270	0.5008	0.8750
0.3828	0.8269	0.5009	0.8750
0.3828	0.8269	0.5009	0.8750

여기서 우리는 분기 속에서 다시 분기가 나타나는 것을 본다! 2년 주기가 4년 주기로 변했다. r의 값을 더 증가시키면, 8, 16, 32,⋯개의 분기가 나타난다. 어떤 수의 분기점이 나타나는 r 값의 범위는 분기점의 수가 증가함에 따라 누진적으로 감소하다가, 누적값 $r=3.5699⋯$가 되면 주기는 처음의 두 배가 된다. 더 큰 r 값에서는 그 행동이 더 불규칙적이고 비주기적으로 나타난다. 우리는 카오스 왕국에 이른 것이다.

1973년에 로지스틱 미분방정식에 대해 기술된 행동은 하나의 최대값을 갖고(로지스틱의 경우에는 $x_t=0.5$에서) 양 옆쪽으로 단조롭게 감소하는 모든 $f(x_t)$에 대해 정성적으로 성립한다고 추측되었다.[29]

카오스의 영역 안에서 계가 다시 주기적이 되는 훨씬 작은 r의 범위를 무한히 발견할 수 있다.[30] 이 로지스틱 방정식의 행동은 처음 볼 때에는 아주 기초적인 것으로 보이지만, 정말로 경이롭다.

파이겐봄 수

로스앨러모스에서 동료 과학자들은 연구에서 막히는 것이 생겼을 때, 고민을 상의하기에 파이겐봄이 아주 좋은 사람이라는 사실을 알게 되었다. 그들은 파이겐봄이 거의 언제나 깊은 생각에 빠져 있지만, 과학 논문은 단한 편도 쓰지 않았다는 사실을 알고 있었다. 그가 생각하고 있던 주요 문제들은 아주 크고 복잡한 계들에 관한 것으로, 물리학으로 그 실체를 기술하는 방법을 찾는 것이었다.

1975년 8월경에(파이겐봄이 내게 이야기한 바에 따르면) 자신이 가졌던 것중 최초로 프로그래밍이 가능한 계산기 HP65(1974년 12월에 로스앨러모스에서 연구원으로 승진하면서 받은 것)를 사용해 얻은 자신의 첫 번째 새로운결과를 얻었다. 우회적인 분석적 사고 끝에 그가 발견한 것은 다음과 같다. i번째 분기가 나타나는 곳의 매개변수 값을 r_i라 하고, $\Delta_i=r_{i+1}-r_i$라고 하

자. 그러면 i가 증가함에 따라 Δ_i의 수열은 '기하학적'으로 '점근적'으로 수렴한다.

$r_i=4$에서 Δ_i가 기하학적으로 수렴한다는 사실은 이미 명백해졌다. 연속적인 값들의 차가 일정한 비율(곧 약 5로 나타나는)로 감소한다는 사실에서 이것을 알 수 있다. $i=7$까지 수열의 다음 번 항은 이미 방정식을 기계적 정확도로 풀었는데, $i=8$을 넘어서면 정확도를 초과해버렸다. 그러나 그 차이의 비율 자체는 정확도가 나빠지기 전에 4.669까지 수렴하였다…이것은 아주 흥미롭고도 기이하다…이 놀라운 계산에서 기하학적 수렴을 제공하는 것은 무엇일까? …나는 이 생각에 깊이 매달려 4.669가 수들의 여러 가지 간단한 조합에 가까운지를 알아내기 위해 그 날 하루의 대부분을 보냈다. 그렇지만 분명한 것은 아무것도 나타나지 않았다….

나는 10월 첫째 주를 칼텍을 방문하면서 보냈는데…(그 때) 갑자기 어떤 기억이 떠올랐다. 스타인이 내게 범프(bump)처럼 보이는 것은 어떤 것이든지 다 똑같이 2배로 나타난다고 말해주었던 것이다. 또, 1년 전에 보았던 MSS 논문[29]에서 $x_{t+1}=r\sin\pi x_t$가 식 (1)과 똑같은 행동을 보였다는 사실이 기억났다. 집으로 돌아오던 날, 나는 실제로 $\sin x$가 2배가 되는지 즉시 확인해보기로 했다. 그것은 실제로 그랬다. 그렇지만 삼각법 계산을 하나 할 때마다 1초씩 기다리는 것은 고통스러웠다. 나는 다음 번 값을 구하는 더 쉬운 방법을 기억해냈으며, $n=4$에서 다시 기하학적 수렴이 나타났다. 비율을 고정시키려는 나의 노력을 통해 4.662로 정착된 새로운 결과는 무척 낮아보였다. 서랍을 뒤져본 결과, (로지스틱 미분방정식에 대한) 4.669가 적힌 종이를 찾아낼 수 있었다.

나는 그 순간, 신의 비밀을 발견했다는 흥분에 휩싸였다.

나는 즉시 스타인에게 전화를 걸었다. 그는 2배씩 늘어나는 값이 기하학적으로 수렴한다는 사실을 모르고 있었고, 보편적인 양의 실체가 존재한다는 사실을 매우 의심하였다. 나는 그의 연구실로 가 그 숫자들을 보여주었는데, 그는 단 3개의 똑같은 숫자만을 근거로 그러한 가정을 할 수는 없다면서 분노를 억제하는 듯한 반응을 보였다. 그러나 12개의 숫자가 그렇게 나타난다면 그도 결과를 수긍하겠다고 했다.

그럼에도 불구하고, 나는 그 날 저녁(10월 22일)에 부모님께 전화를 걸어 내가 정말로 굉장한 것을 발견했으며, 그것을 이해하기만 하면 유명하게 될 것이라고 말했다.

컴퓨터 도사인 동료가 내게 FORTRAN 명령어 목록책을 보라고 주면서 다음 날 아침에 로스앨러모스의 고성능 컴퓨터를 사용하는 것을 도와주겠다고 했다. 그에게서 몇 시간 동안 시스템과 편집 및 결과를 얻는 가장 쉬운 방법을 배운 것은 아주 놀라운 효과가 있었다. 나는 그 날이 끝날 무렵, 혼자 힘으로 4.6692를 얻었다. 이것은 나의 한계가 아니었다. 순전한 반복의 결과로는 기계적 정밀도의 1/3이 얻을 수 있는 최선이었기 때문이다. 그래서 그 다음 날…또 다른 계산 전문가가 29자리의 CDC 2배 정밀도 산술을 사용하는 방법에 대해 중요한 지침을 가르쳐주었다. 마침내 스타인과 헤어진 지 4일쯤 지난 그 다음 날, 나는 네 가지 다른 문제에 대해 11자리까지 일치하는 4.66920160…을 가지고 스타인의 연구실로 찾아갔다. 이번에는 그도 수긍하면서 자신의 숫자 '사전'을 꺼냈다. 거기에는 소수들이 그 의미와 함께 수백 페이지에 걸쳐 질서 있게 실려 있었다. '9' 까지 어떤 것도 비슷한 것은 없었다.

지금까지 나는 내가 δ라고 이름붙인 수가 어떻게 탄생했는지 이야기했다. 이 것을 유일한 단서로 삼아 나는 그것이 전체 세계를 예고해주는 것이라는 사실을 알았다.[32]

소수 열두째 자리까지 그가 얻은 결과는 다음과 같다.

$$\frac{\Delta_i}{\Delta_{i+1}} \rightarrow \delta = 4.669291660910 \quad (i \rightarrow \infty \text{일 때})$$

파이겐봄은 1976년 초에 이 이론을 함수 방정식으로 표현하고, 단지 δ뿐 만이 아니라 카오스의 모든 역학이 계량적으로 보편적이어야 한다는 중요한 개념을 생각하면서 이 새로운 세계에 그 다음 한 발을 내디뎠다. "이것은 위대한 보석이었다."[33] 이 연구에서 나온 첫 번째 결과는 최대값 근처에서 i번째 분기점의 두 팔 사이의 간격을 나타내는 크기인 ϵ_i를 다루는 것이었다. 2배가 일어나는 지점에서 다음의 2배가 일어나는 지점으로 옮겨갈 때, 이 간격은 일정한 값 α만큼 감소한다는 사실을 점근적으로 발견할 수 있었다.

$$\frac{\epsilon_i}{\epsilon_{i+1}} \rightarrow \alpha \quad (i \rightarrow \infty \text{일 때})$$

여기서 α는 "또 하나의 보편 상수이며, 이것은 실제 역학에 필요한 것이었다!"[34]

"하루 22시간씩 약 두 달 반 동안 일하다가 마침내 3월 중순에 병원에 입원하는 지경에 이를 때까지(그는 사실상 커피와 담배만으로 살았다) 분석적인 컴퓨터 작업에 비상한 노력을 기울인 끝에"[34] 그는 자신의 함수 방정식을 얻었다. 그것은 "동역학은… 행동이 적절하게 복잡할 때 세부적인 것들과는 무관하게 독립적으로 수행하는 법을 안다는 거대한 꿈을 정당화시켜 주었다."[34] 그는 자신의 '보편 함수'를 찾는 작업을 완성했는데, 그것은 스스로 "내 생애에서 가장 놀라운 발견"[34]이라고 부른 업적이었다.

이 연구의 해석적 부분은 보편 함수에 대한 함수 방정식을 찾는 것으로 이루어져 있다. α의 값을 구한 결과는 다음과 같이 나왔다(다시 소수 열두째 자리까지).

$$\alpha = 2.502907875095$$

소수 셋째 자리까지의 숫자를 구하는 작업은 이미 전에 자신의 HP65를 가지고 행한 바 있었다. 그 후로는 그는 "대규모적인 강력한 계산"[34]에 매달려야 했다.

그 작업이 끝났을 때, 의사는 적당량의 발륨(정신 안정제)과 강제 휴가를 처방했다.

———◆———

주기가 두 배가 되는 매개변수인 δ와 간격 매개변수인 α는 오늘날 파이겐봄 수로 알려져 있다. 내가 아는 한, 이것들은 20세기에 사람의 이름이 붙은 무차원의 보편수로는 유일한 것이다. 파이겐봄은 소수 100째 자리까지 계산했으며, 그 후 다른 사람들이 그보다 더 많이 계산했다. 이 수들이 초월수인지 아닌지는 아직 확실하게 밝혀지지 않았다. 그렇지만 이 수들이 초월수가 아니라면 매우 놀라운 일일 것이다.

———◆———

파이겐봄의 보편 함수는 닫힌 해석적 형태에서는 알려져 있지 않다(그것은 일부 영역에서 해석적이다). 그것의 모든 결과는 해석학과 수치 계산의 유효량들의 결합으로 얻어진다. 1992년(!)에 발표된 논문[35]에서 "우리 중 일부 사람들은 이 발견들이 유효한 영역은 무엇이며, 증명을 위해 동역학으로부터 어떤 방법을 채용하거나 발명할 필요가 있는지 오랫동안 의심해 왔다."는 구절을 발견할 수 있다. 이 의문들에 대한 답은 그 논문[35]에서 새로 발명된 방법의 도움으로 제시되었다.

나는 그것이 유도된 과정과 보편 함수의 증명에 관한 것은 설명하지 않으려 한다. 솔직히 말해서, 나 자신도 그것을 잘 이해할 수 없기 때문이다! 파이겐봄 스스로도 그 논문을 '예외적으로 과도한 수학'이라고 불렀다. 그 대신에 나는 파이겐봄이 쓴 논문을 인용하고자 한다. 발견적인 논문인 첫 번째 논문[36]은 1976년 4월에 완성되어 1978년에 발표되었는데, 1976년 5월에 프레드라그 츠비타노비치(Predrag Cvitanović)가 이룬 획기적인 기여에 대해 감사하는 후기를 추가하여 개정되었다. 츠비타노비치의 논문은 1979년에 발표된 기술적인 논문[37]에 중요한 역할을 했다. 1979년에 쓴 편지[38]와 그에 이어 1980년에 그것을 완성시킨 글[39]에서 이 연구는 임의적인 차원으로 확대되었으며, 이로써 실제 세계와 처음으로 접촉하게 되었다. 그는 또한 이 연구에 대해 약간 대중적인 수준의 책도 출판하였다.[40]

포켓용 계산기로 이 연구를 시작한 것은 파이겐봄으로서는 행운이었다. 그것은 곰곰이 생각하고 앞일을 추측할 수 있는 시간을 주었다.

> 나 이전에 δ를 발견한 사람은 없었던 것으로 안다…나로 하여금 컴퓨터를 피하게 만든 교육을 받지 않았더라면, 그 계산을 하는 것과 수들의 '의미'를 그렇게 아주 좋아하지 않았더라면…그리고 HP65가 그렇게 느리지 않았더라면, 나역시 δ를 발견하지 못했을 것이다. 그것은 창발적 행동의 필수 조건이다. 그렇지만 만약 그것이 어떻게 생겼는지 알지 못한다면, 그것이 어떻게 눈에 보이겠는가? 결국 운명과 행운은 모두 중요한 역할을 한다.[41]

주

1. 파이겐봄의 두 논문[36, 37]은 과학 학술지들에 보냈으나 모두 거절당했다. 첫 번째 논문은 6개월 가량 결정이 연기되다가 거절당했다. 파이겐봄은 그 거절 편지를 아직도 책상 서랍 속에 보관하고 있다. "내가 쓴 새로운 논문들은 모두 예외 없이 심사 과정에서 퇴짜맞았다. 독자들은 내가 이 전체 과정을 잘못된 감시인과 소모적인 불성실의 결과로 간주하는 것을 쉽게 이해할 수 있을 것이다."[42] 그러나 1977년까지 공표 이전에 미리 인쇄했던 첫 번째 논문이 천 부 이상 발송되었다.

   파이겐봄은 자신의 연구에 대해 1976년 5월부터 프린스턴대학에서, 8월에는 고던 회의에서, 9월에는 로스앨러모스에서 최초로 국제적인 청중 앞에서 폭 넓고 깊이 있는 강의를 했다. 1981년에는 칼텍에서 강의를 했다.

   > 그 공동 토의는 내 경력에서 가장 즐겁고 짜릿한 것이었다. 그것은 곧 맨 앞줄에 앉아 있던 파인먼과의 대화로 이어졌다. 토의가 끝난 후, 나는 그의 연구실로 갔다. "난 당신이 부럽군요."라고 그는 말했다. 내가 "오, 모든 사람이 부러워한다 해도 당신은 그럴 리가 없을걸요."라고 말하자, 그는 "음, 당신 말이 맞을지도 모르겠군요."라고 답했다.[42]

2. 1979년과 그 이후에 파이겐봄은 카오스 이론[43]에 관한 논문을 계속 발표했다. 그가 다룬 연구 중에서 특별히 주목할 만한 것은 지리 지도의 작도법에 관한 것이다. 이 연구는 해먼드 지도책의 개정을 낳았다. 이 책의 서문 각주[44]에서 다음과 같은 글을 볼 수 있다.

   > 해안선과 같은 자연적 형태를 묘사하는 데 프랙탈기하학을 사용하면서 수리물리학자인 미첼 파이겐봄은 많은 지도 축척과 투영에 들어맞도록 해안선과 국경선, 산맥의 형태를 바꾸어주는 소프트웨어를 개발했다…파이겐봄 박사는 또한 세세한 형태들에 수천 개의 지명을 앉힐 수 있는 새로운 컴퓨터 식자 프로그램을 개발했다. 이전에는 며칠이 걸리는 지루한 작업이었다.

   파이겐봄은 지도 제작의 수학에 관해 두 편의 논문[45]을 썼다.

3. 앞에서 소개한 카오스에 대한 이야기는 오로지 1차원 문제에 관한 것이다. 더 높은 차원의 카오스와 엄격한 수학에 관한 더 중요한 연구는 파이겐봄[39]

과 그 밖의 사람들에 의해 이루어지고 있다. 이러한 다양한 주제들에 관한 비평과 주요 논문 모음집에 대해서는 참고 문헌 26과 49를 참조하기 바란다. 이 자리를 빌려 그러한 연구자들의 기여에 대해 존경을 표하며, 그것들을 자세히 다루지 않은 데 대해 사과를 드린다.

4. 1982년, 파이겐봄은 로스앨러모스를 떠나 1986년까지 코넬대학에서 교수로 지냈다. 그 후, 그는 록펠러대학의 교수가 되었으며, 그 곳에서 그는 도요타자동차회사가 만든 직책인 첫 번째 도요타 교수의 자리에 올랐다. 1984년에 그는 맥아서재단상을 받았다.

5. 1979년, 고등사범학교에서 연구하던 알베르 조제프 리브샤베르(Albert Joseph Libchaber, 파리에서 태어났으며, 지금도 프랑스 시민임)는 공학자인 장 모레르(Jean Maurer)의 도움을 받아 분기 폭포(bifurcation cascade)에 관한 최초의 예비 결과를 발표했다.[47] 실험 장치는 놀라울 정도로 작고 우아하고 간단했다. 5mm³의 직사각형 대류 세포를 액체 헬륨으로 채우고, 온도는 2.5~4.5K에서 변하도록 했고, 기압은 1~5기압에서 변하게 했다. 액체를 아래에서 느린 속도로 가열하자, 아무런 흐름도 나타나지 않았다. 가열 속도를 높이자, 시간에 독립적인 대류가 나타났다. 가열 속도를 더 높이자, 이번에는 주기적인 시간 종속적 대류가 나타났다. 그보다 더 높은 가열 속도에서는 처음에는 일련의 연속적인 2배 주기가 관찰되었고, 그 다음에는 아주 넓은 띠의 스펙트럼을 가진 카오스적인 형태로 변했다.

이 논문[47]에는 파이겐봄의 연구에 대한 언급이 전혀 없다. 그러나 '작은 상자 속의 헬륨'이라는 적절한 제목을 달고 1982년에 발표된 더 정교한 논문[48]에서는 '주기가 2배로 늘어나는 분기에서 카오스로, 파이겐봄의 체계'라는 제목이 붙은 절에 "파이겐봄이 제안한 정성적인 그림은 옳은 것처럼 보인다. 정량적으로는 오직 제일 첫 번째 분기점들만 관찰할 수 있는 사실과 연관이 있을지도 모르는 불일치가 나타난다."는 표현이 나온다. 나중에 더 광범위한 실험을 통해 이러한 불일치는 사라졌다. 여기서 의문이 제기된다. 두 사람이 상대방의 연구를 안 것은 언제이며, 어떻게 알게 되었을까? 그 답을 찾기 위해 나는 역시 친구인 리브샤베르와 파이겐봄에게 물어보았다. 그 결과, 다음과 같은 사실을 알아냈다.

리브샤베르는 자신이 이 연구를 시작할 때 파이겐봄의 이론적 연구를 알지 못했다고 말했다. 그렇다면 그는 왜 이 문제를 선택했을까? 그는 단지 "그것은 사람의 관심을 끌던 문제였다."고 말했다. 파이겐봄은 그 해 겨울에 쓴 그의 편지[38]에서 볼 수 있듯이, 1979년에 이미 리브샤베르의 데이터를 알고 있었다. 거기서 그는 참고 문헌 47의 첫 번째 논문을 인용하면서 이렇게 썼다. "우리는 최근에 리브샤베르와 모레르가 얻은 실험 데이터와 잘 일치한다는 것을 발견할 수 있다." 얼마 후, 두 사람은 파리에서 처음으로 만났다. 파이겐봄은 이렇게 썼다. "1979년은 대풍년이었다…1979년 여름에 리브샤베르의 측정으로 유체가 α와 δ의 일반적인 값을 가지고 주기가 두 배로 늘어나는 것을 통해 난류로 전이할 수 있다는 것을 보인 후에야 비로소 동역학적 계들은 '과학'이 되었다."[42]

1983년 이래 리브샤베르는 시카고대학과 프린스턴대학에서 교수를 역임했고, 지금은 록펠러대학 교수로 재직하고 있다. 그는 프랑스 정부로부터 받은 레종도뇌르 훈장을 비롯하여 많은 영예를 얻었다.

---

6. 1986년, 파이겐봄과 리브샤베르는 울프물리학상(상금 10만 달러)을 공동 수상하기 위해 예루살렘에 갔다. 파이겐봄은 "카오스의 체계적 연구를 가능케 한, 비선형 계들의 보편적인 특성을 보여주는 선구적인 이론적 연구"로, 리브샤베르는 "동역학적 계에서 난류와 카오스로 이행하는 과정을 실험적으로 훌륭하게 증명한 업적"으로 상을 받았다.

그에 따른 언론 보도 자료에는 다음과 같은 표현들이 추가돼 있다. "파이겐봄의 발견이 미친 영향은 아주 심대했다. 그것은 이론 수학과 '실험' 수학의 새로운 분야에 폭넓게 걸쳐 있다…최근의 이론 과학의 발달에서 순수 과학과 응용 과학 양 분야에 걸쳐 그렇게 넓은 분야에 그렇게 광범위한 영향을 미친 연구는 또 생각하기 어렵다."

7. 나는 카오스 이론을 상대성 이론과 양자역학과 함께 20세기 물리학의 가장 위대한 발견 중 하나로 꼽는다. 물론 이 셋은 서로 비슷한 데가 전혀 없다. 특히, 카오스는 패러다임의 이동을 야기하지 않았다(이 특별한 개념이 의미하는 바를 내가 정확하게 이해하고 있다면). 한 물리학자가 이것을 적절하게 표현했다. "상대성 이론은 절대 공간과 절대 시간에 대한 뉴턴의 환상을 제거했고, 양자론은 제어 가능한 측정 과정이라는 뉴턴의 꿈을 제거했고, 카오스는 결정론적 예측 가능성이라는 라플라스의 환상을 제거했다."[49]

물리학 이론의 종말 또는 완성이 눈앞에 보인다고 주장한 일부 물리학자들(유명하긴 하지만 지혜롭다고는 할 수 없는)이 있다. 그러나 나는 그 주장에 동감하지 않는다. "20년 전만 해도 카오스를 알고 있는 물리학자들은 아무도 없었고, 더 중요하게는, 그것이 그렇게 유행하리라는 걸 안 사람은 아무도 없었다."[50] 수 세기 동안 물리학에서 이루어진 대부분의 이론적 연구는 선형적 계나 더 실제적인 상황에 대한 선형적 근사에만 집중돼왔다. 비선형성으로 자연 현상을 실제적으로 기술함으로써 수학적으로 복잡한 일부 문제를 다루는 방법이 발견된 것은 겨우 20년밖에 안 된다.

파이겐봄과 나는 우리가 많은 것을 알고 있지만, 그래도 아직 조금밖에 알지 못한다고 믿고 있다. 이 글에서 묘사된 발견들은 시작에 불과하며, 더 놀라운 것들이 발견되리라고 우리는 확신하고 있다. 언제? 어디서? 다른 분야에서도? 누가 딱 부러지게 말할 수 있을까….

참고 문헌

1. M. Feigenbaum and F. E. Low, *Phys. Rev.* **D4**, 3738, 1971.

2. M. Feigenbaum and D. Mermin, *Am. J. Phys.* **56**(1), 1988.

3. M. Feigenbaum, *J. Math. Phys.* **17**, 614, 1976.

4. F. Cooper and M. Feigenbaum, *Phys. Rev.* **D14**, 583, 1976.

5. M. Feigenbaum and L. Sertorio, *Il Nuov. Cim.* **43A**, 31, 1978.

6. 이 주제에 관해서는 다음 책에서 큰 도움을 받았다 : *Chaos*, by J. Gleick, Viking Press, New York, 1987.

7. K. Wilson and J. Kogut, *Phys. Reports* **12C**, 76, 1974.

8. M. Feigenbaum, in *Twentieth Century Physics* (L. Brown, A. Pais, and Sir Brian Pippard, Eds), Vol. 3, p. 1829. American Institute of Physics Press, New York, 1995.

9. H. Rouse and S. Ince, *History of Hydraulics*, p. 212, Dover, New York, 1957.

10. O. Reynolds, *Phil. Trans. Roy.* Soc. **174**, 935, 1886; also **186**, 123, 1895.

11. H. Poincaré, *Acta Math.* **13**, 1, 1890.

12. E. T. Whittaker, *A Treatise on Analytical Dynamics*, chapter 14, Cambridge University Press, 1927.

13. Ref. 12, p. 397.

14. H. Poincaré, *La science et la méthode*, Paris, 1908; in English in *The Foundations of Science* (G. Halsted, transl.), Science Press, Lancaster, 1946; see p. 397.

15. J. Yorke and T. Y. Li, *Am. Math. Monthly* **82**, 985, 1975.

16. Copied from N. G. van Kampen, *Nederl. Tÿdschrift Natuurk.* **20**, 321, 1982.

17. *Exploring Chaos* (N. Hall. Ed.), p. 96, Norton, New York, 1993.

18. E. Lorenz, in *Global Analysis* (J. Marsden, Ed.), p. 55, Springer, New York, 1979.

19. First publication: E. Lorenz, *J. Atmospherical Sci.* **20**, 130, 1963.

20. Ref. 6, p. 30.

21. Ref. 18, Fig. 2.

22. Name proposed by D. Ruelle and F. Takens, *Comm. Math. Phys.* **20**, 167, 1971.

23. Quoted in ref. 6, p. 39.

24. Ref. 6, p. 79.

25. Ref. 17, p. 174.

26. See the lists in Hao Bai-Lin, *Chaos*, and in *Chaos II*, World Scientific, Singapore, 1984 and 1990.

27. H. Poincaré, *Figures d'équilibre d'une masse fluide*, p. 162ff., Gauthier-Villars, Paris, 1902.

28. R. M. May, *Nature* **261**, 459, 1976.

29. See e.g. N. Metropolis, M. Stein, and P. Stein, *J. Combinatorial Theory* **A15**, 25, 1973.

30. Ref. 6, pp. 1-4.

31. 그가 한 자세한 주장은 다음을 참조하라 : ref. 8, pp. 1840-2.

32. Ref. 8, pp. 1842-4.

33. Ref. 8, p. 1845.

34. Ref. 8, p. 1846.

35. D. Sullivan, 'Bounds, quadratic differentials, and renormalization conjectures,' *Proc. Am. Math. Soc. Symposium*, Vol. 2, 417, American Mathematical Society, 1992.

36. M. Feigenbaum, *J. Stat. Phys.* **19**, 25, 1978.

37. M. Feigenbaum, *J. Stat. Phys.* **21**, 699, 1979.

38. M. Feigenbaum, *Phys. Lett.* 74A, 375, 1980.

39. M. Feigenbaum, *Comm. Math. Phys.* **77**, 65, 1980.

40. M. Feigenbaum, *Los Alamos Sci*, **1**, 14, 1980; *Physica* **7D**, 16, 1983.

41. Ref. 8, p. 1844.

42. Ref. 8, p. 1850.

43. M. Feigenbaum, *et al., Physica* **D3**, 468, 1981; *et al., Physica* **D5**, 370, 1982; *J. Stat. Phys.* **46**, 5, 1987; 52, 527, 1988; *Nonlinearity* **1**, 577, 1988.

44. *Hammond Atlas of the World*, p. 9, Hammond Inc., Maplewood, NJ, 1992.

45. M. Feigenbaum, in *Towards the Harnessing of Chaos* (M. Yamaguti, Ed.), p. 1, Elsevier, New York, 1994; and in *Trends and Perspectives in Applied Mathematics* (L. Sirovich, Ed.), p. 55, Springer, New York, 1994.

46. P. Cvitanović, *Universality in Chaos*, Hilger, Bristol, 1984.

47. A. Libchaber and J. Maurer, *J. de Physique* **40**, L419, 1979; also *J. de Physique* **C3**, 51, 1980.

48. A. Libchaber and J. Maurer, in *Nonlinear Phenomena at Phase Transitions and Instabilities* (T. Riste, Ed.), p. 259, Plenum, New York, 1952.

49. Quoted in ref. 6, p. 6.

50. Ref. 8, p. 1823.

1960년대에 취리히대학에서 강의를 하고 있는 레스 조스트

레스 조스트

1946년 1월 2일, 나는 박사 학위 후 연구 과정을 위해 코펜하겐에 도착했다. 나는 닐스 보어의 이론물리학연구소(1965년에 닐스 보어 연구소로 개명됨)에서 연구하기 위해 외국에서 온 젊은 과학자들 중 선두 주자였다. 그곳에서 나는 얼마 지나지 않은 1월 15일에 역시 외국에서 온 한 젊은이를 알게 되었다.[1] 그가 바로 레스 조스트였다. 우리는 모두 1918년생으로 나이가 같았으며, 그는 평생 동안 나의 가장 좋은 친구가 되었다. 나는 그의 아버지도 잘 알며, 그의 부인과 세 자녀하고도 계속 친밀하게 지내고 있다.

다음에 이어지는 글은 조스트의 연구를 체계적으로 분석한 것이라기보다는 반 세기에 걸친 우리의 우정에 관한 이야기이다.

───────◆───────

레스 빌헬름 조스트(Res Wilhelm Jost)는 1918년 1월 10일 베른에서 빌헬름 조스트(Wilhelm Jost)와 헤르미네 스피처(Hermine Spycher)의 아들로 태어났다. 밑으로는 한 살 어린 여동생 카테리네가 있었다. 베른주 비니겐의 산마을에서 자란 아버지는 초등학교 교사, 중등학교 교사를 거쳐 마침내 김나지움의 교사가 되었다. 그는 38년 동안 베른의 시립김나지움에서 물리학을 가르쳤다. 레스 조스트에게 물리학의 기초를 처음 가르쳐준 사람도 아버지였다.

조스트는 베른에서 초등 교육과 중등 교육을 받았다. 고등학교 졸업장을 받은 그는 베른대학에 들어가 1943년 겨울까지 수학, 이론물리학, 화학을 공부했다. 대학 시절에 그는 여러 차례 스위스군의 소집을 받아 군 복무를 했다. 1943년 11월에 그는 김나지움에서 가르칠 수 있는 중등 교사 자격증을 땄고, 베른에서 파트타임 교사로 근무했다.

1944년 여름부터 1946년 초까지 조스트는 취리히대학에서 공부했다. 거기서 그는 수학자 하인츠 호프(Heinz Hopf)와 물리학자 그레고르 벤첼(Gregor Wentzel)의 강의를 듣고 큰 감명을 받았으며, 벤첼의 지도를 받아 중간자 이론을 다룬 학위 논문[2]으로 박사 학위를 받았다. 1946년 1월, 그는 코펜하겐에서 박사 학위 후 연구 과정을 위해 처음으로 해외 여행을 하게 되었다.

조스트와 나는 처음 만난 그 날부터 금방 친해졌다. 우리는 종종 함께 식사를 하면서 대화를 나누었는데, 특히 방향이 다른 서로의 연구에 대해 많은 대화를 나누었다. 나는 소립자 스펙트럼의 존재 가능성에 대해 관심을 가지고 있었는데, 그 연구에서는 단지 경입자[3]라는 용어만이 살아남았지만, 나는 중성자-양성자 산란[4]에 대한 계산을 일부 했고, 곧 보어와 매일 함께 연구하게 되었다. 조스트는 비록 보어와 많은 시간을 함께 보내지는 못했지만, 보어에게 큰 감명을 받았다. 그는 1943년에 하이젠베르크가 기술하고, 코펜하겐에서 크리스티안 묄러(Christian Møller)가 그것을 더욱 발전시킨 산란 행렬(S 행렬) 이론에 몰입했다.

하이젠베르크는 k 평면(k는 점근 운동량이다)의 가상축상에서 S 행렬의 0들이 경계 상태들을 제공한다고 추측했다. 그러나 퍼텐셜 산란의 경우, 경계 상태들에 대응하지 않는 '가짜 0' 들이 생겨날 수 있다는 사실이 발견되었다. 여기에 대해 조스트는 경계 상태들에 대한 일반적인 기준을 제시했다. 즉, 주어진 각운동량에 대해 S 행렬은 항상 $S(k)=f(k)/f(-k)$로 쓸 수 있다는 것을 보였다.[5] 경계 상태들은 $f(k)$의 0들과 $f(-k)$의 극들에 의한 가짜 0들로 주어진다. $f(k)$는 오늘날 조스트 함수로 알려져 있다. 이것은 코펜하겐에서 완성된 그의 논문[6]에 처음으로 나타났으며, 일 년 후에 그가 더 자세히 다룬다.[7] 그 후로 조스트 함수는 산란 이론에서 중요한 역할을 하게 된다.

훗날 우리 사이의 대화에는 덴마크 시절의 유물 하나가 계속 따라다녔는데, 전화를 하거나 서로 만나 대화를 하거나 간에 대화가 끝날 때면 항상 어느 한쪽이 "망에 탁(mange tak : many thanks)"이라고 말하고, 다른 쪽은 "셀 탁(selv tak : thanks yourself)"이라고 답했다.

———◆———

다음 해 9월 26일에 나는 코펜하겐을 떠났고, 조스트는 4일 후에 떠났다. 나는 프린스턴으로 가 고등학술연구소(이하 그냥 연구소로 부름)에서 특별 연구원으로 일하게 되었는데, 1년 후에는 근무 기간이 5년으로 연장되었다. 1951년, 나는 연구소의 정교수가 되었다. 조스트는 취리히로 가 1949년 10월까지 스위스연방공과대학(ETH)에서 볼프강 파울리의 조수로 지냈다. 발표되지 않은 자서전적 글에서 그는 이렇게 썼다. "단 한 사람뿐인 스승의 영향은 거의 결정적으로 나를 형성시켰다."

1947년, 파울리는 동료 과학자에게 보낸 편지에서 이렇게 썼다. "나는 내 조수 조스트가 아주 만족스럽다네."[8] 조스트는 실제로 자신이 새로 맡은 일에서 금방 생산적인 결과를 내놓기 시작했다. 그 해에 조스트는 몇 년 전에 했던 계수관의 수학적 이론에 관한 연구[9]를 발표했고, 앞서 언급한 바 있는 가짜 0들에 관한 논문[7]을 발표했으며, 그 다음에는 파울리가 그에게 해결해보라고 던진 문제, 곧 콤프턴 산란에서 방출되는 부드러운 광자들에 관한 문제[10]를 풀었다.

이 모든 논문들에서는 강한 수학적 성향을 발견할 수 있다. 그러한 성향은 평생 동안 계속되었다. 실제로 그는 당대 최고의 수리물리학자 중 한 사람이었다.

1947년은 양자전기역학 분야에서 중요한 발전이 이루어진 해이다. 1928년에 디랙이 예언한 것과는 달리, 수소 스펙트럼에서 특정 선들의 미소한 위치 이동(램 이동)과 전자의 자기 모멘트에 나타나는 미소한 이상이 발견된 것이 그러한 발전을 자극했다. 이러한 효과들에 대처하기 위해 곧 복사의 보정을 위한 재규격화 프로그램이라는 새로운 수학적 기술이 개발되었다. 그것은 바로 조스트가 전문으로 하는 분야였다.

그가 다음에 쓴(다른 연구자들과 공동으로) 몇 편의 논문은 이 새로운 프로그램을 적용하여 스핀이 없는 입자들의 콤프턴 산란에 대한 복사 보정[13]

과 진공 분극[15]을 다룬 것이었다. 진공 분극을 다루는 방법을 좀더 개선한 다음 논문[15]에서는 조스트가 그래프적 방법을 사용한 것을 처음으로 볼 수 있는데, 이것은 리처드 파인먼이 완성시키게 된다. 이 논문은 거기에서 제시한 원리적인 물음들 때문에 특별히 관심을 끈다. 첫째, 왜 모든 전하들은 똑같은 양만큼 재규격화되는가? 예컨대, 왜 양성자와 양전자는 똑같은 재규격화된 전하를 가지는가? 조스트는 이것이 어떻게 해서 e^2의 차수로 나타나는지 보였다. 둘째, 파울리는 미세 구조 상수가 e^2과 e^4의 차수로 발산되는 관계를 통해 고정된 값을 가질 것이라고 추측하였다. 이 추측은 틀린 것으로 증명된다.

━━━━━●━━━━━

프린스턴에서 우리는 이 문제에 대해 큰 관심을 가지고 연구했다. 나는 오펜하이머에게 취리히의 젊은 이론물리학자 몇 사람을 연구소에 초대하자고 촉구했다. 그것은 1949-50학년도를 우리와 함께 보내도록 파울리를 초청하는 계획과도 맞아떨어졌다. 그래서 1949년 가을에 파울리는 그의 '자식들'인 조스트, 루팅거, 빌라르스를 데리고 프린스턴으로 왔다.

조스트는 자신의 신부도 함께 데려왔다. 그는 1949년 초에 베른에서 힐데 플라이셔(Hilde Fleischer)와 결혼했다. 물리학 박사 학위를 가진 힐데 플라이셔는 프린스턴대학의 도서관에 일자리를 얻었다. 두 사람은 아주 멋진 한 쌍이었다. 특히, 항상 긍정적인 면을 바라보는 힐데의 낙천적인 태도는 천성적으로 덜 낙천적인 조스트에게 큰 도움이 되었다. 훗날, 한 동료는 조스트에 대해 이렇게 말했다.

가족에 대한 배려가 무엇보다도 최우선이었다…매우 사랑스러운 아내 힐데는 강한 사랑의 힘으로 그의 곁에서 지원을 아끼지 않았다. 우리가 아직 젊었을 때, 그는 인생에는 과학, 예술, 자연, 정치, 기타 등등 중요한 것이 많이 있다고 말한 적이 있었다. 그렇지만 정말로 결정적인 것은 단 한 가지, 훌륭한 결혼과 조화로운 가족 생활이라고 그는 말했다.

나는 처음부터 힐데를 좋아하게 되었다(훗날 그녀는 조스트에게서 나에 관한 이야기를 듣고, 나를 백발의 늙은이로 상상했다고 말했다). 나는 종종 그들의 아파트에 초대를 받아 저녁 식사를 같이 하곤 했는데, 그녀는 요리 실력도 아주 뛰어났다. 비너 슈니첼(송아지 고기 커틀릿)도 훌륭했지만, 자허 토르트(살구 잼을 바르고 초콜릿이 든 당의를 입힌 오스트리아산 초콜릿 케이크)는 최고였다. 식사 후에는 광범위한 주제를 놓고 토론을 했다. 그 때, 나는 처음으로 조스트가 역사, 문학, 음악, 시각 예술에도 폭넓고 깊은 관심을 가지고 있다는 사실을 알게 되었다. 몇 년간 이러한 주제들을 놓고 그와 토론을 하면서 나는 지식이 매우 풍부해졌다.

조스트가 프린스턴에서 맨 처음 발표한 논문[18]은 입사 광자에 의해 쌍생성이 일어난 후에 그 반동으로 원자핵이 튀어나갈 때의 각도 분포와 운동량 분포를 S 행렬법을 사용하여 계산한 것이었다. 최근에 이루어진 실험과 대조한 결과를 사용한 것은 그의 연구뿐이었다. 그는 연구소에서 그러한 인상적인 연구를 했기 때문에 1950년 봄에 5년간의 연구원직을 제의받아 1955년까지 프린스턴에 머물게 되었다. 그 후에도 그는 1957년 가을 학기, 1962-63학년도, 1968년 가을 학기에 여러 차례 프린스턴을 방문했다.

조스트의 생애에서 그 다음으로 중요한 사건은 1951년에 첫아들이 탄생한 것이다. 그 해에 힐데는 아기를 낳기 위해 베른으로 돌아갔다. 그녀가 프린스턴으로 돌아올 때, 조스트는 마중을 나갔다. 조스트가 갓난아기 레슬리를 안고서 두 사람이 아파트로 들어가던 모습이 지금도 내 눈앞에 선하다. 나는 영광으로 여기며 기꺼이 그 아이의 대부가 되어주었으며, 조스트가 내 아들 조슈아의 대부가 되어주겠다고 수락했을 때에도 역시 영광으로 여겼다. 레슬리는 키가 크고 활동적인 청년으로 자랐으며, 몇 년 동안 훌륭한 핸드볼 선수로 활동하다가 지금은 빈터투르주립병원의 위장과 책임자로 근무하고 있다. 조스트 부부는 그 후에 자녀를 둘 더 낳았는데, 두 아이 역시 훌륭하게 자랐다. 베아트(1957년 출생)는 실험물리학자가 되어 현재 CERN의 직원으로 근무하고 있고, 잉게(1960년 출생)는 법학을 공부한 다음, 현재 스위스 바르에 있는 알로프로 회사의 인사관리부장으로 근무하고 있다. 레슬리가 태어난 후, 힐데는 직장을 영원히 그만두었다. 힐데는 아주 훌륭한 어머니가 되었고, 지금도 그러하다.

1951~1952년에 조스트와 나는 두 가지 프로젝트에서 협력 연구를 하여 그 결과를 공동 논문으로 발표하였다(우리 둘이 공동으로 낸 것으로는 이 두 편이 유일하다).

첫 번째 논문은 퍼텐셜 산란에 관한 양자론을 다룬 것으로, 막스 보른이 1926년에 처음 제안한 근사법[19]을 더 정교하게 만든 것이었다. 파인먼이 고안한 적분법을 생각하던 나는 어느 날, 유카와 퍼텐셜에 의한 산란을 구하기 위한 보른의 두 번째 근사법의 닫힌 형태의 계산에 그것들을 사용하는 것이 가능하다는 생각이 퍼뜩 떠올랐다. 보른의 방법에서 요점은 산란의 진폭을 퍼텐셜 결합 세기의 멱으로 전개하는 것이었다. 그 때까지만 해도 첫 번째 멱, 즉 첫 번째 근사값 이상으로는 알려진 것이 거의 없었다. 거기서 한 걸음 더 나아갈 수 있다는 전망이 보이자 나는 무척 흥분했다.

그 날 저녁 나는 살 게 있어 나소 거리의 손스 약국에 들렀다. 거기서 조스트 부부를 만난 나는 내 아이디어를 들려주었다. 조스트도 역시 흥분하여 칠판으로 가서 좀더 자세히 검토해보자고 제안했고, 우리는 그렇게 했다. 그렇게 하여 몇 달간에 걸친 열띤 공동 연구가 시작되었다. 우리는 종종 새벽 세 시까지 일하곤 했다.

유카와의 문제를 푸는 것은 오래 걸리지 않았다. 그 다음에 우리가 더 어려운 문제에 도전한 것은 자연스러운 일이었다. 그 문제는 보른 계열에서 수렴 반지름이 얼마냐 하는 것이었다. 우리는 한 가지 특정 퍼텐셜에 대해 정확한 값을 제시할 수 있었지만,[20] 다만 S 상태들에 대해서만 값을 얻을 수 있었다. 각운동량의 제약에 상관 없이 일반적인 퍼텐셜에 대해서도 해를 얻는 것이 가능할까? 그것은 가능했다. 프레드홀름의 적분 방정식 이론에 기초한 새로운 방법을 사용해 그것을 얻을 수 있었다. 조스트의 깊은 수학적 지식 덕분에 그러한 성과를 얻는 것이 가능했다. 이 성공에 우쭐해진 우리는 이 방법을 양자장 이론에까지 연장할 수 없는지 검토하였다. 며칠 동안 곰곰 검토한 끝에 이 야망은 이루어질 수 없다는 결론을 얻었다. 훗날, 우리가 사용한 프레드홀름의 방법은 비상대론적 분산 관계[21]에 성공적으로 적용되었다.

그 주제에 관한 논문[22]을 쓰기 시작할 때, 우리 이전에 수렴 문제를 연구한 사람이 없었을까 하는 의문이 떠올랐다. 우리는 문헌을 샅샅이 뒤져보았지만 아무것도 발견할 수 없었다. 그러다가 1925년으로 거슬러 올라가 보른의 논문[19]에서 1차원 산란에 대한 일반적인 수렴을 정확하게 증명한 것을 발견했는데, 그 다음에 이 결과를 직접 3차원까지 확장할 수 있다는 잘못된 기술이 아무 증명 없이 쓰여 있었다.[23]

우리가 논문의 교정본을 받았을 때, 〈*Physical Review*〉지의 현학적인 편집자는 우리의 참고 문헌에서 모든 사람에게 성만 알려져 있는 저자들의 이름까지 이니셜로 첨가해달라고 요구했다. 우리는 그건 좀 지나치다 싶어서 인쇄된 우리 논문의 참고 문헌에는 A. B. 휘태커, C. D. 톰슨, A. B. 프랭크, C. D. 미즈…와 같은 식으로 저자들의 이름을 표기하였다.

우리의 두 번째 공동 논문[24]은 입자물리학의 문제에 관한 것이었다. 그것은 G-반전성(G-parity)으로 알려지게 되는 엄격한 선택 규칙을 도입한 최초의 논문이었다. 이 연구는 나로서는 불변성의 원리를 적용하는 방법을 처음으로 배우는 계기가 되었기 때문에 훗날의 내 연구에 중요한 역할을 하게 된다.

———————•———————

1952년 여름, 나는 조스트가 지닌 색다른 능력을 보았다. 그것은 바로 등산이었다. 그 해 6월, 조스트 부부와 나는 국제 물리학 회의에 참석하기 위해 코펜하겐에 갔다. 그 곳에서 우리는 스위스의 산에서 휴가를 같이 보내기로 계획을 세웠다. 몇 주일 뒤, 나는 취리히에서 그들과 만나 조스트의 아버지와 함께 자동차를 타고 그라우뷘덴주의 폰트레시나로 가서 레미 호텔에 여장을 풀었다. 우리는 근처에 있는 장크트모리츠로 소풍을 갔다. 하루는 샤프스베르크산으로 아주 긴 하이킹에 나섰다. 비록 천천히 걷긴 하지만 잠시도 쉬지 않고 일정한 속도로 계속 걸어가는 노인의 산행 방법은 존경스러웠다. 젊은 시절부터 등반 경험을 쌓은 그에게서 나는 산악인의 중요한 규칙을 배웠다. 4000m 아래에서는 천천히 걷고, 그보다 높은 곳에서는 될 수 있는 한 빨리 걸어야 한다는 것이었다.

조스트의 안내로 나는 그 날 에델바이스를 보았다(나는 에델바이스가 어떻게 생겼는지 그 때까지 몰랐다). 나는 그 아름다운 흰색 꽃을 몇 송이 꺾어 수 년 동안 내 연구실에 걸어놓았다.

그런데 조스트와 나는 좀더 큰 계획을 가지고 있었다. 근처에 있는 알브리스봉을 등반한다는 계획이었다. 꼭대기까지 올라가는 데 약 다섯 시간이 걸릴 것으로 추정한 우리는 아침 일찍 출발하여 저녁 식사 전까지 돌아오기로 계획을 짰다. 그러나 일은 계획대로 되지 않았다.

올라갈 때까지는 만사가 계획대로 되었다. 등반하는 데 고도의 기술이 필요한 것은 아니었지만, 산에서는 전문가인 조스트는 풋내기인 나를 때때로 자일로 매어 끌어올려야 했다. 정상에 도착한 우리는 빵과 소시지를 물과 함께 먹었다. 아름다운 경치를 굽어보다가 우리는 계곡으로 내려가는 조금 가파른 지름길을 발견했다. 우리는 그 길로 내려가보기로 결정하고 천천히 하산을 시작했다. 그렇게 한참 내려가다가 자일에 매달려 앞서 가던 나는 앞에 장애물이 있는 것을 발견하고, 계속 나아간다면 큰 폭포를 만나게 될 것이라고 조스트에게 말했다. 그래서 우리는 왔던 길을 되돌아가다가 암벽에 아주 좁은 암봉이 붙어 있는 것을 발견하고, 그것을 따라 옆걸음으로 조심스럽게 내려갔다. 내려가는 속도는 몹시 더뎌서 해는 서산으로 졌는데, 우리는 여전히 산비탈에 있었다. 그 때, 조스트는 더 가지 말고 그곳에서 밤을 지내고, 다음 날 아침에 해가 뜨면 내려가자고 했다. 잠시 그곳에 앉아 쉬다가 나는 주위를 한번 둘러보고 싶은 충동이 일었다. 그것은 행운이었다. 아래로 내려가는 안전한 길을 발견했으니까. 우리는 조심조심 하산을 하여 그 날 밤 11시 무렵에 도로로 내려왔다. 호텔까지 걸어가려면 아직도 한 시간은 더 걸어가야 했다. 터벅터벅 걸어가는데, 지나가던 차가 우리 옆에 멈춰섰다. "당신들, 혹시 알브리스봉에 올라간다고 레미 호텔에서 나온 사람들 아닌가요?" "맞아요!" 그러자 차 속에서 환호성이 터져나왔다.

몹시 걱정이 된 힐데가 산악 구조대에 연락을 하여 그 사람들이 구조에 나서던 길에 우리를 만났던 것이다. 차를 타고 호텔로 돌아갔더니, 눈물에 젖은 힐데가 우리를 포옹해주었다. 우리는 음식과 뜨거운 차를 들면서 몇 시간 동안 구조대원들이 들려주는 이야기를 들었다. 그 중에는 우리처럼 해피엔딩으로 끝나지 않은 사례도 많이 있었다.

그 후에도 나는 스위스에서 조스트 가족과 행복한 시간을 여러 차례 보냈다. 우리는 자스페와 라우에넨에서 함께 휴가를 보냈고, 1961년에 조스트와 나는 다시 빌트호른봉 등정에 나섰는데, 이번에는 안내인을 데리고 갔다. 나는 그들이 어디에 살든지 간에 항상 반가운 손님으로 큰 환영을 받았다. 1964년 10월, 그들은 마지막 거주지인 운터렝스트링겐의 집으로 이사했다. 그 집의 설계 중 대부분은 그들이 직접 한 것이나 다름없다. 그 집은 아름답고 안락할 뿐만 아니라, 난방이 가능한 수영장까지 갖추고 있어 매일 수영을 하고 싶어하던 힐데의 꿈을 실현시켜주었다. 그렇지만 나는 그 집 수영장에서 조스트를 한 번도 본 적이 없다. 물은 그가 가까이 하는 장소가 아니었다. 집 근처를 함께 하이킹하면서 나는 조스트의 또 다른 능력을 발견했다. 그는 식용 버섯을 찾아내는 데 전문가였다.

─────◆─────

나는 1952년에 프린스턴으로 돌아왔다. 조스트는 산란 위상 이동과 바닥 상태 에너지의 값이 주어져 있다면, 산란 퍼텐셜은 어느 범위로 정해지는가 하는 소위 '역의 문제(inverse problem)'에 대해 일련의 연구를 시작했다. 또, 그것과 관련된 등가 퍼텐셜의 문제, 즉 퍼텐셜이 달라도 위상 이동과 바닥 상태들이 똑같을 수 있는가 하는 문제에 대해서도 연구했다. 그의 훌륭한 친구 발터 콘(Walter Kohn)과 함께 시작한 이 연구 때문에 그는 그 다음 3년 동안 매우 바쁘게 지냈다.[25] 그러다가 프린스턴에서 그의 임기가 끝났다. 1955년 봄에 그는 가족과 함께 취리히로 돌아가 ETH의 조교수로 일했다.

취리히로 돌아간 후 처음 몇 년 동안 조스트는 파울리에게서 부당하고도 심한 인신 공격을 받았다. 말년에 파울리는 조스트에게 매우 적대적으로 대했다. 이것은 두 사람이 갈라서게 되는 계기가 되었다.

파울리의 이러한 태도는 그의 정신적 불안정 때문이었다고 나는 확신한다. 나는 그러한 징후를 개인적으로 직접 목격한 바 있다(1957년 4월에 뉴욕에서). 하이젠베르크의 자서전에서도 비슷한 목격담이 발견된다.[26] 이 껄끄러운 상황에 대해 조스트가 공식적으로 언급한 것은 단 한 차례뿐이었다. "나는 그가 나를 (그의 내부 집단으로부터) 쫓아낼 때까지 이 특이한 성격을 지닌 사람의 주문에 걸려 있었다."[27] 1989년, 그는 이 문제에 관한 긴 비망록을 내게 보내왔다. '파울리와의 불화'란 제목이 붙은 이 글의 일부를 인용해보자.

1955년 여름. 취리히로 돌아가다. 볼프강과 프랑카[그의 아내]와 화목하게 지냄. 파울리와 산책을 자주 함. 어느 날 산책 도중에 그는 자신의 꿈을 논문으로 써도 괜찮겠는지 내게 물었다. 나는 적극적으로 괜찮다고 대답했다. 시간이 지나 언젠가 적당한 때를 만나면, 그가 써놓은 꿈으로부터 중요한 직관을 얻을 수도 있을 것이라고 이야기하면서. 얼마 후 파울리는 자신이 꾼 두 가지 꿈을 적어놓은 것을 내게 보여주었다. 나는 그것을 읽고 충격을 받았다. 나는 악마의 힘에 협박당하고 있는 사람의 인상을 받았다. 다음 번에 만났을 때, 나는 그에게 그의 꿈에 대해 논의할 수 없노라고 이야기했다. 그것은 내게 너무 위험한 일이었다. 파울리는 이해하는 것 같았다. 지금 생각하면, 바로 그 때부터 우리 사이가 갈라지기 시작한 것 같다.

1956년 가을. 미국 여행—시애틀, 피츠버그, 마지막으로 프린스턴에서 일 주일. 취리히로 돌아감. 즉시 파울리에게 전화하여 프린스턴의 연구소에 초청받았다고 이야기함. 만약 그가 똑같은 계획을 갖고 있지 않을 경우에만(전에도 그런 전례가 있었으니까) 프린스턴에 가겠다고 말했다. 얼마 후 나는 타자로 친 편지를 파울리로부터 받았다. 그는 연구소가 나를 초청한 것을 개탄하면서, 행정부가 이것을 휴가를 요청하는 핑계로 간주하지 않을까 염려된다고 했다. 나는 이러한 관료적인 커뮤니케이션 방식에 충격을 받았다. 우리는 매일 서로 얼굴을 보는 사이인데 말이다. 나는 비행기표를 손에 쥐고 파울리를 올려다보면서 말했다. 나라면 그런 말은 직접 만나서 했을 거라고. 그러한 일에 비서를 관여시키는 것은 올바른 처사가 아니라고. 파울리는 이렇게 대답했다. "그것은 비서가 쓴 것이 아니네."(그렇다면 아마도 프랑카가 썼겠지)…나와 파울리의 관계는 눈에 띄게 냉랭해져갔다…1957년에 그와의 관계는 완전히 파탄에 이르렀다…[1958년] 내가 취리히를 떠나야 한다는 것이 분명해졌다.

1958년, 조스트는 ETH 총장 앞으로 편지[28]를 보냈는데, 그 중 일부를 인용해보자.

〔우리의〕좋은 관계는 1956년 가을까지 지속되었는데, 그 때 파울리 씨가 갑자기 저와 제 아내와의 관계를 완전히 끊어버렸습니다. 저는 그를 자극하고 싶지 않아 은밀히 프린스턴에 초청받는 길을 모색했습니다. 그 직후부터 그는 제 과학 연구에 대해 공격을 시작했습니다…불행하게도, 저는 파울리 씨가 훌륭한 솜씨로 희생자를 골랐다는 점을 인정하지 않을 수 없습니다. 저는 크고 작은 이 조롱들에 무력하기 짝이 없기 때문입니다. 그러나 파울리 씨가 자신의 조수에게 이 문제들에 관해 편지를 보내면서 그 중 적당한 부분들을 내게 보여주라고 명령했다는 것은 온당해보이지 않습니다. 유명한 학자의 부정적인 기질을 보게 되는 것은 결코 즐거운 일이 아닙니다.

이 유감스러운 사건의 뒤에는 어떤 배경이 숨어 있었을까? 나는 피에르츠(Fierz)의 의견에 동의하는데, 그는 글에서 이렇게 밝혔다.

파울리는 레스 조스트를 '젊은 파트너'로 생각했지만, 조스트는 파울리가 자신을 일종의 '고급 조수'로 여긴다고 믿었으며, 그것을 마음에 들어하지 않았다. 이러한 오해의 결과로 갈등이 생겼는데, 나는 그것을 아버지와 아들의 갈등과 비슷한 것이라고 생각한다…나는 항상 나와 파울리 사이의 거리를 인식하고 조심했다. 그에게 너무 가까이 다가가는 것은 위험했다. 특히, 항상 심한 질투심으로 남편의 지위를 지키려고 드는 부인의 까다로운 성격 때문에 더욱 그랬다.

파울리는 1958년 12월에 세상을 떠났다. 다음 해 2월, 조스트는 오펜하이머에게 쓴 편지에서 이렇게 말했다. "이제 나는 스위스에 남는 데 전력을 기울이기로 했습니다. 몇 달 전만 해도 불가능하게만 보이던 일이 이제 매우 유망해보입니다…아직 승진에 대한 공식적인 확인을 받지는 못했습니다."[30] 이 편지에서 그는 파울리의 뒤를 누가 이어야 할지에 대해서도 오펜하이머의 의견을 구했다. 1959년 말에 파울리의 자리를 이은 사람은 바로 조스트 자신이었다. 그 후로도 그는 1950년대 후반에 겪었던 비통한 경험을 완전히 떨쳐버리지 못했다. 예를 들면, 10년 뒤에 피에르츠에게 보낸 편지에서 그는 이렇게 말했다. "무엇보다도, 자네는 그 당시의 가장 무서운

폭군, 파울리에게 노출된 적이 없지…".[31]

그럼에도 불구하고, 조스트는 취리히에서 양자장 이론의 원리상의 문제들에 대한 연구를 계속했다. 그것은 그가 수리물리학에 남긴 가장 유명하고도 심오한 업적이다. 여기서는 그 요점만을 간단히 소개하고자 한다. 이책은 그것을 자세히 소개하기에 적절한 장소가 아니기도 하지만, 그 연구는 나의 지식 범위를 넘어서기 때문인 탓도 있다(비록 그 개략적인 내용은 이해한다 하더라도).

그 연구는 해리 레만(Harry Lehmann)과 함께 쓴 인과론적 교환자에 대한 논문[32]으로 시작되었다. 그 다음에는 CPT 정리에 대한 일련의 논문들[33]이 나왔는데, 거기서 그는 그 정리를 로렌츠군에 대한 복소수 확장으로 유도했다.[34] 이 업적은 공리적 장 이론(field theory) 분야에서 이룬 그의 연구 중 일부이다. 장 이론은 1950년대에 시작된 새로운 분야로, 조스트는 그 공동 창시자 중 한 사람이며, 거기에 대해 모노그래프(특정 분야의 문제에 관한 학술 논문)[35]도 발표했다. 그 시기에 조스트는 자기에게 친숙한 또 다른 분야인 고전역학의 문제들도 다루었다.[36]

1950년대 후반부터 조스트는 교수로서 자신의 영향력을 행사하기 시작했다. 즉, 자신의 학과를 만들기 위해 노력을 기울였다. 그의 제자들(그 중 몇 사람은 훗날 국제적인 명성을 얻는다)은 항상 조스트가 스스로에게 부과한 높은 기준을 지키려고 노력하였다.

그 무렵에 우리는 스위스 및 다른 곳에서 자주 만났다. 특히, 1956년 9월 시애틀에서 열린 물리학 회의에서 그를 만난 것과, 은퇴 후에 캘리포니아 주 버클리 근처에 살고 있던 오토 슈테른을 함께 방문한 것이 기억난다. 또, 그 시기에 우리는 서신을 통해 꾸준히 연락을 주고받았다.

나는 1968년 가을에 연구소를 떠났는데, 그 때 조스트는 그 곳에서 마지막 임기를 보내고 있었다. 그는 내가 1963년에 교수로 임명된 록펠러대학으로 와 고전역학에 관해 일련의 강의를 했다. 그 강의 제목은 '현대적인 방법들을 배우려는 어느 노교수의 시도'였다.

조스트가 과학에 남긴 공헌(그의 모든 업적을 다 망라하지는 못했지만)에 대한 간략한 소개 이것으로 끝내기로 하자.

조스트는 그 시대의 위대한 물리학자들 중에서도 많은 점에서 특이하다. 창조력이 왕성한 시기나 국제적인 명성이 최고조에 달한 시기에도 그는 때때로 과거의 과학과 우리 시대의 문제들로 돌아가곤 했다.

과학에 관심을 가진 일반 대중을 위해 조스트가 쓴 열일곱 편의 에세이를 모은 『*Das Märchen vom Elfenbeinernen Turm*(상아탑의 신화)』[37]의 편집자들은 이렇게 썼다. 어떤 글들은 물리학의 역사를 다루고, 어떤 글들은 수학과 물리학의 관계를 다루며, 어떤 것들은 현대 과학이 제기한 윤리적 문제들을 다룬다. 이 글들은 1966년에서 1986년 사이에 강하면서도 아름다운 문체로 쓰여졌으며, 조스트의 뛰어난 문장 실력, 특히 독일어 실력을 유감 없이 보여준다.

이 책의 제목은 에세이 중 한 편의 제목이기도 하다.[38] 이 글에서 우리는 '상아탑'이라는 개념의 기원을 파고드는 학자 조스트를 만나게 된다. 이 과정에서 조스트는 아가(雅歌)를 거쳐 샤를 오귀스탱 생트뵈브의 에세이까지 검토한다. 여기서 쟁점은 공공 기금의 지원을 받으며 사색적인 생활을 영위해나가는 오늘날의 학자들의 삶을 어떻게 정당화할 수 있느냐 하는 것이다. 조스트는 그러한 삶이 '상아탑'을 비방의 뜻으로 사용하는 사람들이 상상하는 것처럼 항상 사색적인 것은 아니라는 예로서 DNA의 발견 사례를 든다.

역사를 다룬 조스트의 글들은 19세기와 20세기의 일부 위대한 물리학자들을 다루고 있다. 몇 편의 글은 양자론을 탄생시킨 그의 유명한 법칙이 나오기 전에 일어났던 복잡한 과정[40]과 함께 시작되는 막스 플랑크의 이야기를 다루고 있다.[39] 나는 조스트가 들려준, 플랑크의 동시대인이 했다는 말이 기억난다. 즉, 플랑크는 너무나도 많은 실수를 저질러서 결국은 법칙을 발견할 수밖에 없었다는 것이다. 그 다음에는 플랑크와 볼츠만의 관계,[41] 그리고 플랑크와 에른스트 마흐의 관계[42]를 다룬 글이 이어진다. 또 다른 글은 토머스 쿤의 플랑크 비평에 대한 훌륭한 비평[43]을 담고 있다.

두 편의 에세이는 아인슈타인에 관한 것이다. 첫 번째 에세이는 그의 취리히 시절에 관한 글[44]인데, 말년에 아인슈타인은 친구에게 이렇게 말했다고 한다. "[스위스는] 내가 알고 있는 세상에서 가장 아름다운 곳이다. 나는 이 곳이 나에게 무심한 만큼 이 곳을 좋아한다." 이 에세이에는 아인슈타인에게 기적의 해인 1905년의 이야기(베른에서 살던 시절)도 실려 있다. 두 번째 에세이는 프린스턴대학에서 열린 아인슈타인 탄생 100주년 기념식(거기에는 조스트와 나도 참석했다)에 관한 글이다. 이 글은 그 기념식에서 내가 발표한 논문 '입자, 장, 양자론'[46]에 대해 조스트가 쓴 길고도 해박한 해설을 재수록한 것이다.

그 다음에는 마이클 패러데이의 전자기 유도 발견 150주년을 기념하여 조스트가 한 연설문이 실려 있다. 조스트는 특유의 우아한 문체로 패러데이의 일생과 연구를 간결하게 소개한다. 그와 더불어 피렌체의 두 신사가 이미 전자기 유도를 먼저 생각했노라고 주장하는 이야기를 듣고서 패러데이가 분개했다는, 잘 알려지지 않은 이야기도 포함되어 있다. 그 다음에는 에밀 뒤 부아-레이몽의 물리계의 개념에 관한 에세이가 실려 있다.

조스트가 쓴 마지막 역사적인 글은 양자장 이론에 관한 것으로, 디랙을 기념하여 쓴 논문[48]이다. "1925~1928년에 그가 이룬 과학적 성과는…물리학의 역사에서 그에 필적하는 것을 찾아보기 어려울 만큼 훌륭하다…20세기의 첫 30년 동안에 양자전기역학에 공헌한 가장 위대한 세 사람을 꼽는다면, 막스 플랑크, 알베르트 아인슈타인, 폴 디랙이다."

그 다음에 '수학과 물리학'에 관한 다섯 편의 에세이가 이어진다. 그리고 그 뒤에 'Wissen und Gewissen'이라는 전체 제목이 붙은 세 편의 에세이로 이 책은 끝난다. 이 제목을 굳이 번역한다면 '지식과 양심'이란 뜻이 되는데, 조스트의 세심한 단어 선택을 불가피하게 훼손하는 번역이 되고 만다. 이 세 편의 에세이 중 하나는 이미 앞에서 언급한 '상아탑'이라는 개념을 다루며, 또 한 편은 '물리학의 어제와 내일'[49]에 대해 다룬다. 과학은 어디로 가고 있는가? 조스트는 이 물음에 대해 가장 분별 있는 답을 제시한다. "조금이라도 신뢰할 수 있는 기준을 만족시키는 어떤 답도 나는 알지 못한다."

이 훌륭한 에세이집의 맨 마지막에 실린 글은 과학자나 일반 독자를 막론하고 누구에게나 꼭 읽어보라고 권하고 싶은 글인데, '열망과 죄악 사이의 과학'[50]에 관한 글이다. 조스트는 또 한 번 최상의 필치를 발휘하여 뉴턴부터 오펜하이머에 이르는 인물들을 평하면서 자신의 주장을 강조한다. 그리고 많은 사람들이 공감하는 문장으로 결론을 맺고 있다. "권력을 가진 사람들이, 신중한 판단과 지식과 양심의 화신이던 로버트 오펜하이머로부터 그러한 모든 속성을 일거에 박탈하도록 강요한 것은 우리를 불안케 만든다."

이 탁월한 책은 조스트의 개인적 회상[51]으로 시작된다. 그것은 1984년에 플랑크 메달을 수여받을 때 했던 연설로, 대부분 플랑크에 대한 찬사로 이루어져 있다. 조스트는 젊은 시절에 그의 강의를 들은 적이 있다.

조스트의 글에 대한 평은 그가 20권의 책에 대한 비평을 썼다는 것을 언급하는 것으로 마칠까 한다. 그 비평들은 1957년에서 1973년 사이에 모두 〈응용수학 및 물리학 잡지(ZAMP)〉에 실렸다. 특별히 관심을 끄는 것은 파울리가 쓴 책에 대해 조스트가 찬사를 보낸 것이다. "균형과 완벽한 명확성을 결합시킨 놀랍도록 아름다운 언어 구사를 특히 강조할 수 있다…우리는 이 글들에 감사[해야]한다."[52]

조스트는 사망 기사도 몇 차례 썼는데,[53] 그 중에서 유명한 것은 로버트 오펜하이머의 사망 기사이다. "올던 메이너[오펜하이머의 집]에서 오펜하이머의 환대를 받았던 사람들은 누구도 그것을 잊지 못할 것이다."[53] 그는 또한 취리히의 한 신문에 보어 탄생 100주년을 기념하는 글도 썼는데, 거기서 그는 보어의 특징을 아주 잘 묘사했다. "변증법적 능력과 무한한 인내심의 소유자로서, 관찰 사실이 우리에게 강요하는 현상들 사이의 모순을 참아내며 풍요롭게 만든 사람이었다."[53]

━━━━━●━━━━━

1972년 9월, 나는 조스트로부터 편지[54]를 받고 충격을 받았다. 6월부터 심각한 심장마비 증세로 병원에 입원하고 있다고 했다. 어느 정도 회복이 되었다가 8월의 어느 날, 그는 쓰러져 의식을 잃고는 척추에 손상을 입었다. "나는 연구를 할 수 없네. 그러나 그것에는 별로 개의치 않아. 어차피 내 나이에 뭔가 가치 있는 성과를 이룬다는 것은 기대할 수 없는 일이니까."[54] 그 때부터 그는 주로 역사적인 에세이로 관심을 돌렸다.

그를 격려하기 위해 나는 그를 미국 과학아카데미의 외국인 회원으로 추천하려고 노력했다. 그는 1974년에 그는 회원으로 선출되었다.

말년에 조스트는 아인슈타인의 전집 출간 준비 작업을 적극적으로 도왔는데, 과학적인 문제뿐만 아니라 스위스의 관련 부서로부터 재정 지원을 얻어내는 데에도 큰 역할을 했다. 1993년에 출간된 이 전집 5권[53]에는 다음과 같은 헌정사가 실려 있다. "레스 조스트를 추모하며, *Fortiter in re, suaviter in modo.*(일을 처리할 때에는 힘차게, 실행할 때에는 유연하게)"

———————◆◆———————

1987년, 조스트는 흑색종 진단을 받았다. 수술은 성공적이었지만, 그는 그 후 더욱 쇠약해졌다.

1988년, 내 친구들은 나의 70세 생일을 기념하여 록펠러대학에서 1일 물리학 심포지움을 연 다음, 저녁 파티를 열기로 기획했다. 나는 조스트 부부가 참석하기를 간절히 소망했고, 비용도 주최측에서 부담하기로 했다. 전화 통화 끝에 기쁘게도 조스트는 나의 제의를 수락했다. 그러나 도착하던 날, 조스트는 자기는 연설을 할 기력이 없다고 말했다. 나는 그것에 대해서는 염려하지 말라고 했다. 나는 그와 힐데가 온 것만으로도 기뻤다.

1989년, 조스트는 두 번째 수술이 필요하다는 진단을 받았다. 조스트는 수술 후 치료에도 잘 적응하는 것처럼 보였으나, 어느 날 밤 왼편 몸이 마비되면서 병원에 입원하였다.

그 때, 덴마크에 있던 나는 그를 찾아가 보았다. 돌아오고 나서 나는 힐데와 연락을 계속 주고받았는데, 그녀는 조스트의 상태가 악화되고 있다고 말했다. 1990년 9월에 나는 취리히로 돌아가 여러 날 머무는 동안 일부 시간은 그의 병실에서 지냈다. 그는 더 이상 말을 하지 못했지만, 내가 말할 때 반응을 보였다. 항상 그렇게 건강했던 훌륭한 친구가 이런 처지에 놓여 있는 것을 보니 가슴이 미어졌다. 힐데는 마지막 순간까지 오랜 시간 동안 언제나 그의 곁에 붙어 있었다.

1990년 10월 3일, 조스트는 병원에서 세상을 떠났다. 그 다음 날 발표된 가족의 부고는 그가 최후의 고통을 '용기와 유머로' 견뎌냈다고 전했다.

〈*Neue Zürcher Zeitung*〉지에 실린 조스트의 애도 기사 중에서 다음과 같은 구절을 볼 수 있다.

> 1990년 10월 3일, 용기와 지혜를 겸비했던 레스 조스트 교수는 오랜 투병 생활 끝에 숨을 거두었다…레스 조스트는 자신의 연구에 대한 겸손과 신중한 태도, 비범한 개인적 완전무결, 동료들과 제자들을 향한 관대함과 자애, 큰 용기와 예리한 과학적 비판, 과학과 역사의 관계에 대한 박학다식한 지식과 깊은 이해로 높이 칭송받았다…많은 사람들은 아버지 같은 친구를 잃었다…우리는 그가 우리에게 해준 모든 것에 대해 감사드린다.[56]

또 다른 애도 기사에서는 "놀라운 언어 감각, 그의 건강한 유머 감각과 웃음과 깊은 인간애"[56]에 대해 언급하고 있다.

1990년 10월 8일, 바이닝겐의 개신교 교회에서 열린 추도 예배에서 동료들이 돌아가며 이야기를 했다. 발터 콘은 조스트와 함께 일하던 시절을 회상하면서 이렇게 말했다. "대개 오전 11시부터 시작하여 새벽 서너 시까지 계속 일했지요 …자정 무렵이 되면 힐데가 내려와 우리를 격려하면서 맛있는 음식을 주곤 하던 게 기억납니다." 그러면서 "드물게 나오곤 하던 그의 유머와 호탕한 웃음"에 대해 언급했고, "긴 산책은 그가 가장 큰 열정을 가진 것 중 하나"[28]였다고 기억했다.

또 다른 동료인 블레이저(J. B. Blaser)는 이렇게 말했다. "이제 당신은 우리를 떠나야 하는군요…하지만, 당신은 우리에게 너무나도 많은 것을 주었습니다 …최대한의 감사하는 마음으로 우리는 받은 것을 생생하게 기억하고 당신과 함께 나눌 것입니다. 안녕, 레스…."

나보다 먼저 세상을 떠난 내가 아는 모든 사람들 중에서 나는 누구보다
도 레스 조스트를 그리워한다. 그는 나의 가장 좋은 친구였다.

참고 문헌

다음에서 RJ는 Res Jost의 약자이다.

1. 나는 우리의 도착 날짜와 출발 날짜를 코펜하겐의 닐스 보어 기록 보관소
   (Niels Bohr Archive)에 있는 문서들에서 찾아냈다.
2. RJ, *Helv. Phys. Acta* **19**, 113, 1946.
3. C. Møller and A. Pais, *Cambridge Conference on fundamental particles and
   low temperatures*, p. 181, Taylor and Francis, London, 1947.
4. Ref. 3, p. 177.
5. $f(k)$는 $r=0$에서 함수 $f(k, r)$의 값이다. 여기서 $f(k, r)$은 큰 r에 대해 진폭이
   단위 길이로 규격화된 입사 구면파로 행동하는 슈뢰딩거 방정식의 해이다:
   $f(k, r) \rightarrow e^{-ikr}$, $r \rightarrow \infty$.
6. RJ. *Physica* **12**, 509, 1946.
7. RJ, *Helv. Phys. Acta* **20**, 256, 1947.
8. W. Pauli, letter to H. B. G. Casimir, January 2, 1947, reprinted in W. Pauli,
   Wissenschaftliche Briefwechsel (K. von Meyenn, Ed.), Vol. III, p. 411,
   Springer, New York, 1993.
9. RJ, *Helv. Phys. Acta* **20**, 173, 1947.
10. W. Pauli, letter to A. Bohr, March 30, 1947, ref. 8, p. 432.
11. RJ, *Phys. Rev* **72**, 815, 1947.
12. RJ, *Helv. Phys. Acta* **20**, 491, 1947.
13. RJ and E. Corinaldesi, *Helv. Phys. Acta* **21**, 183, 1948.
14. RJ and J. Rayski, *Helv. Phys. Acta* **22**, 457, 1949.
15. RJ and J. Luttinger, *Helv. Phys. Acta* **23**, 201, 1950.
16. W. Pauli, letter to I. Rabi, December 19, 1949, ref. 8, p. 722.
17. J. P. Blaser, RJ를 위한 추모 미사 때 한 연설, October 8, 1990.
18. RJ, J. Luttinger, and M. Slotnick, *Phys. Rev.* **86**, 189, 1950.
19. M. Born, *Zeitschr. f. Phys.* **38**, 803, 1926.

20. The Hulthén potential, $V(r)=e^{-r}/(1-e^{-r})$.

21. N. N. Khuri, *Phys. Rev.* **107**, 1148, 1957.

22. RJ and A. Pais, *Phys. Rev.* **82**, 840, 1951.

23. Ref. 19, p. 816.

24. A. Pais and RJ, *Phys. Rev.* **87**, 871, 1952.

25. RJ and W. Kohn, *Phys. Rev.* **87**, 977, 1952; **88**, 382, 1952; RJ and R. Newton, *Helv. Phys. Acta* **29**, 410, 1955; RJ, *ibid.* **29**, 410, 1956.

26. W. Heisenberg, *Der Teil und das Ganze*, pp. 316-20, Piper Verlag, Munich, 1969, 이 에피소드에 관해 더 상세한 내용은 이 책에 실린 파울리의 장을 참고 하라.

27. RJ, *Phys. Blätter* **40**, 178, 1984.

28. RJ, letter to the President of the ETH Board, *Schulratsakten* 1958, Nr. 8191/624, copy in the ETH Hauptbibliothek, Zurich.

29. M. Fierz, letter to the President of the ETH Board, July 26, 1994, quoted in the *Schulratsakten*.

30. RJ, letter to J. R. Oppenheimer, February 13, 1959.

31. RJ. letter to M. Fierz, October 28, 1967.

32. RJ and H. Lehmann, *Nuovo Cim.* **5**, 1598, 1957.

33. RJ, *Helv. Phys. Acta* **30**, 409, 1957; **33**, 773, 1960; **36**, 77, 1963; also with M. Fierz, *ibid.* **38**, 137, 1965.

34. See Jost's contribution to *Theoretical Physics in the Twentieth Century*, p. 107, Interscience, New York, 1960.

35. RJ, *The General Theory of Quantized Fields*, American Mathematical Society, Providence, RI, 1965.

36. See e.g. RJ, *Helv. Phys. Acta* **41**, 965, 1968.

37. RJ, *Das Märchen vom Elfenbeinernen Turm* (K. Hepp, W. Hunziker, and W. Kohn, Eds.), Springer, New York, 1995.

38. Ref. 37, p. 261.

39. Ref. 37, p. 23.

40. 이것에 대해서는 다음 책도 참고하라 : A. Pais, *Subtle is the Lord*, chapter 19, section (a), Oxford University Press, 1982.

41. Ref. 37, p. 35.

42. Ref. 37, p.53.

43. Ref. 37, p. 67.

44. Ref. 37, p. 99.

45. RJ, *Some Strangeness in the Proportion* (H. Woolf, Ed.), p. 252, Addison-Wesley, Reading, MA, 1980.

46. Ref. 45, p. 197.

47. Ref. 37, p. 117.

48. Ref. 37, p. 153.

49. Ref. 37, p. 249.

50. Ref. 37, p. 271.

51. Ref. 37, p. 11.

52. Books by D. Hartree, ZAMP **9a**, 215, 1958; R. Leighton, **10**, 528, 1959; D. ter Haar, **10**, 330, 1959; E. Kemble, **10**, 325, 1959; J. Schwinger, **10**, 325, 1959; *Handbuch der Physik*, Vol. 34, **10**, 216, 1959, M. Planck, **10**, 111, 1959; *Handbuch der Physik*, Vol. 5, part 1, **10**, 110, 1959; anniversary volume for L. Meitner, O. Hahn, and M. von Laue, **11**, 336, 1960; U. and L. Fano, **11**, 248, 1960; Max Planck Festschrift 1958, **11**, 85, 1960; W. Pauli, **12**, 578, 1961; Landau and Lifshitz, **13**, 528, 1962; M. von Laue, **13**, 620, 1962; J. von Neumann, **14**, 391, 1963; Landau and Lifshitz **15**, 216, 1964; V. Arnold and A. Avez, **21**, 681, 1970; E. Prugovecki, **24**, 146, 1973; J. Bradley **25**, 258, 1973; H. Lipkin, **25**, 699, 1974.

53. Of Max Schafroth, *Neue Zürcher Zeitung* (NZZ), June 8, 1959; J. R. Oppenheimer, NZZ, February 21, 1967; W. Heitler, *Vierteljahresschr. Naturf. Ges. Zurich* **128**, 139, 1983; F. Bloch, NZZ, October 14, 1983; E. Stückelberg, NZZ, September 9, 1984; N. Bohr, NZZ, November 9, 1985.

54. RJ. letter to A. Pais, September 19, 1972.

55. *The Collected Papers of Albert Einstein* (M. Klein *et al.*, Eds), Vol. 5, Princeton University Press, 1993.

56. J Fröhlich, K. Hepp, and W. Kohn, NZZ, October 6/7, 1990.

57. W. Kohn, D. Ruelle, and A. Wightman, *Phys. Today* **45**, February 1992, p. 120.

58. W. Kohn, RJ를 위한 추모 미사에서 한 연설, October 8, 1990.

1920년의 오스카르 클라인

오스카르 클라인*

오스카르 베냐민 클라인(Oskar Benjamin Klein)은 고틀리프 클라인 (Gottlieb Klein)과 안토니 레비(Antonie Levy)의 셋째 아들로 1894년 9월 15일 스톡홀름에서 태어났다. 아버지는 남부 카르파티아 산맥에 있는 마을 인 호모나 출신으로, 그 곳에서 그의 가족들은 작은 가게를 운영했다. 그는 일찍부터 집을 떠나 1873년 하이델베르크대학에서 박사 학위를 받았다. 1877년, 그는 유태교 자유 운동의 창시자인 아브라함 가이거에게서 시작된 라비 공부를 마쳤다. 1883년, 그는 스웨덴 최초의 최고라비(유럽 국가에서 유태교의 최고 지도자)가 되어 스톡홀름으로 갔다. 오스카르 클라인의 어머 니는 동양학자의 딸이었다.

클라인은 과학에 대한 관심이 어떻게 생겨났는지 다음과 같이 말했다.[1]

"나는 결코 이르지 않은 나이인 일곱 살에 학교에 들어갔다…과학에 대 한 관심은 아주 일찍부터 싹텄다. 그것은 대부분 동물에 관한 것을 듣고 보 는 데서 생겼다. 한동안 나는 생물학자가 될까 생각했다. 그러한 기간은 제 법 오래 계속되었다."[1] 아들이 흥미를 느낄 만한 책을 찾아주려고 항상 노 력했던 아버지가 한번은 다윈의 『종의 기원』을 갖다주었다.

> 그러니까 열너댓 살 무렵에 나는 다윈의 책을 읽었다 …나는 항상 〔생물학에〕 관심을 갖고 있었고, 최근〔1940년〕에는 훌륭한 세포학자[2] 한 사람과 〔공동으로 연구했다〕…열네 살 무렵에 나는 어머니의 오페라 글라스를 가지고 돌아다니면 서 별을 바라보곤 했다. 파티를 마치고 집으로 돌아왔을 때 나는 시리우스를 보

---

* 이것은 1994년 9월 12-21일에 스톡홀름에서 열린 오스카르 클라인 100주년 심포지움 의 기조 연설을 고쳐쓴 것이다. 원래의 글은 Proceedings of the Oskar Klein Symposium (U. Lindström, Ed.), p.1. World Scientific, Singapore, 1995에 발표되었다.

있는데, 그것은 아주 큰 사건이었다. 그 다음 해에 나는 폭죽을 만들려고 노력하면서 화학을 약간 공부하기 시작했다. 한 어린 친구가 내게 스웨덴으로 번역된 오스트발트의 책을 빌려주었다. 그것은 정말로 흥미로운 책이었다…나는 그것과 관계 있는 실험들을 되도록이면 많이 해보려고 노력했다…그러다가 수준이 조금 더 높은 책을 읽기 시작하면서 아주 큰 어려움에 부닥쳤다. 그 무렵에 나는 수학을 잘 알지 못했지만, 그 후로 수학이 쉬워졌다. 그러나 그렇게 되기까지는 상당한 시간이 걸렸다.[1]

스반테 아레니우스(Svante Arrhenius)와 알고 지내던 클라인의 아버지는 어느 날 그의 집에 점심 초대를 받았다.

그 때는 1910년 여름으로, 내가 만 16세가 되기 바로 직전이었다. 아버지는 두 아들에게 점심 식사 초대에 같이 가겠느냐고 물었고, 우리는 모두 따라갔다. 그래서 나는 아레니우스와 오스트발트를 만났다. 그것은 물론 대단한 사건이었다. 그 때, 아레니우스는 내게 가을에 자신의 실험실에 와서 일을 좀 해보지 않겠느냐고 물었다. 그 무렵에 그는 방사화학에 대한 연구를 시작하고 있었다.

그러고 나서 1911년 봄에 〔아레니우스의 조수를〕 만났는데, 그는 내게 연구를 좀 해보고 싶지 않느냐고 물었다. 나는 방과 후에 남는 시간에 그 일을 했다.[1]

그 결과로 클라인의 첫 번째 논문이 나왔는데, 그 때 그의 나이는 18세였고, 논문의 내용은 알칼리 용액 속에서 수산화아연의 용해성을 다룬 것이었다.[3]

고등학교 시절에 클라인은 로렌츠의 『이론물리학 강의』("나는 그 당시에 그 단어조차 잘 알지 못했다."), 역학에 관한 헬름홀츠의 책 등 물리학에 관한 책을 읽기 시작했다. 아레니우스는 클라인에게 방사성 변환에 관한 러더퍼드의 책(영어로 쓰여진 것)을 빌려주었다. "물리학과 화학은 거의 대부분 독학으로 배웠고, 〔물론〕 나중에 대학에서도 배웠다. 나는 같은 방식으로 수학도 상당히 많이 배웠다…나는 혼자서 모든 일을 해나가는 데 익숙해졌다."[1]

1912년, 클라인은 고등학교를 마치고 대학 공부를 시작했다. 1914년 봄에 그는 졸업 시험을 통과했다. 그러자 아레니우스는 장 페랭(Jean Perrin)

에게 편지를 보내 클라인이 파리에서 1년간 그와 함께 일할 수 없겠는지 물었다. 클라인은 프랑스로 가 프랑스어 실력을 향상시킬 기회를 가졌으나, 제1차 세계 대전이 터지는 바람에 곧 스웨덴으로 돌아와야 했다. 1915년 6월부터 1916년 9월까지 그는 군 복무를 한 다음, 아레니우스 밑에서 조수로 일했다. 1917년 4월에 그는 다양한 용매 속에서 알코올의 유전율을 측정한 48쪽짜리 논문[4]을 완성했다.

그 해 가을에 네덜란드의 젊은 물리학자 헨드릭 크라메르스(Hendrik Kramers)가 코펜하겐에서 스톡홀름으로 왔다. 닐스 보어 밑에서 최소한 한 달 이상 가르침을 받고 돌아간 외국인은 400명 이상이나 되는데, 그는 최초의 학생 중 한 명으로 1916년에 덴마크에 갔다(크라메르스는 그 곳에 10년 동안 머물렀다).

크라메르스는 아레니우스의 연구소로 왔고, 우리는 개인적인 대화를 약간 나누었다⋯양자화, 단열에 관한 원리, 그런 것들이었다⋯보어의 논문에 관한 이야기를 처음 들은 것이 언제인지는 기억나지 않는다. 아마 대학교 2학년 때인 1913년 가을로 생각되는데⋯양자에 대한 이야기를 처음 들었을 때 그것은 매우 신비스러웠다⋯그 후, 나는 그것에 관한 글을 약간 읽기 시작했다. 공식적인 측면에 대해서는 약간 이해가 갔지만, 그 물리학에 관한 나의 직관은 매우 모호했다. 나는 조머펠트와 슈바르츠실트의 양자화 논문들을 좀더 읽었다.[1]

그러한 독서는 클라인이 아레니우스의 실험실에서 보낸 마지막 해 (1917-18)에 이루어졌다. "나는 리드베리 상수에 대한 보어의 설명에 감명을 받았다. 그렇지만 나는 이 결과의 깊은 배경에 대해서는 전혀 이해하지 못했고, 조머펠트, 아인슈타인, 드베이어의 명백한 수학적 논문에 더 감명을 받았다."[5]

그 때, 친구인 아레니우스의 아들에게서 해외 유학 장학생에 지원해보라는 권유를 받고 클라인은 거기에 신청해 장학생으로 선발되었다. "나는 맨 먼저 아인슈타인과 드베이어를 선택했지만⋯보어의 연구소가 가장 가까이 있었기 때문에 그에게 먼저 편지를 썼다."[5] 한편, 클라인은 그 동안에 전해질의 이원 용액의 어는점에 대한 논문[6]을 발표했다.

1918년 3월 27일에 보어에게 보낸 첫 번째 편지에서 클라인은 양자물리학에 대한 자신의 관심과 보어의 지도를 받으며 연구하고 싶다는 희망을 피력한 뒤, 보어가 외국인 학생도 받아들이는지 물었다. 1주일 뒤에 보낸 답장에서 보어는 클라인을 코펜하겐에서 만날 수 있다면 매우 기쁠 것이라고 말하면서, "당신의 연구에 내가 어떤 충고를 해줄 수 있다면 큰 즐거움이 될 것"[7]이라고 덧붙였다. 클라인은 보어에게 고맙다고 답장[8]을 보내면서, 자기는 가을에 군 복무를 해야 한다는 사실을 알리고, 최근에 발표한 논문[6]에 관한 이야기도 했다. 클라인이 보어에게 보낸 처음 몇 차례의 편지는 스웨덴어로 썼다는 사실도 알아둘 필요가 있다. 그 후부터 그는 유창한 덴마크어로 편지를 보낸다. 클라인은 덴마크로 떠나기 직전에 사소한 논문[9]을 한 편 썼다. 그러나 그것은 그가 10년 후에 큰 업적을 남기게 될 X선 산란을 다룬 것이기 때문에 흥미를 끈다.

1918년 5월, 보어와 함께 연구하게 된 두 번째 외국인인 클라인은 코펜하겐에 도착했을 때, 보어의 연구소로 곧장 가지 않았다. 그 연구소는 아직 존재하기도 전이었기 때문이다. 사실, 그 당시에 코펜하겐대학에는 어떤 종류의 물리학 연구소도 없었다. 보어가 덴마크 최초의 이론물리학 교수로 임명된 1916년 5월 5일 이후부터 보어는 4년 동안 뢰레안스탈트공과대학(오늘날의 덴마크공과대학)에 있는 150평방피트의 조그마한 사무실에서 지냈다. 처음에 그는 이 작은 공간을 크라메르스와 함께 써야 했다. 클라인이 도착하자, 보어는 자기 연구실 옆에 붙어 있는 서재에서 연구했다. 1920년에 온 폴란드 학생 아달베르트 루비노비치(Adalbert Rubinowicz)와 노르웨이의 천체물리학자 스베인 로셀란(Svein Rosseland)도 그 곳을 함께 썼다. 오늘날 우리가 알고 있는 보어연구소의 부지는 클라인이 덴마크를 처음 방문한 1918년 8월에야 비로소 코펜하겐 지자체로부터 사들였다.

물리학에 남긴 보어의 공헌을 평가할 때, 연구소의 착공을 위해 그가 계획을 세우고, 건축을 감독하고, 기금을 모으고, 그리고 스스로 1920년대와

1930년대에 이론물리학의 메카로 자리잡게 되는 그 연구소를 관리했다는 사실도 기억해야 한다.

클라인은 처음 머물던 시기에 대해 이렇게 말했다. "나는 크라메르스로부터 많은 것을 배웠다. 그는 그것을 보어에게서 배웠다. 나는 보어로부터 주로 일반적인 것만 들었으며, 그 무렵에 나는 그를 자주 볼 기회도 없었다."[1] (보어는 그 당시 새로운 연구소의 공사를 위해 무척 바빴다.) 클라인은 헬레룹에 있던 그들의 집에서 보어와 그 부인이 자신을 환대해준 것을 기억했다.

9월에 스톡홀름으로 돌아온 클라인은 보어에게 편지[10]를 보냈다. 자신이 머무는 동안 보살펴준 것에 감사하는 말을 하고 나서, 전해질 속의 삼투압을 다루는 '비리얼(virial) 연구'에 관한 논문[11]이 거의 다 준비되었노라고 썼다. 이것은 클라인이 통계역학에 얼마나 숙달돼 있는가를 보여주는 연구였다. 보어는 14쪽이나 되는 답장[12]에서 자신이 클라인의 연구를 얼마나 진지하게 생각하는지를 명백하게 밝혔다. 그것은 보어의 '소중한 충고'에 대해 감사하는 클라인의 편지에서도 볼 수 있다.

12월에 클라인은 보어에게 크라메르스가 방문하여 자기에게 양자론을 가르쳐주기로 했다고 보고했다. 그는 자신의 우둔함 때문에 보어를 너무 귀찮게 하는 일이 없기를 원했다. 1919년 1월에 크라메르스가 온 후에 두 사람은 스웨덴 중부 지방에 있는 달라르나로 스키 여행을 떠났다. 물론 그들은 물리학에 대해서도 토론을 했으며, 특히 해밀턴-야코비 방정식(양자화에서 기술적으로 중요한 도구)의 분리가 타원좌표계에서만 가능한지에 대해 의견을 나누었다. "우리는 이 문제에 대해 어떤 결론을 얻었지만, 아무것도 발표하지 않았다."[1] (클라인은 1919~1921년부터 이 문제에 관해 연구했다. 발표되지 않은 이 연구의 단편적인 내용은 NBA에 있다.) 그 무렵에 그는 자신의 박사 학위 논문의 주제에 대해서도 생각하기 시작했다.[13]

1919년 6월부터 11월 말까지 클라인은 다시 코펜하겐에서 지냈다.

보어는 우선 내게 고리 분자들에 대한 일부 문제를 연구하게 했다. 그 결과는 부정적이었다. 그러나 물론 그것은 좋은 경험이 되었다. 그 동안에 보어와 이야기할 수 있는 기회도 많이 가졌다. 나는 보어에 대해 큰 감명을 받게 되었으며, 그의 사고 방식은 내게 아주 깊은 인상을 남겼다….

보어가 쉬엘랜드 북쪽으로 다소 긴 산책에 나를 데리고 간 것도 기억난다. 그때, 그는 내게 물리학과 철학 전반에 관한 자신의 일반적인 생각을 많이 이야기해주었다…그는 [고전]역학의 사용은 임시적인 것에 지나지 않으며, 역학적 궤도의 방법을 통해 양자화할 수 있다는 것은 매우 이상하다고 언급했다…그 나머지는 곧 쉽게 이해할 수 있었다. 즉, 모든 것은 그 상태로는 만족스럽지 않다는 것을. [고전]역학으로 어디까지 갈 수 있는지 보아야 하겠지만, 거기에는 명백히 한계가 있었다.[1]

그 무렵에 보어가 주로 한 연구는 몇 년 뒤에 대응 원리라 불리게 되는 연구와 관계된 것이었다.

1919년 여름, 클라인은 처음으로 보어의 가까운 협력자가 되었다. 봄에 크라메르스는 박사 학위를 받으러 네덜란드의 레이덴으로 돌아갔는데, 처음에는 휴가삼아, 나중에는 병 때문에 그 곳에 죽 머물게 되었다. 보어는 크라메르스가 있는 레이덴으로 가 자신이 최근에 한 연구에 대해 강의를 했다(영어로). 보어는 돌아와서 그 연구를 계속할 예정이었고, 클라인은 그의 연구를 도와주어야 했다. 클라인은 그들이 어떻게 함께 일했는지 다음과 같이 묘사했다.

우리가 일한 장소는 보어 가족이 티스빌데에 있는 집으로 이사하기 전에 1919년 여름과 그 다음 몇 해 여름을 보낸 시골 집에서 멀지 않은 곳에 있는 셋집이었다. 약간의 백지와 연필 한 자루를 앞에 놓고 나는 테이블에 앉아 있었고, 보어는 그 주위를 어슬렁거리면서 영어로 구술하고 덴마크어로 설명하기를 반복했다. 그러면 나는 그 영어 문장을 종이 위에 옮겨야 했다. 가끔씩 오랫동안 작업이 중단될 때도 있었는데, 그 다음에 이어질 문장을 생각하느라 그럴 때도 있었지만, 주제를 벗어나 다른 것을 생각하느라고 그럴 때도 있었다…또한, 종종 가족과 함께 수영을 하기 위해 해변까지 달리기를 하거나 자전거를 타고 가느라 일이 중단되기도 했다.

그러한 구술의 목표는 원자와 분자의 양자론의 본질을 사람들 앞에서 설명하기 위한 것이었다. 그러나 레이덴에서의 강의는 결국 발표되지 못했다. 그 내용은 다음 해 봄에 베를린대학에서 행한 강의와 연결시켜 나중에 쓴 논문에 포함되었다.

1919년 가을, 클라인은 룬에서 열린 작은 회의에 참석했는데, 보어와 조머펠트가 강연을 했다. "그 당시 우리는 보어가 조머펠트보다 훨씬 깊이 보고 있다고 생각했지만, 그러나 [지금] 생각해보면, 젊은이들이 흔히 그런 것처럼, 우리는 조머펠트를 과소평가했던 것 같다."[1] 스톡홀름으로 돌아온 후, 클라인은 보어의 편지를 받았다. 클라인이 자기와 함께 즐거운 시간을 보냈다니 무척 기쁘다는 내용이었다. 실제로 클라인은 즐거운 시간을 보냈다.[15]

"1920년 초에 보어는 나와 내 스웨덴 친구 몇 명과 함께 달라르나로 스키 여행을 갔다. 그 때, 그는 실용적인 능력으로 모든 사람에게 깊은 인상을 주었다. 그 때, 일행 중 한 명이 재미있는 말을 남겼다. '그 사람이 교수라는 것을 알려주는 유일한 기준은 항상 장갑을 잊어버린다는 거야.'"[14] 나중에 보어는 클라인에게 편지를 보내 환대에 대해 감사를 표시하고, 클라인의 어머니를 만났던 게 매우 행복했다고 말했다.[16]

1920년에도 클라인은 코펜하겐에서 잠시 머물렀다.[17] 이 기간에 클라인은 로셀란트(Rosseland)와 공동으로 원자들과 자유 전자들의 혼합물의 통계학적 평형을 다루는 논문을 썼다. 여기서 다룬 주제는 제임스 프랑크(James Franck)와 구스타프 헤르츠(Gustav Hertz)가 한 전자와 원자의 충돌 실험[18]에 대한 이론적 해석이었다. 두 사람은 이 논문에서 그 충돌은 다음과 같은 과정을 따른다는 것을 보였다.

높은 전자 에너지 → 원자 여기 에너지 + 낮은 전자 에너지

클라인은 이렇게 회상했다.

어느 날 아침, 우리는 뢰레안스탈트의 도서관에 앉아 있었는데, 로셀란트가 그것에 대해 이야기하기 시작했다. 그는 어떻게 온도 평형이 존재할 수 있는지 의아해했다. 그 때, 내게 …아인슈타인의 논문[원자들과 전자기 복사의 혼합물에 관한 1917년 논문]에서 유추하여 그것을 공식으로 나타낼 수 있는 방법이 떠올

랐다. 그 날 저녁에 보어는 나를 극장으로 데려갔는데…나는 그 생각을 이야기했다…그러자 보어는 내게 로셀란트와 함께 그것을 발표하라고 조언해주었다.[19]

두 사람은 그렇게 했다.[20] 순전히 이론적이면서도 오랫동안 중요하게 인정받은 그 연구는 클라인이 남긴 최초의 실질적인 업적이었다. 그 논문의 요점은 다음과 같다. 그 때까지만 해도 원자와 충돌하는 전자는 항상 에너지를 잃는다고 믿고 있었다. 그러나 그것은 열역학 제2 법칙에 위배된다는 사실에 그들은 주목했다. 그래서 그들은 '두 번째 종류의 충돌'을 도입했다. 그에 따라 전자는 원자와 충돌할 때 에너지를 잃기보다는 에너지를 얻게 되고, 원자는 더 낮은 정상 상태로 전이하게 된다. 즉, 위에서 나타낸 과정과 똑같지만, 화살표의 방향만 정반대가 되는 것이다. 이 개념이 원자물리학, 분자물리학, 천체물리학에 성공적으로 적용되면서 클라인의 명성은 크게 높아졌다.

클라인의 이 연구가 가장 극적으로 적용된 사례를 살펴보자. 1860년대에 성운의 스펙트럼에서 미지의 물질의 존재를 시사하는 선들이 발견되었다. 그 미지의 물질은 새로운 원소로 생각되어 네뷸륨이라는 이름까지 붙었다. 이 미지의 원소에 관한 언급은 60년 이상이나 문헌에서 계속 발견되는데, 1927년에 가서야 이 신비의 선들은 실제로 질소와 산소의 준안정 상태들이 전이하여 나타난 것이라는 사실이 밝혀졌다.[21] 왜 이 선들은 지구상에서는 발견되지 않았던 것일까? 지상의 조건에서는 압력이 더 높아 이 상태들은 두 번째 종류의 충돌을 통해 쉽게 에너지를 잃기 때문이다!

클라인과 로셀란트의 논문은 이론물리학연구소의 이름을 달고 최초로 발표되는 영광을 얻었다(비록 그 연구소는 아직 공식적으로 존재하지 않긴 했지만). 발표 날짜는 1920년 11월 17일로 적혀 있지만, 연구소가 공식적으로 출범한 날짜는 1921년 3월 3일이다.

클라인이 그 다음에 한 연구는 박사 학위 논문이다.

나는 그 때 강전해질 속의 이온들 사이에 작용하는 힘을 가지고 씨름하고 있었으며, 이 문제들에 깁스(Gibbs) 통계역학을 적용하려고 시도했다. 보어는 내게 이 문제에 관한 깊은 견해를 보여주었는데, 깁스의 일반적인 표준 분포가 어떻게 온도의 정의를 제공해주는지 가르쳐주었다. 이 모든 것은 내게는 본질적으로 행복한 새로운 시대를 의미했다. 비록 내 연구에서 결과보다는 어려운 문제를 더 많이 얻었지만, 이것으로부터 반응 입자들의 용액 이론의 기초가 되는 일반적인 브라운 운동에 관한 논문을 쓸 수 있었다.[19]

이 연구에서 클라인은 앞서 아인슈타인과 마리안 폰 스몰루초프스키(Marian von Smoluchowski)가 한 연구를 더욱 발전시켰다. 그는 "다년간에 걸쳐 내 연구를 인도해준 자비로운 관심에 대해"[22] 아레니우스와 보어에게 감사를 표시했다.

1921년 5월 25일 오전 10시, 클라인은 이 논문의 변론을 시작했다. 공격에 나선 사람들 중에는 스웨덴의 유명한 수학자인 이바르 프레드홀름(Ivar Fredholm)과 크라메르스도 있었다.

나는 그런 공식적인 행사를 결코 좋아하지 않았지만, 내 경우에는 아주 쉬웠다. 무엇보다도, 크라메르스는 나의 오랜 친구였기 때문에 우리는 활발한 토론을 나누었다. 프레드홀름 교수는 아주 친절하고 훌륭한 사람이었기 때문에 큰 반대 의견은 없었다…이런 경우에 종종 공적인 저녁 식사를 집에서 하곤 했다〔우리는 우리 집에서 했다〕. 우리는 스톡홀름 교외의 빌라에서 살고 있었는데, 그 식사는 아주 훌륭한 것이었다.[23]

1921년 9월, 클라인은 다시 코펜하겐으로 가 1년 동안 머물렀다. 보어는 반데르발스 힘에 대해 계산을 좀 해달라고 부탁했다. "그것은 아주 어려운 수학 문제였다…그것은 매우 느리게 진행되었다."[23] 이 연구는 발표되지 않았다.

그 무렵에 보어 자신은 원소의 주기율표를 이해하기 위해 몰두하고 있었다(1920년대부터 죽 그래 왔다). 그 무렵에는 수소 스펙트럼을 이해하는 데서 거둔 성공을 더 무거운 원자들로 확장할 수 없다는 사실이 명백해졌다. 이미 헬륨만 해도 제대로 이해하기가 불가능했다(파울리의 배타 원리나 스핀이 알려지기 전이었으니 어쩌면 당연한 결과이기도 하다). 그러자 보어는 오직 원자의 바닥 상태들, 즉 주기율표의 해석에만 관심을 기울이기로 결심했다. 1922년 6월, 그는 괴팅겐으로 가서 이 문제들에 관해 일곱 차례 강의를 했는데, 그것은 훗날 '보어의 축제'로 불린 행사였다. 거기에 보어의 조수로 참석한 것은 클라인의 생애에서 아주 큰 사건이었다. 그는 그것에 대해 다음과 같이 썼다.

보어의 강의를 들으러 온 저명한 노소 물리학자들의 이름을 모두 거명하는 것은 그만두어야겠다. 그렇게 하려면 호메로스의 배에 탄 승객들의 명단만큼이나 장황한 것이 될 것이기 때문이다. 전에는 심한 비판과 이해 부족에 마주쳤던 보어지만, 이번에는 모두가 존경하는 마음으로 경청하는 인물이 되어 있었고, 강의에 대한 토론은 문제 그 자체보다는 보어가 의미하는 것이 이것인가 저것인가 하는 것에 더 쏠려 있었다.[14]

여행에서 돌아온 후 보어는 클라인에게 여행 동안의 도움에 고마움을 표시하는 편지를 보내면서, 클라인 역시 그 여행을 즐겼다는 이야기를 들으니 기쁘다고 했다.[24]

괴팅겐에서 클라인이 처음으로 만난 물리학자들 중에는 파울리와 에렌페스트도 있었다. 파울리에 관한 재미있는 이야기 중 하나를 클라인이 들려주었다.

괴팅겐에 머무는 동안 에렌페스트와 파울리도 처음으로 만났다. 그 때부터 그들(파울리와 에렌페스트)의 '농담 전쟁'의 첫 번째 이야기가 시작되었다. 매우 독창적이고 심오하지만 큰 논란의 대상이 되기도 했던, 에렌페스트와 그 부인이 『수학과학백과사전』에 쓴 통계역학에 관한 글이 문제가 되었다. 그 무렵에 에렌페스트는 파울리와 좀 멀어진 사이였는데, 그를 조롱하듯이 바라보며 이렇게 말했다. "파울리 씨, 나는 당신보다는 당신 논문이 훨씬 좋아요."[파울리는 같은 백과사전에 상대성 이론에 관한 글을 썼다.] 그러자 파울리는 아주 침착하게 이렇게 응수했다. "그것 재미있군요. 나는 정반대인데!"[25]

1922년 12월, 보어는 노벨상을 받기 위해 스톡홀름으로 갔다. 클라인도 그 곳에 참석했는데, 그 때의 광경을 이렇게 회상했다. "보어는 수상 강연에서 원자의 구성에 대해 이야기하려고 준비를 했는데, 원고와 슬라이드를 호텔에 놓아두고 왔다는 사실을 뒤늦게 알았다. 그래서 그는 할 수 없이 원고를 가지러 보낸 사이에 그냥 강의를 시작해야 했다. 그러나 그것은 오히려 도움이 되었다. 개인적인 대화에서 흔히 그랬듯이 즉흥적인 생각들을 만들어낼 수 있었기 때문이다."[14]

여기서 클라인의 경력은 하나의 전환점을 맞이한다.

먼저, 1922년은 클라인이 물리학에 관해 약간 대중적인 글들을 쓰기 시작한 해이다. 그 중 맨 첫 번째 글은 보어의 원자설에 관한 에세이[26]이고, 두 번째는 하프늄의 발견에 관한 것[27]이다. 얼마 후에 그는 첫 번째 글을 스웨덴의 철학자들이 상대성 이론에 반론을 제기한 것에 대한 비판으로 철학 잡지에 발표하였다.[28]

둘째, 클라인은 일자리를 찾기 시작했다. 그는 먼저 스톡홀름에서 자리를 구하려고 노력했다.

나는 일 주일에 두 차례씩 일련의 강의를 하면서 보어의 이론을 소개하려고 노력했고, 또 통계열역학에 관한 일련의 강의도 했다. 따라서, 그것은 상당히 고된 일이었다. 나는 사실상 독서와 쓰기를 동시에 해야 했다. 나는 스톡홀름대학에서 교수 자리를 얻기를 희망했으나, 그들은 예산이 전혀 없었다.[23]

11월에 클라인은 보어에게 보낸 편지[29]에서 룬대학의 강사 자리에 지원했다고 썼다. 그는 그 곳에 갔지만,

룬대학에서 나는 어떤 실질적인 직위도 없었다. 나는 연봉 5천 크로나를 약속받았지만, 계약 기간은 불확실한 채였다…〔그 때, 나는 보어에게 물어보았다〕영국 대학에 내가 갈 만한 데가 없겠는지. 보어는 영국에는 지금 많은 인력들이 있기 때문에 갈 만한 데가 없을 것이라고 말했다. 그렇지만 얼마 전에 보어는 미국의 한 이론물리학자로부터 앤아버대학에 추천할 만한 사람이 없는지 연락을 받았다고 말했다. 그는 내가 스웨덴에서 적당한 자리를 얻을 수 있을 것이라고 생각하여 나를 떠올리지 못했다고 했다. 그는 내가 처한 상황이 매우 불확실하다는 사실을 알지 못했다. 그래서 그는 그 자리에 나를 추천하겠다고 말했다.[23]

클라인을 추천하는 글[30]에서 보어는 클라인의 연구를 아주 잘 알고 있으며, 클라인은 "비범한 재능을 지닌 젊은 물리학자이며, 장차 훌륭한 과학적

성과를 기대할 수 있다."고 썼다.

셋째, 덴마크에서 1년 이상 지낸 남자 물리학자는 덴마크 여자와 결혼한다는 유사 법칙이 있다(나 자신에게도 적용된다). 첫 번째 사례는 크라메르스였고, 두 번째가 클라인이었다. 1923년 8월 15일, 그는 의사의 딸로서 코펜하겐대학에서 덴마크 문학을 공부한 게어데 아네테 코시(Gerda Agnete Koch)와 결혼식을 올렸다. 젊은 부부는 신랑이 라비의 후손인 반면, 신부는 조상 중에 많은 주교들과 목사들이 있다는 사실을 매우 기쁘게 생각했다. 그들은 여섯 명의 자녀를 낳았다.

1923년 9월, 신혼 부부는 미시간주의 앤아버로 떠났다. 거기서 클라인은 양자론을 가르치기로 되어 있었지만, 그 무렵 양자론은 커다란 위기에 봉착해 있었다. 한 가지 큰 어려움은 자기장 속에서의 원자의 행동을 아무도 이해하지 못하는 데 있었다. 클라인은 재미있는 이야기를 기억하고 있었다. "파울리가 비정상 제만 효과에 대해 생각하며 우울한 마음으로 코펜하겐의 거리를 걷던 시절의 이야기를 들려준 적이 있다. 그 때, 갑자기 뒤에서 '하느님을 생각하라!' 하고 아주 열정적이고 엄숙한 목소리가 들려왔다고 했다. 돌아보았더니, 그것은 거리의 설교자였다."[19]

클라인 자신이 그 위기를 심화시키는 데 큰 기여를 했다는 사실은 잘 알려져 있지 않다. 그 연구는 교차하는 전기력과 자기력이 수소 원자에 미치는 영향을 다룬 것이었다. 그는 이 경우에 '허용된' 양자 궤도와 '금지된' 양자 궤도 사이에 전이가 이론상 허용된다는 사실을 발견했다. 이것은 좋지 않은 결과였다. "1923년 12월 초에 보어가 앤아버에 왔을 때 이 이야기를 하자, 그는 아주 큰 흥미를 보였다."[23] 1월 초에 클라인은 자신의 원고를 보어에게 보냈는데, 보어는 "약간의 사소한 수정을 한 뒤에 그것을 〈Zeitschrift für Physik〉지에 보냈다."[32]고 알려왔다.[31] 클라인이 제기한 어려운 문제는 양자역학이 발견되자마자 해결되었다.

보어의 마지막 편지[33]에 대한 답장에서 클라인은 봉급이 더 오를 것으로 기대되므로 1년간 더 머물기로 결정했다고 썼다. 그의 가족은 "우리끼리만 따로 살 수 있는 작은 집으로 이사할" 예정이라고도 썼다. 그리고 분자 속에서 2원자 분자의 회전과 세차 운동을 하는 전자의 각운동량 사이의 상호 작용을 다룬 최근의 연구[34]에 대해서도 이야기했다.

클라인은 또한 "복사에 관한 새로운 연구에 대해 몹시 알고 싶다."고 언급했다. 그것은 보어와 크라메르스, 존 슬레이터(BKS)가 광자의 도입을 피하기 위해 시도했지만 결국 실패로 끝나게 되는 연구[35]를 가리켰는데, 그것은 1923년에 콤프턴 효과가 발견된 이후 큰 쟁점으로 떠오른 문제였다. 1924년 6월, 클라인은 다시 보어에게 편지[36]를 보내, 첫아들의 탄생 소식과 서머스쿨에서 원자론을 가르치게 되었다는 것과 BKS 논문에 몰두하고 있다는 소식을 전했다. 8월에는 크라메르스에게 보낸 편지[37]에서 '빛에 관한 자신의 책'[38]을 방금 보냈노라고 썼다.

———◆———

앤아버에 머무는 동안 클라인은 칼루자-클라인 이론으로 알려지게 되는 개념을 구상했다. 여기서는 그 기원에 관해서 간단한 역사적인 언급만 하고 넘어가려고 한다.

시공간을 5차원 복합체로 확장하면 중력과 전자기력을 통일할 수 있을지도 모른다는 생각을 맨 처음 한 사람은 수학자이자 뛰어난 언어학자인 테오도르 칼루자(Theodor Kaluza)이다. 그는 1919년에 이미 그러한 생각을 했던 것이 분명하다. 왜냐하면, 그 해에 아인슈타인이 그에게 보낸 편지에서 이렇게 썼기 때문이다. "5차원 원통형 세계…개념은 나는 전혀 생각하지 못했을 것입니다…처음 보는 순간, 나는 당신의 아이디어가 매우 마음에 들었습니다.[39]…이론의 형식적인 통일성은 실로 놀랍습니다."[40] 1921년, 그는 칼루자의 연구를 프로이센과학아카데미[41]에 전달했다.

클라인은 1924년까지는 이러한 방향으로 연구를 시작하지 않았고, 발표도 전혀 하지 않다가 1926년에 가서야 발표했다.[42, 43] 칼루자의 연구에 대한 이야기를 처음 들은 것도 1926년이었다.

파울리가 코펜하겐에 왔을 때[1926년 초에], 나는 그에게 5차원 이론에 관한 내 원고를 보여주었다. 그것을 읽고 난 파울리는 몇 년 전에 칼루자가 이미 비슷한 개념을 내가 읽지 못한 논문을 통해 발표했다고 말했다. 그래서 나는 그 논문을 찾아보고…체념의 마음으로 쓴 논문에서 그것을 인용했다…그 논문에서 나는 난파선에서 건질 수 있는 것이나마 건지려고 노력했다.[5]

그 직후에 아인슈타인이 에렌페스트에게 보낸 편지에서 "클라인의 논문은 아름답고 인상적이지만, 칼루자의 원리는 너무 부자연스럽다고 생각한다."[44]고 언급했다는 사실을 클라인이 알았더라면 매우 기뻤을 것이다. 나는 다른 글에서 두 사람의 상대적인 장점과 함께 그들의 연구를 기술적인 것까지 자세하게 설명한 바 있다.[45] 여기서는 칼루자는 5차원 좌표계에 대한 어떤 종속성도 완전히 배제했으며, 만약 5차원이 있다면 왜 우리가 그것을 보지 못했는가 하는 의문도 제기하지 않았다는 사실만 언급하고자 한다. 반면에, 클라인은 새로운 차원을 진지하게 생각했고, 그것이 원형의 토폴로지를 가지며, 따라서 5차원 좌표계는 주기적이라고 추측하였다.

1960년대 말에 클라인은 통일장 이론에 대해 큰 관심을 가지게 된 동기에 대해 이야기했다.

〔1924년 가을에〕나는 전자기력에 대해 강의를 하고 있었는데, 강의가 끝나갈 무렵에 중력장과 전자기장이 결합된 장 속에서 움직이는, 전기를 띤 입자에 대해 일반 상대론적 해밀턴-야코비 방정식을 유도해냈다. 전자기 퍼텐셜과 아인슈타인의 중력 퍼텐셜이 이 방정식에 대입되는 방식이 유사한 데 나는 깜짝 놀랐다. 적절한 단위로 나타낸 전하는 〔5차원〕운동량 성분과 유사한 것으로 나타났고, 전체는 〔5〕차원 공간의 파면 방정식처럼 보였다. 이것은 나를 추측의 소용돌이 속으로 휩쓸려 들어가게 했는데, 나는 거기서 수 년 동안 헤어나지 못했다.
나는 즉시 전자기장에 대한 맥스웰의 방정식과 아인슈타인의 중력 방정식을 합한 것이 아인슈타인의 4차원 형식처럼 5차원 리만 기하학(4차원 공간+시간에 해당)의 형식에 들어맞는지 알고 싶은 열정에 사로잡혔다. 그것에 따라 전기를 띤 입자가 5차원 측지선을 나타내는 5개의 방정식을 가정함으로써 이것을 1차 방정식의 근사로 증명하기까지는 많은 시간이 걸리지 않았다.[5]

1925년 여름, 클라인은 1차방정식 근사를 뛰어넘는 데 성공하였다. 그는 통상의 에너지-운동량의 4벡터가 에너지-운동량-전하의 5벡터가 된다는 사실을 발견했다. 그리고 5차원에서 공간은 약 10^{-30} cm의 원주를 가진 달

힌 원이라는 사실도 발견했다.

그 다음으로 나는 클라인의 통일 이론이 양자물리학에 대한 그의 개념에 미친 영향을 소개하고자 한다. 이것은 그의 생애에서 가장 복잡한 과학적 사고였다. 그는 다음과 같이 회상하였다.

이것[통일]이 나에게 미친 강한 인상은 양자화 규칙에 대한 파동의 배경을 찾으려는 시도에서 나왔다.[5]···몇 년 전에 보어는 내가 양자 현상과 4차원이 연결된 그림을 얻을 수 없다면, 아마도 더 높은 차원에서 그것을 이룰 수 있을지도 모른다고 말한 적이 있었다(그것은 내게 큰 영향을 미쳤다)···.[46][보어에 대한 이 언급은 한편으로는 참고 문헌 42, p.906의 신비스러운 각주를 설명해준다.]

나는 괴팅겐에 머물던 [1922년] 여름에 이미 5차원에 대해 생각했던 것으로 기억한다··· [1924년 가을에] 나는 파동역학에 대한 주요 개념을 이미 가지고 있었다. 그것은 몇 장의 종이 위에 긁적거려놓은 것이었는데, 나중에 그것을 찾으려고 하니 찾을 수가 없었다. 아마도 앤아버에 놔두고 왔는지도 모른다···그 때, 나는 조화 진동자의 정상 상태들을 찾으려고 노력하고 있었다. 그러나 거기에 필요한 수학에 대해 아는 게 거의 없었다. 그래서 나는 수소 원자에 관한 슈뢰딩거의 연구가 나왔을 때에도 그것을 발견하지 못했다.[23]

발표된 논문들에서 클라인은 자신의 양자 개념을 다음과 같이 요약하였다. "슈뢰딩거의 새로운 양자역학은 5차원 공간의 파동방정식으로부터 유도할 수 있다···플랑크 상수의 기원은 5차원에서의 주기성에서 찾을 수 있을지도 모른다."[43]

1926년 6월, 클라인은 레이덴을 방문한 경과를 보어에게 보고하면서[42] 에렌페스트가 5차원에 관한 자신의 강의에 매우 기뻐했다고 말했다. 청중 가운데 앉아 있던 윌렌베크는 훗날 내게 이렇게 말했다. "클라인이 맥스웰의 방정식을 아인슈타인의 방정식과 통합시킬 뿐만 아니라 양자론까지도 도입할 수 있는 자신의 개념을 이야기할 때, 나는 일종의 황홀감을 느꼈다! 이제 우리는 세계를 이해하게 되었다!" 클라인의 레이덴대학 강의는 윌렌베크와 에렌페스트에게 자극을 주어 '클라인의 5차원 세계에서 드 브로이 위상파의 그래프적 시각화'에 관한 논문[48]을 발표하게 했다.

클라인은 자신의 5차원 이론에 관한 생각을 계속했다. 1926년 12월에 제출된 그의 훌륭한 논문[49]은 대응 원리를 이용하여 파동역학을 전자기학에 적용하는 것을 다루었는데, 5차원에서의 파동역학에 관한 언급으로 끝을 맺었다. 그 논문을 읽고 파울리는 보어에게 다음과 같은 편지를 썼다. "결론 부분에서 5차원에 대해 아주 간략하게 취급하고 절제한 솜씨를 보고 당신이 클라인을 정말 훌륭하게 키웠구나 하는 찬사를 금할 수가 없습니다."[50] 넉 달 후, 파울리는 다시 보어에게 보낸 편지에서 이렇게 썼다. "클라인에게 안부를 전해주세요. 진심으로 그의 물리학이 빨리 재개되기를 기대합니다."[51]

클라인은 멈추지 않았다. 1927년, 그는 자신의 5차원 이론에 관한 긴 논문을 제출했는데, 거기서 그는 이 형식은 다섯 가지 보존 법칙(세 가지는 운동량 성분의 보존, 하나는 에너지, 또 하나는 전하의 보존)을 통합한다고 설명했다.[52] 그 후에도 클라인은 여기저기서 이 개념들로 돌아오는 것을 발견할 수 있다. 클라인 자신의 표현을 빌리면, "1933년 여름에 '5차원'의 충동을 짧게 받은 후,[53] 나는 1938년의 바르샤바 회의를 위한 논문[54]을 제출한 1937년에 더 격렬한 충동을 받았다."[5] 그 다음에 클라인이 5차원에 대해 언급한 것은 20년 후(1957년)에 하전 공액 변환과 반전성 비불변성[55]을 논의하는 데서 발견된다.

따라서, 클라인의 생애에서 5차원은 그가 가장 좋아하는 주제였던 것처럼 보인다. 그러나 1969년에 75세가 된 클라인은 '물리학에 바친 한평생'[5]이라는 강연에서 자신의 연구를 회고했는데, 1927년 부활절에 코펜하겐에서 파울리와 함께 포도주를 한 병 마시면서 5차원의 죽음을 애도했노라고 말했다. 역시 1969년에 그는 이렇게 덧붙였다. "내게서 큰 문제는 한 번에 너무 많은 문제를 해결하려고[즉, 전자기력뿐만 아니라 양자론까지도 기하학적으로 처리하려고 한 것] 시도하는 데서 비롯되었다는 디랙의 말이 옳을지도 모른다."[5] 그리고 세상을 떠나기 얼마 전에 클라인은 1927년 이래 이 주제에 대해 자신이 쓴 모든 논문을 부정했다! 다차원 이론이 성배로 인도할 것이라고 믿는 오늘날의 끈 이론가들은 클라인의 전향을 곰곰 생각해볼 필요가 있을지도 모른다.

클라인 가족이 미국에서 덴마크로 돌아온 1925년 여름으로 다시 돌아가기로 하자. 6월에 보어에게 보낸 편지에서 클라인은 그 해 가을에 코펜하겐으로 갈 계획에 대해 이야기했다.[56] 9월에 다시 보낸 편지에서는 유행성 독감을 한동안 앓은 뒤 감염성 간염에 걸렸다고 적었다.[57] 그는 정말 매우 심하게 앓았다. 12월에 클라인 부인은 보어에게 보낸 편지[58]에서 남편이 아직도 병원에 입원해 있지만, 이제 많이 나았다고 썼다.

1월에 클라인은 이번에는 자기 집에서 편지를 보냈는데, 몸이 훨씬 많이 나아졌으며, 하이젠베르크, 보른, 요르단이 쓴 논문들을 읽었노라고 썼다.[59] 클라인이 잠시 떠나 있는 사이에 물리학에서는 큰 진전이 있었다. 하이젠베르크의 행렬 형태(1925년 7월)와 슈뢰딩거의 파동 언어(1926년 1월)의 형식으로 양자역학이 발견되었던 것이다.

코펜하겐의 무대 역시 변하였다. 1923년에 코펜하겐대학의 부교수로 임명되었던 크라메르스는 1926년 3월에 위트레흐트대학 교수로 근무하기 위해 코펜하겐을 떠났다. 그가 차지했던 자리는 1926년 3월에 하이젠베르크가 이어받아 1927년 6월까지 재직했다. 코펜하겐 학파의 인물들 중 가장 독자적인 개성을 지녔던 하이젠베르크는 보어의 친밀한 협력자이던 크라메르스의 위치를 이어받기에는 적합하지 않았다. 그래서 그 역할은 1926년 3월에 도착한 클라인에게 돌아갔으며, 그는 그 곳에서 5년 동안 머문다. 따라서, 클라인은 상보성의 탄생을 옆에서 생생하게 지켜본 가장 중요한 목격자가 된다.

1926년 가을, 물리학자들은 입자의 그림인 행렬역학과 파동의 그림인 슈뢰딩거의 이론으로 계산하는 데 익숙해지기 시작했다. 이 두 가지 그림은 수학적으로 동등하다는 사실이 그 무렵에 밝혀졌지만, 이 두 언어 사이의 더 깊은 물리적 연결 관계는 여전히 명확하지 않은 상태였다. 그런 상황에서 그 해 10월에 슈뢰딩거가 자신의 생각을 보어와 토론하기 위해 코펜하겐으로 왔는데, 그 자리에는 하이젠베르크도 있었다. 하이젠베르크는 훗날 이렇게 썼다. "어떤 실제적인 이해도 기대할 수 없었다. 그 당시로서는 누구도 완전하고도 일관성 있는 양자역학의 그림을 제시할 수 없었기 때문이다."[60]

슈뢰딩거가 떠난 후, 보어와 하이젠베르크는 양자역학의 해석을 놓고 씨름을 계속했지만, 아무리 애를 써도 두 사람은 공통된 의견에 이르지 못했다. 하이젠베르크는 다음과 같이 회고했다.

> 우리는 이 문제들을 놓고 앞으로 갔다 뒤로 갔다 하며 이야기를 계속했으며, 때로는 서로에 대해 화가 나기도 했다. 내가 "이것이 답이에요."라고 말하면, 보어는 모순되는 답을 제시하면서 "아니야, 그것은 답이 될 수 없어."라고 말하는 식이었다 … 결국 크리스마스 직후에 우리는 둘 다 절망 상태에 빠졌다. 어떤 점에서 우리는 동의할 수 없었으며, 그래서 우리는 거기에 대해 상당히 화가 났다.[61] … 우리는 모두 완전히 기진맥진하여 다소 긴장한 상태였다. 그래서 1927년 2월에 보어는 노르웨이로 스키를 타러 가기로 결정했고, 나는 코펜하겐에 혼자 남게 된 것이 몹시 기뻤다. 이 가망 없는 복잡한 문제들에 대해 다른 사람의 방해를 받지 않고 생각할 수 있었으니까.[62]

클라인은 보어가 노르웨이로 떠날 때의 그의 심정을 다음과 같이 느꼈다고 전했다.

> 그는 그 무렵에 매우 피곤해했으며, 새로운 양자역학이 그에게 즐거움과 함께 아주 큰 긴장도 가져다주었다고 나는 생각한다. 그는 필시 이 모든 것이 그렇게 갑자기 닥칠 것이라고는 기대하지 않았고, 자신이 그 무렵에 더 많은 기여를 할 수 있다고 생각했을 것이다. 그와 동시에 그는 하이젠베르크를 일종의 메시아인 양 칭찬했는데, 내 생각에는 하이젠베르크 자신은 그것이 과장이라는 사실을 잘 알고 있었던 것 같다.[63]

보어가 노르웨이로 떠난 직후, 하이젠베르크는 평화롭고 고요한 상태에서 자신의 가장 위대한 업적인 불확정성 관계식을 발견했다. 보어가 돌아왔을 때, 하이젠베르크는 자신이 쓴 논문을 보여주었다. 클라인의 말을 인용해보자. "보어는 그 논문을 읽고 처음에는 상당히 놀랐으나, 좀더 꼼꼼하게 살피면서 매우 실망했다."[63] 그 논문에서 아주 심각한 실수를 발견했기 때문이다. 그 실수는 전체적인 결론 부분이 아니라, 하이젠베르크가 전자의 위치를 감마선 현미경으로 포착하는 예를 다룬 방식에 있었다. 하이젠베르크의 말을 인용해보자.

보어는 그것은 옳지 않으며, 논문을 발표해서는 안 된다고 설명하려고 노력했다. 나는 보어의 이러한 압력을 견딜 수 없어 결국 눈물을 쏟는 것으로 대화가 끝났다….

그러자 보어는 내가 알 수 없는 어떤 이유로 바깥으로 나갔다. 나 또한 밖으로 나갔다. 서로 그렇게 다른 길을 걷다가 어디선가 보어를 만난 것이 기억난다 — 두 장소는 서로 그렇게 멀지 않았다. 우리가 만나기로 동의를 했던 것인지, 아니면 우연히 만난 것인지 모르겠다. 어쨌든 거기에 보어가 있었고, 그 옆에 오스카르 클라인이 있었고, 다른 쪽에 내가 있었다. 세 사람은 토론을 했다.

[토론의] 마지막 단계에서, 그러니까 2월과 3월경에 클라인이 토론에 많이 참여하였다. 그렇지만 클라인은 보어의 오랜 친구이므로 젊은 하이젠베르크로부터 보어를 변호해주는 것을 자신의 임무로 여길 것이라는 느낌도 약간 들었다. 그것은 또한 전체 문제를 최종적으로 누가 명확하게 결론짓느냐 하는 문제이기도 했다. 그래서 클라인은 보어를 돕고 싶어했고, 나는 아마도 때로는 너무 거칠고, 너무 빨리 말이 나오곤 했을 것이다. 잘 모르겠다. 그래서 클라인은 이 토론에 자주 참여했으며, 논점을 명확하게 정리하는 것을 도와주었다. 결국 그는 아주 훌륭한 물리학자였다…내가 알기로는 보어와 클라인과 나 외에, 편지를 통해 의견을 주고받은 파울리말고는, 이 논쟁에 참여한 사람은 아무도 없었다.[61]

클라인은 이렇게 회상했다. "하이젠베르크의 연구 결과와 실패는 모두 보어에게 영감을 주는 원천이 되었으며, 그 때부터 그는 이 문제들에 밤낮으로 매달렸다."[64]

그 연구는 실은 보어가 노르웨이에 있는 동안 이미 시작되었다. 스키 여행을 떠난 동안에 보어는 상보성에 관한 최초의 개념들을 생각했다. 이 새로운 개념에 관한 논문 작성을 돕는 임무가 클라인에게 떨어졌다.

보어는 4월에 매우 열정적으로 시작했다…그 다음에 우리는 티스빌데[에 있는 보어의 여름 별장]로 갔다…보어는 구술을 하고 나서 그 다음 날이 되면 이미 구술했던 것을 모두 버리고 처음부터 다시 시작하곤 했다. 그런 식으로 여름이다 갔고, 어느 정도 시간이 지나고 나자 보어 부인은 행복할 수가 없었다···한번은 내가 작은 방에 혼자 앉아 있는데, 그녀가 울면서 들어왔다···그 때 보어는 코모 회의에 가야 했고, 또 동생인 하랄의 강한 압력에 못 이겨 그는 논문을 구술하려고 노력했다.[63]

볼타 서거 100주년을 기념하여 이탈리아 코모에서 열린 회의에서 보어는 자신이 생각한 것을 1927년 9월 16일에 제출했다. 그의 강연 원고는 분실되었지만, 그의 논문 초안은 닐스 보어 기록 보관소에 많이 보관되어 있는데, 그 대부분은 클라인이 손으로 쓴 것이다. 하이젠베르크의 말로 결론을 짓기로 하자. "우리는 특히 오스카르 클라인이 참여한 것에 힘입어 불확정성 관계는 더 일반적인 상보성 원리의 특별한 경우에 불과하다고 결론내렸다."[65]

이 일은 보어와 클라인, 그리고 그들 가족들 사이가 더욱 가까워지는 계기가 되었다. 보어의 큰아들은 이렇게 회상했다. "우리의 어린 시절의 기억은 다양한 국적을 가진 많은 '아저씨들'과 얽혀 있는데, 그 중에서도 특히 ···클라인 아저씨와 많이 얽혀 있다."[66] 1927년 6월에 하이젠베르크가 라이프치히대학의 교수로 떠나자, 클라인이 그의 부교수 자리를 물려받았다. 그는 보어를 돕는 일을 계속했으며, 심지어는 그를 대신해 편지를 쓰기까지 했다.[67]

────────●────────

위에서 이야기한 보어와 하이젠베르크의 에피소드가 있었을 때, 이미 크라메르스는 클라인에게 이렇게 충고했다. "그 분쟁에 개입하지 말게. 우리는 둘 다 너무 친절하고 점잖아서 그런 종류의 싸움에 관여하는 것은 어울리지 않아."[68] 클라인과 그의 아내는 보어가 코펜하겐을 떠나고 없을 때, 클라인이 가장 창조적이고 과감한 연구를 했다고 강조했다.[68]

그 진실 여부야 어떻든 간에 클라인은 1926년부터 1929년까지 코펜하겐에 머문 시절에 가장 훌륭한 물리학 연구를 했다. 그 기간에 그가 쓴 몇 편의 논문은 그의 이름과 함께 길이 기억될 것이다.

1. 나는 이미 1926년 12월에 완성된 클라인의 논문[49]에 대해 언급한 바 있다.

거기서 클라인은 디랙이 전자기장을 양자화하여 좀더 만족스러운 방법을 발견하기 전에 원자 전이 확률을 결정하였다. 그 논문의 첫 부분은 상대론적 스칼라 파동방정식을 담고 있는데, 그 이후 그것은 클라인-고던 방정식으로 불리게 된다.

클라인의 사위인 물리학자 스탠리 데저(Stanley Deser)는 다음과 같이 회상하였다. "내가 그에게서 들은 유일한 불평은 자기가 슈뢰딩거 방정식을 발견한 업적을 인정받지 못한 부당함이었다."[69] 비록 나는 그의 말에 동의하지는 않지만, 그 감정은 충분히 이해할 수 있다. 나는 클라인이 1924년에 파동역학에 관한 주요 개념을 알고 있었다는 그의 회고[23]도 옳다고 받아들인다. 또한, 그 때 그것을 발표하지 않은 이유도 충분히 이해가 간다. "나는 그 수학에 관해 거의 알고 있는 것이 없었다."[23] 그러나 발표를 하지 않으면, 결코 인정을 받을 수 없다. 그것이 과학계의 게임의 법칙이다. 참고로, 나는 스칼라 파동방정식의 발견과 관련하여 클라인 외에 다른 사람들도, 그리고 독자적으로는 고던[70]도 기억해야 한다는 사실을 지적하고 싶다.[71]

2. 1927년, 클라인과 파스쿠알 요르단이 보스-아인슈타인 통계학을 따르는 양자역학적 계들을 다루는 새로운 방법을 도입했다.[72] 다소 마음에 들지 않는 2차 양자화라는 이름으로 알려진 이 방법이 지닌 근본적인 중요성은 하이젠베르크가 강조한 바 있다.

> 보어의 상보성 견해는 양자론의 수학적 구도 안에서 매우 인상적인 표현을 발견하였는데, 요르단, 클라인, 위그너[73]가 슈뢰딩거가 말하는 단순한(3차원) 물질파 이론으로부터 시작하여 이 이론을 양자화할 수 있고, 그럼으로써 양자역학의 힐베르트 공간으로 돌아갈 수 있다는 사실을 보였기 때문이다. 이로써 양자론에서 입자와 파동의 그림들이 완전하게 일치한다는 사실이 처음으로 증명되었다.[74]

기술적으로는, 요르단과 클라인은 단일 입자의 파동함수를 하나의 장으로 다루었으며, 그럼으로써 그것에는 양자역학의 법칙이 적용되었다. 그들의 방법은 단지 소립자 이론에 기본 도구를 제공했을 뿐만 아니라, 고체물리학에도 아주 중요한 것이었다.

3. 1928년 10월, 클라인과 니시나 요시오(仁科芳雄)는 디랙 전자에 의한 광자

의 콤프턴 산란에 관한 논문[75]을 완성했다. 더글러스 하트리(Douglas Hartree)는 러더퍼드가 왕립학회 회장으로서 행한 연설[77]에서 그들의 논문을 언급했다는 사실을 들면서, 케임브리지대학에서 이 연구에 큰 관심을 보이고 있다는 내용의 편지[76]를 클라인에게 보냈다.

이 연구가 계기가 되어 클라인-니시나의 결과[78]에서 벗어나는 실험 데이터(이것은 한동안 마이트너-후프펠트 효과로 불렸다[79])를 발견한 베를린의 리제 마이트너와 서신 교환을 하게 되었다. 이러한 결과들에 대한 이해가 이루어지고 나자, '클라인-니시나 공식'은 사실은 디랙 이론의 가장 큰 성공을 보여주는 것이라는 사실이 명백해졌다. 이 공식의 유도는 "1940년대 말에 이루어진 복사 보정 계산에 비견할 수 있는, 그 당시로서는 아주 영웅적인 위업이었으며, (다른 많은 위업과는 달리) 그것은 처음부터 올바르게 유도되었다."[69]고 이야기돼왔으며, 나는 그것이 적절한 표현이라고 생각한다.

4. 두 달 후에 디랙 이론의 심각한 문제점을 지적한 사람은 또다시 클라인이었다─1929년 당시에는 가파르고 강한 전위 속에서 움직이는 전자는 가해진 힘에 반대 방향으로 가속되도록 반사된다고 모두 이해하고 있었다.[80]

클라인은 니시나 요시오와 함께 콤프턴 산란을 연구하던 중에 지금도 '클라인 역설'로 불리는 이 이상한 효과를 우연히 발견한 것으로 보인다. 나는 파울리가 보어에게 보낸 편지에서 이 사실을 유추하였다. 그 편지에서 파울리는 이렇게 썼다. "클라인은 디랙 이론을 따르는 반사에 관해 [1928년] 가을에 생각한 것을 즉각 발표해야 한다!"[81] 한 달 뒤, 파울리는 클라인에게 보낸 편지에서 이렇게 썼다. "자네가 아직도 전자의 기묘한 반사에 관한 자신의 생각을 발표하지 않는 것은 단순히 의혹을 불러일으킬 뿐만 아니라, 물리학에 종사하는 동료들에 대한 배려가 부족한 것이다."[82] 파울리가 클라인에게 그의 역설을 발표하라고 압력을 가한 것은 물론 그 당시에 파울리가 디랙의 이론이 틀렸다고 믿고 있었기 때문이다.

1929년은 클라인과 파울리 사이에 비교적 꾸준히 서신 왕래가 일어나기 시작한 해이다. 이것은 물론 파울리가 항상 관심을 기울인 분야인 양자전기역학과 디랙의 이론에 대해 클라인의 관심이 커진 데서 비롯되었다.[49] 이미 이야기한 것처럼, 그 때까지는 파울리가 클라인에 대해 이야기한 내용 중 대부분은 비판적인 것이었다. 그러한 언급들은 물리학의 양심으로 자처하던 파울리의 역할이 반영된 것이므로, 결코 그의 개인적 감정으로 혼동해서는 안 된다. 1930년대 초에 파울리가 클라인에게 보낸 편지는 다음과 같이 끝난다. "경의를 표하며, 자네의 오랜 친구 W. P.로부터."[83]

5. 코펜하겐 시절의 논문들 중 다섯 번째이자 맨 마지막 것은 다른 것들만큼 잘 알려지지 않았지만, 클라인의 관심의 폭과 이론적 테크닉을 다루는 솜씨를 보여주기 때문에 나는 큰 흥미를 느꼈다. 이 논문은 회전 대칭성이 없는 분자인 비대칭적 톱(top)에 관한 양자론을 다루는 새로운 방법[84]에 관한 것이다. 이것은 이미 고전물리학에서도 복잡한 문제로 취급되었다. 클라인은 대응 원리를 이용하여 그 문제를 다루었는데, "코펜하겐 사람들은 '당신 할머니도 양자화할 수 있다'고 주장한다."[69]는 것을 여실히 보여주었다.

* * *

1929년, 클라인은 프레드홀름이 1927년에 사망한 뒤 비어 있던 스톡홀름대학의 자리에 지원했다. 조머펠트와 보어[85]가 추천장을 써주었다. 보어는 추천장에서 자신은 클라인을 1918년부터 알고 지내왔으며, 즉시 그의 창의성과 과학에 대한 정열, 그리고 어려운 문제에 매달리는 그의 끈기에 깊은 인상을 받게 되었다고 썼다. 보어는 또한 클라인이 미국에 갔을 때, 그는 극소수의 사람들과 함께 양자론의 내용과 한계 모두에 대해 완전하게 파악하고 있었다고 언급했고, 다른 사람들을 돕고 학생들을 가르치는 데 헌신적임을 강조했다. 클라인은 그 자리에 임명되어 1931년 1월에 역학 및 수리물리학 교수로 스톡홀름대학에 부임했다. 1945년 이후부터는 그는 포병 장교들과 공학자들도 가르쳤다. 1951년에 그는 오슬로대학의 물리학연구소장까지 겸임하였다. 1953년에 그는 노벨물리학상 심사위원회의 위원으로 선출되었다.

* * *

스톡홀름에 도착하기 직전에 클라인은 파울리로부터 편지를 받았는데, 그 일부를 소개하면 다음과 같다.

당신은 이제 스톡홀름에서 사회 최상층에 도달한 오베르본제(Oberbonze : 거물)가 되었으며, 이제부터는 중산층 부르주아로서 물질적인 것에 신경쓰지 않고 살 수 있게 되었습니다…이제 당신은 자신의 은행 계좌를 영원히 보호해달라고 중산층의 신에게 기도만 드리면 되겠군요…그러나 스톡홀름대학의 교수직이 당신과 동료 시민들에게 제공하는 것이 이것뿐이라면, 그다지 축하드릴 만한 일도 아닐 것입니다. 그렇지만 나는 진심으로 당신의 교수 임명을 축하드립니다. 왜냐하면, 이제 당신은 "나가서 사람들을 가르쳐라."라는 말씀을 이룰 수 있게 되었기 때문이지요. 당신의 훌륭한 교수법은 언제나 당신의 강점 중 하나였고, 스웨덴에서는 그것을 활용할 수 있는 곳이 아주 많을 것입니다. 마네 시그반과 에릭 홀텐으로 대표되는 실험물리학과는 아주 대조적으로…지금까지 스웨덴에는 사실상 이론물리학자가 존재한 적이 거의 없었습니다. 이제 스웨덴에도 현대 이론물리학에 대해 환히 알고 있는 사람이 필요하며, 그럼으로써 위대한 실험물리학자들의 학파에다가 훌륭한 이론물리학자까지 갖출 수 있게 될 것입니다. 만약 당신이 이러한 역할에 성공한다면(나는 단지 그럴 것으로 기대만 하는 게 아니라, 그럴 가능성이 매우 높다고 생각하여), 당신은 큰 보람을 느낄 것이며, 더 이상 중산층의 신이나 제 5차원(또는 그와 유사한 주제)에 대해 고민하지 않아도 될 것입니다.

　이 말을 하고 나니, 지금까지 당신이 순수 연구 분야에서 해온 활동을 되돌아보게 됩니다…비록 당신은 항상 그러한 방향으로 어느 정도 야심을 가지고 노력해오긴 했지만, 자연의 새로운 법칙을 발견하거나 새로운 방향을 제시하는 것이 당신의 훌륭한 강점이라고는 생각하지 않습니다…나는 그러한 종류의 야심이 없이 이미 알려진 이론들의 응용을 다루는 당신의 논문들을 아름답게 여깁니다. 예를 들면, 교차 [전기와 자기의] 장들에 관한 것[32]이라든가 디랙 이론에서의 퍼텐셜 장벽에 관한 것,[80] 새로운 산란 공식에 대해 니시나와 함께 쓴 논문[75] 등 …이 일련의 논문들이 오랫동안 아름답게 계속되기를 빕니다(비록 교수직이 다른 일로 당신의 시간을 어느 정도 빼앗게 되더라도).

파울리 특유의 진솔한 필체로 쓰여진 이 현명한 편지는 동시대인(파울리가 클라인보다 여섯 살이나 밑이라는 사실은 쉽게 추측하기 힘들겠지만)의 관점에서 바라본, 클라인 자신뿐만 아니라 스웨덴 물리학의 장점과 약점을 잘 보여준다. 약 25년에 걸쳐 두 사람이 주고받은 모든 편지들 중에서 이 편지의 내용이 가장 훌륭하다.

스톡홀름에 오고 나서 처음 몇 년 동안 클라인은 물리학의 여러 분야에서 정교한 연구를 계속했다. 먼저, 1931년에는 갓 태어난 양자통계역학(이

분야는 1920년대 말부터 시작되었다)에 관한 기초적인 논문[87]이 나왔다. 양자역학적 불확정성 관계를 고려하도록 엔트로피의 표현을 수정함으로써 그는 열역학 제2 법칙을 양자역학적으로 표현하였다. 그의 증명은 오늘날 클라인의 보조 정리라고 불리고 있다(그러나 열역학적 비가역성이 양자에 근원한다는 클라인의 믿음은 옳지 않다).

1932년, 클라인은 분광학의 데이터로부터 2원자 분자의 분자 내 퍼텐셜의 유도[88]에 대해 연구하여 앞서의 결과들을 개선하고 상당히 확장하였다. 분광학 분석에서 지금도 널리 사용되고 있는 그 방법은 RKR법[89]이라고 불린다.

1933년, 클라인은 1차원의 양자역학 문제들에 대해 1차 근사값으로 준역학적 답을 얻어낼 수 있는 귀납적 절차를 개발했다.[90]

이 기간에 클라인은 보어와 긴밀한 접촉을 계속 유지했다. 1931년, 클라인은 보어에게 열역학 제2 법칙에 관한 논문[91]을 보냈고, 보어는 클라인에게 크리스티안 묄러의 논문 변론에 질문자로서 함께 참여해달라고 부탁했다.[92] 1932년에 클라인은 얼마 전에 열린 유익한 코펜하겐 회의[93]에 대해 보어에게 감사를 표시했고, 12월에는 칼스버그에서 보어와 몇 주일을 함께 보냈다.[94]

1933년, 클라인은 보어에게 보낸 편지에서 "스웨덴에서도 독일의 상황에 대해 두려움을 느끼고 있다."[97]고 썼다. 클라인은 심지어 자기 가족을 미국으로 보내는 것도 생각했으며,[69] 계속된 편지들에서 망명 물리학자들을 도우려는 그의 노력을 엿볼 수 있다.[98] 그러한 물리학자 중에는 1933년에 해임될 때까지 함부르크대학의 물리학 교수로 재직하던 발터 고던(Walter Gordon)도 있었다. 클라인은 고던이 스톡홀름에 재정착할 수 있도록 재정 지원을 해주었다. 고던은 '심한 고통의 기간'[99]을 겪은 후에 1939년에 스톡홀름에서 세상을 떠났다. 클라인은 독일에서 망명해 스톡홀름에 정착한 리제 마이트너와도 좋은 친구 사이가 되었다.

1930년대 후반에 클라인이 한 연구에서는 기억할 만한 두 가지 결과가 나왔다. 첫째는 소위 클라인 변환이라 부르는 것으로, 교환법칙이 성립하는 것이든 않는 것이든 간에, 독립적인 페르미 입자장을 자유롭게 만들 수 있다는 것이다.[100] 둘째, 1938년에 바르샤바에서 제출한 논문[54]에서 그는 1954년에 나올 양-밀스 이론의 일부(전부는 아님) 측면을 예측했다(불행하게도, 함께 제시한 5차원 개념의 요소들 때문에 이 점은 희석되고 말았다). 클라인은 보어에게 편지를 보내 자신의 연구를 〈*Physical Review*〉지에 발표할 수 있겠는지 물었다. "이 주제는 현재 관심의 대상이 되고 있는 것이기 때문에 나는 발표되기까지 오래 기다릴 수가 없습니다."[101] 보어에게서 어떤 대답이 있었는지 나는 발견하지 못했다. 안타깝게도, 이 중요한 논문은 회의 보고서 속에 묻혀 몇 년 동안 낮잠을 자고 있었다. 이 무렵부터 에렌페스트에 대한 그의 감동적인 추모사[102]와 17세기의 물리학자들과 철학자들 사이에 일어난 논쟁을 다룬 역사적인 주제에 관한 첫 번째 논문[103]이 나오기 시작했다.

───────◆───────

제2차 세계 대전이 발발한 후, 보어는 1940년에 스톡홀름의 클라인을 방문했지만,[104] 그 시기에 클라인을 코펜하겐으로 데려오려는 노력은 실패로 돌아갔다.[105] 나는 1943년에 보어가 덴마크에서 스웨덴으로 탈출하는 것을 클라인이 도운 이야기를 다른 곳에서 쓴 바 있다.

───────◆───────

내가 클라인을 처음 만난 것은 전쟁이 끝나고 나서 1년 후인 1946년이었다. 장소는 닐스 보어의 집이었고, 아름답고 쾌활한 클라인의 부인도 만났다. 클라인의 첫인상은 매우 친절하면서도 약간 수줍음을 타는 사람으로 느껴졌다. 그 밖에 그 만남에 대해 내가 기억하는 것은 우리가 친밀한 대화를 나눴다는 것뿐이다.

나는 1949년 프린스턴대학의 고등학술연구소에서 클라인을 다시 만났다. 클라인은 가을 학기 동안 방문 교수로 그 곳에 와 있었다(그 무렵 나는 그 곳의 정교수로 재직하고 있었다). 그 몇 달 동안 우리는 수많은 긴 대화를 나누었고, 그 결과로 나는 그를 훨씬 잘 이해하게 되었다. 특히, 그가 아인슈타인과 만난 이야기를 하면서 매우 즐거워하던 것이 기억난다.

전쟁이 끝났을 때, 클라인은 50세였다. 그 무렵에는 자연히 연구자로서의 전성기는 이미 지나 있었다. 그럼에도 불구하고, 그는 1940년 이후에 30여 편의 논문을 발표했다. 내 개인적인 소견으로는 이 논문들 중에서 가장 훌륭한 것은 1948년에 쓴 짧은 논문으로, 베타 붕괴와 그 무렵에 발견된 뮤온의 붕괴의 간단한 관계를 다룬 것[107]이었다.

말년의 연구들에서 그가 다룬 주제들이 이전에 발표한 것보다도 훨씬 다양해졌다는 사실은 주목할 만하다. 그래서 그가 발표한 논문들에 대한 가장 완전한 목록(참고 문헌 108)에서 초전도,[109] 생화학,[110] 입자물리학,[111] 일반 상대성 이론의 복합적인 문제들,[112] 별의 진화,[113] 우주론, 그 중에서도 특히 하네스 아프벤(Hannes Afvén)과 공동으로 개발한 그의 모형[114]에 관한 논문들을 발견할 수 있다.

클라인은 다른 주제들에 관한 글도 썼는데, 원자물리학에 관한 대중적인 글,[115] 전후에 쓴 원자력 에너지에 관한 글,[116] 보어의 50회, 60회, 70회 생일을 기념해 쓴 글들,[117] 1958년에 세상을 떠난 파울리에 대한 추모사("파울리의 갑작스런 죽음은 이론물리학이 연구되고 있는 전세계 모든 곳에 큰 충격을 안겨주었다."[25]) 등이 있다. 역사에 대한 그의 관심은 13세기의 학자 요르다누스 네메라리우스(Jordanus Nemerarius)에 관한 논문,[118] 앞서 언급한 것처럼 17세기의 과학을 다룬 논문,[103] 뉴턴에 관한 논문,[119] 보어와 비교하여 고찰한 파스칼에 관한 논문[120, 121] 등에서 엿볼 수 있다. 그가 평생 동안 생물학에 관심을 기울였다는 사실은 〈Svenska Dagbladet〉지 1933년 1월 11일자에 기고한 '생물학과 원자물리학'이라는 글에서 알 수 있다(이 글은 생물학에서의 보어의 상보성 개념을 다루었는데, 지금은 폐기된 개념이다).

중년에 이른 클라인은 철학 문제에 대한 글도 썼다.[122] 그는 특히 과학과 종교 사이의 공통점의 가능성에 대해 관심을 가졌다. "그는 인과율, 상대성, 상보성과 같은 물리적 개념이 윤리적 또는 종교적 영역에서도 유사하게 적용되며, 심지어는 똑같이 적용된다는 것을 보이고 싶어했다…성경의 윤리학은 매우 상대적이라고 클라인은 말했다."[123] 클라인 자신의 표현을 빌리면, "모든 사람에게 똑같은 권리를 주장하는 성경의 요구와, 운동 상태에 상관 없이 모든 관찰자의 역할이 똑같다는 상대성 원리의 요구 사이에는 공식적인 등가 관계가 성립한다. 그것은 기대할 수 있는 최대한 유사한 관계이다."[124] 이러한 생각들은 보어로 하여금 클라인에게 성경과 현대 과학에 대한 그의 의견에 동의하지 않는다는 편지를 쓰게 만들었다.

———————◆———————

마지막으로 몇 가지만 더 언급하기로 하자.

파울리가 1958년에 사망하기 얼마 전인 1955년 11월까지(내가 확인할 수 있는 한) 클라인과 파울리는 서로 편지를 주고받았다. 그의 많은 편지 중에서 내가 특히 흥미롭다고 생각하는 몇 가지를 소개하고자 한다.

1930년 12월 4일, 파울리는 튀빙겐에서 열린 한 물리학 회의에 유명한 편지를 보냈다. 거기서 그는 뉴트리노 가설[126]을 제안하였다. 그 편지는 그 무렵의 파울리와 클라인의 절친한 관계를 잘 보여준다. 그가 그 후 이 문제에 대해 처음으로 언급한 편지는 그로부터 1주일도 못 돼 클라인에게 보낸 것이었기 때문이다. 거기서 그는 이 가설상의 입자에 작용하는 힘들에 대한 자신의 생각을 처음으로 이야기했다.[127]

1930년대에 파울리는 다차원 상대성 이론에 적극적인 관심을 가지게 되었다. 1933년, 그는 사영 상대성 이론[128]으로 알려지게 되는 대안적인 5차원 가설을 발표하였다. 1935년에 그는 클라인에게 보낸 편지에서 이렇게 썼다. "수학적인 전체 형식이 우연적인 것이고, 물리적으로 아무 의미가 없다는 사실을 믿어야 할지 말아야 할지 판단을 내릴 수가 없다."[129]

1953년에 파울리는 다시 한 번 다차원으로 돌아왔다. 이번에 그 계기를 만들어준 것은 나였다. 레이덴대학에서 열린 회의(6월 22~26일)에서 나는 6차원 이론을 다룬 내 연구[130]에 대해 보고했다. 그 자세한 내용은 여기서 다루기에 적절치 않지만, 그 때 레이덴에 참석했던 파울리는 큰 흥미를 느꼈다는 사실을 언급하고자 한다. 그것은 내가 발표한 뒤에 그가 한 발언[131]에서 알 수 있다. 취리히로 돌아온 파울리는 클라인에게 보낸 편지에서 이렇게 썼다. "만약 이 개념에 일리가 있다면, 당신의 [5차원]은 이 [6차원] 공간 속의 부공간으로 포함된다. 따라서, 칼루자-클라인-파이스의 관계가 수

립될 것이다."[132] 그 해 여름, 파울리는 이 6차원 이론[133]에 대해 아주 깊이 연구했다. 클라인이 파울리에게 한 마지막 말은(내가 발견한 것으로는) 1954년 6월 8일 날짜가 적힌 편지 초안으로, 닐스 보어 기록 보관소에 보관되어 있다. 거기서 클라인은 이렇게 썼다. "나는 5차원 이론의 장점들을 포함하면서 결함이 없는 라그랑주 함수를 발견하고 싶다."

보어는 클라인에게 보낸 마지막 편지에서 자신의 75번째 생일 때 클라인이 보낸 축하 인사에 고마움을 표시했고,[134] 클라인은 보어에게 보낸 마지막 편지에서 1961년 새해를 맞이하여 만사가 형통하기를 바란다는 인사를 보냈다.[135] 보어가 1962년에 세상을 떠났을 때, 클라인은 스웨덴의 공식적인 추도사라고 불릴 만한 글을 썼다. "새로운 물리학의 창시자로서 그리고 인격자로서 그는 우리 시대의 가장 위대한 사람 중 하나였다."[136]

1962년, 클라인은 교수직에서 은퇴했지만, 과학 활동을 계속했다. 1965년, 그는 코펜하겐대학에서 명예 박사 학위를 받았다. 그러나 생애의 마지막 해에 그의 정신은 때때로 맑지 못했다. 그는 1977년 2월 5일, 82세의 나이로 세상을 떠났다.[137] 그는 스웨덴 역사상 가장 뛰어난 물리학자 중 한 사람이었다.

1969년에 클라인은 과학자로서 자신의 인생을 회고하면서 이렇게 결론지었다. "과학의 역사—철학의 역사가 아니라—를 살펴보면, 과학자의 본질적인 태도는 자기보다 앞서 존재했던 위대한 사람들에게 염감을 받고, 그 사람들은 또 그들보다 앞선 사람들에게서 영감을 받지만, 그들은 의심의 여지가 있을 때면 항상 의심을 하는 자유로운 마음을 가졌던 사람이라는 것을 알 수 있다."[5]

참고 문헌

아래에서 NBA는 코펜하겐에 있는 닐스 보어 기록 보관소를 가리킨다.

1. O. Klein, interview by T. S. Kuhn and J. L. Heibron, September 25, 1962, NBA.
2. O. Klein and J. Runnström, *Ark. f. Kemi, Mineralogi och Geologi* **14A**, No. 4, 1940, under the byline Wenner-Grens Institute for Experimental Biology.
3. O. Klein, Reports from the Nobel Institute **2**, No. 18, 1912; see also *Z. Anorg. Chem.* 1917, p. 157.
4. O. Klein, Reports from the Nobel Institute **3**, No. 24, 1917.
5. O. Klein, in *From a Life in Physics*, p. 59, Supplement of the IAEA Bulletin, printed by the IAEA in Vienna, 1969. Reprinted in *The Oskar Klein Memorial Lectures* (G. Ekspong, Ed.), p. 103, World Scientific, Singapore 1991.
6. O. Klein and O. Svanberg, Reports from the Nobel Institute **4**, No. 1, 1918.
7. N. Bohr, letter to O. Klein, April 5, 1918, NBA.
8. O. Klein, letter to N. Bohr, April 8, 1918, NBA.
9. O. Klein, *Phil. Mag.* **37**, 207, 1919.
10. O. Klein, letter to N. Bohr, September 9, 1918, NBA.
11. O. Klein, Reports from the Nobel Institute **5**, No. 6, 1919.
12. N. Bohr, letter to O. Klein, October 23, 1918, NBA.
13. O. Klein, letter to N. Bohr, May 19, 1919, NBA.
14. O. Klein, in *Niels Bohr* (S. Rozental, Ed.), p. 74, North-Holland, Amsterdam, 1967.
15. N. Bohr, letter to O. Klein, December 18, 1919, NBA.
16. N. Bohr, letter to O. Klein, January 12, 1920, NBA.
17. O. Klein, letter to N. Bohr, December 23, 1920, NBA.
18. J. Franck and G. Hertz, *Verh. Deutsch. Phys. Ges.* **15**, 34, 373, 613, 929, 1913; **16**, 12, 457, 512, 1914; **18**, 213, 1916.
19. Ref. I, interview on February 20, 1963.
20. O. Klein, and S. Rosseland, *Zeitschr. f. physik* **4**, 46, 1920.
21. I. S. Bowen, *Nature* **120**, 473, 1927.
22. O. Klein, *Ark f. Mat. Astr. och Fys.* **16**, 1, 1921.
23. Ref. 1, interview on February 25, 1963.

24. N. Bohr, letter to O. Klein, July 3, 1922, NBA.

25. O. Klein, *Kosmos* **37**, 9, 1959.

26. O. Klein, *Kosmos* **2**, 54, 1922; **3**, 72, 1923.

27. O. Klein, *Svensk kemisk Tidskr.* **35**, 157, 1923.

28. O. Klein, *Nordisk Tidskr.* **46**, 446, 1923.

29. O. Klein, letter to N. Bohr, November 20, 1922, NBA.

30. N. Bohr, May 1, 1923, no addressee, NBA,

31. N. Bohr, letter to O. Klein, January 31, 1924, NBA.

32. O. Klein, *Zeitschr. f. Physik* **22**, 109, 1924.

33. O. Klein, letter to N. Bohr, May 6, 1924, NBA.

34. O. Klein, *Phys. Rev.* **25**, 109, 1925.

35. N. Bohr, H. Kramers, and J. Slater, *Phil. Mag.* **47**, 705, 1924.

36. O. Klein, letter to N. Bohr, June 30, 1924, NBA.

37. O. Klein, letter to H. A. Kramers, August 24, 1924, NBA.

38. O. Klein, *Vad vi veta om ljuset* (우리가 빛에 대해 아는 것), *Natur och Kultrur* 41-2, 1925.

39. A. Einstein, letter to Th. Kaluza, April 21, 1919.

40. A. Einstein, letter to Th. Kaluza, May 5, 1919.

41. T. Kaluza, *Verh. Preuss. Ak. der Wiss.* 966, 1921.

42. O. Klein, *Zeitschr. f. Physik* **37**, 895, 1926. English translation in *The Oskar Klein Memorial Lectures*, ref. 5, p. 67.

43. O. Klein, *Nature*, **118**, 516, 1926. English translation in *The Oskar Klein Memorial Lectures*, ref. 5, p. 81.

44. A. Einstein, letter to P. Ehrenfest, September 3, 1926.

45. A. Pais, *Subtle is the Lord*, chapter 17, section (b), Oxford University Press, London, 1982.

46. Ref. 1, interview on July 16, 1963.

47. O. Klein, letter to N. Bohr, June 22, 1926, NBA.

48. G. E. Uhlenbeck and P. Ehrenfest, *Zeitschr. f. Physik* **39**, 495, 1926.

49. O. Klein, *Zeitschr. f. Physik* **41**, 407, 1927.

50. W. Pauli, letter to N. Bohr, March 29, 1927. reprinted in *W. Pauli, Scientific Correspondence*, Vol. 1, p. 389, Springer, New York, 1979.

51. W. Pauli, letter to N. Bohr, August 6, 1927, ref. 50, p. 402.

52. O. Klein, *Zeitchr. f. Physik* **46**, 188, 1927.

53. O. Klein, *Arkiv Mat. Astr. och Fysik* **25A**, No. 15, 1936.

54. O. Klein, in *Les Nouvelles théories de la physique*, p. 77, Nÿhoff, The Hague, 1939. English translation in *The Oskar Klein Memorial Lectures*, ref. 5, p. 85.

55. O. Klein, *Nucl. Phys.* **4**, 677, 1957.

56. O. Klein, letter to N. Bohr, June 17, 1925, NBA.

57. O. Klein, letter to N. Bohr, September 17, 1925, NBA.

58. Mrs G. Klein, letter to N. Bohr, December 20, 1925, NBA.

59. O. Klein, letter to N. Bohr, January 23, 1926, NBA.

60. W. Heisenberg. *Physics and Beyond*, p. 73, Harper and Row, New York, 1971.

61. W. Heisenberg, interview by T. S. Kuhn, February 25, 1963, NBA.

62. Ref. 60, p. 77.

63. O. Klein, interview by L. Rosenfeld and J. Kalckar, November 7, 1968, NBA.

64. O. Klein, ref. 14, p. 88.

65. W. Heisenberg, ref. 14, p. 106.

66. H. Bohr, ref. 14, p. 335.

67. Samples: O. Klein, letter to C. Darwin, November 3, 1927; to E. Schrödinger, December 10, 1930, NBA.

68. M. Dresden, *H. A. Kramers*, p. 481, Springer, New York, 1987.

69. S. Deser, in *Proceedings of The Oskar Klein Centenary Symposium* (U. Lindström, Ed.), p. 49, World Scientific, Singapore, 1995.

70. W. Gordon, *Zeitschr. f. Physik* **40**, 117, 1927.

71. See A. Pais, *Inward Bound*, p. 289, Oxford University Press, 1986.

72. P. Jordan and O. Klein, *Zeitschr. f. Physik* **45**, 751, 1927.

73. 얼마 후, 요르단과 위그너는 페르미-디랙 통계학을 따르는 계들에 대한 2차 양자화 방법을 개발했다 : P. Jordan and E. P. Wigner, *Zeitschr. f. Physik* **47**, 631, 1928.

74. W. Heisenberg, in *Niels Bohr and the Development of Physics* (W. Pauli, Ed.), p. 15, McGraw-Hill, New York, 1955.

75. O. Klein and Y. Nishina, *Nature* **122**, 398, 1928; *Zeitschr. f. Physik* **52**, 853, 1929.

76. D. Hartree, letter to O. Klein, December 20, 1928, NBA.

77. E. Rutherford, *Proc, Roy. Soc.* **A122**, 1, 1929.

78. L. Meitner, letters to O. Klein, January 29, May 9, June 16, 1930, NBA.

79. See L. Brown and D. Moyer, *Am. J. Phys.* **52**, 130, 1984.

80. O. Klein, *Zeitschr. f. Physik* **53**, 157, 1929. 이 효과는 *h/mc* 범위의 거리에서 *mc²*보다 더 크게 변하는 퍼텐셜 장벽에 전자가 충돌할 때 일어난다.

81. W. Pauli, letter to N. Bohr, January 16, 1929, ref. 50 Vol. 1, p. 485.

82. W. Pauli, letter to O. Klein, February 18, 1930, ref. 50, Vol. 1, p. 488.

83. W. Pauli, letter to O. Klein, February 10, 1930, ref. 50, Vol. 2, p. 2.

84. O. Klein, *Zeitschr. f. Physik* **58**, 730, 1929. 그 문제는 그에 앞서 크라메르스와 이트만이 풀었다 : H. A. Kramers and G. P. Ittman, *Zeitschr. f. Physik* **53**, 553, 1929.

85. 나는 1929년 2월 6일자 보어의 원고와 그 후에 1929년 2월 12일에 추가로 쓰여진 더 짧은 원고로부터 인용했다. both in NBA.

86. W. Pauli, letter to O. Klein, December 12, 1930, ref. 50, Vol. 2, p. 43.

87. O. Klein, *Zeitschr. f. Physik* **52**, 767, 1931.

88. O. Klein, *Zeitschr. f. Physik* **76**, 226, 1932.

89. 첫 단계를 시작한 스웨덴 젊은이인 R. Rydberg, *Zeitschr. f. Physik* 73, 376, 1931와 그것을 추가로 개선시킨 Klein과 A. L. G. Rees의 이름을 딴 것임.

90. O. Klein, *Zeitschr. f. Physik* **80**, 792, 1933; also *Proceedings of the Scandinavian Mathematical Congress* 1934, p. 243.

91. O. Klein, letter to N. Bohr, July 21, 1931, NBA.

92. N. Bohr, letter to O. Klein, February 19, 1931, NBA.

93. O. Klein, letter to N. Bohr, May 14, 16, 1932, NBA.

94. O. Klein, letter to N. Bohr, January 3, 1933, NBA.

95. O. Klein, 'Relativitetsteori,' *Natur och Kultur,* No. 118, 1933; letter to N. Bohr, January 28, 1935, NBA.

96. O. Klein, '*Orsak och Verkan*,' *Natur och Kultur*, No. 126, 1935; letter to N. Bohr, June 17, 1934, NBA.

97. O. Klein, letter to N. Bohr, June 20, 1933, NBA.

98. See also F. Aaserud, *Redirecting Science*, p. 117, Cambridge University Press, 1990.

99. O. Klein, letter to W. Pauli, October 1940, ref. 50, Vol. 3, p. 40.

100. O. Klein, *J. de Physique* **9**, 1, 1938.

101. O. Klein, letters to N. Bohr, June 30, 1938; also May 23, 1938, NBA.

102. O. Klein, *Kosmos* **11**, 15, 1935.

103. O. Klein, *Lychnos*, p. 136, Uppsala, 1939.

104. N. Bohr, letter to O. Klein, December 16, 1940, NBA.

105. N. Bohr, letters to O. Klein, June 6, 1941, February 7, 1942; O. Klein, letters to N. Bohr, June 25 and December 21, 1941, NBA.

106. A. Pais, *Niels Bohr's Times*, chapter 21, section (c), Oxford University Press, 1991.

107. O. Klein, *Nature* **161**, 897, 1948.

108. *Proceedings of the Oskar Klein Centenary Symposium*, ref. 69, p. 203.

109. O. Klein, *Ark. Mat. Astr. och Fys.* **33B**, No. 2, 1945; with J. Lindhard, *Rev. Mod. Phys.* **17**, 305, 1945; *Nature* **169**, 578, 1952; *Ark. f. Fys.* **5**, 459, 1952.

110. O. Klein, *Ark. Kemi*, **14A**, 1, 1940.

111. O. Klein, *Teknisk Tidskr.* (Stockholm), **69**, 137, 1939; *Ark. Mat. Astr. och Fys.* **30A**, No. 3, 1943; **34A**, No. 1, 1946; *Nature* **161**, 897, 1948; in *Zur Theorie der Elementarteilchen.* p. 1, Mosbach, Baden, 1949; *Ark. f. Phys.* **16**, 191, 1959; *Phys. Rev. Lett.* **16**, 63, 1966.

112. O. Klein, *Elementa* **18**, 9, 1935; *Rev. Mod. Phys.* **21**, 531, 1949; *Ark. f. Fys.* **7**, 487, 1954; *Helv. Phys. Acta*, Supplement. **4**, 58, 1956; *Nuov. Cim.* **6**, 344, 1957; *Norsk. Vid. Forh.* **31**, 47, 1958; *Ark. f. Fys.* **17**, 517, 1960; in *Festschrift* Heisenberg, p. 58, Vieweg, Braunschweig; in *Recent Developments in General Relativity*, p. 293, Pergamon, New York, 1962, *Astrophys. Norv.* **9**, 161, 1964; *Nucl. Phys.* **21B**, 253, 1970.

113. O. Klein, *Ark. Mat. Astr. och Fys.* **31A**, No. 14, 1944; **33B**, No. 1, 1945; **34A**, No. 19, 1947.

114. O. Klein and H. Alfvén, *Ark. f. Fys.* **23**, 187, 1962; H. Alfvén, *Sci. Am.* April 1967, p. 106; O. Klein, *Nature* **211**, 1337, 1966; *Ark. f. Fys.* **39**, 157, 1969; *Science* **171**, 339, 1971.

115. O. Klein, *Kosmos* **14**, 7, 1936; in *Vetenskap av i dag*, p. 247, Gebers, Stockholm, 1940; in *Vi och vår värld*, p. 327, Stockholm. 1941.

116. O. Klein, *Industrietidn. Norden* **74**, 23, 35, 45, 1946.

117. O. Klein, *Fys. Tidskr.* **33**, 102, 1935 (50th); *Nordisk Tidskr.* **11**, 408, 1935 (50th); *Fra Fysikkens Verden*, Oslo, 1945, p. 110 (60th); *Festschrift*, p. 18, North-Holland, 1945 (60th); *Niels Bohr and the Development of Physics*, ref. 74, Pergamon, 1955 (70th); Et in Arcadia ego (70th), unpublished manuscript, NBA.

118. O. Klein, *Nucl. Phys.* **54**, 345, 1964.

119. O. Klein, *Kosmos* **20**, 116. 1942.

120. O. Klein, *Lychnos*, Uppsala, 1942, p. 65; *Fys. Tidskr.* **60**, 65, 1962.

121. See also O. Klein, *Nucl. Phys.* **57**, 345, 1964.

122. O. Klein, *Nordisk Tidskr. Vet. Konst och Industri* **10**, 489, 1934; **19**, 465, 1943; *Theoria*, 1938, p. 59. See also ref. 28.

123. K. Jonsson, in *Center on the Periphery*, p. 16, Watson, Canton, MA, 1993.

124. O. Klein, *Ord och Bild*, p. 471, Stockholm, 1941.

125. N. Bohr, letter to O. Klein, March 6, 1940, NBA.

126. Ref. 50, Vol. 2, p. 39.

127. W. Pauli, letter to O. Klein, December 12, 1930, ref. 50, Vol. 2, p. 43.

128. W. Pauli, *Ann. de Phys.* **18**, 305, 337, 1933. Reprinted in *Collected Scientific Papers by Wolfgang Pauli* (R. Kronig and V. Weisskopf, Eds), Vol. 2, p. 630, Wiley, New York, 1964.

129. W. Pauli, letter to O. Klein, July 18, 1935; also August 8, 1935; ref. 50, Vol. 2, pp. 423, 424.

130. A. Pais, *Physica* **19**, 869, 1953.

131. W. Pauli, *Physica* **19**, 887, 1953.

132. W. Pauli, letter to O. Klein, July 14, 1953, ref. 50, Vol. 4.

133. A. Pais, *A Tale of Two Continents*, chapter 23, section 1, Oxford and Princeton University Presses, 1997.

134. N. Bohr, letter to O. Klein, October 27, 1960, NBA.

135. O. Klein, letter to N. Bohr, December 22, 1960, NBA.

136. O. Klein, *Kung. Vetenskaps-Societetens Årsbok 1963*, p. 33, Almquist, Uppsala, 1964.

137. For obituaries see S. Deser, *Phys. Today* June 1977, p. 67; C. Møller, *Fys. Tidskr.* **75**, 169, 1977; I. Fischer Hjalmars, and B. Laurent, *Kosmos* 1978, p. 19 English translation in *The Oskar Klein Memorial Lectures*, ref. 5, p. 1.

1936년, 코펜하겐대학의 닐스 보어 연구소의 주강당에 앉아 있는 크라메르스

헨드릭 크라메르스*

나는 대학원 과정을 암스테르담대학에서 마치고 1938년 2월에 졸업한 다음, 위트레흐트대학의 윌렌베크 밑에서 이론물리학을 공부했다. 1938년 봄 내내 나는 정기적으로 그를 방문했다. 얼마 후, 윌렌베크는 나를 곧 이론 문제를 연구하는 데 투입하겠다고 말했다. 그러나 그 전에 내가 헨드릭 안토니 크라메르스(Hendrik Anthony Kramers)가 쓴 양자역학 교재¹를 공부해야 한다고 말했다. 친구들(나도 곧 그 중 한 명이 되지만)에게는 한스라는 이름으로 불리는 크라메르스는 그 당시 네덜란드에서 가장 유명한 이론물리학자였다. 나는 시키는 대로 그 교재를 공부했다. 하루는 윌렌베크를 찾아가 이야기하고 있는데, 노크도 없이 방문이 열리더니, 한 남자가 인사도 없이 성큼성큼 걸어들어와서는 칠판 앞에 가서 떡 서는 게 아닌가! 그는 칠판에 쓰여진 것을 잠깐 동안 쳐다보고 나서 윌렌베크를 돌아보면서 마침내 입을 열었다. "슐라이펜인테그랄(schleifenintegral)이 필요하군." 슐라이펜인테그랄은 아주 기술적인 적분을 나타내는 수학 용어이다. 나와 크라메르스의 첫만남은 그렇게 이루어졌다.

1939년 봄에 윌렌베크는 가을 학기에 뉴욕의 컬럼비아대학에 방문 교수로 가게 되었다고 알려주었다. 그것은 나에게는 실망스러운 소식이었다. 떠나기 전에 윌렌베크는 레이덴대학의 크라메르스에게 내 이야기를 해두었다며, 그가 언제든지 나와 토론을 해주기로 했다고 알려주었다. 그래서 한 달에 며칠 동안 나는 레이덴을 방문했으며, 기회가 닿으면 그 곳에서 열

---

* 1995년 9월 14일에 크라메르스 탄생 100주년을 기념하여 네덜란드 아인트호벤공과대학에서 한 강연을 가필한 것임.

리던 유명한 에렌페스트 세미나에도 참석했다. 크라메르스와 대화를 나누면서 나는 그가 단지 물리학뿐만 아니라 여러 방면의 문화에도 조예가 깊다는 사실을 알게 되었다. 그는 음악을 아주 좋아했고, 뛰어난 첼로 연주자였다. 음악에 대해 그가 들려준 이야기가 기억난다. 하루는 특히 좋아하는 음악 연주회에 갔다가 연주가 한창 진행되던 도중에 벌떡 일어나 그 곳을 떠나고 말았다고 한다. 크라메르스는 연주회장에 앉은 채 머릿속으로는 산소 원자의 에너지 준위들을 계산하고 있는 자신을 발견했는데, 그와 동시에 음악에 정신을 집중할 수가 없어서 연주회장을 떠날 수밖에 없었다고 설명했다. 그것은 그로서도 감당하기 어려운 일이었다. 그는 그 후 다시는 연주회에 가지 않았지만, 혼자서 음악 연주는 계속했다. 그것은 정신을 분산시키지 않고서도 잘 할 수 있기 때문이다.

나와 크라메르스의 관계는 친구 사이로 발전하였으며, 그것은 그가 세상을 떠나던 1952년까지 지속되었다.

나는 크라메르스와의 관계에 대해 이야기할 것이 아주 많다. 넓은 과학계에서 충분히 인정을 받지는 못하고 있지만, 그가 20세기의 가장 위대한 물리학자 중 한 사람이라는 사실을 내가 알게 된 것뿐만 아니라, 그가 내 목숨을 구해준 이야기까지 말이다. 우선 과학자로서 그의 경력부터 살펴보기로 하자.[a]

———————————◆———————————

크라메르스는 1894년 12월 17일에 로테르담 콜싱헬가 47번지에서 태어났다. 의사인 아버지는 강하고 현실적인 사람이었고, 어머니 쉬자네 브뢰켈만(Suzanne Breukelman)은 섬세하고 친절했으며, 가족간의 관계는 아주 친밀했다. 집안은 아주 부유하지는 않지만 비교적 유복한 상류 중산층에 속했고, 그는 빅토리아 시대의 기풍이 남아 있는 관대한 칼뱅파의 환경 속에서 자랐다. 형제는 네 명이 있었는데, 모두 남자였다. 다섯 형제는 나중에 모두 훌륭하게 성장하였다. 두 사람은 의사가 되었고, 한 사람은 화공학자가 되었으며, 한스와 큰형 얀(아랍어 학자)은 레이덴대학에서 유명한 교수가 되었다.

크라메르스는 어려서부터 이야기와 시를 읽는 것과 쓰는 것에 관심을 보였다. 다시 말해서, 과학보다는 문학에 재능을 보였다. 유명한 네덜란드 역사가인 얀 로마인(Jan Romein)과 크라메르스의 교분은 다섯 살 때부터 시작되어 크라메르스가 세상을 떠날 때까지 계속되었다.

크라메르스는 초등학교 6년과 중고등학교 5년으로 이어지는 네덜란드의 정규 교육을 받았다. 학창 시절에 문학에 대한 그의 관심은 더욱 깊어져서 문학 비평, 철학, 문화사, 신학까지 탐구 영역이 확대되었다. 중고등학교 때 그는 수학과 물리학을 잘 했으며, 물리학과 화학에 점차 깊은 관심을 보였다. 17세에 중고등학교를 졸업했을 때, 그는 광범위한 독서를 했을 뿐만 아니라, 음악에도 재능을 보였다. 이미 언급한 것처럼 그는 첼로를 훌륭하게 연주한다. 그런데 그는 대학에서는 물리학을 공부하기로 결심했다. 그것은 결코 쉬운 결정이 아니었다. 그는 일기에 과학이 강요하는 요구에 대해 이렇게 썼다. "과학을 하는 사람은 자기 분야를 위해 개성을 희생해야만 한다."[3]

그러나 크라메르스는 네덜란드의 대학에 쉽게 들어갈 수 없었다. 그 당시에는 대학에서 공부하려면 라틴어와 그리스어를 공부하도록 법으로 정해져 있었는데, 크라메르스는 중고등학교에서 그것을 배우지 않았기 때문이다. 그 법은 1918년에 가서야 폐기되었다.[b] 그래서 크라메르스는 1911~1912년을 라틴어와 그리스어를 배우면서 보냈다. 단 일 년 만에 크라메르스는 시험을 치르는 데 필요한 실력을 쌓을 수 있었다. 그는 이들 언어를 아주 열심히 배워, 말년에도 때때로 재미로 이들 언어로 쓰여진 작품을 읽곤 했는데, 특히 키케로, 호라티우스, 호메로스의 작품을 좋아했다.

1912년 9월, 크라메르스는 레이덴대학에 들어갔다. 그는 진지한 학생이었으며, 역학, 전기학, 파동 이론, 통계역학, 열역학 강의를 들었다. 그는 또한 최소한의 필요 이상으로 수학을 열심히 공부하여 뛰어난 전문가가 되었다.

그는 학과 외 활동에도 적극적이었다. 그는 배타적이고 천박한 남학생 사교 클럽인 레이덴 학생단에 가입했지만, 곧 탈퇴했다. 잠깐 동안 학생 문학 잡지 〈미네르바〉지의 편집장을 지내기도 했으며, 국제 학생 교류를 조직하는 데 관여하기도 했다.

대학 시절의 가장 중요한 만남은 같은 세대에서는 네덜란드에서 가장 유명한 물리학자이던 헨드릭 로렌츠와 로렌츠의 후계자인 파울 에렌페스트를 만난 것이었다. 크라메르스는 특별 강좌인 로렌츠의 유명한 '월요일 아침' 강의를 들었다. 훗날 크라메르스는 "마치 어린 꼬마가 진짜 여왕을 처음으로 바라보는 것처럼"[4] 로렌츠를 바라보았다고 말했다. 크라메르스는 자신의 관심이 물리학으로 쏠린 것은 로렌츠가 자신과 이니셜이 똑같은 H. A.였기 때문이라고 자주 말하곤 했다.

크라메르스는 에렌페스트가 선생으로서 보여준 천재성에도 깊은 감명을 받았다. 그러한 존경은 상호적인 것이었다. 에렌페스트는 강의를 할 수 없을 때면 가끔 크라메르스에게 강의를 대신 맡기곤 했다. 그럼에도 불구하고, 두 사람의 관계는 더 좋아지지 않았는데, 주된 이유는 크라메르스가 물리학 외에 다른 분야에도 지적인 관심을 가진 것을 에렌페스트가 치명적인 결함으로 간주했기 때문이다. 실제로 크라메르스가 석사 학위 시험을 통과했을 때, 에렌페스트는 적극적인 연구 활동을 하는 물리학자보다는 고등학교 선생이 되는 게 낫겠다는 뜻을 넌지시 비쳤다.

그래서 1916년 봄에 크라메르스는 아른헴의 한 학교에서 수학과 물리학을 가르쳤다(그러나 딱 두 달 동안이었다). 그는 곧 연구의 세계로 돌아가고 싶은 충동을 느꼈으며, 그러기 위해서는 해외로 나가야 한다고 생각했다. 그의 선택은 덴마크로 정해졌는데, 무엇보다도 덴마크는 제2차 세계 대전에 휘말려들지 않았고, 또 1916년 여름에 국제 학생 회의가 코펜하겐에서 열릴 예정이었는데, 크라메르스는 거기에 간부 자격으로 참석하게 되어 있었기 때문이다. 크라메르스는 닐스 보어에게 편지를 썼다. 그 때, 크라메르스는 21세였고, 보어는 31세였다.

1913년, 보어는 양자론을 동역학에, 더 정확하게는 원자와 분자의 구조에 적용하는 방법을 창시한 사람으로 세계적인 명성을 얻고 있었다. 그러

나 보어가 코펜하겐대학의 교수로 임명된 것은 1916년 4월이 되어서였다. 그 대학에 이론물리학 교수 자리가 생긴 것은 그 때가 처음이었기 때문이다. 또, 그 당시에는 코펜하겐대학에 물리학연구소도 아직 없었기 때문에 보어는 1916~1920년에는 코펜하겐공과대학(지금의 덴마크공과대학) 건물에 있는 150평방피트의 작은 방을 사용했다.

1916년 8월, 보어는 들어본 적도 없는 네덜란드의 젊은이가 코펜하겐에서 보내온 편지를 받았다. 그 일부를 소개하면 다음과 같다.

> 보어 교수님! 우선 제 소개를 하자면, 저는 수학과 물리학을 공부한 네덜란드 학생입니다. 저는 레이덴대학에서 4년 동안 공부했습니다…저는 모든 시험을 다 통과했습니다. 저는 박사 학위를 받길 원합니다…저는 전쟁 중인 나라에는 가고 싶지 않기 때문에, 코펜하겐으로 가기로 결정했습니다…물론 저는 무엇보다도 선생님과 친해지고 싶고, 또 동생인 하랄과도 친해지고 싶습니다.[c] 조만간 선생님을 한번 찾아뵐 수 있길 바랍니다…H. A. 크라메르스로부터.[5]

두 사람이 만난 뒤, 보어는 크라메르스에게 기회를 한번 줘보기로 마음 먹었는데, 그것은 아주 훌륭한 결정으로 밝혀진다. 이렇게 해서 크라메르스는 그 후에 이어질 수많은 보어의 조수(그 중 많은 사람은 큰 명성을 얻었다) 중 맨 첫 번째 자리를 차지하였다. 1916년 가을에 두 사람은 협동 연구를 시작하여 중간에 일시적인 중단들이 있긴 했지만, 1926년까지 그 관계를 유지했다.

처음에 크라메르스는 보어의 작은 연구실을 함께 사용했고, 보어가 재량권을 행사할 수 있는 장학금의 지원을 받았다. 이미 1917년에 보어는 이렇게 썼다. "크라메르스와 함께 연구하는 것은 매우 만족스럽다. 그는 아주 능력이 뛰어나며, 내가 가장 큰 기대를 걸고 있는 사람이다."[6] 1919년 5월에 레이덴대학에서 크라메르스가 박사 학위 논문(양자물리학에 관한)을 변론할 때 보어도 참석했다. 같은 달에 크라메르스는 코펜하겐대학에서 과학 조수로 임명되었다. 1923년에는 강사가 되었다. "1916년부터 1925년까지 코펜하겐 시절에 크라메르스는 원자물리학의 도제로부터 보어의 후계자로 혜성처럼 급부상했다. [구양자론 시절에] 그는 코펜하겐에서 보어 다음으로 유력한 인물이었다."[7]

1919년, 보어는 비서를 구했는데, 운 좋게도 베티 슐츠(Betty Schultz)라는 유능한 비서를 구했다. 그녀는 이렇게 회상했다. "저는 그의 집으로 찾아갔지요⋯저는 속기를 할 줄 알았고, 영어도 약간 알았으며, 이것저것 사소한 업무도 처리할 줄 알았어요. 그러나 그 곳에 갔을 때 보어 선생님은 제가 과학에 관심이 있는지 없는지만 묻고, 다른 것은 일체 묻지 않았어요. 저는 '아뇨, 전 그것이 무엇인지 몰라요'라고 대답했죠. 그러고는 채용이 되었어요."[8] 베티는 1919년 1월 2일부터 근무를 시작했으며, 보어의 연구실에서 일했다. "보어 교수와 크라메르스 그리고 제가 한 방에 앉아 있었지요⋯보어 교수가 크라메르스와 일을 해야 할 때면 저는 집에 가도 되었고, 우리가 함께 일을 할 때면 크라메르스가 집으로 갔지요."[8]

크라메르스는 또한 새로운 전통도 만들었다. 그는 외국에서 온 물리학자 중에서 덴마크 여성과 결혼한 최초의 사람이었다. 보어는 그 결혼식에 증인의 한 사람으로 참석하였다.

───◆───

덴마크에 정착한 지 얼마 안 되어 크라메르스는 안나 페테르센(Anna Petersen)을 만났다. '스톰(폭풍)'이라는 별명으로 더 잘 알려진 안나는 외향적이고 활기차고 건강한 젊은 여성으로, 카톨릭으로 개종하였고, 코펜하겐대학에서 발성법을 공부하고 있었다. 크라메르스는 첼로뿐만 아니라 피아노도 잘 연주했다. 그래서 크라메르스는 스톰과 함께 연주회에 참가하곤 했는데, 크라메르스는 이중주에서 스톰이 리드하는 방식을 존경했다. 스톰은 그와 깊은 사랑에 빠졌다. 두 사람은 1917년에 약혼을 했는데, 그 후 두 사람의 관계는 많은 우여곡절을 겪게 된다. 스톰이 비록 상식적인 것을 많이 알고, 뛰어난 유머 감각(그녀는 사람들을 흉내내는 데 뛰어났는데, 특히 파울리의 흉내를 잘 냈다)을 가진 총명한 여성이긴 했지만, 정규 교육을 제대로 받지 못해 지적으로 크라메르스와 차이가 컸다는 데에도 일부 원인이 있었다. 그러나 그것보다 더 중요한 것은, 돌이킬 수 없는 결정에 대한 두려움과 맹세를 하지 않으려고 하는 크라메르스의 성격 탓이었다고 나는 생각한다. 1920년, 스톰이 임신을 하자, 그 해 10월 25일에 두 사람은 코펜하겐의 마르모르성당에서 결혼식을 올렸다.

그러나 결혼 후에도 두 사람의 관계는 그다지 달라지지 않았다. 시간이 지나면서 두 사람의 결합에 대해 크라메르스가 느끼는 불완전감은 점점 커져갔다. 1930년대 말에 그는 자기에게 중요한 역할을 하던 여성과 깊은 관계에 빠졌지만, 결혼 생활을 청산하지는 않았으며, 스톰은 딸 셋과 아들 하나를 낳았다. 아들인 얀 크라메르스는 어머니가 아버지의 다른 여자에 대해 알고 있었고, 자녀들도 그 여자를 만났으며, 그 문제에 대해 스톰은 놀라운 인내심을 보였다고 내게 말했다.[d]

코펜하겐 시절로 다시 돌아가자. 보어는 자신의 연구 환경에 만족할 수 없었다. 1917년 4월, 그는 덴마크의 고위 공직자들에게 접근하여 자신과 연구자들을 위해 연구실을 지어달라고 부탁했다. 많은 난관을 극복한 끝에 마침내 그 연구소는 1921년 3월 3일에 문을 열었다. 그 전날, 연구소의 부책임자로 임명된 크라메르스는 연구소를 둘러보러 온 신문 기자들을 안내했다. 개원식 연설에서 보어는 연구 및 강의에서 크라메르스가 기여한 공헌에 대해 고마움을 표시했다. 그러나 새로운 장소로 많은 책들과 서류들을 옮기는 일은 그들이 직접 다 해야 했다.

양자역학 제국에서 또 한 사람의 초기 지도자인 조머펠트는 새 연구소의 출범에 맞춰 축전을 보내면서 보어를 '원자물리학의 지도자'[10]라고 불렀다 (자신의 연구를 통해서뿐만 아니라 다른 사람들에게 영감을 주는 것을 통해 원자물리학계를 지도한다는 의미에서). 새로 문을 연 연구소는 이론물리학연구소라고 명명되었지만, 보어가 80세가 되던 해인 1965년에 닐스 보어 연구소로 이름을 바꾸었다.

과학자로서 크라메르스의 초기 경력은 보어의 정신과 영감에 지배되었다. 반대로, 보어는 크라메르스가 도착한 그 때부터 크라메르스에게 의지하게 되었다. 1917년, 보어는 크라메르스를 스톡홀름으로 보내 원자 현상에 관한 자신의 이론을 발표하게 했다. 1918년, 스웨덴의 물리학자 오스카르 클라인이 보어 밑에서 연구하기 위해 코펜하겐으로 왔을 때(외국에서 온 젊은 과학자로는 두 번째로), 보어는 클라인에게 양자물리학의 수수께끼를 소개하는 일을 크라메르스에게 대부분 맡겼다. 다른 사람들이 잠깐씩 방문했을 때에도 자신의 연구뿐만 아니라 새 연구소의 조직 일로도 분주했던 보어는 크라메르스에게 그들을 맞이하게 했다. 그 무렵에 파울리가 한 말처럼, "보어는 알라이고, 크라메르스는 그의 예언자인 마호멧이었다."

어떤 측면에서는 보어와 크라메르스는 서로 보완 관계였다고 말할 수도 있다. 크라메르스는 수학을 아주 좋아했고, 수학적 재능도 상당했다. 반면에, 보어는 실험 데이터를 현명하게 이용함으로써 진전을 이루는 방법을 알아내는 데 타의 추종을 불허하는 능력을 갖고 있었다. 하이젠베르크가 "보어는 수학적인 마인드를 가진 사람이 아니다. 그는 맥스웰보다는 패러데이에 가까운 사람이라고 말할 수 있다."[11]고 한 것은 이와 같은 점을 염두에 두고 한 말이다. 거기다가 크라메르스는 패러데이보다는 맥스웰에 가까운 사람이라고 덧붙일 수 있을 것이다.

───────

이제 크라메르스의 과학적 업적에 대해 살펴보기로 하자. 먼저, 그의 과학 논문들이 그의 동료들과 제자들에 의해 한 권의 책[12]으로 출간되었음을 밝혀두고자 한다. 그것은 (그 책의 서문에서 밝힌 것처럼) "비범한 재능을 가진 인물을 구체적인 방법으로 기념하기 위해서"였다. 비과학적인 논문들까지 포함된 크라메르스의 논문 목록[13] 역시 출간되었다.

크라메르스가 도착한 직후부터 보어는 헬륨에 대한 공동 연구를 제안하였다. 11월에 보어는 러더퍼드에게 보낸 편지에서 이렇게 썼다. "지난 몇 달 동안 나는 남는 시간을 정상적인[즉, 이온화되지 않은] 헬륨의 스펙트럼 문제를 풀기 위해…크라메르스와 함께…연구하면서…진지한 노력을 기울이는 데 썼습니다. 마침내 나는 정말로 이 문제에 대한 단서를 얻었다고 생각합니다."[14]

처음에 보어는 낙관적이었다. 그는 동료들에게 보낸 편지에서 그 이론은

"1916년 가을에 만들어졌으며,"[15] "측정값들과 부분적으로 일치하는" 결과를 얻었다고 썼다. 결코 발표되지 않은 200여 쪽에 이르는 보어의 계산은 닐스 보어 기록 보관소에 남아 있다.

그러나 시간이 지나면서 보어의 신념은 약해졌다. 그는 그 문제를 점점 크라메르스에게 맡겼고, 크라메르스는 뛰어난 수학적 독창성을 발휘하며 그 문제를 붙잡고 씨름했다. 보어 자신도 여러 차례 헬륨 문제로 돌아오곤 했는데, 솔베이 회의의 보고서(1921)[16] 일부와 괴팅겐대학에서 행한 강연[17] 중 네 번째 강연에서 가장 자세하게 다루었다. 마침내 크라메르스는 헬륨 문제에 대한 결과를 1922년 12월에 논문[18]으로 발표하였다. 이 문제를 해결하는 데에는 6년간의 힘든 연구가 뒤따랐다. 그가 최종적으로 제시한 헬륨 모형에서 흥미로운 특징은 그것이 더 이상 평면적인 모형이 아니라, 두 전자가 서로 다른 평면에서 움직이고 있다는 것이었다. 그의 부정적인 결과 중 가장 중요한 것은, 정상 궤도들을 돌고 있는 전자들에 고전역학을 적용해야 한다는 보어와 에렌페스트의 개념과 관련된 것이다. "이미 이 간단한 경우에 대해서도 역학은 유효하게 성립하지 않는다고 결론내려야 한다."[18]

여기서 첫째, 크라메르스는 고전역학에 대해 비범한 지식을 갖고 있었고, 둘째, 헬륨 문제에 깊이 매달려 있던 그 시절에 그것의 해결을 위한 주요 요소들이 아직 알려지지 않은 상태였다는 점을 지적해야겠다. 아직 스핀이라든가 배타 원리 같은 것은 등장하기 전이었다. 헬륨 문제는 양자역학이 발견되고 나서 1926년에 가서야 겨우 해결되었다.

크라메르스는 헬륨 문제에 매달려 있던 시기에 다른 물리학 문제들도 다루었다. 예를 들면, 1919년에 그는 일반 상대성 이론에 관한 논문[19]을 발표했다. 더 중요한 것은, 1917년에 스펙트럼선의 세기에 대한 연구를 시작한 것이다. 그는 먼저 일반적인 이론을 세밀하게 만든 다음, 그것을 수소 스펙트럼의 미세 구조의 세기와, 원자를 전기장에 노출했을 때 스펙트럼선들이 갈라지는 현상인 스타크 효과(Stark effect)의 세기를 계산하는 데 적용했다. 실험 데이터와 비교한 결과는 상당히 만족스럽게 나타났다. 보어의 원자 모형을 확인해주는 주요 연구 중 하나로 꼽히고, 크라메르스를 이 이론의 대가로 올려준 이 연구에서 크라메르스의 박사 학위 논문[20]이 탄생했다. 1919년 5월 1일, 레이덴대학에서 열린 논문 변론 현장에는 세 사람의 노벨상 수상자(보어, 하이케 카메를링 오네스, 로렌츠)가 참석했고, 스톰도 방청석에 있었다. 그러나 그 연구는 크라메르스의 기력을 소진시킨 듯하다. 지위가 승격된 직후에 크라메르스는 앓아누웠고, 상당 기간 로테르담의 병원에 입원했기 때문이다.

1922년, 크라메르스는 뢰레안스탈트의 사서인 헬게 홀스트(Helge Holst)와 함께 덴마크어로 된 『보어의 원자 이론』이란 제목의 책을 출판했다. 1923년에는 영어 번역본[21]이 출간되었는데, 러더퍼드는 서문에서 크라메르스를 칭찬하는 글을 썼다. "크라메르스 박사는 이 주제에 관해 직접 이야기할 수 있는 특별히 운 좋은 입장에 있다. 왜냐하면, 그는 보어 교수가 이론을 만들 때 소중한 도움을 준 조수였을 뿐만 아니라, 그 자신도 이 분야의 지식에 독창적이고 중요한 기여를 했기 때문이다." 그 책은 큰 성공을 거두었다. 그 책은 보어의 명성을 널리 퍼뜨렸으며, 물리학자와 일반인 모두에게 호평을 받았다. 많은 물리학자들은 그 책을 쉽게 읽을 수 있는 원자물리학 입문서로 사용했다.

양자론과 고전 이론의 연결 관계를 말해주는 보어의 대응 원리가 지닌 미묘함을 크라메르스만큼 잘 전달한 사람은 없었다. 대응 원리는 크라메르스가 학위 논문 연구를 할 때 주요 도구로 사용되었다. 그는 대응 원리를 적용하는 데 따르는 미묘한 문제들을 여러 차례 강조했는데, 홀스트와 함께 저술한 책에서 그것을 최초로 강조했다. "(대응 원리가) 무엇에 기초하고 있는지 설명하기는 어렵다. 그것은 정확한 정량적인 법칙으로 표현할 수 없고, 이 때문에 적용하기가 어렵기 때문이다. [그러나] 보어의 손을 통해 그것은 아주 다양한 분야들에서 큰 결실을 맺었다."[22] 또, 1923년에 보어 이론 탄생 10주년을 기념하여 〈Naturwissenshaften〉지에 기고한 글[23]에서 그는 이렇게 썼다. "어려움과 불확실성으로 덮인 이 밤에 보어의…원리

는 하나의 밝은 빛이다." 그리고 보어의 50회 생일을 맞이한 1935년에는 이렇게 썼다. "처음에 물리학계에서 대응 원리는 코펜하겐 밖에서는 효력이 없는 다소 신비한 요술 지팡이처럼 비쳤다."[24] 조머펠트 역시 처음에는 그 원리를 "고전적인 파동 이론을 양자론에 적용하게 해주는…요술 지팡이"[25]라고 불렀다.

1923년은 크라메르스에게 매우 생산적인 한 해였다. 양자론을 연속 스펙트럼에 처음으로 적용한, X선 흡수에 관한 아름다운 논문[26]을 이 해에 발표했다. 이 연구로 크라메르스는 에딩턴으로부터 찬사를 들었다.[27] 그는 또한 원자의 껍질 모형에 관한 논문,[28] 회전하는 분자들의 양자화에 관한 논문,[29] 띠 스펙트럼에 관한 논문,[30] 화학 반응 속도에 관한 논문[31]을 썼다.

크라메르스가 1924년에 공동으로 발표한 논문은 그가 빛의 양자론에 대해 훌륭한 아이디어를 떠올린 1921년에 일어났던 잘 알려지지 않은 일화를 생각나게 한다.

1905년에 아인슈타인이 어떤 조건하에서는 빛이 입자들, 곧 광자들의 집단처럼 행동한다고 주장했다는 사실을 기억할 것이다. 이 개념은 그 당시로서는 혁명적인 것이었고, 아서 콤프턴(Arthur Compton)이 실험을 통해 전자에 의해 산란된 빛이 산란 각도에 따라 그 진동수가 감소하며, 그 감소 정도는 광자 개념을 가정하고, 에너지와 운동량이 산란 과정에서 보존된다고 가정함으로써 이론적으로 예측할 수 있다는 것을 보인 1923년까지 논란의 대상으로 남아 있었다. 그런데 이 가정들은 이전에 누군가 생각할 수 있었던 최소한의 가정이었다.

실제로 그 이전에 이미 생각한 사람이 있었다. 크라메르스의 가족과 친구 및 제자들과 면담을 통해 드레스덴은 콤프턴의 실험이 있기 전인 1921년 여름에 크라메르스가 그 효과에 대한 정확한 이론을 발견했다는 강한 증거[32](내가 보기에는 상당한 설득력이 있는)를 얻었다. 크라메르스의 부인은 그 당시 자기 남편이 "미친 것처럼 흥분 상태였다…보어와 크라메르스는 즉시 매일 일련의 무제한의 논쟁을 시작했다. 그러한 토론들이 끝난 후에 크라메르스는 기진맥진하고 침울하고 의기소침해져서 병이 났고, 상당

기간 병원에 입원했다."고 회상했다. 크라메르스가 그런 상태에 빠진 것은 보어가 집요하게 크라메르스의 생각에 반대했기 때문이다. 그 후에 "크라메르스는 단순히 보어의 견해에 따르기만 한 것이 아니라, 보어의 견해를 자기의 견해로 만들었다…〔그 후로〕크라메르스와 보어는 이전보다 과학적으로 훨씬 더 가까워졌고, 서로 의견이 잘 일치하게 되었다."라고 드레스덴은 덧붙였다. 1923년에 쓴 크라메르스의 글은 이러한 입장 변화를 명백하게 보여준다. "광양자 이론은…질병을 사라지게 하지만 환자를 죽이는 약에 비유할 수 있다…이 이론은 보어 이론의 필연적인 결과가 아니라는 것은 말할 것도 없고, 절대로 보어 이론에서 나온 것이 아니라는 사실을 명심해야 한다."[33]

그렇다면 보어 자신의 견해는 어떤 것이었을까? 보어는 광자 개념을 전혀 받아들이지 않았다.[e] 대신에, 그는 1923년에 빛-전자 산란과 같은 과정에서는 에너지와 운동량이 보존되지 않는다는 다른 주장을 내놓았다.[34] 1923년에는 원자 전이나 전자와 전자의 충돌 또는 전자와 원자의 충돌과 같은 미시적인 개개 과정에서 이들 법칙이 성립하는지 실험적으로 검증되지 않았다는 점을 염두에 두어야 한다. 보어의 이러한 생각은 보어와 크라메르스, 존 슬레이터(John Slater)가 공동으로 쓴 불충분한 논문[35]으로 나왔다(존 슬레이터는 하버드대학에서 박사 학위를 받고 1923년 말에 코펜하겐에 온 젊은이였다).

이 문제는 실험 결과, 에너지와 운동량은 개개 사건들에서도 실제로 보존된다는 사실이 분명하게 드러난 1925년 초에 해결되었다.[f]

비록 1924년은 출발은 좀 부진했지만, 그 해에 크라메르스는 생애 최고의 훌륭한 연구를 하게 된다.

─────●─────

1913년에 원자에 관한 양자론이 처음 나올 때부터 새로운 양자 규칙이 고전 이론과 충돌한다는 사실은 명백해보였다(특히 보어에게는). 그럼에도 불구하고, 그 다음 몇 년 동안 과학자들은 양자 규칙을 덧붙인 채 고전 이론을 버리지 않는데, 이러한 방법이 결국은 논리적으로 정당화되리라는 희망을 가지고 있었기 때문이다. 결국 1920년대 초에 가서야 많은 실패를 겪고 나서 실제로 원자 차원에서는 고전적인 모형들을 버려야 하는 게 아닌가 하는 의혹과 함께, 특히 원자 궤도 개념 자체를 의심하는 더 급진적인 생각들이 부각되기 시작했다.

원자 궤도를 의심하는 것도 중요한 일이었지만, 원자 궤도 없이 원자물리학을 한다는 것은 또 다른 문제였다. 이러한 방향에서 이루어진 최초의 성공적인 노력은 크라메르스의 연구 덕분에 1924년부터 시작되었다. 보른은 크라메르스의 기여에 대해 이렇게 말했다. "그것은 고전역학의 밝은 영역으로부터 아직 어둡고 아무도 들어가보지 못한 새로운 양자역학의 세계로 첫발을 내디딘 것이었다."[37] 크라메르스의 연구는 빛의 분산에 관한 것이었다. 즉, 광선을 쬐어 들뜬 상태가 된 원자에서 방출되는 2차적인 빛의 방출에 관한 것이었다. 그 결과는 ⟨Nature⟩지에 보낸 두 편의 서한으로 발표되었는데, 하나[38]는 1924년 5월에, 또 하나[39]는 7월에 제출되었다.

분산에 관한 고전 이론에 따르면, 빛을 받은 원자에서 방출되는 빛의 세기는 쬐어준 빛의 진동수와 그 원자 내부의 전자들의 고전적인 궤도 운동 진동수에 좌우된다. 그러나 양자론에서는 이 고전적인 진동수 대신에 정상 상태들 사이의 보어의 전이 진동수를 사용할 것을 명백하게 요구하였다. 크라메르스가 논문에서 제기한 문제는 바로 이것이었다. 고전역학의 답과 연결을 도모하기 위해 크라메르스는 대응 원리를 사용했는데, 그것은 이 경우에는 산란된 복사는 큰 양자수의 한계 내에서 전자 운동의 고전적인 진동수에 좌우된다고 요구하였다. 그는 아인슈타인의 자연 방출 개념을 양자 이론적 도구로 사용했고, 원자를 보어 진동수로 진동하는 진동자 집합으로 대체하는 수학적인 교묘한 기술을 사용했다. 아주 명쾌한 추측으로 이러한 요소들을 결합함으로써 그는 2차 광선의 방출 확률을 쬐어준 빛과 보어 진동수로 나타낸 소위 분산 관계식을 유도하였다.

크라메르스가 보낸 서한의 기술적인 내용은 여기서 다룰 필요가 없을 것 같다. 한편, 가장 흥미로운 점은 그 결과에 대한 자신의 평이다.

〔분산 관계식〕은 스펙트럼과 원자 구성에 관한 양자론에 기초하여 직접적인

물리적 해석을 허용하고, 복합적인 주기적 계들[즉, 궤도들]에 관한 수학적 이론을 더 이상 연상시키지 않는 그러한 양들(즉, 두 개의 정상 상태에 관계되는 전이 양들)만을 포함하고 있다.

나중에 크라메르스의 분산 관계식은 훨씬 성공적이라는 것이 밝혀진다. 잠시 후 보게 되겠지만, 그것을 확대 적용한 것이 1925년에 발표되었다. 그 다음에는 크로니그(Kronig)[40]와 크라메르스[41]에 의해 X선 데이터에 적용되었다. 나는 다른 곳에서 오늘날 크라메르스-크로니그 관계식이라 불리는 이 관계식이 더 일반적인 가정들로부터 점진적으로 유도될 수 있다는 것과 어떻게 그것이 소립자물리학에 중요하게 응용되는지 소개한 바 있다.[42]

이 때, 하이젠베르크가 등장한다. 그는 1924년 9월에 코펜하겐에 와 반 년 동안 머물렀다. 하이젠베르크는 코펜하겐에 대해 느낀 첫인상을 이렇게 표현했다. "모든 사람들은 보어에게 말하기 전에 크라메르스에게 먼저 말했다…크라메르스는 보어를 제외한다면 내게 가장 강한 인상을 남긴 사람이다."[43]

하이젠베르크는 크라메르스와 늘 친하게 지냈다. 그는 크라메르스의 물리학과 언어에 대한 지식, 그 중에서도 특히 독일 문학에 대한 지식을 존경했으며, 음악적 재능도 높이 평가했다. "한 사람이 어떻게 그렇게 많은 것을 알 수 있단 말인가!"[43] 그들은 음악을 함께 연주하기도 했는데, 하이젠베르크는 피아노를 연주하고, 크라메르스는 첼로를 연주했다. 두 사람은 또 공동으로 논문[44, 45]을 써 1924년 12월에 완성하기도 했다. 그 해에 하이젠베르크가 이룬 마지막 업적인 이 논문의 교정 작업은 전적으로 크라메르스가 맡았다.[46]

이 논문에서 우리는 이미 앞서의 논문들[38, 39]에서 약간 언급되었던 크라메르스의 분산 관계식의 자세한 유도 과정을 처음으로 보게 된다. 여기서 도입된 방법론적인 진전은 그 다음 해에 하이젠베르크가 양자역학에 관해 쓴 최초의 논문에 결정적인 역할을 하였다.

뿐만 아니라, 크라메르스-하이젠베르크의 이 유명한 논문에는 새로운 물리학도 포함되어 있다. 그 전까지 크라메르스는 탄성적 과정, 즉 입사 광선과 2차 광선의 진동수가 동일하지만, 2차 광선이 임의적인 방향으로 방출되는 과정만을 다루었다. 새로운 논문에는 다음과 같은 종류의 비탄성적 과정도 포함돼 있다.

$$h\nu + E_a = h\nu' + E_b$$

여기서 $E_a(E_b)$는 초기(최종) 원자 상태이고, $\nu(\nu')$는 입사(2차)광의 진동수이다. 상태 a와 b는 똑같을 수도 있고, 똑같지 않을 수도 있다. 만약 원자가 낮은 상태에서 높은 상태로(높은 상태에서 낮은 상태로) 도약한다면, 진동수 ν'는 ν보다 작다(크다). 이러한 비탄성 전이는 1928년에 가서야 관찰되었다. 오늘날 이것은 발견자의 이름을 따 '라만 산란(Raman scattering)'이라 부른다.

훗날, 하이젠베르크는 이 공동 연구에 대해 다음과 같이 말했다.

우리는 새로운 역학의 정신을 향해 한 걸음 더 다가간 것 같은 느낌이 들었다. 그 뒤에 뭔가 새로운 종류의 역학이 있는 게 틀림없다는 사실은 누구나 알고 있었지만, 그것을 명확하게 알고 있는 사람은 아무도 없었다. 그럼에도 불구하고, 이것은 올바른 방향으로 나아가는 새로운 한 걸음이라는 걸 느낄 수 있었다⋯ 이 시점에서 그것이 무엇인지조차 알지 못한 채 행렬역학이 발견되었다[47]⋯이 새로운 구도[행렬역학]는 내가 크라메르스와 함께 이룬 연구가 이어진 것이었다 ⋯좀더 체계적으로 연장시킨 것으로, 그것이 일관성 있는 구도라고 기대되었지만, 과연 그런지는 알 수 없었다.[48]⋯나는 크라메르스가 노벨상을 받지 못한 것을 늘 유감스럽게 생각했다.[43]

크라메르스-하이젠베르크의 분산 공식은 양자역학이 '구양자론'의 기술을 대체하고 난 다음에도 오늘날까지 그 물리적 및 형식적 유효성을 유지하고 있는 소수의 결과들 중 하나이다. 1900년 막스 플랑크에서 시작된 구양자론은 1925년 7월에 하이젠베르크의 행렬역학의 등장과 함께 끝났다.

친구들이나 동료들은 종종 양자역학을 발견한 사람이 왜 크라메르스가 아니고 하이젠베르크로 인정되고 있는지 의아해하곤 했다. 실제로 두 사람은 함께 그 발전의 끝에 이르렀다. 나는 그 질문에 대해 정확한 답을 줄 수 없지만, 근본적인 차이를 빚어낸 것은 크라메르스보다 훨씬 공격적이었던 하이젠베르크의 성격 때문이라고 감히 추측해본다. 크라메르스 자신도 1927년에 클라인에게 보낸 편지에서 하이젠베르크와 보어의 과학 논쟁에 관해 이야기하면서 그러한 차이에 대해 언급한 바 있다. "이 분쟁에 끼어들지 마라. 우리 둘은 모두 너무 친절하고 점잖아서 그러한 종류의 싸움에 관여할 수 없다. 보어와 하이젠베르크는 모두 강인하고 고집이 세고 비타협적인데다가 지칠 줄 모르는 성격이다. 우리[크라메르스와 클라인]는 그러한 큰 전쟁에서 깔려 죽기 십상이다."[49]

1925년, 크라메르스는 하이젠베르크의 새 이론에 관한 짧은 글을 발표했지만, 독자가 별로 없는 네덜란드의 잡지에 네덜란드어로 실렸다.[50]

1925년, 크라메르스는 위트레흐트대학으로부터 교수직을 제의받았다. 20세기의 가장 위대한 세 물리학자인 보어와 아인슈타인, 플랑크가 보낸 강력한 추천 편지로 크라메르스가 그 자리에 적임자라는 것은 누구에게나 명백했다.

물론 크라메르스로서는 10년 동안 보어와 함께 긴밀하게 연구했던 곳을 떠나기가 어려웠을 것이다. 그러나 그는 그 제의를 받아들여, 1926년 2월 15일에 '형상과 본질'[51]이라는 주제로 취임 강연을 하고 나서, 5월부터 강의를 시작했다. 그 달에 하이젠베르크는 코펜하겐대학에서 크라메르스가 맡았던 강사 자리를 물려받았다.

7월에 크라메르스는 보어에게 보낸 편지[52]에서 새로운 가정을 꾸미느라고 무척 바쁘다고 썼다. 그는 보어와 접촉을 유지했지만, 시간이 지나면서 그 빈도는 점차 줄어들었다.

1931년 10월 30일, 크라메르스는 하나의 고전이 된 소위 WKB 방법에 관한 논문[56]을 썼다. 이 연구에서 특징적인 것은 양자역학을 수학적으로 정교하게 표현한 것이다. 1927년, 그는 제5차 솔베이 회의에 참석하여 활발한 토론에 참여했다.[57] 그러나 보어가 크라메르스에게 보낸 편지[58]에서 처음으로 언급했던 상보성에 대해 강연을 한 후로도 그는 침묵을 지켰다. 그 후에도 크라메르스는 양자역학이 제기한 새로운 해석 문제에 대해서는 글을 쓰지 않았다. 그의 스타일은 모험을 무릅쓰기보다는 학문적인 자세에 가까웠다.

이러한 그의 자세를 보여주는 전형적인 예는 1927년에 회전하는 전하 분포를 상대론적으로 일반화하는 고전적인 방법에서 출발하여 양자역학에 스핀 개념을 포함하려는 그의 시도에서 볼 수 있다. 아주 복잡한 과정을 거친 후에 그는 한 쌍의 미분방정식을 유도했는데, 그것은 그가 그것을 끝마치기 몇 주일 전에 디랙이 발표한 네 가지 방정식[59]과 같은 형태였다. 크라메르스는 이 일에 크게 실망하여 물리학의 선두에서 점차 물러났으며, 자신이 발견한 스핀 형식(내가 보기에는 다소 불투명한)은 1938년에 쓴 교재[60]에만 발표하였다.

크라메르스의 논문집[12]을 살펴보면, 1927년 이후부터 그가 세상을 떠나던 1952년까지 광범위한 분야에 걸쳐 모두 52편의 과학 논문을 썼다는 것을 알 수 있는데, 그 중에서 나는 지금까지 단지 분산 관계식에 관한 연구[41]만 언급했다. 이 논문들 중 열두 편[61]은 다중 상태 이론이나 비대칭적 톱의 양자화와 같은 구체적인 양자역학 문제들을 다룬 것이다. 두 번째 범주의 논문들[62]은 상자성체의 성질, 그 중에서도 특히 그 당시 레이덴대학의 독점물이던 극저온을 얻는 중요한 기술인 단열 소자를 다루었다.

크라메르스는 상전이 이론에도 기초적인 기여를 했다. 강자성에 관한 두 번째 논문[63]에서 그는 불연속적인 상전이들이 오직 '열역학적 극한'에서만 일어날 수 있다는 사실을 최초로 인식하였다.[g] 그는 또한 그레고리 와니어 (Gregory Wannier)와 함께 강자성체의 특정 모형에 대한 상전이의 정확한 위치를 최초로 발견했으며,[h] 만약 상전이가 일어난다면 일반적인 논증을 통해 그 위치를 알 수 있음을 보였다. 이 연구는 그 단순성이 특히 돋보이는 모범적인 사례였다.[65]

크라메르스는 확산과 거대 분자의 유동에 대해서도 활발한 연구를 했는데, 그 중에서 가장 중요한 것은 열적으로 활성화된 장벽의 통과에 관한 논문[66]이었다. 그 당시의 화학계에서는 그 예측을 직접 이용하지 못했다. 그러나 1970년대와 1980년대에 이루어진 실험을 통해 이 연구가 획기적인 의미를 지녔음이 밝혀졌으며, 그 사실은 1990년에 발표된 '반응 속도 이론 : 크라메르스 이후 50년'이란 제목이 붙은 논문[67]에서 잘 설명되고 있다.

마지막으로, 나는 1937년에 크라메르스가 근본적인 문제로 돌아왔다는 것을 언급하고자 한다. 그 해에 그는 처음으로 디랙 방정식이 지닌 대칭적 성격에 주목하여 그것을 하전 공액 변환(charge conjugation)이라 이름붙였다.[68] 그 무렵에 그는 또한 전자기장과 전자의 상호작용에 대한 논문도 발표하기 시작했는데, 여기에 대해서는 조금 있다가 다시 다루겠다.

이것으로 20세기의 주요 물리학자 중 한 사람의 업적을 불완전하게나마 개략적으로 살펴보았다.

———————◆———————

이번에는 내가 개인적으로 크라메르스에 대해 아는 이야기를 하려고 한다. 그 때는 제2차 세계 대전이 진행되던 암울한 시기였다. 몇몇 날짜들이 떠오른다. 1940년 5월 10일, 독일군은 네덜란드를 침공했다. 5월 15일, 네덜란드군은 항복했다. 5월 28일에는 벨기에가 항복했고, 6월 14일에는 파리가 함락되었으며, 6월 21일에는 프랑스가 정전 협정에 서명했다.

나는 파리가 함락된 다음 날, 레이덴 교외의 우흐스트헤스트에 있는 크라메르스의 집 서재에서 그의 가족과 함께 지냈다. 원래 계획은 물리학 문제에 대해 토론을 하기 위한 것이었으나, 우리 중 누구도 그럴 기분이 아니었다. 파리가 함락됐다는 사실에 우리는 큰 충격을 받았다. 다른 많은 네덜란드 사람들도 그랬을 것이다. 우리 조국이 독일의 침공에 성공적으로 맞설 수 있을 것이라고 믿은 사람은 아무도 없었다. 그러나 파리는 서구 문화의 상징으로 자리잡고 있었다. 우리 중 어느 누구도 파리가 독일군의 수중에 들어가리라고는(그것도 그렇게 빨리) 생각지 못했다. 그래서 나의 방문은 빛의 도시에 대한 우울한 회상을 나누는 자리가 되고 말았다. 네덜란드의 항복보다, 불타는 로테르담의 검은 연기 구름(구름이 바람에 실려 북쪽으로 이동하고 있었기 때문에 크라메르스의 집에서도 볼 수 있었다)보다도 파리의 함락이 우리에게 더 큰 충격으로 다가왔다고 말하는 것은 결코 과장이 아니다.

유태인 교수들이 축출된 데 레이덴대학 교수들이 항의를 한 결과로 레이덴대학은 1940년 11월부터 전쟁이 끝날 때까지 문을 닫았다(잠시 동안 문을 다시 연 적은 있지만). 1941년 10월 22일, 독일은 비영리 조직(여기에는 네덜란드왕립과학아카데미도 포함되었다)에서 유태인을 축출하라는 명령을 내렸다. 그 결과로 5명의 비유태인 아카데미 회원이 사임했는데, 그 중에 크라메르스도 끼여 있었다.

1942년 6월, 유태인의 기차 이용이 금지되었다.

이러한 일련의 사건들은 내가 암스테르담의 카이저그라흐트에 위치한 은신처에 몸을 숨기던 1943년까지 전쟁 초기의 몇 년 동안 왜 내가 크라메르스와 더 이상 만나지 않았는지 충분한 설명이 될 것이다.

내가 그 곳에 도착한 직후, 게슈타포가 급습할 경우를 대비해 비밀 장소가 집 안에 만들어졌다. 내 방 옆에 있는 다락방의 나무벽 판자를 잘라 유사시에 그 속의 작은 공간에 몸을 숨기도록 한 것이다. 판자 안쪽에는 자물쇠를 달아 그 속으로 들어간 다음, 안쪽에서 문을 잠글 수 있었다. 나는 재빨리 그 속으로 대피하는 연습을 자주 하곤 했다.

그것만 뺀다면, 그 다음 몇 달 동안의 생활은 조용하고 반복적인 것이었다. 그 기간에 나는 반가운 기분 전환을 맛보게 되었는데, 그것은 내가 그 곳에 있다는 소식을 듣고 크라메르스 가족이 방문한 것이었다. 대학이 문을 닫은 후 그는 다른 일자리를 찾아야 했다. 그는 네덜란드에서 가장 큰 기업 중 하나인 바타프스헤 석유회사의 고문이 되었는데, 그 일 때문에 일주일에 한 번은 암스테르담에 있는 사무실에 출근해야 했다. 나를 보호해 주고 있던 쿠호르스트 가족과 상의를 한 후에 크라메르스는 월요일마다 회사를 마친 후 나를 만나러 오기로 했다. 크라메르스와 쿠호르스트 가족은 서로 친해졌고, 크라메르스가 나를 방문하는 날에는 쿠호르스트 가족이 그를 저녁 식사에 초대했는데, 그것은 그 암울하던 시절에 크라메르스에게 큰 기쁨을 주었다.

크라메르스가 나를 방문하던 기간에 우리는 전자 이론의 한 가지 역설 (전자기장과의 상호작용으로 인해 전자가 무한의 에너지를 가져야 한다는)에 관한 그의 생각에 대해 많은 토론을 했다. 그가 출발점으로 삼은 것은 고전적인 비상대론적 전자 이론이었다. 그는 1937년에 열린 갈바니 회의에서 이 연구에 대해 처음으로 보고하였다.[69]

나 역시 그 문제에 대해 연구를 했으며, 그것을 상대론적 양자론으로 다루어야 한다고(나중에 옳은 것으로 밝혀지지만) 확신하여 크라메르스의 접근 방법에 대해 반대하는 입장에서 논쟁을 벌였다.

"비상대론적 이론은 출발점으로 삼기에 좋지 않아요."

"그러나 우리에겐 신뢰할 만한 상대론적 이론이 없잖나?"

"거기에는 저도 동의하지만, 디랙의 이론은 여전히 우리가 이용할 수 있는 최선의 이론이에요."

자기 에너지 문제는 본질적으로 양자 문제이며, 일단 양자화된 전자기장은 모든 곳에서 다시 새로운 무한을 만들어낼 것이라고 나는 지적했다. 그는 그것을 부정하진 않았지만, 낮은 진동수 범위의 물리학을 먼저 바로잡아야만 최선의 결과를 기대할 수 있다고 고집했다. 그 문제에 관한 그의 마지막 논문[j](1948년의 논문[71])에서 그는 그것을 다음과 같이 표현했다. "상대론적인 처리는…전혀 가능해 보이지도 유망해 보이지도 않는다…그 도구에 대해 너무 많이 생각해서는 안 될 것이다. 먼저 잘못된 해밀턴 연산자를 양자화하고 나서 나중에 개선시켜 나가도록 노력해야 할 것이다." 나는 그때나 지금이나 시의적절하지 못한 아이디어인 현실적인 유한 이론을 찾으려고 매달리는 대신에, 대량 재규격화 프로그램(비록 낡은 틀에 담은 것이긴 하지만)과 똑같은 그의 아이디어에 좀더 깊은 관심을 쏟았어야 옳았다.

우리는 다른 주제들에 대해서도 많은 이야기를 나누었고, 자연히 전쟁 상황에 관한 이야기도 했다. 하루는 토론의 주제가 음악으로 옮겨갔다. 크라메르스는 나의 도피 기간은 악기 연주를 배우기에 좋은 시간이 될 것이라고 말하며, 자기가 좋아하는 첼로 연주를 가르쳐주겠다고 제의했다. 나는 그것은 참 좋은 생각이지만, 내게는 첼로가 없다고 말했다. 그는 그것은 문제가 안 된다며 암스테르담의 한 악기점을 알고 있는데, 거기서 첼로를 빌릴 수 있다고 했다. 얼마 후, 쿠호르스트의 아들이 그 악기점을 방문하여 첼로를 빌려왔다. 그 때부터 나는 좋은 소일거리가 생겼다. 내가 내는 소음은 별 문제가 되지 않았다. 가끔 집에 들르는 이웃에게는 아들이 첼로를 배우고 있노라고 이야기했다. 그래서 별로 심심치 않게 세월이 그럭저럭 흘러갔는데, 1943년 11월의 어느 월요일에 위기가 닥쳤다.

저녁 6시 무렵에 우리는 크라메르스와 함께 저녁 식사를 하고 있는데, 갑자기 벨이 울렸다. 이처럼 예기치 못한 시간에 벨이 울리면, 아이들 중 하나가 내려가 직접 문을 열어주도록 사전에 정해져 있었다.

이번에 찾아온 방문객은 게슈타포였다.

현관 옆에는 2층에 위급 상황을 알릴 수 있는 특별한 단추가 달려 있었다. 그것이 울리자 나는 테이블에서 빠져나가(그러면 누군가가 내 접시를 치웠다) 은신처로 달려갔다. 2층으로 올라가는 도중에 아래층에서 독일말이 들려왔기 때문에, 나는 즉시 사태를 파악하였다. 나는 다락방 벽의 판자를 열고는 그 안에 들어가 숨었다. 그런데 나는 너무 흥분하여 안쪽의 자물쇠를 제대로 잠글 수가 없었다. 그래서 나는 판자를 손으로 꼭 잡고서 제자리에 붙어 있게 하였다. 그러나 그 상태로는 판자가 벽과 완전히 들어맞지 않아 약간의 벌어진 틈이 보였다.

그들은 2층으로 올라와 다락방으로 들어왔다. 한 사람은 아주 밝은 횃불을 들고 있었는데, 지나가다가 내가 있는 판자 앞에다 그것을 똑바로 비추었다. 나는 틈을 통해 그 빛을 볼 수 있었다. 나는 이 글을 쓰고 있는 지금 이 순간에도 눈앞에 그 빛이 선명하게 보인다. 그 사람은 불빛을 잠시 동안 이리저리 비추더니 방에서 나갔다. 그 순간은 내 생애에서 절체절명의 위기였다.

나는 그 좁은 공간에서 손으로 판자를 꼭 붙잡고 사실상 쭈그리고 앉아 있었다. 그 때, 내 방의 문(내가 숨어 있는 장소의 반대편에 있는)이 살짝 열리는 소리가 들렸다. 그리고 누군가가 들어왔다. 나는 처음에 그 사람이 누구인지조차 몰랐다. 그 사람은 내가 숨어 있는 벽 바로 앞에 놓여 있는 작은 의자에 앉더니, 아주 부드러운 목소리로 책을 읽기 시작했다.

그 사람은 크라메르스였다.

전번에 그는 내게 브래들리의 『셰익스피어 강의』라는 책을 빌려주었다. 이 친절한 양반은 지금 나를 진정시키려고 그 책에 있는 구절을 읽어주고 있었던 것이다.

10시에서 11시 사이에 아들 중 한 명이 다락방으로 올라와 위험이 사라졌으니 나와도 된다고 말해주었다. 나는 그 속에서 15분 가량 쭈그리고 있었다고 믿었는데, 실제로 흐른 시간은 4시간이었다.

이제 내가 그 집을 떠나야 하며, 내가 어디를 가든지 간에 크라메르스가 나를 찾아오는 일도 그만두어야 한다는 것이 분명해졌다. 나는 더 이상 그의 생명을 위태롭게 할 수 없었다. 실제로 나는 전쟁이 끝날 때까지 그를 다시는 보지 못했다. 그렇지만 그와의 관계에서 가장 중요한 사건이 전쟁이 끝나기 전에 일어났다. 그 사건은 1944-45년의 '기근 겨울'이 끝날 무렵에 일어났는데, 그 동안에 크라메르스와 그 가족은 큰 고통을 겪었고, 평소에도 결코 건강한 편이 아니었던 크라메르스의 몸은 극도로 나빠졌다.

1945년 3월, 나는 게슈타포에게 체포되어 암스테르담의 베테링스한스에 있는 가택에 연금되었다.

내 여자 친구 티네케가 크라메르스에게 내가 체포되었다는 소식을 전했다. 그는 즉시 하이젠베르크에게 내가 아주 유능한 비정치적인 젊은 물리학자라는 것을 강조하는 내용의 편지를 썼으며, 그 편지 사본 한 통을 티네케에게 주었다. 나는 훗날 크라메르스에게서 하이젠베르크로부터 답장을 받았다는 이야기를 들었다. 하이젠베르크는 사정은 이해하지만, 자기가 도울 수 있는 일이 아무것도 없어서 매우 유감이라고 썼다.

실제로 나를 구해준 사람은 티네케였는데, 크라메르스의 편지가 큰 도움이 되었다.

티네케는 암스테르담의 책임자인 고위 나치 관리의 이름과 주소를 알아내고는 그를 방문하기로 결심했다. 그녀는 그의 사무실에서 접대를 받았다. 그의 책상에는 괴링의 사진이 'Für meinen Freund…'(내 친구 …에게)라는 헌정사와 함께 놓여 있었다. 그녀는 그에게 크라메르스의 편지를 보여주면서 도움을 청했다. 그는 그 편지를 읽고 나서 티네케에게는 한 마디도 하지 않고, 베테링스한스로 전화를 걸었다. "하스트 두 아이넨 유드 파이스 도르트?(거기에 파이스라는 유태인이 있는가?)" 그렇다고 대답하자, 그는 "라스 이흔 게헨.(그를 석방하라.)"고 말했다.

그래서 나는 물리학 때문에, 그리고 크라메르스와 티네케의 헌신적인 도움 때문에 자유를 얻었다.

───────◆───────

내가 크라메르스를 다시 만난 것은 1946년 겨울로, 그가 보어를 방문하기 위해 코펜하겐에 왔을 때였다. 나는 그 때, 그 연구소에서 박사 학위 후 연구 과정을 보내고 있었다. 그리고 그 후의 만남은 모두 미국에서 이루어졌다.

1946년 9월, 나는 프린스턴대학의 고등학술연구소에서 특별 연구원으로 일하기 위해 배를 타고 뉴욕으로 갔다. 그 배에서 나는 낯익은 얼굴을 만났는데, 뉴욕에 있는 남편을 만나기 위해 배를 탄 크라메르스의 부인이었다. 1946년 1월에 유엔 총회에서는 유엔원자력위원회의 설립을 요구하는 결의안을 채택했다. 그 위원회는 다시 그 산하에 과학기술소위원회를 설치하였다. 크라메르스는 그 위원회의 의장으로 선출되었다(그러나 냉전의 전개로 유엔원자력위원회는 1958년 5월 17일에 자체 활동의 중단을 권고한다).

크라메르스가 의장으로 선출된 것은 자연적인 귀결이었는데, 그것은 단지 물리학자로서의 명성 때문만이 아니었다. 실제로 최초의 원자폭탄이 일본에 투하되기 전에 그는 영국과 미국의 핵무기 계획을 최초로 어렴풋이 알고 있던 네덜란드 물리학자였다(아마도 유럽 대륙 전체에서도 최초였을 것이다). 거기에 대해서는 부연 설명이 좀 필요할 것 같다.

───────◆───────

1945년 6월 30일부터 8월 4일까지 런던 주재 미국 대사관에서 비밀 회의가 열렸다. 참석자는 미국 대사, 처칠 정부에서 영국의 원자폭탄 개발을 책임지고 있던 각료 존 앤더슨, 네덜란드의 내무장관 엘코 반 클레펜스와 몇 명의 과학 자문 위원들이었는데, 그 중에 크라메르스도 포함돼 있었다. 그 회의 결과는 '미국, 영국, 네덜란드 정부 사이에 토륨 물질의 통제와 공급에 관한 협정의 협상'이란 제목의 극비 문서에 기록돼 있다.

왜 토륨이 문제가 되었을까? 그리고 네덜란드는 이것과 무슨 관계가 있었던가?

1944년, 맨해튼 계획의 책임자인 레슬리 그로브스 장군은 미국 국무장관에게 보낸 편지에서 이렇게 썼다. "핵 에너지를 토륨으로부터 만들어낼 수 있다는 증거가 있습니다. 만약 이것이 사실이라면, 우라늄은 처음에 소량만 사용하고, 우라늄 대신에 토륨을 사용하는 것이 실용적일 것입니다. 토륨은 우라늄에 비해 매장량이 풍부하고 값도 싸기 때문입니다."[72] 그래서 토륨에 대한 관심이 커졌던 것이다.

토륨은 '주석 제도'인 방카와 빌리톤에서 채굴되는 모나자이트 광물 속에서 발견되었다. 이들 섬은 그 당시 네덜란드령 동인도 제도(1949년 이후부터는 인도네시아)에 속하는 수마트라 앞바다에 위치하고 있었기 때문에, 네덜란드가 관련된 것이다.

위에서 언급한 협정에서는 네덜란드 정부가 영국과 미국에게 네덜란드의 토륨을 독점적으로 살 수 있는 권리를 부여했다. 그 협정은 1945년 8월 4일에 서명되었다.

같은 날, 반 클레펜스는 그 협상에 관한 각서를 작성했는데, 거기에는 다음 구절이 포함돼 있다. "우라늄과 토륨의 핵 에너지를 끌어내는 데 성공한다면…[이것은] 국가들의 안녕에 엄청난 위험을…[의미할 것이다]."[73]

런던 회담이 끝나기 직전에 미국 대사는 반 클레펜스에게 은밀히 자신들이 이야기해온 그 문제가 "수 일 내에 전세계에 널리 알려질 것"[73]이라고 알려주었다. 실제로 그로부터 이틀 후인 8월 6일, 히로시마에 우라늄 폭탄이 투하되었다.

이러한 일련의 사건들은 히로시마에 원자폭탄이 투하되기 이전에 이미 크라메르스는 런던 협상에서 영국과 미국이 왜 원자력의 원료에 관심을 보이는지 분명히 알았다는 것을 말해준다. 8월 6일의 원자폭탄 투하에 대해 크라메르스는 나머지 세상 사람들보다 덜 놀랐을 것이다(나는 최근까지도 이 이야기를 몰랐기 때문에 크라메르스에게 그것에 대해 물어보지 못했다).

그런데 추가로 짚고 넘어가야 할 사실이 두 가지 있다.

1. 런던 회담 직후 토륨은 핵연료로 별로 가치가 없다는 것이 밝혀졌다. 더군다나 1955년부터 아이젠하워 대통령이 평화를 위한 원자 정책을 천명한 뒤에 모든 연합국에 우라늄의 수출이 허용됨에 따라 우라늄의 공급이 풍부해졌다.

2. 크라메르스와 관련된 기묘한 사건을 언급하기에 지금이 적당할 것 같다.

1992년의 어느 날, 네덜란드의 한 유력 일간지는 '크라메르스 스캔들'[74]이라는 제목으로 3쪽짜리 기사를 실었다. 이 기사는 크라메르스가 악명 높은 클라우스 푹스와 비슷한 지위의 원자 스파이일지도 모른다고 주장한 FBI 보고서(날짜는 밝히지 않았음)를 인용했다. 기사는 또 네덜란드의 FBI에 해당하는 BVD도 역시 크라메르스의 신원에 대해 조사를 벌였다고 쓰고 있다.

많은 FBI 보고서에 익숙한 나는 그들의 이러한 어리석은 행위에 놀라지 않았으며, 실제로 그것보다 훨씬 더 나쁜 경우도 목격해왔다. 그러나 나는 네덜란드의 보안 당국과 유력 일간지 역시 똑같은 어리석은 짓을 저질렀다는 사실이 슬프다.

이제 다시 나와 크라메르스의 개인적인 관계에 관한 이야기로 돌아가기로 하자.

1946년 9월 19일, 뉴욕 주에서 미국물리학협회 회의가 개최되었으며, 나도 거기에 참석했다. 크라메르스 역시 그 당시 유엔이 있던 석세스 호수에서의 바쁜 일정에서 빠져나와 그 곳에 참석했다. 어느 날 회의 도중 나는 그의 옆에 앉아 있었는데, 그가 종이에 뭔가를 써서 내게 건네주었다. 거기에는 "고개를 돌려 로버트 오펜하이머에게 인사하게."라고 적혀 있었다. 고개를 돌렸더니 바로 내 뒷자리에 그 때까지 신문을 통해서만 알고 있던 그 위대한 사람이 앉아 있었다. 그는 기쁜 표정으로 나에게 미소를 지으며 손을 내밀었고, 나는 그와 악수를 나누었다.

1946년 가을 동안 크라메르스는 컬럼비아대학에서 강의를 했다. 그는 1947년 봄 학기를 프린스턴대학의 고등학술연구소에서 보냈으며, 그 동안에 우리는 자주 만나 토론과 긴 산책을 했다.

1947년 6월에 우리는 둘 다 셸터아일랜드 회의에 참석했는데, 그 곳에 참석한 물리학자는 20명을 조금 넘었다. 여러 참석자들은 훗날 그 회의는 그들의 과학 경력에서 가장 중요한 것이었다고 말했다(나도 같은 의견이다). 크라메르스, 오펜하이머, 빅토로 바이스코프가 토론의 주최자로 선정되었다. 첫째 날에 윌리스 램(Willis Lamb)과 이시도어 래비(Isidor Rabi)가 디랙 이론에서 벗어나는 실험 결과에 대해 보고했다(이것은 곧 재규격화 이론으로 이어진다). 둘째 날에는 크라메르스가 전자 문제를 고전적으로 다룬 자신의 보고서를 제출했다. 회의 참석자들은 그의 생각의 전반적인 방향은 이해했지만, 그 기술적인 세부 내용은 이해하지 못했다. 그것은 회의 후 몇 주일이 못 돼 사실상 다른 것으로 대체되었다. 크라메르스가 세상을 떠난 후에야 최초의 재규격화 개념은 그의 것이라는 사실이 인정되었다(비록 1948년 이래 확립된 것과 같은 형식은 아닐지라도).

이미 그 시절에 나는 크라메르스가 매우 피로를 느낀다는 것을 알아챌 수 있었다. 전쟁은 그에게 육체적으로 매우 힘든 대가를 치르게 했다. 전후에 그는 자기가 사랑하는 물리학을 계속했지만, 조직 문제에도 많은 정열을 쏟았다. 먼저, 유엔에서의 활동이 있었고, 1946년부터 1950년까지 그는 국제순수응용물리학연합의 회장을 지냈다. 그는 또한 네덜란드기초물질연구재단, 암스테르담의 핵연구소, 오슬로 근처의 헬레레에 위치한 네덜란드-노르웨이원자력합동연구소를 설립하는 데 큰 추진력을 발휘했다(그러나 보어의 연구소를 핵으로 삼아 CERN을 덴마크에 유치하려는 그의 노력은 성공하지 못했다[75]).

헬레레 계획의 기원을 설명하려면 1939년으로 거슬러 올라가야 한다.

그 해 초에 위트레흐트대학의 대학원생이던 나는 핵분열 발견 소식을 들었다. 나 같은 풋내기를 비롯해 모든 물리학자들에게 이것은 새로운 형태의 에너지, 그리고 나쁘게는 새로운 무기의 가능성을 여는 것이라는 사실이 명백하게 보였다.

레이덴대학의 실험물리학 교수이던 반데르 데 하스(Wander de Haas)가 이 사건에 대해 보인 반응을 내가 안 것은 한참 후의 일이었다. 그는 즉시 네덜란드 수상을 방문하여 정부측에 상당량의 산화우라늄 광석을 구입하라고 촉구했다. 그 결과로 우라늄 수 톤이 포함된 산화우라늄 광석이 얼마 후 레이덴대학의 카메를링 오네스 연구소에 도착하여 지하실에 저장되었다. 그리고 거기서 델프트로 이송되어 독일 점령 기간에 숨겨져 있었다.[76]

전쟁이 끝난 후, 네덜란드 정부는 원자로를 만드는 데 그 광석을 사용할 수 있다는 사실을 깨달았다. 그래서 1950년 1월에 크라메르스는 오슬로로 여행하여 노르웨이가 그러한 원자로에 필요한 중수를 공급해줄 수 있는지 알아보았다. 그 곳에 도착한 크라메르스는 이미 노르웨이가 헬레르에 원자로 건설을 시작했다는 사실을 알았다. 그래서 이제 네덜란드가 우라늄을 약간 제공하는 문제를 포함한 협상이 시작되었다.[77]

그러나 먼저 광석으로부터 우라늄을 추출하는 작업이 필요했는데, 그것은 매우 어렵고도 많은 비용이 드는 일이었다. 크라메르스는 전쟁 때 갔던 길을 다시 한 번 가야 했다. 1950년 11월, 그는 영국측이 네덜란드의 광석에다가 톤당 5만 길더를 준다면, 기술적인 이유로 영국측이 사용할 수 없는 순수한 우라늄 5톤과 교환할 의사가 있다고 보고하였다.

크라메르스는 이 협력을 위한 합동위원회의 초대 의장으로 선출되었다. 1951년 11월 28일, 헬레르 기지가 공식적으로 문을 열었다. 크라메르스는 이 준공식에 마지막 연사로 등단했다.

내가 크라메르스를 마지막으로 만난 것은 1951년 가을로, 그가 다시 프린스턴대학의 고등학술연구소로 돌아왔을 때였다. 크라메르스는 말년에 건강이 좋지 않았다. 1947년 8월에 그는 뇌출혈을 일으켰지만, 회복하였다. 몇 년 뒤에는 심장에 문제가 나타났다. 그 이전에도 종종 그랬지만, 이 무렵에 그는 자주 피로를 호소했다. 1952년 4월 초에 그는 오른쪽 폐에서 암종이 발견된 후(그는 끽연가였다) 레이덴대학병원에 입원하였다. 오른쪽 폐는 완전히 들어내야만 했다. 그 후부터 그는 오른쪽 다리를 절게 되었다.

나는 프린스턴대학에서 주고받은 편지를 통해 이러한 일의 경과를 알고 있었다. 내가 그에게 마지막으로 편지[78]를 보낸 것은 4월 22일이었다. 내 편지는 다음 구절로 끝맺었다. "매일마다 인생이 새로 시작되고, 그 날이 끝날 때까지 인생에 무슨 일이 생길지는 아무도 알 수 없어요. 속히 쾌유하시길 빕니다." 크라메르스는 그 편지를 결국 읽지 못했다. 그는 회복하는 것처럼 보이다가 1952년 4월 24일에 왼쪽 폐마저 감염되어 풍부한 인생을 마감하고 말았다. 그는 우흐스트헤스트에 묻혔다.

크라메르스가 세상을 떠나고 나서 며칠 후 보어는 덴마크의 한 신문에 그를 애도하는 감동적인 글을 썼다.[79] 5월에 보어[80]와 헨드릭 카시미르[81]는 레이덴의 장례식에서 그를 추모하는 연설을 했다.

―――――――◆―――――――

크라메르스의 생애에 대한 나의 그림을 대략 전할 수 있는 몇 마디를 덧붙이면서 이 글을 마치고자 한다.[j]

크라메르스는 비범할 정도로 다재다능한 인물이었다. 첼로 연주는 그가 가장 좋아하던 한 가지 취미에 불과했다. 그는 시도 썼으며, 여러 나라의 시들을 네덜란드어로 번역하기까지 했다. 그는 셰익스피어의 작품을 전문가 수준에서 이해했다. 1930년대에 그는 몇 년간 네덜란드의 문학 잡지 〈*Het Kouter*〉지의 편집자로 지내기도 했다. 그는 종종 과학에서 제기되는 철학적 문제에 대한 글을 썼다. 그는 아주 훌륭하고 헌신적인 선생이었다. 1929년부터 1952년 사이에 27명의 유망한 물리학자들이 그의 지도로 박사학위를 받았다.

크라메르스는 많은 영예를 얻었으며, 많은 고급 아카데미의 회원이 되었고, 명예 박사 학위와 로렌츠 메달, 왕립학회의 휴즈 메달을 받았다. 이처럼 자신의 막대한 과학적 업적으로 큰 인정을 받았음에도 불구하고, 그는 결코 자신의 연구에 만족하지 못했다. 획기적인 발견들(콤프턴 효과, 양자역학, 디랙 방정식)에 거의 가까이 갔으면서도 다른 사람들에게 그러한 영예를 빼앗긴 게 그로서는 못내 아쉬웠을 것이다. 자신의 개인적 삶에 대한 불만족은 부당할 정도로 부정적인 자화상을 형성하게 했던 것이 분명하다.

말년에 크라메르스 자신이 과학에 대해 쓴 말로써 이 글을 끝내는 것이 적절할 것 같다.

"과학은 거기서 환희의 원천을 찾고자 하는 사람들을 위한 것이다…〔과학은〕 우리 밖에 있는 어떤 힘, 예컨대 천사 같은 것이 자비를 베풀어, 말로 표현할 수도 없고, 이해할 수도 없는 방식으로 우리를 이전의 단계로부터 끌어올려 더 높은 단계로 데려가는 것과 같다."[83]

주

a 여기서 나는 드레스덴이 쓴 크라메르스의 전기[2]를 고맙게 활용했다.

b 그보다 더 이전에 요하네스 디데리크 반 데르 발스(Johannes Diderik van der Waals)와 야코부스 반트 호프(Jacobus van't Hoff)는 비슷한 상황에서 국가의 특별한 배려로 대학에 들어갈 수 있었다.

c 하랄 보어는 수학자로서 나중에 큰 명성을 얻게 된다.

d 나는 참고 문헌 9에서 묘사된 스톰의 이야기에 완전히 동의하지는 않는다.

e 보어가 광자를 거부한 것은 그것이 자신의 대응 원리에 들어맞지 않기 때문이었다고 나는 확신하지만, 증명할 수는 없다.

f 이 시기에 대해 더 자세한 것은 참고 문헌 36을 참고하라.

g $N \to \infty$, $V \to \infty$, V/N은 유한, N=입자의 수, V=부피라고 정의할 때. 윌렌베크는 내게 (개인적인 대화를 통해) 이 극한은 1937년의 반 데르 발스 회의 때 아직 일반적으로 이해되지 않았다고 말했다.[64]

h 2차원 이싱(Ising) 모형.

i 1944년, 크라메르스는 이 문제들의 상태에 대해 탁월한 비평을 썼다.[70]

j 크라메르스의 평생지기인 로마인이 쓴 추모사[82]가 큰 도움이 되었다.

참고 문헌

아래에서 사용된 약자의 원어는 다음과 같다.

CW : *Niels Bohr, Collected Works*, North-Holland, Amsterdam, 1972, and later years.

D : M. Dresden, *H. A. Kramers,* Springer, New York, 1987.

K : H. A. Kramers

NBA : Niels Bohr Archive, Copenhagen.

1. *Die Grundlagen der Quantentheorie*, Akad. Verlagsges., Leipzig, 1938. English translation *The Foundations of Quantum Theory* (D. ter Haar, Transl.), North-Holland, Amsterdam, 1957.
2. D, Chapter 10.
3. K의 일기장, 1911, undated.
4. K, 로렌츠 메달을 수상하면서 한 연설, October 30, 1948.
5. K, letter to N. Bohr, August 25, 1916, reprinted in CW, Vol. 2, 537.
6. N. Bohr, letter to C. W. Oseen, February 28, 1917, reprinted in CW, Vol. 2, p. 574.
7. D, p. 463.
8. B. Schultz, interviewed by A. Petersen and P. Forman, May 17, 1963, NBA.
9. D, pp. 114-18, 526-32.
10. A. Sommerfeld, letter to N. Bohr, April 25, 1921, NBA.
11. W. Heisenberg, interview by T. S. Kuhn, February 25, 1963, NBA.
12. H. A. Kramers, *Collected Scientific Papers*, North-Holland, Amsterdam, 1956, 이하 CSP라고 표기함.
13. 'Publications of H. A. Kramers,' *Ned. Tÿdsschr. Natuurk.* **18**, 173, 1952.
14. N. Bohr, letter to E. Rutherford, December 27, 1917, NBA.
15. N. Bohr, letter to A. Sommerfeld, July 27, 1919, CW, Vol. 3, p. 14.
16. CW, Vol. 4, p. 122.
17. CW, Vol. 4, p. 379.
18. K, *Zeitschr. f. Physik* **13**, 312, 1923, CSP, p. 192.
19. K, *Proc. Ac. Amsterdam* **23**, 1052, 1921, CSP, p. 134.
20. K, *Danske Vid. Selsk. Skrifter* **3**, 284, 1919, CSP, p. 3.
21. K and H. Holst, *The Atom and the Bohr Theory of its Structure*, Knopf, New York, 1923.

22. Ref. 21, p. 139.

23. K, *Naturw.* **4**, 550, 1923.

24. K, *Fysisk Tidsskr.* **33**, 82, 1935.

25. A. Sommerfeld, *Atombau und Spektrallinien*, 3rd edn, p. 338, Vieweg, Braunschweig, 1922.

26. K, *Phil. Mag.* **46**, 836, 1923, CSP, p. 156.

27. A. Eddington, letter to K, December 12, 1923, NBA.

28. K, *Naturw.* **11**, 550, 1923.

29. K, *Zeitschr. f. Physik* **13**, 343, 1923, CSP, p. 223.

30. K, *Zeitschr. f. Physik* **13**, 351, 1923, CSP, p. 231.

31. K, *Z. f. Phys. Chem.* **104**, 451, 1923, CSP, p. 249.

32. D, chapter 14.

33. Ref. 21, p. 175.

34. N. Bohr, *Zeitschr. f. Physik* **13**, 117, 1923. English translation in CW, Vol. 3, p. 457, especially chapter 3.

35. N. Bohr, K, and J. Slater, *Phil. Mag.* **47**, 785, 1924, CSP, p. 271.

36. A. Pais, *Niels Bohr's Times*, chapter 11, section (d), Oxford University Press, 1991.

37. M. Born, *My life*, p. 216, Taylor and Francis, London, 1976.

38. K, *Nature* **113**, 673, 1924, CSP, p. 290.

39. K, *Nature* **114**, 310, 1924, CSP, p. 292.

40. R. de L. Kronig, *J. Am. Optical Soc.* **12**, 547, 1926.

41. K, *Atti Congr. Como* **2**, 545, 1927; *Phys. Z.* **30**, 522, 1929; CSP, pp. 333, 347.

42. Cf. A. Pais, *Inward Bound*, p. 499ff., Oxford University Press, 1986.

43. Ref. 11, interview on February 19, 1963.

44. K and W. Heisenberg, *Zeitschr. f. Physik* **31**, 681, 1925, CSP, p. 293.

45. English translation of ref. 44 in B. L. van der Waerden, *Sources of Quantum Mechanics*, p. 223, Dover, New York, 1968.

46. Ref. 45, p. 16.

47. Ref. 11, interview on February 13, 1963.

48. Ref. 11, interview on July 5, 1963.

49. Memorandum of K to O. Klein, undated, NBA.

50. K, *Physica* **5**, 369, 1925.

51. K, *Fys. Tidsskr.* **25**, 128, 1927.

52. K, letter to N. Bohr, July 18, 1926, NBA.

53. K, *Physica* **11**, 321, 1931.

54. K, *Nature* **132**, 667, 1933; *Physica* **13**, 273, 1933.

55. K, *Ned. T. Natuurk.* **1**, 241, 1934.

56. K, *Zeitschr. f. Physik* **39**, 828, 1926, CSP, p. 348.

57. K, in *Électrons et Photons*, pp. 263-70, Gauthier Villars, Paris, 1928.

58. N. Bohr, letter to K, November 11, 1926, NBA.

59. P. A. M. Dirac, *Proc. Roy. Soc.* **A117**, 610; **118**, 35, 1928.

60. Ref. 1, chapter 6.

61. CSP, pp. 375, 382, 388, 395, 405, 411, 423, 437, 453, 629, 654, 669.

62. CSP, pp. 503, 515, 522, 536, 557, 574, 585, 629.

63. CSP, pp. 598, 607, 949.

64. *Physica* **4**, November 23 issue, 1937.

65. K and G. Wannier, *Phys. Rev.* **60**, 252, 263, 1941, CSP, pp. 786, 797.

66. K, *Physica* **7**, 284, 1940, CSP, p. 754.

67. P. Hänggi *et al., Rev. Mod. Phys.* **62**, 251, 1990/

68. K, CSP, p. 697.

69. K, CSP, p. 831.

70. K, CSP, p. 838.

71. K, CSP, p. 845.

72. Quoted in J. van Splunter, *The International History Review* **17**, 485, 1995.

73. Quoted in C. Wiebes and B. Zeeman, *Bÿdragen en Mededelingen over de Geschiedenis der Nederlanden*, **106**, 391, 1991.

74. *NRC Handelsblad*, May 2, 1992.

75. See ref. 36. p. 52.

76. H. Casimir, *Haphazard Reality*, p. 173, Harper and Row, New York, 1983.

77. 헬레르의 기원에 대한 역사는 다음을 참조하라 : J. A. Goedkoop, *Atoomenergie en haar toepassingen*, **9**, 69, 1967.

78. A. Pais, letter to K, April 22, 1952, 현재 내 개인 파일에 있음.

79. N. Bohr, in *Politiken*, April 27, 1952.

80. N. Bohr, *Ned. T. v. Natuurk.* **18**, 161, 1952.

81. H. B. G. Casimir, *ibid* **18**, 167, 1952; also in *Jaarboek Ak. Wetensch.. Amsterdam*, 1952-53, p. 1.

82. J. Romein, in *Jaarboek van de maatschappy der Nederlandse letterkunde*,

1951-53, p. 82.

83. K, in *Nederlands' helden in natuurwelenschappen*, p. 335, Elsevier, Dordrecht, 1946.

1957년, 프린스턴대학의 고등학술연구소에서 함께 강연을 하고 있는 리정다오(왼쪽)와 양전닝.

리정다오와 양전닝

약한 상호작용에서는 반전성이 보존되지 않는다는 것을 발견한 사람들에게 그 발견이 이루어진 지 얼마 안 돼 노벨상을 수여하기로 한 스웨덴 과학아카데미의 결정은 그 발견이 지닌 근본적인 중요성에 대한 일반적인 합의를 가장 기쁘게 표현한 것이라 할 수 있다. 젊은 수상자들을 개인적으로 아는 모든 사람들은 그들의 폭넓고 깊은 천재성뿐만 아니라 개인적인 인품에도 깊은 인상을 받았다. 그들의 화려한 경력을 급하게 스케치한 다음의 글은 독자들에게 그들의 인물 사진(노벨 수상자의 미소로 환한)처럼 그들의 사고에 대한 적절한 그림을 전달해줄 것이다. 편집자는 옛 제자이자 친구인 A. 파이스가 이 글[1958년에 출판됨]을 써달라는 원고 청탁에 즉각 응해준 것에 감사를 드린다. 리정다오와 양전닝이 꽃을 피운 이론의 발달은 소립자의 불변성을 분석하려고 노력했던 파이스의 선구적인 업적이 출발점이 되었다는 사실도 기억해두는 게 좋을 것이다.

—L. 로젠펠드, ⟨*Nuclear Physics*⟩지의 편집자

한 유명한 물리학자가 내게 오류의 법칙에 대해 이야기해준 적이 있다. "온 세상 사람들이 어떤 것을 확실하다고 믿는데, 수학자들은 그것을 관찰로 확인된 사실이라고 생각하기 때문에, 또 관찰자들은 그것을 수학의 정리라고 생각하기 때문에 그렇게 믿는다." 에너지 보존 법칙이 바로 오랫동안 그런 식으로 믿어져 왔다. 그러나 오늘날에는 더 이상 그렇지 않다. 그것이 실험적으로 확인된 사실이라는 것은 아무도 의심치 않는다.

—앙리 푸앵카레

2년 전만 해도(이 글은 1958년에 쓰여졌다는 걸 염두에 둘 것) 거의 모든 이론물리학자들이 공간 불변성이 일반적으로 유효하다는 것은 관측을 통

해 확립된 사실이라고 믿었다.[2] 그 당시에 반전성 보존이 보편적으로 유효하다는 사실을 검증하는 실험을 해보려고 생각한 실험물리학자는 거의 없었다.[3] 지금까지 리정다오(李政道, Tsung Dao Lee)와 양전닝(揚振寧, Chen Ning Yang)이 물리학에 기여한 주요 업적은, 2년 전에 충분히는 아니더라도 많은 것(베타 붕괴, 파이 붕괴, 뮤 붕괴)이 알려져 있던 물리학 영역에서 반전성 보존이 결코 검증된 적이 없다는 사실을 지적하고, 그것을 검증할 수 있는 일련의 실험 조건을 논의한 것이라고 해도 과언이 아니다.[4]

이러한 연구에 대한 동기는 K 중간자의 기묘한 성질에서 비롯되었다. 제6차 로체스터 회의(1956년 4월)에 참석한 많은 사람들은 전하를 띤 시타(θ) 중간자와 타우(τ) 중간자가 그 질량과 (그리고 무엇보다도) 수명이 거의 같은 것으로 확인된 사실을 근거로 반전성 보존의 보편적 유효성에 대해 의문을 표시하였다. 이 시타-타우 중간자 수수께끼에 대한 답이 무엇이건 간에, 오펜하이머의 표현대로 "타우 중간자는 안팎으로 골칫거리를 안고" 있는 것이 분명해보였다. 로체스터에서 뉴욕으로 돌아오는 기차에서 양전닝 교수와 나는 존 휠러(John Wheeler) 교수를 상대로 시타 중간자와 타우 중간자가 서로 다른 종류의 입자라는 데 1달러의 내기를 걸었다. 그 후, 휠러 교수는 2달러를 벌었다.

리정다오와 양전닝은 그 문제를 정면으로 다루기로 했다. 회의가 끝난 직후 그들은 공간 반전 불변성과 하전 공액 불변성의 확인에 관한 그 당시의 실험 결과에 대해 체계적인 조사를 시작했다. 그들은 한 집단의 상호작용들에 대해서는 어떤 불변성도 확립되지 않았다는 결론을 얻었다. 이 반응들은 모두 미약하다는 특징을 지니는데, K 입자와 중핵자의 붕괴뿐만 아니라 위에서 언급한 세 가지 붕괴 과정도 이에 포함된다. 그래서 흥미롭긴 하지만 각각 독립적인 수수께끼 대신에, 전체 현상 집단에 관심의 초점이 쏠렸다. 곧 오메(Oehme)와 함께 시간 역전 불변성과 'C, P, T 불변성'이 깨질 가능성의 상호 관계에 대한 이론적 조사가 뒤따랐다.[5] 그 때, 놀라운 소식이 전해졌다. 베타 붕괴에서는 P 불변성도 C 불변성도 성립하지 않으며, 파이 붕괴와 뮤 붕괴에서도 그러하다는 것이었다. 우젠슝(吳健雄)과 그의 동료 연구자들이 코발트-60 실험에서 그 증거를 처음으로 발견했으며,[6] 곧 π-μ-e 붕괴 계열[7]로부터 추가적인 증거가 나왔다는 사실도 기억해두는 게 좋겠다. 더 최근에는 Λ^0 붕괴에서도 반전성이 보존되지 않는다는 사실이 확인되었으며, 약간의 이론적 우회를 통해 θ-π 수수께끼가 풀린 것으로 간주할 수도 있다. 1857년 1월 16일, 〈뉴욕타임스〉지는 '실험 결과, 물리학의 기본 개념들이 틀린 것으로 보고되다/핵 이론에서 반전성 보존에 대해 컬럼비아대학과 프린스턴대학의 과학자들이 도전장을 던지다'라는 제목의 기사를 1면에 장식하였다.

리정다오와 양전닝의 제안은 물리학 이론의 구조 자체에 대한 우리의 사고에 큰 해방을 가져왔다. 또 한 번, 원리로 생각되던 것이 편견이었던 것으로 드러났다. 앞에서 인용한 푸앵카레의 말(그의 『열역학』 서문에서)은 세대 간의 갈등과 크게 다르지 않은 갈등을 적절하게 묘사하고 있다.

———————

양전닝(친구들은 그를 프랭크라 부른다)은 1922년에 중국 안후이성 허페이에서 태어났다. 그는 쿤밍에 위치한 남서연합대학의 수학 교수이던 양고추엔(1928년에 시카고대학에서 박사 학위 취득)의 다섯 자녀 중 장남으로 태어났다. 양전닝과 그의 가족은 고통스런 전쟁 기간(1937~1945)을 견뎌내야 했다. "1940년, 우리 가족이 쿤밍에서 세들어 살던 집이 폭격을 받았다…가족 중 아무도 다친 사람은 없었다…가족은 모두 무사히 살아남았다. 모두 비쩍 말랐지만 건강하게."[9]

양전닝은 남서연합대학에서 대학 공부를 시작했다. 나중에 그는 같은 도시에 있는 칭화대학에 들어가 1944년에 과학 석사 학위를 받았다. 양전닝과 마찬가지로 리정다오도 남서연합대학을 다녔다. 두 사람은 1945년에 처음으로 만났다. 리정다오는 그 때 학생이었고, 양전닝은 쿤밍의 고등학교 선생이었다. 양전닝의 학생 중에 투치리라는 여학생이 있었는데, 나중에 그의 부인이 된다.

1945년 8월, 양전닝은 미국으로 갔다. "그 무렵에는 중국과 미국 사이에 정기 여객선이 없었기 때문에, 나는 캘커타에 정박해 있던 군대 수송선에서 몇 달 동안 기다려야 했다. 마침내 나는 11월 말에 뉴욕에 도착했고, 크리스마스 무렵에 시카고로 갔다. 1946년 1월에 나는 시카고대학의 대학원생으로 등록했다."[9] 시카고대학에서 그는 페르미의 업적과 연구 방식에 큰 감명을 받았다.[11]

리정다오도 시카고로 왔다. 두 사람이 친구 사이가 된 것은 거기서 만난 1946년부터였다. 양전닝은 1948년에 텔러 교수의 지도를 받으며 핵반응의 각도 분포에 관한 논문[12]으로 박사 학위를 받았다. 리정다오는 1950년에 페르미 교수의 지도를 받아 백색 왜성의 수소 함량에 관한 연구[13]로 박사 학위를 받았다. 그가 처음 쓴 논문들[14]은 천체물리학 문제들과 난류 이론에 관한 것들이었다. 박사 학위를 받은 직후에 양전닝은 프린스턴대학의 고등학술연구소에 들어갔다. 처음에는 임시직이었으나, 마침내(1956년에) 정교수가 되었다. 1950년, 리정다오는 버클리대학에서 강사로 활동하기 시작했다. 거기서 그는 나중에 자기 아내가 될 재닛 친을 만난다.[15] 1951년 가을, 리정다오는 고등학술연구소에서 2년간 연구원 생활을 시작했다. 그 때부터 두 사람은 서로 긴밀하고 꾸준하게 협력을 시작했다. 참고로 말하자면, 로젠블러스(Rosenbluth)와 함께 쓴 그들의 첫 공동 논문은 약한 상호작용에 관한 것[16]이었다. 1953년, 리정다오는 컬럼비아대학으로 옮겨가 1956년에 정교수가 되었다.

다른 사람들과 협력 연구를 통해 리정다오는 변분법을 사용해 π 핵자의 산란[17]과 다중 중간자 생성[18] 같은 문제들과, 그것과 관련 있는 바닥 상태와 폴라론(polaron : 결정 격자의 변형을 수반하는 운동을 하는 결정 속의 전도 전자)의 유효 질량에 관한 연구[19]를 했다. 특히 관심을 끄는 것은 엄밀하게 해를 구하는 것이 가능한, 어떤 장 이론의 재규격화 모형에 관한 연구[20]이다. 그것은 예컨대 전기역학처럼 물리적 특징이 풍부하지 않은 문제를 다룬다는 점에서 하나의 모형이다. 그와 동시에 그 모형은 자명하지 않다. 이것은 멱급수 전개를 사용하지 않고서 재규격화를 명시적으로 다룰 수 있게 해주며, 재규격화되지 않은 것과 재규격화된 결합 상수들 사이의 관계에 새로운 직관을 던져준다. 흥미롭고도 고상한 이 모형의 결과는 아직 검토

중에 있다.

양전닝이 자세한 동역학적 기술과는 상관 없는, 해당 문제의 불변성을 광범위하게 사용하여 물리적 정보를 얻으려는 계획을 추진하고 있다는 사실은 이미 그의 박사 학위 논문에서 엿볼 수 있다. π^0 중간자의 반전성[21]과 페르미 입자장의 반사 성질[22]에 관한 그의 연구도 비슷한 맥락에서 이루어진 것이다. 게다가, 그다지 성공적이지는 못했지만, π 중간자를 핵자의 파생물로 간주하려는 시도[23]와 다양한 장들과 원천들에 대한 운동 방정식들을 직접 다루는 장 이론에 관한 연구[24]도 있었다. 1952년, 양전닝은 그 유명한 이싱(Ising)병에 걸리지만, 많은 동료 환자들과는 달리 2차원 격자의 자연 발생적 자화를 계산함으로써 그것을 극복한다.[25] 이것은 상전이에 관한 양전닝과 리정다오의 이론[26]을 낳는 계기가 되었다. 상전이는 양전닝이 이전부터 관심을 기울여온 주제였다.[27] 더 최근에는 다른 과학자들과 협력을 통해 양자론의 다체 문제에 관한 새로운 결과들을 얻었는데,[28] 그 중 일부는 초유동성 이론을 좀더 엄격한 수학적 기초 위에 올려놓는 데 도움을 줄 것이다.

리정다오와 양전닝이 기본 입자들에 관해 발표한 많은 연구 논문들은 사변적인 요소를 많이 포함하고 있는데, 무거운 페르미 입자의 보존 법칙[29]이나 반전성 공액[30]에 관한 그들의 주장 같은 것이 그러한 예이다. 그러나 그들은 언제나 자신들의 가설을 검증할 수 있는 실험을 제안했고, 그 결과 때로는 그들이 틀릴 때조차도 명성에 큰 손상을 입지는 않았다. 그리고 그들은 다시 도전하는 용기를 가지고 있었다.

더 최근에 그들이 한 연구에는 2성분으로 기술한 뉴트리노 이론[31](여기에 관해서는 살람[32]과 란다우[33]가 각각 독자적으로 연구 업적을 남겼다)과 경입자 보존 개념[34]이 있다. 지난 여름의 완전한 혼란 상태가 지나고 나서, 베타붕괴의 실험 결과들이 나오고 있는 지금으로서는 이 매력적인 개념들이 과연 계속 살아남을지 분명치 않다. 가장 최근에 그들이 한 연구는 중핵자 붕괴에서 얻을 수 있는 정보를 분석한 것이다.[35]

리정다오와 양전닝의 연구의 특징은 고상함과 독창성, 물리적 직관과 형식적인 힘이다. 이론물리학자나 실험물리학자 모두 그들의 충고를 구한다. 이 점에서 그들은 고(故) 페르미와 닮은 점이 많다고 할 수 있다. 친구들은 그들에게 행복하고 창조적인 세월이 계속되기를 기원한다.

추가하는 글

위의 글을 쓴 지 40년이 지났기 때문에, 그 후의 이야기를 추가하는 게 필요할 것 같다. 우선, 두 사람 모두 훌륭한 자녀들을 두었다는 사실을 언급하고자 한다. 리정다오는 자녀를 둘, 양전닝은 셋을 낳았다. 그리고 1960년에 리정다오는 프린스턴대학의 고등학술연구소에 교수로 합류했다.

두 사람의 그 후의 업적에 관한 나의 짧은 글은 양전닝[9]과 리정다오[36]의 논문선집과 거기에 쓰여진 편집자의 평에서 큰 도움을 받았다.

그 후의 공동 논문

(a) 1957~1960년에 통계역학의 문제들에 관해 매우 독창적인 논문들을 썼다. 그것들은 두 범주로 나눌 수 있다.

1. 발산을 제거하기 위한 급수의 선택적 덧셈을 사용하는 준전위법에 의한 희박하고 단단한 구형 보스 기체(Bose gas)의 성질.[37] 그들은 에너지 준위, 초유동성, 상전이, 그리고 그 밖의 특징들에 대한 정보를 얻었다.

2. 양자통계역학에서 다체 문제에 관한 일련의 논문들.[38] 여기서 그들은 단단한 구형 보스 기체와 페르미 기체에 적용함으로써 거대 분할 함수를 운동량 공간에서의 평균 점유수로 기술했다.

(b) 고에너지 뉴트리노 물리학. 1960년에 고에너지 뉴트리노나 반뉴트리노가 핵자나 원자핵과 반응하는 것으로부터 약한 상호작용에 대한 새로운 정보를 얻을지도 모른다는 주장이 제기되었다.[39] 이 주장에 자극을 받아 리정다오와 양전닝은 약하게 결합돼 있는, 전하를 띤 보스 입자 $W^\pm$가 약한 상호작용의 전달 입자로 존재할 가능성이 의미하는 것[40]을 포함하여, 그러한 실험들이 지닌 일련의 이론적 의미들을 조사하였다. 여기

에 이어 W 메커니즘의 논리적, 현상학적 측면에 관한 분석[41]과 W를 생성하지 않는 뉴트리노의 반응[42]에 관한 연구가 이루어졌다.

(c) 강한 상호작용을 하는 큰 대칭성 그룹에 관한 고찰.[43]

(d) 전하를 가진 W 보스 입자의 양자장 이론에서 재규격화 문제에 관한 연구.[44] 1962년 5월에 제출된 이 논문은 두 사람의 공동 연구에서 나온 마지막 결과물이다.

결별

1962년 6월, 두 사람은 개인적으로나 공동 연구자로서의 관계를 끝내고 말았다. 이 불화는 되돌릴 수 없는 것이었다.

두 사람의 결별에 대한 소식을 들은 나는 양전닝을 찾아가 그 일에 대해 매우 슬프게 생각하며, 여전히 그를 내 친구로 여길 것이며, 리정다오에게도 똑같이 이야기하겠다고 말했다. 그 말대로 나는 리정다오에게 가서 똑같이 말했고, 이미 양전닝에게도 그렇게 말했다고 했다. 나는 그 후로도 두 사람과 전과 다름없이 친밀한 관계를 유지했다.

시간이 지난 후, 나는 그 해 6월에 일어났던 일을 좀더 자세하게 파악하게 되었다. 나는 이 정보를 특별히 개인적으로 얻은 것이라고 여기지만, 개인적인 의견으로는 이 문제를 좀더 분명하게 이해하기 위해서는 중국의 관습에 대해 내가 알고 있는 것보다 더 많은 지식이 필요하다는 사실을 이야기하고 싶다. 그러나 나는 이 사건에 관해 양전닝[45]과 리정다오[46]가 직접 한 말을 참고할 수는 있다.

1962년 말에 리정다오는 페르미 교수가 되어 컬럼비아대학으로 돌아갔고, 1984년부터는 유니버시티 교수를 지냈다. 양전닝은 1966년에 고등학술연구소를 떠나 스토니브룩에 있는 뉴욕주립대학에 아인슈타인 교수로 임명되었으며, 그를 위해 만든 이론물리학연구소의 책임자가 되었다.[47]

두 사람은 각자의 길을 걸어간 후에도 생산적인 연구를 계속했다. 더 자세한 내용은 두 사람의 논문선집[9, 36]을 참고하면서 그 후의 두 사람의 연구를 간략하게 소개할까 한다.

양전닝의 훗날의 연구

양전닝이 앞서 발표한 논문들[21-35]을 내가 간략하게 소개한 것 중에서 한 가지 빠진 것이 있는데, 그것은 실제로는 그의 경력에서 가장 중요한 업적이다. 그것은 로버트 밀스(Robert Mills)와 함께 쓴 비(非)아벨 게이지 이론에 관한 논문[48]이다. 이 책의 다른 곳[49]에서 나는 왜 그 연구가 처음에는 나를 포함하여 동료 연구자들로부터 의심을 받았는지 설명했다. 그 당시에는 비아벨 게이지 보스 입자(지금은 $W^{\pm}$라 부르는)가 절대로 받아들일 수 없는, 0이라는 질량을 가져야 하는 것으로 보였다. 그래서 1958년에 내가 리정다오와 양전닝을 칭송하는 글[1]을 쓸 때, 양-밀스 이론을 언급할 필요를 느끼지 못했다. 이 골치아픈 문제가 해결된 것은 1970년경에 '자연발생적으로 붕괴되는 게이지 대칭성'이 나오고 나서였다. 그 때부터 양전닝과 밀스의 연구는 20세기의 물리학 이론에 기여한 가장 심오한 업적 중 하나임이 명백해졌다.

양전닝도 자신의 연구가 지닌 의미를 깨닫는 데 많은 시간이 걸렸다. 1990년대에 1954년에 그 논문을 쓸 때 그 심오한 의미를 이해했느냐는 질문을 받은 그는 "아니오. 1950년대에 우리는 다만 우리의 연구가 우아하다고 느꼈을 뿐입니다. 저는 1960년대에 그 중요성을 깨달았고, 그것이 물리학에 아주 중요한 의미를 지닌다는 것을 깨달은 것은 1970년대였습니다. 그리고 심오한 수학과 관계가 있다는 것은 1974년 이후에야 겨우 알게 되었죠."[50]

이제 그 후에 이루어진 양전닝의 연구로 다시 돌아가자. 그는 1955년에서 1967년까지는 게이지장에 관한 논문을 일체 발표하지 않다가 1967년이 되어서야 그 문제로 돌아왔다.[51] 그 다음에는 하전 양자화와 플럭스(flux) 양자화에 관한 언급을 포함하여 논의를 확대시킨 논문[52]을 썼다. 이 무렵에 그는 게이지장의 기하학적 의미에 관심을 가지게 되었지만, 1972년에 이렇게 썼다. "수학적인 측면에서 게이지장의 개념은 명백하게 섬유 다발(fibre bundle)과 관계가 있는 것처럼 보인다. 그러나 나는 섬유 다발이 실제로 무엇인지 모른다."[53] 그래서 그는 동료 수학자의 자문을 구해 필요한 지식을 배웠고, 그 결과 우타이춘(Tai Tsun Wu)과 함께 적분이 불가능한 위상 인수들과 게이지 이론의 전세계적인 토폴로지 연결에 관해 아주 훌륭하고도 교훈적인 논문[54]을 발표하게 된다. 이 논문에는 게이지장 언어를 다발[束] 용어로 해석해주는 번역 사전이 포함돼 있는데, 이것은 그가 섬유 다발 이론에 통달했음을 보여준다. 또, 그것을 좀더 정교하게 만드는 연구들[55]이 뒤따랐다. 그 때부터 현대 수학자들은 물리학자들이 연구하는 것에 더 많은 관심을 기울이고, 또 참여하게 되었다.

1960년대에 양전닝은 자신이 좋아하는 또 다른 분야인 통계물리학으로 돌아갔다. 그는 불완전 보스 기체,[56] 초전도계에서의 플럭스 양자화,[57] 액체 헬륨 속에서의 원격 질서[58]에 관한 논문을 썼다. 동생인 양전핑(현재 오하이오주립대학의 명예 교수)과 함께 그는 액체-기체 전이에서의 임계점에 관한 논문[59]을 발표했고, 1차원 연쇄 스핀-스핀 상호 작용 문제를 풀었다.[60] 이 범주의 연구에서 가장 널리 알려진 것은 양-백스터 방정식으로, 양전닝이 1967~1968년에 쓴 논문들[61]에 처음 나타났고, 나중에 로드니 백스터(Rodney Baxter)가 독자적으로 쓴 논문[62]으로 발표되었다. 오늘날 양-백스터 방정식은 수학과 물리학에 광범위하게 응용되는 기본적인 수학적 구조를 가진 것으로 알려져 있다.

세 번째 범주의 논문들은 고에너지 현상학에 관한 다양한 문제들을 다루고 있다. 그 중에서 나는 트레이먼(Treiman)과 함께 쓴 단일 파이온 교환 모형에 대한 검증 논문[63]과 우타이춘과 함께 쓴 CP 붕괴 효과에 대한 분석 논문[64]을 특히 좋아한다. 현상학적 문제들에 대해 그가 쓴 논문들은 그 외에도 많이 있다.[65]

리정다오의 훗날의 연구

리정다오 역시 그 후에 많은 논문을 발표했다. 여기서도 나는 중요한 것 몇 가지만 소개하려고 한다.

W 보스 입자의 성질에 관한 추가적인 연구.[66] 정지 질량이 0인 입자들과 관련된 발산의 분석.[67] 하전 공액 반전성 붕괴(CP violation)에 대한 모형.[68]

또, 리정다오는 지안 카를로 웍(Gian Carlo Wick)과 함께 양자론에서 무한을 제거하기 위한 목적으로 힐베르트 공간에서 불확실한 거리의 결과를 분석했다.[69] 두 사람의 공동 연구는 스핀이 0인 장 이론에서 진공 상태의 안정성에 대한 연구[70]로 이어졌다.

1975년, 리정다오는 솔리톤(soliton : 입자처럼 움직이는 고립파) 문제[71]와 강입자 모형에 그것을 적용하는 것에 대해 일련의 연구를 했고, 그 결과 강입자에 대한 자루 모형(bag model)[72]을 만들 수 있음을 보였다. 1986~1999년에 리정다오가 비(非)토폴로지 솔리톤장을 만들어 천체에 적용함으로써 이 연구는 새로운 전기를 맞이하게 되었다. 이것은 우주론 모형에 새로운 선택을 가져다주었다.

한편, 1980년대 초에 리정다오와 공동 연구자들은 격자에 관한 장 이론 연구[74]를 시작했는데, 결국에는 중력 효과까지도 포함하게 되었다.[75] 리정다오에게 자극을 받은 노먼 크라이스트(Norman Christ)는 양자색역학의 틀 내에서 격자에 관한 장 이론의 계산을 빨리 수행하기 위한 목적으로 컬럼비아대학의 물리학부에 일련의 고성능 컴퓨터들을 설치하는 데 앞장섰다. 이 연구 결과로 리정다오는 공간과 시간이 실제로 따로 분리돼 있을지 모른다고 주장하였다.[76]

고온 초전도성이 발견된 이래 리정다오와 공동 연구자들은 그 메커니즘을 이해하기 위해 전력을 기울였다.[77]

리정다오는 진공 속에 상전이가 존재한다는 자신의 생각[78]을 검증하기 위해 상대론적 중이온 충돌을 사용해야 한다고 강력하게 주장해왔다. 그러한 노력의 결과로 브룩헤이번국립연구소에 RHIC 가속기가 건설되었다. 1997년, 리정다오는 일본으로부터 자금 지원을 받아 브룩헤이번국립연구소의 한 이론 연구팀을 이끌게 되었다(컬럼비아대학과의 관계를 그대로 유지하면서).

리정다오가 개인적으로 소장하고 있는 훌륭한 중국 미술품은 과학 외에 그가 가진 다른 관심 분야를 보여준다. 그는 미술과 과학 사이의 관계에 대해 강의를 하기도 했다.[79]

리정다오와 양전닝은 모두 미국과 중국 사이의 상호 이해를 증진하기 위해, 그리고 중국 정부에 기초 연구와 양국 간의 교수 교환의 중요성을 설득시키기 위해 각자 나름대로 노력해왔다.[80] 그 중에서 나는 특히 리정다오가 추진하여 약 1000명의 중국인 학생들이 미국에서 대학원 과정을 이수할 수 있는 길을 마련한 프로그램을 언급하고 싶다.

1988년 5월 19일로 내가 70세 생일을 맞이하게 되었을 때, 친구들이 나를 위해 5월 13일에 록펠러대학에서 심포지엄을 마련했다. 모두 내 개인적인 친구들로 채워진 연사들은 미국에서 가장 훌륭한 물리학자들을 대표했다. 그들 중에 양전닝과 리정다오도 포함돼 있는 것에 나는 매우 감격했다.

참고 문헌

1. A. Pais, *Nucl. Phys.* **5**, 297, 1958, 여기서는 L. Rosenfeld: *ibid.*, **5**, 296, 1958 의 서문을 고쳐썼다.

2. 의혹을 제기한 대표적인 예로는 다음을 참조하라 : G. C. Wick, A. Wightman, and E. Wigner, *Phys. Rev.* **88**, 101, 1952, footnote 9.

3. 대표적인 예외는 다음을 참조하라 : E. Purcell and N. Ramsey, *Phys. Rev.* **78**, 807, 1950.

4. T. D. Lee and C. N. Yang, *Phys. Rev.* **104**, 254, 1956.

5. T. D. Lee, R. Oehme, and C. N. Yang, *Phys. Rev.* **106**, 340, 1957.

6. C. S. Wu *et al., Phys. Rev.* **105**, 1413, 957.

7. R. L. Garwin, L. Lederman, and M. Weinrich, *Phys. Rev.* **105**, 1415, 1957; J. Friedman and V. Telegdi, *ibid.*, p. 1681.

8. H. Poincaré, *Thermodynamique*, Gauthier Villars, Paris, 1901; also in *La science et l'hypothèse*, p. 155, Flammarion, Paris, 1907.

9. C. N. Yang, *Selected Papers*, pp. 3, 4, Freeman, San Francisco, 1983.

10. C. N. Yang, *J. Chem. Phys.* **13**, 66, 1945.

11. See ref. 9, p. 305.

12. C. N. Yang, *Phys. Rev.* **74**, 764, 1948.

13. T. D. Lee, *Astrophys. J.* **111**, 625, 1950.

14. T. D. Lee, *Phys. Rev.* **77**, 842, 1950; *Astrophys. J.* **112**, 561, 1950; *J. Appl. Phys.* **22**, 524, 1952; *Quart. Appl. Math.* **10**, 69, 1952.

15. 1997년에 사망.

16. T. D. Lee, M. Rosenbluth, and C. N. Yang, *Phys. Rev.* **75**, 905, 1949.

17. T. D. Lee and R. Christian, *Phys. Rev.* **94**, 1760, 1954; the same and R. Friedman, *Phys. Rev.* **100**, 1494, 1955.

18. E. Henley and T. D. Lee, *Phys. Rev.* **101**, 1536, 1956.

19. T. D. Lee, F. Low, and D. Pines, *Phys. Rev.* **90**, 297, 1953; T. D. Lee and D. Pines, *Phys. Rev.* **92**, 883, 1953.

20. T. D. Lee, *Phys. Rev.* **95**, 1329, 1954.

21. C. N. Yang, *Phys. Rev.* **77**, 242, 722, 1950.

22. C. N. Yang and J. Tiomno, *Phys. Rev.* **79**, 495, 1950.

23. C. N. Yang and E. Fermi, *Phys. Rev.* **76**, 1739, 1949.

24. C. N. Yang and D. Feldman, *Phys. Rev.* **79**, 792, 1950.

25. C. N. Yang, *Phys. Rev.* **85**, 808, 1952.

26. C. N. Yang and T. D. Lee, *Phys. Rev.* **87**, 404, 410, 1952.

27. C. N. Yang, *Chinese J. Phys.* **5**, 138, 1944; **6**, 59, 1945; with Y. Y. Li, *ibid.*, **7**, 59, 1947; *J. Chem. Phys.* **13**, 66, 1945.

28. K. Huang and C. N. Yang, *Phys. Rev.* **105**, 767, 1957; the same and J. Luttinger, *Phys. Rev.* **105**, 776, 1957; T. D. Lee and C. N. Yang, *Phys. Rev.* **105**, 1119, 1957; the same and K. Huang, *Phys. Rev.* **106**, 1135, 1957

29. T. D. Lee and C. N. Yang, *Phys. Rev.* **98**, 1501, 1955.

30. T. D. Lee and C. N. Yang, *Phys. Rev.* **102**, 290, 1956; **104**, 822, 1956.

31. T. D. Lee and C. N. Yang, *Phys. Rev.* **105**, 1671, 1957.

32. A. Salam, *Nuov. Cim.* **5**, 299, 1957.

33. L. D. Landau, *Nucl. Phys.* **3**, 127, 1957.

34. T. D. Lee, *Proceedings of the Seventh Rochester Conference 1957*, section VII, p. 1, Interscience, New York, 1957.

35. T. D. Lee, J. Steinberger, G. Feinberg, P. Kabir, and C. N. Yang, *Phys. Rev.* **106**, 1367, 1957; T. D. Lee and C. N. Yang, *Phys. Rev.* **108**, 1645, 1957.

36. T. D. Lee, *Selected Papers, 1949-1985* (G. Feinberg, Ed.), 3 vols, Birkhäuser,

Boston, 1986; *1985-1996* (H. C. Ren and Y. Pang, Eds), Gordon and Breach, New York, 1998.

37. T. D. Lee and C. N. Yang, *Phys. Rev.* **106**, 1135, 1957; **112**, 1419, 1958; **113**, 1406, 1959.

38. T. D. Lee and C. N. Yang, *Phys. Rev.* **113**, 1165, 1959; **116**, 25, 1959; **117**, 12, 22, 897, 1960.

39. M. Schwartz, *Phys, Rev. Lett,* **4**, 306, 1960.

40. T. D. Lee and C. N. Yang, *Phys. Rev. Lett.* **4**, 307, 1960.

41. T. D. Lee and C. N. Yang, *Phys. Rev.* **119**, 1410, 1960; with P. Markstein, *Phys. Rev. Lett.* **7**, 429, 1961.

42. T. D. Lee and C. N. Yang, *Phys. Rev.* **126**, 2239, 1962.

43. T. D. Lee and C. N. Yang, *Phys. Rev.* **122**, 1954, 1961.

44. T. D. Lee and C. N. Yang, *Phys. Rev.* **128**, 885, 1962.

45. C. N. Yang, ref. 9, pp. 30, 53.

46. T. D. Lee, ref. 36, Vol. 3, p. 487; Vol. 1985-1996, p. 163.

47. 스토니브룩에서 양전닝이 한 역할에 대해서는 다음을 보라 : J. S. Toll, in *Chen Ning Yang* (C. S. Liu and S. T. Yau, Eds), p. 401, International Press, Boston, 1995.

48. C. N. Yang and R. Mills, *Phys. Rev.* **95**, 631; **96**, 191, 1954.

49. 파울리에 대해 쓴 글을 보라. 그 연구의 기원에 대한 두 사람의 회고에 대해서는 다음도 참조하라 : C. N. Yang, ref. 9, p. 19, and R. Mills, *Am. J. Phys.* **57**, 493, 1989.

50. D. Z. Zhang, interview of Yang, in *C. N. Yang* (C. S. Liu and S. T. Yau, Eds), p. 457, International Press, Boston, 1995.

51. T. T. Wu and C. N. Yang, ref. 9, p. 400.

52. C. N. Yang, *Phys. Rev.* **D1**, 2360, 1970.

53. C. N. Yang, ref. 9, p. 450.

54. T. T. Wu and C. N. Yang, *Phys. Rev.* **D12**, 3845, 1975; See also C. N. Yang, *Phys. Rev. Lett.* **33**, 445, 1974.

55. T. T. Wu and C. N. Yang, *Nucl. Phys.* **B107**, 365, 1976; *Phys. Rev.* **D14**, 437, 1976; **D16**, 1018, 1977; C. N. Yang, *Ann. New York Ac. Sci.* **294**, 86, 1977; *Phys. Rev. Lett.* **38**, 1377, 1977; *J. Math. Phys.* **19**, 320, 2622, 1978.

56. C. N. Yang, *Physica* **26**, 549, 1960.

57. N. Byers and C. N. Yang, *Phys. Rev. Lett.* **7**, 46, 1961.

58. C. N. Yang, *Rev. Mod. Phys.* **34**, 694, 1962.

59. C. N. Yang and C. P. Yang, *Phys. Rev. Lett.* **13**, 303, 1964.

60. C. N. Yang and C. P. Yang, *Phys. Rev.* **150**, 321, 327; **151**, 258, 1966.

61. C. N. Yang, *Phys. Rev. Lett.* **19**, 1312, 1967; *Phys. Rev.* **168**, 1920, 1968.

62. 백스터의 기여에 대해서는 ref. 50, p. 1의 그의 논문을 보라.

63. S. B. Treiman and C. N. Yang, *Phys. Rev. Lett.* **8**, 140, 1960.

64. C. N. Yang and T. T. Wu, *Phys. Rev. Lett.* **13**, 380, 1964.

65. Including C. N. Yang and T. T. Wu, *Phys. Rev.* **137**, 708, 1965; C. N. Yang and N. Byers, *Phys. Rev.* **142**, 976, 1966; C. N. Yang and J. Benecke, T. Chou, and E. Yen, *Phys. Rev.* **188**, 2159, 1969; C. N. Yang and T. Chou, *Nucl. Phys.* **B107**, 1, 1976: *Phys. Rev.* **170**, 1591, 1968; **D4**, 2005, 1972; **D7**, 2063, 1973; **D17**, 1881, 1978; **D19**, 3268, 1979; **D22**, 610, 1981; *Phys. Rev. Lett.* **20**, 1213, 1968; **25**, 1072, 1970; **46**, 764, 1981.

66. T. D. Lee, Cern Report 61-31, p. 65, 1961; *Phys. Rev.* **128**, 899, 1806, 1968; *Nuov. Cim.* **59A**, 579, 1969: *Phys. Rev. Lett.* **26**, 801, 1971; with J. Bernstein, *Phys. Rev. Lett.* **11**, 512, 1963.

67. T. D. Lee and M. Nauenberg, *Phys. Rev.* **133**, B1549, 1964.

68. T. D. Lee, *Phys. Rev.* **D8**, 1226, 1973; *Phys. Rep.* **9C**, No. 2, 1974; also T. D. Lee and L. Wolfenstein, *Phys, Rev.* **138**, B1490, 1965.

69. T. D. Lee and G. C. Wick, *Nucl. Phys.* **B9**, 209, 1969; **B10**, 1, 1969; *Phys. Rev.* **D2**, 1033, 1970; **D3**, 1046, 1971.

70. T. D. Lee and G. C. Wick, *Phys. Rev.* **D9**, 2291, 1974; **D11**, 1591, 1975; *Rev. Mod. Phys.* **47**, 267, 1975; also T. D. Lee and M. Margulies, *Phys. Rev.* **D11**, 1591, 1975; **D12**, 4008, 1976.

71. N. Christ and T. D, Lee, *Phys. Rev.* **D12**, 1606, 1975; R. Friedberg, T. D. Lee, and A. Sirlin, *Phys. Rev.* **D13**, 2739, 1976; *Nucl. Phys.* **B115**, 1, 32, 1976.

72. R. Friedberg and T. D. Lee, *Phys. Rev.* **D15**, 1694, 1977; **D16**, 1096, 1976; **D18**, 2623, 1978.

73. T. D. Lee, *Phys. Rev.* **D35**, 3637, 1987; R. Friedberg, T. D. Lee, and Y. Pang, *Phys. Rev.* **D35**, 3640, 3658, 1987; T. D. Lee and Y. Pang, *Nucl. Phys.* **B315**, 477, 1989; *Phys. Reports* **22**, 251, 1992.

74. N. Christ, R. Friedberg, and T. D. Lee, *Nucl. Phys.* **B202**, 89, 1982; **210**, 310, 1982.

75. G. Feinberg, R. Friedberg, T. D. Lee, and H. C. Ren, *Nucl. Phys.* **B245**, 343, 1984.

76. T. D. Lee, *Phys. Lett.* **122B**, 217, 1983; T. D. Lee and R. Friedberg, *Nucl. Phys.* **B225**, 1, 1983.

77. T. D. Lee and R. Friedberg, *Phys. Lett*, **138A**, 423, 1989; *Phys. Rev.* **B40**, 6745, 1989; T. D. Lee, R. Friedberg, and H. C. Ren, *Phys. Rev.* **B42**, 4122, 1990; *Phys. Lett.* **A152**, 417, 423, 1991; *Phys. Rev.* **B45**, 10, 732, 1992; *Ann. of Phys.* **228**, 52, 1993; *Phys. Rev.* **B50**, 10, 190, 1994.

78. T. D. Lee, *Rev. Mod. Phys.* **47**, 267, 1975.

79. 예를 들어 다음을 참조하라 : T. D. Lee, *Science Spectra* **7**, 26, 1997.

80. 양전닝에 대해서는 ref. 9, p. 518; 리정다오에 대해서는 ref. 36, 1985-1996, pp. XII-XIV를 보라..

1940년대 말에 프린스턴에 있는 자기 집 앞에 서 있는 폰 노이만 부부

존 폰 노이만

어린 시절

그의 조국인 헝가리(그는 1903년 12월 28일에 부다페스트에서 태어났다)에서는 그의 정식 이름이 마르기타이 네우만 야노시 라요시(Margittai Neumann Janos Lajos)로 알려져 있다. 친구들은 그를 얀치(Jancsi)라 불렀다. 1913년, 변호사이자 은행 이사였던 아버지는 헝가리의 경제 발전에 기여한 공로로 프란즈 요세프(Franz Joseph)로부터 마르기타이라는 귀족 작위를 받았다(마르기타는 헝가리의 어느 도시 이름이다). 폰 노이만 밑으로는 두 남동생 마이클과 니컬러스가 있다. 그의 가족은 유태인 혈통을 이어받았지만, 유태교를 신봉하지는 않았다. 그렇지만 폰 노이만과 그 형제들은 남자가 13세가 되면 치르는 유태인의 성인식인 바르미츠바를 거쳤다. 나중에 가족은 카톨릭교로 개종한다. 그러나 훗날 폰 노이만의 친구가 된 스타니슬라브 울람(Stanislav Ulam)은 폰 노이만이 "어른이 되고 나서도 자신의 유태인 혈통을 결코 감추지 않았다. 사실, 그는 1948년에 이스라엘 국가가 탄생한 것을 매우 자랑스럽게 여겼다."고 썼다.[1]

미국에서는(그는 1938년부터 미국 시민이 되었다) 그의 공식적인 이름은 존 폰 노이만(John von Neumann)이라 알려지게 된다. 친구들은 그를 자니라고 불렀다.

폰 노이만은 집에서 가정교사를 통해 교육을 받기 시작했는데, 그 때 라비에게서 히브리어를 쓰는 법과 히브리 문학도 배웠다. 어린 시절에 그는 44권 분량의 일반 역사서를 통독했다.[2] 어린 시절부터 그는 특별한 속셈법

을 터득했는데, 그것은 평생 동안 그의 비범한 재주가 되었다.

10세 때 그는 루터파 학교인 아고스타이 김나지움에 들어갔다. 교육 과정에는 라틴어를 8년간 배우는 것과 그리스어를 4년간 배우는 것도 포함돼 있었다. 폰 노이만은 이들 고전 언어를 완전히 마스터했을 뿐만 아니라(그와 그의 아버지는 종종 옛 그리스어로 농담을 주고받곤 한다[3]), 영어도 잘 했으며, 마침내는 독일어, 프랑스어, 이탈리아어에도 능통하게 되었다.

가장 중요한 것은, 김나지움에 들어간 직후에 선생님들 중 한 분이 폰 노이만이 지닌 비범한 수학 재능을 간파하고는, 부다페스트대학 출신의 젊은 수학자인 미차엘 페케테(Michael Fekete)에게 부탁하여 정기적으로 폰 노이만의 집에서 소년을 가르치게 한 것이다. 이 개인 교습은 폰 노이만이 김나지움을 다닌 8년 동안 계속되었으며, 결국에는 페케테와 함께 최초의 수학 논문[4]을 발표하기에 이른다.

학교 시절에 폰 노이만은 유진 위그너(Eugene Wigner)를 처음으로 알게 되었다. 위그너는 그보다 한 학년 위였는데, 그 시절에 대해 위그너는 이렇게 회상했다. "나는 김나지움 시절에 폰 노이만을 잘 알고 지냈다는 기억이 없다. 아마도 폰 노이만을 잘 알고 지낸 사람은 거의 없을 것이다. 그는 항상 다른 아이들과 어느 정도 거리를 두었다. 그는 어머니를 사랑하고 비밀 이야기를 털어놓을 정도로 믿었지만, 다른 사람들에게는 그러지 않았다. 그의 동생들은 그를 매우 존경했지만, 사이가 친밀하지는 않았다…그는 교실에서 벌어지는 장난에 끼어들곤 했지만, 그것은 단지 따돌림을 당하지 않기 위해서였다."[5] 그렇지만 훗날 두 사람의 관계는 가까운 친구 사이로 발전한다.

폰 노이만의 김나지움 시절의 생활기록부는 소년 시절의 강점과 약점을 잘 보여준다. 기하학 작도와 쓰기, 음악에서 B를 받고, 체육에서 C를 받은 것을 빼고는 나머지 과목은 모두 A를 받았다. 이 C라는 점수에 대해

어린 시절에 〔폰 노이만은〕 신체적 활동이나 스포츠에 대해서는 별로 관심이 없었다. 훗날 그럴듯한 차를 몰고 최고 속도로 달릴 때에도 그는 결코 스포츠를 좋아하는 듯한 인상을 풍기지 못했다. 그렇지만 그는 한때 자전거타기를 배웠다

고 강변한다…십대 시절에 그는 행동이 다소 서툴렀고, 절대로 지도자 타입은 못 되었다. 그러나 훗날 그의 생활 태도에서 어색한 것은 전혀 없었고, 그는 상당한 침착성과 자신감을 가진 듯한 인상을 주었다. 그는 예의발랐고, 매우 유쾌하게 행동할 수도 있었다…그는 어린 시절부터 물질적으로 안락한 환경에서 자란 듯한 인상을 항상 풍겼다.[7]

1919년, 벨라 쿤(Bela Kun)이 이끄는 공산주의자 반란이 일어나고 나서 한 달 후에 폰 노이만의 고등학교 시절은 잠깐 중단되었다. 그의 가족은 부다페스트를 탈출하여 베네치아로 피신했다. 쿤 정권(겨우 130일간만 지속된)이 축출되고 나서 두 달 후 그의 가족은 다시 부다페스트로 돌아왔다. 폰 노이만의 공공연한 반공적 태도는 그 뿌리가 이 시절로 거슬러 올라간다. 그의 말을 그대로 인용해보자. "러시아는 전통적으로 헝가리의 적이었다…일반적으로 말해서, 헝가리인들 사이에는 러시아를 두려워하고 싫어하는 감정이 있음을 발견할 수 있을 것이다."[8] 폰 노이만의 경우에는 그 감정이 싫어하는 것을 넘어서서 증오에 가깝다고 하는 것이 정확할 것이다.

그 다음에 들어선 미클로시 호르티(Miklos Horthy) 제독이 이끄는 헝가리 정권은 제1차 세계 대전 후 반유태주의를 법으로 공표한 최초의 정권이었다. 호르티는 근대 독재자들 중 최초로 반유태주의에 인종적인 원리를 도입하여, 유태인은 별개의 종교를 믿는 사람들이라기보다는 별개의 종족이라고 선언하였다. 그는 유태인의 권리를 제한하는 법들을 잇따라 만들었는데, 그 중에는 대학 정원 중 유태인이 5%를 넘지 못하도록 하는 법도 있었다. 폰 노이만 가족은 별로 큰 불편을 느끼지는 못했지만, 헝가리의 이러한 분위기 변화는 폰 노이만에게 정치적 극단주의를 혐오하게 만들었다.

대학 시절

1921년, 폰 노이만은 고등학교를 졸업하고 부다페스트대학에 입학했지만, 시험을 치르는 학기말에만 출석했다. 1921년부터 1923년까지 그는 대부분의 시간을 베를린대학에서 보냈는데, 거기서 그가 들은 강의 중에는 아인슈타인의 통계역학 강의도 있었다. 거기서 그는 옛 동창인 유진 위그

너를 다시 만났다.[9]

1923년, 폰 노이만은 아버지의 요구대로 화공학을 공부하기 위해 취리히에 있는 스위스연방공과대학에 입학했다. 그 무렵에 그는 이미 수학 연구에 깊이 빠져들어 있었고, 그 당시 최고의 수학자 중 한 사람인 헤르만 바일(Hemman Weyl)과 가장 훌륭한 수학 교수 중 한 사람인 조지 폴리아(George Polya)와 알고 지냈다. 바일이 잠깐 자리를 비워야 할 때에는 그 동안에 폰 노이만이 대신 강의를 맡곤 했다.[10] 1925년, 폰 노이만은 22세 때 최우등으로 수학 박사 학위를 받았고, 부다페스트대학에서는 부전공으로 실험물리학과 화학을 이수했다. 집합론의 공리적 방법을 다룬 그의 박사 학위 논문[11]은 1928년에 가서야 발표되었다.

폰 노이만은 1926-27학년도를 괴팅겐대학에서 록펠러 연구원으로 보냈다. 그를 록펠러 연구원으로 추천하면서 수학자 리처드 커랜트(Richard Courant)는 이렇게 썼다. "폰 노이만 씨는 젊은 나이에도 불구하고, …이미 매우 생산적인 업적을 이루었고…많은 곳에서 큰 기대를 갖고 그의 발전을 주시하고 있는…아주 예외적인 인물입니다."[12] 1927년에 그는 베를린대학의 객원 강사로 임명되었는데, 그 대학 역사상 최연소 강사라는 기록을 세웠다. 그 다음 몇 년간은 괴팅겐과 베를린을 오가며 생활했다. 1929-30학년도의 첫 학기는 함부르크대학에서 객원 강사로 지냈다. 1930년 2월, 그는 수리물리학 방문 강사로 프린스턴대학을 처음 방문했다.

유럽 시절의 과학 업적

폰 노이만이 1923~1930년에 유럽에서 쓴 논문들을 검토하기 위해 나는 내 책상 위에 그가 쓴 모든 논문들을 모아놓은 6권짜리 책을 펼쳐놓았는데, 거기에는 모두 3631쪽 분량의 150편 이상의 논문들이 실려 있다.[13] 그의 업적을 평가하는 나의 작업은 아주 개략적일 수밖에 없는데, 그 주된 이유는 물리학자인 나로서는 그의 연구를 완전히 이해할 수 없기 때문이다. 그의 수학적 논문을 판단할 만한 능력도 없는 주제에 왜 이 책에 유명한 수학자를 포함시키는 무모한 짓을 했느냐고 물을지도 모른다. 그러면 나는 폰 노이만과 나는 친구 사이이며(곧 알게 되겠지만), 여기서는 주로 그에 대한 전체적인 그림을 제시하려고 노력할 뿐이라고 대답할 것이다.

이 기간에 폰 노이만이 한 연구는 40여 편의 논문으로 집약되어 있는데, 그것들은 괴팅겐대학의 다비드 힐베르트(David Hilbert)에게서 큰 영향을 받았다. 힐베르트는 그 무렵에 태양 아래에 있는 모든 것을 공리화하는 것을 최대의 목표로 삼고 있었다.

1920년대에 폰 노이만이 쓴 논문들 중 한 범주는 집합론과 수학의 논리적 기초를 다룬 것으로, 거기에는 서수의 엄밀한 정의,[14] 오늘날 노이만-괴델-베르나이스 이론으로 알려진, 집합론을 위한 새로운 일련의 공리들,[15] 힐베르트의 증명론에 대한 기여,[16] 그리고 그것을 5년 뒤에 더 정교하게 다듬은 것,[17] 그 당시 수학의 기초를 위협하고 있던 논리적 역설을 피하기 위한 필요충분조건에 대한 논문[18] 등이 포함돼 있다.

쿠르트 괴델(Kurt Gödel)이 불완전성 정리를 발표한 1931년 이후에 폰 노이만은 수학의 논리적 기초에 관한 연구를 포기한다. "형식론적인 증명이 결국 모순에 이르고 마는 참인 정리"[19]라는 불완전성 정리는 폰 노이만이 괴델의 정리와는 정반대되는 것을 증명하려고 몰두했지만 실패만 거듭하고 있을 때 나왔다. 폰 노이만은 이 놀라운 결과 덕분에 괴델은 아리스토텔레스 이래 최고의 논리학자로 올라섰다고 말했다. "괴델을 향한 그의 깊은 존경심에는 자신이 그 정리를 생각하지 못한 실망감이 섞여 있었다."[20] 괴델은 교수가 아니면서도 수 년 동안 고등학술연구소의 연구원으로 지냈다(그는 1953년에야 교수가 되었다). 이 때문에 폰 노이만(그 당시 이미 오래전부터 교수로 지내온)은 "괴델이 교수가 아니라면, 우리 중 누가 교수라고 할 수 있겠는가?"라고 말했다.[20]

1920년대에 쓴 폰 노이만의 논문들 중 두 번째 범주 역시 힐베르트의 영향을 보여준다. 그것은 힐베르트와 힐베르트의 조수인 로타르 노르트하임(Lothar Nordheim)과의 공동 연구로 시작되었다. 거기서 그들은 하이젠베르크의 행렬역학[21]의 기초를 이루는 수학적 원리들을 좀더 개선시키기 위해 힐베르트 공간(무한 차원의 벡터 공간)을 사용했다(내가 알기로는 최초로). 행렬역학은 관련 문제들에 관한 일련의 다른 논문들[22]에서 더 정교하게 다듬어졌다. 이 논문들은 양자역학의 수학적 기초에 관한 폰 노이만의 책[23]에 포함되어 더 확장되었다. 이 책에는 측정에 관한 그의 이론도 들어 있는데, 여기서 그는 비결정론은, 일단 그 모습이 드러나면 결정론을 허용하게 될 숨어 있는 매개변수의 결과라기보다는 양자역학의 본질적인 특징이라고 주장했다. 이 연구에 대한 반응은 사람에 따라 다양하게 나타났다. 어떤 사람은 이렇게 썼다. "물리적 상태를 힐베르트 공간상의 한 점으로 형식적으로 정의한 것은 마치 태초 이래 가장 명백했던 사실처럼 물리학자들에게 받아들여졌다."[7] 그러나 또 다른 사람은 이렇게 썼다. "이 진술은 수학적으로 매우 기술적인 성격을 지니고 있기 때문에, 그것을 실질적으로 사용해오지 않은 물리학자들[이 글을 쓴 필자를 포함하여]보다는 수학자들에게 더 많은 관심을 끌었다."[24] 폰 노이만과 닐스 보어는 1938년에 바르샤바에서 열린 회의[25]에서 서로의 견해에 대해 활발한 토론을 나누었다. 나는 개인적인 관찰을 통해 두 사람이 서로 깊이 존경한다는 사실을 알고 있다.

물리학자들은 폰 노이만이 유럽 시절에 물리학도 했다는 사실을 들으면 기뻐할지 모르겠다. 이 연구에는 위그너와 공동으로 쓴 일련의 논문들[26]이 포함되는데, 가장 흥미로운 것은 나온 지 불과 몇 달밖에 안 된 디랙의 전자 이론에 관해 1928년에 쓴 것이다. 디랙의 4성분 스피너(spinor : 2차원 또는 4차원 공간에서의 복소수를 성분으로 하는 스펙트럼. 스핀의 상태 기술에 씀) 파동방정식에 나오는 쌍일차식 표현을 사용함으로써 5개의 기본 공변(스칼라, 4차원 벡터, 텐서, 슈도4차원 벡터, 슈도스칼라)을 구축할 수 있다는 사실은 모든 물리학자들이 알고 있지만, 최초로 그렇게 한 사람이 폰 노이만[27]이라는 사실을 아는 사람은 드물 것이다. 그 논문에서 그가 지적한 것처럼 "4개의 성분을 가진 어떤 양[스피너]이 4차원 벡터가 아닌 것은 상대성 이론에서 지금까지 한 번도 없었던 일이다!"

폰 노이만은 아주 색다른 분야의 물리학에도 기여했는데, 그것은 에르고드 이론(ergodic theory)[28]이라 하는 것으로, 역학적 계들과 통계역학에 관한 연구에 영향을 미쳤다. 세상을 떠나기 얼마 전에 미국과학아카데미로부터 자신의 가장 큰 업적 세 가지를 이야기해달라는 요청을 받았을 때, 폰 노이만은 힐베르트 공간에서의 연산자에 관한 이론과 양자론의 수학적 기초에 대한 연구, 그리고 에르고드 정리라고 대답했다.[29] 이 주제들에 관한 연구는 그가 유럽에서 활동하던 20대에 시작했다는 사실에 주목할 필요가 있다.

그런데 그가 이 시기에 시작한 연구는 이것뿐만이 아니다. 1928년, 논리학과 물리학에 관한 논문을 쓰는 사이에 그는 "주로 포커의 변형들을 분석한 것에 기초하여"[31] 게임 이론에 관한 자신의 최초의 기초 논문[30]을 썼다. 이 논문에는 '파티 게임의 이론에 관하여'라는 친근한 제목이 붙었으며, 간략한 각주에서는 일부 경제 문제에 비유한 예도 언급했다. 그 후 게임 이론 분야에서 이루어진 모든 연구의 기초가 된 이 논문의 핵심은 미니맥스(minimax) 정리이다. 두 사람 간에 벌어지는 제로섬 게임(한쪽이 딴 것은 다른 쪽이 잃은 것과 똑같아지는 게임)에 대해 최적의 전략이 존재한다. 그것을 하나의 특징적인 수로 표현한 것이 그 게임의 '미니맥스' 값으로, 각 게임 참여자가 기대할 수 있는 최소한의 이익과 최대한의 손실을 나타낸다.

경제학 분야에 대한 그의 첫 연구는 1937년 비엔나에서 열린 세미나에서 제출되었는데,[32] 1983년에 한 계량경제학 역사가는 그것을 "수리경제학 분야에서 나온 단일 논문으로는 가장 중요한 것"[33]이라고 평했다. 그 다음에는 오스카르 모르겐슈테른(Oskar Morgenstern)과 함께 게임 이론과 많은 경제 문제(n개의 당사자, 독점 기업, 과점 기업, 자유 무역 사이에서 재화의 교환과 같은)에 그것을 적용하는 것에 대한 책[34]을 썼다. 이 연구는 1944년에 프린스턴대학출판부에서 출판되었다. "이 책을 출판하기로 결정할 때, 출판부측은 예상되는 적자를 기꺼이 감수하기로 작정했다. 그러나 실제로 그 책은 1947년에 재판을 찍었고, 1953년에 3판을 찍었다."[7] "1946년 3월에 〈뉴욕타임스〉지의 첫면에 실린 호의적인 기사가 그 책을 학술서의 기준에서는 베스트셀러로 만들었다."[35, 36]

모르겐슈테른은 어떻게 폰 노이만처럼 경제학적 사고의 주류 바깥에 있는 학자가 독창적이고 혁신적이고 결정적인 업적을 이룰 수 있느냐는 질문을 받은 적이 있다. 그는 폰 노이만이 일상적인 대화를 나누던 상대방의 지혜를 빌리는 비범한 능력이 있다고 대답했다. 그리고 거기서 자신의 시간을 투입할 가치가 있는 수학적으로 흥미있는 문제를 발견하면, 그는 마치 미사일처럼 그 문제에 정확하게 접근했다.[37]

그 책이 출간된 후, 폰 노이만은 게임과 경제 행위에 관한 논문을 대여섯 편 더 발표했다.[36]

프린스턴 시절

폰 노이만은 1930년 2월~6월 학기에 프린스턴대학에서 양자론을 강의하기 위한 방문 강사의 자격으로 미국에 처음 왔다. 봉급 3000달러에 여행경비 1000달러라는 조건이었다. 그 자리를 마련해준 사람은 프린스턴대학의 교수이자 미국의 뛰어난 수학자인 오스왈드 베블렌(Oswald Veblen)이었다. "그는 폰 노이만을 아주 좋아했으며, 마치 아들처럼 여겼다."[39]

폰 노이만은 1930년 1월 1일 부다페스트에서 결혼한 신부 마리에테 코베시(Mariette Kovési)와 함께 호화 여객선 브레멘호를 타고 미국으로 갔다. 두 사람은 어린 시절부터 서로 잘 아는 사이였다. 마리에테는 부유한 집안 출신의 호리호리하고 쾌활한 젊은 여성으로, 옷을 잘 차려입었다.

비슷한 조건으로 거의 같은 시기에 프린스턴대학에 온 위그너는 이렇게 말했다. "폰 노이만은 처음 오던 날부터 미국을 사랑하게 되었다. 그는 이 사람들은 의미 없는 전통적인 용어들을 사용해 말하지 않는 건전한 사람들이라고 생각했다. 유럽의 그것보다 훨씬 거대한 미국의 물질주의가 그의 마음에 든 측면도 있을 것이다."[40] 세월이 한참 지난 뒤, 폰 노이만은 자신이 미국으로 온 이유를 다음과 같이 설명했다.

그 이유 중 일부는 헝가리의 조건이 다소 제한적이었고, 내가 하는 일에 대해 미국이 더 좋은 무대를 마련해줄 것이라고 생각했기 때문이다. 더 큰 이유는 미국의 제도가 내 마음에 들었기 때문이다. 그리고 마지막으로는 제1차 세계 대전이 곧 발발하리라고 예상되었기 때문이다. 나는 헝가리가 나치의 편에 붙을 것으로 우려했고, 그 편에 휩쓸리기가 싫었다.[42]

그러나 1938년까지 그는 자신의 조국을 종종 방문했다.

1930년부터 1933년까지 폰 노이만은 일 년 중 반은 프린스턴대학에서, 나머지 반은 베를린대학에서 강의를 했다. 그의 강의에는 학생들이 몰렸다. 이 기간에 그는 자기 생애의 어느 시기보다 학생들과 많은 시간을 보냈다. 마리에테는 저녁이면 자신들의 셋집을 개방하여 손님을 맞이하곤 했다. 이렇게 하여 폰 노이만식 프린스턴 파티가 시작되었는데, 웨스트콧 거리에 있는 집(그들은 여생을 이 집에서 보냈다)을 사서 이사한 후에는 파티가 더 유명해지고 규모도 커졌다.

1931년, 폰 노이만 부부는 처음으로 차를 샀다. "자니는 운전을 많이 했지만, 어디서도 운전 면허증을 딴 적이 없었다. 그는 면허 시험을 치렀고… [이제는] 미국의 넓은 도로를 마음대로 달릴 수 있게 되었다…그는 어떤 도로든지 한가운데로 씽씽 달렸다."[42]

폰 노이만의 인생에서 가장 중요한 학계의 자리를 마련해준 사람은 이번에도 베블렌이었다. 폰 노이만과 아인슈타인은 1932년 5월에 설립된 프린스턴대학 고등학술연구소에 최초의 교수로 임명되었다. 1933년 1월, 폰 노이만은 그 곳의 교수직을 제의받고 수락했다. 연봉은 1만 달러였고, 1933년 4월 1일부터 임기가 시작되었다.[43] 그는 9월부터 그 당시로서는 그 곳의 가장 젊은 교수로서 직분을 수행하기 시작했고, 나머지 생애 동안 계속 그 직위를 유지했다.

1935년, 폰 노이만의 유일한 자식인 마리나가 태어났다. "자니는 좀 멍한 아버지였다."[44] 1956년에 마리나는 휘트먼 부인이 되었다. 그녀는 훌륭한 아내이자 어머니일 뿐만 아니라, 저명한 경제학 교수이기도 하다.

폰 노이만과 마리에테는 1937년에 우호적으로 이혼하였다. 마리에테는 나중에 호너 쿠퍼(Horner Kuper)와 결혼했다. 쿠퍼는 제2차 세계 대전 후 브룩헤이번국립연구소에서 기계 조작 책임자가 된다. 나는 그 곳에서 마리에테를 여러 번 만났는데, 여전히 쾌활하고 우아했다. 한편, 그 뒤 폰 노이만은 미국 시민이 되었고, 1938년 12월 18일에 헝가리 여성인 클라라('클라리') 단과 재혼했다. 나는 클라리를 오랫동안 알고 지내왔으며, 그녀는 가장 좋은 내 친구 중 한 명이다. 내가 알고 있는 유일한 헝가리어 표현을 가르쳐준 사람도 그녀이다. "Minden Kicsi segìt, mondta az egèr, ès belipisilt a tengerbe." 이것은 "'백짓장도 맞들면 낫다'고 말하면서 생쥐가 바다에 오줌을 누었다."라는 네덜란드의 속담을 번역한 것이다.

————◆————

미국에 도착할 무렵에 폰 노이만은 이미 수학에 기여한 업적으로 국제적인 명성을 얻고 있었다. 순수 수학 분야의 연구는 1940년까지 계속되었으며, "그 때부터 그는 수리물리학은 말할 것도 없고, 논리학과 해석학의 모든 전선에서 숨막히는 속도로 나아가고 있는 것처럼 보였다."[45] 1940년부터 전쟁 상황이 그의 활동에 변화를 가져오기 시작했다.

폰 노이만의 업적을 피상적으로 열거하는 것을 계속해보자. 1930년대에 머리(F. J. Murray)와 함께 그는 교환법칙이 성립하지 않는 대수학에 관한 획기적인 일련의 논문을 썼는데, 그는 거기에다 '연산자 고리'라는 모호한 이름을 붙였다. 이것은 W★대수학이라는 이름으로도 불렸고, 나중에는 '폰 노이만 대수학'으로 불렸다.[46] 이 연구에서 파생하여 폰 노이만의 '연속기하학'(사영기하학을 일반화한 것)[47]이 나왔다.

이 시기에 폰 노이만이 기여한 또 하나의 중요한 수학적 업적은 1933년에 헝가리인 친구인 알프레드 하르(Alfred Haar)가 군 불변 하르 척도[48]라는 것을 발견한 결과로 나왔다. 폰 노이만은 1900년에 힐베르트가 제기하여 아직 풀리지 않고 있던 문제에 대해 하르의 결과가 부분적인 해를 제공한다는 것을 보였다.[49]

그는 하르 척도에 대해 몇 편의 논문[50]을 더 썼다. 또 그것과 관련하여 주기 함수에 대한 논문들[51]도 썼다. "그는 하르가 일찍 죽은 것을 매우 애통해했다."[52]

1936년, 앨런 튜링(Alan Turing)이 2년간의 예정으로 프린스턴에 왔다. 그가 처음 발표한 논문은 논리학에 관한 폰 노이만과 괴델의 연구를 확장한 것이었다. 폰 노이만은 1935년에 영국 케임브리지대학에서 강연을 할 때 그를 이미 만났을지도 모른다. 프린스턴에 머무는 동안에 튜링은 오늘날 보편적인 튜링 기계라 불리는 것에 대해 획기적인 논문[53]을 발표했다. 그것은 수학과 수리논리학에 심대한 영향을 끼쳤으며, 컴퓨터 프로그래밍의 이론적 기초가 되었다. 1938년에 폰 노이만은 튜링의 연구에 큰 흥미를 느껴 그에게 고등학술연구소의 자신의 조수직을 제의했지만, 튜링은 그것을 거절하고 케임브리지로 돌아가 특별 연구원이 되었다. 그는 전쟁 기간에 독일군의 암호를 푸는 최고 전문가로도 활약했다.

폰 노이만과 제2차 세계 대전

1946년 1월 31일에 상원 원자력특별위원회에서 행한 증언에서 폰 노이만은 자신이 군사 문제에 관여한 내용을 다음과 같이 요약하였다.

> 저는 수학자이자 수리물리학자입니다. 저는 뉴저지주 프린스턴에 있는 고등학술연구소의 연구원입니다. 저는 약 10년 동안 군사 문제에 관한 정부의 연구에 관여해왔습니다. 1937년부터 육군 병참부 탄도연구소의 고문으로, 1940년부터는 과학자문위원회의 위원으로, 1941년부터는 국방연구위원회의 여러 분과 위원으로, 1942년부터는 해군 병참부의 고문으로 일했습니다. 또, 1943년부터는 맨해튼 지부와도 연결되어 로스앨러모스연구소의 자문 위원으로 일했고, 1943~1945년의 상당 기간을 그 곳에서 보냈습니다.[54]

그 후에도 국방과 관련하여 폰 노이만이 맡은 직위들을 여기서 다 소개하는 게 좋을 것 같다. 그는 해군병참연구소(1947~1955), 무기체계평가단(1950~1955), 과학자문단, 미공군(1951~1957), 미국원자력위원회 산하 일반자문위원회(1952~1954)와 원자력위원회 위원(1955~1957)으로 일했다.[55] 미국 국방부에서는 그를 육군 1개 사단만큼 중요하게 여겼다는 이야기가 전한다.

폰 노이만의 순수 연구는 전쟁의 희생양이 되었다는 것은 명백하다. "1941년에 전쟁 관련 연구가 그의 시간 중 약 1/4을 차지했다…1943년경에는 그의 모든 노력이 그 방향으로 투입되었지만, 그럼에도 불구하고 그는 정부의 여러 조직들에 자문 역할을 하느라 바쁜 일정을 소화하기가 어려울 정도였다."[56] 그는 스스로 이렇게 썼다. "내가 응용과학에 접하게 된 것은 군사 과학을 통해서였다…나는 순수성을 잃는 데 성공한 것이 확실하다."[57] 그러나 완전히 그런 것은 아니었다. 이 기간에도 그는 별들의 임의적인 분포에서 나타나는 중력장의 통계학[58]과 일반 상대성 이론의 다른 문제들,[59] 유체역학[60]에 관한 논문을 발표했다.

———— ● ————

말년에 들어 폰 노이만은 왜 군사적인 것에 큰 매력을 느끼게 되었을까? 그를 존경하는 한 친구의 말이 정곡을 찔렀다고 나는 생각한다.

그는 장군들과 제독들을 존경하는 것처럼 보였으며, 그들과 친하게 지냈다… 이것은…힘을 가진 사람들을 존경하는 그의 기질 때문이라고…나는 믿는다. 이것은 사색으로 생애를 보내는 사람들에게서 흔히 볼 수 있는 일이다. 어쨌든, 그가 사건들에 영향력을 미칠 수 있는 사람들을 존경한 것은 분명하다. 게다가, 유약한 마음을 가졌던 그는 거칠고 무자비하게 행동할 수 있는 사람들이나 조직에 대해 마음 속으로 존경하는 마음을 가졌다고 나는 생각한다. 그는 모임에서 다른 사람들의 생각에…영향을 줄 수 있는 방식으로 행동하거나 자신의 견해를 주장할 수 있는 사람들을 높이 평가했고, 심지어는 부러워했다.[60]

전쟁에 관한 일 때문에 폰 노이만은 1942년의 마지막 몇 달 동안은 워싱턴에서, 그리고 1943년의 상반기는 영국에서 보냈으며, 그 후에는 미국 내에서 한 프로젝트에서 다른 프로젝트로 끊임없이 옮겨다녔다. 그가 관여한 과제 중에는 기뢰전과 그것에 대한 대응책, 폭발파의 영향과 반사, 충격파(그 후, 이 문제에 관해 그는 논문을 여러 편 발표했다[61])가 있다. 그 중에서 가장 중요한 것은 원자폭탄을 폭발시키기 위한 내파 방법에 대한 연구일 것이다. 그것은 재래식 폭약인 성형 폭탄을 핵분열 물질 주위에 적절하게 배치해, 그것들을 폭발시킬 때 발생한 균일한 충격파가 중심에 위치한 핵분열 물질을 임계 상태로 압축하는 방식이었다.

전부 다는 아니지만 많은 임무는 엄밀하게 풀 수 없는 수학 문제들을 포함하고 있었다. 예를 들면, 내파와 폭발의 유체역학을 다룰 때에는 실험적, (그리고 또는) 수치적 방법에 의존해야만 했다. 따라서, 폰 노이만이 그 당시로서는 가장 빠르고 가장 성능이 뛰어난 컴퓨터로 할 수 있는 일에 관심을 가지게 된 것은 필연적이었다. 그래서 그는 1944년에 펜실베이니아대학의 ENIAC(Electronic Numerical Intergrator and Computer) 계획에 관여하게 되었다. ENIAC은 오늘날 최초의 현대적인 컴퓨터로 간주된다. 그는 이 계획에 대한 이야기를 그 당시 수학자로서 해군 병참부 대위이던 허먼 골드스타인(Herman Goldstine)으로부터 들었다. 골드스타인은 나중에 그의 친구이자 긴밀한 협력자가 되었으며, 지금은 미국철학협회의 임원으로 일하고 있다. ENIAC은 1940년 6월에 완성되었다.

폰 노이만은 비선형 편미분방정식을 처리하는 것과 같이 ENIAC의 저장 용량으로는 처리가 불가능한 문제들에 특히 관심을 가지게 되었다. 1945년 6월, 그는 다음 세대의 컴퓨터인 EDVAC(Electronic Discrete Variable Computer)의 논리계산학에 대해 100쪽짜리 보고서 초안을 완성했는데, 그 중 핵심 부분은 자신이 직접 작성한 것이었다.

그 무렵, 폰 노이만은 자신의 컴퓨터를 만들려는 계획을 이미 가지고 있었다.

폰 노이만에 대한 개인적인 기억과 자니액

내가 처음으로 프린스턴에 간 것은 1946년 9월 말에 고등학술연구소에서 1년간 연구원으로 일하기 위해서였다. 그 다음 달에 나는 그 곳에서 양자장 이론에 관해 강의를 했는데, 그 자리에는 하버드대학의 유명한 수학자인 알프레드 노스 화이트헤드(Alfred North Whitehead)를 함께 데리고 온 폰 노이만도 있었고, 보어, 디랙, 헤르만 바일도 앉아 있었다. 폰 노이만과의 첫 만남은 그렇게 이루어졌다.

나는 평생 동안 폰 노이만보다 더 위대한 사람도 만나보았지만, 그보다 머리가 더 좋은 사람은 만나보지 못했다. 그는 단지 수학에만 뛰어난 것이 아니라, 많은 외국어에도 능통했으며, 특히 역사는 줄줄 꿰고 있었다. 그 중에서도 놀라운 능력은 탁월한 기억력이었다. 이 점은 골드스타인도 나와 똑같이 느꼈다.

내가 경험한 바로는, 폰 노이만은 책이나 글을 한번 읽으면 자구 하나 틀리지 않고 그대로 다시 인용할 수 있었다. 더군다나 그는 몇 년이 지난 후에도 조금도 막히지 않고 그것을 다시 암송할 수 있었다. 또, 외국어를 전광석화같이 영어로 번역했다. 한번은 그의 능력을 시험해보고자 『두 도시 이야기』가 어떻게 시작되는지 물어본 적이 있었다. 그러자 그는 잠시도 멈추지 않고 첫장을 줄줄 암송하기 시작했으며, 내가 그만하라고 할 때까지 약 15분이나 계속 암송해나갔다. 또 한번은 그가 약 20년 전에 독일어로 쓴 글에 대해 강의를 하는 것이 본 적이 있다. 그 때, 그는 20년 전의 원고에서 사용했던 것과 똑같은 문자들과 기호들을 사용했다. 독일어는 그의 자연 언어였는데, 그는 자신의 생각을 독일어로 했다가 그것을 전광석화 같은 속도로 영어로 번역하는 것처럼 보였다. 나는 그가 글을 쓰는 것을 종종 지켜본 적이 있는데, 그는 어떤 독일어 단어를 말하면서 그것에 해당하는 적절한 영어가 무엇이냐고 가끔 묻곤 했다.[62]

폰 노이만은 5행 희시를 엄청나게 많이 암송했는데, 한번은 내게 프랑스어로는 처음 들어보는 시를 가르쳐주었다.

Il y avait un jeune homme de Dijon,
Qui ne croyait pas à la religion.
Il disait: Bien ma foi,
j'm'en fou d'tous les trois
Le Père et le Fils et le Pigeon.

그에게서 그것을 배운 다음 날, 나는 그것을 영어로 번역해 가지고 그를 찾아갔다.

There was a young fellow from Digeon.
Who did not believe in religion.
He said : I admit
I don't give a shit
For the Father, the Son, and the Pigeon.

(디종에서 온 젊은이가 있었다네.
그 친구는 종교를 믿지 않았지.
그는 이렇게 말했지. 맹세컨대,
나는 성부, 성자, 비둘기 따위에는

아무 관심도 없노라고.)

나는 또 Glaube(신앙)와 Tauve(비둘기)라는 단어로 운율을 맞춘 독일어 번역도 준비하고 있었다.

폰 노이만은 자신이 좋아하는 낱말 게임도 가르쳐주었다. 그것은 어떤 문장의 네비시(nebbish) 값을 찾는 게임이었다. 이디시어(독일어에 히브리어와 슬라브어가 혼합된 것으로, 히브리 문자로 쓰며, 동유럽과 중부 유럽 및 미국의 유태인이 사용함)로 네비시는 '그것 참 안됐다'는 뜻을 지닌다. 그 게임은 어떤 문장의 의미를 높여줄 수 있는 방식으로 '네비시'를 집어넣는 횟수에 대해 구 속에 포함된 단어 수의 비율을 찾는 것이다. 그가 가장 좋아한 예는 최대의 비율을 가진 구절인 cogito nebbish, ergo nebbish, sum nebbish였다(cogito ergo sum은 '나는 생각한다. 고로 나는 존재한다'는 뜻임).

내가 프린스턴에 정착한 직후부터 이와 같은 우리의 가벼운 접촉이 시작되었다. 우리는 처음부터 둘 다 농담을 즐기는 데 서로 끌렸다. 그는 농담의 대가였고, 나도 빠지는 편은 아니었다. 그러나 얼마 지나지 않아 우리는 더 진지한 대화에 몰두하게 되었다. 그렇게 하여 시작된 우정은 폰 노이만이 세상을 떠날 때까지 지속되었다. 그는 고맙게도, 1947년 4월 21일 고등학술연구소에 나의 연구원 임기를 5년간으로 늘리라고 제안했고, 연구소 측에서는 그 제안을 받아들였다.

나는 폰 노이만의 집에서 열린 유명한 파티에 자주 초대받았다. 이러한 모든 경험으로부터 나는 그가 어떤 종류의 사람인지 나름대로 파악하게 되었다.

그의 신체적인 조건은 뚱뚱한 편이었다. 클라리는 이렇게 말했다. "그는 단것과 풍성한 음식을 좋아했지요. 특히, 크림을 원료로 한 영양분이 많은 소스를 좋아했어요. 그는 멕시코 음식을 즐겨요…로스앨러모스에서 지낼 때에는 좋아하는 멕시코 식당에서 식사를 하기 위해 200 km나 차를 몰고 가곤 했으니까요…그는 칼로리만 빼고는 무엇이든지 다 계산할 줄 알지요."[63] 그는 큰 머리에 커다랗고 활기찬 갈색 눈을 가졌고, 뒤뚱뒤뚱 걸었다. 그는 항상 말쑥한 정장 차림이었는데, 화려한 생활 방식을 선호하는 그의 성향을 보여주는 한 예라고 할 수 있다. 그는 가끔 부유한 숙부가 한 말을 인용하곤 했다. "부자인 것만으로는 충분치 않아. 스위스 은행에 돈이 있어야지." 일반적으로 그의 외모는 부드러운 면을 보여주는 경향이 있었지만, 그 뒤에 숨어 있는 엄청난 정력과 완고함을 완전히 감추지는 못했다. 그는 담배는 절대로 피우지 않았고, 술은 조금밖에 마시지 않았다. 그렇지만 파티에서 그는 종종 손님들을 즐겁게 하기 위해 약간 취한 듯한 모습을 보이기도 했다. 그의 매너는 정중하고 세계주의자적인 것이었다. 그렇지만 "주위에서 벌어지는 일에 흥미가 없을 때면 그는 긴장을 풀고 잠들어버렸다."[63] 그는 인간이 아니라, "인간을 자세하게 연구하여 인간의 흉내를 완벽하게 낼 수 있는" 반신반인이라는 말을 듣기도 했다.[64]

폰 노이만은 매우 열심히 일하는 스타일이었으며, 잠을 얼마 자지 않고도 버틸 수 있었다. "매일 그는 아침 식사 이전에 글을 쓰기 시작하곤 했다. 파티를 열었을 때에도 그는 종종 손님들을 내버려두고 머릿속에 떠오른 것을 기록하기 위해 서재로 가서 30분 정도 머물다 오곤 했다…그는 자상한 '정상적인' 남편이 될 수 없었다. 이것은 그다지 매끄럽지 않았던 그의 가정 생활을 설명해주는 일부 원인으로 볼 수 있다."[65]

그러나 폰 노이만은 외면적으로는 여성에게 관심을 보였다. 그는 여성의 다리와 모습을 자세히 보곤 했다. "로스앨러모스에서 비서들은 앞쪽이 개방된 책상을 사용했다. 그들 중 일부는 마분지로 그 곳을 가렸는데, 폰 노이만이 상체를 숙인 채 중얼거리면서 스커트 속을 들여다보는 습관이 있기 때문이라고 그들은 말했다."[66]

폰 노이만은 아주 어려운 계산을 머릿속에서 해치우는 놀라운 능력이 있었는데, 골드스타인이 아주 재미있는 일화를 들려주었다.

하루는 뛰어난 수학자인 내 친구가 골치 아픈 어떤 문제에 대해 논의하기 위해 내 사무실에 들렀다. 다소 오랫동안 별 소득 없는 토론을 한 끝에 그는 집에 계산기를 가져가 그 날 밤에 몇 가지 특수한 경우에 대해 계산을 해보아야겠다고 말했다. 다음 날 아침, 그는 매우 피곤하고 수척한 표정으로 나타났다. 이유를 묻자, 그는 밤새 작업을 통해 난이도가 점점 어려워지는 다섯 가지 특별한 경우에 대해 계산을 마쳤다고 의기양양하게 말했다. 그는 새벽 4시 30분까지 그 계산에 매달렸다고 했다.

그 날 오전 늦게 폰 노이만이 필요한 조언을 해주며 여기저기 돌아다니다가 우리 방에 들러 별일 없느냐고 물었다. 나는 그 친구를 불러들여 그 문제를 폰 노이만에게 이야기해보라고 했다. 폰 노이만은 "몇 가지 특수한 경우에 대해 계산을 해보자."고 말했다. 우리는 거기에 동의하고는, 그 날 아침에 이미 계산을 했다는 이야기는 하지 않았다. 그는 시선을 천장으로 향하고는 한 5분간 머릿속으로 계산하더니 내 친구가 그렇게 힘들게 알아낸 네 가지 경우에 대한 답을 구했다! 그리고 가장 어려운 다섯 번째 경우에 대해 다시 머릿속으로 계산하기 시작한 지 1분쯤 되었을 때, 내 친구가 갑자기 큰 소리로 답을 말했다. 폰 노이만은 계산에 방해를 받은 것처럼 보였지만, 곧 다시 계산에 몰두했다. 다시 1분쯤 지난 후에 그는 "그래, 그게 정답이군!" 하고 말했다. 그러자 내 친구는 일어나 나가버렸다. 폰 노이만은 어떻게 다른 사람이 자기보다 문제를 더 빨리 풀 수 있었는지 그 방법을 알아내려고 노력하며 다시 마음 속으로 약 30분 동안 생각을 계속했다. 마침내 어떤 일이 있었는지 자초지종을 알게 된 그는 평정을 되찾았다.[67]

폰 노이만은 정치적 사건의 전개에도 깊은 관심을 보였지만, 거기서 우리의 견해는 큰 차이를 보였다. 1947년인지 1948년인지 확실하지 않지만, 어쨌든 소련이 원자폭탄을 보유하기 전에 우리 둘이 어떤 파티에 함께 참석한 적이 있었다. 이야기의 주제는 미국과 소련의 관계로 옮겨갔다. 그때, 나는 폰 노이만이 최선의 길은 원자폭탄으로 소련의 힘을 당장 말살해 버리는 것이라고 침착하게 선언하는 말을 듣고 충격을 받았다. 내가 알고 있는 헝가리 출신의 다른 물리학자들처럼 폰 노이만은 극단적인 반공주의자였다.

폰 노이만은 내가 함께 물리학에 대해 토론할 수 있는 극소수의 수학자 중 한 사람이었다. 우리 물리학자들은 수학을 도구로 사용하며, 그것을 존중하긴 하지만, 수학자들이 하는 것처럼 항상 엄밀하게 수학을 하지는 않는다. 우리 세계에서는 잘 알려져 있는 사실이지만, 이것은 비록 불가능하지는 않다 하더라도 종종 수학자들과 의견 교환을 어렵게 하는 요인이 된다. 그러나 폰 노이만과는 그렇지 않았다. 이것은 전쟁 기간에 로스앨러모스 원자폭탄연구소에서 그가 자문역으로서 그렇게 높이 평가받았던 이유이기도 하다.

내가 개인적으로 겪은 이야기로 다시 돌아가기로 하자. 한번은 연구 도중에 풀 수 없는 수학 문제가 있어서 그것을 폰 노이만에게 가져간 적이 있었다. 그는 내 말을 듣고 나더니, 자기도 그 답을 모르겠지만 좀더 생각해 보겠다고 말했다. 그로부터 2주일 후(그 때쯤 나도 스스로 그것을 푸는 방법을 발견했지만), 나는 로스앨러모스에서 보낸 8쪽짜리 편지를 받았는데, 거기에는 그가 푼 해가 적혀 있었다….

내가 폰 노이만을 처음 만났을 무렵, 그의 전자컴퓨터 계획이 막 시작되고 있었다.

컴퓨터는 약 5000년 전의 주판까지 거슬러 올라가는 긴 역사를 가지고 있다. 그렇지만 여기서 나는 17세기에 나타나기 시작한 자동화된 도구부터 언급하려고 한다(다른 이유에서가 아니라 역사에 대한 내 지식의 한계 때문에). 그 도구들은 블레즈 파스칼(Blaise Pascal)과 고트프리트 라이프니츠(Gottfried Leibnitz)가 만든 것으로, 자동적으로 덧셈과 뺄셈, 곱셈, 나눗셈을 할 수 있었다. 19세기에 들어 찰스 배비지(Charles Babbage)는 최초로 자동화된 디지털 컴퓨터를 생각했다. 전자공학을 사용한 최초의 디지털 컴퓨터는 제2차 세계 대전 직전에 만들어졌다(디지털 컴퓨터는 데이터를 1과 0의 조합으로 이루어진 이진수의 형태로 받아들인다). 앞에서 언급한 ENIAC과 EDVAC, 그리고 흔히 자니액(Johnniac)으로 알려진 고등학술연구소의 전자컴퓨터 계획은 이 마지막 세대의 컴퓨터에 속한다.

기록[68]에 따르면, 폰 노이만은 이미 1945년 6월에 연구소측에 기존의 것보다 훨씬 빠르고 더 유연한 전자컴퓨터를 만들 것을 제안했고, 그 제안은 8월에 승인되었다.[69] 1946년 5월, 고등학술연구소에 가까이 위치한 별도의 건물에 그 컴퓨터를 설치하자고 제안했다. 그 달에 열린 교수진 회의[70]에서 유명한 수학 교수인 카를 루트비히 지겔(Carl Ludwig Siegel)은 자신은 그러한 컴퓨터가 필요 없다는 유명한 발언을 했다.[70] 로그값이 필요하다면, 로그표를 찾을 것도 없이 직접 손으로 계산하겠다고 그는 말했다.

과학 기술 사업에 대한 재정적 지원이 풍부하던 그 시절에 그 계획에 필요한 예산을 얻는 것은 그다지 어렵지 않았다. 연구소의 관리자들은 총 10만 달러의 비용을 약속했다.[70] 그 밖의 주요 자금 지원은 해군연구소, 육군병참부, 그리고 그 무렵에 프린스턴 근처에 사무실을 낸 미국라디오방송사(RCA)로부터 받았다. 프로그램의 다양한 분야들—공학, 논리 설계와 프로그래밍, 수학, 기상학—에 필요한 요원들이 충원되었다. 골드스타인은 전반적인 진행 상황을 관리하는 부책임자로 임명되었다.

이 계획이 완성되기까지는 예상 기간의 두 배인 6년이 걸렸다. 공식적인 완공식은 1952년 6월 19일에야 축제처럼 벌어졌다.[72] 그 뒤에 성대한 폰 노이만의 파티가 열렸고(나도 참석했다), 클라리는 그 파티를 위해 얼음으로 만든 컴퓨터 모형을 주문했다. 그렇지만 그 무렵에 그 기계는 이미 일부 사용되고 있었다. 최초의 큰 문제(열핵반응 과정을 다루는)는 1951년에 처리했는데, 계산하는 데 수백 시간이 걸렸다. 이 컴퓨터는 기상역학의 기본 문제들을 연구하는 데 강력한 도구가 될 것이며, 수치적 방법으로 기상을 예측하는 그러한 문제들(편지 봉투 뒷면에다 풀기에는 너무 복잡한 문제라고 자니가 표현했던)을 처음으로 직접 처리할 수 있을 것으로 예상되었다.

자니액의 작동 원리가 된 기본 개념은 이미 폰 노이만과 골드스타인이 1946~1948년에 발표한 일련의 논문들[73]에 나와 있었다. 기본 요소들이 지닌 이진법 스위치 작동 방식을 이용하기 위해 이진법 산술이 사용되었다. 여러 가지 참신한 아이디어들이 도입되었는데, 그 중에서도 지시들을 숫자로 취급하는 방법으로 프로그램을 저장하는 원리를 들 수 있다. 훗날 이 아이디어들은 더욱 발전되고 수정되었지만, 더 현대적인 조직 원리들도 여전히 프린스턴에서 비롯된 선구적인 개념들에 바탕하고 있다.[74]

그 기계가 거의 완성될 무렵에 폰 노이만은 이렇게 말했다. "이 기계가 실제로 얼마나 유용할지는 나도 모른다. 그렇지만 한 시간에 "옴마니밧메훔(오, 너 연꽃이여)"을 수억 번 암호화함으로써 티베트에서 인정을 받는 것은 가능할 것이다."[73] 실제로 그 기계의 성능은 그것 이상이어서, 순수 수학, 통계학, 천체물리학, 유체역학, 원자물리학, 수리기상학 등과 같은 다양한 분야에 기여했다.[76] 이 주제들에 대한 자세한 내용은 두 편의 탁월한 모노그래프(참고 문헌 3과 10)에서 참고했다.

일련의 수치 실험이 성공을 거두고, 폭풍을 몰고 올 새로운 세대의 컴퓨터들의 탄생을 예고하는 모델이 1953년에 개발되자, 정부의 공무원 및 군 인력이 기상학 분야의 계획을 넘겨받았고, 그것에 관여한 사람들은 1956년에 연구소를 떠났다. 1957년에 그 컴퓨터는 프린스턴대학에 보내졌고, 거기서 3년 동안 사용되다가 해체되었다. 오늘날 그 컴퓨터의 일부는 워싱턴 DC에 있는 미국사박물관에서 볼 수 있다(그것의 메인 온-오프 스위치는 워싱턴주 레드먼드에 있는 마이크로소프트사 9번 건물의 한 사무실에 보관돼 있다).

그 곳은 이제는 구시대의 유물이 된 이 기계가 평화롭게 머물기에 좋은 장소로 보인다. 그런데 그 컴퓨터의 모양은 어떠했으며, 어떤 일을 할 수 있었을까? 그것은 무게가 약 450kg이었고, 약 1m³의 공간을 차지했으며, 28kW의 전력이 필요했다. 약 3000개의 진공관(그 당시 라디오에도 사용되던 부품)에서 발생하는 열을 식히기 위해 15톤이나 되는 에어컨 장비가 필요했다. 그것은 초당 수천 회의 곱셈이나 나눗셈을 처리할 수 있었고, 덧셈은 그것보다 약 20배나 많이 처리할 수 있었다. 이 기계가 지닌 새로운 특징은 내부에 프로그램을 저장할 수 있는 최초의 컴퓨터였다는 것이다.

그 뒤에는 어떤 일이 일어났는가? 라디오의 진공관을 구시대의 유물로 만들어버린 트랜지스터는 이미 1948년에 발견되었지만, 1958년이 되어서야 시장에 나오기 시작했다. 그 다음에는 1960년대 말부터 칩이 사용되기 시작했다. 그 결과로 20세기의 기술에서 아마도 가장 혁명적이라 할 수 있는 발전을 통해 컴퓨터는 더 빨라지고 더 작아졌으며, 값은 더 싸지게 되었다. 예를 들면, 내 연구실 건너편에 있는 한 젊은 동료는 책상 위에 1만 달러도 안 되는 컴퓨터를 올려놓았는데, 그 컴퓨터는 85mip의 처리 능력이 있다. 1mip는 초당 100만 개의 지시를 뜻한다….

폰 노이만이 수학, 물리학, 기술에 공헌한 업적을 거의 대부분 다 살펴보았으므로, 이번에는 스스로는 자신의 업적을 어떻게 평가했는지 알아보자. 여기에 대해 내가 제시할 수 있는 최선의 답은 그의 절친한 친구인 울람이 쓴 글을 인용하는 것이다.

수학자로서 폰 노이만은 빠르고 명석하고 효율적이었고, 수학 자체를 넘어서서 광범위한 과학적 관심을 가지고 있었다. 그는 복잡한 추론을 좇아가는 재주, 뛰어난 직관 등 자신의 뛰어난 전문가적 능력을 알고 있었다. 그러나 그는 절대적인 자신감을 결여하고 있었다…나로서는 그것을 이해하기가 매우 어렵다… 자니 자신은 스스로의 연구에 대해 약간 주저하는 태도를 보이는 것을 나는 느낄 수 있었다…때때로 독창적이고 기술적으로 우아한 묘안이나 새로운 접근 방법을 발견할 때에만 그는 비로소 자기 내부의 의심에 대해 자극을 받거나 의심에서 해방되는 것 같았다…그는 자기 재주의 주인인 동시에 약간은 노예이기도 했다…최소한의 저항을 받는 길을 생각하는 버릇이 있었다. 물론 뛰어난 두뇌로 그는 모든 작은 장애를 재빨리 극복하고 나아갈 수 있었다. 그러나 처음부터 큰 어려움에 부닥치면, 그는 그것을 곧바로 돌파하려고 달려들지 않고…다른 문제로 방향을 돌리곤 했다. 이러한 그의 연구 습성을 전체적으로 평가할 때, 나는 자니가 낙관적이었다기보다는 현실적이었다고 부르고 싶다.[74]

말년의 생애

오펜하이머 사건

1947년 가을, 오랜 기간에 걸쳐 엄격한 선정 과정을 통해 로버트 오펜하이머가 고등학술연구소의 최고 책임자로 임명되었다. 이미 1년 반 전에 베블렌은 친구에게 보낸 편지에서 이렇게 썼다. "폰 노이만은 비록 오펜하이머를 과학자로서 크게 존경하긴 하지만, 나만큼이나 오펜하이머를 그다지 호의적으로 여기지 않는다."[79] 오랫동안 서로 알고 지내온 오펜하이머에 대한 폰 노이만의 견해에서 우리는 약간의 양면 가치를 엿볼 수 있다. "오펜하이머 박사와 나는…1926년에 괴팅겐에서 처음 만난 것으로 기억한다…

우리는 1943년에 다시 만났는데, 그 때 그는 내게 그 시점에서는 설명할 수 없는 어떤 프로젝트[물론 로스앨러모스의 일]에 내가 함께 참여하길 원한다고 말했다…1943년 이후 우리의 관계는 사실상 계속되었다."[80]

골드스타인의 말을 인용해보자.

[연구소의 최고 책임자로서] 오펜하이머는 항상 컴퓨터 프로젝트를 강력하게 지원했다…그는 그 중요성을 충분히 알고 있었다…그와 폰 노이만은 결코 친한 친구 사이가 되지 못했지만, 두 사람은 서로를 깊이 이해하고 존경했다…폰 노이만은 오펜하이머가 없다면 로스앨러모스의 전체 일은 전혀 불가능했을 것이라고 말한 적도 있다…두 사람은 슈퍼폭탄, 곧 열핵[수소]폭탄 문제에 대해서는 완전히 반대되는 견해를 가지고 있었다. 그러나 폰 노이만은 오펜하이머의 성실성이나 충성심에 대해서는 단 한순간도 의심한 적이 없다.[81]

여기서 또 한 번 폰 노이만의 양면 가치를 볼 수 있는데, 오펜하이머 사건을 살펴보는 것이 도움이 될 것이다.

1954년 4월 12일부터 5월 6일까지 워싱턴 DC에서는 특별히 선출된 안보위원회에서 오펜하이머가 국가 안보에 위험한 인물인지 결정하기 위한 청문회가 열렸다. 40명의 증인이 선서를 하고 증언했는데, 그 중에 폰 노이만도 있었다. 모두 15쪽에 이르는 그의 증언[80] 가운데 일부를 인용해보자.

질문: 1949년의 GAC(미국 원자력위원회의 일반자문위원회) 보고서에 대해…당신은 그 보고서와 그 권고안에 대해 동의했습니까?[1949년 오펜하이머가 의장을 맡고 있던 GAC의 이 보고서는 수소폭탄을 만들지 말라고 권고했다.]
답: 아니오. 저는 매우 신속한 계획을 선호했습니다…그 문제에 관한 제 의견은 매우 확고했고, 그것은 밝혀져 있습니다.
질문: 당신은 GAC, 특히 오펜하이머 박사의 권고가 선의에서 나온 것이라고 생각합니까?
답: 예. 거기에 대해서는 추호의 의심도 없습니다.
질문: 당신은 미국에 대한 오펜하이머 박사의 충성심이나 그의 성실성에 대해 어떻게 생각합니까?
답: 저는 그것에 관해서는 어떤 의심도 갖고 있지 않습니다.

질문: 그러니까 당신의 의견은 아주 명확하고 확고하다고 받아들여도 되겠니까?

답: 예, 그렇습니다.

오펜하이머를 국가 안보에 위험 인물로 판정한 평결이 내린 후, 고등학술연구소의 모든 교수들이 서명한 공식 성명서가 언론에 보도되었는데, 거기서 그들은 오펜하이머에게 충성심과 존경심을 표시하였다.[82] 나는 폰 노이만이 결국에는 서명을 하긴 했지만, 처음에 서명을 거부했던 유일한 사람으로 분명하게 기억하고 있다. 여기서 폰 노이만의 양면 가치가 가장 두드러지게 나타난다. 과학자이자 행정가로서의 오펜하이머에 대해서는 매우 긍정적인 증언을 했지만, 오펜하이머라는 인물 자체에 대해서는 유보적인 태도를 가졌던 것이다. 나는 폰 노이만의 이러한 태도의 원인에 대해 확실한 결론을 내리지 못했지만, 핵무기에 대한 견해차만으로 모든 걸 다 설명할 수 있다고 생각하지 않는다. 폰 노이만이 자신보다 더 총명했기 때문에 오펜하이머가 질투심에서 유보적인 태도를 보였던 것이 이러한 결과를 가져온 것이 아닌가 하는 생각을 나는 떨칠 수가 없다.

자동 기계

전후에 폰 노이만은 과학적 개념으로서의 정보에 더욱 큰 관심을 가지게 되었다. 물론 이것은 전자 컴퓨터를 개발하는 일을 한 데서 비롯되었다. 그래서 그는 정보를 자기 조절 메커니즘의 일부로 처리하는 자연적 및 인공 자동 기계 시스템(인간의 중추 신경계에서 컴퓨터에 이르기까지)을 연구하게 되었다. 그는 이 분야에서 가장 복잡한 한 가지 문제에 매달렸는데, 그것은 자기 재생 기계를 만드는 방법이었다. 이것은 논리학과 커뮤니케이션 이론과 생리학 사이의 중간 영역에 걸쳐 있는 문제였다. 이 문제에 대한 그의 생각은 강의들에서 발견할 수 있는데, 그 중에서도 특히 1953년 3월에 예일대학에서 행한 실리먼 강의에서 발견할 수 있다. 그 강의는 사후에 출간되었으며,[84] 지금도 널리 읽히고 있다. 그의 연구에서 특별히 주목할 만한 것은 신뢰할 수 없는 요소들을 사용해 신뢰할 수 있는 기계를 설계하는 방법에 관한 것이다.[85] 그것은 그가 생전에 남긴 마지막 과학 논문이었으며, 그를 새로운 수학 분야(늘 신뢰할 수 없는 요소들을 다루는 생물학자들의 관심을 끄는)의 공동 창시자로 기억되게 해주었다. 자동 기계에 대한 폰 노이만의 생각은 참고 문헌 86에 잘 정리돼 있다.

묵상적인 글들

폰 노이만은 세상을 떠나기 몇 년 전에서야 일반 대중 앞에서 연설을 하기 시작했다. 그가 대중 앞에 서는 기회가 좀더 많았더라면 하고 나는 아쉽게 생각한다. 인쇄된 그의 연설문에서는 그의 웅변과 우아한 말솜씨를 엿볼 수 있다. 몇 가지 예를 아래에 소개한다.

1954년, 그는 프린스턴대학의 대학원생 동창회 모임에서 과학과 사회에서 수학의 역할에 대해 연설하면서,[87] 수학은 얼마나 유용한가, 유용성은 얼마나 중요한가, 과학은 그 자체로서 추구해야 하는가에 대해 이야기하고, 사회에서의 사용과 관련된 문제들을 제기했다. 또, 다른 과학 분야들에서 수학이 담당하는 역할이 무엇인가에 대해서도 이야기했다.

수학자는 대개 어떤 이론이 이론물리학에 사용될 때 직접적인 유용성이 있다고 생각한다…그리고 이론물리학에서의 직관은 실험물리학에서 유용하게 사용될 때에만 유용성이 있다고 말할 것이다. 또, 실험물리학의 어떤 개념은 공학에서 유용하게 사용될 때에만 유용성이 있다고 말할 것이다….

〔수학적 개념의〕 대다수는 유용성은 거의 고려하지 않고, 또 장래에 유용하게 쓰일 것이라는 어떤 기대도 하지 않은 채 개발되었다…이것은 모든 과학에 다 해당된다. 성공은 대부분…이익을 가져다주는 것을 거부하고, 오로지 지적인 우아함이라는 기준에 안내를 받음으로써 가능했다. 결국 실제로 앞서가게 되는 것들은 바로 이 규칙을 따른 결과이며, 순전히 실용적 노선을 따름으로써 얻는 것보다도 훨씬 더 많은 것을 얻을 수 있다…자유 방임의 원리는 기묘하고도 놀라운 결과들을 낳았다.

이 밖에 약간 대중적인 논문은 1955년 이후에 네 편이 더 나왔다. 첫 번째 논문은 '자연과학의 방법'[88]을 다룬 것이다. 여기서 폰 노이만은 "과학자는 설명하려고 노력하지 않는다. 그들은 주로 모형, 즉 제대로 들어맞을 것으로 기대되는 수학적 구조를 만드는데…그것은 되도록이면 단순해야 한다."라는 말로 시작한다. 그리고 그는 길이 척도로 따질 때 10^{30}의 범위에 대해 성립하는 뉴턴의 이론을 예로 든다. 그러다가 우리의 물리적 지식이 그것보다 10승 정도 늘어나면서 뉴턴의 이론은 실패하고, 이 때부터는 상대성 이론과 양자론이 우리를 이끌어주는 모형이 된다. 그러나 "아직도 적절하게 설명되지 않거나 적절한 이론이 만들어지지도 않고 제어 불가능한 영역이 존재한다…우리는 여기서 중대한 어려움에 처해 있다." 이것은 인류가 연구해온 것 중에서 가장 작은 존재들(소립자)의 영역이다. 폰 노이만이 이 지혜로운 글을 쓴 지 약 50년이 지났지만, 지금도 그러한 어려움은 대부분 해결되지 않은 채 남아 있다.

1955년, 〈포천〉지에 '우리는 기술을 넘어 살아남을 수 있을까?'라는 제목으로 발표된 두 번째 논문에서 폰 노이만은 25년 뒤에 세상이 대처해야 할 문제들을 예측해보려고 시도했다. "1980년경에 사람들이 만들어낼 수 있는 종류의 폭발력에 비해 세상은 위험할 정도로 작으며, 정치적 단위들은 위험할 정도로 불안정하다…기술적 발전은 아직도 가속되고 있다…그 결과는 불안정성을 더욱 증폭시키는 경향이 있다." 그는 1955년에 그 위험이 크게 고조되었던 핵무기만을 염두에 둔 것이 아니었다. "핵전쟁의 가능성에 대한 현재의 공포는 그것보다 훨씬 가공할 위험에 밀려날지도 모른다. 전지구적인 기후 통제가 가능해진다면, 현재 우리가 하고 있는 모든 일은 아주 하찮은 것이 되고 말 것이다." 그가 염두에 둔 것은 바로 이것이었다. "이제 새로운 종류의 전쟁, 즉 기후전을 전개하는 것이 가능해졌다. 다시 말해서, 한 나라가 적국에게 불리하도록 기후를 조작할 수 있게 된 것이다."[63] 나는 이 논문에 특별히 흥미를 느끼는데, 이것은 폰 노이만처럼 현명한 사람도 약간 먼 미래에 세상이 어떻게 될지 정확하게 예측할 수 없다는 것을 보여주기 때문이다.

'원자력이 물리학과 화학에 미친 영향'이라는 제목의 다음 논문[90]에서 그는 이전에 거의 아무도 생각지 못했던 사실을 지적한다. "만약 인간과 기술이 수십억 년 전에 나타났더라면, 우라늄 235〔핵폭탄을 만드는 데 필수적인 물질〕를 분리하는 것은 훨씬 쉬웠을 것이다. 반면에, 인간이 훨씬 나중에(예컨대, 100억 년쯤 뒤에) 나타난다면, 우라늄 235의 농도는 너무나 낮아서 사실상 사용하기가 불가능할 것이다." 왜냐고? 우라늄 235는 아주 불안정한 물질이라서 훨씬 풍부하게 존재하는 우라늄 238보다 더 빨리 붕괴하기 때문이다. 흥미로운 생각이다. 폰 노이만은 또한 과학자의 새로운 사회적 책임에 대해서도 생각했다. "과학자는 역사와 법률과 경제와 정부와 여론에 대해서도 어느 정도 알고 있어야 한다."

1955년에 쓴 '핵전쟁에서의 방위'라는 제목의 마지막 논문[91]에서 그는 "적이 단지 50가지의 교묘한 기술을 갖고 있고, 우리가 그 모든 것에 대응할 수단이 있다는 것만으로는 충분치 않다. 우리는 만약의 사태가 발생하는 것과 그와 동시에 거기에 대응할 수 있어야 한다…이것은 우리를 모든 것 중에서 가장 강력한 무기로 돌아가게 한다. 즉, 유연한 종류의 인간 지능이라는 무기로 말이다."

원자력위원회 위원

1954년, 폰 노이만은 원자력위원회 의장인 루이스 스트로스(Lewis Strauss)의 권유로 원자력위원회의 위원이 되었다. 아이젠하워 대통령은 폰 노이만의 임명을 지지했는데, 오펜하이머의 청문회 사건 이후 사이가 나빠진 과학계와 관계를 회복하는 데 도움이 될 것으로 판단한 측면도 있을 것이다.

자니는 오펜하이머 사건의 여파 때문에 위원직을 수락하는 데 대해 상당히 유보적인 입장을 보였다. 그는 대다수의 과학자들은 스트로스 제독의 행동을 좋아하지 않는다는 사실을 알고 있었다. 과학계의 일부 진보적인 사람들은 자니의 실용적이고 친군부적인 견해를 좋아하지 않았고, 자니가 원자력에 관여하는 것을 곱게 봐주지 않았다…그러나 그는 외국인 출신임에도 불구하고, 기술과 과학의 광범위한 분야에 커다란 영향력을 행사할 수 있는 정부 고위직에 임명되는 것을 자랑스럽게 생각했고, 주변에서도 그렇게 추켜세웠다. 그는 그 일이 국가적으로 아주 중요한 활동이라는 사실을 알고 있었다…게다가, 자니는 관직에

큰 매력을 느끼는 튜턴 민족의 특징도 지니고 있었다.[2]

5년 임기의 그의 직위는 상원의 승인을 받았고, 1955년 3월 15일 그는 위원으로서 선서를 했다. 이러한 그의 행동에 대한 나의 반응은 의심과 염려였다. 그는 오펜하이머가 일시적인 권력의 중심에 진입하고 싶은 욕망 때문에 결국 희생당하는 것을 직접 목격하지 않았던가?

폰 노이만은 고등학술연구소에 휴가를 신청했고, 아내와 함께 조지타운으로 이사하여 자그마한 노란색 목조 가옥을 얻었다. 그는 새로 맡은 직책 때문에 재정적으로는 약간 손해를 감수해야 했는데, 보수가 꽤 좋은 자문 계약들을 파기해야 했기 때문이다.

클라리는 그의 새로운 생활 방식에 대해 이렇게 회상했다.

> 그는 낮에는 원자력위원회 사무실에서 일했다. 밤에는 그가 관심을 가진 여러 분야의 과학자들이 찾아왔다. 잠도 일의 일부였다. 그는 풀지 못한 문제를 가지고 고요하게 잠에 빠져들었다가 새벽 세 시에 그 답을 가지고 깨어났다. 그러면 책상으로 가서 동료들에게 전화를 걸었다. 그와 함께 일하는 데 필요한 한 가지 조건은 한밤중에 잠을 깨우더라도 귀찮아하지 말아야 한다는 것이다. 자니는 아침까지 일하다가 종달새처럼 기운차게 사무실로 출근했다.[63]

그는 매달 몇 주일씩 위원회가 회기 중일 때에는 워싱턴에서 머물다가 나머지 시간은 국립연구소들을 방문하면서 보냈다.

종말

위원으로 임명된 지 다섯 달 후 불행이 닥쳤다. 왼쪽 어깨에 심한 통증을 느낀 폰 노이만은 보스턴에 있는 매사추세츠종합대학에 입원했다가 쇄골에서 자그마한 암덩어리를 제거하는 수술을 받았다. 그는 완전히 회복한 것처럼 보였고, 그 후에 로스앨러모스로 갔다.

그 곳을 방문한 것은 그것이 마지막이 되었다. 수술에서는 단지 2차적인 병소만을 제거했을 뿐이었고, 암은 급속도로 번지기 시작했다. 그래도 그는 활동을 계속했다. 몇 차례의 위원회 회의는 그의 집에서 열렸고, 나중에

는 그의 가족이 그가 치료받던 월터리드병원에 근처에 이사해 살고 있던 우드너 호텔에서 열렸다.[93]

폰 노이만은 1965년 초에 아이젠하워 대통령으로부터 자유 메달을 받기 위해 휠체어를 타고 백악관에 가는데, 대중 앞에 모습을 나타낸 것은 그것이 마지막이었다. 대통령으로부터 직접 상을 받은 것은 그것이 두 번째였다. 1947년에는 트루먼 대통령이 그에게 공로장을 수여했다. 그는 또한 1956년에는 미국 원자력위원회로부터 엔리코 페르미 상을 받았다.

1956년 4월, 폰 노이만은 월터리드병원으로 실려갔고, 그 곳에 머물다가 세상을 떠났다. 그를 매우 높이 평가했던 아이젠하워는 그 곳에 특별 병실을 마련하도록 조처했으며, 공군 대령 빈센트 포드와 8명의 공군이 그를 위해 배정되었다.[94]

울람은 그 당시에 폰 노이만을 방문했다가 경험한 재미있는 일화를 들려주었다.[95]

나는 층수는 제대로 찾았지만, 폰 노이만의 병실과는 반대 방향으로 걸어갔다. 대기실이 있길래 들어갔더니, 군인 두 사람이 그 곳에 앉아 있었다. 그들은 깜짝 놀란 듯한 의혹의 시선으로 나를 바라보았다. 내가 친구를 만나러 왔다고 말했더니, 그들의 표정은 더욱 믿을 수 없다는 듯이 변했다. "폰 노이만 박사 말이오."라고 말하자, 비로소 그들은 미소를 지으며 정확한 방의 위치를 가르쳐주었다. 내가 들어간 방은 대통령 특별실이었고, 그 때 마침 아이젠하워 대통령은 심장마비로 입원해 있었다. 내가 이 이야기를 해주었더니, 폰 노이만은 무척 좋아했다. 미국 대통령과 대칭되는 위치에 자기가 있다는 사실이 무척 기분좋은 것 같았다.

루이스 스트로스는 이렇게 회상했다.

마지막 순간까지 그는 원자력위원회의 위원이자 국방부의 중요한 자문위원회 의장의 소임을 다했다. 그가 죽기 얼마 전에는 월터리드병원에서 극적인 회의가 열리는 진풍경이 벌어졌는데, 그의 침대 주위에는 그의 마지막 충고와 지혜를 한 마디라도 더 듣기 위해 국방부 장관과 그의 각료들, 육해공군 참모총장들과 수석 보좌관들이 둘러싸고 있었다.[96]

유진 위그너는 이렇게 썼다.

　폰 노이만은 자신의 병이 치유 불가능하다는 것을 깨닫자, 논리적으로 자신은 이제 더 이상 존재하지 않을 것이며, 따라서 생각도 더 이상 하지 못하게 될 것이라는 결론에 이르렀다. 그러나 이 결론은 인간의 지성으로는 도저히 이해하기 힘든 것이었고, 그는 이 사실에 큰 공포를 느꼈다. 피할 수 없지만 받아들일 수 없는 운명과의 싸움에서 모든 희망이 사라지고 크게 좌절하는 그의 마음을 바라보는 것은 몹시 가슴아픈 일이었다.[97]

불안한 자신의 마음을 달래기 위해 폰 노이만은 카톨릭 신부인 안셈 스트릿마터에게 도움을 구했다. 그는 1956년 봄부터 정기적으로 폰 노이만을 방문하기 시작했다. 나는 나중에 이 이야기를 듣고 충격을 받았다. 그는 오래 전부터 내가 아는 바로는 완전한 불가지론자였다. 내 판단으로는 이 것은 그가 평생 동안 지녀온 태도나 생각과는 맞지 않는 것이었다.

1957년 2월 8일, 폰 노이만은 병원에서 숨을 거두었다.

──────◆──────

　화창하지만 몹시 추운 그 해 2월의 어느 날 오전, 나는 간소한 카톨릭 의식으로 치러진 폰 노이만의 장례식에 참석하기 위해 프린스턴의 위더스푼 거리에 있는 묘지를 찾았다. 스트릿마터 신부가 짧은 기도를 했고, 그 뒤에 스트로스 제독의 추모사가 이어졌다. 장례식이 끝난 후, 나는 프린스턴의 그의 집에서 열린 작은 모임에 동참했고, 클라리를 포옹해주었다.

　나는 폰 노이만이 프린스턴을 떠나 워싱턴으로 간 후로 그와 클라리를 만난 적이 없었다. 나는 그 후에 클라리에게 일어난 일을 한참 지난 후에야 알게 되었다. 몇 년 후에 그녀는 샌디에이고대학의 물리학 교수 칼 에커트 (Carl Eckart)와 재혼했다. 1963년 11월 10일, 그녀는 샌디에이고 앞바다의 파도 속으로 걸어들어갔다. 자살한 것이다.[98] 그녀의 시신은 프린스턴에서 폰 노이만의 무덤 근처에 묻혔다. 불쌍한 클라리. 항상 헝가리어로 이야기 하면서 폰 노이만과 함께 지내던 자극적인 생활을 잊기가 몹시 힘들었을 것이다. 그녀는 그들의 생활에 대해서 이렇게 이야기했다.

　그는 복잡한 사람이며, 그러한 사람과 함께 사는 생활도 복잡할 수밖에 없다.

그렇지만 그 보답은 상당하다…나는 우리 생활의 주제들을 좋아한다. 우리도 다른 사람들과 같다. 개인적인 문제가 있지만, 문제에 대해서는 아주 조금만 이야기하고, 개선시키기 위해 노력한다. 나는 그의 공명판이다. 다른 사람들도 그역할을 하겠지만, 내가 운좋게 그 역할을 맡게 되었으며, 그러한 생활은 매혹 그자체이다.[63]

클라리의 회상 가운데서 조금 더 인용해보자.

집을 산다든지 하는 큰 계획을 추진할 때, 그는 아주 뛰어나다. 그러고 나서는 그의 관심은 수그러든다…그는 망치나 스크루드라이버를 잡아본 적이 한 번도 없다. 그는 집에서는 아무것도 하지 않는다….

그는 교통 혼잡을 좋아하는데, 그것은 문제를 제기하기 때문이다…그는 혼잡한 거리에서 이리저리 곡예 운전을 하며 뚫고 나간다. 그리고는 정확하게 계산했다는 것에 기뻐한다….

우리는 극장에는 거의 가지 않는다. 우리도 예전에는 영화를 보러 가곤 했으나, 몇 년 전부터 그만두었다. 자니는 뉴스가 나오는 동안에는 행복한 표정으로 앉아 있지만, 본영화가 시작되면 잠들어버린다. 나중에 우리가 본 영화의 줄거리를 물으면, 그는 자기가 영화를 열심히 보았다는 것을 증명하기 위해 즐겁게 스토리를 지어낸다. 그것은 아주 흥미로운 줄거리지만, 실제 영화하고는 거리가 먼 것이다.

한번은 그가 차를 몰고 프린스턴에서 뉴욕으로 떠났다. 잠시 후에 그는 뉴브룬스윅에서 전화를 걸어왔다. "내가 왜 뉴욕에 가고 있는 거요?"…그는 일상 생활의 형식적인 일들, 곧 비본질적인 것들을 잘 잊어버린다….

나는 그의 옷을 사기 위해 함께 쇼핑에 나선다. 그런 경우를 제외하고는 그는 단지 친절한 마음에서 세일즈맨이 사달라고 하는 것은 무엇이든지 산다.

우리는 인버스(Inverse)라는 이름의 큰 개를 키운다. 자니는 가끔 개를 데리고 산책을 한다. 자기가 그렇게 할 수 있다는 것이 약간 놀랍다는 듯한 표정으로.

그는 절대로 아이들에게 엄하게 대하지 않고, 아이들 수준으로 무덤덤하게 이야기한다. 그래서 아이들은 그를 자기들처럼 받아들인다. 심지어는 다른 어른에게는 감히 하지 못할 농담까지도 하곤 한다.[63]

———●———

폰 노이만은 죽고 나서 오히려 그 명성이 점점 커져갔다. 그의 환상적인 두뇌와 광범위한 관심 분야와 업적은 거의 전설적인 것이 되었다. 그러나 그가 살아 있는 동안에는 수학의 순수성을 영원히 지키려고 하는 일부 순수 수학자들 사이에서 그를 비난하는 사람들이 생겨났다. 그들은 폰 노이만이 물리학에서부터 게임 이론과 기술에 이르기까지 '외도'를 한 것에 대해 때로는 신랄하게 비판을 가했다. 나는 비록 초기의 호전적인 견해에서 부터 훗날 원자력위원회에 참여한 것에 이르기까지 정치적 문제에서는 폰 노이만과 견해를 달리하지만, 그들의 이러한 견해에 동의하지 않는다. 그리고 정치적 견해 차이도 폰 노이만에 대한 나의 우정과 좋아하는 감정을 훼손하지는 못했다.

참고 문헌

다음에서 N은 J. v. Neumann의 약자이다.

1. S. Ulam, *Adventures of a Mathematician*, p. 79, University of California Press, 1979.
2. W. Oncken, *Allgemeine Geschichte in Einzeldarstellungen*, Grote, Berlin, 1884.
3. H. Goldstine, *The Computer*, p. 167, Princeton University Press, 1980.
4. M. Fekete and N., *Jahresbericht, Deutsche Math. Vereinigung*, **31**, 125, 1922.
5. A. Szanton, *The Recollections of Eugene P. Wigner*, p. 57, Plenum Press, New York, 1992.
6. 보고서 사본은 프린스턴대학의 고등학술연구소 문서보관소에 있다.
7. S. Bochner, *Biogr. Mem. Nat. Ac. Sci.* **32**, 438, 1958.
8. N, in 'In the matter of J. Robert Oppenheimer,' 인사안보위원회의 청문회 속기록, p. 654, MIT Press, Cambridge, MA, 1971.
9. 폰 노이만과 위그너 사이의 관계와 협력에 대해서는 이 책에 실린 위그너에 관한 장을 참고하라.
10. W. Asprey, *John von Neumann and the Origins of Modern Computing*, p. 7, MIT Press, Cambridge, MA, 1990.
11. N. *Math. Zeitschr.* **27**, 669, 1928.

12. C. Reid, *Courant in Göttingen and New York*, p. 336, Springer, New York, 1976.

13. John von Neumann, *Collected Works* (A. H. Taul, Ed.), Pergamon Press, New York, 1961-63. 그의 논문들에 대한 참고 문헌은 이 전집에서 인용했다. 여기서는 그 논문들이 최초로 실린 학술지들에 대한 참고 문헌도 발견할 수 있다.

14. Ref. 13, Vol. 1, no. 3.

15. Ref. 13, Vol. 1, no. 4.

16. Ref. 13, Vol. 1, no. 12.

17. Ref. 13, Vol. 1, no. 16; see further Vol. 1, nos. 13, 14, 15.

18. Ref. 13, Vol. 1, no. 21.

19. K. Gödel, *Monatschr. f. Math. und Phys.* **38**, 173, 1931.

20. Ref. 1, p. 80.

21. Ref. 13, Vol. 1, no. 7.

22. Ref. 13, Vol. 1, nos. 9, 10, 11, 25; Vol, 2, nos. 1, 2, 5; Vol. 3, no. 2.

23. N. *Die mathematische Grundlagen der Quantenmechanik*, Springer, New York, 1932; reprinted in Dover Publications, 1943. English translation by R. T. Beyer, Princeton University Press, 1955.

24. Ref. 10, p. 11.

25. N, in *Les Nouvelles théories de la physique*, p. 46, Institut international de coopération intellectuelle, 1939.

26. Ref. 13, Vol. 1, nos. 18, 19, 20, 23, 24; see also Vol. 2, no 21. 더 자세한 것은 참고 문헌 9를 참고하라.

27. Ref. 13, Vol. 1, no. 17.

28. Ref. 13, Vol. 1, no. 25; Vol. 2, nos. 12, 13, 14.

29. N. Macrae, *John von Neumann*, p. 24, Pantheon, New York, 1992.

30. Ref. 13, Vol. 6, no. 1. English translations in *Contributions to the Theory of Games*, p. 13, Princeton University Press, 1959.

31. Ref. 10, p. 15.

32. N, *Erg. eines Math. Coll.* **8**, 73, 1937, K. Menger, Ed.

33. E. R. Weintraub, *J. of Econ. Literature* **21**, 1, 1983.

34. N. and O. Morgenstern, *Theory of Games and Economic Behavior*, Princeton Unitversity Press, 1944.

35. Ref. 10, p. 16.

36. 폰 노이만이 경제 분야의 연구에서 담당한 역할에 대해 더 자세한 것은 참고 문헌 29, 11장을 참고하라.

37. Ref. 29, p. 256.

38. Ref. 13. Vol. 6, nos. 3, 4, 5, 6, 7, 11.

39. Ref. 1, p. 74.

40. Ref. 29, p. 158.

41. 1955년 3월 8일, 원자력위원회 위원 인준 청문회에서 N.

42. Ref. 29, p. 161.

43. Minutes of the Executive Committee, Institute for Advanced Study, January 28, 1933, Institute Archives.

44. Ref. 29, p. 172.

45. J. Dieudonné, *Dictionary of Scientific Biography*, Vol. 14, p. 89, Scribner's, New York, 1976.

46. Ref. 13, Vol. 3, nos. 2, 3, 5.

47. Ref. 13, Vol. 3, nos. 4, 7; Vol. 4, no. 8.

48. 이것은 국부적으로 빽빽한 모든 그룹은 모든 연산자에 양수를 부여하는 불변량의 척도를 가진다고 진술한다.

49. Ref. 13, Vol. 2, no. 19.

50. Ref. 13, Vol. 2, no. 22; Vol. 4, no. 6.

51. Ref. 13, Vol. 2, no. 23; Vol. 4, no. 1.

52. Ref. 29, p. 183.

53. A. Turing, *Proc. London Math. Soc.* **42**, 230, 1937.

54. Ref. 13, Vol. 6, no. 37.

55. 더 자세한 것은 참고 문헌 3, p. 178를 참고하라.

56. Ref. 10, p. 25.

57. Ref. 10, p. 26.

58. N and S. Chandrasekhar, ref. 13, Vol. 6, nos. 12, 13; ref. 13, Vol. 6, nos. 14-18.

59. N and E. Fermi, ref. 13, Vol. 6, no. 31.

60. Ref. 1, pp. 230, 231.

61. Ref. 13, Vol. 6, nos. 19, 20, 22-5, 27-9.

62. Ref. 3, p. 167.

63. S. Grafton, interview with Klari, *Good Housekeeping*, September 1956, p. 80.

64. Ref. 3, p. 176.

65. Ref. 1, pp. 78, 79.

66. Ref. 29, p. 153.

67. Ref. 3, p. 181.

68. Minutes of the School of Mathematics, June 2, 1945.

69. *Ibid.*, meeting on October 19. 1945.

70. *Ibid.*, meeting on May 14, 1946.

71. Ref. 3, p. 245.

72. *New York Herald Tribune*, June 11, 1952.

73. Ref. 13, Vol. 5, nos. 1-5. Vol. 55의 나머지 부분은 컴퓨터에 대해 그리고 컴퓨터에 의해 이루어진 연구에 관한 것이다.

74. IAS의 설계에 따라 만들어진 컴퓨터의 명단은 참고 문헌 10, p. 91를 보라..

75. Ref. 1, p. 230.

76. IAS 컴퓨터의 자세한 응용 목록은 참고 문헌 10, pp. 156, 157에서 볼 수 있다.

77. K. Auletta, *The New Yorker*, May 12, 1997.

78. Ref. 1, pp. 76-8.

79. O. Veblen, letter to L. Strauss, April 12, 1946, quoted in B. Stern, 'A history of the Institute for Advanced Study, 1930-1950,' unpublished manuscript in the Institute Archives.

80. N, testimony in 'In the matter of J. Robert Oppenheimer,' p. 643ff., US Government Printing Office, Washington, 1954; reprinted by MIT Press, Cambridge, MA, 1970.

81. Ref. 3, pp. 317, 318.

82. 현재 준비 중인 오펜하이머에 관한 책에서 더 자세히 기술된다.

83. 이 진술에 대한 완전한 문장은 다음을 참고하라 : A. Pais, *Physics Today* **20**, October 1967, p. 35.

84. N, *The Computer and the Brain*, Yale Univervity Press, 1958.

85. Ref. 13, Vol. 5, no. 10.

86. Ref. 10, chapter 8; ref. 3, p. 271ff. See also N in *Theory of Self-reproducing Automata* (A. Burks, Ed.), University of Illinois Press, 1960.

87. Ref. 13, Vol. 6, no. 35.

88. Ref. 13, Vol. 6, no. 36.

89. Ref. 13, Vol. 6, no. 38.

90. Ref. 13, Vol. 6, no. 39.

91. Ref. 13, Vol. 6, no. 40.

92. Ref. 1, pp. 237, 238.

93. Ref. 1, pp. 240-1.

94. Ref. 10, p. 335.

95. Ref. 1, p. 243.

96. L. Strauss, *Men and Decisions*, p. 236, Doubleday, New York, 1962.

97. E. Wigner, *Yearbook of the American Philosophical Society 1957*, p. 149; reproduced in *Symmetries and Reflections*, p. 257, Indiana University Press, 1967.

98. *The New York Times*, November 12, 1963.

1931년, 뉴트리노의 발견을 발표하기 위해 패서디나로 가던 도중에 네바다 주 칼린의 작은 역에 서 있는 볼프강 파울리

볼프강 파울리

첫 만남

곧 자세히 설명하겠지만, 파울리는 처음에 내가 생각했던 것보다도 과학자로서의 나의 경력에 훨씬 큰 영향을 미쳤다. 내가 파울리와 최초로 접촉한 것은 그에게서 편지를 받은 1945년 10월이었다. 그것은 아주 적절한 순간에 날아온 편지였다.

제2차 세계 대전이 끝난 직후인 1945년 6월, 나는 박사 학위 후 연구 과정을 어디서 해야 할지 논의하기 위해 논문 지도 교수이던 레온 로젠펠드(Léon Rosenfeld)를 찾아갔다. 그는 두 가지 제안을 했다. 코펜하겐의 닐스 보어에게 가든지, 아니면 그 당시 프린스턴대학의 고등학술연구소(이하 그냥 연구소라 칭함)에 있던 볼프강 파울리에게 가라는 것이었다. 그렇지만 어느 쪽에서 받아줄지 확실하지 않기 때문에 두 군데에 다 신청서를 보내라고 그는 제안했다.

9월에 나는 보어로부터 자신의 이론물리학연구소에서 일할 수 있도록 나를 초청하는 정중한 편지를 받았다. 그리고 10월에 파울리로부터 편지(위에서 언급한)가 왔는데, 그 일부 내용을 공개하면 다음과 같다. "나는 이 나라에 오고자 하는 당신의 신청서를 읽어보았다…나도 그랬으면 한다… 나는 당신의 흥미로운 글을 받았으며, 방금 그것을 읽어보았는데…당신의 연구는 아주 세심한 것처럼 보인다."[1] (여기서 그가 언급한 연구는 전쟁 기간에 내가 했던 양자장 이론에 관한 것[2]이다.) 10월에 나는 프린스턴으로부터 1년 동안 연구소에서 일할 수 있게 되었다는 연락을 받았다. 로젠펠드 교수와 상의를 한 끝에 나는 당장 덴마크로 가 1년 동안 지낸 다음에 프린스턴으로 가기로 마음을 정했다.

　그래서 내가 파울리를 처음 만난 것은 1946년 초에 덴마크의 보어의 집에서 열린 만찬 파티에서였다. 그 무렵 그는 단지 자신의 연구뿐만 아니라 다른 사람들의 연구에 대한 비판적인 평가(아주 신랄한 적도 있지만 핵심에서 벗어나는 일이 거의 없는) 때문에 이미 20세기 물리학의 거물 중 한 사람으로 인정받은 지 오래였다. 20세기 초반의 물리학 발달에 관해 매우 풍부한 정보를 제공해주는 방대한 그의 서신 교환에서 알 수 있듯이, 그는 20세기 물리학의 양심으로 일컬어졌다. 앞으로 이어질 글에서도 나는 그가 주고받은 서신에서 많은 것을 인용할 것이다. 그의 편지는 거의 모두 그가 능숙하게 구사하던 독일어로 쓰여졌다.

　그는 나를 만난 것을 무척 반가워했으며, 친절하게도 다음 날 저녁 덴마크에서 가장 훌륭한 음식점 중 하나인 크로그 생선 요리 전문점에 나를 초청했다. 식사 중에 나는 상체를 앞뒤로 리드미컬하게 흔드는 파울리 특유의 몸짓을 처음으로 보았다. 그는 뭔가 골똘히 생각할 때 그런 동작을 취한다. 그는 다음에 어떤 물리학 문제를 연구할지 찾는 데 어려움을 겪고 있다고 털어놓았다. 그리고는 "아마도 그것은 내가 너무 많이 알기 때문일 거야."라고 덧붙였다. 잠시 침묵이 흐르고, 몸을 흔드는 동작이 계속되다가 "자네는 많이 알고 있나?"라고 물었다. 나는 웃으면서 "아뇨, 전 많이 알지 못해요."라고 대답했다. 다시 침묵이 흘렀고, 그 동안에 파울리는 내 대답을 골똘히 생각하고 나서 이렇게 말했다. "그래, 아마도 자네는 많이 알지 못할 거야. 아마도 자네는 많이 알지 못할 거야." 그리고 잠시 후, "이히 바이스 메르(Ich weiss mehr : 나는 좀더 많이 알지)."라고 말했다. 그것은 파울리의 말하는 스타일이었다. 공격적인 것이 아니라, 단지 사실을 진술하는 것일 뿐이다.

　1946년 9월, 프린스턴의 연구소에 도착하여 내가 맨 먼저 들은 소식은 1940년부터 1946년까지 전쟁 기간을 프린스턴에서 보냈던 파울리가 얼마 전에 취리히로 돌아갔다는 것이었다. 파울리가 돌아간 것은 나로서는 실망스러운 일이었으나, 그가 프린스턴에 잠시 머문 것은 나의 경력에 아주 큰 영향을 미쳤다. 그 덕분에 나는 그 후 17년 동안 프린스턴에 머물게 되었기 때문이다. 그리고 나는 그 후에 프린스턴과 또 다른 장소들에서 그를 자주 만나게 된다.

이야기를 계속하기 전에 앞으로 전개될 전체 이야기를 우선 간략하게 살펴보고 가기로 하자.

파울리는 신동이었다. 21세 때 그는 상대성 이론을 논평한 글을 발표했는데, 아인슈타인도 그것을 아주 높이 평가했을 뿐만 아니라, 지금까지도 그 문제를 다룬 글로서는 가장 훌륭한 것 중 하나로 남아 있다. 그는 상대성 이론뿐만 아니라 양자물리학에서도 전문가로 인정받았다. 앞으로 보게 되겠지만, 그는 아인슈타인과 개인적으로 아주 친밀하게 지냈으며, 닐스 보어와는 더 친밀한 관계를 유지했다. 파동역학의 원리에 관해 그가 교과서에 쓴 글(1933)은 지금도 고전적인 글로 남아 있다.

파울리의 가장 유명한 업적은 1954년도 노벨상을 안겨다준 배타 원리와 뉴트리노(중성미자) 가설이다. 그는 전자가 4의 자유도를 가진다는 사실을 처음으로 깨달았으며, 얼마 후 제4의 자유도는 전자의 스핀으로 밝혀졌다. 한편, 그의 박사 학위 논문에서 구양자론이 한계에 다다랐다는 정량적인 증거를 최초로 제기했다는 사실은 그다지 잘 알려져 있지 않다. 그 밖의 중요한 업적으로는 스핀이 0인 양자장 이론, 스핀과 통계학의 관계에 대한 연구, CPT 정리에 대한 연구가 있다. 이 연구들과 그 밖의 많은 논문들에 대해서는 뒤에서 자세히 살펴볼 것이다.

그의 가족 배경이라든가 두 번의 결혼, 그의 정신 분석 등 개인적인 삶에 대해서도 여러 측면을 살펴볼 것이다. 파울리는 자신의 정신 분석을 위해 1932년부터 1958년에 세상을 떠나기 직전까지 카를 융(Carl Jung)과 그 제자인 마리 루이즈 폰 프란츠(Marie-Louise von Frantz)와 접촉을 계속했다. 이러한 접촉을 통해 파울리가 어떻게 심리학적 문제에, 특히 요하네스 케플러의 성격에 대해 깊은 관심을 갖게 되었는지도 간략하게 살펴볼 것이다. 케플러에 관해 파울리가 쓴 글은 그가 이 문제에 관해 얼마나 박학다식한 지식을 가졌는지 잘 보여준다.

파울리에 얽힌 일화는 아주 많다. 그 중에서 내가 가장 좋아하는 것을 몇 가지 소개하겠다. 어느 날 아침 9시에 만나기로 약속하자는 한 젊은이에게 그가 한 대답은 "불가능해. 그건 너무 늦은 시간이야."였다. 또 다른 젊은이가 파울리에게 자기 생각을 설명하자, 그 생각이 잘못됐다는 것을 즉시 알려주기 위해 그가 한 대답은 "너무 젊은데다가 전혀 알려져 있지 않군." 이었다. 그리고 그는 소위 파울리 효과라는 것에 자부심을 느끼고 있었는데, 파울리 효과란 그가 가까이 가기만 하면 실험 장비 중 어떤 것이 고장나는 것을 말한다. 그래서 함부르크대학에서 파울리의 동료였던 실험물리학자 오토 슈테른(Otto Stern)은 두 사람이 토론을 할 때면 자기 실험실 옆에 있던 밀폐된 방에서 따로 만났다고 내게 이야기했다.

집안 배경

파울리의 할아버지인 야코프 파셸레스(Yakob Pasacheles)와 할머니인 헬레네 우티츠(Helene Utitz)는 프라하에서 서점을 운영했다. 서점이 꽤 번창했기 때문에 그들은 프라하 시의 구시가지에 집을 마련할 수 있었다. 그는 '집시 유태인회'라는 유태교 집단의 원로로서 프란츠 카프카의 바르미츠바 의식을 집행하기도 했다. 1869년 9월 11일, 두 사람 사이에 아들이 태어났는데, 볼프강 요제프(Wolfgang Joseph)라는 이름을 붙여주었다. 이 아이는 매우 총명하게 자라 1893년에 프라하대학에서 의학 박사 학위를 받았다. 처음에 그는 비엔나에서 내과의로 개업했다. 환자들 중에는 저명 인사들이 많았다. 1898년 7월, 그는 이름을 볼프강 요제프 파울리로 바꾸도록 승인을 받았다. 1899년 3월에 그는 유태교에서 로마 카톨릭교로 개종했다. 그리고 5월에 작가이자 편집자의 딸로서, 비엔나에서 영향력 있는 〈Die neue freie Presse〉지의 기자이던 베르타 카밀라 쉬츠(Berta Camilla Schütz)와 결혼했다. 1900년 4월 25일, 첫아들인 볼프강 에른스트 파울리(Wolfgang Ernst Pauli)가 태어났다. 파울리에 관한 이야기를 하기 전에 먼저 그 가족부터 대략적으로 살펴보자.

파울리의 아버지는 의학을 그만두고 화학으로 관심을 돌려 그 분야에서 중요한 선구적 인물이 되었다. "이미 소년 시절부터 그는 시간이 날 때마다 유명한 물리학자 에른스트 마흐의 물리학 연구소에서 살았다. 마흐는 그의 선생이자 그가 닮고 싶어한 인물이 되었고, 또 그는 세상을 떠날 때까지 아버지 같은 친구가 되어주었다. 마흐는 어린 볼프강 요제프 파울리가 얻은 결과를 담은 짧은 과학 논문을 계속해서 비엔나에 있는 카이저과학아카데미에 제출했다."[3] 파울리의 아버지는 마흐와의 접촉을 "나의 지적인 삶에서 가장 중요한 사건"[4]이라고 불렀다.

파울리의 중간 이름인 에른스트는 대부이기도 했던 마흐의 이름에서 딴 것이다. CERN에 있는 파울리실에서는 파울리의 흉상 옆에 파울리가 세례를 받을 때 마흐가 준 선물인 '31 Mai 1900'이란 글이 새겨진 은컵과 고전적인 꽃무늬체로 'Dr. E. Mach, Professor an der Universität Wien'이라고 적힌 카드, 그리고 1953년 3월 31일에 파울리가 쓴 편지가 놓여 있는 것을 볼 수 있다. 그 편지에는 "[마흐는] 카톨릭 신부보다도 더 강한 인물이었으며, 그 결과 이러한 방식으로 나는 카톨릭교 대신에 '반형이상학적'으로 세례를 받는 것처럼 보인다."[5]는 구절도 있다. 마흐는 어린 파울리에게 읽어야 할 과학책에 대해서도 조언을 해주었다.

1898년에 파울리의 아버지는 비엔나대학의 낮은 직급의 교수진으로 들어가, 결국 1922년에 정교수가 되었고, 특별히 그를 위해 만든 의학용 콜로이드화학 연구소의 책임자가 되어 콜로이드에 관한 기초적인 연구를 계속하였다. "우리는 파울리 덕분에 콜로이드의 화학물리학적 행동뿐만 아니라, 그 구성과 구조와 안정성 사이의 연결 관계에 대해 최초로 정확한 직관을 얻게 되었다."[3] 그가 발표한 과학적 논문과 글은 수백 편이 넘고, 그 중에는 몇 권의 저서도 포함돼 있다. 이 때문에 그의 아들 파울리는 1928년에 취리히연방공과대학의 정교수로 임명될 때까지 자신이 발표하는 논문에 반드시 W. Pauli *jun.*라고 명기하였다.

파울리의 가족에 대해 몇 마디만 더 언급하기로 하자. 파울리에게는 여동생 헤르타(Hertha)가 있었다. 헤르타는 오스트리아의 평화주의자인 베르타 폰 주트너의 전기를 쓴 저자로 유명하다. 헤르타는 1940년에 미국으로 가 미국인과 결혼하여 미국 시민이 되었다. 1927년, 파울리의 어머니가 자살했다. 아버지는 1928년에 재혼했고, 1938년에 스위스로 이사하여 1955년에 취리히에서 세상을 떠났다. 파울리가 카를 융에게 보낸 편지에서 아버지와의 관계를 엿볼 수 있다.

> 1955년 11월 4일, 아버지가 고령으로 심장이 약해 세상을 떠났습니다. 그것은 내 잠재 의식에 엄청난 변화를 가져왔습니다. 이것은 내게 어두운 그림자의 변화를 의미하는 것이 아닌가 나는 생각합니다. 왜냐하면, 그 그림자는 오랫동안 내 아버지에게 투영돼왔기 때문입니다. 그에 상응해서 그 그림자 또는 악마와의 연결은 종종 '사악한 계모' (아버지보다 한참 젊은 두 번째 아내)에게 투영되어 나타났습니다.[6a]

파울리는 어머니와 강한 유대감을 느꼈던 것으로 알려져 있다….

상대성 이론 : 파울리와 아인슈타인

파울리는 비엔나에서 학창 시절을 보냈다. 되블링겐 김나지움에 다니던 고등학생 시절에 그는 그 당시의 수학 및 물리학에 접하게 되었다. 김나지움의 마지막 학년 때 "그는 그 무렵에 아인슈타인이 발표한 논문들을 알게 되었고, 따분한 수업 시간에 그 논문을 책상 아래에 숨긴 채 몰래 읽었다…그 논문들은 파울리에게 깊은 감명을 주었다…그는 내게, 그것은 마치 눈에서 비늘이 벗겨져나간 것과 같았다고 말했다…그는 갑자기 일반 상대성 이론을 이해하게 되었다."[7]

1918년 7월, 파울리는 우수한 성적으로 졸업했다. 두 달 후, 그는 일반 상대성 이론에 관한 자신의 첫 번째 논문을 저자 이름을 적는 줄에 '뮌헨, 이론물리학연구소' 라고 적어 제출했다. 그 무렵, 그는 아르놀트 조머펠트 밑에서 배우기 위해 뮌헨의 루트비히 막시밀리안 대학에 다니고 있었다. 얼마 후, 두 편의 논문[9]이 잇따라 나왔다.

파울리가 여섯 학기 중 네 번째 학기에 조머펠트에게 배울 때, 조머펠트는 존경할 만한 용기와 파울리에 대한 믿음을 보여주었다. 『수학과학백과사전』에 실릴 상대성 이론에 대한 개설 원고를 파울리에게 맡긴 것이다. 그것은 237쪽에 달하는 모노그래프[10]가 되어 나왔는데, 상대성 이론의 수학적 기초와 물리적 의미에 대한 비평적 내용을 담고 있으며, 이미 발표된 방대한 문헌들에 대한 완전한 검토를 제공한다. 이 글은 파울리가 박사 학위를 받은 지 두 달 후인 1921년에 발표되었다.

이 연구는 즉시 큰 찬사를 받았다. 그 중에서도 아인슈타인 자신이 1922년에 발표한 글을 통해 최고의 찬사를 보냈는데, 그 중 일부를 인용해보자.

> 성숙하고 웅장하게 구상된 이 연구를 검토해본 사람은 저자가 겨우 21세의 젊은이라는 사실을 믿지 못할 것이다. 개념의 전개를 위한 정신적 이해, 수학적 추론의 확실성, 심오한 물리적 직관, 명쾌하고 체계적인 논증 능력, 문헌에 대한 지식, 주제 내용을 다루는 완벽한 솜씨, 비평적 평가의 확실성 중에서 어떤 것을 가장 높이 쳐주어야 할지 망설여진다.[11]

그렇게 젊은 물리학자가 이러한 영광스러운 인정을 받은 사례를 나는 알지 못한다.

다른 많은 사람들과 마찬가지로, 나는 파울리가 쓴 논문으로 상대성 이론을 배웠으며, 세월이 한참 지난 지금도 그것을 최고의 텍스트로 친다. 1958년에는 영어 번역본[12]이 나왔는데, 파울리가 거기에 25쪽에 달하는 주석을 첨가했다.

파울리가 아인슈타인을 처음 만난 것은 바드나우하임 회의(1920년 9월 16~25일)에서였다. 그 때, 두 사람은 개인적으로 만나지는 않았던 것으로 보인다. 왜냐하면, 1924년에 파울리는 보어에게 보낸 편지에서 이렇게 썼기 때문이다. "저는 인스브루크(1924년 9월 21~27일에 열린 물리학 회의)에서 아인슈타인과 긴 토론을 벌였습니다. 저는 마침내 그를 만나는 데 성공했습니다."[13] 그렇지만 두 사람 사이의 서신 왕래는 그보다 더 이전에 시작되었다. 그것은 파울리가 아인슈타인에게 보낸, 양자론에 관한 편지[14]로 시작되었다.

두 사람은 1927년에 열린 제5차 솔베이 회의(파울리로서는 처음 참석한 솔베이 회의)에서 다시 만났다. 이 회의를 위해 전세계의 기라성 같은 물리학자들이 브뤼셀에 모였다. 여기서 아인슈타인은 처음으로 양자역학에 관한 자신의 비판적 입장을 드러냈다. 토론에 적극적으로 참여했던 파울리는 아인슈타인의 발표 뒤에 발언을 한 사람들 중 한 명이었으며, 절제된 방식으로 아인슈타인의 의견에 동의하지 않음을 나타냈다.[15] 1929년, 그는 편지에서 이렇게 보고했다. "부활절 휴가 때 저는 베를린의 아인슈타인을 방문했는데, 양자물리학에 대한 그의 태도가 반동적임을 발견했습니다."[16]

에렌페스트는 파울리를 '신의 채찍'[17]이라고 불렀다. 이것은 오로지 일부 동료들의 과학적 노력에 대한 그의 반응에만 해당한다는 사실을 재차 강조할 필요가 있다. 이것을 가장 잘 보여주는 예는 통일장 이론을 만들려는 아인슈타인의 헛된 노력에 대한 파울리의 반응을 들 수 있다. 거기서 그는 아주 신랄하면서도 동시에 아인슈타인이라는 개인 자체에 대한 존경심과 정중함을 잃지 않았다.

1920년대 말에 아인슈타인은 통일장 이론을 향한 노력의 하나로 소위 원거리 평행 관계 이론[18]에 몰두하고 있었다. 파울리는 거기에 전혀 동의하지 않았다. 동료에게 보낸 편지에서 그는 이렇게 썼다. "이번에 E는 원거리 평행 관계라는 실수를 저질렀다."[19] 다른 편지에서는 그것을 '끔찍한 쓰레기'[20]라고 불렀다. 또 다른 사람에게 보낸 편지에서는 "이제 E는 신성한 신을 완전히 버렸다."[21]고 썼다. 그리고 아인슈타인 자신에게 보낸 편지에서는 다음과 같이 썼다.

이 문제에 관해 저와 젊은 세대의 물리학자들 대다수의 입장에 대해 몇 마디 덧붙일까 합니다…당신의 방정식들은 실험으로 확인된 사실들과 조금도 비슷하지 않은 것으로 보입니다…당신이 순수 수학으로 돌아선 데 대해 저는 축하를 보내고 싶습니다(아니면, 애도를 표시해야 할까요?)…[당신의 현재] 이론의 죽음을 지연시키지 않도록 하기 위해 저는 당신이 제 주장에 반박하도록 자극하고 싶지 않습니다.[22]

아인슈타인은 답장에서 이렇게 썼다. "자네 편지는 아주 흥미롭지만, 자네 입장은 다소 피상적으로 보이네…최소한 3개월이 지난 후에 다시 이야기해보게나."[23] 파울리는 1932년에 한 과학 학술지에서 이렇게 썼다. "통일을 향한 [아인슈타인의] 불굴의 정력뿐만 아니라 시들 줄 모르는 창조성은 근래에 들어 평균적으로 일 년에 한 개꼴로 이론을 만들어내고 있다…최근에 만들어낸 이론을 저자가 일시적으로 '결정적인 해(解)'라고 간주하는 것은 심리학적으로 흥미롭다."[24] 그 해에 아인슈타인은 파울리에게 보낸 편지에서 이렇게 썼다. "그래, 자네가 옳았어, 이 불한당 같은 놈아!"[25] 1933년에 파울리는 아인슈타인에게 보낸 편지[26]에서 자신이 한 통일장 이론 연구에 대해 썼다. 그것은 얼마 전에 발표를 위해 보낸 두 논문[27]에 담겨 있던 내용으로, 사영 상대성 이론이라 알려진 5차원 이론에 관한 것이다. 그러나 수학적으로 아주 우아한 이 연구는 아인슈타인의 몽상적인 개념들에 의해 방해받지는 않았다. 그 후에도 두 사람은 서신을 교환했지만, 그 빈도는 아주 뜸해졌다.

결국 1943년에 아인슈타인과 파울리는 공동 논문을 발표했지만, 통일장 이론에 관한 것이 아니라, 표준 상대성 이론에 관한 것이었다. 두 사람은 먼 거리에서는 슈바르츠실트 해처럼 행동하지만, 발생원이 존재하지 않는 중력 방정식에 대한 표준적이고 정적인 해는 슈바르츠실트 질량이 0이 되는 곳이 존재한다는 것을 증명했다.[28] 이것은 파울리가 세 편의 짧은 논문으로 발표를 시작한 이래 상대성 이론에 관해 쓴 유일무이한 논문[8, 9]이다.

파울리의 노벨상

1945년 1월 13일, 아인슈타인은 스톡홀름의 노벨위원회에 다음과 같은 내용의 전보를 보냈다. "볼프강 파울리를 물리학상 후보로 추천함. 소위 파울리 원리 또는 배타 원리를 통해 현대 양자론에 기여한 그의 공헌은 양자론의 다른 기본 공리들과는 별개로 현대 양자물리학의 기본적인 부분이 되었음. 알베르트 아인슈타인."[29]

1945년 11월 15일, 노벨위원회는 "'파울리 원리'라고도 불리는 배타 원리를 발견한 공로로 볼프강 파울리에게" 노벨물리학상을 수여하기로 결정했다.

　여기서 잠깐 본론에서 벗어나, 물리학상 후보로 파울리를 추천한 사람들과 또한 파울리가 추천한 사람들을 알아보기로 하자. 노벨물리학상위원회의 사무총장인 안데르스 바라니(Anders Bárány)가 내게 제공해준 문서가 큰 도움이 되었다.

　다음은 1945년 이전에 파울리를 후보로 추천한 중요한 사람들이다 : 카를 오센(1933년), 더크 코스터(1934년과 1940년), 폰 라우에, 플랑크, 레옹 브리유앵(1935년), 슈뢰딩거(1938년), 윌렌베크(1940년), 벤첼(1940년, 1941년, 1943년, 1944년). 그리고 존 반 블렉과 크라메르스는 아인슈타인 외에 1945년에 파울리를 추천한 사람들이다. 이들 동료 과학자들은 모두 파울리의 원리를 거론했다. 나는 이 명단에 보어가 빠져 있는 것에 약간 놀랐다.

　한편, 파울리가 추천한 사람들은 다음과 같다. 하이젠베르크(1925년), 슈테른(1938년과 1940년), 래비(1940년). 그리고 1947년 이후에 다른 사람들을 더 추천했을 가능성이 높다. 그 목록은 현재 이 글을 쓰고 있는 중에도 계속 분류 중이다.

───

　파울리는 1945년에 노벨상을 받으러 스웨덴에 가지 않았다. 스톡홀름에서 노벨상 시상식이 거행되는 전통적인 날인 12월 10일 월요일, 그는 대신에 프린스턴의 연구소에서 마련한 만찬에서 적절한 예우를 받았다. 축하의 말에서 연구소장인 프랭크 에이들로트(Frank Aydelotte)는 "뉴턴, 아인슈타인, 파울리와 같은 정신의 소유자들은 홀로 낯선 바다를 항해한다."[30]고 표현했다. 파울리에게 보내는 찬사에서 헤르만 바일은 "지난 21년 동안 파울리의 영향력이 없었더라면, 물리학의 역사가 어떻게 변했을지 상상하기 매우 어렵다."[30]고 평했다. 바일 다음에는 아인슈타인이 축사를 했는데, 그말에 대해 파울리는 아인슈타인이 죽고 난 후인 1955년에 막스 보른에게 보낸 편지에서 이렇게 썼다.

　나에게 항상 호의를 베풀어준 아버지 같은 친구는 이제 더 이상 존재하지 않는다. 1945년에 내가 노벨상을 받았을 때, 그가 프린스턴에서 나를 위해 한 이야기는 결코 잊혀지지 않는다. 그것은 마치 왕이 권좌에서 물러나면서 나를 일종의 '선택된 아들'이자 후계자로 임명하는 것 같았다. 불행하게도, 아인슈타인이 한 이 연설에 대한 기록은 어디에도 남아 있지 않다. 그것은 즉석 연설이었기 때문에 원고 역시 어디에도 존재하지 않는다.[31]

파울리의 부인은 파울리가 아인슈타인의 말에 깊은 감동을 받았다고 내게 말했다. 만찬석상에서 파울리가 한 답사는 그 때까지 자기가 해온 주요 연구를 간략하게 요약한 것이었다.[30] 그 날 저녁에 참석한 다른 사람들의 명단은 참고 문헌 32를 참고하라. 1946년 12월 13일, 파울리는 스톡홀름에서 '배타 원리와 양자역학'이라는 제목의 노벨상 수상 강연을 했다.[33]

앞에서 시사한 바처럼, 토론과 서신에서 드러나는 파울리의 예리함은 공격적 성향의 표현이라기보다는 지적인 솔직함의 표현이다. 이것을 잘 설명해주는 예는 그가 '아인슈타인의 후계자로 지명되고' 난 후인 1946년에 아인슈타인에게 보낸 편지의 구절을 인용하는 것만큼 좋은 것이 없다고 나는 생각한다.

"고전적인 장 이론은—당신의 수많은 노력의 결과가 부정적으로 나온 것도 그 일부 이유이지만—거기서 더 이상 새로운 무엇을 발견하는 것이 불가능할 만큼 완전히 쓸모없는 것이 되었다는 게 여전히 제 개인적인 신념입니다."[34] 이에 대해 아인슈타인은 파울리에게 보낸 편지에서 "그러한 노력들은 내게는 매우 유망한 것으로 보인다."[35, 36]고 썼다.

1949년, 파울리는 아인슈타인의 70세 생일을 축하하는 편지를 보냈다.

깊은 마음에서 우러나오는 축하와 함께 저는 1945년 12월 프린스턴에서 열린 만찬에서 선생님이 제게 보여준 개인적 호의가 담긴 선물에 아주 큰 감동을 받았다는 사실을 말씀드리고 싶습니다. 그 때 선생님이 저를 대해준 인간적이고 지적인 태도는 우리를 결합시키는 지적인 이상에 영원히 충실하게 살아가도록 하는 지표로 남아 있을 것입니다.[32]

그 편지에서 또 파울리는 기념 저서에서 1905~1918년에 아인슈타인이 양자물리학에 기여한 주요 업적을 자신이 썼노라고 밝혔다.

1955년 4월에 아인슈타인이 세상을 떠난 후, 파울리는 스위스의 한 신문에 사려 깊고 애정어린 추모사를 썼다.[39] 그 글은 다음 문장으로 끝을 맺었다. "미래를 향하는 그의 생애는 이 시대에 위협받고 있는, 조용하면서도 전혀 굴하지 않고 우주의 구조라는 큰 문제에 매달린, 지적이고 사색적인 인간의 이상을 우리에게 영원히 일깨워줄 것이다."[40]

1955년, 아인슈타인이 죽고 나서 몇 달 후에 베른에서 상대성 이론에 관한 회의가 열렸다. 회의를 주제한 사람은 파울리였는데, 개회사에서 그는 "이 회의는…그 사람에게 작별을…고하는 것이 될 것이다."고 말했고, 전체 회의 내용을 요약하는 폐회사[41]도 했다.

구양자물리학 : 보어와의 첫 만남

이제 파울리가 뮌헨에서 조머펠트와 연구를 시작한 1918년 가을로 다시 돌아가기로 하자. 자신이 주요 업적을 남기게 될 분야, 즉 양자물리학 연구를 시작한 곳도 바로 여기서였다. 이 분야를 다룬 그의 최초의 논문[42]은 1922년에 완성되었는데, 물질의 자기 성질을 다룬 것이다. 이것은 훗날 그가 가장 유명한 업적을 남기는 연구 주제 중 하나가 된다. 그는 처음으로 참석한 물리학 회의인 바드나우하임 회의에서 이 주제로 발표를 했다.[43]

1925년 7월, 그는 이온화된 수소 분자 모형을 다루는 논문[44]으로 박사 학위를 받았다. 파울리의 박사 학위 논문을 심사하는 엄격한 과정에서 조머펠트는 그것을 "이미 발표된 그의 많은 작은 연구들과 백과사전에 실린 그의 방대한 글과 마찬가지로, 수리물리학의 현대적인 도구들을 완전하게 구사하고 있음"[45]을 보여준다고 칭찬했다. 사실, 파울리는 최우등으로 박사 학위를 받았다—그의 이론적 결과가 실험 결과와 일치하지 않는다는 사실에도 불구하고! "이 실패는 항상 성공을 거두는 데 익숙해 있던 자신만만한 젊은 물리학자에게 고통스러운 인상을 남겼다."[46]

그럼에도 불구하고, 조머펠트의 찬사는 합당하다. 파울리가 논문을 완성한 시기는 소위 구양자론 시대였다는 사실을 상기하기 바란다. 구양자론은 그 당시 아직 이론으로 자리잡지 못했고, 그 당시의 고전 이론 위에다가 일련의 임시적인 규칙들을 덧붙여놓은 것이었는데, 그 규칙들은 사실상 고전 이론과 충돌하는 것이었다. 파울리의 연구가 지닌 중요성은 적용의 한계에 이르렀음을 보여주는 확고한 증거를 최초로 제시한 데 있었다. 구양자론이 거둔 큰 성공은 그 당시 물리학자들이 임시변통으로 만든 가설 속에 진리의 싹을 넘어서는 무엇이 들어 있다는 것을 보여주었음에도 불구하고, 그렇게 주장했던 것이다.

구양자론에 관해 가장 완전하고도 권위 있는 평가를 남긴 사람 역시 파울리이다. 그는 1925년 10월—양자물리학을 최초로 확고한 논리적 기반 위에 올려놓은 이론인 양자역학이 발견된 직후—에 안내서적인 글[47]에서 그것을 다루었다. 이 글은 더 이상 현대 과학에 적절한 것은 아니지만, 20세기의 원자 구조에 관한 역사에 관심을 가진 사람들은 필독해야 하는 글이다.

파울리는 조머펠트에게 최고의 존경심을 보였다. 조머펠트는 파울리가 비록 경외심은 아니더라도, 항상 깍듯이 예의를 차려 대한 유일한 물리학자였다. 1951년 4월에 조머펠트가 자동차 사고로 죽은 후, 파울리는 다음과 같이 썼다. "조머펠트는 극소수의 사람에게만 부여된 능력, 즉 연구자와 스승의 능력을 조화롭게 결합시키는 능력을 갖고 있었다…그를 애도하면서…그의 지적인 자녀인 우리는 이제 그의 노력을 계속해나갈 것이다."[48]

파울리가 뮌헨에서 만난 사람 중 그의 인생에 중요한 영향을 미친 사람이 둘 있었는데, 그 중 한 명이 조머펠트였다. 또 한 사람은 파울리보다 한 살 반이 어린 하이젠베르크였다. 하이젠베르크 역시 1920년에 조머펠트의 제자가 되었는데, 그는 이렇게 회상했다. "조머펠트는 나를 그(파울리)에게 소개했다…그리고 나중에 그는 파울리를 가장 재능이 뛰어난 제자 중 하나로 생각한다고 말했는데, 나도 파울리로부터 많은 것을 배웠다."[49] 하이젠베르크는 그 당시의 파울리의 생활 방식에 대해서도 들려주었다. "볼프강은 전형적인 야행성 동물이었다. 그는 소도시를 더 좋아했고, 몇몇 카페에서 저녁을 보내길 좋아했다. 그리고는 그 후부터 엄청난 집중력으로 물리학을 공부하여 큰 성과를 얻곤 했다. 그래서 조머펠트는 실망했겠지만, 파울리는 아침 강의에 출석하는 경우가 드물었으며, 정오 때쯤이 되어서야 나타났다."[50]

1921년 10월, 파울리는 막스 보른의 조수로 일하기 위해 뮌헨을 떠나 코펜하겐으로 갔다. 보른은 같은 달에 아인슈타인에게 이렇게 보고했다. "파울리는 놀랍도록 총명하고 유능합니다…젊은 파울리는 매우 큰 자극을 줍니다…이렇게 훌륭한 조수는 평생 다시 얻을 수 없을 겁니다…."[52] 그리고 훗날에 이렇게 썼다. "그는 늦잠을 자는 것을 좋아했고, 11시 강의를 한 번 이상 빼먹은 것이 기억난다. 10시 30분이 되면 우리는 가정부를 그에게 보내 일어났는지 확인하게 했다."[53]

보른과 파울리는 함께 협력하여 양자론에서 섭동 방법을 다룬 긴 논문[54]을 썼으며, 헬륨 원자를 설명하기 위해 노력했다(비록 성공하진 못했지만). 1922년 4월, 파울리는 이번에는 함부르크대학의 조수 자리로 옮겨갔다. 그리고 6월에는 괴팅겐대학을 방문하여 닐스 보어가 행한 일련의 강의를 들었다. 그 모임에 대해 그는 훗날 이렇게 말했다. "보어를 개인적으로 처음 만났을 때, 내 인생의 새로운 국면이 시작되었다."[30]

프린스턴에서 파울리를 위해 열린 노벨상 수상 축하 파티에서 그는 괴팅겐 시절에 대해 이렇게 회상했다.

그 모임 때 하루는 보어가 내게 와서 코펜하겐에서 1년 동안 일하지 않겠느냐고 물었다. 그는 독일어로 출판할 예정인 자신의 연구를 편집해줄 조력자가 필요했다. 나는 깜짝 놀라 잠깐 동안 생각한 뒤에 오직 젊은이만이 할 수 있는 자신감으로 대답했다. "선생님이 제게 요구하는 과학적 지식은 전혀 어려울 게 없겠지만, 덴마크어 같은 외국어를 배운다는 것은 제 능력을 넘어서는 일일 것 같군요." 나는 1922년 가을에 코펜하겐으로 갔는데, 내가 보어에게 자신있게 한 주장 두 가지는 모두 틀린 것으로 드러났다.[30]

뮌헨에서 파울리는 이미 조머펠트로부터 전자 궤도들이 고전 이론에서 말하는 것처럼 연속적으로 존재하는 것이 아니라 띄엄띄엄 떨어져 있다고 주장한 보어의 원자 구조 이론을 배웠다. "고전적인 사고 방식에 물들어 있는 물리학자들이 보어의 '양자론 기본 가설'을 처음으로 대할 때 느끼는 충격을 나 역시 느꼈다."[30, 33]

1922년 7월, 보어는 파울리가 오기를 간절히 기다리고 있다는 내용의 편지[55]를 보냈다. 이렇게 하여 시작된 두 사람 사이의 서신 교환은 30년 이상 계속되었으며, 그것은 그 시대의 물리학사를 들여다볼 수 있는 풍부한 자료를 제공한다. 그 해 7월에 보어는 크라메르스에게 보낸 편지에서 이렇게 썼다. "그[파울리]는 모든 면에서 뛰어난 사람이며, 틀림없이 큰 도움이 될 것이다."[56] 파울리는 1922년 10월에 코펜하겐에 와 1923년 9월까지 머물렀다. 그 후에도 그는 잠깐씩 코펜하겐에 자주 들렀다(1925년부터 1931년까지는 매년, 그리고 1933년, 1936년, 1937년, 1946년, 1947년, 1954년에도).

코펜하겐에서 오랫동안 머문 첫 번째 방문 기간에 파울리는 세 편의 논문을 썼다. 크라메르스와 함께 쓴 한 편은 띠스펙트럼에 관한 것[57]이다. 또 한 편은 복사와 자유 전자 사이의 열평형에 관한 것[58]으로, 함부르크로 돌아갔을 때 대학 강사 자격을 얻는 데 필요한 논문으로 인정받았다. 세 번째 논문은 비정상 제만 효과에 관한 것[59]으로, 1925년 1월에 절정에 이르게 되는 일련의 연구의 시작을 알리는 것이었다.

배타 원리

원자는 들뜬 상태가 되면(예컨대 열을 받아) 띄엄띄엄한 진동수의 빛들로 이루어진 선스펙트럼을 방출한다. 이것을 아주 강한 자기장 속에 놓아두면, 각 선들이 여러 개의 선으로 갈라지는 것을 볼 수 있다. 이것을 제만 효과(Zeeman effect)라 부르는데, 1896년에 이 현상을 발견한 네덜란드의 물리학자 피테르 제만(Pieter Zeeman)의 이름에서 딴 것이다. 1897년, 고전 이론에 따르면, 자기장에 수직 방향에서 관찰할 때 각 선은 3개의 선으로 갈라져야 한다고 예측되었다. 이것을 정상 제만 효과라 부른다. 그러나 1898년에 나트륨 스펙트럼 속의 어떤 선이 4개의 선으로 갈라지는 것이 발견되었다. 이것은 오늘날 '비정상 제만 효과'라 부르는 현상이 최초로 관찰된 사례였다. 그 후, 정상 제만 효과는 오히려 예외적인 현상임이 밝혀졌다. 코펜하겐에서 파울리가 매달렸던 문제는 비정상 효과를 구양자론의 기초 위에서 해석하려는 것이었다.

그 무렵 비정상 효과에서 선이 갈라지는 현상은 아름답고도 단순한 규칙성을 나타낸다는 사실이 알려졌지만, "그러나 [이것은] 도저히 이해할 수 없는 것이었다. 고전 이론이나 [구]양자론을 사용하더라도, 전자에 관한 아주 일반적인 가정들에서는 항상 간단한 3개의 선이 나타나야 하기 때문이었다. 이 문제를 더 자세히 해석하려고 시도할수록 그것은 더욱 접근 불가능한 것이 된다는 느낌이 들었다."[30] 파울리는 1923년 6월에 조머펠트에게 보낸 편지에서 이렇게 썼다. "아무리 해도 합치되는 결과를 얻을 수 없습니다. 지금까지 나는 완전히 잘못된 길을 걸어왔습니다."[60] 훗날 그는 이렇게 회상했다. "아름다운 코펜하겐의 거리를 아무 목적 없이 거닐고 있다가 한 동료를 만났는데, 그가 나를 보고 친근한 말투로 이렇게 말했다. '기분이 무척 안 좋아 보이는군.' 그 말에 나는 퉁명스럽게 이렇게 말했다. '비정상 제만 효과에 대해 생각하는 사람이 어떻게 행복해 보일 수 있겠나?'"[30]

이 효과는 구양자론에 나타난 중요한 실패 중 하나였다. 그 당시에 파울리는 그것을 이렇게 표현했다. "지금까지 알려진 이론적 원리들의 실패가 얼마나 뿌리 깊은가 하는 것은…비정상 제만 효과에서 가장 분명하게 볼 수 있다."[61]

구양자론의 실패에도 불구하고, 비정상 제만 효과에 끈질기게 매달린 것은 파울리의 훌륭한 장점이라고 할 수 있다. 그 결과로 두 편의 논문이 나왔다. 1924년 겨울에 완성된 첫 번째 논문은 비정상 제만 효과를 해석하려는 다른 사람들의 시도를 비판한 내용이다.[62] 6주일 뒤에 완성된 두 번째 논문[63]은 1926년에 디랙이 그것을 파울리의 배타 원리[64]라 이름붙인 내용을 담고 있다. 이 논문들에는 기술적인 세부 사항들이 많이 포함되어 있는데, 나는 다른 곳[65]에서 이것을 소개한 바 있다. 여기서는 핵심적인 맥락만

간단하게(약간 수박 겉핥기식이 될 수밖에 없지만) 소개하려고 한다.

그 당시에는 원자 속에 들어 있는 대부분의 전자들이 여러 개의 닫힌 껍질 속에 채워져 있고, 이것들이 합쳐져 원자 중심부를 이루고 있다고 생각했다. 그리고 그 중심부 바깥쪽에는 하나 이상의 전자들이 존재할 수 있는데, 이것들을 '원자가 전자'라 불렀다. 이 원자가 전자들이 들뜬 상태가 될 때, 원자에서 나오는 선스펙트럼을 방출한다. 1923년, 비정상 제만 효과는 원자가 전자들의 각운동량과 원자 중심부의 가설적인 전체 각운동량 사이에 미리 정해진 어떤 종류의 결합이 이루어질 때 나타난다는 주장이 제기되었다.[63] 호우트스미트(Goudsmit)는 이 모형의 가정 중 일부는 "완전히 이해 불가능한 것"이었으나, 일단 그 가정들을 받아들이면 "비정상 제만 효과의 광범하고도 복잡한 내용을 완전히 파악할 수 있게 된다."고 썼다.[66]

그 때, 파울리가 나서서 이 모형을 원자가 전자가 하나뿐인 알칼리 원자의 경우에 대해 분석해본 결과, 중심부의 각운동량이라는 개념은 다른 실험 결과들과는 심각한 모순을 나타낸다는 사실을 보였다.[62] 그러나 이렇게 틀린 이론이 어떻게 비정상 제만 효과에는 1% 미만의 오차로 적용되는가 하는 역설이 제기되었다. 파울리가 내놓은 답은, 중심부는 각운동량이 0이며, 따라서 오직 한 가지 가능성만이 남는다는 것이었다. 즉, 비정상 효과는 순전히 원자가 전자 때문에 일어난다는 것이다. 파울리의 표현을 빌리면, 그 설명은 "고전 이론으로는 설명할 수 없는, 원자가 전자가 지닌 특이한 양자론적 성질인 2가"에 기인한다.[62]

오늘날 우리는 이 특이한 성질이 무엇을 의미하는지 잘 알고 있다. 마치 지구가 태양 주위의 궤도를 돌면서 자전(spin)하는 것과 마찬가지로, 전자는 고유 각운동량인 스핀(spin)을 지니고 있다. 그런데 전자의 스핀은 단 두 가지 값만을 가질 수 있다. 많은 사람들은 왜 파울리가 나머지 단계를 마저 완성함으로써 이 발견을 자기 것으로 만들지 않았는지 의아하게 생각한다. 나 역시 그것을 완전히 이해하지는 못하지만, 최소한 유력한 이유를 댈 수는 있다.

비정상 제만 효과에 대한 논문이 접수되고 나서 나흘 후에 파울리는 조머펠트에게 보낸 편지에서 이렇게 썼다. "원자 속에 전자 집단들이 갇혀 있는 문제…[에 관하여]…저는 몇 가지 큰 진전을 이루었습니다."[67] 그는 2가가 의미하는 것이 무엇일까 하는 물음으로부터 2가가 원자 속의 닫힌 전자 껍질과 무슨 관계라도 있는 것일까 하는 물음에 관심을 돌리고 있었던 것이다.

1924년 10월, 에드먼드 스토너(Edmund Stoner)는 다음과 같은 규칙을 제안했다.[68] "각각의 완전한 껍질 속에 들어 있는 전자의 수는 내부 양자수의 합의 2배이다." 여기에 대해서는 약간 설명을 덧붙여야겠다. 독립적인 입자 모형이라 부를 수 있는 원자 모형을 하나 상상해보자. 즉, 각 전자는 다른 모든 전자들과는 독립적으로 원자핵 주위에서 움직이고 있으며, 따라서 수소 원자와 같은 궤도를 따라 움직인다. 이번에는 각 전자들에 주양자수 n, 양자수 l이라는 양자수들을 부여해보자. (수소 원자로부터 알려진 바처럼) $l = 0, 1, \cdots n-1$의 값을 가진다. 또, 이 독립적인 전자들이 외부의 자기장 속에 있다고 상상해보자. 그러면 세 번째 양자수 m이 등장하고, 각 준위 (n, l)는 $-l \leq m \leq l$에 해당하는 $2l+1$개의 준위들로 갈라진다. 준위들의 수 N은 다음과 같다.

$$n=1 : l=0, \qquad N=1$$
$$n=2 : l=0, 1 \qquad N=1+3=4$$
$$n=3 : l=0, 1, 2 \quad N=1+3+5=9$$

$$\cdots$$

스토너의 규칙이 의미하는 것은 이것이다 : 고정된 n에 해당하는 전자 껍질과 그 껍질 속에 들어 있는 전자의 수(완전히 채워졌을 경우)는 $2N$과 같다.

왜 2배냐고?

여기서부터는 파울리가 설명을 제시한다.[63] 그는 "알칼리 원자뿐만 아니라 다른 원자들에 대해서도 제대로 성립하는 가설을 추구해보자."고 제안하고는, 2가에 대한 새로운 가정들을 도입하였다. 첫째, 그것은 원자 내의 모든 전자들에 적용된다. 둘째, 그것은 2가의 새로운 양자수로 표현된다. 이렇게 함으로써 파울리는 각 전자에 대해 4개의 양자수를 도입하였다. 그러면 상태들의 수가 두 배로 늘어나게 되는데, 이것은 스토너의 규칙에서 N이 2배가 되는 것을 설명해준다고 파울리는 주장했다. 그런데 왜 전자 껍질에는 $2N$보다 더 많은 수의 전자들이 들어갈 수 없는가? "원자 내에는 모든 양자수의 값들이 일치하는 등가의 전자가 둘 이상 존재할 수 없다. 원자 내에 이러한 양자수들이 정해진 값을 가진 전자가 존재한다면, 그 상태는 '채워진' 것이다."[63]

이것이 바로 파울리의 배타 원리인데, 파울리는 다음과 같은 경로를 통해 이 원리에 도달했다.

비정상 제만 효과 → 2가
↓
스토너의 규칙 → 배타 원리

파울리는 이것으로 모든 것이 다 해결된 것이 아니라는 점을 잘 알고 있었다. "우리는 이 규칙에 대해 더 정확한 이유를 제시할 수 없다."[63] 이것은 사실이지만, 그럼에도 불구하고 이 규칙은 화학 원소의 주기율표를 이해하는 데 결정적인 요소로서 아주 중요한 위치를 차지한다.

———◆———

윌렌베크와 호우트스미트가 1925년 10월에 발표한 전자 스핀의 발견[69]은 파울리의 2가 개념에 정확한 물리적 해석을 제공했다. 그 당시 스핀의 개념과 관련하여 몇 가지 중요한 세부 사항이 해결되지 않은 채 남아 있었는데, 12월에 파울리가 보어에게 보낸 편지에서 "나는 이 일이 마음에 들지 않습니다."[70]라고 한 말도 이 때문이었다. 그러나 1926년 3월경에 파울리는 생각을 고쳐먹게 된다.[71] 그 사이의 몇 달간에 일어난 아주 복잡한 이야기와 핵 스핀에 관한 파울리의 언급[72]과 파울리의 성격에 대한 윌렌베크의 이야기에 대해서는 윌렌베크에 관해 쓴 장을 참고하기 바란다.

———◆———

지금까지 우리는 1923년 9월까지 파울리가 머문 곳을 따라다녔다. 그 해 9월에 파울리는 코펜하겐에서 함부르크로 가 1928년까지 머문다. 1924년 2월 24일, 그는 객원 강사로서 취임하는 공개 강의에서 원소들의 주기적 체계에 관해 강의했다. 비정상 제만 효과와 배타 원리에 관한 논문을 완성한 것도 함부르크대학에 있을 때였다.

1924년, 그는 흑체 복사 이론을 재검토하는 긴 논문을 완성했지만, 발표를 미루다가 1929년에 가서야 발표했다.[73] 또, 복사에 관한 보어-크라메르스-슬레이터의 이론(결국 실패로 끝났지만)을 논의하는 데에도 관여했다. 이것에 관해서는 다른 곳에서 언급한 바 있다.[74]

"양자론의 여명이 밝아오고 있다"

"물리학은 이번에 또 한 번 막다른 골목에 이르렀다. 어쨌든 나에게는 너무 힘들고, 차라리 영화의 코미디언이나 그 비슷한 일을 하고 살면서 물리학에 관한 것은 아무것도 듣지 않았더라면 하는 생각이 간절하다." 배타 원리에 관한 논문을 완성한 지 다섯 달 후인 1925년 5월 21일에 파울리는 동료에게 보낸 편지에서 이렇게 썼다.[75]

그러나 이 편지를 쓴 지 두 달 후인 6월 29일, 하이젠베르크가 양자역학의 탄생을 알리는 논문[76]을 제출하면서 물리학의 막다른 골목은 사라지고 말았다. 구양자론에 종언을 고한 이 논문은 20세기 과학에서 최대의 혁명을 알리는 전조였다고 나는 생각한다.

내가 아는 한, 이 새 이론에 대해 제일 먼저 들은 사람은 파울리였다. 6월에 하이젠베르크는 파울리에게 보낸 편지에서 이렇게 썼다. "그 원리는 다음과 같다. 어떤 양이나 에너지나 진동수나 그 밖의 것을 계산할 때, 관계식들은 원리상 오직 관찰 가능한 양들 사이에만 들어갈 수 있다."[77] 7월 초에 하이젠베르크는 자기 논문의 견본을 보냈다. 논문이 발표되기 전에 파울리는 크라메르스에게 보낸 편지에서 분명한 열정을 나타냈다. "나는 하이젠베르크의 과감한 출발을 매우 기뻐하며 반겼다."[78] 그리고 몇 달 뒤에 다른 동료에게 보낸 편지에서는 "하이젠베르크의 역학은 삶에 대한 나의 열정을 되살려주었다."[79]고 썼다.

1925년 11월, 파울리도 새로운 역학에 최초의 기여를 한 연구[80]를 발표했는데, 행렬 방법을 사용해 수소 원자의 띄엄띄엄한 스펙트럼과 그 스타크 효과(외부의 전기장에 의한 효과)를 계산하는 놀라운 묘기를 보여주었다. 이 두 가지 결과는 이전의 구양자론에서도 성공적으로 얻을 수 있었던 것이지만, 파울리는 거기에 덧붙여 구양자론으로는 얻을 수 없었던 다른 결과, 즉 외부의 교차 전기장과 자기장의 효과까지 구하는 데 성공했다.[81] 보어는 이 '놀라운 결과'에 흥분했다.[82] 하이젠베르크는 이렇게 평했다. "나 자신이 새로운 이론으로부터 수소 스펙트럼을 유도하는 데 성공하지 못했다는 데 대해 다소 불행하게 생각한다."[83] 그리고 파울리에게 보낸 편지에서 이렇게 말했다. "당신이 이 이론을 그렇게 빨리 만들어낸 것에 존경을 보낸다."[84]

―――――◆―――――

양자물리학에서 일어난 그 다음 번의 근본적인 진전은 1926년에 슈뢰딩거가 파동역학에 관한 일련의 논문들 중 첫 번째 논문[85]을 발표한 것과 함께 일어났다. 파울리는 또 한 번 큰 감명을 받았다. 그 사실은 요르단에게 보낸 편지에서 알 수 있다. "나는 이 연구가 최근에 발표된 연구 중 가장 중요한 것이라고 생각한다. 그것을 찬찬히 잘 읽어보기 바란다."[86]

이 시점에서 한 가지 명백한 의문이 떠오른다. 둘 다 성공을 거둔 하이젠베르크의 행렬역학과 슈뢰딩거의 파동역학은 어떤 관계가 있을까? 얼마 지나지 않아 두 이론이 실제로는 같은 것이라는 사실이 증명되었다. 그것은 한 사람이 아니라, 여러 사람이 동시에 증명했다. 파울리도 그 중 한 사람이었지만, 슈뢰딩거가 자기보다 먼저 그것을 알아냈기 때문에[87] 이 중요한 결과를 발표하지 않았다. 그렇지만 파울리는 여러 동료에게 보낸 편지에서 자신도 독자적으로 같은 결론에 이르렀다고 밝혔다(더 자세한 것은 참고 문헌 86을 참고하라).

1926년에 일어난 그 밖의 기억할 만한 사건들을 살펴보자. 막스 보른이 양자물리학의 기본 법칙들에 확률을 도입했고,[88] 파울리가 이 개념을 일반적인 *N*체 계에 적용했으며,[89] 역시 파울리가 양자역학을 분자들의 물리학에 최초로 적용했고,[90] 함부르크대학에서 교수로 승진했다.[91]

오늘날 우리가 알고 있는 양자역학의 기본 개념들은 1927년에 완성되었다. 맨 먼저 불확정성 관계에 관한 하이젠베르크의 논문[92]이 나왔다. 이번에도 이 연구에 대해 최초로 들은 사람은 파울리였는데, 하이젠베르크가 보낸 장문의 편지를 통해 그것을 알았다. 여기에 대해 하이젠베르크는 이렇게 회상했다. "파울리의 반응은 내가 기대했던 것보다 훨씬 긍정적인 것이었다…〔여기에〕용기를 얻어 나는 이 생각들을 논문으로 쓰게 되었다." 여기에 대한 파울리의 반응은 'Es wird Tag in der Quantentheorie(양자론에 여명이 밝아오고 있다).'였다.[83]

그 다음에 보어의 상보성 개념이 등장하는데, 이것은 1927년 8월에 파울리에게 보낸 편지에서 처음으로 나타난다.[94] 이것을 공개석상에서 처음으로 발표한 것은 9월 16일의 코모 회의에서였다.[95] 회의가 끝난 후, 보어와 파울리는 함께 코모 호수에서 일 주일을 보내며 그 원고를 다시 손질했다.[96] 그 무렵에 두 사람은 'Sie(당신)'라는 공식적인 호칭에서 'Du(너, 자네)'라는 친밀한 호칭을 사용하는 관계로 발전했다.[47]

그 다음에는 그 유명한 제5차 솔베이 회의가 열렸다. 이 회의에는 양자론의 창시자들이 모두 참석했다. 보어와 아인슈타인 사이에 양자물리학의 기초를 놓고 논쟁이 시작된 것도 이 회의에서였다.[98] 거기에 참석했던 파울리와 하이젠베르크는 〔아인슈타인의 반대 의견에〕"아, 그래요, 그렇군요. 그렇군요."라고 말하며 크게 신경쓰지 않았다.[99]

지금까지 소개한 1927년의 파울리의 활동은 주로 하이젠베르크와 보어의 전우로서의 역할에 초점을 맞추었다. 이번에는 그 해에 파울리 자신이 직접 이룬 주요 업적을 살펴보기로 하자.

첫째는 상자성에 관한 양자론[100]으로, "금속에 관한 현대 이론은 전자 기체의 상자성에 관한 파울리의 논문으로 시작되었다고 해도 지나치지 않다."[101]고 이야기된다.

이 논문은 역사적으로도 흥미를 끄는데, 파울리가 두 가지 통계학 중에서 어느 것을 적용해야 할지 아직 잘 모르고 있었음을 보여주기 때문이다. "물질 기체에는 아인슈타인-보스 통계학이 아니라, 페르미 통계학이 적용된다."[100] 이 점에서 그는 유명한 여러 동료들과 같은 입장에 있었다.[102]

1927년에 발표한 두 번째 중요한 논문은 2년 전에 스스로 '고전 이론으로는 설명할 수 없는 2가'라고 불렸던 것에서 진전을 이룬 것이다. 이번에는 그는 '고정된 방향에 있는 전자의 고유 각운동량[즉, 스핀]을 새로운 변수'로 도입했다.[103] 이 목적을 위해 그는 오늘날 잘 알려져 있는 2×2 파울리 행렬을 사용했다. 그가 강조한 것처럼, 이 이론은 비상대론적이고, 따라서 '임시적이고 근사적인' 것이었다.[103]

1928년에 파울리는 상대론적 이론인 유명한 디랙 방정식의 완성[104]에 중요한 기여를 했다. 디랙 방정식은 심각한 새로운 문제들을 낳았지만(이 문제들은 양전자의 존재에 대한 가설이 나오고, 그 존재가 발견되고 난 다음에야 해결된다[104]), 즉시 위대한 진전으로 평가받았다.

이러한 초기의 어려운 문제들 때문에 파울리는 처음에 디랙의 연구에 대해 비판적인 태도를 보였다. 윌렌베크가 내게 들려준 이야기를 바탕으로 그것을 설명해보기로 하자. 1931년 여름, 파울리는 앤아버대학에서 디랙 방정식에 관한 로버트 오펜하이머의 강의를 들었다. 강의 중간에 파울리는 자리에서 벌떡 일어서더니, 칠판 앞으로 걸어가 분필을 집어들었다. 그리고는 칠판을 향해 선 채 손에 든 분필을 흔들면서 "Ach nein, das ist ja alles falsch.(어쨌든 이 모든 것은 틀렸다.)"고 말했다. 크라메르스가 친구인 파울리에게 강사의 말을 끝까지 들어보라고 말하자, 파울리는 자리로 돌아와 앉았다. 1933년에 쓴 양자역학의 원리를 고찰한 그의 훌륭한 글[105]에서도 파울리가 가졌던 이런 유보적인 견해를 일부 발견할 수 있다.

양자장 이론에 관한 최초의 연구 ; 취리히로 옮겨가다

전자기장에 적용되는 양자물리학의 역사는 구양자론에 관해 플랑크(1900)와 아인슈타인(1905)이 쓴 최초의 논문이 나온 시점까지 거슬러올라

간다.[106]

보른과 요르단이 양자역학을 전자기 현상에 적용한 논문을 발표했을 때, 양자역학은 탄생한 지 겨우 두 달밖에 되지 않은 시점이었다. 그 논문에서 그들은 스스로 '행렬전기역학' 이라 부른 것을 도입했다.[107, 108] 그로부터 두 달 후, 보른과 하이젠베르크, 요르단이 그 개념을 크게 확장시켰다.[109]

초기에 나온 이 중요한 두 논문은 순수 전자기장의 양자론을 다루고 있다. 즉, 아직까지는 그 장과 물질의 상호 작용을 포함시키지 않은 것이었다. 그 길고도 어려운 길을 향해 첫발을 내디딘 사람은 디랙이었으며, 그 때는 1927년이었다.[110] 그의 연구와 함께 오늘날 양자전기역학(QED)이라 부르는 분야가 탄생하였다.[111] 같은 해에 파울리는 양자장 이론(QFT) 연구를 시작했다. 그는 여생 동안 이 연구에 가장 큰 관심을 쏟았다.

파울리의 새로운 관심을 시사하는 최초의 징후는 하이젠베르크가 그에게 보낸 편지에서 찾아볼 수 있다. "나는 전자기학에 관한 당신의 계획에 완전히 동의한다."[112] 한 달 후, 파울리는 요르단에게 보낸 편지에서 이렇게 썼다. "내가 양자전기역학을 완성할 수 있을지 없을지 곧 알게 될 것이다. 지금 나는 의욕이 넘친다."[113]

양자전기역학에 관한 파울리의 첫 연구는 그 이론의 상대론적 불변성에 관한 것이다. 문제는 다음과 같은 것이었다. 그 때까지만 해도 모든 변환 관계식은 변환 연산자들이 똑같은 순간을 가리키는 '등시적인 교환자' 였다. 상대성 이론의 관점에서 보면, 이것은 공간상에서는 서로 다른 점들에 해당하지만 시간상으로는 똑같은 점에 해당하는, 명백히 어색해보이는 비대칭성을 보여준다. 그렇다고 해서 상대성 이론의 요구 조건에 위배되는 것은 아니었지만, 그것이 상대성 이론과 양립한다는 사실을 증명할 필요가 있었다.

이것을 처음으로 해낸 사람은 요르단과 파울리였다.[114] 그들은 연산자의 시간 종속성이 명백하게 알려져 있어, 서로 다른 시공간상의 점들에서 다양한 전기장과 자기장의 성분들 사이의 변환 관계식을 명백하게 계산할 수 있는 자유 전자기장의 경우에 대해 그 사실을 증명했다. 그들은 모든 것이

상대성 이론과 일치한다는 것을 증명했으며, 최초로 디랙의 델타 함수를 유명한 '불변 델타 함수'로 일반화시켰다.

이 논문은 파울리가 함부르크대학의 교수로 있으면서 쓴 마지막 논문이었다. 1928년 1월 10일, 파울리는 4월 10일자로 취리히의 스위스연방공과대학 교수로 임명되었다. 그는 제2차 세계 대전 때 잠깐 그 곳을 떠났을 뿐, 나머지 생애를 그 곳에서 지냈다. 함부르크대학에서 파울리가 차지했던 자리는 요르단이 물려받았다.

1928년 1월, 파울리는 바일에게 보낸 편지에서 물질과의 상호 작용을 포함하는 '고전 장 물리학의 양자론적 재해석'을 발견하려는 계획에 대해 이야기했다.[115] 그것은 그 때부터 그가 하이젠베르크와 긴밀하게 협력하여 새로 연구하려는 바로 그 계획이었다. 얼마 안 가 그들은 첫 번째 난관에 봉착했다. 그것은 고전 이론에서도 난제로 남아 있던, 전자의 자체 에너지가 무한이 되는 문제였다.[116] 그 외에도 더 많은 장애들이 나타나, 두 사람은 손을 들고 다른 문제들로 관심을 돌리게 되었는데, 파울리는 양자통계역학의 문제들[117]과 '걸리버의 우라니아 여행기, 정치 풍자극'[118]이라는 소설로 관심을 돌렸다. 그렇지만 그 소설은 하이젠베르크로부터 문제점을 해결하는 방법을 발견했다는 소식을 듣는 순간 중단되어 결코 완성되지 못했다. 두 사람은 다시 협력 연구를 재개해 '파동장들의 양자동역학에 관하여'라는 제목의 최초의 공동 논문[119]을 썼다. 제목이 시사하듯이, 그들이 얻은 소위 표준적인 양자화 방법이라는 주요 결과는 양자전기역학뿐만 아니라 그밖에도 일반적으로 적용할 수 있는 곳이 많았다. 그것은 양자장 이론에서 하나의 표준적인 기술이 되었다. 이 논문에서 어려운 부분은 표준적인 변환 관계식의 상대론적 불변성을 증명하는 것이었는데, 이에 대해 파울리는 "이히 바르네 노이기르게(Ich warne Neugierge : 나는 호기심을 가진 사람들에게 경고한다)."[120]라고 말하곤 했다.

그에 이어 두 번째 공동 논문[121]도 나왔는데, 여기서 그들은 광자의 질량이 0인 것과 관련해 앞에서 언급했던 난제[119]로 돌아가 게이지 불변성 증명을 통해 그것을 다루는 방법을 개선시켰다. 그래도 자체 에너지 문제는 여전히 남아 있었는데, 그래서 그들은 이렇게 썼다. "이론을 확실하게 기술하는 일은 요원하다."[121] 이 논문들과 함께 양자장 이론 발달의 첫 단계는 막을 내린다.

파울리의 결혼

1927년에 파울리의 어머니가 자살하고, 1928년에 파울리가 '사악한 계모'[6a]라고 부른 여자와 아버지가 결혼했다는 사실은 앞에서 언급한 바 있다. 이러한 사건들을 겪은 파울리가 결혼하기에 적절한 정신 상태에 있었으리라고 기대하기는 어렵다. 그런데도 그는 1929년 12월 23일, 케테 마르가레테 데프너(Käthe Margarethe Deppner)와 베를린에서 결혼했다. 데프너는 베를린의 막스라인하르트학교에서 공부했고, 나중에 취리히에 있는 트루디쇼프무용학교의 무용수가 되었다. 결혼에 앞서 5월 6일에 파울리가 카톨릭교를 버린 것이 케테와 결혼한 것과 무슨 관계가 있는지는 나로서는 알 수 없다.

그의 약혼이 임박했다는 소문은 그보다 훨씬 앞서 퍼졌다. 이미 8월에 파울리는 바일에서 보낸 편지에서 이렇게 썼다. "나로서는 '신부'라는 개념을 받아들일 수가 없다. 그것은 부르주아적 색채가 너무 강하거든."[122] 여기서 다소 부정적인 느낌을 받는다면, 결혼하고 나서 두 달 후에 클라인에게 보낸 편지에서는 뭐라고 썼는지 보자. "내 아내가 언젠가 달아난다면, 다른 친구들과 마찬가지로 자네도 활자화된 성명서를 받게 될 걸세."[123] 그리고 한 달 후, 코펜하겐 방문 계획에 대해 클라인에게 보낸 편지에서는 이렇게 썼다. "필시 제 아내는 함께 가지 않을 것입니다. 제가 어쨌든 결혼을 했다면, 그런 식으로 아무렇게나 했겠지요!"[124] 파울리의 부인은 오데사에서 열린 제7차 전소련 물리학 회의(1930년 8월~9월)에 참석하기 위해 파울리가 소련을 장기간 방문할 때에도 동행하지 않았다.

1937년 9월, 파울리는 모스크바에서 열린 제2차 전소련 원자물리학 회의에 참석하기 위해 러시아를 두 번째로 방문했다(그것이 그의 마지막 소련 방문이었다고 나는 믿는다). 거기서 그는 β 붕괴 이론에 관해 발표했다.[125] 그 여행에 대해 그는 이렇게 썼다. "나는 그 나라에 대해 섬뜩한 인상을 받았다. 나는 그러한 공포를 이전에 본 적이 없다. 아무도 내게 감히 말을 하려 하지 않았고, 젊은이들은 내 호텔을 방문하는 것도 두려워했다."[126] 그 때, 그의 결혼 생활은 이미 끝난 지 오래였다. 두 사람은 결혼한 지 1년도 못 된 1930년 11월 29일에 비엔나에서 이혼했다. 세상을 떠나기 두 달 전에 쓴 편지에서 파울리는 자신의 '인생의 위기(1930/1931년)'[127]에 대해 이야 기했다.

1930년대 초에 파울리는 음주로 인한 심각한 문제들이 나타나기 시작했 는데, 내 생각으로는 불행한 결혼이 원인이 된 것 같다. 그의 아버지는 카를 융에게 심리 치료를 받아보라고 권했고, 파울리는 그 말에 따랐다. 융은 그를 젊은 조수인 에르나 로젠바움에게 맡겼다. 그래서 1932년 2월부터 시 작하여 파울리는 다섯 달 동안 로젠바움을 찾아가 정신 분석을 받았고, 그 후 석 달 동안은 자기 분석을 거쳤다. 그 다음에는 융이 직접 파울리를 돌 보면서 파울리가 꾼 400가지의 꿈을 분석했는데, 그 중 355가지는 그와 아 무런 접촉도 없는 상태에서 분석했다.[127a] 분석의 결과가 나온 뒤에도 두 사람은 파울리가 죽기 얼마 전까지 편지를 통해 접촉을 계속했다(이것에 대 해서는 나중에 다시 이야기하겠다).

한편, 1931년 10월에 암스테르담에서 로렌츠 메달을 받은 것은 파울리 의 사기를 높여주었는지도 모른다. 친구인 에렌페스트는 축사를 통해 "본 질을 꿰뚫어보는 마음, 명쾌함과 솔직성, 그리고 항상 다른 연구자들의 공 로를 인정하는 예외적인 배려"[128]에 대해 그를 칭송했다. 이것과 관련해 재 미있는 일화가 있다. 에렌페스트는 시상식을 위해 검은색 정장을 입으라고 주문했다. 파울리는 이렇게 대답했다. "나는 검은색 정장을 주문해놓았지 만, 자네가 공개석상에서 내가 양복점을 찾아가는 귀찮은 수고를 한 데 대 해 고마움을 표시해야만 그 옷을 입겠네."[129] 발표된 축사에서는 정장에 대한 언급을 찾아볼 수 없지만, 카시미르는 에렌페스트가 그것을 언급한 것을 기억했다. "나도 그 자리에 참석했는데…[그] 한 문장이 정확하게 어떻게 표현되었는지는 기억이 나지 않는다. 나는 파울리가 미소를 지으면서 만족하여 몸을 흔드는 진폭이 증가한 것을 기억한다."[130]

2년 후에 에렌페스트가 자살했을 때, 파울리는 감동적인 애도사를 썼다. "올해[1933년] 9월 25일, 파울 에렌페스트는 더 이상 감당할 수 없는 삶의 짐으로부터 자신을 해방시키기 위한 운명적인 결정을 실행했습니다…이제 우리는…위트와 정신력의 샘처럼 토론에 참여하던…그의 인품에 대한 기억과…이미지를 간직하도록 노력해야 할 것입니다…."[131]

———•———

1933년에 파울리는 취리히의 한 가든 파티에서 프랑카 베르트람(Franca Bertram)을 만났다. 그녀는 뮌헨의 기업가의 딸로, 그 무렵에 취리히 교외에 있는 출리콘에 살고 있었다. 그 해 여름, 두 사람은 자동차를 몰고 함께 프랑스 남부로 여행을 떠났다. 파울리는 그 전에 차를 구입해 몰고 다녔는데, 사람들을 약간 불안케 하는 운전 습관이 있었다. 그는 때때로 "난 운전을 잘 해."라고 말했는데, 그러면서 자동차에 함께 탄 사람들을 돌아다보며 핸들을 놓곤 했던 것이다.[131a] 그렇지만 사고는 기록된 것이 없다. 그 해 크리스마스 때 파울리는 프랑카를 비엔나의 부모에게 소개하였다. 그들은 1934년 4월 4일에 런던에서 결혼했다. 파울리가 없을 때면 프랑카가 출리콘의 베르히스트라세 35번지에 그들의 새 집을 짓는 공사를 감독했다.[131b] 두 사람의 결혼 생활은 무난했으며, 파울리가 세상을 떠날 때까지 지속되었다.

1930년대의 물리학, 주로 뉴트리노에 관한 연구

파울리는 취리히 구시가의 글로리아스트라세 35번지에 위치한 연방공과대학 물리학과 건물에 있는 여러 개의 방을 마음대로 사용할 수 있었다. "그는 [일 주일에 세 차례] 매우 기초적인 이론물리학 강의를 했다…이 강의는 학생들 사이에서 썩 좋은 평판을 얻지는 못했다."[132] 그리고 일 주일에 한 번씩 그는 대학원 학생들을 위해 특별한 주제로 강의를 했다. 그의 밑에서 박사 학위를 받은 사람은 거의 없다. 그렇지만 그의 수제자로 간주된 조수들(그는 조수를 한 번에 한 명씩만 두었다)에게 가르쳐준 것을 통해 젊은 세대에 끼친 그의 영향력은 아주 컸다. 1930년대에 그의 조수를 지냈던 사람들을 순서대로 나열하면 다음과 같다 : 랠프 크로니그(Ralph Kronig), 펠릭스 블로흐(Felix Bloch), 루돌프 페이얼스(Rudolf Peierls), 헨드릭 카시미르(Hendrik Casimir), 빅토르 바이스코프, 파울 구팅거(Paul Guttinger), 기도 루트비히(Guido Ludwig), 니콜라스 케머(Nicholas Kemmer), 마르쿠스 피에르츠(Markus Fierz).[133] 이들은 모두 물리학계에서 나름대로 이름을 떨치게 된다. 파울리가 조수들로부터 무엇을 기대했는지 보여주는 전형적인 예를 1928년 5월에 그의 첫 번째 조수가 된 크로니그에게 보낸 편지에서 찾아볼 수 있다. "내가 무슨 말을 할 때마다 [자네는] 논리적으로 세세하게 반론을 펴야 한다."[134] 크로니그는 과외 활동에 대해서도 보고했는데, "지금 우리는 취리히의 밤 생활을 공부하고 있으며, 파울리의 새로운 방법을 통해 그것을 개선시키려고 노력하고 있다."[135]고 썼다.

취리히대학에 그레고르 벤첼이 교수로 임명된 것은 파울리에게 또 하나의 자극이 되었다. 두 사람은 친구 사이가 되었으며, 매주 열린 두 사람의 합동 세미나는 취리히의 물리학에 풍요로움을 더해주었다. 또, 뛰어난 젊은 물리학자들이 취리히를 방문했는데, 그 중에는 호미 바바(Homi Bhabba), 막스 델브뤼크(Max Delbrück), 레프 란다우(Lev Landau), 오펜하이머, 래비 등이 있었다. 그래서 코펜하겐이나 괴팅겐, 뮌헨처럼 취리히는 어떤 학파가 존재하지는 않았지만, 항상 뛰어난 물리학자들의 소집단이 그 곳에 있었다.

취리히의 초기 시절에 파울리는 물리학에 기여한 가장 중요한 업적 중 하나를 이루었다. 그것은 뉴트리노(neutrino : 중성미자) 가설로, 1957년에 뉴트리노의 초기 역사와 그 후의 역사에 관한 강의[136]에서 처음으로 제시했는데, 1958년에 파울리는 그것을 "내 인생의 위기에서 태어난 그 어리석은 자식"[127]이라고 불렀다.

인간의 행위에서, 특히 창조성과 관련된 것에서는 원인과 결과를 파악하기가 어렵고, 때로는 불가능하지만, 나는 개인적 고통의 시기와 중요한 새로운 가설을 발표한 순간 사이에 어떤 관계가 있다고 보고 싶다. 혁명적인 발걸음은 그의 평상시의 성격에서 벗어나는 것이었다. 실제로 그는 만년에 자신에 대해 이렇게 말한 적이 있다. "젊었을 때 나는 스스로를 혁명가라고 믿었다…〔그러나〕나는 혁명가가 아니라 고전주의자였다."[137] 개인적인 판단으로도 나는 파울리의 자기 평가에 동의한다. 어쨌든 날짜들은 놀랍게도 겹친다. 새로운 가설에 대한 최초의 정보는 파울리가 이혼한 것과 같은 주(1930년 11월 26일)에 발견된다. 12월 1일에는 하이젠베르크가 파울리에게 보낸 편지에서 '당신의 중성자(neutrons)'라고 언급한다.[138] 여기서 말한 당신의 중성자는 2년 뒤에 발견되는 '우리의 진짜 중성자'가 아니라, 파울리가 처음에 뉴트리노에 붙인 이름이다. 12월 4일에는 파울리가 튀빙겐에 모인 일단의 물리학자들에게 편지를 보냈다. 이 편지는 많은 곳에서 인용되었다.[139, 140] 여기서 나는 이 편지의 요점만을 소개하고자 한다(다만, 오늘날 우리가 뉴트리노라 부르는 것을 이 편지에서는 중성자라고 부른다는 사실에 유의하기 바란다).

나는 연속 β 스펙트럼뿐만 아니라, 질소와 리튬 원자핵의 '잘못된' 통계학에서 필사적인 탈출구를 발견했다…즉, 원자핵 속에 전기적으로 중성인 입자가 존재할 가능성이다…이 '중성자'의 질량은…양성자 질량의 0.01배보다 더 크지 않아야 한다…당분간은 이 생각에 관한 것은 아무것도 발표하지 않으려고 한다.

파울리가 즉시 그 생각을 발표하지 않은 것을 수줍음이나 지나치게 삼가는 성격 탓으로 보아서는 안 된다. 또, '필사적인 탈출구'라는 그의 표현을 지나치게 극적인 것으로 볼 필요도 없다. 그 때가 1930년이었다는 사실을 잊어서는 안 된다. 그 당시에 기본 입자는 전자와 광자 그리고 양성자 세 가지만 알려져 있었고, 이론적인 기초 위에서 예측된 것은 광자뿐이었다. 위그너가 내게 이야기한 것처럼, 그는 파울리의 가설을 처음 듣고 나서 그것은 정신 나간 생각이지만 용감한 것이라는 반응을 보였다.

또, 파울리가 '잘못된' 통계학이라고 부른 것은 핵 스핀, 자기 모멘트, 그리고 통계학에 관해 무성하던 역설들을 가리킨 것이다(이것들은 참고 문헌 141에 자세히 나와 있다). 그래서 그는 자신의 가설이 두 가지 병을 모두 치료해줄 수 있는 묘약이 되길 기대했다. 그렇지만 그는 물론이고 어느 누구도 두 가지 병에 서로 다른 두 가지 묘약—진짜 중성자와 그의 뉴트리노—이 필요하다는 사실을 깨달은 사람은 없었다.

1주일 뒤에 클라인에게 보낸 편지[142]는 처음에 파울리가 자신의 '중성자'를 원자핵 구성 입자로 잘못 생각하고 있었다는 것을 보여준다. "이제 '중성자'에 어떤 힘이 작용하느냐 하는가가 중요하다. 왜냐하면, 만약 그러한 힘들이 존재하지 않거나, 그 힘들이 너무 약하다면, 중성자들은 원자핵 속에 머물 수 없기 때문이다." 계속 읽어보면 알게 되겠지만, 이 문제는 1934년이 되어서야 명확하게 풀린다.

그 해 12월에 파울리는 원자핵 문제에 관해 쓴 1930년대의 또 다른 논문으로는 유일한 논문을 완성하는데, 그것은 리튬 스펙트럼의 초미세 구조에 관한 것이었다.[143] 1931년 5월, 그는 미국을 처음으로 방문하기 위해 취리히를 떠났다.

———◆———

6월 16일, 파울리는 미국물리학협회와 미국과학발전협회가 공동으로 개최하여 패서디나에서 열린 '핵 구조의 문제에 관한 현재의 상황'에 관한 심포지움에서 '초미세 구조의 문제들'이란 제목으로 강연했다.[144] 그 때의 일을 파울리는 이렇게 회고했다. "나는 투과성이 매우 강한 중성 입자에 관한 생각을 처음으로 공개적으로 발표하였다…그러나 그것은 아직 매우 불확실한 것처럼 보였고, 그래서 나는 내 강의를 활자화하지 않았다."[136] 다음 날, 파울리는 〈뉴욕타임스〉지에 처음으로 데뷔했다.[145] "스위스연방공과대학의 파울리 박사가 '중성자'라 이름붙인 입자 또는 실체의 존재를 가설로 제기함으로써 원자 중심에 사는 새로운 주민이 오늘 물리학계에 소개되었다."[146]

캘리포니아에서 돌아오는 길에 파울리는 앤아버에 들러 조머펠트, 크라메르스, 오펜하이머와 함께 물리학 서머스쿨에서 강의를 했다. 파울리의 강의 주제는 '원자물리학의 문제들'이었다. 그는 또한 자신의 새로운 입자에 관한 세미나도 열었다. 윌렌베크는 내게 발표가 끝난 후 그것에 대한 토론은 별로 없었다고 말했다. "나는 깊은 인상을 받았지만, 그것은 너무 기이한 것으로 생각되었다." 앤아버에서 "나는 어리석게도 계단에서 넘어져 (약간 취한 상태에서) 어깨를 다치고 말았다. 나는 이제 침대에 누워 지내야 한다. 몹시 지루하다."[147]

유럽으로 돌아오고 나서 얼마 후, 파울리는 로마에서 열린 원자물리학 회의(10월 11~18일)에 참석했다. 그 모임에 대해 파울리는 훗날 기억할 만한 경험 두 가지를 회고했다. "말하기도 끔찍하지만, 나는 무솔리니와 악수를 해야 했다." 그리고 "페르미는 내게 새로운 생각에 대해 이야기하라고 요청했지만, 나는 아직 신중한 입장이었기 때문에 공개적으로는 이야기하지 않고…개인적으로만 이야기했다."[148]

1932년에도 파울리는 여전히 뉴트리노에 대해 의심을 떨치지 못하고 있었다. 이것은 그가 가모브가 쓴 이론 원자물리학에 관한 최초의 책에 대해 쓴 서평[149]에서 볼 수 있다. 서평에서 그는 "연속 β 스펙트럼…과 같은 이론적 분류에서 여전히 나타나는" 원자물리학 문제들을 열거했다.[150]

1932년은 흔히 원자물리학에서 기적의 해라고 일컬어진다. 진짜 중성자와 양전자와 중양성자가 이 해에 발견되었고, 하이젠베르크가 원자핵에 관한 최초의 양자역학 이론을 내놓았다. 1933년에는 나치가 독일에서 권력을 장악했다. 블로흐는 보어에게 보낸 편지에서 이렇게 썼다. "저는 파울리와 자주 대화를 나누는데, 우리는 심히 침통한 마음으로 독일에서 전개되는 상황을 지켜보고 있습니다."[151] 그러나 파울리의 편지에서는 이러한 대격동에 관한 언급을 찾아볼 수 없었다.

뉴트리노는 1933년 10월에 열린 제7차 솔베이 회의에서 처음으로 공식적인 축복을 받았다고 말할 수 있다. 여기서 파울리는 3년 동안 망설이던 끝에 처음으로 자신의 가설을 활자화해 발표했다.[152] 이런 행동을 취한 이유 중 하나는 그 회의에서 보어가 제안한 β 방사능에 대한 다른 해석(이것은 에너지 보존 법칙의 붕괴를 요구했다)[140]을 배제할 수 있는 실험 결과들이 발표되었기 때문이다. "내게는 (보어의) 가설이 만족스럽지도 않았고, 그럴 듯하게 보이지도 않았다."[152] 그 회의에서 "뉴트리노의 고유 질량은 0"이라는 사실도 처음으로 제기되었다.[153]

1934년에 페르미는 양자장 이론을 사용하여 뉴트리노를 원자핵 구성 입자로 보는 것은 틀렸다는 것을 보였으며,[154] 그와 동시에 그 입자의 이름도 제대로 붙여주었다. 파울리는 "그 이탈리아식 이름[뉴트리노]은 페르미가 지은 것이다."[155]라고 말했다.

페르미의 이론으로 뉴트리노 물리학의 서막이 끝났다.

━━━━━◆━━━━━

지금까지 언급한 파울리의 연구는 대부분 양자물리학, 그 중에서도 특히 입자와 장에 관련된 것이었다. 이것에 관해 더 많은 이야기가 이어지지만, 여기서 잠깐 훨씬 더 광범위하게 미친 그의 영향력을 살펴보고 넘어가기로 하자.

나는 이미 양자고체물리학에 관해 쓴 파울리의 유일한 논문은 그 분야를 창시한 논문[100, 101]으로 간주할 수 있다고 말했다. 그러나 파울리 자신은 그 주제에 대해 거의 관심을 기울이지 않았다. "나는 이 고체물리학을 좋아하지 않는다…비록 내가 그것을 처음 시작하긴 했지만."[156] 이 분야에서 종종 반드시 해야 하는 거친 가정들은 그의 기준과 충돌하는 것이었다. 그럼에도 불구하고, 그의 영향력은 막대했다. 고체 상태뿐만 아니라 다른 어떤 물질의 상태도 파울리의 원리가 없이는 이론적으로 설명할 수가 없다.

최소한 몇 년간 파울리가 아주 완강하게 부정적인 입장을 보였던 문제가 또 하나 있는데, 그것은 전자에 관한 디랙 방정식이었다. 이것은 1932년에 양전자가 발견되고 나서는 거의 모든 사람들이 입증된 것으로 여겼지만, 파울리만큼은 그렇게 생각하지 않았다. 파울리는 양전자를 음의 에너지를 가진 전자들의 무한한 바다에 난 구멍(hole)으로 간주하는 디랙의 구도를 특히 싫어했다.[157] 1933년에 디랙에게 보낸 편지에서 파울리는 이렇게 썼다. "설사 반전자가 증명되었다 하더라도, 나는 당신의 '구멍' 개념을 믿지 않는다."[158] 그 이론은 1934년에 파울리와 하이젠베르크가 주고받은 서신에서 주요 주제가 되었다. 그 해에 두 사람은 그 이전과 이후를 통틀어 가장 많은 서신을 교환했는데, 파울리가 하이젠베르크에게 보낸 것이 28통, 하이젠베르크가 파울리에게 보낸 것이 18통이었다. 파울리가 그 해에 보낸 편지의 한 예를 보자. "나는 그 홀 이론에 혐오를 느낀다."[159] 하이젠베르크 역시 비판적이었다. "우리는 모든 것이 틀렸다는 것을 알고 있다."[160] 그러나 나중에 보게 되겠지만, 파울리는 1940년대 말까지 다소 불확실한 상태에 남아 있던 디랙 이론의 여러 가지 결과들을 자세히 검토하는 용기를 지니고 있었다.

파울리는 1935-36학년도를 프린스턴의 연구소에서 보냈는데, 그 곳에서 주로 디랙 이론에 관해 일련의 세미나를 열었다. 거기서 그가 표현한 것처럼, "승리는 논리의 편보다는 디랙의 편에 서 있는 것처럼 보인다."[161] 프린스턴에 있는 동안 그는 모리스 로즈(Morris Rose)와 함께 진공 분극을 다룬, 디랙 이론에 관해 초기에 쓴 자신의 유일한 논문[162]을 발표했다.

한 세미나에서 파울리는 자신만만하게 '반디랙 이론'이라 이름붙인 이론을 제출했다. 이 이론을 최초로 시사한 것은 역시 하이젠베르크에게 보낸 편지에서 찾아볼 수 있다.

> 나는 일종의 신기한 것을 우연히 발견했다⋯〔스칼라〕이론에 어떤 추가적인 가설도 사용하지 않고('구멍' 개념도, 곡예 같은 방법도, 뺄셈 물리학도 필요 없이!) 장 양자화라는 우리의 낡은 공식을 적용했더니 양전자의 존재와 쌍생성 과정이라는 결과가 나왔다⋯장 양자화 후에도 에너지는 자동적으로 양이다! 모든 것은 게이지 불변이고, 상대론적으로 불변이다!⋯나의 숙적인 디랙 이론에 대해 또 한 번 기분 나쁜 소리를 할 수 있게 되어 몹시 기분이 좋았다.[163]

여기서 파울리가 언급한 것은 오늘날 파울리-바이스코프 이론[164]이라 부르는 것으로, 전하는 있지만 스핀이 없는 입자들에 관한 양자장 이론이다. 위에서 인용한 편지에서 파울리는 덧붙여 이렇게 말했다. "이 이론은⋯형식적으로는 매우 만족스럽지만⋯현실과는 아무 관계가 없다." 그러나 곧 중간자가 발견되고 나자, 이 이론의 미래가 아주 밝고 지속적이라는 것이 분명해졌다.

1930년대에 파울리가 연구한 그 밖의 다른 주제들을 간단히 언급한다면, 디랙 방정식에 관한 수학적인 세부 내용,[164] 통일장 이론에 기여한 연구,[165] 자기의 양자론에 기여한 연구[166]가 있다. 1937년에 파울리는 이전에 흥미를 느꼈던 양자통계역학의 문제로 돌아갔다. 1927년에 그는 깁스의 거대한 표준적 집단을 사용하여 보스 기체와 페르미 기체를 최초로 다룬 바 있다.[100] 또, 1928년에는 양자론의 틀 안에서 어떤 계가 어떻게 열평형에 도달하는지 처음으로 논의하였다.[117] 이번에는 피에르츠와 함께 양자역학적 관점에서 H 정리를 분석하였다.[167]

1938년, 파울리와 피에르츠는 적외선 파탄에 대한 연구[168]를 시작했다. 문제는 상대 입자의 에너지가 0에 가까워갈수록 전자-전자 산란의 단면이 무한이 된다는 것이었다. 산란 과정에서 아주 낮은 에너지의 광자는 전혀 방출되지 않도록 보장하는 실험을 설계하는 것이 불가능하다는 사실에 주목한다면, 이 문제는 제거되었다.

1940년, 파울리는 임의적인 스핀을 가진 입자들에 관한 양자장 이론을 연구하기 시작하여 프린스턴에서 장기간 머물기 위해 유럽을 떠날 때까지 계속했다.[169]

프린스턴에서 보낸 전쟁 기간

1938년, 독일이 오스트리아를 병합함에 따라 파울리는 독일 시민이 되었다. 제2차 세계 대전 기간 내내 그는 공식적으로는 독일 시민으로 남아 있었다.[170] 이 지위에 대해 그는 다음과 같이 언급했다. "물론 나는 나 자신을 어느 한 국가에 속하는 것으로 간주할 수 없다(그것은 내 인생의 모든 과정과 모순될 것이다). 그렇지만 나는 스스로를 유럽인이라고 생각한다."[170]

전쟁의 위협이 증대되자, 파울리는 폰 노이만에게 편지를 써서, 미국에 예치된 얼마 안 되는 자신의 예금을 파울리와 폰 노이만의 공동 계좌로 옮겨달라고 부탁했다. 이것은 혹시라도 '독일 시민에 대해 취할지도 모르는 모종의 조처'에 대처하기 위한 것이었다.[171] 그렇지만 전쟁이 일어나기 3일 전에 동료에게 보낸 편지에서 그는 "개인적으로는 전쟁이 일어날 것이라고 믿지 않는다."[172]고 썼다.

전쟁이 일어나자, 취리히에서 파울리의 상황은 점점 더 위험해졌다. 그래서 1940년 5월에 프린스턴의 연구소에서 2년간(나중에 다시 2년 더 연장됨)의 교수직 제의가 온 것은 구원의 손길처럼 느껴졌다. 록펠러 재단에서 지원을 받아 연봉 4000달러(세금을 공제하고 나면 2950달러)의 조건이었다.[173] 많은 난관을 극복한 후,[174] 파울리와 그의 아내는 1940년 7월 31일에 스위스를 떠나 리스본까지 어려운 여행을 한 뒤, 그 곳에서 미국으로 가는 배에 올라탔다. 그리고 8월 24일, 두 사람은 뉴욕에 상륙하였다. 그 곳에 마중나온 폰 노이만이 그들을 자동차로 프린스턴까지 데려갔다.

파울리는 새로운 환경에 아주 빨리 적응해갔다. 그는 다시 물리학 연구에 몰두했다.[175] "나는 이 곳이 매우 마음에 든다. 또다시 다른 곳에서 사람들이 방문해오고, 회의들이 열리고, 초청장이 날아든다…다만, 키안티(이탈리아 토스카나 지방산 적포도주)는 아주 실용적이고 그다지 비싸지 않은 캘리포니아산 포도주로 바뀌었다."[176] 그가 아쉬워한 딱 한 가지는 그가 기르던 개 딕시였다. 스위스의 서재에서 일할 때 딕시는 항상 그와 함께 있었다.[176](프린스턴에서 그는 베시라는 이름의 검은색 푸들을 한 마리 키웠다.)

11월에 파울리는 시카고에서 열린 미국물리학협회 회의(11월 22~23일)에 참석하여 '멋진 시간'을 보냈다.[177] 한 달 후에는 필라델피아에서 열린 비슷한 회의에 참석했는데, 거기서 그는 그 협회의 회원으로 선출되었다.[178] 1941년, 그는 워싱턴(5월 1~3일), 시카고(11월 21~22일), 프린스턴(12월 29~31일)에서 열린 협회 회의들에 참석했다. 그는 워싱턴 회의를 '매우 흥미롭게' 느꼈으며,[179] 프린스턴 회의에서는 양자장 이론에 관해 발표했다.[180] 1941년 여름에는 앤아버 서머스쿨(6월 8일~8월 8일)에서 강의를 했으며, 그 곳에서 줄리언 슈윙거(Julian Schwinger)를 만났다. 그 곳으로부터 그는 아내와 함께 새로 산 자동차를 몰고 캘리포니아까지 가 버클리대학과 스탠퍼드대학을 방문하였다. 이 모든 것은 파울리가 얼마나 빨리 미국 무대에서 물리학에 적응해갔는가를 보여준다. 1940년 11월에 "프린스턴에서는 이전보다 훨씬 여유를 갖게 되었다."[177]고 말한 것은 그의 만족감을 잘 표현해준다.

———◆———

이제 전쟁 기간에 파울리가 이룬 과학 업적을 살펴보자. 이 기간에 처음 쓴 논문[181]은 그가 평생 동안 쓴 논문들 중에서도 가장 훌륭한 것 중 하나이고, 이 기간에 쓴 것 중에서는 가장 훌륭한 것이다. 그것은 1934년의 파울리와 바이스코프의 논문 이래 그가 관심을 가져온 주제인 스핀과 양자통계학의 관계를 다룬 것이었다. 그 해에 그는 하이젠베르크에게 보낸 편지에서 이렇게 썼다. "배타 원리의 규칙을 사용해[즉, 페르미-디랙 통계학에 따라] 다음 조건들을 동시에 만족하는 방식으로 스칼라 파동방정식을 양자화할 수 없다: (1) 상대론적 불변성과 게이지 불변성이 성립해야 한다. (2) 에너지의 고유값이 양이 되어야 한다. 반면에, 보스 통계학에 따라 양자화한다면, 두 가지 조건을 다 만족시킬 수 있다."[182] 1936년에 그는 더 일반적으로, 배타 원리는 정수 스핀에 대해서는 배제된다고 말했다.[183] 1939년에 피에르츠가 1보다 큰 스핀을 가진 장들에 대해 쓴 논문[184]은 또 하나의 중요한 진전을 가져왔다. 이러한 예비 단계들로부터 점차 스핀 통계학 정리가 나오게 되었다. 이 정리를 대략 설명하자면, 반정수(정수) 스핀을 가진 장들은 오로지 페르미-디랙(보스-아인슈타인) 통계학으로만 일관성 있게 양자화할 수 있다는 것이다. 그 정리는 불필요한 가정들로부터 점점 해방되어가 1958년에 다음과 같은 가장 일반적인 방식으로 표현되었다.[185] 만약 장 이론이 다음과 같은 조건들을 만족한다고 하자: (1) 고유한(공간 굴절이 없는) 정시적(orthochronous : 시간 역전이 없는), 비균질(시공간 전환이 포함된) 로렌츠 변환하에서의 불변성, (2) 음의 에너지를 가진 상태가 없을 것, (3) 힐베르트 공간에서의 거리는 양의 값으로만 한정될 것, (4) 공간과 같은 분리에 대해 가환적이거나 비가환적인 별개의 장들. 이러한 조건에서는 어떤 장도 스핀과 통계학 사이에 '잘못된' 연결이 일어날 수 없다. 그리고 이것은 어떤 스핀에 대해서도 성립한다.

위에서 언급한 조건들은 CPT 정리를 증명하는 데에도 충분조건이라는 걸 말해두는 게 좋을 것 같다. CPT 정리는 이와 똑같은 조건하에서 오른쪽↔왼쪽(P), 입자↔반입자(C), 과거↔미래(T)가 결합된 CPT 대칭성의 불변성이 성립해야만 한다는 것이다. 파울리는 CPT 불변성의 발전에도 중요한 역할을 했다.[186] 가장 일반적인 증명은 레스 조스트가 제시했다.[187]

1941년, 파울리는 소립자의 상대론적 장 이론들에 대한 자세한 검토 논문을 발표했는데, 이것은 오늘날에도 충분히 일독을 권할 만한 논문이다. 여기서 그는 처음으로 오늘날 '파울리 항'으로 알려진, 비정상 자기 모멘트를 기술하는 상호작용을 제시했다. 이 논문은 원래 1939년에 개최될 예정이던 솔베이 회의에 제출하기 위해 쓴 것이었으나, 전쟁 때문에 그 회의는 영영 열리지 못했다.

양자장 이론에 관한 파울리의 다른 논문들—지금은 단지 역사적인 흥미만 지녔을 뿐이지만—은 장 이론을 둘러싼 무한들에서 야기되는 어려움을 제거하기 위해 다른 사람들이 제안한 방법을 검토한 것이다. 그의 논문은 벤첼의 λ 제한 과정[190]과 디랙이 음의 에너지를 가진 광자를 도입한 것[192]에 대해 주로 비판적인 내용을 담고 있다.[189, 191]

———●———

1935년, 유카와 히데키(湯川秀樹)는 핵력이 장에 의해 매개된다는 가설을 제안했다. 그 장의 양자를 오늘날 중간자(meson)라 부른다. 이 개념에 대해 파울리가 처음 보인 반응은 매우 회의적인 것이었다. 그는 그것을 유코시스(Yukosis : 유카와의 가설)라고 불렀다.[193] 그래서 그 가설은 "1941년에 [오펜하이머가] 나를 그 때까지만 해도 완전히 새로운 (중간자 물리학의) 방향으로 가도록 밀 때까지[194] 그런 상태로 남아 있었다…오펜하이머는 1941년에 이 분야에 대한 나의 관심을 자극하여 나는 [전쟁 기간에] 그것에 관해 어떤 문제도 확실히 풀지 못한 채 많은 논문을 발표했다."[195] 이 마지막 말에 대해서는 공감하는 사람들이 많다. 1940년대 초에 중간자 물리학은 이론적으로나 실험적으로나 매우 혼란스러운 상태에 있었다.

파울리는 중간자 이론에 대한 연구를 시작할 때, 오펜하이머에게 보낸 편지에서 이렇게 썼다. "시는 가고, 물리학이 도래했도다."[196](프린스턴에서 그는 시도 여러 편 썼다.[197])

중간자와 원자핵의 반응에 관한 파울리의 논문은 모두 1941년에서 1945년 사이에 나왔다. 그 논문들에서 강한 결합(strong coupling) 근사법을 사용했다. 그렇지만 어느 것에도 만족할 수 없었다. 슈도스칼라(psudoscalar)의 경우에 대해 시드니 댄코프(Sidney Dancoff)와 함께 쓴 첫 번째 논문[198]은 양성자와 중성자의 자기 모멘트에 대해 틀린 결과를 내놓았기 때문에 파울리는 크게 놀랐다.[199] 슈도스칼라와 벡터가 혼합된 이론에 관해 시리치 쿠사카(Shirichi Kusaka)와 함께 쓴 두 번째 논문[200]은 중양성자의 자기 모멘트에 대해 틀린 결과를 내놓았고, 높은 전하를 가진 불안정한 원자핵이라는 결과에 이르렀다. 스칼라와 벡터 쌍 이론에 관해 후닝(Ning Hu)과 함께 쓴 마지막 논문[201]은 중양성자를 만드는 중성자-양성자의 반응에 대해 틀린 결과를 내놓았다. 1944년 가을에 MIT에서 중간자 이론과 핵력에 관해 여섯 차례에 걸쳐 행한 저녁 강의는 얼마 후 얇은 책으로 출판되었다.[202]

전쟁이 끝날 무렵, 파울리는 중간자에 싫증을 느꼈다. 1945년에 그는 "중간자 이론이 약간 지긋지긋해졌다."[203]고 썼다.

────────

1942년 여름, 파울리는 벤첼에게 보낸 편지에서 세계적인 순수 과학 활동의 축소(전쟁 때문에)에 대해 언급하면서 "그것을 슬픈 마음으로 바라보고 있다."[204]고 썼다. 그렇지만 1943년에는 파울리 자신도 전쟁 연구에 참여하는 문제를 고려하였다. 오펜하이머는 그에게 그런 생각을 단념하라고 충고했다.

얼마 전에 바이스코프가 이 곳[로스앨러모스]에 와서 당신이 전쟁과 직접 관련된 연구를 해야 할지 말아야 할지 마음을 정하지 못하고 있다고 알려주었습니다. 그 물음에 대해 줄 수 있는 답은 기껏해야 일시적인 효력밖에 없는 것이지만, 현재의 제 생각은 당신이 그 일에 참여하는 것은 낭비이자 실수라는 것입니다. 당신은 전쟁과 직접 관련이 없지만 매우 가치 있는 과학의 원리들을 계속 살려나가는 데 도움을 줄 수 있는, 이 나라에서 거의 유일한 물리학자입니다…그래야 전쟁이 끝났을 때, 중간자가 무엇인지 아는 사람이 이 나라에 최소한 몇 명은 있을 것이라는 희망을 가질 수 있습니다.[205]

두 달 후에 파울리가 래비에게 보낸 편지[173]는 왜 그가 자신의 평소 스타일과는 다르게 그런 생각을 하게 되었는지 설명해준다. 그는 1944년 6월 1일자로 록펠러 재단의 지원금이 만료되고 나면 더 이상 계약 연장이 불가능하다는 이야기를 들었다. 게다가 1942년 12월에 에이들로트는 연구소가 록펠러 재단에서 받는 지원금을 대체해줄 형편이 못 된다면서 파울리에게 다른 일자리를 찾아보라고 말했으며, 얼마 전인 1944년 6월에도 그렇게 말했다는 것이다. 그래서 파울리는 다른 곳에서 교수직을 찾아보려고 노력했으나 적당한 자리를 구하지 못했다. 그래서 "내가 찾을 수 있는 최선의 해결책은 군사 방위에 관한 일이다."[173] 그렇지만 그는 그 일을 하지 않았다. 1945년에 그는 오펜하이머에게 보낸 편지에서 "내게 순수 과학을 계속하라는 당신의 충고는 훌륭한 것이었다."[206]고 썼다.

———————◆———————

프린스턴에서 파울리가 한 마지막 과학 활동은 보어의 60세 생일(1945년 10월 7일)을 맞이하여 〈*Reviews of Modern Physics*〉지의 한 호로 출간될 기념 논문집을 준비하는 것이었다. 1944년 말에 그는 많은 동료들에게 이를 위해 논문을 기고해달라는 내용의 편지[207]를 보냈다. 파울리 자신은 서두의 논문[208]을 썼고, 후닝과 함께 쓴 논문[291]도 실었다.

히로시마와 나가사키에 원자폭탄이 투하된 후, 파울리는 클라인에게 보낸 편지에서 이렇게 썼다. "이 새로운 살인 도구를 곧 국제적인 통제하에 두지 않는다면, 우리가 종사하는 분야의 명예는 크게 실추될 것이다."[209]

———————◆———————

전쟁 후에 파울리는 어떤 자리를 택해야 할지 고민하게 되었다. 고등학술연구소에서는 연봉 1만 달러(파울리가 노벨상을 받은 후에는 1만 5000달러)에 아인슈타인이 차지했던 교수직을 제의했다. 아마도 이 영예로운 제의 때문에 그는 1946년 1월 24일에 미국 시민권을 취득한 것으로 보인다. 컬럼비아대학과 취리히대학에서도 제의가 왔다.[210] 그는 1946년 2월에 취리히로 떠날 때에도 미국 쪽의 선택을 여전히 심각하게 고려하고 있었다. 8월에 가서야 그는 취리히에 머물기로 마음을 굳혔다. "나는 컬럼비아대학 측의 제의를 받아들이려고 거의 마음이 기울어져 있었다."[211] 그의 결정은 "나 자신으로서는 매우 어려운 것이었다."[212]

조스트는 다음과 같이 회상했다.

> 파울리는 어느 날 함께 산책을 하던 중에 "미국에서는 돈을 많이 벌기는 쉽지만, 즐겁게 쓰기는 어려워."라고 말하고는, 우리의 목적지에서 적포도주 한 잔과 치즈 한 조각이 기다리고 있길 기대했다…파울리의 판단은 상당히 독자적인 것이었으며, 어릴 때부터 주위의 존경을 경험해온 사람의 자신감을 보여주는 것이었다. 그는 성숙한 신동의 자신감을 갖고 있었다.[213]

전후에 쓴 글들

이미 1938년에 파울리는 스위스 시민권을 신청한 적이 있었지만, 취리히 말에 충분히 숙달하지 못했다는 이유로 거부당했다(그의 독일어 실력은 물론 손색이 없었다). 1940년에 그는 다시 한 번 신청했지만, 또 거부당했다. 이번에는 베른의 연방사법경찰부가 동화가 충분치 않다는 이유를 제기하며 거부했다. 몇 주일 후, 파울리는 미국으로 떠났다…[214]

프린스턴에 체류하는 동안 파울리와 연방공과대학 당국자 간에 오간 서신은 파울리가 취리히로 돌아갔을 때 환영을 받을지 불투명했다는 것을 보여준다. 그가 미국으로 간 것을 놓고 일부 동료들은 스위스에 대한 충성심 부족을 보여주며, 교수로서 도덕적 권위를 약화시키는 행위라고 주장했다. 파울리는 이에 분노의 반응을 보이면서 연방공과대학 관계자들에게 이렇게 심한 도덕적 중상 행위에 대해 대학을 상대로 소송도 불사하겠다고 으름장을 놓았다. 이러한 정치적 협박에 대해 선량한 스위스 시민들은 크게 놀랐으며, 파울리가 노벨상을 받고 나서 그 지위가 크게 높아지자 그러한 우려는 더욱 커졌다.

그러나 양측 모두에게서 화해를 모색하려는 움직임이 생겨났다. 파울리가 취리히로 돌아갔을 때, 연방공과대학 총장은 파울리의 온순한 태도에 놀랐다. 얼마 전에 서로 서신을 교환하고 난 후로는 전혀 기대하지 않았던 태도였기 때문이다. 그는 파울리가 스위스 시민권 문제만 조속히 해결된다면, 연방공과대학에서 활동을 계속할 마음의 준비가 되어 있음을 알게 되었다.[215]

나는 그 일이 정확하게 언제 해결되었는지 알지 못하지만, 1949년 이전에 해결된 것은 분명하다. 그 해에 미국 총영사가 파울리에게 보낸 편지에서 그가 스위스 국적을 취득했기 때문에 미국 시민권이 자동적으로 소멸되었다고 통보했기 때문이다.[216]

이러한 일들은 연방공과대학에 대한 파울리의 태도에 변화를 가져왔다. 그는 관료적인 것을 아주 싫어했지만, 이제 대학의 관리 문제를 논의하는 데에도 점차 깊이 관여하게 되었다. 1950년에 그는 만장일치로 2년 임기의 수리물리학과의 학과장으로 선출되었다.[217]

1946년 가을에 파울리는 이전에 자기가 사용하던 물리학 건물의 3층으로 돌아와 강의를 다시 시작했다. 많은 학생들은 그의 강의가 따라가기는 어렵지만, 매우 유익했다고 말했다. 몇 년 후, 그는 박사 과정의 학생들이 지나치게 많은 것에 대해 불평했다.[218] 이 기간에 그의 조수를 지낸 사람들은 레스 조스트(1946~1949년), 막스 샤프로트(1949~1953년), 아르민 텔룽(1953~1956년), 찰스 엔즈(1956년부터 파울리가 사망한 1958년까지)였다.

─────

1945년부터 1958년까지 생애의 마지막 13년 동안 그가 발표한 과학적 글 중 일부는 이미 앞에서 소개한 바 있다. 1946년의 노벨상 수상 강연,[33] 스핀과 통계학에 관한 논문[181]과 CPT 정리에 과한 논문,[186] 핵력에 관한 저서,[202] 보어를 위한 기념 논문집에 기고한 글[208] 등은 이미 언급되었다. 비록 중요한 것도 일부 있지만, 이 중 어느 것도 전쟁 전에 했던 획기적인 연구에 필적할 만한 것은 없다. 지금부터 소개할 전후에 나온 다른 글들 역시 그러하다.

1948년에 파울리는 오펜하이머에게 보낸 편지에서 이렇게 썼다. "1941년에 당신은 완전히 새로운 방향(중간자 이론)을 향해 나아가도록 나를 떠밀었지만, 더 이상 최근에 내가 새로 택한 방향으로 나아가도록 밀지 않고 있군요…우리는 지금 양자전기역학의 새로운 발전이 시작되는 지점에 서 있습니다."[219] 여기서 그가 언급하고 있는 것은 양자전기역학의 무한들을 다루기 위해 열린 셸터아일랜드 회의(1947년 6월) 이후에 나온 재규격화 프로그램이다. 이 주제에 관해 그가 유일하게 발표한 글[220]은 오늘날 정규화라고 알려진, 무한들에 대처하기 위한 수학적 도구인데, 이것은 몇 년 전에 내가 도입한 개념[221]을 더 정교하게 다듬은 것이었다. 그 밖에 그가 이 새로운 프로그램에 기여한 글들은 다른 사람들이 이룬 연구에 대한 비판적인 내용이었다.[222] 그 중 가장 중요한 것은 슈윙거에게 보낸 장문의 편지[223]이다(이 편지에서 파울리는 새로운 형태의 양자전기역학에 기여한 뛰어난 업적을 높이 사 슈윙거를 '폐하'라는 뜻으로 'His Majesty'라고 불렀다). 파울리 자신의 연구보다 더 중요한 것은 그의 지도하에 취리히에서 연구했던 젊은 세대의 연구자들이 이룬 탁월한 성과였다.[224] 양자장 이론에 관해 파울리가 쓴 다른 논문들은 비국부적 이론을 다룬 것[225]과 리(Lee) 모형을 다룬 것,[226] 그리고 입자물리학을 다룬 것 두 편[227]이 있다.

이 기간에 파울리는 처음으로 역사적 물음에 관한 글[228]과 철학적 문제에 관한 글, 특히 양자역학의 해석에 관한 글[229]을 썼으며, 이에 관해 보어와 서신을 통해 활발한 토론을 벌였다. 그의 철학적 개념의 다른 측면들에 대해서는 융과의 관계를 다룬 뒷부분에서 다시 언급하게 될 것이다.

개인적인 기억들

이 글의 서두에서 나는 파울리가 1945년에 양자장 이론에 관한 나의 연구를 언급하면서 내게 보낸 첫 번째 편지를 소개했다. 그 논문은 사람들의 관심을 약간 끌었다. 파울리는 보어에게 보낸 편지에서 그것에 대해 언급했다.[230] 래비는 파울리에게 보낸 편지에서 이렇게 썼다. "보어는 파이스의 개념이 유용하다는 것을 다소 확신하고 있는 것처럼 보인다."[231] 나는 또한 앞에서 1946년 코펜하겐에서 파울리를 처음 만난 이야기도 했다.

그 후, 나는 그가 1958년에 사망하기 전까지 프린스턴과 취리히에서 파울리를 자주 보았으며, 우리는 지속적으로 서신을 주고받았다. 내 앞에는 1947~1949년에 파울리가 내게 보낸 8통의 편지[232]가 놓여 있다. 그것들은 내가 그에게 보냈던 양자장 이론에 관한 내 논문들에 대한 평을 담고 있다. 그 중 어떤 것은 긍정적인 것이지만, 어떤 것들은 그렇지 않다. 1948년 8월 19일에 보낸 편지에는 이렇게 쓰여 있다. "이 논문은 완전히 옳은 것처럼 보이지만, 별로 흥미롭지는 않다. 이것은 '그저 그런 물리학'에 속한다. 좀 더 나은 것을 하도록 노력하라." 그는 양자전기역학에 관한 자신의 연구에 대해 이야기를 계속하다가 이렇게 끝을 맺었다. "오펜하이머를 만나거든 이 편지를 보여주게나. 거기에 자신의 음-음을 덧붙일 수 있도록 말이야." 여기서 파울리가 말한 것은 오펜하이머가 말할 때 나오는 버릇을 가리킨 것으로, 나는 파울리가 그것을 흉내내는 것을 들은 적이 있다. 그는 그런 흉내내기를 즐겼는데, 예를 들면 1931년에 그는 벤첼에게 보낸 편지에서 "파울 엡슈타인(Paul Epstein)을 새롭게 연구했네. 나는 취리히에서 엡슈타인의 공연을 할 준비가 되어 있다네."[233]라고 썼다.

또 다른 편지들에서는 파울리는 슈윙거에게 보낸 긴 편지에 관한 이야기를 썼고(1949년 2월 18일자 편지),[223] 내가 편집 책임을 맡았던 아인슈타인 기념 논문집에 제출한 정규화에 관한 자신의 논문에 대해 썼다(1949년 4월 19일과 5월 26일자 편지)[224].

이 편지들은 'lieber Pais(보다 사랑스러운 파이스)' 또는 'my dear $\pi\alpha\iota\varsigma$'로 시작되는 친근한 것이었다. 1949년 12월 28일, 그는 이 마지막 호칭에 각주를 덧붙였다. "자네의 [덜] 친밀한 친구들은 자네의 아호를 'Bram'으로 부른다네." "'파이스'라는 단어는 그리스어로 '아이'를 뜻한다. 파울리가 이 이름의 의미를 마음에 들어했던 것은 자기 꿈에 아이들이 나타난 것과 관계가 있다."[234] 그로부터 얼마 안 돼 파울리는 내게 보내는 편지에서 암호명 $\mu\varsigma$를 채택하였다. 파울리의 부인에 따르면, 이 이름은 제임스 조이스의 소설 『피네건의 경야』에서 유래했으며, 그의 친구인 수학자 카를 루트비히 지겔(Carl Ludwig Siegel)이 파울리에게 붙여준 것이라고 한다.[235]

그 다음에 내가 파울리를 만난 것은 그가 고등학술연구소에서 한 학년도를 보내기 위해 아이들와일드 공항(지금의 JFK 공항)에 아내와 함께 도착했을 때였다. 오펜하이머는 내게 기사가 딸린 연구소의 차량을 타고 가 그들을 데려오라고 부탁했다. 반가운 인사를 나눈 후에 우리는 프린스턴으로 향했다. 차 안에서 나는 파울리에게 그의 계획을 물었다. 그는 물리학에 일어나고 있는 제반 상황을 알아보고, 체중을 줄이기 위해(그는 미국 음식을 별로 좋아하지 않았다) 미국에 왔노라고 대답했다.

프린스턴에서 우리는 서로 만날 기회가 아주 많았고, 우정이 깊어져갔다. 그와의 추억 중에는 연구소 뒤쪽에 있는 마당에서 나무베기를 곁들인 파티에 참석한 것이 있다. 지금도 내 눈앞에는 파울리가 긴 장화를 신고, 회색 땀복과 바스크족의 베레모를 쓰고, 쇠지레를 마치 주교의 지팡이처럼 들고서 몸을 가볍게 흔들면서 다른 사람들이 톱으로 나무를 쓰러뜨리는 것을 지켜보던 모습이 선하다.

우리는 물리학에 관해 많은 토론을 했고, 종종 함께 긴 산책에 나섰으며, 점심도 자주 같이 먹었다. 그럴 때면 그는 그 특징적인 몸 흔드는 동작과 함께 말을 하곤 했다. 하루는 점심을 먹다가 그가 다소 엉뚱한 말을 하는 바람에 나는 폭소를 터뜨리면서 이렇게 말했다. "아세요, 파울리? 당신 같은 사람은 어디에도 없어요." 이런 평범한 말에 대해 역시 몸을 흔들면서 곰곰이 생각하는 것도 그의 특징이다. 잠시 후, 그는 이렇게 말했다. "Ja, es gibt mich nur einmal(그래, 나와 같은 사람은 단 하나뿐이야)." 그리고는 잠깐 말을 멈추었다가 다시 이렇게 덧붙였다. "Und das ist vielleicht auch besser(그리고 그것은 아마 좋은 걸 거야.)." 또 한번은 산책 도중에 갑자기 걸음을 멈추더니, 하늘을 바라보며 이렇게 말했다. "Die weltfremden Physiker—die Menschen würden sich staunen(이 세상과 어울리지 않는 물리학자들—사람들은 놀라리라)." 또 한번은 산책 중에 이렇게 말했다. "우리는 아주 친하게 지낼 것 같네. 자네는 나처럼 생각이 느리니까 말이야."

또 언젠가는 내 외모나 생각은 매우 유럽적인데, 왜 내가 미국에 영원히 정착하려고 하는지 자기는 이해할 수 없다고 말했다. 나는 내가 유럽과 강한 유대감을 가지고 있음을 잘 알고 있지만, 미국에 대해서도 강한 유대감을 발달시켰노라고 진심으로 대답했다. 그리고 겉으로는 모순적으로 보이는 그러한 정서들을 조화시키는 방법을 터득했노라고 말했다. 여기서 문화적 다양성에 대해 흥미로운 토론이 이어졌다.

이처럼 우리의 대화는 비단 물리학에만 국한되지 않았다. 그 다음으로 자주 이야기된 주제는 정신 분석이었다. 나는 파울리가 융의 열렬한 지지자라는 사실을 알 수 있었다. 나는 친프로이트적이고, 융에 대해 강하게 반대하는 입장이었다. 그래서 파울리와 나 사이에는 열띤 논쟁이 벌어졌는데, 항상 예의를 지키는 편이었지만, 때로는 격론이 벌어지기도 했다.

파울리는 자신과 융의 관계나 첫 번째 결혼에 대해서는 내게 한 마디도 하지 않았다. 그렇지만 이따금씩 개인적인 문제를 이야기하곤 했다. 그는 젊은 제자와 혼외 정사를 한 이야기를 여러 차례 언급했다. 내가 생생하게 기억하고 있는 다음의 말은 그러한 이야기를 하던 도중에 나온 것으로 생각된다. "젊을 때 나는 물리학은 쉽고, 여성과의 관계는 어렵다고 생각했지. 그렇지만 이제는 정반대가 되었어." 이 말은 훨씬 이전에 파울리가 쓴 인상적인 글을 떠올리게 했다. "나와 여자들 사이는 제대로 성립하지 않으며, 아마도 영원히 달라지지 않을 것이다. 이 문제에서는 손을 떼어야 하겠지만, 그것도 늘 쉬운 것은 아니다. 나는 늙어갈수록 고립이 더 심화될까 봐 약간 두렵다. 이처럼 나 자신과 영원히 대화를 하는 것은 몹시 피곤한 일이다."[233]

파울리 부부가 유럽으로 돌아가기 직전의 어느 날 저녁, 나는 그들과 보어 부부를 내 아파트에 초대하여 커피와 디저트를 대접했다. 지금 내 앞에는 1976년 11월 9일에 프랑카(나는 그녀를 항상 파울리 부인이라 불렀다)가 내게 보낸 편지가 놓여 있다. 파울리가 세상을 떠난 후, 그녀와 나는 이따금씩 편지를 주고받았다(독일어로). 그 편지에서 그녀는 위의 저녁 초대에 대해 회상했다. "우리와 닐스 보어, 마르그레테, 그리고 당신과 함께 프린스턴에서 보낸 그 잊을 수 없는 특별한 밤이 생각나는군요. 그 때, 닐스는 새벽까지 상보성에 대해 이야기했지요. 당신은 깊이 감동하여 이렇게 말했지요. '마치 예수가 그 사도들과 함께 있는 것 같아요.'" 파울리 부인이 세상을 떠나기 전에 내게 보낸 마지막 편지는 다음 문장으로 끝맺었다. "병원에서 보낸 마지막 3일간에〔1958년에 그가 사망하기 전에〕옛 친구가 찾아와 파울리에게 이야기를 나누고 싶은 사람이 있느냐고 물었지요. 그러자 파울리는 '닐스 보어'라고 대답했어요."

프린스턴을 떠날 무렵에 파울리는 내게 여름에 스위스에 있는 그들의 집에 놀러오라고 초청했다.[234] 나는 흔쾌히 초청을 받아들였다. 파울리는 보어에게 내가 온다는 소식을 알렸다.[236] 그래서 그 해 7월에 나는 취리히 공항에 내렸다. 파울리가 마중나와 있었다. 우리는 택시를 타고 그의 집으로 갔으며, 나는 그 곳에서 머물렀다.

대부분의 날들은 파울리와 함께 물리학 연구소로 갔다. 나는 그 곳에서 핵자-핵자 산란에 관해 강의를 했고,[237] 밤에는 파울리 부부와 함께 집에서 지냈다. 나는 이전에도 프랑카를 여러 차례 만났지만, 이번 기회에 그녀를 더 잘 알게 되었고, 남편(손님들 중 가장 쉬운 상대는 결코 아닌)을 어떻게 대하는지(애정을 가졌지만 엄격하게) 직접 관찰하게 되었다. 보어의 부인인 마르그레테는 두 사람 사이의 관계에 대해 다음과 같은 이야기를 들려주었다. 파울리는 저녁에 집에 돌아오면, 늘 프랑카에게 새로운 뉴스가 무엇이 있느냐고 물었다(그는 결코 신문을 읽지 않았다). 프랑카는 항상 이 질문에 대답할 준비를 했지만, 하루는 아무것도 들려줄 것이 없었다. 그래서 그렇게 이야기했더니, 파울리는 "아, 그래, 사람은 싫증이 날 때도 있지."라고 말했다고 한다.

파울리의 집에 머무는 동안 그는 내게 앙리 알랭 푸르니에가 쓴 『위대한 몬느(Le grand Meaulnes)』라는 소설을 읽으라고 주었다. 그것은 그가 아주 좋아하던 소설이었는데, 덕분에 나도 그것을 좋아하게 되었다. 떠날 때가 되자, 그는 내게 선물을 주었다. 그것은 얼마 전에 나온 융의 『심리학 논문』 제7 권이었다.[238] 파울리는 그 책에다가 "젊은 친구 파이스에게 프로이트에 대한 평형추로 주는 선물, 취리히에서 보낸 1950년 여름을 기념하며"라고 적었다. 나는 이 우정의 표시에 감동을 받았다. 그 책은 지금도 뉴욕에 있는 내 방의 책장에 꽂혀 있다.

———•———

미국으로 돌아오고 나서도 우리 사이의 서신 교환은 계속되었다. 1950년 8월, 파울리는 내게 보낸 편지에서 융에 관한 자신의 의견[239](곧 다시 다루겠지만)과 정치에 관한 의견을 길게 썼다. 그는 "모든 국가는 서로 다른 국가를 비판한다—그리고 그들은 모두 옳다."는 쇼펜하우어의 말을 인용했다. 1951년에는 시칠리아에서 편지를 보냈는데, 그 때 그는 플라톤을 읽고 있었다.[240] 그 해 8월에 보낸 편지에서는 "미국에서 들려오는 유일한 뉴스는 자네가 왕성하게 활동하고 있다는 것. 유럽에서 떠도는 유일한 가십은 왜 자네가 이번 여름에 이 곳에 오지 않았는가 하는 것"[241]이라고 썼다. 1952년 4월에 보낸 편지에서는 크라메르스의 죽음에 관한 이야기를 썼다.[242] "이렇게 해서 코펜하겐(1922년)에서 크라메르스가 늘상 하던 '파울리, 우유 좀 가져와'라는 말과 함께 시작된 오랜 우정은 끝났다…이제 그것은 우리 두 사람에게 과거의 일이 되고 말았다. 이제 우리는 다시 미래를 향해야 한다. 어쨌든 나는 자네와 같은 젊은 사람들이 나의 가장 친한 친구로 남아 있다는 게 몹시 기쁘다." 한 달 후에 보낸 편지에서는 "코펜하겐에서 보세."[243]라고 썼다. 그로부터 몇 주일 후에는 "코펜하겐에서 자네를 만나게 되기를 학수고대하고 있네. 그래야 중간자에 관한 자네의 논문에 대해 토론을 하지 않을 테니까 말이야."[244]라고 썼다. 코펜하겐에서 만난 우리는 코펜하겐의 구시가를 걸으면서 활발한 토론을 나누었다. 파울리는 회의의 토론[245]에 참석했지만, 강연은 하지 않았다.

———•———

나는 1953년 6월에 파울리를 다시 만났는데, 이번에는 네덜란드의 두 위대한 물리학자 헨드릭 로렌츠와 하이케 카메를링 오네스의 탄생 100주년을 기념하여 레이덴대학에서 열린 회의에서 만났다. 나는 그 곳에서 강연을 해달라고 초청받았으며, 기묘 입자(strange particle : 기묘도가 0이 아닌 입자)의 성질을 설명하기 위해 새로운 양자수를 도입해야 한다는 내 제안[246]을 다룬 최근의 연구에 관해 이야기하기로 했다. 특히 오래 전부터 알려져

온 비기묘 입자들에 대한 하전스핀 집단 SU(2)를 더 큰 집단으로 확대함으로써 기묘 입자의 성질을 설명하는 이 방법[247]은 그 후 입자물리학에서 널리 확산되었다. 나는 그 후에 "가장 유용한 시도는 파이스가 제시한 종류의 것이라고 생각한다."[248]고 한 하이젠베르크의 말과 "경험적 보존 법칙들과 불변성의 성질들을 자연 법칙의 수학적 변환 그룹과 연결시킨 그 일반적 원리가 매우 마음에 든다."[249]고 한 보어의 발언에 크게 고무되었다.

그 회의에서 파울리는 내 연구와 관련하여 기술적인 질문을 던졌다. "나는 일정한 위상을 가진 변환 그룹들을, 전자기장에 대한 게이지 그룹과 유사한 방식으로, 중간자-핵자의 상호 작용과 증폭된 그룹을 서로 연결시키는 방식으로 증폭시킬 수 있는지…묻고 싶습니다."[249] 이것은 이론물리학에서 중요한 새 장인 비아벨(non-Abelian) 게이지 이론으로 성장해갈 아이디어를 처음 듣는 순간이었다. 그 당시의 대부분의 사람들과 마찬가지로 나는 그 때 클라인이 이와 관련된 연구[250]를 했다는 사실을 전혀 모르고 있었다. 그 연구는 클라인 자신이 칼루자-클라인 이론[251]을 언급한 것 때문에 가려져 있었다.

파울리는 자신의 질문에 대해 생각을 계속했다. 레이덴 회의 직후에 그는 내게 보낸 편지[252]에서 "시공간의 요소는 점이 아니라 다양체(내가 ω 공간이라 이름붙인)이다."[247]라는 나의 생각에 덧붙여, 중간자-핵자 힘들의 기하학적 방법이라고 자신이 이름붙인 용어들을 사용하여 가능한 답에 대해 썼다. 나는 그 당시에 내가 가장 자명한 섬유 다발에 대해 이야기하고 있다는 것을 인식하지 못했다. 파울리가 제안한 것은 (a) 전체적인 게이지 불변성, 즉 일정한 위상을 가진 위상 변환들(나의 자명한 섬유 다발에 해당하는)과 (b) 국부적 게이지 불변성, 즉 시공간에 종속적인 위상 변환들이 구별되는 전자기 게이지 변환으로 유추하는 것이었다. "물론 파이스의 강의 후에 벌어진 토론에서 내가 발언[249]을 할 때, 이와 비슷한 생각을 염두에 두고 있었다."[252] 클라인이 피에르츠에게 보낸 편지들[253]은 그가 이 생각에 얼마나 깊이 몰두하고 있었는지 보여준다.[254]

7월 25일에 파울리는 '중간자-핵자 상호작용과 미분기하학' 이란 제목이 붙은 원고[254]를 내게 보내왔는데, 그 첫부분은 "그것이 어떤 모습을 하고 있는지 보기 위해 7월 21~25일에 씀."이라는 문장으로 시작되었다. 여기서 그는 게이지장 퍼텐셜의 아이소트리플릿(isotriplet)을 도입하고, 그에 해당하는 장(오늘날 비아벨 게이지장이라 부르는)의 세기를 정확하게 나타내는 표현을 주요 결과로 얻었다. 그러나 그는 그와 연관된 동역학적 장 방정식을 적지 않았다.

내게 보낸 첨부서[254]에서 그는 이렇게 썼다. "이 전체 글은 물론 자네를 진짜 신천지로 나아가도록 떠밀기 위해 쓴 것이다. 자네는 우리 늙은이들이 손을 대지 못한 문제들로부터 계속 나아갈 가능성이 아주 높다는 게 내 생각이네." 클라인[255] 및 오펜하이머[256]와 주고받은 서신에서도 그가 내 연구에 큰 관심을 가졌다는 것을 볼 수 있다. 1953년 11월, 그는 이 주제에 관해 두 차례의 세미나를 열었는데, 거기에는 클라인도 참석했다.[257]

1953년 말에 파울리의 열정은 식기 시작했다. "장 방정식을 기술하려고 시도하는 사람은…항상 정지 질량이 0인 벡터 중간자를 얻게 된다. 다른 중간자장(정지 질량이 양인 슈도스칼라)들을 얻으려고 시도할 수도 있을 것이다…그러나 나는 그것이 너무 인위적인 것이라고 생각한다."[238]

이 주제에 관한 마지막 이야기는 1954년 봄 학기에 중요한 두 차례의 세미나가 열린 고등학술연구소의 무대로 옮겨간다. 하나는 1949년에 5년간의 임기로 연구원(1955년에 그는 교수로 승진한다)에 임명된 젊은 중국인 물리학자 양전닝(揚振寧)이 연 것이었다. 양전닝이 로버트 밀스와 공동으로 한 연구에 대해 공식석상에서 보고한 것은 그 때가 처음이었다. 그 연구는 '양-밀스 장'으로 더 잘 알려지게 되는 비아벨 게이지장에 관한 것이었다. 그들은 연구 결과를 두 편의 짧은 논문[259]으로 발표했는데, 여기서 현대 게이지 이론이 탄생했다.

2주일 전인 2월 10일, 파울리(그 학기에는 프린스턴에 와 있었다)는 그와 똑같은 주제로 강연을 했다! 이 연구는 거의 알려지지 않았는데, 그것을 논문으로 발표하지 않았기 때문이다. 그렇지만 이 주제에 관해 그가 1953년 11월에 한 두 차례의 강의는 나중에 인쇄되어 나왔다.[260]

파울리가 세미나를 개최했을 때, 양전닝은 거기에 참석하지 않았다. 그는 이렇게 회상했다.

오펜하이머가 2월 말에 우리의 연구에 대해 며칠 동안 세미나를 열기 위해 나를 프린스턴으로 돌아오도록 초청했다…내 세미나가 시작되고 나서 얼마 후, 파울리가 "이 장의 질량은 얼마인가?" 하고 물었다. 나는 모른다고 대답했다. 그리고는 발표를 계속했는데, 잠시 후 파울리가 다시 똑같은 질문을 했다. 나는 그것은 매우 복잡한 문제이며, 우리는 그것에 대해 연구했지만, 확실한 결론을 얻지 못했다는 요지의 답변을 했다. 나는 지금도 그가 한 재치있는 응답이 기억난다. "그건 충분한 평계가 못 돼." 나는 너무나도 놀라 잠깐 동안 망설이다가 자리에 앉기로 결정했다. 좌중의 분위기는 몹시 어색했다. 마침내 오펜하이머가 "양전닝의 발표를 계속 들어보도록 합시다."라고 말했다. 그래서 나는 발표를 계속했고, 세미나가 끝날 때까지 파울리는 다시는 어떤 질문도 하지 않았다.

나는 세미나가 끝날 무렵에 어떤 일이 일어났는지 기억나지 않는다. 그러나 그 다음 날, 나는 다음과 같은 메시지를 받았다.

2월 24일

친애하는 양,
세미나가 끝난 후에 자네와의 대화를 거의 불가능하게 만든 것은 몹시 유감스러웠네. 모든 일이 잘 되길 빌며

W. 파울리[261]

양전닝의 세미나에는 나도 참석했고, 파울리의 비판적이고 부정적인 반응도 잘 기억하고 있다. 그러한 반응을 보인 것은 그뿐만이 아니었다. 사실, 양-밀스 이론은 처음에는 아무리 좋게 말해도 회의적인 평가를 받았다. 그 이유는 새로운 장들의 양자가 이미 1953년 12월에 파울리가 내게 보낸 편지[258]에서 지적한 것처럼, 0의 질량을 가지는 것으로 나타났기 때문이다. 이 주제에 관해 쓴 그들의 첫 번째 논문[259]에서 양과 밀스는 그 당시로서는 다소 뻔뻔스럽게도 그 난제에 관해서는 '만족할 만한 어떤 답도' 얻지 못했다고 썼다.

질량 문제 때문에 이 이론은 20여 년 후에 그것이 해결될 때까지 거의 잊

혀진 상태에 있었다. 그 후로는 양-밀스의 장들은 강한 상호작용뿐만 아니라 약한 상호작용을 기술하는 데에도 매우 중요한 역할을 하게 되었다. 이것은 19세기에 맥스웰이 전자기력에 대한 방정식들을 발견한 것만큼이나 큰 업적이었다.

그러나 파울리는 성격상 그러한 종류의 뻔뻔스러움은 절대로 용납할 수 없었다. 만약 그에게 1953년에 자신의 생각을 발표할 수 있는 무모한 용기가 있었더라면, 그는 오늘날 전후의 물리학에 자신이 남긴 가장 중요한 공헌으로, 즉 현대 게이지 이론의 창시자로 기억되고 있을 것이다….

파울리와 융

파울리는 어릴 때부터 철학에 흥미를 느끼고 많은 책을 읽었다. 예를 들면, 그는 22세 때 실증주의에 관한 자신의 견해를 써서 어느 철학자에게 보냈다.[262] 현대 물리학에서의 공간과 시간, 인과율을 다룬 1936년의 논문처럼 그가 초기에 쓴 논문들 중 몇 편은 철학적 문제를 다루었다. 이 논문은 그의 과학 논문집[263]뿐만 아니라, 철학과 관련된 물리학에 관한 그의 글들을 모은 훌륭한 전집[264]에서도 찾아볼 수 있다.

위에서 언급한 논문은 철학보다는 물리학에 더 가깝다. 철학적 색채를 띤 것으로 간주되는 말년의 글들 중 일부도 마찬가지이다. 예를 들면, 물질,[265] 공간과 시간 개념의 역사적 발달,[266] 상보성,[267] 상대성 이론,[268] 물리학에서의 확률[269]에 관한 논문 등이 그러하다.

그러나 이들 논문 중 어느 것도 아직은 파울리가 '말년의 나의 더 큰 정신적 변환'[270]이라고 부른 내용을 담고 있지는 않다. 그것에 대해 그는 이렇게 말했다. "철학자들에게 방향을 제대로 파악하도록 하기 위해, 나 자신은 무슨 '주의'가 붙은 특정 철학 유파를 신봉하는 사람이 아니라는 것을 밝혀두어야겠다. 더구나 나는 특정 '주의'를 특정 물리 이론과 관련짓는 것에 반대한다."[271] 그는 또 이렇게 말했다. "나 자신의 철학적 배경은 쇼펜하우어와 노자와 닐스 보어를 혼합한 것이다."[272]

파울리의 정신적 변환의 기원은 두 가지이다.

첫째는 보어의 상보성 개념에 대한 그의 통찰이다. 보어와 주고받은 서신[273]을 통해 다른 어떤 물리학자보다도 더 위대했던 보어의 생각을 파울리가 얼마나 깊이 이해했는지 엿볼 수 있다. 파울리가 보어와 의견이 다른 부분이 있었다 하더라도, 그것은 여기서 우리가 관심을 가질 필요가 전혀 없는 기술상의 세부적인 것에 불과했다.

둘째, "자연 과학과 그 원형적 기초에서 개념 형성의 심리학적 측면에 관해 융과 광범위하고 본질적인 토론을 나눈 것"[274]이다. 융도 파울리와의 대화를 통해 많은 것을 얻었다. "파울리 교수가 내 연구에 보여준 깊은 관심 덕분에 나는 나의 심리학적 주장을 이해하는 자격 있는 물리학자와 토론을 할 수 있는 유리한 입장에 놓였다."[275]

융은 이 글의 앞부분에서 잠깐 등장한 적이 있다. 이제 여기서 1932년에 파울리가 융의 조수에게 정신 분석을 받으면서 시작된 두 사람의 접촉을 깊이 살펴보고자 한다.

———

융 자신은 파울리의 치료를 직접 담당한 적이 전혀 없지만, 파울리가 글로써 제출한 꿈의 내용을 면밀하게 검토했으며, 거기에 대해 광범위한 글을 썼다. 1936년까지 그는 꿈을 꾼 사람의 신원을 밝히지 않은 채 그 꿈들 중 59가지를 발표했다.

> 나의 자료는 뛰어난 과학적 재능을 가진 한 젊은이의 꿈과 시각적 인상을 1000가지 이상 포함하고 있다…이것은 자신의 무의식을 단계별로 추적해가는 노력을 기울인, 꿈을 꾼 사람의 주의와 세심함 덕분에 가능했다…그의 개인 생활의 자세한 내용을 다루는 꿈[을 포함하는 것]은 불가능했다…그러한 꿈들은 발표에서 제외해야 한다…지식에 봉사해준 '저자'에게 기쁜 마음으로 특별한 감사를 드린다.[276]

융이 이 자료에 매력을 느낀 것은 주로 파울리가 융의 눈에 만다라의 상징으로 보이는 것을 제공한 데서 비롯되었다(만다라는 원 또는 마법의 원을 나타내는 산스크리트어이다). 지면 부족과 더 중요하게는 지식의 부족 때문에 이것을 더 자세히 이야기하지 못하는 것을 죄송스럽게 생각한다. 그렇지만 이것을 전혀 다루지 않는다면, 그에 대한 나의 평가는 애석하게도 불충분한 것이 될 것이기 때문에 인간 파울리가 지닌 이 측면을 약간이나마 언급하려고 한다.

도움이 되는 추가적인 자료는 파울리가 융과 그 공동 연구자들과 주고받은 80통의 편지를 모은 서한집이다. 이것은 파울리의 친구인 카를 알프레드 마이어(Carl Alfred Meier)가 출판했다.[270] 이 편지들은 1932년부터 시작하여 1958년 10월(파울리가 죽기 두 달 전)까지 계속된다. 이 편지들을 살펴보면, 파울리가 1957년까지도 꿈의 내용을 융에게 계속 보냈다는 것을 알 수 있다.[277] 4권 1부에 실린 파울리의 편지에서는 파울리와 융 그룹 사이에 114통의 편지가 교환되었다는 사실을 발견할 수 있다.

내가 이 모든 자료들을 알게 된 것은 파울리가 죽고 나서 한참 후라는 사실을 밝혀두고자 한다. 나는 그와 융의 관계에 대해 자주 토론을 나누었지만, 그의 꿈에 대해 그와 토론할 입장에 있지 않았다. 그렇지만 나는 융에 관한 자신의 견해를 나타낸 파울리의 편지[278]를 한 통 받았다.

나는 그의 전반적인 집단 무의식 개념과 만다라의 해석은 본질적으로 옳다고 생각한다. 물론 위대한 융이 그렇게 말했기 때문에 그렇게 생각하는 것이 아니라(나는 여자가 아니고, 권위에 대한 맹종은 내 핏속에 들어 있지 않다), 그 개념 자체가 내게 그럴듯하게 받아들여지기 때문이다…그러나 그의 동료들은 창조성과 재능을 완전히 결여하고 있다는 데서 융의 집단에는 비정상적일 정도로 강한 근친 교배가 존재한다는 것을 부정할 수 없다…세부적인 내용에서는 나는 많은 점에서 융과 의견을 달리한다…나는 점성술과…그의 신학에는 관심을 가지고 싶지 않다.[279]

파울리의 꿈의 내용에 대해서는 오로지 한 가지 주제만 언급하는 것으로 그치고자 한다. 그것은 숫자 3과 4에 대해 그가 반복적으로 과도하게 집착한 것[280]으로, 이 숫자들은 그에게 신비적, 상징적 의미를 지니고 있었다. 이것에 대해 그는 이렇게 언급했다. "내가 배타 원리를 향해 나아간 길은 3에서 4로의 어려운 전이와 관계가 있다. 그 전이는 전자에게 평행 이동에 대한 3의 자유도에 더하여 추가적으로 제 4의 자유도[스핀]를 부여해야 하는 것이 필요하기 때문이다."[281]

파울리의 꿈보다 더 중요한 것은(내 생각에) 물리 현상과 심리 현상 사이에 깊은 관계가 있다는 융의 생각에 그가 몰입했다는 것이다. "내 개인적 생각으로는 미래의 과학에서 현실은 '정신적'인 것도 '물리적'인 것도 아니고, 어느 정도는 양자 모두이기도 하고, 어느 정도는 그 어느 쪽도 아닌 것이 될 것이다."[278]

심리학에 관한 파울리의 핵심 개념은 여기서 비롯된다. 융을 뛰어넘어, 파울리는 의식과 무의식의 관계는 보어가 사용하는 개념으로 상보적인 것이라고 생각했다. 그는 합리적인 가지와 신비적–종교적 가지로 분리되어 간 17세기의 통일된 세계 구도를 이런 방식으로 그들의 안티테제(反)를 극복함으로써 복원할 수 있을 것이라고 기대했다. 그는 "심리학의 개념들과 양자역학의 개념들 사이에서 대응 관계들"[281]을 보았고, 무의식을 '비밀 실험실'[282]이라 불렀으며, 신비주의와 합리주의 사이의 관계를 다음과 같이 특징지었다. "내 생각에는 그것은 파란 안개 같은 신비주의라는 스킬라와 메마른 합리주의라는 카리브디스 사이로 지나가는, 진리에 이르는 좁은 길이다. 이 길은 항상 함정들로 가득 차 있으며, 양 방향의 심연 속으로 빨려 들어가기 쉽다."[283] 그는 자연을 이해하는 과정과 새로운 이해를 했을 때 경험하는 행복을 "이미 존재하고 있던 내부의 이미지들이 … 외부의 대상들과 일치하는 것"[284]이라고 간주했다.

파울리는 제2차 세계 대전 이후에야 심리학적 문제들에 대해 글을 발표했다. 그는 융의 80세 생일을 기념하여 쓴 논문에서 다음과 같이 썼다.

무의식은 정량적으로 측정할 수 없기 때문에, 그래서 수학으로 기술할 수 없기 때문에, 그리고 무의식의 모든 연장(의식을 낳으면서)은 그 반작용으로 무의식을 변화시키게 되므로, 우리는 무의식과 관련된 '관찰 문제'를 기대할 수 있다. 이것은 원자물리학의 상황과 비교되지만, 그럼에도 불구하고 상당히 큰 어려운 문제들을 포함하지는 않는다 … 〔나는〕 무의식 개념의 추가적인 발전은 치료 목적으로 응용되는 그 좁은 틀 안에서는 일어나지 않을 것이며, 생명 현상에 적용되는 자연과학의 주류에 동화되는 정도에 따라 결정되리라고 생각한다.[285]

파울리가 심리학에 기여한 가장 중요한 연구는 케플러의 글에 관한 그의 긴 논문[274]이다. 신비주의와 합리주의 사이의 대비에 깊은 관심을 가졌던 그는 케플러에 이끌리게 되었다. 케플러의 연구에서는 이 두 가지 사고 양식이 분열되기 시작하는 것을 볼 수 있기 때문이었다. 행성 운동에 관한 자신의 세 가지 법칙으로 케플러는 근대 천문학의 창시자로 인정받지만, 한편으로는 그는 하늘의 조화는 태양을 고독한 감시자로서 생명을 불어넣는, 의식을 가진 영혼으로부터 유래한다고 믿었으며, 또 우리 지구 역시 영혼을 가진 살아 있는 존재라고 믿었다. 케플러의 연구를 분석한 결과로 파울리는 물리 이론의 형성에서 원형적 이미지에 케플러가 미친 영향에 관한 논문[286]을 썼다(케플러가 사용한, 최초의 이미지, 곧 원형을 의미하는 단어 archetype의 유래는 최소한 키케로까지 거슬러 올라간다).

앞에서 언급한 것처럼 파울리는 숫자 3과 4에 집착하고 있었기 때문에, 케플러에 관한 그의 논문에서는 케플러와 신비주의 철학자 로베르트 플루드(Robert Fludd)와의 대화를 길게 다루고 있다. 케플러는 숫자 3을 마술적인 것으로 간주한 반면(예컨대, 그는 기독교의 삼위일체를 공간의 3차원과 연결지었다), 플루드는 숫자 4를 신성한 것으로 여겼다. 그러한 신성은 신의 이름이 4자로 된 것(야훼는 히브리어로 4개의 자음으로 이루어져 있다), 사계절, 기하학(점, 선, 면, 입체), 자연(물질, 성질, 양, 운동)에서 드러난다고 그는 믿었다. 파울리는 케플러를 지지했지만, 플루드의 주장에도 어느 정도 공감했다. 그의 논문[274]은 그의 개성과 보통의 물리학자들에게서는 보기 어려운 폭넓은 지식(그는 플로티누스를 길게 인용한다)을 보여준다.

1950년 3월, 파울리가 프린스턴에 살고 있던 친구 에릭 칼러(Erik Kahler)의 집에서 케플러에 대한 강연을 할 때, 나도 그 자리에 있었다. 그때의 일에 대해 기억나는 것은 그 곳에 참석했던 아인슈타인이 강연 도중에 잠들어버렸다는 것뿐이다.

말년의 생애

그의 말년에도 나는 파울리와 계속 접촉했다. 그가 고등학술연구소에서 보낸 마지막 두 시기인 1954년 봄과 1956년 봄에 우리는 서로 자주 만났다. 계속 이어진 우리의 서신 교환에는 내가 파울리에게 보낸 시간 역전에 관한 편지[287]도 포함돼 있는데, 내가 그에게 보낸 편지 중에서 유일하게 남아 있는 것이다. 파울리가 내게 보낸 편지들[288]은 그가 전쟁 기간에 깊이 연구했던 주제인 강한 결합(strong coupling)을 다룬 것이었다.

말년에도 파울리는 여행을 많이 했는데, 그 중에서도 인도에 간 것이 주목을 끈다. 그는 1952-53년 겨울에 봄베이대학의 타타연구소에서 강의를 함으로써 인도 문화에 친숙해지고 싶다던 오랜 소원을 이루었다.

말년에 파울리가 쓴 글 중에는 앞에서 언급한 양자장 이론에 관한 논문들[289]과 그가 회의적인 시각으로 바라보았던 양자역학의 숨어 있는 변수 모형에 관한 논문,[290] 철학적 주제들에 관한 글, 역사적 물음에 관한 몇 편의 논문들[228]이 포함돼 있다. 역사적 물음에 관한 논문 중에서 가장 중요한 것은 뉴트리노의 역사에 관한 것(1957)[291]과 반전성 붕괴에 관한 것(1958)[291]이다.

파울리는 세상을 떠나기 전에 자신의 뉴트리노 가설이 실험적으로 확인되는 것을 볼 수 있었다. 그는 그 소식을 1956년 6월 14일, 로스앨러모스에서 프레더릭 라인스(Frederick Reines)와 클라이드 코왼(Clyde Cowan)이 보낸 전보를 통해 처음 들었다. 그 전보에는 "우리는 양성자의 역베타 붕괴를 관찰하다가 분열 파편으로부터 뉴트리노를 분명하게 포착했다는 사실을 기쁜 마음으로 알려드립니다. 관찰된 단면은 예상했던 $6 \times 10^{-44} \, cm^2$와 잘 일치합니다."[293]

전보를 받은 지 일 주일 후, 리정다오와 양전닝은 〈*Physical Review*〉지에 보낸 논문[294]에서 β 붕괴에서 반전성의 보존은 결코 확인되지 않았다고 지적하고, 그것을 확인하기 위한 실험을 제안했다. 파울리는 이에 대해 이렇게 말했다. "나는 그 실험 결과가 반사 불변성[반전성 보존]을 지지하는 것으로 나온다는 데 기꺼이 내기를 걸겠다. 리와 양의 주장에도 불구하고, 나는 신이 '약한 왼손잡이'라고 믿지 않기 때문이다."[295]

1956년 연말에 이르러 파울리의 믿음이 틀렸다는 것이 밝혀졌다. 몇 주일 뒤, 그는 한 편지에서 이렇게 썼다.

이제 처음의 충격이 가시고, 나는 평상심을 되찾기 시작했다…내기를 걸지 않았던 것이 천만 다행이다. 그랬더라면 나는 큰 돈을 잃었을 것이다(나로서는 감당할 수 없는). 그러나 나는 바보 짓을 하여 웃음거리가 되었다(이것은 감당할 수 있다고 생각한다)—다행히도 편지와 구두를 통해서만 그랬고, 활자화되어 발표한 적은 없었다. 그렇지만 사람들은 이제 나를 마음대로 비웃어도 된다.

무엇보다 내가 충격을 받은 것은 '신은 왼손잡이'라는 사실이 아니라, 이 사실에도 불구하고 신은 자신을 강하게 나타낼 때에는 대칭적인 왼손잡이와 오른손잡이로 드러낸다는 것이다. 간단하게 말하면, 이제 진짜 문제는 왜 강한 상호작용이 좌우 대칭적이냐 하는 것이다.[296]

그것은 지금도 큰 문제로 남아 있다.

반전성(parity) 붕괴에 관한 그의 논문[297]에는 손으로 쓴 다음 내용의 편지가 첨부돼 있었다.

오랜 세월 동안 우리의 사랑하는 여자 친구였던

패리티(PARITY)

가 1957년 1월 9일, 실험적 치료에서 야기된 짧은 고통 끝에 숨을 거두었음을 슬픈 마음으로 알려드립니다. 유가족을 대표하여,

e, μ, ν

파울리의 생애에서 마지막 2년은 그다지 좋지 못했다.

먼저, 이 책의 앞부분에서 이야기한 바와 같이, 취리히대학의 젊은 동료였던 레스 조스트와 사이가 틀어졌다.[298] 둘째는 하이젠베르크와 마지막으로 공동 연구를 했지만, 아무런 성과도 얻지 못했다. 두 사건은 파울리가 말년에 정서적으로 불안정했음을 강하게 시사한다.

1950년대 중반에 하이젠베르크는 어떤 비선형 방정식으로 모든 기본 입자들의 성질을 다 기술할 수 있다고 주장했다.[299] 그는 자신의 생각에 대한 파울리의 반응을 다음과 같이 묘사했다.

1957년 늦가을에⋯나는 볼프강에게 최근에 내가 한 연구를 알려주었다⋯〔그는〕매우 흥분했다⋯우리는 함께 그 문제를 파고들기로 결정했다⋯.

이 연구에 몰두하는 동안 볼프강은 매 단계마다 더욱 정열적이 되었다 —그가 물리학에 그렇게 흥분한 모습은 그 이전에도 그 이후에도 본 적이 없다⋯그는 우리의 방정식이⋯기본 입자들에 관한 통일장 이론으로 나아가는 올바른 출발점이 틀림없다고 확신하였다.[300]

하이젠베르크는 파울리가 1958년에 그에게 보낸 신년 인사를 담은 편지를 인용했다.[300] "모든 것은 부단히 변하고 있다⋯모든 것은 훌륭한 것으로 드러나게 돼 있다⋯이것은 강력한 재료이다⋯그것을 향해 전진하자. 티퍼래리(아일랜드 중남부의 주 이름. 제1차 세계 대전 때 출정한 병사들이 부른 행군가를 티퍼래리의 노래라 한다—역주)까지는 길이 멀다. 갈 길이 아직도 멀다."

몇 주일 후, 파울리는 3개월간의 순회 강연을 위해 미국으로 떠났다. 이에 대해 하이젠베르크는 이렇게 말했다. "나는 흥분 상태에 있는 볼프강과 냉정한 미국 실용주의자들의 이 만남에 대해 탐탁치 않게 생각했고, 그가 미국으로 가는 것을 만류하려고 노력했다. 불행하게도, 그의 계획은 더 이상 변경할 수 없었다."[300]

파울리가 맨 먼저 들른 곳은 뉴욕이었다. 그는 컬럼비아대학측에 초청 인사들만 참석한 가운데 자신과 하이젠베르크가 최근에 한 연구에 대해 '비밀' 세미나를 열게 해달라고 요청했다. 그러나 실제로 그는 퓨핀연구소에 있는 대형 강당을 가득 채운 청중 앞에서 강연을 해야 했다. 나도 그 자리에 참석했는데, 그 때 느낀 것을 생생하게 기억하고 있다. 그것은 내가 오랫동안 알고 지내온 파울리의 모습이 전혀 아니었다. 그는 우물쭈물하면서 이야기를 했다. 나중에 닐스 보어와 나를 포함한 몇 사람이 그의 주위에 모였다. 파울리는 보어에게 "이 모든 것이 미친 생각이라고 생각하겠죠?"라고 말했다. 보어는 이렇게 대답했다. "물론이지. 그러나 불행하게도, 충분히 미치지도 못했어."

파울리의 여행은 버클리에서 끝났다. 거기서 그는 란다우에게 편지를 보냈는데, 그 사본을 나를 포함해 여러 동료들에게도 보냈다. 그 편지에서 그는 "결코 최종적인 것이 아니라, 반대로 항상 변하고 있는 새로운 상황에 대한 나의 현재 입장"[301]을 밝혔다. 다시 하이젠베르크의 말을 인용해보자. "그 때, 우리는 대서양에 의해 서로 갈라져 있었고, 볼프강의 편지는 점점 간격이 뜸해졌다…그러다가 정말 갑작스럽게 다소 퉁명스러운 편지를 통해 그는 연구와 발표 모두에서 손을 떼겠다고 알려왔다."[300]

하이젠베르크와 파울리는 CERN에서 열린 국제 회의(1958년 6월 30일~7월 5일)에 참석했다. 하이젠베르크는 이렇게 회상했다. "나는 논란이 되고 있는 장 방정식에 관해 그 때까지의 연구 현황을 보고하기로 돼 있었는데, 나에 대한 볼프강의 태도는 거의 적대적인 것이었다."[300] 파울리의 비판적 태도는 회의 의사록에 나타나 있다.[302] 회의가 끝나고 나서 얼마 후에 파울리는 하이젠베르크에게 이렇게 말했다. "아마도 우리의 희망이 모두 이루어지고, 자네의 낙관론이 보상을 받을지도 모르겠네. 그렇지만 나는 그만 손을 떼어야겠네. 나에겐 그럴 만한 힘이 없어."[300]

하이젠베르크는 흔들리지 않았다.[303] 그러나 그의 연구는 결국 별다른 영향력을 발휘하지 못했다.

1958년 12월 5일, 파울리는 수업 도중에 갑자기 심한 통증을 느껴 택시를 타고 집으로 갔다. 다음 날, 그는 취리히에 있는 로테크로이츠병원에 입원했다. 그는 병실의 수가 137이라는 데 불안감을 느꼈다. 그것은 그의 스승인 조머펠트가 물리학에 도입한 미세구조상수 1/137을 떠올리게 했는데, 그것은 파울리의 '마술적, 상징적' 세계와 연결되는 하나의 수였다. 그는 췌장암 진단을 받았고, 12월 13일에 수술을 받았다. 12월 15일, 그는 58세의 나이로 세상을 떠났다.

12월 20일, 비록 파울리는 신자가 아니었지만, 취리히의 프라우뮌스터 성당에서 추도 미사가 열렸다. 닐스 보어를 포함해 친구들과 동료들이 추모 연설을 했다. 연방공과대학의 동료이던 파울 셰러(Paul Scherrer)는 그를 이렇게 묘사했다. "인간 파울리를 안다는 것은 몹시 어려웠다. 인간적으로 그는 이해심이 넓고 친절했지만, 과학적 토론에서는 엄격하고 완고했다. 그렇지만 결국에는 사람들은 정직함에 대한 그의 이 가혹한 요구를 가장 높이 평가하게 되었다."[304] 여기에 25년 전에 파울리가 로렌츠 메달을 받을 때 에렌페스트가 한 말[128]을 덧붙이고 싶다. "당신의 총명함과 명쾌함과 정직성, 그리고 다른 연구자들의 장점을 항상 인정하는 특별한 배려 때문에 [당신은 존경받습니다.]"

미사가 끝난 후, 파울리 부인은 구일드할추르마이제에서 리셉션을 열었다. 1959년 1월 2일, 그녀는 내게 보낸 편지에서 이렇게 썼다. "저는 당신의 애도에 깊은 감동을 받았습니다." 1963년의 어느 날, 보어 부인이 초대한 만찬 때 나는 파울리 부인의 옆자리에 앉았다. 나는 그 때, 그녀가 남편에 대해 한 말을 적어두었다. "그는 쉽게 마음의 상처를 받았으며, 마음의

파울리 서거 25주년을 기념해 오스트리아에서 발행한 우표

문을 닫곤 했지요. 그는 현실을 인정하지 않고 살려고 했어요. 속세를 초월한 듯한 그의 태도는 그것이 가능하다는 바로 그 믿음에서 유래했어요."

후기

옛날의 물리학의 대가들과 나를 연결해주는 소중한 물질적인 끈이 하나 있는데, 그것은 '중력에 관한 일반 이론' 부록 II의 교정쇄 첫 페이지로, 아인슈타인의 저서 『상대성의 의미』 1950년도판에 처음으로 실린 것이다. 그 페이지에는 70세가 된 아인슈타인이 약간 떨리는 글씨로 다음과 같이 쓴 글이 실려 있다.

파울리(읽은 뒤에 파이스에게 주세요!)

참고 문헌

여기서 사용된 약자들의 원어는 다음과 같다.

P : W. Pauli

CSP : *Colledted Scientific Papers by Wolfgang Pauli* (R. Kronig and V. Weisskopf, Eds), Wiley, New York, 1964

SC : *Wolfgang Pauli, Scientific Correspondence,* several volumes, 여기서는 K. von Meyenn, Springer, New York, 1979 and later years 판본을 사용했다.

1. Letter by P to Pais, October 23, 1945, SC, Vol. 3, p. 324.
2. A. Pais, *Trans. Kon. Ak. Wet. Amsterdam* **19**, 1, 1947; 간단히 요약된 내용은 다음을 참고하라 : A. Pais, *Phys. Rev.* **68**, 227, 1945.
3. A. Chwala, *Monatshefte f. Chemie* **81**, 3, 1950.
4. W. J. Pauli, letter to E. Mach, February 17, 1913, quoted in W. Pauli, *Physik und Erkenntnistheorie* (K. von Meyenn, Ed.), p. VIII, Vieweg, Braunschweig, 1984.

5. Letter reproduced by C. P. Enz, in 'W. Pauli's scientific work,' in *The Physicist's Conception of Nature* (J. Mehra, Ed.), p. 766, Reidel, Boston, 1973.

6. SC, Vol. 1, p. 11.

6a. P. in letter to C. Jung, October 23, 1956, reprinted in C. A. Meier, *Pauli-Jung Briefwechsel*, p. 150, Springer, New York, 1992.

7. M. Fierz, 'Wolfgang Pauli,' in *Dictionary of Scientific Biography* (C. Gillispie, Ed.), Vol. 10, p. 422, Scribner's, New York, 1974.

8. P, *Phys. Zeitschr.* **20**, 25, 1919, CSP, Vol. 2, p. 1.

9. P. *Phys. Zeitschr.* **20**, 457, 1919; *Verh. Deutsch. Phys. Ges.* **21**, 742, 1919; CSP, Vol. 2, pp. 10, 13.

10. P, *Encyclopädie der mathematischen Wissenschaften*, Vol. 5, part 2, Teubner, Leipzig, 1921; CSP, Vol. 1, p. 1.

11. A. Einstein, *Naturw.* **10**, 184, 1922.

12. P, *Theory of Relativity*, Pergamon, New York, 1958.

13. P, Letter to N. Bohr, October 2, 1924, SC, Vol. 1, p. 163

14. P, letter to A. Einstein, November 10, 1923, SC, Vol. 1, p. 128.

15. P in *Électrons et photons*, p. 256, Gauthier-Villars, Paris, 1928.

16. P. letter to H. Weyl, July 1, 1929, SC, Vol. 1, p. 505.

17. P. Ehrenfest, letter to P, November 26, 1928, SC, Vol. 1, p. 477.

18. 자세한 내용은 다음을 참고하라 : A. Pais, *Subtle is the Lord*, pp. 344-6, Oxford University Press, Oxford and New York, 1982.

19. P, letter to H. Weyl, August 26, 1929, SC, Vol. 1, p. 518.

20. P, letter to P. Jordan, November 30, 1929, SC, Vol. 1, p. 525.

21. P, letter to P. Ehrenfest, September 29, 1929, SC, Vol. 1, p. 522.

22. P, letter to A. Einstein, December 19, 1929, SC, Vol. 1, p. 526.

23. A. Einstein, letter to P, December 24, 1929, SC, Vol. 1, p. 528.

24. P, *Naturw.* **20**, 186, 1932, CSP, Vol. 2, p. 1399.

25. A. Einstein, letter to P, January 22, 1932, SC, Vol. 2, p. 109.

26. P, letter to A. Einstein, July 16, 1933, SC, Vol. 2, p. 189.

27. P, *Ann. d. Phys.* **18**, 305, 337, 1933, CSP, Vol. 2, p. 630.

28. A. Einstein and P, *Ann. Math.* **44**, 131, 1943, CSP, Vol. 2, p. 994.

29. Copy in Einstein archives.

30. *Science*, **103**, 213, 1946; CSP, Vol. 2, p. 1073.

31. P. letter to M. Born, April 24, 1955, SC to be published.

32. SC, Vol. 3, p. 328.

33. P, in *Les Prix Nobel*, p. 131, Norstedt, Stockholm, 1948, CSP, Vol. 2, p. 1080.

34. P, letter to A. Einstein, September 18, 1946, SC, Vol. 3, p. 383.

35. A Einstein, letter to P, April 1, 1948, SC, Vol. 3, p. 518.

36. 그 밖의 편지들: P to A. Einstein, September 6, 1938, SC, Vol. 2, p. 598; January 6, 1944, SC, Vol. 3, p. 213; April 21, 1948, SC, Vol. 3, p. 520; Einstein to P: September 1938, SC, Vol. 2, p. 600; May 2, 1948, SC, Vol. 3, p. 524.

37. P, letter to A. Einstein, March 7, 1949, SC, Vol. 3, p. 643.

38. P, in *Albert Einstein: Philosopher-Scientist* (P. Schilpp, Ed.), Tudor, New York, 1949.

39. P, in *Neue Zürcher Zeitung*, August 22, 1955, CSP, Vol. 2, p. 1237.

40. See also P in *Neue Zürcher Zeitung*, January 12, 1958, CSP, Vol. 2, p. 1362.

41. P, in 'Fünfzig Jahre Relativitäts theorie,' *Helv. Phys. Acta*, Supplement 4, 27, pp. 261, 282, 1956; CSP, Vol. 2, 1299.

42. P, *Zeitschr. f. Physik* **2**, 201, 1920, CSP, Vol. 2, p. 24.

43. P, *Phys. Zeitschr.* **21**, 615, 1920, CSP, Vol. 2, p. 36.

44. P, *Ann. der Phys.* **68**, 177, 1922, CSP, Vol. 2, p. 70.

45. SC, Vol. 1, p. 32.

46. K. von Meyenn, *Die grossen Physiker*, Vol. 2, p. 319, Beck, Munich, 1957.

47. P, 'Quantentheorie,' in *Handbuch der Physik*, Vol. 23, Springer, Berlin, 1926, CSP, Vol. 1, p. 269.

48. P, *Z. f. Naturf.* **6a**, 468, 1951; CSP, Vol. 2, p. 1159.

49. W. Heisenberg, *Der Teil und das Ganze*, p. 41, Piper, Munich, 1969.

50. Ref. 49, p. 45.

51. M. Born, letter to A. Einstein, October 21, 1921, in *Albert Einstein und Max Born, Briefwechsel*, p. 88, Nymphenburg, Munich, 1969.

52. M. Born, letter to A. Einstein, November 29, 1921, ref. 51, p. 93.

53. M. Born, ref. 51, p. 95.

54. M. Born and P, *Zeitschr. f. Physik* **10**, 137, 1922, CSP, Vol. 2, 48.

55. N. Bohr, letter to P, July 3, 1922, SC, Vol. 1, p. 60.

56. N. Bohr, letter to H. A. Kramers, July 15, 1922, reprinted in *Niels Bohr*,

Collected Works (J. R. Nielsen, Ed.), Vol. 3, p. 658, North-Holland, New York, 1976.

57. H. A. Kramers and P, *Zeitschr. f. Physik* **13**, 351, 1923, CSP, Vol. 2, p. 134.

58. P, *Zeitschr. f. Physik* **18**, 272, 1923; CSP, Vol. 2, p. 161.

59. P, *Zeitschr. f. Physik* **16**, 155. 1923; CSP, Vol. 2, p. 151.

60. P, letter to A. Sommerfeld, June 6, 1923, SC, Vol. 1, p. 94.

61. Ref. 47, p. 437.

62. P, *Zeitschr. f. Physik* **31**, 373, 1925; CSP, Vol. 2, p. 201.

63. P, *Zeitschr. f. Physik* **31**, 765, 1925; CSP, Vol. 2, p. 214.

64. P. A. M. Dirac, *Proc. Roy. Soc.* **A112**, 661, 1926.

65. A. Pais, *Inward Bound,* chapter 13, section (b), Oxford University Press, 1986.

66. S. Goudsmit, *Physica* **5**, 281, 1925.

67. P, letter to A. Sommerfeld, December 6, 1924; SC, Vol. 1, p. 182.

68. E. Stoner, *Phil. Mag.* **48**, 719, 1924.

69. G. E. Uhlenbeck and S. Goudsmit, *Naturw.* **13**, 953, 1925.

70. P, letter to N. Bohr, December 30, 1925, SC, Vol. 1, p. 274.

71. See the Pauli correspondence in February-March 1926, SC, Vol. 1, pp. 296-312.

72. P, *Naturw.* **12**, 741, 1924, CSP, Vol. 2, p. 198.

73. P, chapter 27 in Müller-Pouillet's *Lehrbuch der Physik*, Vol. 2, p. 1483, Vieweg, Braunschweig; CSP, Vol. 1, p. 565.

74. See ref. 18, chapter 22, p. 417ff; and my *Niels Bohr's Times*, chapter 11, p. 235ff, Oxford University Press, 1991.

75. P, letter to R. Kronig, May 21, 1925, SC, Vol. 1, p. 214.

76. W. Heisenberg, *Zeitschr. f. Physik* **33**, 879, 1925.

77. W. Heisenberg, letter to P, June 24, 1925, SC, Vol. 1, p. 225.

78. P, letter to H. A. Kramers, July 27, 1925, SC, Vol. 1, p. 232.

79. P, letter to R. Kronig, October 9, 1925, SC, Vol. 1, p. 315.

80. P, *Zeitschr. f. Physik* **36**, 336, 1926; CSP, Vol. 2, p. 252.

81. 실패를 거두었던 연구에 대해서는 이 책에 실린 클라인에 관한 장을 보라.

82. N. Bohr, letter to P, November 25, 1925, SC. Vol. 1, p. 268.

83. W. Heisenberg, in *Theoretical Physics in the Twentieth Century*, p. 40, Interscience, New York, 1960.

84. W. Heisenberg, letter to P, November 3, 1925, SC, Vol. 1, p. 252.

85. E. Schrödinger, *Ann. d. Phys.* **79**, 361, 1926.

86. P, letter to P. Jordan, April 12, 1926, SC, Vol. 1, p. 315.

87. E. Schrödinger, *Ann. d. Phys.* **79**, 734, 1936.

88. 이 책에 실린 보른에 관한 장을 보라.

89. P, *Zeitschr. f. Physik* **41**, 81, 1927; CSP, Vol. 2, p. 284.

90. L. Mensing and P, *Phys. Z.* **27**, 509, 1926; CSP, Vol. 2, p. 280.

91. W. Heisenberg, letter to P, July 28, 1926, SC, Vol. 1, p. 337.

92. W. Heisenberg, *Zeitschr. f. Physik* **43**, 172, 1927.

93. W. Heisenberg, letter to P, February 23, 1927, SC, Vol. 1, p. 376.

94. N. Bohr, letter to P, August 13, 1927, SC, Vol. 1, p. 407.

95. 이 에피소드에 관한 자세한 내용은 필자의 다음 저서를 보라 : *Niels Bohr's Times*, ref. 74, chapter 14, section (e).

96. P, letter to N. Bohr, October 17, 1927, SC, Vol. 1, p. 411.

97. N. Bohr, letter to P, May 14, 1928, SC, Vol. 1, p. 456; P, letter to N. Bohr, June 16, 1928, SC, Vol. 1, p. 462.

98. 자세한 내용은 다음을 보라 : ref. 18, chapter 25, section (a); ref. 95, chapter 14, section (f).

99. Account by Otto Stern, taped on December 2, 1961, by Res Jost.

100. P, *Zeitschr, f. Physik* **41**, 81, 1927; CSP, Vol. 2, p. 284.

101. R. Peierls, *Memoirs Members F. R. S.* **5**, 175, 1959.

102. Ref. 65, chapter 13, section (d).

103. P, *Zeitschr. f. Physik* **43**, 601, 1927; CSP, Vol. 2, p. 306.

104. P. A. M. Dirac, *Proc. Roy. Soc.* **A117**, 610, 1928; 118, 351, 1928. See further, ref. 65, chapter 13, section (e); 이 책에 실린 디랙에 관한 장도 참고하라.

105. P, *Handbuch der Physik*, Vol. 24, part 1, Springer, Berlin, 1933; CSP Vol. 1, p. 771.

106. 구양자론에서 비롯된 이 연구들과 그 밖의 다른 연구들이 기여한 것에 대해서는 다음을 참고하라 : ref. 18, chapters 19, 21, and 22.

107. M. Born and P. Jordan, *Zeitschr. f. Physik* **34**, 858, 1925.

108. English translation. of ref. 107 in B. L. van der Waerden, *Sources of Quantum Mechanics*, Dover, New York, 1968.

109. M. Born, W. Heisenberg, and P. Jordan, *Zeitschr. f. Physik* **35**, 557, 1925,

English translation in ref. 108.

110. P. A. M. Dirac, *Proc. Roy. Soc.* **A114**, 243, 710, 1927.

111. 지금까지 언급된 모든 논문들은 다음에서 검토되었다 : ref. 65, chapter 15.

112. W. Heisenberg, letter to P, February 23, 1927, SC, Vol. 1, p. 376.

113. P, letter to P. Jordan, March 12, 1927, SC, Vol. 1, p. 385.

114. P. Jordan and P, *Zeitschr. f. Physik* **47**, 151, 1928; CSP, Vol. 2, p. 331.

115. P, letter to H. Weyl, January 29, 1928, SC, Vol. 1, p. 427.

116. P, letter to H. A. Kramers, February 7, 1928, SC, Vol. 1, p. 432.

117. P, in anniversary volume for A. Sommerfeld, p. 30, Hirzel Verlag, Leipzig, 1928; CSP, Vol. 1, p. 549.

118. P, letter to O. Klein, February 18, 1929, SC, Vol. 1, p. 488.

119. W. Heisenberg and P, *Zeitschr. f. Physik* **56**, 1, 1929; CSP, Vol. 2, p. 354.

120. G. Wentzel, in ref. 83, p. 51. 이 논문은 ref. 119를 잘 요약해 보여준다.

121. W. Heisenberg and P, *Zeitschr. f. Physik* **59**, 168, 1930; CSP, Vol. 2, p. 415.

122. P, letter to H. Weyl, August 26, 1929, SC, Vol. 1, p. 518.

123. P, letter to O. Klein, February 10, 1930, SC, Vol. 2, p. 2.

124. P, letter to O. Klein, March 10, 1930, SC, Vol. 2, p. 2.

125. P, *Izv. Akad, Nauk SSSR*, 1938, p. 149; CSP, Vol. 2, p. 843.

126. P, letter to P. Epstein, December 10, 1937, SC, Vol. 2, p. 541. 파울리의 소련 방문에 대한 더 자세한 내용은 다음을 참고하라 : V. Frenkel, in, *Wolfgang Pauli* (C. P. Enz and K. von Meyenn, Eds), p. 56, Vieweg, Braunschweig, 1988.

127. P. letter to M. Delbrück, October 6, 1958. See SC, Vol. 2, p. 38.

127a. C. *Jung, Phychology and Alchemy*, section 45, Gesammelte Werke, Vol. 12, Walter Verlag, Otten, Switzerland, 1972.

128. P. Ehrenfest, *Collected Scientific Papers* (M. Klein, Ed.), p. 617, North-Holland, Amsterdam, 1959.

129. P. letter to P. Ehrenfest, October 26, 1931, SC, Vol. 2, p. 96.

130. H. B. G. Casimir, *Haphazard Reality*, p. 86, Harper and Row, New York, 1983.

131. P. *Naturw.* **21**, 841, 1933; CSP, Vol. 2, p. 698; See also P, letter to W. Heisenberg, September 30, 1933, SC, Vol. 2, p. 215.

131a. Ref. 130, p. 144.

131b. P. letter to W. Heisenberg, March 10, 1938, SC, Vol. 2, p. 556.

132. Ref. 130, p. 137.

133. 더 자세한 내용은 다음을 참고하라 : SC, Vol. 2, p. VII.

134. P. letter to R. Kronig, November 22, 1927, SC, Vol. 1, p. 415.

135. R. Kronig, letter to P. Jordan, June 4, 1928, SC, Vol. 1, p. 458.

136. P. CSP, Vol. 2, p. 1313.

137. P가 R. Jost에게 한 말 (Jost, 개인적인 대화).

138. W. Heisenberg, letter to P, December 1, 1930, SC, Vol. 2, p. 37.

139. P, letter to L. Meitner and others, December 4, 1930, SC, Vol. 2, p. 39; also ref. 136.

140. 배경 사건들의 더 자세한 내용과 영어 번역은 다음을 참고하라 : ref. 65, chapter 14, section (d).

141. Ref. 65, chapter 14, section (b).

142. P, letter to O. Klein, December 12, 1930, SC, Vol. 2, p. 43.

143. P. Güttinger and P, *Zeitschr. f. Physik* **67**, 743, 1931; CSP, Vol. 2, p. 438.

144. P, *Phys. Rev.* **38**, 579, 1931.

145. *The New York Times*, June 17, 1931.

146. See also *Science* **74**, 111, 1931.

147. P, letter to R. Peierls, July 1, 1931, SC, Vol. 2, p. 88.

148. P, letter to F. Rasetti, October 6, 1956, copy in Niels Bohr Archive, Copenhagen.

149. G. Gamow, *The Constitution of Atomic Nuclei and Radioactivity*, Oxford University Press, 1931.

150. P, *Naturw.* **20**, 582, 1932; CSP, Vol. 2, p. 1400.

151. F. Bloch, letter to N. Bohr, April 6, 1933, copy in Niels Bohr Archive, Copenhagen.

152. P, in *Structure et proprietés des noyaux atomiques*, p. 324, Gauthier-Villars, Paris, 1934.

153. F. Perrin, ref. 152, p. 327.

154. E. Fermi, *Nuov. Cim.* **11**, 1, 1934; *Zeitschr. f. Physik* **88**, 161, 1934.

155. P, letter to P. M. S. Blackett, April 19, 1933, SC, Vol. 2, p. 158.

156. Quoted in ref. 83, p. 137. See also R. Peierls, ref. 101, p. 140.

157. 이 책의 디랙에 관한 장에 더 상세한 내용이 소개되어 있다.

158. P, letter to Dirac, May 1, 1933, SC, Vol. 2, p. 159.

159. P, letter to W. Heisenberg, February 6, 1934, SC, Vol. 2, p. 274.

160. W. Heisenberg, letter to P, April 25, 1935, SC, Vol. 2, p. 386.

161. 'The theory of the positron and related topics,' notes by B. Hoffmann, Institute for Advanced Study, 1935-36, mimeographed notes.

162. P and M. Rose, *Phys. Rev.* **49**, 462, 1936; CSP, Vol. 2, p. 749.

163. P, letter to W. Heisenberg, June 14, 1934, SC, Vol. 2, p. 327.

164. P, *Helv. Phys. Acta* **5**, 179, 1932; CSP, Vol. 2, p. 481; in *Pieter Zeeman, Verhandelingen*, p. 31, Nÿhoff, The Hague, 1935; CSP, Vol. 2, p. 724; *Helv. Phys. Acta*, **12**, 147, 1939; CSP, Vol. 2, p. 847.

165. Ref. 27, and also P and J. Solomon, *J. Phys. Radium* **7**, 452, 582, 1934, CSP, Vol. 2, p. 461.

166. 'Le magnetisme,' *Proceedings of the 6th Solvay conference*, 1930, pp, 175, 250, CSP, Vol. 2, p. 502.

167. P and M. Fierz, *Zeitschr. f. Physik* **106**, 582, 1937; CSP, Vol. 2, p. 797. For a review see M. Fierz, ref. 83, p. 161.

168. P and M. Fierz, *Nuov. Cim.* **15**, 167, 1938; SC, Vol. 2, p. 812.

169. P and F. J. Belinfante, *Physica* **7**, 177, 1940; SC, Vol. 2, p. 895.

170. P. letter to H. B. G. Casimir, October 11, 1945, SC, Vol. 3, p. 320.

171. P. letter to J. von Neumann, April 19, 1939, SC, Vol. 3, p. xxvii.

172. P. letter to N. Kemmer, August 29, 1939, SC, Vol. 2, p. 674.

173. P. letter to I. Rabi, July 10, 1943, SC, Vol. 3, p. 186.

174. SC, Vol. 3, p. XXIX.

175. P, letter to M. Fierz, September 3, 1940, SC, Vol. 3, p. 35.

176. P. letter to H. Hopf, October 15, SC, Vol. 3, p. 46.

177. P. letter to V. Weisskopf, November 28, 1940, SC, Vol. 3, p. 53.

178. P. letter to V. Weisskopf, December 30, 1940, SC, Vol. 3, p. 57.

179. P. letter to J. M. Jauch, May 11, 1941, SC, Vol. 3, p. 98.

180. P. letter to G. Wentzel, December 30, 1941, SC, Vol. 3, p. 116.

181. P, *Phys. Rev.* **58**, 716, 1940. CSP, Vol. 2, p. 918; see also P, *Progr. Theor. Phys.* **5**, 526, 1950, CSP, Vol. 2, p. 1131.

182. P. letter to W. Heisenberg, June 28, 1934, SC, Vol. 2, p. 334.

183. P, *Ann. Inst. Poincaré* **6**, 137, 1936; CSP, Vol. 2, 781.

184. M. Fierz, *Helv. Phys. Acta* **12**, 3, 1939.

185. N. Burgoyne, *Nuov. Cim.* **8**, 607, 1958; see also the review by R. Jost in ref. 83, p. 107.

186. P, in *Niels Bohr and the Development of Physics*, p. 30, McGraw-Hill, New York, 1955.

187. R. Jost, *Helv. Phys. Acta* **30**, 409, 1957 and ref. 83, p. 107. CPT 정리에 대한 소개는 다음을 참고하라 : R. F. Streater and A. Wightman, PCT, *Spin and Statistics and All That*, Benjamin, New York, 1964.

188. P. *Rev. Mod. Phys.* **13**, 203, 1941; CSP, Vol. 2, p. 923.

189. P. *Phys. Rev.* **64**, 332, 1943; CSP, Vol. 2, p. 1034.

190. G. Wentzel, *Zeitschr. f. Physik.* **86**, 479, 1933; **87**, 726, 1934, reviewed in his *Quantum Theory of Fields and Particles*, Interscience, New York, 1948.

191. P. Rev. *Mod. Phys.* **15**. 175, 1943; also *Phys. Rev.* **65**, 255, 1944; *Helv. Phys. Acta* **19**, 254, 1946; reprinted in CSP, Vol. 2, pp. 1001, 1047, 1076, respectively.

192. P. A. M. Dirac, *Ann. Inst. Poincaré* **9**, 13, 1939; *Proc. Roy. Soc*, **A180**, 1, 1942; *Comm. Dublin Inst. Adv. Study* **A1**, 1942.

193. P, letter to G. Breit, December 18, 1937, quoted in SC, Vol. 3, p. xxii.

194. P, letter to R. Oppenheimer, January 6, 1948, SC, Vol. 3, p. 493.

195. P. letter to H. B. G. Casimir, October 11, 1945, SC, Vol. 3, p. 320.

196. P, letter R. Oppenheimer, October 4, 1941, SC, Vol. 3, p. 109.

197. See SC, Vol. 3, p. 997; also P, letter to R. Oppenheimer, April 9, 1945, SC, Vol. 3, p. 265.

198. P and S. Dancoff, *Phys. Rev.* **62**, 85, 1942; CSP, Vol. 2, p. 953.

199. P, letter to R. Oppenheimer, April 9, 1942, SC, Vol. 3, p. 134.

200. P and S. Kusaka, *Phys. Rev.* **63**, 400, 1943; CSP, Vol. 2, p. 977.

201. P and Ning Hu, *Rev. Mod. Phys.* **17**, 267, 1945; CSP, Vol. 2, p. 1053.

202. P, *Meson Theory of Nuclear Forces*, Interscience, New York, 1948, CSP, Vol. 1, p. 939.

203. P, letter to L. Rosenfeld, July 20, 1945, SC, Vol. 3, p. 295.

204. P, letter to G. Wentzel, July 20, 1942, SC, Vol. 3, p. 149.

205. J. R. Oppenheimer, letter to P, May 20, 1943, SC, Vol. 3, p. 181.

206. P, letter to J. R. Oppenheimer, April 9, 1945; SC, Vol. 3, p. 265.

207. 예를 들면, P, letter to M. Delbrück, December 1, 1944, SC, Vol. 3, p. 251.

208. P, *Rev. Mod. Phys.* **17**, 97, 1945; CSP, Vol. 2, p. 1048.

209. P, letter to O. Klein, August 31, 1945, SC, Vol. 3, p. 308.

210. SC, Vol. 3, p. XLVIII.

211. P, letter to J. R. Oppenheimer, September 8, 1946, SC, Vol. 3, p. 380.

212. P, letter to I. Rabi, August 12, 1946, SC, Vol. 3, p. 375.

213. R. Jost, *Phys. Bl.* **40**, 178, 1984.

214. SC, Vol. 4, part 1, pp. 2, 3.

215. Ref. 214, pp. 4-8.

216. See footnote 2 in P, letter to M. Fierz, September 1, 1949, SC, Vol. 3, p. 696.

217. Ref. 214, p. XXX.

218. P, letter to M. Fierz, June 2, 1949, SC, Vol. 3, p. 657.

219. P, letter to J. R. Oppenheimer, January 6, 1948, SC, Vol. 3, p. 493.

220. P and F. Villars, *Rev. Mod, Phys.* **21**, 434, 1949; CSP, Vol. 2, p. 1116.

221. A. Pais, *Phys. Rev.* **68**, 227, 1945.

222. 예를 들면, P, in *Physical Society of Cambridge Conference*, 1946, Report p. 5; CSP, Vol. 2, p. 1097, and in *Proceedings of the 8th Solvay Conference*, 1948, p. 287; CSP, Vol. 2, p. 1127.

223. P, letter to J. Schwinger, January 24, 1949, SC, Vol. 3, p. 609. See also P, letters to H. Bethe, May 15, 1948; January 25, 1949, SC, Vol. 3, pp. 528, 619, respectively.

224. 이 책에 실린 조스트에 관한 장을 보라.

225. P, *Nuov. Cim.* **10**, 648, 1953; CSP, Vol. 2, p. 1176.

226. G. Källen and P, *Kgl. Danske Vid. Selsk. Mat.-Fys. Medd.* **30**, 3, 1953, CSP, Vol. 2, p. 1261.

227. P, *Nuov. Cim.* **6**, 204, 1957; **14**, 205, 1959; CSP, Vol. 2, pp. 1338, 1383, respectively.

228. P, *Vierteljahresschr. Naturf. Ges. Zurich* **97**, 137, 1952; *Proceedings of the Rydberg Conference on Atomic Spectroscopy*, Lund 1954, p. 22; CSP, Vol. 2, 1160, 1231, respectively.

229. P, *Experientia* **6**, 72, 1950; CSP, Vol. 2, p. 1149; *Verh. Schweitz. Naturf. Ges.* p. 76, 1952; CSP, Vol. 2, p. 1196; *Dialectica* **6**, 141, 1952; **8**, 112, 1954; **11**, 36, 1957; CSP, Vol. 2, pp. 1163, 1199, 1350, respectively.

230. P, letter to Bohr, October 29, 1946, SC, Vol. 3, p. 394.

231. I. Rabi, letter to P, October 2, 1946, SC, Vol. 3, p. 385.

232. P, letters to A. Pais, November 17, 1947; August 19, December 26, 1948; February 18, April 1, April 19, May 26, December 28, 1949, SC, Vol. 3,

pp. 477, 566, 585, 633, 647, 650, 654, 728, respectively.

233. P, letter to G. Wentzel, September 7, 1931, SC, Vol. 3, p. 751.

234. See footnote 1 to P, letter to A. Pais, June 6, 1950, SC, Vol. 4, part 1, p. 113.

235. See footnote 3 to P, letter to A. Pais, July 3, 1953, SC, Vol. 4, part 2.

236. P, letter to N. Bohr, June 6, 1950, SC, Vol. 4, part 1, p. 110.

237. P, letter to M. Fierz, July 5, 1950, SC, Vol. 4, part 1, p. 139.

238. C. G. Jung. *Gestaltungen des Unbewussten*, Rascher Verlag. Zurich, 1950.

239. P, letter to A. Pais, August 17, 1950, SC, Vol. 4, part 1, p. 151.

240. P, postcard to A. Pais, April 9, 1951, SC, Vol. 4, part 1, p. 287.

241. P, postcard to A. Pais, August 22, 1951, SC, Vol. 4, part 1, p. 356.

242. P, letter to A. Pais, April 28, 1952, SC, Vol. 4, part 1, p. 617.

243. P, letter to A. Pais, May 7, 1952, SC, Vol. 4, part 1, p. 626.

244. P, letter to A. Pais, May 20, 1952, SC, Vol. 4, part 1, p. 632.

245. P, in mimeographed Report International Physics Conference, Cophenhagen, June 1952, p. 51.

246. A. Pais, *Phys. Rev.* **86**, 663, 1952.

247. A. Pais, *Physica* **19**, 869, 1953.

248. W. Heisenberg, *Physica* **19**, 905, 1953.

249. P, *Physica* **19**, 887, 1953.

250. O. Klein, in *New Theories in Physics* (Warsaw Conference, May 30–June 3, 1938), p. 77, Nÿhoff, The Hague, 1939.

251. 이것에 관해 더 자세한 내용은 이 책의 클라인에 관한 장을 참고하라.

252. P, letter to A. Pais, July 3, 1953, SC, Vol. 4, part 2.

253. P, letter to O. Klein, July 14, 1953, and to M. Fierz, July 3, 22, 25, 1953, SC, Vol. 4, part 2.

254. P, letter to A. Pais, July 25, 1953, SC, Vol. 4, part 2.

255. P, letters to O. Klein, August 25, September 30, October 23, 1953, SC, Vol. 4, part 2.

256. P, letters to R. Oppenheimer, September 3, October 23, 1953, Vol. 4, part 2.

257. P, letters to M. Fierz, October 5, 1953, and to R. Schafroth, November 17, 1953, SC, Vol. 4, part 2.

258. P, letter to A. Pais, December 6, 1953, SC, Vol. 4, part 2.

259. C. N. Yang and R. Mills, *Phys. Rev.* **95**, 631; **96**, 191, 1954.

260. P. Gulmanelli, *Su una teoria dello spin isotopico*, Publicazioni sezione di

Milano dell'Istituto Nazionale di Fysica Nucleare, Casa Editrice Pleion, Milan, undated.

261. C. N. Yang, *Selected Papers 1945-1980*, p. 19, Freeman, San Francisco 1983.

262. P, letter to M. Schlick, August 21, 1922, SC, Vol. 2, p. 692.

263. P, *Scientia* **59**, 65, 1936; CSP, Vol. 2, p. 737.

264. Pauli, *Writings on Physics and Philosophy* (C. P. Enz and K. von Meyenn, Eds.), Springer, New York, 1994.

265. P, CSP, Vol. 1, p. 1125, ref. 264, p. 27.

266. P, CSP, Vol. 2, p.1290, ref. 264, p. 137.

267. P, *Experientia* **6**, 72, 1950; CSP, Vol. 2, p. 1149, ref. 264, p. 35.

268. P, *Helv. Phys. Acta* supplement **4**, 282, 1956; CSP, Vol. 2, p. 1299, ref. 264, p. 107.

269. P, *Dialectica* **8**, 112, 1954; CSP, Vol. 2, p. 1199, ref. 264, p. 43.

270. P. letter to C. G. Jung, March 31, 1953, reprinted in *Wolfgang Pauli und C. G. Jung* (C. A. Meier, Ed.), p. 103, Springer, New York, 1992.

271. P, *Dialectica* **11**, 36, 1957; CSP, Vol. 2, p. 1350, ref. 264, p. 127.

272. P, letter to V. Weisskopf, February 23, 1954, SC.

273. See especially P, letters to N. Bohr, February 15 and March 11, 1955; N. Bohr, letters to W. Pauli, March 2 and 25, 1955, SC.

274. P and C. G. Jung, *Naturerklärung and Psyche*, p. 167, Rascher Verlag, Zurich, 1952.

275. Ref. 274, p. 101.

276. C. G. Jung, 'Traumsymbole des Individuationsprozesses,' p. 13, in *Eranos Jahrbuch 1935*, Rhein Verlag, Zurich, 1936. 인용 구절은 pp. 14, 15, 126에서 발견된다. 나는 오랜 친구인 조스트의 소개로 이 연구에 관심을 갖게 되었다. 파울리의 꿈에 관한 더 많은 내용은 다음에서 찾아볼 수 있다 :. C. G. Jung, 'Psychologie und Alchemie,' and 'Psychologie und Religion,' *Collected Works* (H. Read *et al.* Eds.), Vols 11, 12.

277. See ref. 270, pp. 34, 133, 159.

278. P, letter to A. Pais, August 17, 1950, SC, Vol. 4, part 1, p. 151.

279. See also P, letter to C. G. Jung, February 27, 1952, SC, Vol. 4, part 1, p. 557.

280. 예를 들면, 다음을 보라 : ref. 276, letters No. 3, 4, 15, 55, 56, 59, and ref.

270, letters No, 23, 42, 44, 55, 69.

281. P, letter to M. Fierz, October 3, 1951, SC, Vol. 4, part 1, p. 375.

282. P, letter to M. L. von Franz, July 18, 1954, SC.

283. P, letter to V. Weisskopf, February 8, 1954, SC.

284. P, letter to M. Fierz, January 7, 1948, SC, Vol. 3, p. 495.

285. P, *Dialectica* **8**, 283, 1954; CSP, Vol. 2, p. 1212, ref. 264, p. 149.

286. P, ref. 274, p. 109; translation in ref. 264, p. 219.

287. A. Pais, letter to P, April 20, 1954, SC.

288. P, letters to A. Pais, December 27, 1954; December 9, 1956, SC.

289. See refs. 189 and 225-7, 229.

290. P, in *L. de Broglie, Physicien et Penseur*, p. 33, A. George, Paris, 1953; CSP, Vol. 1, p. 1115.

291. P, CSP, Vol. 2, p. 1313, extended version in ref. 264, p. 193.

292. P. *Experientia* **14**, 1, 1958; CSP, Vol. 1, p. 1368, ref. 264, p. 183.

293. Reprinted in F. Reines, *J. de Physique*, Colloque C8, December 1982, pp. C8-237.

294. T. D. Lee and C. N. Yang, *Phys. Rev.* **104**, 254, 1956.

295. P, letter to R. Schafroth, December 22, 1956, SC.

296. P, letter to V. Weisskopf, January 27, 1957, CSP, Vol. 1, p. xvii.

297. Ref. 264, p. 192.

298. 이 책에 실린 레스 조스트에 관한 장을 보라.

299. 예를 들어 다음을 보라 : W. Heisenberg, *Rev. Mod. Phys.* **29**, 267, 1957.

300. W. Heisenberg, *Physics and Beyond*, chapter 19, Harper and Row, New York, 1971.

301. P, letter to L. D. Landau, March 11, 1958.

302. P, in *Proceedings of the 1958 Conference at Cern* (B. Ferretti, Ed.), p. 122, CERN, Geneva, 1958.

303. 이 문제를 다룬 그의 다음 논문들을 보라 : W. Heisenberg, *Collected Works*, Series B, Springer, New York, 1954, especially his 1966 review on p. 677.

304. P. Scherrer, *Phys. Bl.* **15**, 34, 1959.

1960년대의 래비의 모습

이시도어 래비

1946년 9월, 나는 조국 네덜란드를 떠나 처음으로 방문하는 미국행 배에 올랐다. 대서양을 10일 동안 항해한 끝에 무덥고 습기 찬 저녁 뉴욕 항구에 도착했다.

나는 9월 19일부터 뉴욕에서 개최된 미국물리학협회 회의에 논문을 제출해달라는 초청을 받고 미국 방문길에 오른 것이었다. 전쟁 기간에 네덜란드에서 숨어 지내면서 한 양자전기역학에 관한 연구가 인정을 받았는데, 미국에서도 호평을 받았다. 이 때 제출한 논문의 주제도 그것이었다.

20일 저녁, 컬럼비아대학의 남자 교수 클럽에서 만찬을 겸한 회의가 열렸다. 나는 맨체스터에서 온 패트릭 블래킷(Patrick Blackett), 컬럼비아대학의 딘 조지 피그램(Dean George Pegram), 벨연구소장 올리브 버클리(Olive Buckley), 그리고 컬럼비아대학에서 가장 유명한 물리학자인 이시도어 래비(Isidor Rabi)와 함께 좋은 자리에 앉았다.

그것이 라브(친구들은 그를 이렇게 부른다)와의 첫 만남이었는데, 그는 약간의 농담을 주고받은 뒤, 단도직입적으로 "당신은 진공 분극을 측정하는 게 가능하다고 생각합니까?"라는 질문을 던졌다. 여기서 진공 분극이 무엇인지 설명하는 것은 적절치 않다고 생각된다. 다만, 그것은 그 당시 가장 앞서 있던 이론물리학자들 사이에서도 비전(秘傳)의 지식처럼 간주되던 주제였다고 언급하는 것으로 충분할 것 같다.

나는 처음부터 래비가 마음에 들었다. 그는 다음 날 저녁 자기 집의 파티에 나를 초대했다. 나는 거기서 친절하지만 경외감을 느끼게 하는 그의 아내 헬렌을 만났다.

며칠 뒤, 이번에는 프린스턴대학에서 래비를 다시 만났다. 우리는 둘 다 개교 200주년을 기념하여 9월 23일부터 25일까지 열린 주제별 회의 중 하나인 '원자과학의 미래'에 관한 회의에 참석했다. 래비는 연사 중 한 명이었는데, 그의 강의 제목은 '대학 연구와 정부 및 민간 연구소의 관계'[1]였다. 연설 중에 그는 다음과 같은 말을 했다.

> 이 문제에 관한 제 의견은 5년간의 전쟁 경험에서 나온 것입니다…물리학 분야에서는…연구 지원을 위해 막대한 돈을 사용하는 게 가능합니다…대학들이 민간 연구소나 정부 연구소를 닮아가야 할까요? 저는 그렇게 생각하지 않습니다…자유로운 상태에 놓여 있고, 물질적으로 스스로를 끊임없이 정당화해야 하는 직접적인 요구를 받지 않는 작은 오아시스의 존재를 위협해서는 안 됩니다.

이 말은 래비의 경력에서 새로운 단계가 시작되었음을 시사한다. 그 무렵에 그는 여전히 연구 활동에 종사하고 있었지만, 자신의 경력에서 중요한 새로운 단계인 과학 분야의 정치가로서 활동을 시작했다. 예를 들면, 1946년에 이미 그는 제자인 노먼 램지(Norman Ramsey ; 훗날 노벨상 수상자)와 함께 많은 비용이 드는 물리학 연구 사업의 공동 추진을 위해 최초의 대학간 컨소시엄을 결성하여 정부의 자금 지원을 받아내자는 제안을 하고 나섰다. 이것은 롱아일랜드에 브룩헤이번국립연구소가 세워지는 계기가 되었다.[2] 1950년 6월, 같은 맥락에서 피렌체의 팔라초베초에서 열린 유네스코 회의에서 유럽공동연구소를 설립하자는 제안을 한 사람도 래비였으며(이 결의안은 만장일치로 채택되었다), 그 결과로 유럽원자핵연구소인 CERN이 탄생하게 되었다.[3]

━━━━━◆━━━━━

1946년의 프린스턴 회의로 돌아가기로 하자. 어느 날 회의 중간의 휴식 시간에 래비가 내게 다가오더니, 2학기에 컬럼비아대학의 객원 강사로 올 생각이 없느냐고 물었다. 나는 그 제의는 몹시 영광스럽지만, 현재 고등학술연구소에서 1년간의 계약으로 일하고 있는 연구원 경력을 중단하고 싶지 않다고 대답했다.

이 일이 있고 나서 나는 여러 대학으로부터 제의를 받기 시작했다. 그 중 하나는 역시 래비가 한 것이었는데, 11월에 뉴욕에서 전화를 걸어 컬럼비아대학의 방문 교수 자리를 제의했다. 나는 그의 제의를 진지하게 고려해보겠다고 대답했다. 나는 실제로 고등학술연구소에서 장기 계약에 대한 협상이 시작되던 1947년 초까지 그의 제의를 진지하게 고려했다. 그 협상의 결과로 나는 4월에 래비에게 전화를 걸어 그의 제의에 고마움을 표시하며, 이번에도 거절할 수밖에 없다고 말했다. 그의 응답은 친절한 것이었다.

몇 달 후에 우리는 다시 만났다. 우리는 1947년 6월 1일부터 3일까지 셸터아일랜드(롱아일랜드 앞바다에 있는 작은 섬)에서 열린 양자역학의 기초에 관한 회의(20여 명의 물리학자가 참석)에 참석했다. 그 후 나는 회의 참석자들로부터 편지나 면담을 통해 그 회의가 비슷한 종류의 회의 중에서는 그들의 과학 경력에서 가장 중요한 사건이었다는 말을 들었으며, 나 역시 같은 생각이었다. 그 집단의 비공식적 지도자였던 로버트 오펜하이머는 모든 참석자들의 반응을 다음과 같이 적절하게 요약했다. "3일간은 즐거운 시간이었으며, 예기치 못한 결실을 가져다준 것으로 생각된다…〔우리는〕 진전이 이루어질 방향이 어느 쪽인지 좀더 분명히 확신을 가지고 떠나게 되었다."[4] 이 발언은 무엇보다도 그 회의에서 래비와 그의 컬럼비아 학파의 젊은 연구자들이 발표한 양자전기역학에 관한 실험을 가리킨 것이다.

래비의 동료인 윌리스 램(Willis Lamb)이 발표한 그들의 첫 번째 발표부터 놀라운 소식이었다. 그것은 수소 원자의 스펙트럼에 관한 개선된 실험을 다룬 것이었다. 그가 얻은 결과는 그 당시의 예측과는 미소하지만 분명한 차이를 보여주었는데,[5] 이것은 그 후 '램 이동'이라 불리게 된다. 래비가 처음 나를 만났을 때 던졌던 진공 분극의 의문에 관한 답이 여기 있었다 —다만, 그 답이 진공 분극이 예측한 것과는 부호가 반대이고, 약 40배나 크다는 것만 제외하고.

그 다음에 래비가 발표한 논문 역시 그에 못지않게 인상적인 것이었다. 그는 다른 실험 결과들[6]을 소개했는데, 그것들은 전자의 자기 모멘트(이 입자가 작은 자석처럼 행동한다는 사실을 나타내는 하나의 척도)는 그 당시 알려진 이론으로 예측한 것과는 정확하게 같지 않음을 보여주었다. 참석자들은 그 날 아침에 발표된 이 두 가지 실험 결과들은 근본적으로 새로운 것이어서 노벨상을 받을 만한 것이라고 느꼈다―실제로 그들은 1955년에 노벨상을 받았다.

래비와 나는 1948년 3월 30일부터 4월 2일까지 펜실베이니아주의 포코노산맥에 위치한 큰 호텔 포코노메이너에서 셸터아일랜드 회의의 후속으로 열린 회의에도 참석했다. 그 때쯤에는 새로운 효과들을 이해하기 위한 첫 단계의 연구들이 잘 진행되고 있었기 때문에 래비는 "도대체 이제 나는 무엇을 측정해야 하는가?"라는 유명한 말을 내뱉었다.

이상은 나와 래비의 처음 몇 차례의 만남에 대해 이야기한 것이다. 그 후의 우리의 만남에 대해 이야기하기 전에 그의 생애와 경력을 간략하게 소개하고자 한다. 물론 이에 대해서는 다른 사람들이 훨씬 더 자세히 다룬 바 있다.[7, 8, 9]

래비는 1898년 7월 29일, 갈리시아(그 당시에는 오스트리아-헝가리 제국의 땅이었지만, 지금은 폴란드 땅임)의 한 작은 읍에서 태어났다. 아버지 다비드(David)와 어머니 셰인들(Sheindl)은 신앙심이 아주 깊은 정통파 유태교도였다. 래비 밑으로는 다섯 살 아래인 여동생 거트루드(Gertrude)가 있었다.

래비가 맨 먼저 배운 언어는 이디시어로, "나는 이디시어를 아주 잘 했다."[7]고 한다. 박해를 피하기 위해서가 아니라 보다 나은 삶을 위해 아버지가 미국으로 이민을 떠날 무렵, 래비는 아직 어린아이였다. 다비드는 미국에 도착한 지 몇 달 만에 아내와 아들을 미국으로 데려올 만한 돈을 모았다. 자신의 어린 시절에 대해 래비는 이렇게 기억했다. "나는 부자들을 부러워한 적이 한 번도 없다. 그들은 단지 좀더 잘살 뿐이었고, 우리는 그냥 가난할 뿐이었다."[7]

래비는 유태인 학교에서 세 살 때부터 교육을 받기 시작했으며, 그 곳에서 금방 이디시어를 읽는 법을 배웠다. 그 다음에는 뉴욕의 로워이스트사이드에 있는 공립학교를 다녔다. 래비의 입학 등록을 위해 어머니가 찾아갔을 때, 담당자가 아이의 이름을 묻자 어머니는 '이스라엘'의 줄임말인 '이지'라고 대답했다(부모는 래비의 이름을 이스라엘 아이작이라고 지어주었다). 담당자는 이지를 이시도어(Isidore)의 줄임말이라 생각하고, 그 이름을 적어넣었다. 이 잘못은 다시는 고쳐지지 않았지만, 래비는 나중에 'e'만 빼버리고, 자기 이름을 영원히 이시도어 래비로 굳혔다.

"나는 결코 신동은 아니었지만,"[7] 래비의 학교 성적은 우수했다. 학교에서 돌아오면, 어머니가 "오늘은 어떤 좋은 질문을 했니?" 하고 말을 건넸다고 그는 내게 이야기했다.

1907년, 가족은 브루클린의 브라운스빌 구역으로 이사했는데, 그 곳에서 래비는 카네기 도서관을 발견했으며, 특히 과학책들이 눈에 띄었다. 그 책들을 읽은 것은 "다른 어떤 것보다도 내 인생을 결정했다."[7] 그는 전기에 대해, 그 중에서도 특히 전신에 대해 배웠으며, 집에서 스스로 전신 기지국을 세웠고, 모스 부호를 배워 자격증도 취득했다.[10] 그의 실험물리학 경력은 이 때부터 시작되었다. 그는 1916년에 브루클린에 있는 공작기술고등학교를 졸업했다. 학교 수업에서 그가 배우거나 특별히 감명을 받은 것은 거의 없었다. 그는 대부분 혼자서 배웠다.

어린 시절의 이야기 중에서 마지막으로 한 가지만 더 소개하기로 하자. 1911년, 래비는 13세가 되면 치르는 유대교 성인식인 바르미츠바를 거치게 되었다. 일반적으로 이 의식은 예배당에서 치르지만, 래비는 그렇게 하길 거부했다. "[내 부모가] 어떻게 할 수 있었겠는가? 나는 막돼먹은 자식이라 부모님에 대해서는 아무 걱정도 하지 않았다. 지금 생각하면, 소름이 끼친다." 결국 그는 바르미츠바 의식을 치렀지만, 집에서 이디시어로 '전깃불이 어떻게 작용하는가'에 대한 연설을 하면서 자기 방식대로 치렀다.[10]

나는 래비가 정확하게 언제 종교를 버렸는지 모르지만, 어떻게 버렸는지는 안다. 내게 들려준 이야기에 따르면, 그것은 어린 소년 시절이던 어느 안식일 아침에 일어났다. 예배당에서 예배를 드리고 있던 중에 코하님(성직자를 뜻하는 코헨 또는 콘이라는 이름을 가진 사람들)이 기도용 숄을 머리 위에 뒤집어쓴 채 축복을 내려주기 위해 예배당의 한 곳에 모였다. 숄을 뒤집어쓴 것은 이 때 내리쬐는 하느님의 빛이 그들의 눈을 멀게 하기 때문이라고 했다. 그래서 거기에 모인 다른 사람들은 모두 시선을 땅으로 향해야 했다. 래비도 그렇게 하다가 한쪽 눈만 뜬 채 위를 쳐다보면 무슨 일이 일어날까 하는 생각이 퍼뜩 떠올랐다. 그러나 아무 일도 일어나지 않았다. 그것으로 그는 종교를 버렸다.

━━━━◆━━━━

1916년, 래비는 두 가지 장학금을 받으며 코넬대학에 입학했다. 그는 전기공학과 학생으로 시작했으나, 그 과목이 너무 따분하여 화학으로 전공을 바꾸었다. 그는 정성 분석을 좋아했다. 미지의 물질을 주면, 그 속에 포함된 화학 물질들이 어떤 것인지 알아내는 것이었다. "나는 그것을 연구만큼 훌륭한 것이라고 생각했다."[7] 1919년, 그는 화학 전공으로 졸업한 후, 일자리를 찾기 시작했지만, "유태인은 화학 회사나 대학에서 일자리를 얻지 못했다. 그것은 정말 심각했다."[7] 3년간 임시직을 전전하던 그는 코넬대학으로 돌아와 대학원에서 화학을 공부하기 시작했다. 자신의 자리를 찾은 것은 바로 그 때였다. "나는 내가 좋아하는 화학 분야가 물리학이라고 불린다는 사실을 깨달았다."[7] 1년 뒤인 1923년, 그는 컬럼비아대학으로 학교를 옮겼는데, 뉴욕의 헌터대학에 다니던 헬렌 뉴마크(Helen Newmark)라는 여학생을 만난 것이 주요 원인이었다. 그 곳에서 그는 시립대학에서 일 주일에 16시간 강의를 하고 연봉 800달러를 받는 조건으로 일하면서 혼자서 살아갔다. 1926년 8월 16일, 그는 결정 속의 자기에 관한 실험적 연구로 박사 학위 논문을 제출했다. 그리고 그 다음 날, 그는 헬렌과 결혼했다. 그들 사이에는 두 딸이 태어났는데, 낸시(1929년 출생)는 변호사가 되었고, 마거릿(1934년 출생)은 현재 심리학자로 활동하고 있다. 손자와 손녀도 네 명이 태어났다.

20세기의 물리학에서 박사 학위자가 가장 풍성하게 배출된 해 중 하나는 1926년이다. 양자역학이 막 발견되어 새롭고 드넓은 연구 영역이 눈앞에 펼쳐졌기 때문이다. 래비는 이 혁명적인 분야에 대한 논문들이 유럽에서 도착하는 즉시 게걸스럽게 섭렵했다. 그는 불과 한 달 전에 슈뢰딩거가 발표한 방법으로 풀기에 적당한 문제를 찾기 위해 고전역학에 관한 책들을 뒤진 이야기며, 대칭적인 톱(top)을 발견하고, 컬럼비아대학의 젊은 박사인 크로니그를 찾아가 "그것을 한번 풀어보자."고 말했다는 이야기를 내게 들려주었다. 그리고 그들은 그것을 해냈다.[12]

이 새로운 분야의 발상지를 방문하고 싶은 열정에 사로잡힌 래비는 컬럼비아대학의 바너드 장학생에 신청해 뽑혔다. 그 장학금은 그와 헬렌이 유럽으로 여행하여 아주 검소하게 살아갈 수 있는 액수였다. 그는 1927년 7월에 유럽으로 떠나 취리히에서 슈뢰딩거와 얼마 동안 함께 지내다가 그 다음에는 뮌헨에서 조머펠트와, 그 다음에는 코펜하겐에서 보어와 함께 지냈다(그러나 보어를 볼 수 있는 기회는 얼마 없었다). 래비는 아무런 연락도 없이 이들 장소에 불쑥 나타나서는 "저는 래비라고 합니다. 여기서 연구를 하고 싶어 왔습니다."라는 식으로 말을 하곤 했다. 그 다음에는 함부르크로 갔는데, 그것은 "나에게 가장 큰 수확을 가져다준 경험"[7]이 되었다. 그 곳에서 그는 이론물리학자인 파울리와 실험물리학자인 오토 슈테른(Otto Stern)을 만났다. 슈테른은 래비의 경력에 결정적인 영향력을 미쳤다.

슈테른은 자기장 속을 지나가는 분자빔의 행동에 관해 선구적인 연구를 했다. 대화 도중에 래비는 슈테른의 방법에서 정확성과 단순성을 개선할 수 있는 이론적 방법을 무심결에 이야기했다. 그러자 놀랍게도, 슈테른은 래비에게 그것을 직접 해보라고 했다. "그래서 나는 그 실험을 했다. 분자빔에 관한 실험은 처음으로 해본 것이었다."[7] 1년 동안 힘든 연구 끝에 놀라운 결과가 나왔다.[13]

그 후, 래비는 록펠러자선재단의 일부인 국제교육부로부터 매달 생활비 조로 182달러의 장학금을 지원받아 이론적 연구를 다시 시작했다. 함부르크에서 그는 라이프치히로 가 하이젠베르크와 함께 일했고, 그 다음에는 취리히로 돌아와 있던 파울리에게 갔다. 1929년에 그 곳에서 그는 컬럼비아대학의 딘 피그램으로부터 전보를 받았다. "내년에 이 곳의 강사직에 신청하게. 연봉 3000달러." "이것은 탐욕의 꿈을 뛰어넘는 제의였다."[7] 그가 알기로는 미국의 물리학부에서 대학 강사로 채용된 유태인은 자기가 처음이었다.

8월에 래비가 뉴욕으로 돌아가면서 그의 물리학 도제 기간은 끝났다. 그는 양자론의 대가들로부터 많은 것을 배웠지만, 함부르크에서 거둔 성공에서 자신의 미래가 실험 분야에 있음을 깨달았다. 그러나 이론 분야에서 얻은 경험과 지식은 그에게 유일하지는 않더라도 아주 보기 드문 스타일을 발달시키는 데 기여했다. 그는 스스로 문제를 찾아내 실험을 하고, 해석을 하는 것을 좋아했다. 그가 자주 말하는 것처럼, 그는 이론물리학자들을 찾아가 "이제 무엇을 할까요?"라고 묻고, 실험이 끝난 뒤에 다시 찾아가 "내가 한 것이 무엇인가요?"라고 묻는 그런 실험물리학자가 아니었다. "나는 항상 스스로 물리학을 해나갔다. 그것은 내 힘이 미치는 범위 안에 있는 나의 물리학이었다. 그것은 나와 자연 사이에 존재했다."[7] 모두 50여 편에 이르는 그의 과학 논문 중에는 순수 이론을 다룬 것도 다수 있다.[14]

1929년에 래비가 미국으로 돌아올 무렵, 미국 물리학은 2류의 위치(물론 일부 훌륭한 과학자들의 예외는 있었지만)로부터 세계 최고의 권위로 부상할 준비를 하고 있었다. "1930년의 관점에서 본다면, 1940년에 우리가 마이크로파 레이더, 원자력을 비롯해 온갖 연구소들을 가득 채울 수 있는 일류 과학자들을 충분히 확보하게 되었다는 것은 정말 놀라운 일이다."[7] 이미 1935년 5월 11일에 〈뉴욕타임스〉지는 노벨상 수상자인 드 브로이의 말을 인용해 "오늘날 사람들은 미국에서 발표되는 과학 논문들을 어느 나라에서도 볼 수 없는 큰 호기심과 초조한 마음으로 기다리고 있다."고 보도했다.

이러한 변화를 가져온 가장 중요한 요인으로는 유럽으로부터 새로운 물리학의 복음을 배운 유능한 미국 젊은이들이 돌아온 것을 꼽을 수 있는데, 그 젊은이들 중 한 사람이 바로 래비였다. 유럽에서 "미국 물리학을 전반적으로 무시하는 풍토는 참기 어려울 정도였다."[7]

물리학에 대한 사랑뿐만 아니라 미국에 대한 사랑도 대단했던 래비는 그러한 상황을 개선하는 데 자신이 한몫을 할 수 있다고 자신했다. 컬럼비아 대학에서 그는 가장 앞선 분야의 강의를 했고, 매주 이론적인 세미나를 열었는데, 그 당시 뉴욕대학에서 열린 그와 비슷한 종류의 세미나로서는 유일한 것이었다. "나는 그 곳의 활력소였고, 학생들은 내 주위에 몰려다녔으며, 나는 유명한 다른 물리학자들과 연락을 주고받았다."[7] 그러나 그의 강의는 별로였다. 그가 공개적으로 말한 것처럼 "[나는] 나쁜 강의를 했고, 나쁜 점수를 주었다."[1] 이것은 그의 우수한 학생들 사이에서도 종종 확인된 사실이지만, 그래도 그들은 그의 강의가 영감을 주었다고 말했다.

그의 노력은 인정을 받았다. 1929년에 강사로 시작한 그는 그 다음 해에 논문을 한 편도 발표하지 않았는데도 불구하고 조교수로 승진했다. 그는 승진을 계속하여 1935~1937년에는 부교수, 1937~1964년에는 정교수, 1964~1967년에는 유니버시티 교수를 지냈으며, 은퇴한 후에도 물리학부에서 활동을 계속하며 세상을 떠날 때까지 물리학부에 연구실을 두었다.

───────●───────

컬럼비아대학에 자리를 잡은 직후부터 래비는 자신의 주요 연구 주제인 분자빔 실험을 하기로 결심했으며, 똑똑한 젊은 물리학자들로 자기 학파를 양성하기 시작했다. 뉴욕을 여기저기 돌아다니면서 그는 싼 가격에 필요한 장비들을 구입했다. 그 때는 대공황이 시작될 무렵이어서 연구 지원비가 대폭 줄어들었다는 사실을 기억할 필요가 있다. 1931년에 그는 자신의 분자빔 실험실을 마련할 수 있었다. 그것은 1940년 가을까지 중단 없이 가동을 계속했다.

래비가 물리학에서 최고의 성과를 얻은 시기도 이 때였다. 인간 래비를 이해하기 위해서는 무엇이 그를 최종 결과를 향해 달려가도록 했는지 아는 것이 중요하다. 그의 과학적 사고에서 우선 항목은 양자역학에 도전하는 것, 즉 그 원리들에 결함이 있는 것이 아닌지 살펴보는 것이었다. "나는 양자역학에 대해 의심을 품고 있었다. 나는 그것을 이용할 수 있고, 알 수 있었지만, 그것은 이상한 이론이었다. 스스로를 납득시키지 않으면 안 되었다. 이 실험들에서 우리가 얼마나 큰 기쁨과 즐거움을 맛보았는지는 표현하기 어렵다…반은 철학이었고, 반은 장인 정신이었다."[15] 말년에 이를 때까지도 그는 결코 양자역학에 대한 현재의 해석이 계속 살아남을 것이라고 믿지 않았다.

래비 실험실의 실험 계획은 원자물리학 분야에 일어난 큰 발전에 발맞추어 정해졌다. 1932년에는 새로운 입자인 중성자가 발견되었다. 그러자 모든 원자핵은 중성자와 양성자의 복합체라는 사실이 명백해졌고, 1931년에는 중성자 하나와 양성자 하나로 이루어진 가장 간단한 원자핵인 중양성자가 발견되었다. 래비의 연구팀은 이제 분명한 실험 목표를 정했다. 즉, 슈테른의 방법과 그 변형 방법들을 원자에 적용해 원자핵의 자기 모멘트와 스핀을 알아내는 것이었다(간단히 설명하자면, 입자가 자체의 축을 중심으로 회전을 할 때 스핀을 가졌다고 이야기한다).

1930년대에 래비의 실험실에서 이루어진 실험 과정이나 그 결과에 대한 자세한 묘사는 생략하려고 한다. 그것에 대해서는 자세한 기술적 보고서들과 대중적인 글들[16]을 참고하기 바란다. 여기서는 중요한 사건들만 언급하기로 한다.

1930년대 초에 래비가 행한 실험들은 그의 표현을 빌리자면, "슈테른의 원래 실험 방법을 여러 가지로 변형시켜 해보는 것"[7]이었다. 많은 원소들에 대해 스핀과 자기 모멘트를 결정할 수 있었으며, 훗날의 실험들에서 같은 원소에 대해 더 정확한 결과들이 나왔다.[17] 이론적인 관점에서 볼 때, 이 시기에 얻은 가장 중요한 결과는 양성자와 중양성자의 자기 모멘트였다. 이것을 최초로 측정한 사람은 슈테른과 그 동료들로서, 중양성자에 대해 단지 대략적인 자기 모멘트만 측정하는 데 그쳤다.[18] 래비팀은 이 두 실험을 훨씬 정밀하게 반복했다.[19]

그러다가 1936년에 래비는 자신의 경력에서 가장 위대한 아이디어를 떠올렸다. 1937년에 발표한 논문에서 그는 슈테른의 실험에 사용된 일정한 자기장들 사이에 추가로 그 진동수를 아주 정밀하게 변화시킬 수 있고 주기적으로 진동하는 자기장을 설치할 것을 제안했다.[20] 세부적인 내용(참고문헌 16 참고)은 생략하고, 이 새로운 실험 방법이 자기 모멘트 측정값의 정확성을 크게 개선시켰으며, 첫 번째 적용에서 이미 10배 정도나 정확도의 향상을 가져왔다는 점만 밝혀둔다. (앞에서 언급했듯이) 래비가 셸터아일랜드에서 전자의 자기 모멘트에 대해 보고했을 때, 그가 사용한 방법은 그 양을 6개의 유효숫자로 결정할 수 있었다(이것은 그 때까지 전례를 찾아볼 수 없던 정확도였다).

1937년에는 이 자기 공명법이 물리학뿐만 아니라, 화학, 생물학, 의학에도 널리 이용되리라고는 아무도 예측하지 못했다. 오늘날에는 과학자들뿐만 아니라 보통 사람들도 병원에서 사용되는 NMR(핵자기 공명) 장비(래비의 아이디어를 응용한 것)에 대해 들어보았을 것이다.

새로운 기술로 무장한 래비팀은 이전에 했던 자기 모멘트 측정을 더 높은 정확도로 해냈다. 이러한 연구를 통해 그들은 핵력(원자핵 속의 양성자들과 중성자들 사이에 작용하는 힘)에 관한 이론에 근본적으로 중요한 사실을 발견했다. 그들은 중양성자의 모양은 완전한 작은 구(그 때까지 모든 원자핵은 이 모양을 하고 있다고 생각했다)가 아니라, 럭비공처럼 타원체라는 사실을 발견했다. 전문 용어를 사용한다면, 중양성자는 전기 4극자 모멘트를 가지고 있었다.[21]

이러한 실험을 할 때 래비의 태도에 대해 한 동료는 이렇게 묘사했다.

래비는 실험 아이디어를 구상하는 데에는 매우 열심이었지만, 세부적인 실험 내용에는 아무런 흥미도 보이지 않았다. 다시 말해서, 그는 실제로 자극을 주고 팀을 이끌어가는 힘이었다…실험 장비에 결함이 발생하면, 그는 그냥 사라져버렸다…그는 육체적인 일은 전혀 하지 않았다…그는 실험과 실험 장치의 개념과 결과의 해석에 중요한 기여를 했다.[22]

또 다른 사람은 "우리는 그가 실험 장비에 손을 대지 못하게 했다."[23]고 말했다. 또, 그는 반복적인 일에 게으르고, 지겨워하고, 무책임하다는 말도 들었다.[24]

설사 그렇다 하더라도, "많은 사람들은 자신의 물리학에서 정곡을 찔러 성공을 거두는 래비의 능력을 인정했다."[24] 이러한 그의 능력은 1944년에 인정을 받게 된다. 11월의 어느 날, 한 신문 기자가 그에게 전화를 걸어왔는데, 두 사람의 대화는 다음과 같은 식으로 이어졌다.

기자 : 안녕하세요? 저는 존슨이라고 합니다. 스웨덴의 일간지 기자입니다.

래비 : 그래요, 존슨 씨?

기자 : 제가 왜 전화를 걸었는지 짐작하시리라 생각하는데요?

래비 : 그래요, 존슨 씨.

기자 : 무슨 소식 들은 것 없나요?

래비 : 없습니다, 존슨 씨.

기자 : 저도 아무 소식도 듣지 못했습니다.

그 다음 날, 래비는 자신이 "원자핵의 자기적 성질을 기록하는 공명법에 대한 업적으로" 1944년도 노벨물리학상을 받게 되었다는 소식을 들었다. 같은 날, 슈테른은 1943년도 노벨상을 뒤늦게 받게 되었다는 소식을 들었다. 전쟁 때문에 스톡홀름의 시상식에 참석하는 것은 불가능했다. 그래서 역사상 처음으로 그 시상식이 뉴욕에서 열렸다. 1945년 4월 12일자 〈뉴욕 타임스〉지의 기사에 따르면, 하루 전날, 117번가의 남자 교수 클럽에서 컬럼비아대학 총장이자 노벨상 수상자(1931년도 노벨평화상)인 니컬러스 머리 버틀러(Nicholas Murray Butler)가 래비에게 메달과 상장(스웨덴 대사관에서 받아 그가 보관하고 있던)을 수여했다고 쓰여 있다.

이 일과 관련된 일화를 래비의 전기 작가가 기록했다.[26] "세월이 한참 지난 1982년에 래비는 에이브러햄 파이스로부터 아인슈타인도 그를 노벨상 후보로 추천했다는 말을 들었다. '그게 정말인가?' 하고 래비는 물었다. 파이스는 (아인슈타인의 전기를 준비하던 도중에) 그 편지를 보았다. '그렇다면 정말 놀라운 일이 아닌가!' 라고 래비는 말했다."

노벨상을 받은 후에 래비가 관여한 유일한 훌륭한 실험은 셀터아일랜드에서 보고한 것뿐이다. 그 후에 그는 연구 논문을 몇 편 더 발표했지만(내가 발견한 것은 10여 편), 그것들은 다소 상투적인 내용이다. 노벨상은 순수 과학에 대한 그의 열정을 감소시켰다(이것은 노벨상 수상자들에게 흔히 나타나는 현상이다). "경쟁심이 사라지고 나면, 이전과 같은 열정으로 일에 매달리기가 어렵다. 그것은 보스턴에서 온 여인이 한 말과 같다. '이미 그 곳에 가 있다면, 여행을 할 필요가 뭐가 있겠어요?' 노벨상은 또한 다른 길들을 열어주기 때문에 자기 분야로부터 한눈을 팔게 만든다."

━━━━◆━━━━

래비에게 다른 길을 열어준 것은 제2차 세계 대전이었다. "나는 정말로 뭔가 해야 한다고 느꼈다. 그리고 파리가 함락된 뒤에는 전쟁에 참여하기 위해 필사적이 되었다."[7]

그래서 1940년 11월에 그는 전쟁에 참여하기 위해 뉴욕을 떠나 매사추세츠주의 케임브리지로 갔다. 거기서 그는 막 시작된 레이더 계획을 맡게 되었다. 그는 복사연구소라 알려진 그 시설의 부책임자가 되었다. "그는 멀리 앞을 내다보는 연구 관리자였다. 그의 역할은 매우 소중했다."[27] 흔히 "전쟁을 끝낸 것은 원자폭탄이지만, 전쟁을 이기게 해준 것은 레이더이다."[28]라고 말한다. 이 두 가지 말을 종합한다면, 래비가 얼마나 중요한 역할을 했는지 알 수 있을 것이다(그 연구 자체에 대한 자세한 내용은 나로서는 알 수 없다).

게다가, 래비는 원자폭탄 개발 계획의 중심지이던 로스앨러모스 연구소의 자문 역할도 맡았다. 1943년 12월, 래비의 경험과 노하우를 절실히 필요로 했던 로버트 오펜하이머는 래비에게 로스앨러모스 연구소의 부책임자 자리를 제의했다. 두 사람은 1928년에 라이프치히에서 하이젠베르크와 함께 연구할 때부터 아는 사이였고, 1929년에는 두 사람 다 취리히로 가서 파울리와 함께 연구했다. "우리는 사이가 아주 좋았다. 우리는 그가 세상을 떠날 때까지 친구로 지냈다. 나는 일부 사람들이 그에 대해 싫어하는 면까지도 좋아했다."[7] 래비는 오펜하이머의 제의를 거절했지만, 보수를 받지 않고 "주로 그의 문제 해결사로서"[29] 개인 자문 역할을 해주기로 동의했다. 그래서 1945년 7월 16일, 뉴멕시코주의 앨러모고도 근처에서 성공적인 원자폭탄 실험이 벌어질 때 래비도 참석했다. "폭발 후 몇 분이 지나고 나서 이것이 인류의 미래에 무엇을 의미하는지 깨닫자, 내 온몸에는 소름이 돋았다."[7]

오펜하이머는 훗날 그 때의 폭발을 지켜보는 순간, 바가바드기타(힌두교도의 성전 중 하나인 종교 서사시)에 나오는 "나는 죽음이 되었노라, 세계의 파괴자가 되었노라."라는 구절이 생각났다고 말했다. 그랬을지도 모르지만, 내게는 고결한 척하는 과장법 중 하나로 들린다. 내게는 오히려 실험이 끝나고 나서 사람들이 차로 돌아갈 때 래비가 관찰했던 이야기가 더 설득력이 있어 보인다. "오펜하이머의 태도는 래비의 소름을 다시 돋게 만들었다. 오펜하이머는 남몰래 편안하고 밝은 표정을 지으면서 자신감 넘치는 이방인처럼 행동했다. '나는 그의 걸음걸이를 결코 잊을 수 없다.'고 래비는 말한다. '나는 차에서 걸어나오던 그의 표정을 결코 잊을 수 없다.'"[30]

전쟁에 승리하고 나서 몇 달 후, 래비는 이렇게 썼다. "물리학자는 난처한 입장에 처했다…[그는] 이제 우리를…새로운 산업, 경제 팽창, 모든 사람에게 직업을 가져다주는…새로운 세계로 데려다줄 메시아로 환호받고 있다…산업계에서는 반짝이는 은화로 물리학자를 학문의 은신처로부터 유혹해내려고 시도하고 있으며, 상당한 성공을 거두었다."[31] 이제 물리학자가 하는 말에 전세계가 경외감은 아니더라도, 존경심을 갖고 귀를 기울이게 되었다. 〈라이프〉지의 한 기자가 묘사한 것처럼, 물리학자는 이제 '슈퍼맨의 옷'[32]을 입은 것처럼 보였다.

전쟁과 관련된 일이 끝났기 때문에 래비는 컬럼비아대학으로 돌아가길 원했다. 전쟁 상황 때문에 "우리는 세계 최고의 물리학부 중 하나에서 초라한 존재로 전락하고 말았다."[7] 그는 복귀 조건으로 새로운 인력을 충원할 수 있는 최고의 권한을 가진 물리학부 학장의 자리를 요구했다. 이 요구 조건은 수락되었고, 그래서 그는 1945년부터 1949년까지 학장을 지냈다. 그러나 고급 인력을 데려오려는 그의 노력은 별다른 성과를 거두지 못했다. 이미 그들은 높은 연봉에 다른 곳에 가 있었기 때문이다. "나는 우리의 젊은이들을 양성하고, 다른 곳의 유능한 젊은 인재들을 끌어오기로 결심했다."[7] 앞에서 언급했듯이, 그가 내게 제의를 해온 것도 이러한 맥락에서였다. 그러한 접근 방법은 대체로 성공을 거두었다. 그가 끌어온 젊은이들 중 세 사람은 훗날 노벨상 수상자가 된다. 그 세 사람은 램, 폴리카프 쿠소(Polykarp Kusoh), 레이저의 발견자인 찰스 타운스(Charles Townes)이다.

래비는 또한 컬럼비아대학에 사이클로트론을 건설하는 데에도 결정적인 역할을 했다. 그것은 몇 개월간은 그와 같은 종류의 기계로서는 세계에서 가장 강력한 것이었다. 그러나 래비가 자신의 연구에 이 가속기를 사용한 적은 한 번도 없다. 많은 물리학자들이 팀을 이루어 행하는 '거대 물리학'은 그의 취향에 맞지 않았기 때문이다. 그러나 그는 전후에 새로 생겨난 물리학 분야에서 다른 사람들이 이러한 방식으로 거둔 성과에 대해 매우 큰 관심을 보였다. 이 분야는 오늘날 입자물리학으로 알려져 있으며, 가장 작은 물질의 구조를 다룬다. "내게 그것은 과학계에서 가장 흥미로운 분야이다. 내게 그것은 넘버 원이다⋯입자물리학에는 완전히 새로운—아주 새롭고 신비로운—그 무엇이 있다."[7]

1946년에 래비가 과학계에서 정치가의 역할을 하기 시작했다고 앞에서 언급할 때, 미국 대학들 사이의 협력과 유럽의 국제연구소 건설을 촉구한 두 가지 예를 들었는데, 그러한 생각은 순수 과학과 관련된 것이었다. 이번에는 '순수' 정치학(여러분이 이 표현을 묵인해준다면) 분야에서 그의 활동을 살펴보기로 하자.

1945년 말, 래비와 오펜하이머는 함께 모여 미국의 원자력 통제 문제를 논의했다. 그들은 이 중요한 문제를 다룰 수 있는 제안을 작성했다. 여기서 소위 바루크 계획이 나왔지만, 그것은 결실을 맺지 못했다. 1946년, 래비는 미국원자력위원회 산하 일반자문위원회 위원으로 대통령의 임명장을 받았다. 그 첫 번째 회의는 1946년 12월 9일에 열렸다. 그 때부터 1952년까지 오펜하이머가 의장을 맡았으며, 그 후에는 래비가 1956년까지 의장을 맡았다.

일반자문위원회의 안건에 올라온 것 중 가장 중요한 문제는 미국이 슈퍼폭탄, 즉 수소폭탄을 개발해야 하는가 하는 것이었는데, 위원회에서는 1949년 10월 29일부터 30일까지 이 문제를 토의했다. 만장일치로 수소폭탄의 개발에 반대한 그들의 보고서에는 엔리코 페르미와 래비가 서명한 소수 의견이 포함돼 있었다. 소수 의견은 미래의 결과를 강조한 점에서 전체

의견보다 한 걸음 더 나아간 것이었다. "그러한 무기의 사용은 어떤 윤리적 근거에서도 정당화될 수 없다⋯그것은 미국을 도덕적으로 나쁜 지위로 추락시키고⋯수 세대 동안 해결되지 않을 증오를 남길 것이며⋯어떤 측면에서 보더라도 악한 일이다⋯."[33]

수소폭탄에 대한 반대 의견은 결국 무시되었는데, 그것은 1954년 4월 워싱턴에서 청문회가 열리는 한 요인이 되었다. 그 청문회에서 다룬 안건은 오펜하이머가 국가 안보상 위험 인물인가 아닌가 판정하기 위한 것이었다. 증언대에 선 래비는 강하고도 길게 오펜하이머를 지지하는 발언을 했다. 정부 보고서의 23쪽을 차지하는 증언[34]에서 그는 이렇게 말했다. "〔미국의 무기 개발 계획의 틀 속에서〕 오펜하이머 박사와 같은 성과를 이룬 사람에 대해서⋯그것은 이러한 절차가 필요한 일로 보이지 않습니다⋯무엇을 더 원하십니까, 인어 여러분?"

오펜하이머를 위험 인물로 인정한 청문회의 결과에 대해 래비는 몹시 분개했는데, 단지 평결 결과 때문이 아니라, 매우 형편 없는 오펜하이머의 변론 때문에도 그러했다. 래비는 내게 이렇게 말한 적이 있다. "그는 권력의 중심에서 큰 영향력을 행사할 수 있는 과학계의 거물이 될 수도 있었지만, 스스로 그것을 박차버렸다. 그것은 우리 모두에게 큰 손실이었다."

그러나 이러한 일에도 불구하고, 오펜하이머에 대한 래비의 호감은 변치 않았다. 그와 동시에 그는 오펜하이머를 똑바로 꿰뚫어볼 수 있었고, 그의 단점을 직시했으며, 주저하지 않고 그것을 말했다. 청문회가 있고 나서 일년 후의 어느 날, 에드워드 머로(Edward Murrow)가 오펜하이머의 유명한 연구 계획 중 하나인 'See it Now'에 대해 그와 인터뷰를 하기 위해 고등학술연구소를 찾아온 일이 기억난다. 그 날 오후, 누군가 내 방문을 두드렸다. 그 사람은 래비였다. 그는 오펜하이머를 만나러 왔다가 인터뷰가 끝날 때까지 기다리라고 해서 내 방에 들렀던 것이다. 시간이 조금 흐르자, 그는 더 이상 참지 못하고 "우리 한번 가보세."라고 말했다. 우리는 조용히 오펜하이머의 방으로 들어가 자리에 앉아 인터뷰를 지켜보았다. 머로가 인터뷰를 끝내고 떠나자, 래비는 오펜하이머를 쳐다보면서 이렇게 말했다. "로버트, 자넨 햄(ham : 서투른 배우)이야." 나 역시 그것이 맞는 말이라고 여겼으나, 오펜하이머는 그 말에 별로 흥미를 느끼지 못한 듯 아무 대꾸도 하지 않았다.

이처럼 정곡을 찌르는 말을 서슴지 않는 것은 래비의 특징 중 하나였다. 오펜하이머가 죽고 나서 몇 년 후 래비와 대화를 하던 중에 나는 오펜하이머를 어떻게 생각하느냐고 물어본 적이 있었는데, 역시 그 특유의 답변을 들었다. "오펜하이머? 뉴욕 출신의 버릇없고 부유한 유태인 녀석이지." 그렇지만 가장 훌륭하고 감동적인 추모사는 래비가 쓴 것인데, 거기서 다음 한 줄만 인용한다. "오펜하이머는 현실성의 요소가 약했다."[35]

———————

래비의 정치적 활동에 대해 계속 살펴보기로 하자. 이것은 1948~1952년에 드와이트 아이젠하워가 컬럼비아대학 총장(그 이후에 대통령이 됨)을 지내던 시절에 그와 쌓은 교분이 큰 영향을 미쳤다. 과학 기술 특별 보좌관을 두라고 촉구한 사람도 래비였다. "나는 그에게 자기가 좋아하고, 잘 지낼 수 있고, 믿을 수 있는 사람을 택하라고 충고했다."[7] 그것은 1957년에 결실을 맺었다. 그 해에 래비는 대통령과학자문위원회의 초대 의장이 되어 1968년까지 일했다.

래비 자신의 평가에 따르면, 그가 주도적인 역할을 한 가장 중요한 정치적 사건은 원자력의 평화적 사용을 위한 제1차 국제 회의를 조직한 것이다. 그것은 1953년 12월 8일에 아이젠하워 대통령이 유엔에서 한 연설(거기서 그는 핵분열 물질을 전 인류의 평화적 목적에 이바지하도록 사용해야 한다고 제안했다)의 연장선상에서 취해진 조처였다. "나의 목적은 사람들을 끌어모으는 것이 아니라, 정부들을 끌어모으는 것이었다."[7] 회의 준비를 돕는 과정에서 래비는 그 당시 유엔 사무총장이던 함마르시월드와 친구 사이가 되었다. 그 회의는 1953년 4월 8일부터 20일까지 제네바에서 열렸다. 함마르시월드는 그 회의에 대해 이렇게 말했다. "그것은 1950년대의 가장 중요한 정치적 사건이었다."

래비는 부의장을 맡았고, 1958년과 1964년에 개최된 비슷한 회의에서도 부의장을 맡았다. 1968년에 그가 미국평화원자상을 수상한 것은 당연한 결과라 하겠다. 1985년 4월, 미국 국립과학아카데미는 제네바 회의 30주년과 그 회의를 조직한 래비의 공로를 기념하기 위해 '원자와 래비'라는 제목의 심포지엄을 개최했다.

1964년, 컬럼비아대학은 래비를 유니버시티 교수(university professor) 라는 새로운 직위에 임명했는데, 이 직위를 차지한 사람은 래비가 최초였다. 유니버시티 교수는 어떤 학과에서 어떤 강의라도 할 수 있었다.

1967년, 그가 은퇴할 때에는 '래비의 날'을 선포하여 그의 동료들과 제자들이 과학 토론을 벌였다. 그 날 저녁에 열린 공식 만찬석상에서는 좀더 개인적인 대화들이 오갔다. 그 모든 대화들은 작은 책[36]으로 만들어져, 일년 후 그의 70세 생일 때 그에게 전달되었다.

그 이전과 이후에 래비는 많은 영예를 안았는데, 미국 공로장, 영국의 킹스 메달, 프랑스의 레종도뇌르를 받은 것을 비롯해 국내외의 저명한 협회들의 회원으로 선출되었을 뿐만 아니라, 내가 조사한 바로는 15개의 명예박사 학위를 받았다. 1985년, 컬럼비아대학은 그의 이름이 붙은 석좌 교수직을 신설하였다.

래비는 물리학자로서 보낸 자신의 생애와 시대에 대해 짧은 회고록[37]을 썼고, 1980년대에는 컬럼비아대학의 구술 역사 프로그램에 따라 자신의 전 생애를 회고하여 구술했다(41회에 걸쳐).[9] 말년에 그는 연회나 텔레비전이나 활자를 통해 일반적인 주제에 관한 자신의 견해를 피력하곤 했다. 몇가지 예만 들어보자. 인류애에 대해서는, "내가 아무리 많은 인류애를 누렸고, 지금 누리고 있다 하더라도, 그것이 보편적인 것이라고는 생각하지 않는다."[7] 과학과 종교에 대해서는, "우리 자신의 밖으로 나갈 수 있는 것은 오로지 과학에서만 가능하다. 성경의 창세기 첫머리와 같은 일부 종교의 표현에서도 똑같은 감정을 느낄 수 있지만, 그것은 제한적이다."

컬럼비아대학의 역사를 연구하는 한 학생은 대학의 전 역사를 통해 훌륭한 업적을 남긴 모든 교수들 중에서 과학과 공적인 업적으로 따질 때 래비가 가장 훌륭하다고 말했다.

━━━━◆━━━━

1987년 12월의 어느 날, 한 동료가 록펠러대학의 내 방으로 들어오더니, 방금 래비를 만나고 왔는데, 그가 나와 이야기를 하고 싶어하더라고 전했다. 나는 래비가 어디에 있는지 알고 있었다. 그는 길 건너 미모리얼슬로언 케터링병원에 암으로 입원해 있었다. 나는 혹시 내게 마지막 유언이라도 남기려는 게 아닌가 싶어 즉시 그 곳으로 달려갔다. 그는 매우 기분이 좋아 보였다. 그가 나와 이야기하고자 한 것이 무엇이었던가? 앞에서 이야기한 것처럼 그는 수십 년 동안 양자역학의 기초에 대해 고민을 해왔는데, 마지막 몇 주일 동안에도 여전히 거기에 대해 고민하고 있었다. 우리는 약 30분 동안 토론을 했다. 그러고 나서 나는 그에게 작별 인사를 하고 그 방을 나왔는데, 그것이 마지막 인사가 되었다. 1988년 1월 11일, 래비는 세상을 떠났다.

1988년 2월 11일, 래비의 가족과 친구들은 컬럼비아대학의 세인트폴 부속예배당에 모여 'A Celebration(축하식)'이라는 적절한 이름이 붙은 추모미사를 드렸다. 미사는 경건했지만, 즐거운 것이었다. 그 날 있었던 연설들(이것은 책[38]으로 출판되었다) 중 대학 총장의 연설에서 몇 마디만 인용하고자 한다. "그를 대신하는 것은 절대로 불가능합니다…그는 자신의 능력과 업적에 대해 과장도 자기 비하도 하지 않고, 분명하고 진실하게 건강한 평가를 했습니다."

1996년 10월의 어느 날, 나는 퓨핀연구소를 방문했다. 래비가 수십 년 동안 연구실로 사용해왔고, 나와 함께 앉아 공통의 관심사인 물리학, 유태인, 정치에 대해 토론을 나누곤 했던 813호실이 어떻게 변했나 보기 위해서였다. 그 방은 '래비 기념관'으로 만들어져 있었다. 벽에는 래비의 생애에서 중요한 순간들을 담은 사진들이 붙어 있었다. 이 기념관은 1996년 12월 13일에 공식적으로 문을 열었다.

━━━━◆━━━━

나의 기억에 가장 깊이 남은 래비의 인상은 무엇일까? 자신의 깊은 감정을 완전히 감추지는 못했던 그의 감성 부족, 그의 호전적인 발언, 다른 사람들에게 전염되기 쉬운 호탕한 웃음, 미국인으로서의 자부심, 비종교적인 그의 깊은 유태인 정신, 과학에 대한 그의 깊은 사랑과 헌신.

위에서 언급한 컬럼비아대학 총장의 연설에서 한 마디만 더 인용해보자. "나는 래비가 많은 사람들이 그에게 느꼈던 존경과 사랑을 잘 알고 있었다고 믿습니다."

참고 문헌

다음에서 R은 I. I. Rabi의 약자이다.

1. R, in '*Physical Science and Human Values*' (E. P. Wigner, Ed.), p. 28, Princeton University Press, 1947.

2. 이 사건들의 역사에 대해서는 다음을 참고하라 : N. F. Ramsey, *Report BNL* 992, T-421, 1966.

3. CERN의 창설에 래비가 담당한 역할에 대해서는 다음을 참고하라 : *History of CERN* (A. Hermann *et al.*, Eds.), Vol. 1, p. 82ff., North-Holland, New York, 1987.

4. J. R. Oppenheimer, letter to F. B. Jewett, June 4, 1947, copy in the Rockefeller University Archives.

5. W. E. Lamb and R. C. Retherford, *Phys. Rev.* **72**, 241, 1947;

6. J. E. Nafe, E. B. Nelson, and I. I. Rabi, *Phys. Rev.* **71**, 914, 1947; P. Kusch and H. M. Foley, *ibid.* **72**, 1256, 1947.

7. J. Bernstein, *The New Yorker*, issues of October 13 and 20, 1975.

8. I. I. Rabi, oral history, Columbia University.

9. J. S. Rigden, *Rabi, Scientist and Citizen*, Basic Books, New York, 1987.

10. Ref. 9, pp. 26, 27.

11. R, *Phys. Rev.* **29**, 174. 1927.

12. O. K. Kronig and R, *Phys. Rev.* **29**, 262, 1927.

13. R, *Nature* **123**, 1929; *Zeitschr. f. Physik* **54**, 1920, 1929.

14. Ref. 12 and, with G. Breit, *Phys. Rev.* **38**, 2082, 1931; *Phys. Rev.* **49**, 324,

1936; *ibid.* **51**, 652, 1937; with F. Bloch, *Rev. Mod. Phys.* **17**, 237, 1945.

15. Ref. 9, p. 118.

16. 기술적 보고서: N. F. Ramsey, *Molecular Beams*, Oxford University Press, 1985. 대중적인 글: ref. 9, chapters 6-8.

17. R with V. Cohen, *Phys. Rev.* **43**, 582, 1933; *ibid.* **46**, 707, 1934 (for Na); with S. Millman and R. Fox, *ibid.* **46**, 320, 1934 (K); with M. Fox, *ibid.* **48**, 746, 1935 (Li, K, Na); with S. Millman and J. R. Zacharias, *ibid.* **53**, 384, 1938 (In, F): with J. R. Zacharias, S. Millman and P. Kusch, *ibid.* **53**, 495, 1938 (Li, F); with S. Millman and P. Kusch, *ibid.* **54**, 968, 1938 (N); with S. Millman and P. Kusch, *ibid.* **55**, 526, 1939 (Li, F); with S. Millman and P. Kusch, *ibid.* **55**, 666, 1939 (Be); with same *ibid.* **55**, 1176, 1939 (N, Na, K, Cs); with same *ibid.* **56**, 165, 1939(B).

18. O. R. Frisch and O. Stern, *Zeitschr. f. Physik* **84**, 4, 1933; I. Estermann and O. Stern, *Zeitschr. f. Physik* **85**, 17, 1933; **86**, 132, 1933.

19. R and J. M. Kellogg and J. R. Zacharias, *Phys. Rev.* **46**, 157, 163, 1934.

20. R, *Phys. Rev.* **51**, 652, 1937.

21. R with J. M. Kellogg, N. F. Ramsey, and J. R. Zacharias, *Phys. Rev.* **55**, 318, 1939.

22. N. F. Ramsey, quoted in ref. 9, p. 116.

23. J. R. Zacharias, quoted in ref. 9, p. 116.

24. Ref. 9, p. 117.

25. Ref. 9, p. 169.

26. Ref. 9, p. 177.

27. Lee DuBridge, director of the Rad Lab, quoted in ref. 9, p. 140.

28. Lee DuBridge, interview with J. S. Rigden, ref. 9, p. 164.

29. Ref. 9, p. 154.

30. N. P. Davis, *Lawrence and Oppenheimer*, p. 242, Simon and Schuster, New York, 1968.

31. R, in *The Atlantic*, October 1945.

32. *Life Magazine*, August 20, 1945.

33. Full text in H. York, *The Advisors*, p. 158, Freeman, San Francisco, 1976.

34. R in *In the Matter of J. Robert Oppenheimer*, pp. 451-73, United States Government Printing Office, Washington, 1954. 증언의 인용 부분은 p. 486 에서 발견된다. 이 보고서는 MIT Press, 1971에서 재출판되었다.

35. R in *Oppenheimer*, p. 3, Scribner's, New York, 1969.

36. A *Tribute to Professor I. I. Rabi*, Department of Physics, Columbia University, 1970.

37. R, *My Life and Times as a Physicist*, Claremont College, Claremont, CA, 1960.

38. A *Celebration of Thanksgiving for the Life of I. I. Rabi*, 래비의 가족들에 의해 개인적으로 출판됨.

1950년대 초에 버클리대학에서 강의를 하고 있는 서버

로버트 서버*

   서버는 평화시에나 전시에나 20세기 물리학에 중요한 역할을 했으면서도 세상에 알려지지 않은 영웅 중 한 사람이다. 이것은 당연히 알려졌어야 마땅하지만 널리 알려지지 못한 한 개인의 생애를 되돌아보는 자리이다. 서버는 항상 조용히 이야기했고(문자 그대로나 비유적으로도), 결코 밝은 조명을 추구하지 않았으며, 자신의 과학 업적을 발표하는 걸 그다지 좋아하지 않았다.

   로버트 서버(Robert Serber)는 1909년 필라델피아에서 변호사인 아버지 데이비드 서버(David Serber)와 어머니 로즈 프랭켈(Rose Frankel) 사이에서 세 자녀 중 장남으로 태어났다. 할아버지는 미국으로 이민 온 러시아인이었다. 그는 고향에서 학교를 다닌 후, 펜실베이니아주 베슬리헴에 있는 리하이대학을 졸업했다. 대학에 다니는 동안 서버는 여름 방학 때 유조차를 모는 등 다양한 일을 했다. 1930년, 그는 대학원 공부를 위해 매디슨에 있는 위스콘신대학에 입학했다. 1933년, 그는 필라델피아 시절부터 알고 지내오던 샬럿 리오브(Charlotte Leof)와 결혼했다.

   서버는 박사 학위를 받기 전에 여섯 편의 논문을 발표했다. 서버에 관한 전형적인 이야기를 하나 소개하면, 마지막 시험 때 그는 이 논문들 중 어떤 것을 학위 논문으로 제출했는지 기억하지 못했다. 그 후, 그는 아내와 함께 프린스턴으로 갔다. 이론물리학 분야에서 매년 전국에서 다섯 명에게만 주

---

* 1988년 4월 30일, 컬럼비아대학 물리학과에서 서버를 기념하여 개최한 회의에서 필자가 한 강연.

는 미국연구위원회 장학금을 받았기 때문에 그것으로 프린스턴에서 생활할 계획이었다. 그 장학금은 1200달러로, 아주 많은 액수는 아니었지만, 그 당시로서는 관대한 액수였다(두 사람은 매디슨에 얻은 방의 월세로 매달 25달러를 지불했다). 그 곳으로 가는 도중에 그들은 앤아버에 들러 유명한 서머스쿨 강의를 들었다. 거기서 그들은 처음으로 로버트 오펜하이머를 만났는데, 그 만남은 그들의 인생 진로를 바꾸어놓았다. 큰 감명을 받은 서버는 미국연구위원회 장학금을 버클리대학으로 돌렸으며, 1934년 가을에 버클리에 도착했다.

━━━━━◆━━━━━

1929년, 오펜하이머는 유럽에서 미국으로 돌아온 후에 버클리와 칼텍에 이론물리학과를 창설했는데, 이것은 미국에서 양자론이 시작되는 중심지가 되었다. 서버는 곧 두 편의 논문[1]을 발표해 이 분야에 기여했다. 첫 번째 논문에서 그는 오늘날 물리학 용어의 일부가 된 진공 분극의 재규격화라는 개념을 도입했다. 그는 또한 물리학의 최전선에서 이루어진 다른 활발한 연구, 그 중에서도 특히 원자물리학에 관여했는데, 이것은 그가 평생 동안 관심을 기울이는 분야가 된다. 따라서, 핵반응에서 하전 스핀이 보존된다는 사실을 안(1938)[2] 사람은 서버와 오펜하이머가 최초였다고 나는 믿는다. 1947년에 서버는 같은 궤도 각운동량을 가진 핵자쌍 사이에 작용하는 '서버 힘(Serber force)'을 도입했다.[3] 그의 마지막 연구 논문(1976년)[4]에서는 단순한 핵 모형을 다루었다. 버클리 시절로 거슬러 올라가서 오펜하이머와 함께 쓴 1937년의 논문[5]은 유카와 히데키의 중간자 이론을 언급한 서양 최초의 논문이었다. 그는 또한 우주선(宇宙線)과 별의 조성에 관한 논문도 발표했다. 이 기간의 오펜하이머의 업적에 대해 서버는 이렇게 회상했다. "그의 물리학은 훌륭했지만, 그의 수학은 끔찍했다."[6] 그와의 개인적 관계에 대해 서버는 "우리 사이에는 처음부터 아주 특별한 친밀감이 존재했다."[7]고 말했다.

서버는 버클리를 매우 좋아했음에도 불구하고, 1928년 봄에 어배나에 있는 일리노이대학의 조교수 자리를 받아들였다. 그 당시에는 대학에서 자리를 구하기가 몹시 어려웠고, 유태인 젊은이라면 더더욱 그랬다. 그렇지만 그는 오펜하이머와 접촉을 계속 유지했으며, 오펜하이머는 "일요일마다 내게 편지를 쓰곤 했다."[8] 또한, 서버 부부는 초여름마다 뉴멕시코주에 있는 오펜하이머의 목장을 방문하곤 했다. 어배나에서 서버가 한 연구 중 가장 기억할 만한 것은 도널드 커스트(Donald Kerst)와 함께 쓴, 새로운 종류의 가속기인 베타트론의 이론적 측면에 관한 논문[9]으로, "내가 입자물리학을 위해 한 일 중 가장 유용한 일"[6]이라 평했다.

━━━━━━━•━━━━━━━

진주만 기습 직후인 1941년 크리스마스 무렵, 서버는 오펜하이머로부터 전화를 받았다. 그는 어배나를 찾아와 미묘한 문제에 대해 의논하겠다고 했다. 옥수수밭을 걸으면서 오펜하이머는 자기가 원자폭탄 개발 계획의 책임자로 임명될 것이라고 말하고, 서버에게 조수 역할을 해달라고 부탁했다. 그리하여 서버 부부는 오펜하이머 다음으로 로스앨러모스에 최초로 도착한 사람이 되었다.

처음에 서버가 맡았던 일 중 하나는 원자폭탄 개발 계획과 관련된 그 당시의 물리학 지식에 대해 일련의 강의를 하는 것이었다. 그 결과로 '로스앨러모스 보고서 1호 : 로스앨러모스 입문서'[10]가 나왔다. 서버는 우라늄-235 폭탄(히로시마에 투하된 폭탄)과 기폭 장치의 설계를 감독하는 팀의 리더가 되었다. 1945년 7월 16일, 그 장치를 시험하는 트리니티 실험 장소에 그도 참석했다. 같은 날, 순양함 한 대가 히로시마에 투하할 리틀 보이(Little Boy)를 싣고 샌프란시스코 항구를 떠나 태평양의 매리애나 제도에 있는 티니안섬으로 떠났다. 그 섬에는 나가사키에 투하할 플루토늄 폭탄인 패트 맨(Fat Man)도 운반되었다.

대령 계급장을 단 서버는 기폭 장치의 조립을 감독하기 위해 비행기를 타고 티티안섬으로 날아갔다. 그 곳에 머무는 동안 히로시마에 폭탄을 싣고 날아갈 에놀라게이 호의 지휘관이던 티베츠 대령은 서버에게 자신의 비행 계획대로 하면 폭발 후 무사히 빠져나올 수 있는지 좀 계산해달라고 부탁했다. 서버는 계산을 한 후, 대령에게 완벽하게 안전하다고 확신시켜주

폭탄 교재

우라늄-235

이 핵분열 물질에 관해서는 이미 많은 것이 알려져 있다.

임계 질량: 최근에 계산한 바에 따르면 임계 질량은 약 15kg이지만, 매디슨과 미니애폴리스에서 보내온 일부 새로운 수치는 그것보다 더 많은 양이 필요할 수도 있음을 시사한다.

제조: 전자기 방법과 기체 확산 방법에 가장 큰 기대를 걸고 있다. 두 방법은 공업적으로 사용하기에 비용이 너무 비싸며, 아직까지는 성공 가능성이 확실치 않다.

폭발 메커니즘: 우라늄-235에 대해 아직도 중요한 사실 두 가지가 밝혀져 있지 않다. 각 분열에서 나오는 중성자들은 충분히 빠른 속도로 연쇄 반응을 일으킬 만큼 많이 나올까? 이것은 더 조사할 필요가 있다.

중성자가 흡수되는 순간과 에너지와 새로운 중성자가 방출되는 순간 사이의 시간이 충분히 빠를까? 만약 그 시간이 충분히 빠르지 않다면, 반응이 금속 전체에서 충분히 진행되기 전에 핵분열 질량이 폭발해버릴 수 있다. 이 두 가지 질문에 대한 답은 아직 나오지 않았다.

플루토늄

1943년 4월 현재 이 원소가 존재하는지조차 확실하게 증명되지 않았다. 그렇지만 두 달 안에 워싱턴주 핸퍼드에 수천 명을 수용할 거대한 공장 건설이 시작될 것이다.

임계 질량: 플루토늄의 임계 질량은 5kg 정도로 계산되어 우라늄에 비해 훨씬 적다. 일단 핸퍼드 공장이 가동을 시작하면, 플루토늄은 우라늄-235보다 훨씬 쉽게 이용할 수 있으리라 기대된다.

제조: 원자로에서 만들어짐. 페르미 연구팀이 설계한 최초의 원자로는 불과 넉 달 전에 시카고에서 임계점에 이르렀음.

폭발 메커니즘: 세부 사항에 대해 알려진 것이 없음.

폭탄의 메커니즘

가장 선호되는 메커니즘은 소위 기폭법이다.

현 단계에서 예견되는 가장 큰 문제는 조기 폭발이다. 아임계 질량의 두 조각을 충분히 빨리 결합시키지 못하면, 핵분열 연쇄 반응이 적절히 시작되기도 전에 폭탄이 폭발하고 말 것이다. 이것은 일탈한 중성자들이 폭탄 자체를 날릴 수 있는 에너지를 발생시키는 핵분열을 일으키지만, 그 이상의 핵분열을 일으키지 못하기 때문에 일어난다.

일탈한 중성자들은 금속 입자들이 그 속에 존재하는 일부 불순물과 반응하여 생성된다.

따라서, 두 가지 행동을 취해야 한다.

1. 금속을 순수하게 정제할 것.
2. 거의 순간적으로 조립할 수 있는 기술을 개발할 것.

1943년 4월 현재, 기폭법은 충분히 속도가 빠를 것으로 예상됨.

1943년 4월 현재, 핵무기에 대한 지식의 상태. 서버의 '로스앨러모스 입문서'[10]에서 발췌.

었다.

나가사키의 폭탄 투하에 얽힌 일화가 두 가지 있다. 첫째, 서버와 루이스 알바레즈(Luis Alvarez), 필 모리슨(Phil Morrison)이 버클리에서 어니스트 로렌스(Ernest Lawrence)와 함께 연구하던 시절부터 알고 지내던 일본인 물리학자 사가네 료키치(嵯峨根遼吉)에게 편지를 보낸 이야기이다. 편지에서 세 사람은 료키치에게 더 이상의 파멸을 막기 위해 일본 정부에 전쟁 중단을 촉구하도록 당부했다. 이 편지는 나가사키에 폭탄이 떨어지던 8월 9일에 료키치에게 전달되었으며, 나중에 료키치는 그 편지를 알바레즈에게 돌려주었다.

둘째, 서버는 나가사키의 폭탄 투하 현장을 사진기로 찍기로 돼 있었다. 그러나 낙하산이 없었기 때문에 서버는 뒤따르던 비행기에 탈 수 없었다.

모든 일이 끝나고 난 뒤, 서버는 원자폭탄 투하 현장 조사팀의 책임자로서, 1945년 9월에 최초로 일본에 들어간 미국인들 중 한 명이 되었다. 그는 10월 15일에 로스앨러모스로 돌아갔다.

1946년 1월, 서버는 정교수가 되어 버클리로 돌아갔다. 그가 처음 맡은 일은 고에너지 과정에 대해 일련의 강의를 하는 것이었는데, 그것은 나중에 『서버가 말하길(Serber Says)』이란 제목의 책[11]으로 출판되었다. 1940년대에 그가 한 연구에는 버클리의 새로운 가속기들의 작동 원리에 관한 논문들[12]도 포함돼 있다.

내가 서버를 처음 만난 것은 1947년의 셸터아일랜드 회의에서였다. 그때, 그는 184인치짜리 버클리의 가속기로 얻은 최초의 결과(최초의 고에너지 실험)를 발표했다. 이 회의에 이어서 열린 1948년의 포코노 회의에서 나는 그를 다시 만났으며, 1949년의 올드스톤 회의에서도 만났다. 올드스톤 회의에서 그는 인공적으로 생성된 π 중간자로 행한 최초의 실험에 대해 설명했다. 이러한 초기의 만남들에서 그는 약간 더듬으며 조용조용 말을 했지만, 진정한 전문가임을 알 수 있었다. 나는 1949년 10월에 프린스턴에서 그를 다시 만났다. 나는 그 당시에 그가 수소폭탄 개발 계획의 운명에 대한 회의에 참석차 그 곳에 왔다는 사실을 몰랐다.[13]

한편, 서버는 약간의 정치적 문제에 부딪쳤다. 1948년, 그는 '성격, 관련 단체, 충성심'의 조사 대상이 되었다. 이것은 유쾌하지 못한 일이었지만, 결국에는 그에게 아무런 해도 입히지 않았다. 1950년에는 캘리포니아대학의 이사들이 모든 교직원에게 미국에 대한 충성 서약을 하라고 요구했다. "나는 불쾌했지만, 서명을 거부할 만큼 그것을 심각하게 생각하지는 않았다."[14] 그러나 서명을 거부했다는 이유로 동료들이 해고되자, 그는 매우 화가 났다. 더 불쾌한 일은, 보수주의자인 로렌스와 자유주의자인 오펜하이머 사이에 벌어진 정치적 논쟁에 휘말린 것이었다. 이것은 매우 불편한 상황이었으므로 서버는 자신이 버클리를 떠나는 게 좋겠다고 판단하였다. 그래서 그는 1951년에 버클리를 떠나 컬럼비아대학에서 교수 생활을 시작하였다.

1954-55학년도에 나는 고등학술연구소에서 안식년 휴가를 얻어 컬럼비아대학에 와 있었다. 내가 서버를 진짜 잘 알게 되고, 둘 사이에 우정이 시작된 것은 이 시절이었다. 우리는 공동 논문을 여러 편 발표했는데, 하나는 K 중간자와 원자핵의 반응에 관한 것[15]이었고, 두 편은 강한 결합 이론 (strong coupling theory)에 관한 것[16]이었다. 나는 그의 썰렁한 유머 감각도 좋아하게 되었다. 여기에 두 가지 예를 소개한다. 서버가 이야기하기 좋아한 유머는 이것이다. 그는 죽어서 천당에 가는 꿈을 꾸었다. 베드로가 그를 하느님이 있는 장소로 데려갔는데, 하느님이 그에게 이렇게 말했다고 한다. "너는 나를 기억하지 못하겠지만, 1946년 버클리에서 네가 양자역학 강의를 할 때 나도 그것을 수강했다." 또 다른 이야기는 우리가 나누었던 토론에 관한 것이다. 나는 나비 날개에 나 있는 디자인을 아주 좋아한다고 말했다. 그러자 서버는 이렇게 응수했다. 자기는 거북이의 등딱지 디자인을 더 좋아하는데, 거기에는 "어틀랜틱시티에 오신 것을 환영합니다."라고 적혀 있었다나.

그 해에 브룩헤이번국립연구소로 우리의 자동차 여행이 시작되었는데,

우리는 둘 다 그 곳의 자문 위원이었다(서버는 페르미연구소, SLAC, 로스앨러모스에도 한때 자문 위원을 지냈다). 그 당시는 선라이즈 고속도로나 롱아일랜드 고속도로가 건설되기 전이어서 여행길이 아주 멀었지만, 여행은 즐거웠다. 그것은 서버가 소유한 차종이 재규어 XKE이기 때문이기도 했는데, 그 차는 내가 몬 차 중에서 가장 섹시한 차였다.

우리는 그 후에도 서로 자주 연락을 주고받았지만, 컬럼비아대학에 내가 머물던 시기만큼 가까이 지내지는 못했다.

이제 서버의 말년에 관해 간단히 언급하고 이야기를 끝마치고자 한다.

1960년대 후반에 샬럿은 파킨슨병을 앓고 있다는 진단을 받았다. 1967년, 그녀는 수면제를 과다 복용하여 자살하였다. 그녀가 죽은 뒤에 서버의 말 더듬는 증상이 그쳤다고 한다.

1970년, 서버는 미국물리학협회 회장이 되었다.

1967년에 오펜하이머가 죽고 나서 서버는 과부가 된 키티와 친해졌다. 1972년, 그는 키티와 함께 요트를 타고 태평양을 횡단하기로 계획을 세웠다. 요트에는 모터도 설치돼 있었고, 항해를 도와줄 승무원도 네 명이나 탔다. 그러나 파나마 운하를 채 벗어나기도 전에 키티는 색전증을 앓았고, 파나마시티 병원에 입원했다가 거기서 숨졌다. 서버는 그녀의 재를 버진 제도의 세인트존섬 카벌록 근처의 바다에 뿌렸다. 그 곳은 전에 오펜하이머의 재를 뿌린 장소였다.

1975년부터 1978년에 은퇴할 때까지 서버는 컬럼비아대학 물리학부 학장을 지냈다.

1976년, 서버는 세인트존섬에서 오랫동안 살아온 주민의 딸인 피오나 세인트 클레어를 만났다. 두 사람은 1979년에 결혼했다. 피오나는 이전의 결혼에서 낳은 아들인 자카리아스(당시 4세)를 데려왔다. 1980년에는 두 사람 사이에 아들 윌리엄이 태어났다.

1983년, 서버는 약 1만 명의 물리학자들이 서명한, 핵무기의 실험과 생산 중단을 요구하는 청원서를 다른 두 물리학자와 함께 유엔 사무총장에게 전달했다.

1993년, 서버는 로스앨러모스의 50주년 기념 행사에서 기조 연설을 했다. 그 회의는 문 밖에 무장 경비병이 배치된 가운데 비밀리에 열렸다.

1997년, 서버는 뇌종양을 제거하기 위한 수술을 받았다. 그는 수술 후 의식을 회복하지 못하고, 1997년 6월 1일에 88세를 일기로 세상을 떠났다.

———————◆———————

덧붙이는 말 : 내가 이 강연을 하는 날, 로버트 크리즈(Robert Crease)가 친절하게도 막 출간된 서버에 대한 회고록(서버와의 인터뷰에 바탕해 집필한 책)[7]을 주었다. 나는 아주 읽기 좋은 이 책에서 서버의 생애와 업적에 관한 일부 내용을 원용하였다.

참고 문헌

1. R. Serber, *Phys, Rev.* **48**, 49, 1935; **49**, 545, 1936.
2. R. Oppenheimer and R. Serber, *Phys. Rev.* **53**, 636, 1938.
3. R. Serber, *Phys. Rev.* **72**, 1114, 1947.
4. R. Serber, *Phys. Rev.* **C14**, 718, 1976.
5. R. Oppenheimer and R. Serber, *Phys. Rev.* **51**, 1113, 1937.
6. R. Serber, in *The Birth of Particle Physics* (L. Brown and L. Hoddeson, Eds), p. 206, Cambridge University Press, 1983.
7. R. Serber with R. Crease, *Peace and War*, p. 29, Columbia University Press, New York, 1998.
8. Ref. 7, p. 57.
9. D. W. Kerst and R. Serber, *Phys. Rev.* **60**, 53, 1941.
10. Published in 1992 by the California University Press.
11. R. Serber, *Serber Says*, World Scientific, Singapore, 1987.
12. R. Serber, *Phys. Rev.* **70**, 434, 1946; **71**, 449; **72**, 740, 748, 1114, 1947.
13. R. G. Hewlett and F. Duncan, *Atomic Shield*, p. 381, University of California Press, 1990.
14. Ref. 7, p. 17.

15. A. Pais and R. Serber, *Phys. Rev.* **99**, 1551, 1955.

16. A. Pais and R. Serber, *Phys. Rev.* **105**, 1636, 1957; **113**, 955, 1959.

1970년경에 록펠러대학의 자기 사무실에서 앉아 있는 헤오르헤 윌렌베크

헤오르헤 윌렌베크*

    나는 과학자로서 살아오는 동안 윌렌베크보다 유명한 물리학자들은 많이 만났지만, 과학 강의를 그보다 더 잘 하는 물리학자는 만나지 못했다. 그의 차분한 태도와 스타일(현학적인 티가 전혀 없이 체계적인)은 그가 하는 말 한 마디도 놓치지 않게 만들었다. 그는 내가 만났던 사람들 중 최고의 스승이었다. 나중에 우리의 관계는 동료로, 그리고 친구로 발전했고, 논문을 함께 발표하기도 했다. 먼저 나와 윌렌베크의 개인적 접촉에 대해 이야기하고자 한다.

집안 배경과 어린 시절

    윌렌베크가 흔히 끼고 다니는 반지에 새겨진 올빼미(독일어로 '윌렌베크'는 '올빼미의 시내'를 의미한다)는 집안의 전통적인 문장에서 유래했다. 방패 모양의 문장을 해석하면 다음과 같은 뜻이다 : 은빛 시내 위로 솟아 있는 나무 줄기 위에 올빼미가 머리를 여러분 쪽을 향한 채 앉아 있다.

    윌렌베크의 조상은 독일계로 거슬러 올라간다. 한때 베르크 공국의 수도였던 뒤셀도르프 공문서 보관소에 보관돼 있는 1634년에서 1656년까지의 기록을 살펴보면, 얀 인 데어 윌렌베크라는 남자가 앙거문트 지방의 벨버트라는 마을 근처에 있던 윌렌베크 사유지의 지주로 나온다. 그 다음 4세

---

* 이 글의 일부는 1989년 5월 3일, 볼티모어에서 열린 미국물리학협회의 윌렌베크 기념 심포지엄에서 했던 강연을 이용했다. 이 강연 내용은 〈*Physic Today*〉지 1989년 12월호 34쪽, 미국철학협회 1989년도 연감 327쪽에 실렸으며, 〈*Parity*〉지 1990년 6월호 34쪽에는 일본어로 번역되어 실렸다.

대는 이 땅에서 살아갔다. 얀 인 데어 윌렌베크의 손자의 손자인 요하네스 빌헬무스 윌렌베크는 프로이센의 프리드리히 대제 시절에 군인으로 복무했다. 그런데 결투 때문에 그는 그 나라를 떠나야 했다. 1768년에 그는 네덜란드 동인도회사의 군인이 되어 1658년부터 1796년까지 네덜란드의 식민지였던 실론 섬으로 갔다. 그는 윌렌베크 집안에서 최초로 네덜란드계로 갈라져나간 사람이다.

요하네스 빌헬무스의 손자의 손자인 외헤니우스 마리우스 윌렌베크(Eugenius Marius Uhlenbeck)는 1863년에 네덜란드령 동인도 제도(현재의 인도네시아)에 있는 자바 섬의 본도위소에서 태어나, 네덜란드 동인도군에 들어가 중령까지 진급하였다. 그의 두 아저씨도 군대에서 장교로 근무했다. 그들은 1848년 6월 9일, 발리와 전쟁 중에 비극적인 최후를 맞이했다. "두 윌렌베크 형제는 치명상을 입었다. 한 사람은 적의 손에 생포되지 않기 위해 자결을 택했다."[1]

1893년, 외헤니우스 마리우스는 수마트라의 솔록에서 네덜란드군 소장의 딸로 태어난 안네 마리 베헤르(Anne Marie Beeger)와 결혼했다. 둘 사이에는 자녀가 여섯 명 태어났는데, 둘은 아주 어릴 때 말라리아로 죽었다. 가장 큰 딸 아니는 생물학 학사 학위를 받아 고등학교 교사 자격을 얻었다. 아니보다 다섯 살 아래인 헤오르헤 외헤네 윌렌베크(George Eugene Uhlenbeck)는 1900년 12월 6일, 바타비아(지금의 자카르타)에서 태어났다. 헤오르헤는 가족들 사이에서는 네덜란드어로 남동생이란 뜻의 브루르(Broer)라고 불렸다. 그 밑으로 두 아들이 더 태어났는데, 빌렘 얀(Willem Jan)은 네덜란드 철도회사의 감독관이 되었고, 막내인 외헤니우스 마리우스(Eugenius Marius)는 자바어를 전공한 저명한 언어학자가 되어 레이덴대학의 교수를 지냈다. "부모님이 실망한 것 중 하나는 아들들 중 아무도 사관학교에 가지 않은 것이라고 나는 생각한다."[2]

군 생활 때문에 가족은 여러 곳을 옮겨다녀야 했다. 그래서 윌렌베크는 수마트라의 파당판장에 있는 유치원에서 첫 교육을 받게 되었다.

물리학에 대한 관심

"동인도 제도에서 1년 동안 지내는 것은 2년간의 군 경력으로 쳐주었기 때문에, 아버지는 겨우 42세의 나이였는데도 불구하고, 군 복무 20년 만에 퇴역했는데, 그 주된 이유는 자식들의 교육 때문이었다."[2] 그래서 1907년에 가족은 네덜란드로 영구히 이주하여 헤이그에 자리를 잡았다. "[거기서] 나는 초등학교에서 고등학교까지의 과정을 마쳤다. 나는 아주 충실한 학생이었다. 나는 아주 규칙적으로 공부했으며, 성적도 아주 좋은 편이었다. 나는 고등학교 마지막 학년이 될 때까지 앞으로 무엇을 해야 할지 마음을 정하지 못하고 있었다."[2]

그러다가 그 때가 되어서야 그는 알게 되었다. "고등학교의 물리학 수업은 아주 훌륭했다. 내 선생님은 훌륭한 물리학자였다. 그는 박사 학위를 땄고, 논문도 발표했다…나의 인생 진로를 결정하는 데에는 그 선생님이 일부 영향을 미쳤다."[3] 그 선생님(그의 이름은 A. H. 보르헤시우스)은 윌렌베크와 과학에 대해 토론했으며, 미분과 적분을 공부할 수 있는 책을 주었다. 더 많은 것을 배우고 싶었던 윌렌베크는 자전거를 타고 헤이그의 왕립도서관을 찾았다. 거기서 그는 대학 교재인 헨드릭 로렌츠의 『물리학 강의』를 공부했다. 기체 분자 운동론에 대한 윌렌베크의 특별한 관심은 이 때부터 유래했다.

1918년 7월, 윌렌베크는 고등학교 졸업 시험을 통과했다. 그러나 그는 네덜란드의 대학에 입학할 수 없었는데, 그가 받은 고등학교 교육 과정에서는 그 당시 대학에 들어가려면 반드시 이수해야 한다고 법으로 정해져 있던 그리스어와 라틴어를 가르치지 않았기 때문이다(그보다 앞서 비슷한 처지에 처했던 반 데르 발스와 반트 호프는 정부의 특별한 면제 조처를 받은 후에야 대학에 들어갈 수 있었다). 그래서 윌렌베크는 1918년 9월에 화학공학을 공부하기 위해 델프트에 있는 공업전문학교에 입학했다. "델프트에서 나는 매우 불행했다. 거기서 배우는 것은 꼭 들어야만 하는 수많은 강의들과 내가 별로 능숙하지 않은 화학 실험들을 비롯해 기계적인 종류의 일이었기 때문이다. 나는 그러한 것을 좋아하지 않았다."[2] 윌렌베크의 동생은

내게 쓴 편지에서 자기 가족은 윌렌베크를 매우 손재주가 없는 젊은이로 여겼다고 했다.[4]

윌렌베크가 델프트에 도착한 지 얼마 안 돼 과학을 전공하는 대학생에겐 그리스어와 라틴어 이수를 면제해주는 새로운 법이 만들어졌다. 그 결과로 윌렌베크는 1919년 1월에 델프트를 떠나 물리학과 수학을 공부하기 위해 레이덴대학에 등록하였다. 그 당시 레이덴대학의 물리학 교수로는 파울 에렌페스트, 하이케 카메를링 오네스, 쿠에넨(J. P. Kuenen)이 있었다. 매주 월요일에는 에렌페스트의 전임자였던 헨드릭 로렌츠가 하를렘에서 와 물리학 강의를 했다.

대학 시절에 윌렌베크는 레이덴과 집이 있는 헤이그의 뤼벡스트라트 사이를 기차를 타고 통학했다. 어머니는 도시락과 함께 커피값으로 1크바르티예(25센트 가량)를 주었다. 그는 그 돈을 모았다가 어느 날 볼츠만의 『기체 이론 강의』라는 헌 책을 샀다. 강의 원고를 묶어 만든 그 책은 윌렌베크가 이해하기 어려웠다. 얼마 후에 화학자이던 처남이 파울 에렌페스트와 타티아나 에렌페스트가 통계역학에 대해 쓴 백과사전 항목[5]을 소개해주었다. "그것은 계시와 같았다. 나는 볼츠만이 주장하는 것이 무엇인지 이해하기 시작했다."(참고 문헌 표시가 없는 인용문은 나와 윌렌베크의 개인적 대화에서 나온 것이다.) 윌렌베크는 레이덴의 스타일이 마음에 쏙 들었다.

그 곳의 교육은 천국처럼 느껴졌다. 사실상 강의가 없었기 때문에 해야 할 일도 없었다. 수학, 해석기하학, 미적분학, 해석학 등의 강의만 있었고, 그것도 다 합해서 일 주일에 네 시간 정도밖에 되지 않았다. 두 시간은 기하학, 두 시간은 해석학이었다. 그리고 물리학도 있었다. 데먼스트레이션을 곁들인 큰 강의가 있었지만, 나는 그것을 아주 지루하게 느껴 참석하지 않았다. 꼭 강의에 들어가야 하는 것은 아니었다. 출석을 전혀 부르지 않았기 때문이다. 학생의 행동에 대해서는 어느 누구도 어떤 종류의 책임도 묻지 않았다…수업 중에 문제를 풀기는 했지만, 문제를 풀어오라는 과제물 같은 것은 결코 없었다…물론 그것은 내가 좋아하는 것이었다. 그들은 우리를 완전한 어른으로 취급했다. 스스로 책임을 질 수 있다는 것이었다. 문제도 스스로 제기했다…해석학의 기초에 대해 특별 강의를 하는 사람이 있었는데, 나는 그것을 아주 훌륭하다고 생각했다…그것은

아주 엄밀했기 때문이다.[3]

윌렌베크는 이론물리학자가 되고 싶어했지만, 그러기 위해서는 실험적 연구도 일부 해야만 했다.

그러려면 이 실용적인 실험들을 해야 했다. 그러나 나는 1학년이었기 때문에 일 주일에 하루 오후만 실험을 하면 되었고, 그것은 그럭저럭 괜찮았다. 그래서 나는 자유 시간을 실컷 누릴 수 있었다. 에렌페스트가 만들기 시작한 도서관이 있었다. 나는 에렌페스트와 전혀 접촉하지 않았다. 그렇지만 나는 혼자서 볼츠만의 기체 이론과 역학을 필요한 만큼 열심히 공부했다. 정말 천국과 같았다….

2학년이 되자 일 주일에 최소한 이틀 오후, 어떤 때에는 사흘 오후를 실험에 보내야 했다. 시험을 치르기 전에 해야 하는 실험의 수가 할당돼 있었기 때문이다. 실험 결과에 대해 보고서를 써서 제출해야 했다. 내게는 이 실험들이 매우 흥미로웠는데, 많은 공식들이 포함돼 있었기 때문이다. 실험값들을 대입해 결과가 제대로 나오는지 체크하고 확인해야 했다. 회절에 관한 모든 실험을 비롯해 온갖 종류의 실험을 했다. 그 무렵에 나는 혼자서 많은 것을 배웠다. 40여 가지의 실험을 해야 했는데, 각각의 실험에 대한 개요가 사용해야 하는 모든 공식과 함께 적혀 있었다. 각각의 실험에 대해 짤막한 보고서를 제출해야 했는데, 나는 그것을 매우 진지하게 여겼다. 나는 규칙을 잘 지키는 성실한 학생이었으니까. 나는 그 공식들을 모두 유도했다. 나는 그것들을 모두 유도하고 싶었다. 내가 맥스웰의 이론을 유도한 것도 그 때문이었다. 나는 그것을 아주 길게 적었다. 쿠에넨이 그것을 보고 깊은 인상을 받았기 때문에, 그것은 나에게 감명 깊은 일이 되었다. 그는 내가 한 것을 보고는 3학년 때 내가 장학금을 받을 수 있도록 힘을 써주었다. 그것은 그 당시로서는 매우 예외적인 일이었다. 그것은 국가 장학금이어서 학비가 면제되었다. 부모님에게는 하늘이 내린 선물이었다.[3]

시험에 대해서는 이렇게 말했다.

전체 교육 방식은 두 가지 시험을 치르는 것으로 이루어져 있었다. 하나는 '학사 자격 시험'으로, 2~3년 뒤에 치렀다. 그러고 나서 2~3년 후에 석사 학위 시험을 치러야 했다. 그 사이에는 시험이 전혀 없었다. 전혀! 또, 강의나 다른 어떤 수업에서도 출석을 부르지 않았다. 물론 누구나 자기가 무엇을 배워야 하는지 알았다. 그것은 본질적으로 강의 내용이었으니까. 수업에 들어가거나 않거나

간에, 누군가 강의 내용을 필기하는 사람은 있게 마련이다.

　　나는 2학년이 끝날 무렵에 자격 시험을 보았는데, 그것은 매우 끔찍한 것이었다. 시험은 오로지 구두 시험뿐이었다. 주제도 각각 다른 것이었다. 해석학의 경우에는 교수에게 찾아가 약속을 하고는, 교수가 질문을 던지는 동안 약 30분간 대답을 해야 했다. 기하학도 마찬가지였다. 물리학도 일반 과정과 열역학 모두 마찬가지였다. 따라서, 시험을 치르는 학생은 상당한 중압감을 받았다. 시험을 치를 때에는 모든 것을 동시에 알아야 했기 때문이다…내가 매우 지긋지긋하게 생각한 것은 바로 이러한 종류의 벼락치기 공부였다…나는 제때[1920년 12월]에 시험을 치렀지만, 그 후에 나는 과로로 기진맥진했다.[2, 3]

에렌페스트

　　대학원생이 된 윌렌베크는 레이덴의 한 고등학교에서 일 주일에 10시간씩 수업을 하면서 필요한 돈을 약간 벌었다. 시시덕거리는 여학생들 때문에 수업 시간에 질서를 유지하기가 매우 어려웠다. "나는 주로 돈 때문에 일을 했지만, 그 일을 싫어했다…나는 이제 처음으로 레이덴에서 살게 되었다. 그리고 방을 얻을 돈을 벌었다."[3]

　　그렇지만 그러한 교사 아르바이트가 대학원 공부를 심각하게 방해하지는 않았다. 그는 에렌페스트와 로렌츠의 강의를 들었으며, 수요일 저녁의 유명한 '에렌페스트 세미나'에도 참석했다. 이 세미나에는 오직 초청받은 사람만 참석할 수 있었지만, 일단 허락받은 사람은 반드시 참석해야 했다. 에렌페스트는 출석도 불렀다.

　　에렌페스트는 과학자로서의 윌렌베크의 생애에서 가장 중요한 인물이었다. 위트레흐트, 앤아버 그리고 뉴욕에서 내가 윌렌베크를 만난 그 모든 기간에 그의 사무실 책상에는 언제나 단 하나의 사진만이 놓여 있었는데, 그것은 따뜻한 미소를 짓고 있는 에렌페스트의 작은 사진이었다. 1956년, 미국물리학교사협회로부터 외르스테드 메달을 받을 때, 윌렌베크는 오래 전에 비극적인 최후를 맞이한, 자신이 존경하고 사랑하는 선생에 대한 존경심을 공식석상에서 밝혔다.[6] 수상 기념 강연에서 그는 에렌페스트가 자주 하던 몇 가지 말을 회상했다.

"그 말을 하는 이유는 어떤 자기 주장을 하기 위해서인가, 아니면 단지 그것이 옳아서인가?…내게 왜 그렇게 훌륭한 학생들이 있느냐고? 그것은 내가 그만큼 어리석기 때문이지."

윌렌베크는 또한 에렌페스트가 강의를 하거나 세미나를 이끌어갈 때 보인 몇 가지 특징을 묘사했다.

먼저 단언을 한 다음, 증명을 했다…그의 유명한 명쾌함, 그것은 엄밀함과 혼동되어서는 안 된다…그는 결코 문제를 내주거나 만들지 않았다. 그는 그것들을 믿지 않았다. 그의 견해로는 고려할 가치가 있는 유일한 문제는 자기 스스로 제기하는 문제였다…그는 근본적으로 한 번에 단 한 학생하고만 일했고, 사실상 일 주일 내내 오후마다 함께 일했다…처음에는 저녁이 끝날 무렵이 되면 학생은 완전히 기진맥진했다.

훗날, 윌렌베크는 에렌페스트에 대해 몇 마디를 덧붙였다.

학술적인 것을 원치 않았던 에렌페스트를 만났던 것은 내게 매우 유익했다고 생각한다. 어떤 것을 간단하게 말하지 못하면, 그 요점을 파악하지 못하면, 그는 들으려고 하지 않았다. 또, 말이 길고 학술적인 냄새를 풍기면 그는 즉시 그것을 조롱했다. 그 결과로, 그리고 그는 결국 나에게 가장 큰 영향을 준 사람이기 때문에, 이것은 내 속에 있던 그러한 요소를 상당히 중화시켰다. 예를 들어 수학의 경우, 옛날에는 나는 그것을 절대적으로 엄밀하게 하길 원했다. 그렇지만 에렌페스트를 만난 후에는 너무 엄격한 수학은 나쁘다고 생각하게 되었다! 따라서, 에렌페스트가 이 점에서 나를 단련시킨 것은 아주 고마운 일이었다. 그는 또한 가끔 조수들을 시켜 자기가 알고 싶은 논문들을 읽게 했다. 그러면 우리는 노트를 만들어 그 논문에 대해 그에게 말해야 했다. 물론 내가 요점을 말하지 못하거나 그것을 이해하지 못한다면, 오, 하느님![2]

에렌페스트는 항상 스스로 어떤 것을 처음부터 생각하여 이해해야 했다. 그는 어떤 면에서는 재주가 없었다. 그는 항상 처음부터 완전히 다시 생각해내야 했다. 그는 수학을 알고 있었지만, 그것은 그에게 간단한 일이 아니었다. 그는 컴퓨터가 아니었다. 그는 계산을 할 줄 몰랐다. 그것은 내가 그에게 배우지 않은 유일한 것이다. 나는 나중에 그것을 혼자서 배워야 했다.[7]

"나이가 들수록 그는 처음부터 어떤 것을 생각해내 이해한다는 것이 점점 힘들어졌다."[7] 1925년에 양자역학이 등장한 것은 에렌페스트에게는 문제를 가져다주었다.

내 생각에는 그는 항상 그것을 싫어했던 것 같다. 오, 그렇지만 그것과 함께 이 새로운 세대의 모든 물리학자들이 나타났다. 이 젊은이들은 이 계산들을 아주 능숙하게 했다. 왜냐하면, 그것은 그냥 주어진 테크닉이었고, 깊이 이해해야 할 필요가 없었기 때문이다. 그냥 이것저것 계산만 하면 모든 것이 나왔다. 에렌페스트는 "Diese Klugscheisser(이 똑똑한 체하는 녀석들)!"이라고 말했다. "그들은 항상 그렇게 똑똑하다! 그러면서도 아무도 어떤 것도 이해하지 못한다." 물론 이 말은 일부는 옳고, 일부는 그르다. 힐베르트의 기초 위에 만들어진, 연산자를 사용하는 수학적 도구는 일종의 추상성을 지니고 있었다. 그것은 그의 신념과는 어긋나는 것이었기 때문에 그는 고통을 받았으리라고 나는 생각한다… 그는 그 모든 것을 정확하게 이해했다. 그는 단지 자기가 너무 늙었기 때문이라고 말했다. 진실로 거기에 동참하는 것은 그의 신념에 반하는 것이었다. 훗날 우리는 이 모든 계산들을 다 해냈다.[7]

시대의 변화를 따라가지 못한다는 자괴감이 우울증으로 이어지는 일은 흔히 볼 수 있다. 그러나 이것만으로는 에렌페스트가 말년의 생애를 침울하게 보낸 것을 다 설명할 수 없다. 그는 최고의 물리학자로 큰 존경을 받았음에도 불구하고, 속으로는 줄곧 능력 부족을 느끼며 고통받았다. 1932년에 친구들에게 보낸 편지 중 일부를 살펴보자.

"나는 다음 몇 달 동안 더 이상 감당할 수 없게 된 내 인생의 짐을 어떻게 짊어지고 가야 할지 전혀 모르겠다. 이 곳〔레이덴대학〕에서 내가 맡고 있는 교수직이 낭비되는 것을 더 이상 견딜 수 없다…나에겐 자살 외에는 다른 '실용적인' 가능성이 없다."[9]

1933년 9월 25일, 에렌페스트는 자살로 생을 마감하였다. 나는 이 비극에 대해 윌렌베크와 이야기한 적이 한 번도 없다. 그것은 너무나도 미묘한 문제로 여겨졌기 때문이다.[9]

━━━━━━

1920년대 초로 다시 돌아가자. 에렌페스트의 대학원 강의는 2년 과정으로 이루어져 있었다. 1년간은 맥스웰 이론을 다루면서 전자에 관한 이론과 상대성 이론으로 끝났고, 또 1년간은 통계역학을 다루면서 원자 구조와 양자론으로 끝났다. 윌렌베크는 이 강의들을 들으면서 추가로 수학을 배웠다. 대학원 2학년 생활이 끝나가던 어느 날, 에렌페스트는 강의 도중에 로마에서 가정교사를 하고 싶은 사람이 없느냐고 물었다. 윌렌베크가 손을 들었다. 그래서 1922년 9월부터 1925년 6월까지 윌렌베크는 네덜란드 대사 반 로이엔(J. H. van Royen)의 아들에게 수학, 물리학, 화학, 네덜란드어, 독일어, 네덜란드 역사를 가르쳤다.

그렇지만 여름은 네덜란드에서 보냈고, 윌렌베크는 1923년 9월에 석사학위를 받았다.

그 때, 시험은 두 부분으로 나누어져 있었다. 하나는 기껏해야 한 시간 정도로 아주 짧았는데, 공개적으로 간단한 질문을 받았다. 그 다음에는 필기 시험을 치러야 했다. 그것은 단순한 문제라고 하기 어려웠다. 일부는 문제에 대한 답을 적어야 하고, 일부는 논술 형식으로 써야 했다. 나는 수학에서 한 문제와 물리학에서 한 문제를 받았다…수험생에게는 문제가 하나 주어졌고, 답안을 제출하기까지 3일간의 시간이 주어졌다. 따라서, 책도 마음대로 참고할 수 있었고, 물론 친구들도 이용할 수 있었다. 좋은 친구가 있다는 건 아주 중요했다! 모두가 서로를 도와주었다!…그리고 나는 답안을 작성했다(물리학과 수학의). 그것은 아주 어려운 문제여서 친구들의 도움을 받고서도 우리는 겨우 절반만 풀 수 있었다. 나의 능력을 의심했던 수학자 클로이베르는 그것으로 됐다고 했다. 그러나 그는 아주 만족하지는 않았다. 에렌페스트는 내가 세미나에서 이야기한 것에 대한 문제를 내주었기 때문에 나는 그것에 대해 조금 더 깊이 썼다. 나는 그 글의 내용을 지금도 기억하고 있다. 그것은 X선 반사의 동역학 이론에 관한 것이었는데, 나는 그 때 그것에 대해 좀 깊이 연구한 바 있었다. 나는 그 시험을 훌륭하게 통과했다.

시험의 두 번째 부분은 이렇게 써낸 답안에 대해 짧은 토론을 하는 것이었는데, 그것도 무사히 통과했다! 나는 졸업장을 얻었다…고등학교에서 교사로서 가르치는 데 법적으로 필요한 자격을 얻은 것이다. 나는 고등학교에서 각각 별개의 과목으로 가르치는 물리학, 수학, 이론 역학을 가르칠 자격을 얻었다.[3]

로마 시절의 에피소드, 페르미

로마에 도착하고 나서 약 1년간 윌렌베크는 베를리츠학교에서 이탈리아어를 배웠다. 그 후에는 일 주일에 두 시간씩 개인 교습을 받으며 이탈리아어 공부를 계속했는데, 특히 과외 선생과 함께 단테의『신곡』을 읽었다. 그는 세월이 지난 후에도 단테를 읽었다. 지금도 내 귀에는 그가 지옥편 3권에 나오는 "라시아테 오니 스페란차(Lasciate ogni spernaza : 모든 희망은 사라지고)…"를 낭독하는 소리가 들리는 듯하다. 1923년 가을 무렵에 그는 로마대학에서 페데리고 엔리케스(Federigo Enriques), 툴리오 레비-치비타(Tullio Levi-Civita), 비토 볼테라(Vito Volterra)의 수학 강의를 충분히 들을 수 있을 만큼 이탈리아어를 완전히 습득했다. 그는 로마의 물리학자들과도 만났다. 윌렌베크가 1923년 여름에 네덜란드에 머물 때, 에렌페스트는 엔리코 페르미라는 이탈리아의 젊은 물리학자가 에르고드 정리에 관한 논문을 썼다는 이야기를 했다. 페르미의 증명을 이해하지 못한 에렌페스트는 윌렌베크에게, 로마로 가거든 페르미에게 자기의 질문을 담은 편지를 전달해달라고 부탁했다. 그래서 윌렌베크와 그보다 한 살 아래의 페르미는 1923년 가을에 처음으로 만나게 되었다. 두 사람의 관계는 친구 사이로 발전하여 평생 동안 지속되었다. 이탈리아의 젊은 물리학자 몇 명과 함께 그들은 작은 세미나를 조직했다. "페르미는 타고난 지도자였으며, 대부분의 말은 그가 했다."

윌렌베크와 페르미는 또한,

온갖 종류의 일들에 대해 이야기했으며, 페르미가 우려하며 바라보던 이탈리아의 상황에 대해서도 이야기를 나누었다. 그 무렵에는 그에게 밝은 미래는 거의 보이지 않았다. 반면에, 그 당시 이탈리아는 혁명기였다는 사실을 염두에 두어야 한다. 나는 로마에서 대행진이 일어나는 현장을 보았다. 나는 무솔리니가 로마에서 처음으로 한 연설도 들었다. 그리고 로마 거리를 누비던 그 검은 셔츠들…그 혁명기는 정말 흥분을 불러일으켰다.[3]

그러나 윌렌베크는 파시즘을 철저히 싫어했다.

페르미는 1923년 독일 괴팅겐에 머물 때 에르고드 정리에 관한 논문을 썼다. 괴팅겐에 머물던 시기는 그의 자신감에 부정적인 영향을 미쳤다. 학문적인 괴팅겐 스타일은 그와 맞지 않았다. 윌렌베크의 권고로 페르미는 1924년에 레이덴에서 석 달간 지냈다. 심지어 그는 네덜란드어로 논문까지 발표했다. 윌렌베크가 물리학에 기여한 업적에는 에렌페스트와 페르미가 서로 개인적으로 친해지도록 다리를 놓아준 것도 빼놓을 수 없다. 이것은 페르미에게 자신감을 회복시켜주는 데 큰 도움이 되었다. 네덜란드인 윌렌베크로마에서 자란 페르미에게 빈콜리의 산피에트로 성당에 있는 미켈란젤로의 〈모세〉를 소개해주었다는 사실은 두 물리학자의 성격에 대해 많은 것을 시사한다.

1930년대에 미시간주 앤아버대학의 교수가 된 윌렌베크는 그 곳의 유명한 서머스쿨을 조직하는 데 주도적인 역할을 하면서 페르미에게 그 곳에 와서 강의를 하도록 주선했고, 페르미는 그 곳을 네 차례나 방문했다. 양자전기역학에 관해 그가 1930년에 한 강의들(윌렌베크가 편집을 함)[10]은 양자장 이론을 확산시키는 데 큰 역할을 했다. 윌렌베크는 페르미가 로마의 베를리츠학교에서 어학 공부를 하면서 영어로 강의하는 법을 스스로 준비했다고 내게 말했다. 그래서 그는 상당히 유창하게 영어를 말했으나, 액센트만큼은 완전하지 못했다. '파이니트(finite)'는 이탈리아식으로 '피니테'라고 발음했다. 한 강사가 '인피니트(infinite : 무한)'에 대해 질문했을 때, 페르미는 무슨 말인지 이해를 하지 못해 윌렌베크가 설명을 해주어야 했다. 그러자 페르미는 미소를 지으며 "아하, '인피니테' 말씀이군요."라고 말했다. 또 다른 서머스쿨 기간에 두 사람은 전자가 원자에 구속되어 있을 경우, 1양자의 소멸 과정, $e^+ + e^- \rightarrow \gamma$에 관해 함께 연구했다.

다시 로마 시절로 돌아가자. 윌렌베크는 페르미와의 만남 덕분에 이탈리아에 머무는 동안에도 과학에 계속 관심을 가졌다. 그렇지만 과학은 관심의 중심에서 밀려났다. 그는 역사, 그 중에서도 특히 문화사에 깊은 흥미를 느꼈다. 그는 로마에 있는 네덜란드역사연구소를 정기적으로 방문했으며, 비슷한 연배의 네덜란드인 요한 코이린 반 레흐테런 알테나(Johan Quiryn van Regteren Altena ; 훗날 암스테르담대학의 미술사 교수가 되고, 하버드대학에서 초대 에라스무스 교수가 된다)와 친구 사이가 되었다. 그리고 레이덴대학의 교수이던 요한 호이징가(Johan Huizinga)를 비롯해 다른 문화사가들의 연구를 공부했다. 윌렌베크가 처음으로 발표한 논문[12]은 역사에 관한 것으로, 네덜란드어로 썼다. 그것은 1603년 로마에서 아카데미아 데이 린세이를 설립한 네 명의 공동 설립자 중 한 사람인 네덜란드인 요하네스 헤키우스(Johannes Heckius)에 관한 내용이었다.

훗날, 윌렌베크는 자신이 역사에 한눈을 판 것에 대해 이렇게 말했다.

나는 물리학과 완전히 관계를 끊었다. 나는 아무것도 아는 것이 없었기 때문에 물리학을 전혀 하지 않았다. 로마에 온 지 2년째 되던 해에 나는 여전히 페르미와 만났지만, 오래지 않아 내가 만나는 사람들은 모두 다른 분야의 사람들이 되었다. 그렇게 해서 물리학 연구는 사라져버렸고, 1년 내내 독서는 물론이고 물리학에 관한 것은 아무것도 하지 않았다. 물론 나는 비교적 단순한 할일이 있었지만, 1년 내내 부르크하르트와 테오도르 몸젠을 비롯해 미술사에 관한 모든 글들을 읽었다(내게는 미술사가인 좋은 친구가 있어 그와 함께 돌아다녔다). 결국에 가서는 나는 그 공부를 계속해야 할지 판단이 서지 않았다. 다행이었는지 그 길로 가지 못하게 방해한 유일한 장애물이 있었는데, 그것은 내가 라틴어와 그리스어를 못 한다는 것이었다. 내가 역사를 하길 원한다면―내가 그 때 역사 공부를 그렇게 하고 싶었던 것은 훌륭한 대작으로 생각되었던 호이징가의 책들에서 받은 영향이 컸다―그 두 가지 언어를 배우지 않으면 안 된다는 것은 명백했다.[2]

1925년 6월 중순에 로마를 떠나 네덜란드로 돌아온 윌렌베크는 물리학을 포기하고 역사학자가 되는 길을 심각하게 고민했다. 그는 레이덴대학의 호이징가를 찾아갔다. 호이징가는 그를 따뜻하게 맞아주었으며, 그 문제를 유명한 언어학자로서 레이덴대학에서 산스크리트어와 비교언어학을 가르치고, 에스키모 말과 블랙풋족 인디언 말의 전문가이던 그의 아저씨 흐리스티아뉘스 코르넬리위스 윌렌베크(Christianus Cornelius Uhlenbeck)와 상의했다.

아저씨(그는 아버지의 사촌이었다)와 그 문제에 관해 이야기를 나눈 것은 아직도 기억하고 있다. 그는 레이덴대학에서 호이징가의 동료였으며, 그를 아주 존경했다. 그는 이렇게 말했다. "그래, 그것도 좋지. 물론 그것은 아주 심오한 분야이긴 하지만, 그걸 하려면 라틴어와 그리스어를 배워야 해." 그래서 나는 라틴어를 배우기 시작했다. 나는 네덜란드에 돌아오자마자 라틴어 수업을 들었지만, 아저씨는 이렇게 말했다. "그래도 어쨌든 물리학 박사 학위를 받을 수 있는지 알아보도록 하렴. 물리학은 훨씬 실용적으로 보이니까 말이야." 그래서 나는 에렌페스트를 찾아갔고, 에렌페스트는 "좋아."라고 말했다.[2]

에렌페스트는 윌렌베크의 역사 공부에 대해 너그럽게 대했지만, 먼저 물리학에서 현재 일어나고 있는 것들을 알아야 한다고 말했다. 그는 윌렌베크에게 당분간 자기와 함께 연구하도록 하고, 호우트스미트로부터 스펙트럼에 관한 최신 연구를 배우라고 제안했다. 윌렌베크는 두 가지 제안을 다 받아들였고, 그와 동시에 헤이그에 있는 친구로부터 라틴어를 배우기로 했다. 다차원 공간(공간 차원의 짝수와 홀수의 차이에 특별히 강조점을 두어)에서의 파동방정식에 관해 윌렌베크가 에렌페스트와 함께 한 연구에서 수학 논문[13]이 나왔고, 곧이어 함께 공동 논문[14]을 발표했다. 윌렌베크는 이 협력 연구를 즐겁게 여겼다. 에렌페스트 역시 그러했으며, 그는 1925년 가을에 윌렌베크를 수학자 디르크 스트로이크(Dirk Struik)의 뒤를 이어 자기 조수로 임명했다. 그래서 윌렌베크는 2년간 에렌페스트의 조수로 지냈다.

1925년 여름 동안 호우트스미트는 헤이그의 뤼벡스트라트에 있는 윌렌베크의 부모님 집에서 윌렌베크에게 스펙트럼에 관해 가르쳤다. 훗날 윌렌베크는 그 시기를 '호우트스미트의 여름'이라 부르곤 했다. "그 해 가을에 나는 여전히 라틴어를 배우고 있었지만, 얼마 안 가 그것은 너무 어려워졌고, 다른 할일이 많이 있었기 때문에 라틴어의 어려운 고비를 결코 넘지 못했으며, 그것으로 역사에 관한 일은 사라지고 말았다."[2]

이렇게 마음이 바뀌게 된 큰 이유는 1925년 9월 중순에 석사인 윌렌베크와 대학원생인 호우트스미트가 스핀을 발견했기 때문이었다. 역사가가 되려던 윌렌베크의 꿈은 영영 사라지고 말았다.

스핀의 발견

사뮈엘 아브라함 호우트스미트(Samuel Abraham Goudsmit)는 1902년에 헤이그에서 부유한 화장실 비품 도매업자의 아들로 태어났다. 어머니는 최신 유행의 모자 가게를 운영했다. 호우트스미트는 11세 때 초보적인 물리학 교과서를 훑어보다가 물리학에 관심을 가지게 되었다. 그는 특히 별들이 지구와 똑같은 원소들로 이루어져 있다는 사실을 분광학을 통해 알 수 있다는 구절에 큰 감명을 받았다. 호우트스미트는 그 구절을 이렇게 기억했다. "태양의 수소와 북두칠성의 철은 하늘을 아늑하고 다가갈 수 있는 것처럼 보이게 만들었다."[13] 고등학교를 보통 학생들보다 1년 먼저 마친 호우트스미트는 레이덴대학의 물리학과 학생이 되었는데, 그 곳에서 에렌페스트는 그의 단순한 흥미를 물리학에 대한 헌신으로 바꾸어놓았다. 호우트스미트는 곧 분석적 사고보다는 경험적 육감에서 비롯된 직관적 사고에 더 뛰어나다는 것이 밝혀졌다. 윌렌베크는 훗날 호우트스미트에 대해 이렇게 말했다. "호우트스미트는 사고를 깊이 잘 하는 사람은 결코 아니었지만, 무작위적인 데이터에서 어떤 방향성을 찾아내는 놀라운 재능이 있었다. 그는 암호를 푸는 데 천재였다."[15] 래비는 이렇게 말했다. "그는 탐정처럼 생각한다. 그는 탐정이다."[15] 사실, 호우트스미트는 한때 8개월간의 탐정 연수 과정을 거쳤으며, 거기서 지문과 위조 문서와 혈흔을 확인하는 법을 배웠다. 2년간의 대학 과정에서는 상형 문자를 해독하는 법을 배웠다. 그래서 그는 물리학에서 스펙트럼을 해독하는 데 가장 큰 관심을 보였다. 19세 때 그는 알칼리 금속 원소의 이중선에 대한 첫 번째 논문[16]을 완성했다. 윌렌베크는 그 논문을 "아주 뻔뻔스러울 정도로 자신감을 내비친 것이지만… 매우 높이 신뢰할 만한 것"[15]이라고 평했다.

호우트스미트는 성실한 학생은 아니었다. 그는 결코 시험을 볼 수 없었다. 그는 내가 수 년 전에 통과한 석사 학위 시험조차 보지 않았다. 이것은 그가 역학 교수를 매우 두려워했기 때문이다. 그것은 매우 흥미로운 측면이다. 마침내 우리는 석사 학위 시험을 보라고 그의 등을 떠밀어야 했다. 에렌페스트는 그에게 부전공 과목인 수학(아니, 정확하게는 역학)을 포기하도록 한 다음에야 겨우 시험을 보게 할 수 있었다. 그 대신에 그는 다른 두 가지 부전공 과목을 선택해야 했는데, 그는 실험물리학과 천체물리학을 택했다. 이것은 그 당시로서는 매우 이상한 선택이었다. 그 결과로 그는 네덜란드의 고등학교에서 역학이나 수학을 가르칠 수 없게 되었기 때문이다. 물론 앤아버대학에 오고 나서 그는 항상 이론 역학 강의를 했다…그는 즐겁게 역학 강의를 했다. 나는 그에게 그것을 가르칠 자격이 없다고 놀리곤 했다. 네덜란드의 법에 따르면, 그는 역학을 가르칠 수 없었다. 그렇지만 그는 이미 여러 편의 논문을 발표했다. 그는 하이젠베르크와 훈트를 알고 있었고, 물론 분광학에 대해서도 훤히 알고 있었다…그것은 그의 전문 분야였다. 그는 수들의 도움을 받아 실험 자료를 들여다보고, 거기서 규칙성을 찾아내는 이러한 종류의 일에 아주 뛰어났다. 그 점에서 그는 진실로 대가였다.[17]

호우트스미트가 코펜하겐을 처음 방문했을 때, 닐스 보어는 글립토텍박물관의 이집트 조각 전시관으로 그를 데려갔다. 보어가 덴마크어로 된 설명문을 읽어주려 하자, 호우트스미트는 그럴 필요 없다고 조용히 말했다. 그는 조각에 새겨져 있는 상형 문자를 읽을 수 있었기 때문이다.

1925년 8월, 두 사람은 헤이그에서 정기적인 만남을 갖기 시작했다. 그러나 "호우트스미트는 그 해 가을에 계속 나와 함께 있었던 것은 아니다. 나는 에렌페스트의 조수였고, 호우트스미트는 암스테르담대학의 피테르 제만(Pieter Zeeman)의 조수였다. 그는 일 주일 중 3일은 암스테르담에서 보냈으며, 그 후에는 공동 토의를 위해 레이덴으로 와 며칠 동안 머물렀다."[17] 두 사람의 협력은 계속되었다. 윌렌베크는 좀더 분석적이고 이론물리학에 조예가 깊었으며, 물리학 연구에는 풋내기였지만, 헤키우스에 관한 논문까지 쓴 역사가 지망생이었다. 호우트스미트는 스펙트럼에 관해서는 정통한 '탐정'으로(논문도 여러 편 발표한 바 있었다), 이미 물리학계에 그 이름이 알려져 있었다. 호우트스미트가 윌렌베크를 가르친 지 얼마 지나지 않아 두 사람은 공동 연구와 발표를 하게 되었고, 두 사람의 관계는 평생의 우정으로 발전한다. 함께 연구한 이 몇 달 동안에 두 사람이 상대방을 얼마나 신뢰했느냐 하는 것은 그들 자신의 글[18, 19, 20, 21]보다는 훗날 내가 두 사람을 개인적으로 사귀면서 더 잘 알게 되었다. 그러한 태도는 단순한 정중함이 아니라, 깊은 이해에서 나온 것이었다.

그 해 여름에 호우트스미트가 윌렌베크에게 가르친 것 중에는 비정상 제만 효과에 관한 알프레드 란데(Alfred Landé)의 이론도 있었다. 비정상 제만 효과란, 고전 이론에 기초하여 로렌츠가 예측한 패턴과는 다르게 스펙트럼선이 갈라지는 현상을 말한다. 1921년에 란데는 각운동량의 양자수가 반정수(홀수를 2로 나눈 값)의 값을 가질 수 있다는 과감한 새로운 가정을 한다면 이 비정상 효과를 설명할 수 있다는 사실을 발견했다. 호우트스미트는 그 이야기를 자세히 해주었다. 즉, 거기서 한 걸음 더 나아가 하이젠베르크가 자신의 첫 논문에서 알칼리 금속 원자에서는 원자가 전자와 나머지 원자 중심이 각각 1/2의 각운동량($h/2\pi$의 단위로)을 가진다고 제안한 것과, 란데가 이것으로부터 원자 중심의 회전 자기비(gyromagnetic ratio) g가 고전 이론에서 예측한 1이 아니라 2의 값을 가진다는 사실을 도출했다는 것, 그 다음에 파울리가 원자 중심은 0의 각운동량을 가져야 함을 보였다는 것, 호우트스미트 자신이 란데의 $g=2$는 "완전히 이해할 수 없는 것이지만" 이 가정을 사용해 "비정상 제만 효과의 광범위하고도 복잡한 요소들을 완전히 해결할 수 있다."[22]고 쓴 것, 그러자 파울리가 제 4의 새로운 반정수 양자수를 원자 중심이 아니라 전자 자체에 부여해야 한다고 주장한 것, 그리고 그것을 통해 파울리가 배타 원리를 발견한 것 등을 이야기해주었다.

호우트스미트가 윌렌베크에게 가르쳐준 또 한 가지 주제는 수소 스펙트럼의 미세 구조에 대한 조머펠트의 공식이었다. 그 공식이 얼마나 잘 성립하는지, 그 당시 실험에서 정상적인 것으로 나타난(물론 실제로는 그렇지 않지만) 제만 효과와 아무 문제가 없었다는 것 등을 알려주었다.

윌렌베크는 기분이 좋을 수 없었다. "그는 아무것도 알지 못했다. 그는 나라면 결코 묻지 않을 그러한 질문들을 했다."라고 호우트스미트는 훗날 회고했다.[18] 알칼리 금속과 수소가 서로 그렇게 비슷하다면, 왜 서로 다른 두 가지 모형이 필요한가? 왜 수소에도 그 반정수 양자수를 적용하지 않는가? 내가 윌렌베크에게 그 당시에 어떻게 그런 생각을 하게 되었는지 물어보았을 때, 그는 두 사람은 단지 추측을 하고 있었을 뿐이며, 양자수에 대해 반정수 값을 부여하는 것은 그보다 앞서 이미 제만 효과에 적용한 바 있었다는 점을 상기시켰다. 그는 또한 두 사람이 이 아이디어를 에렌페스트에게 이야기하자, 에렌페스트는 미심쩍은 표정을 지었지만, 두 사람에게 소논문을 써보라고 제안했다고 말했다. 그래서 두 사람이 함께 쓴 최초의 공동 논문[22]이 나왔다. 그것은 훌륭한 업적이었지만, 네덜란드어로 쓰여진 것이어서 그다지 알려지지는 못했다. 그 논문에서 그들은 조머펠트가 앞서 부여한 양자수를 수정했고, He^+의 미세 구조를 다루는 개선된 방법을 보고했다. 윌렌베크는 그것을 8월 논문이라 불렀다.

그 다음에 일어난 일에 대해 호우트스미트는 다음과 같이 썼다. "우리가 원자 스펙트럼의 구조에 대한 지식을 완전히 습득하고, 상대론적 이중선의 의미를 파악했을 때, 그리고 우리가 수소 원자를 정확하게 해석한 다음의 바로 그 순간에, 그 아이디어[스핀]가 떠오른 것이 행운이었다."[19] 윌렌베크는 이렇게 회상했다. "바로 그 때, (내가 배운 대로) 각 양자수가 전자의 한 자유도에 해당하기 때문에, 파울리의 네 번째 양자수는 전자가 지닌 추가적인 자유도를 의미한다는, 다시 말해서 전자가 회전하고 있다는 생각이 떠올랐다."[20]

모든 것이 제자리에 정확하게 들어맞았다. 전자는 1/2의 스핀을 가졌다. 란데의 $g=2$는 원자 중심이 아니라 전자 자체에 해당하는 것이었다!

호우트스미트는 이 g 값에 어떤 물리적 의미를 부여할 수 있는지 물음을 제기했다.[20] 에렌페스트의 힌트에 힘입어 윌렌베크는 막스 아브라함(Max Abraham)이 쓴 옛 논문[24]에서 표면 전하만을 가진 강체 구로 간주한 전자는 $g=2$의 값을 가진다는 사실을 발견했다. 이 모든 내용은 아브라함 모형을 포함한 짧은 소논문[25]으로 쓰여졌는데, 한 가지 경고가 덧붙여져 있었다. 만약 그 모형이 $g=2$에 대한 설명이라면, 전자를 '고전적인 반지름' e^2/mc^2을 가지고 원자 중심에서 뻗어 있는 물체로 간주할 때, 원자 주변을 도는 회전 속도는 빛의 속도보다 더 커지게 된다.

이 마지막 말은 아주 중요하다. 이것은 하이젠베르크의 양자역학에 관한

1926년 레이덴대학의 카메를링 오네스 연구소에서 찍은 사진. 맨 왼쪽에 서 있는 사람이 윌렌베크이다. 흐우트스미트는 맨 오른쪽에 크라메르스 옆에 서 있다. 헤런페스트는 뒷줄 오른쪽에 아내 옆에 앉아 서 있다. 왼쪽에 어두운 색 코트를 걸치고 있는 사람이 오른쪽 어두운 색 코트를 걸치고 있는 사람은 폴 디랙이다.

첫 논문이 나온 후에 이루어진 스핀의 발견이, 고전적인 사고에다 임시적인 양자 규칙으로 보강한 구양자론을 크게 진전시켰다는 사실을 명백하게 보여주었기 때문이다.

그 발견은 윌렌베크를 첫 번째 저자로 하고, 호우트스미트를 두 번째 저자로 하여 발표되었다. 그렇게 한 이유는(윌렌베크에게서 들은 바에 따르면) 그래야 윌렌베크가 호우트스미트의 제자처럼 보이는 것을 피할 수 있다고 에렌페스트가 제안했을 뿐만 아니라, 호우트스미트도 윌렌베크가 스핀을 먼저 생각했으므로 자기 이름을 두 번째로 쓰는 게 당연하다고 생각했기 때문이다.

스핀의 발견에 관한 소논문에는 1925년 10월 17일이라는 날짜가 붙어 있다. 하루 전에 에렌페스트는 로렌츠에게 "스펙트럼에 관한 윌렌베크의 기발한 생각에 대해 판단과 조언"을 구하는 편지[26]를 썼다.

로렌츠는 이미 은퇴한 상태였다. 그는 하를렘의 타일러연구소의 책임자로 일하고 있었는데, 그것은 은퇴한 사람이 맡기에 적당한 일이었다…그는 하를렘에서 살았지만, 월요일마다 레이덴대학에 와서 오전 11시부터 12시까지 강의를 했다. 그것이 바로 로렌츠의 월요일 아침 강의였다. 우리는 거기에 참석해야 했다. 에렌페스트는 우리를 거기에 가도록 강요했다. 각처에서 사람들이 왔다. 로렌츠는 항상 자신이 최근에 한 연구나 최근에 쓴 글에 대해 이야기했다. 그것은 아주 아름다운 강의였다. 어쨌든, 그가 레이덴에 오는 이유는 그것 때문이었다.

어느 월요일 아침에 우리는 로렌츠를 만나 우리의 아이디어를 이야기했다. 로렌츠는 우리의 기를 꺾지는 않았다. 그는 다소 침묵을 지켰다. 그는 흥미로운 생각이라고 말하면서 좀더 생각해보겠다고 했다. 물론 그는 즉시 아브라함에 대해 알아보았고, 그것에 대해 계산을 좀 해보아야겠다고 생각했다. 그리고 그렇게 했다. 그는 즉시 회전하는 전자의 고전 이론에 관해 매우 광범위한 계산에 착수했다. 그것이 로렌츠의 스타일이었다. 이미 그 다음 주에, 아니 어쩌면 2주일 뒤에 그는 아주 긴 계산들을 한 종이 뭉치를 준 것으로 생각된다. 그 커다란 하얀 종이들이 지금도 눈에 선하다. 그는 그것을 우리에게 설명하려고 노력했고(그러나 내게 그것은 너무 학문적인 것으로 느껴졌다), 그것을 발표했다. 그것은 로렌츠가 발표한 마지막 논문이었다. 그는 1927년 9월에 열린 코모 회의에서 그것을

제출했다.[27]

그가 설명한 것 중에서 명백한 한 가지는, 내가 유일하게 기억하고 있는 것인데, 자기 에너지가 너무 클 것이라는 유명하고도 어려운 문제를 지적한 것이다. 로렌츠가 지적한 요점은 회전하는 전자가 μ^2/r^3의 크기에 해당하는 자기 에너지를 가진다는 것이었다(μ는 전자의 자기 모멘트, r은 그 반지름). 이 에너지를 mc^2과 같다고 놓아보라. 그러면 r은 10^{-12} cm의 크기가 되는데, 이것은 받아들이기 어려운 큰 값이었다.〔이 주장의 약점은 몇 년 후에 양전자 이론에 의해 드러난다.〕

그래서 우리는 에렌페스트에게 그렇게 이야기했다. 나는 그것을 지금도 아주 잘 기억한다. 우리는 그것을 에렌페스트에게 이야기했다. 물론 로렌츠는 네덜란드의 모든 사람에게 거의 신과 같은 존재였고, 에렌페스트에게도 절대적인 권위였다. "로렌츠는 이것이 터무니없는 생각이라는 걸 보여주었어요." 그래서 우리는 에렌페스트에게 이렇게 말했다. "그 논문을 발표하지 않는 게 좋겠어요." 그러자 에렌페스트는 이렇게 말했다. "나는 이미 그것을 몇 주일 전에 보냈고, 다음 주에 나올 거야!" 그리고는 우리에게 이렇게 말했다 ─ 호우트스미트가 이것을 기억하고 있는지는 알 수 없지만, 나는 분명하게 기억하고 있다. "너희는 둘 다 젊어. 어리석은 행동을 해도 감당해나갈 수 있지."[17]

윌렌베크와 호우트스미트의 소논문이 발표되고 나서 얼마 안 돼 호우트스미트는 하이젠베르크로부터 편지를 받았다. 그 편지에서 하이젠베르크는 '용감한 소논문'에 축하를 보내며, 스핀의 세차를 다루는 반고전적 이론에서 유도된 수소의 미세 구조 분열 공식에서 "어떻게 인수 2를 제거했는지" 물었다.[28] 레이덴의 젊은이들은 이 분열을 계산하는 것은 생각지도 않았다. 약간의 고생 끝에 그들은 하이젠베르크의 말이 옳다는 사실을 발견했다. 미세 구조는 인수 2로는 너무 크게 나왔다. 그 수수께끼는 풀리지 않다가 1925년 12월에 보어가 로렌츠의 박사 학위 취득 50주년 기념 축제에 참석하기 위해 레이덴에 왔을 때 해결되었다. "보어는 레이덴에 와서 줄곧 에렌페스트의 집에서 지냈다."[17] 1946년의 어느 날 저녁, 보어는 감레 칼스버그에 있는 자기 집에서 그 여행 때 일어났던 이야기를 내게 들려주었다.

보어의 기차 여행

보어가 탄 레이덴행 기차는 함부르크에서 멈추었는데, 거기서 그는 파울리와 오토 슈테른을 만났다. 두 사람은 보어가 스핀에 대해 어떻게 생각하는지 물어보기 위해 역까지 나온 것이었다. 보어는 그것은 아주 흥미롭다고 말했지만(뭔가 잘못되었다는 자신의 믿음을 나타낼 때 쓰는 전형적인 말버릇), 원자핵의 전기장 속에서 움직이는 전자가 미세 구조를 만들어내는 데 필요한 자기장을 어떻게 경험하게 되는지 알 수 없었다.(윌렌베크가 나중에 인정한 것처럼, "돌이켜보면, 호우트스미트와 나는 열광 상태에서 [이러한] 기본적인 어려움을 제대로 이해하지 못했다."[20]) 레이덴에 도착한 보어는 기차 안에서 에렌페스트와 아인슈타인을 만났는데, 아인슈타인은 그에게 스핀에 대해 어떻게 생각하느냐고 물었다. 보어는 그것은 아주 흥미롭다고 말했지만, 자기장은 어떻게 되느냐고 물었다. 에렌페스트는 아인슈타인이 그 문제를 풀었다고 대답했다. 자신의 정지 좌표계에서 전자는 회전하는 전기장을 보게 되므로, 기초적인 상대성 이론에 따라 전자는 자기장도 보게 된다. 그 순결과는 유효 스핀-궤도 결합(effective spin-orbit coupling)으로 나타난다.

보어는 즉시 깨달았다.

> 그러고 나서 우리는 보어와 함께 아주 오랫동안(아마 오전 내내) 대화를 나누었다⋯나는 로렌츠가 했던 말에 대해 그와 이야기를 나눈 것이 기억난다. 그는 이렇게 말했다. "당연히 이것은 고전적인 것이 아니므로, 고전역학의 맥락에서 생각해서는 안 된다!" 그는 물론 염려도 했다. 그는 항상 어려운 문제들에 대해 염려했으니까. 그렇지만 그는 그것이 그러한 많은 어려운 문제들에 대한 답이 될 것이라는 느낌을 받았다⋯우리는 하이젠베르크의 계산과 인수 2 등등에 대해서도 이야기했다.[17]

보어는 호우트스미트와 윌렌베크에게 좀더 자세한 소논문을 쓰라고 촉구했다. 그들은 보어의 말대로 소논문을 써서 〈Nature〉지에 서한[29]으로 보냈는데, 보어는 그 내용을 지지하는 논평을 덧붙였다. "〈Nature〉지에 보낸 서한에 관한 것이라면, 내 기억으로는 본질적으로 그가 그것을 썼다고 생각한다…우리는 별로 한 것이 없다…그러나 그 서한의 문체는 본질적으로 보어의 것이었다. 나는 분명히 그 서한에 단 한 글자도 쓰지 않은 것으로 기억한다."[17]

레이덴을 방문한 후, 보어는 괴팅겐으로 갔다. 괴팅겐 역에는 하이젠베르크와 요르단이 나와 있었는데, 요르단은 스핀에 대해 어떻게 생각하느냐고 물었다. 보어는 큰 진전이 있었다고 말하면서 스핀-궤도 결합에 대해 설명했다. 하이젠베르크는 자기도 그 말을 전에 들었는데, 언제 누구에게 그 말을 들었는지 기억이 나지 않는다고 말했다(이 점에 관해서는 잠시 후 다시 언급하겠다). 보어가 탄 코펜하겐행 기차는 베를린에서 정차했는데, 역에서 파울리를 만났다. 파울리는 오로지 보어에게 이젠 스핀에 대해 어떻게 생각하는지 묻기 위해 함부르크에서 거기까지 다시 달려온 것이었다. 보어가 큰 진전이 있었다고 말하자, 파울리는 "또 하나의 새로운 코펜하겐의 이단이로군요."라고 응수했다. 집으로 돌아온 보어는 에렌페스트에게 자신이 "전자 자석 복음의 사도"[30]가 되었노라고 편지를 썼다.

———●———

몇 가지 산만한 주석으로 스핀 이야기에 대한 결론을 짓고자 한다.

1. "로렌츠의 기념 축제 때 로렌츠 장학 제도가 만들어졌는데, 호우트스미트가 최초의 장학생 중 하나로 뽑혔다. 〔그는 코펜하겐으로 가〕 그 곳에서 보어와 함께 연구를 했지만, 불행하게도 헬륨의 스펙트럼에 관한 연구에서 성공을 거두지는 못했다…그러나 그가 그 곳에 있을 당시에 토머스 역시 코펜하겐에 있었다. 토머스는 이 인수 2를 얻었다. 그의 논문은 그 당시로는 너무 학문적인 것이었다. 그는 또한 아주 놀라운 사람이었다(그는 레이덴대학에서 그것에 대해 연설했다). 나는 지금도 그것을 잘 기억하고 있는데, 그가 칠판에 필기를 할 수 없었기 때문이다. 그는 신체적 문제 때문에 칠판에 글을 쓸 수 없었다. 모든 것이 아주 크게 나왔다. 그것은 아주 놀라운 것이었다. 그 때, 크라메르스도 그것을 아주 간단히 만들려고 노력했다. 어쨌든, 우리(호우트스미트와 나)는 그것을 충분히 간단히 만들 수 있었다. 우리는 스핀에 대한 세 번째 논문을 썼는데, 그것은 그렇게 널리 알려지지 않았다…그 논문[31]은 역시 네덜란드어로 발표되었다."[17]

1926년 2월에 수수께끼의 인수 2를 제안한 사람은 르웰린 힐레스 토머스(Llewellyn Hilleth Thomas)였다.[32] 그 후로 그것은 토머스 인수라 불리게 되었다. 토머스는 이전에 이루어진 전자 스핀의 세차 운동 계산은 전자의 궤도가 그 수직선 주위를 도는 세차 운동을 고려하지 않고 전자의 정지 좌표계 내에서 이루어졌다고 지적했다. 이 상대론적 효과를 포함시키면, 전자의 각속도(원자핵에서 바라볼 때)는 필요한 인수 2만큼 줄어든다. "상대성 이론의 감정사들(아인슈타인을 포함해)조차 매우 놀랐다."[20] 1926년 2월 20일, 보어는 거의 같은 내용의 편지[33]를 하이젠베르크와 파울리에게 보냈다. "우리는 그것을 작은 승리라고 느꼈다…최소한 많이 논의된 인수 2에 관한 어려움들은 명백한 것처럼 보인다…이 곳에 6개월 동안 머물고 있던 영국인 젊은이 토머스가…지금까지 한 계산들이 오류를 포함하고 있을지도 모른다는 사실을 발견했다."

2. 선구자들에 대해 알아보자. 이미 1900년에 피츠제럴드(FitzGerald)는 자기가 전자의 회전 때문에 발생하는가 하는 의문을 제기했다.[34] 1921년, 아서 콤프턴(Arthur Compton)도 비슷한 생각을 했다. "상자성의 발생 원인은 자신의 축 주위를 돌고 있는 전자 때문이다…초소형 자이로스코프처럼 회전하는 전자 자체는 아마도 궁극적인 자기 입자일 것이다."[35] 1922년에 전자가 $g=2$의 값을 가질 수 있음을 보이기 위해 아브라함[24](그는 그것에 대해서는 전혀 모르고 있었다)과 똑같은 계산을 한 케너드(Kennard)가 똑같은 주장을 했다.[36] 이 모든 예에서 전자는 유한한 범위의 회전하는 강체로 가정되었으며, 콤프턴의 경우에는 양자화된 각운동량을 가진다는 조건이 추가되었다.

3. 1924년 8월(네 번째 양자수와 배타 원리가 나오기 전), 파울리는 초미세 구조에 대한 설명을 제안했다.[37] "원자핵은 일반적으로 0이 되는 일이 없는 각운동량을 갖고 있다…장래에 [이 가설로부터] 원자핵의 구조에 대해 뭔가 배울 수 있을 것으로 기대된다." 나는 이것이 스핀에 대해 최초로 제안한 것이라는 말을 들은 적이 있다. 파울리가 쓴 이 훌륭한 논문을 샅샅이 살펴본 결과, 나는 그 말에 동의하지 않는다. 파울리 자신은 나중에 이 논문에 대해 이렇게 말했다. "전자 스핀이 발견되기 전인 1924년에 이미 나는 핵 스핀 가정을 사용할 것을 제안했다…[여기에] 영향을 받아 호우트스미트와 윌렌베크는 전자 스핀을 주장하게 되었다."[38] 그러나 내가 보기에는 파울리가 핵 스

핀이라는 용어를 사용한 것은 나중에 언어를 용법에 맞게 뜯어맞춘 많은 예 중 하나로 생각된다. 전자 스핀의 발견에 미친 영향력에 대해 호우트스미트 는 이렇게 썼다. "우리는 5년 후에야 이 논문을 알게 되었다."[39] 이 문제에 관한 더 자세한 논의는 참고 문헌 40을 참고하라.

4. 1926년 3월, 크라메르스는 미국 컬럼비아대학의 젊은 박사 랠프 크로니그 로부터 편지를 받았다. 크로니그는 1925년 1월부터 11월까지 코펜하겐에서 머문 것을 비롯해 유럽에 2년 동안 머문 적이 있었다. 크로니그는 크라메르 스에게 자신이 비록 미세 구조에서 인수 2를 간과하긴 했지만, 호우트스미 트와 윌렌베크보다 먼저 스핀의 개념을 생각했고, 코펜하겐에서 이 문제에 대해 크라메르스와 토론을 한 사실을 상기시켰다. 앞에서 하이젠베르크가 스핀 이야기를 전에 들은 적이 있지만 어디서 들었는지 모른다고 언급했는 데, 필시 크로니그와의 토론에서 들었을 것이다. 크로니그의 편지로 다시 돌 아가서, 그는 크라메르스에게 그것을 발표하지 않은 이유는 "파울리가 '정 말 똑똑한 생각이긴 하지만, 현실과는 동떨어진 것'이라고 그 생각을 비웃 었기 때문"이라고 했다. 그리고는 "앞으로는 나 자신의 판단을 더 신뢰하고, 다른 사람의 판단을 덜 신뢰할 것"이라고 덧붙였다.

크라메르스가 이 이야기를 보어에게 하자, 보어는 크로니그에게 편지를 써 '놀라움과 깊은 유감'[42]을 표시했다. 크로니그는 이렇게 대답했다. "항상 자기 의견이 옳다는 확신을 가지고 우쭐대는 설교자 부류에 속하는 물리학 자들을 조롱하려는 목적이 아니었다면, 저는 그 문제를 [크라메르스에게] 전 혀 언급하지 않았을 것입니다."[43] 그는 보어에게 "호우트스미트와 윌렌베크 가 별로 기분좋아하지 않을 것이기"[43] 때문에 그 문제를 공개적으로 언급하 는 것을 삼가달라고 부탁했다. 크로니그는 유명한 물리학자이자 신사였다. "랠프 크로니그가 우리가 생각한 것의 주요 부분을 예상했다는 것은 의심의 여지가 없다."[20]고 쓴 윌렌베크 역시 그러한 사람이었다. 스핀의 발견에 대 해 노벨상이 수여되지 않은 것은 이 에피소드 때문이라는 것이 확실하다.[44] 나는 이 문제에서 파울리의 역할에 대해 토머스가 호우트스미트에게 한 말[18] 이 마음에 든다. "[그것은] 신의 무류성(無謬性)이 자신이 임명한 지상의 교 구에까지 미치지 않는다는 것을 보여준다."

어느 날 저녁, 칼스버그에서 1925년의 기차 여행에 대해 회상하던 보어는 내게 크로니그에 관한 이 이야기도 해주었다. 나는 크로니그가 참 안됐다고 이야기했다. 그 다음에 보어가 한 이야기는 그 당시로서는 매우 충격적으로 받아들여졌기 때문에 나는 절대로 그것을 잊지 않고 있다. "아니야, 크로니그는 바보야." 그러면서 자기 생각에 확신을 가졌다면 누가 뭐라고 하든 발표를 해야 한다고 설명했다. 나는 크로니그의 입장을 고려해 보어가 한 말을 공식적으로 기록한 적이 없는데, 얼마 전에 크로니그가 세상을 떠났기 때문에 이제는 보어가 한 말을 밝혀도 된다고 믿는다. 그것은 내게 큰 교훈이 되었고, 다른 사람들에게도 교훈이 되리라 생각하기 때문이다. 최종적인 분석에서는 오직 발표된 기록만이 고려되기 때문이다.

권위에 순종하느냐 아니면 독자적인 길을 가느냐 하는 선택의 기로에서 운명이 갈리는 일은 이전에도 수많이 일어났고, 앞으로도 계속 일어날 것이다. 발표되지 않은 아이디어의 우선권을 둘러싼 논쟁은 과거에도 일어났고, 앞으로도 일어날 것이다. 스핀의 경우, 역시 발표는 하지 않았지만 똑같은 생각을 했던 다른 사람들도 있었다는 사실을 덧붙여야 할 것 같다. 전자 스핀에 대한 개념은 해럴드 유리(Harold Urey)[45]가, 광자 스핀에 대한 개념은 보스(Bose, 1924년)가 생각한 적이 있었다.

파울리, 클라인, 오펜하이머와의 첫 만남

스핀에 관한 윌렌베크와 호우트스미트의 논문은 1925년 10월에 제출되었다. 그것은 양자역학에 관한 하이젠베르크의 첫 논문(1925년 7월)이 나온 지 석 달 후, 그리고 파동역학에 관한 슈뢰딩거의 첫 논문이 나오기 석 달 전이었다. 스핀이 등장할 그 당시,

우리는 하이젠베르크의 첫 논문에 대해 알고 있었지만, [그가 사용한 행렬 방법은] 아주 이상했다(최소한 내게는)…[그러나] 하이젠베르크가 한 일은 무엇이든지 진지하게 받아들여야 했다. 왜냐하면, 하이젠베르크와 파울리 그리고 보어는 신이었으니까. 그들은 모든 것을 다 알고 있는 사람들이었다…그것은 슈뢰딩거[3]의 등장으로 변하게 되었다…1926년 초, 에렌페스트와 나는 슈뢰딩거 방정식[46]에 대해 매우 열심히 연구했다.

윌렌베크는 내게 이렇게 말했다. "슈뢰딩거 방정식은 마치 구세주처럼 다가왔다. 이제 우리는 더 이상 그 괴상한 행렬 수학을 배우지 않아도 되었

으니까."

1926년 봄, 윌렌베크는 첫 번째 파동역학 계산을 했다. "그러나 나는 실수를 저질렀다…에렌페스트는 그 실수를 발견하지 못했다. 그는 '즉시 논문으로 근사하게 써보게.'라고 말했고, 그래서 나는 그것을 논문으로 썼다. 에렌페스트는 그것을 파울리에게 보내면서 '동물들을 부드럽게 다루게'라는 쪽지를 첨부했다."[7] 파울리는 그의 부탁대로 했다.[47]

———◆———

말년에 윌렌베크가 파울리에 대해 회상한 것에서 두 사람의 성격을 엿볼 수 있다.

그는 실제로 본심은 아주 친절한 사람이었다. 그는 초기에는 언제나 상대방에게 민감한 부분이 있는지 알려고 노력했다(그것은 최소한 나에게는 언제나 명백하게 보였다). 그리고 그것을 발견하면 그는 그것을 찔렀다. 그것을 잘 발견할 수 없으면 그는 그 사람을 바라보았다. 그는 항상 뭔가를 말하고는 그것이 효과를 발휘하는지 알기 위해 상대방을 바라보았다. 나는 항상 웃음을 터뜨렸는데, 그의 의도를 알고 있었기 때문이다. 앤아버에서 내가 그에게 브라운 운동에 대해 연구하고 있다고 이야기했던 것이 기억난다. 파울리는 "자포자기 물리학이로군! 전형적인 자포자기 물리학이야!"라고 말하고는 나를 바라보았다. 나는 "그건 분명히 그래요."라고 말했다. 그러자 그는 내가 그렇다는 것을 알고 있기 때문에 그의 말에 조금도 흔들리지 않는다는 사실을 알아차렸다. 그래서 나중에 그는 [내 아내에게] "그래요, 저 윌렌베크는 아주 멋진 친구예요. 내게 화를 내지 못하도록 하기 때문이죠. 그는 아주 매력적인 사람입니다."라고 말했다.[7]

파울리가 세상을 떠날 때까지 두 사람은 서로를 깊이 존경했다.[48] 1930년대에는 두 사람은 과학 문제에 대해 서로 서신을 교환했다.[49]

———◆———

"그 때(그것은 아주 중요했다), 오스카르 클라인이 로렌츠 장학생으로 레이덴에 왔다"[3] 클라인은 그 당시 30대 초반의 스웨덴 물리학자였다. "우리는 같은 하숙집에서 생활했다…우리는 항상 클라인과 함께 토론을 나누었다. 매일 오후…그는 오늘날 클라인-고던 파동 방정식이라 불리는 논문을 썼다…그러다가 그는 5차원 상대성 이론에 대한 생각[50]을 했고, 우리는 그것에 대해 토론했다.

그것은 아주 흥미로웠다…나는 에렌페스트와 함께 5차원 이론에 대해 논문[14]을 썼다…아직도 기억에 남아 있는데, 한번은 토론 중에…클라인이 그것으로부터 어떻게 양자 조건이 나올 수 있는지 이야기했다. 5차원의 주기성 조건으로부터 양자 조건을 얻을 수 있다고 그는 말했다. 나는 매우 흥분하여 그들에게 말했다. "곧 우리는 세계를 공식으로 만들 거야. 우리는 모든 것을 알게 될 거라고!" 그것은 아름다운 과장이었다…에렌페스트는 나보다 훨씬 의심이 많았다…모든 것을 알 수 있다는 느낌(나는 물론 확신하지만)을 그는 갖고 있지 않았다. 그러한 느낌을 가질 수 있는 것은 더 젊은 세대에게나 가능한 것이다.[3]

이제 윌렌베크가 박사 학위 논문을 써야 할 때가 다가왔다.

내가 레이덴에 머물고 있는 한 결코 박사 학위 논문을 쓰지 못할 것이라는 사실을 분명하게 느낄 수 있었다. 그러자 그는 나를 로렌츠 장학생으로 만들어 다른 곳으로 보냈다. 그는 이제 너는 코펜하겐으로 가서 거기서 학위 논문을 쓰라고 말했다. 호우트스미트도 그 때 그 곳에 있었는데, 우리는 두 달 동안 논문을 쓰는 일말고는 다른 일은 사실상 아무것도 하지 않았다. 논문만이 전부였다. 그것은 매우 큰 중압감을 주었다. 그 논문을 쓰는 것은 정말 마음에 큰 부담을 주었다. 그리고 그 학년도의 마지막 날(이미 에렌페스트가 못박아놓았기 때문에, 그 전에 논문을 인쇄해 교정쇄를 받아보고, 전체 책을 다시 읽어야 했다)은 사정없이 다가오고 있었다.[46]

보어연구소의 기록에 따르면, 그는 1927년 4월부터 6월까지 코펜하겐에 머물렀다. 여기서 잠깐 윌렌베크가 쓴 박사 학위 논문의 내용을 살펴보기로 하자.

"박사 학위 논문을 쓴 후 나는 괴팅겐에 있었다.(그 때는 아직 1927년이었다)"[7] 윌렌베크는 그 곳에서 파울리가 "전자의 고유 각운동량(즉, 스핀)을 고정된 방향으로 새로운 변수로서"[51] 도입하는 것을 통해 양자역학에 최초로 스핀을 도입하려고 시도한 소식을 들었다.

그것은 정말 의미심장한 것이었다. 왜냐하면, 스칼라(1성분) 파동함수로부터 2성분의 파동함수로 나아가는 것은 거대한 도약이었기 때문이다. 나는 그 논문을 매우 열심히 연구했는데, 그것은 아주 명쾌하게 씌어진 것이었다. 다만, 그것은 파동함수들의 온갖 변환식들 — 케일리 매개변수들이라고 나는 기억하는데,

물론 파울리는 그것을 알고 있었다 — 로 가득 차 있었다. 그것은 내게 매우 심오하고도 아주 어려운 것으로 보였다. 그럼에도 불구하고, 그것은 아주 명백했으므로, 나중에 그것을 사용할 수 있었다. 물론 많은 사람들이 그렇게 했다…파울리는 훗날 자기는 그것을 그렇게 중요한 논문이라고 생각한 적은 없었다고 말했다. 그러나 이제는 "그것은 내가 생각했던 것보다 훨씬 중요한 것이었다."라고 말한다. 그는 내게 그렇게 이야기했다.[7]

괴팅겐에서 윌렌베크는 로버트 오펜하이머를 처음으로 만났다.

말하자면 명백히 그는 모든 젊은 학생들의 중심이었다. 초기의 오펜하이머는 일종의 신의 계시였다. 그는 아주 많은 것을 알았다. 그를 이해하기는 매우 어려웠지만, 그는 머리 회전이 매우 빨랐고, 숭배자들이 많았다. 오펜하이머는 그 곳의 젊은 학생들의 지도자들 중 한 사람이었다. 그는 아마도 반 년쯤 전에 보른에게서 학위를 받은 것으로 짐작되었다. 이번에도 즉시 그것을 제대로 파악한 사람은 파울리였다. 그는 그것을 이해했던 유일한 사람이었다. 나는 보른이 그것을 제대로 이해했는지 의심이 간다. 그것은 정말로 아주 복잡한 것이었으니까.[7]

윌렌베크와 오펜하이머는 괴팅겐 다음에 레이덴으로 갔다.

나는 레이덴에서 오펜하이머와 한 달 정도 함께 있었다. 그는 잠시 동안 에렌페스트의 조수로 지냈다…그는 에렌페스트를 좋아했고, 인내심이 대단했다. 에렌페스트는 오펜하이머를 잘 이해하지 못했지만, 최소한 이해하려고 노력은 했다. 그도 매우 인내심이 강했다. 에렌페스트가 참지 못하는 유일한 부류는 똑똑하면서도 어떤 문제에 대해 이야기하려고 하지 않거나 그것을 명확하게 하려고 노력하지 않는 사람이다. 오펜하이머는 비록 항상 다른 사람들을 참아주지는 않았지만, 그런 부류의 사람은 아니었다. 그 때에는 그랬다. 많은 학생들이 그를 따른 것도 그 때문이다. 참을성이 없는 오펜하이머는 전쟁 이후의 모습이다. 전쟁 전의 그는 확실히 다른 사람이었다.[7]

———————◆———————

1952년 7월 7일, 윌렌베크는 통계역학 문제를 다룬 논문[52]으로 박사 학위를 받았다. 한 시간 뒤, 호우트스미트도 원자 스펙트럼에 관한 논문으로 박사 학위를 받았다.

우리는 같은 날에 학위를 받았다. 에렌페스트가 그렇게 하길 원했기 때문이다. 그는 논문 발표 때 교수가 학생들에 관한 연설을 하도록 돼 있으므로 너희들은 같은 날에 발표를 해야 한다고 말했다. 그리고 말하기를, 자신은 연설을 두 번 하고 싶지 않다는 것이었다. 그는 연설을 조금 변화시키고 싶어했다. 처음에는 이 부분을, 다음에는 저 부분을. 이것은 물론 네덜란드의 전통에 충실한 것은 아니었다. 그들은 그것을 싫어했다. 물론 에렌페스트는 많은 점에서 비네덜란드적이었다. 그리고 나는 우리의 논문 발표를 기억한다 —논문 발표는 항상 자신의 주장을 변론하는 것이다…끝에 가서는 항상 이러한 주장들을 해야 한다. 그것은 전형적인 네덜란드식이었다. 그것은 이야기할 거리를 주었다. 그것은 겨우 삼사십 분 정도 계속되었다…그러면 심사 교수들은 밖으로 나갔다가 한참 있다가 다시 들어온다. 그리고 논문 발표자들을 향해 연설을 한다. 나는 호우트스미트가 먼저일 것이라고 생각했다. 그러나 내가 먼저였다. 그 때, 에렌페스트가 말했다. "자넨 밖으로 나가게. 호우트스미트 차례야." 결국에는 전체 교수들 앞에 우리 둘이 나란히 앉아 있게 되었다. 그러자 에렌페스트가 우리 두 사람 모두를 향해 연설을 했다.[3]

논문 심사가 통과되고 박사 학위를 받던 날, 두 젊은이는 미시간주의 앤아버대학에 자신들의 자리가 마련돼 있다는 사실을 이미 알고 있었다.

그것은 이미 봄에 결정돼 있었다…에렌페스트가 우리를 위해 그 자리를 마련했던 것이다. 그것은 정말 멋진 일이었다. 그 덕분에 우리는 고등학교 교사 생활을 하지 않아도 되었으니까. 우리는 최소한 대학에 일자리를 구한 것이다. 어떻게 그것이 가능했는지는 내가 잘 기억하고 있다. 유럽에 온 앤아버대학의 월터 콜비(Walter Colby)는 앤아버대학에서 2년간 근무하고 있던 오스카르 클라인의 자리를 계승할 사람을 찾고 있었다. 클라인은 앤아버대학에 있는 동안 파동방정식을 발견했다. 콜비가 에렌페스트를 찾아왔을 때, 우리도 그 자리에 있었다. 에렌페스트는 감동적인 연설을 하면서, 앤아버대학에서 단 한 사람만 구하려고 노력하는 것은 좋은 생각이 아니라고 말했다. 그 곳은 황무지나 다름없다고(아는 사람이 아무도 없으므로) 하면서 최소한 두 사람은 데려가야 한다고 말했다. 그렇지 않으면 아무도 콜비와 이야기하려 들지 않을 것이라고 했다. 물론 두 명 이상이면 더 좋다. 그는 아주 진지했다. 그는 과학이 어떻게 발전하는지에 대해 아주 진지하게 이야기할 수 있었다. 그는 콜비에게 깊은 인상을 주었다. 우리는 콜비와 함께 집으로 걸어갔는데, 그는 "그래, 그분은 위대한 사람이야. 그는 정말 위대한 사람이야."라고 말했다. 그 결과, 2~3주일 뒤에 우리는 둘 다 앤아버대학에 강사로 임용되었고, 우리는 그것을 수락했다.[3]

———•———

1927년 8월 23일, 윌렌베크는 레이덴대학의 화학과 학생이던 엘세 오프호르스트(Else Ophorst)와 결혼했다. 그리고 1942년에 아들 올케 코르넬리스(Olke Cornelis)가 태어났다. 그는 현재 유명한 생화학자이며, 미국 과학 아카데미의 회원이다.

그 해 8월 말의 어느 날, 윌렌베크와 엘세, 그리고 호우트스미트와 그의 아내는 S. S. 발틱 호에 승선했다.

뉴욕에 도착하자, 오펜하이머(그는 7월 중순에 미국에 돌아와 있었다)가 제복을 입은 운전 기사가 모는 아버지의 차를 가지고 부두에 마중나와 있었다. 그는 윌렌베크 일행을 5번가에 있는 브레부어트 호텔로 데려갔으며(유럽 스타일을 좋아할 것이라 생각하여), 저녁 식사 때에는 야광이 빛나는 맨해튼의 스카이라인을 볼 수 있는 브루클린의 호텔로 데려갔다. 오펜하이머는 윌렌베크 일행에게 다음 날 자기 부모를 만나 차를 마시고 가라면서 앤아버로 가는 일정을 늦추라고 설득했다. 꼬리를 무는 뉴욕의 자동차 행렬에서 새로운 것을 경험한 엘세는 오펜하이머가 살고 있는 리버사이드 드라이브 아파트에 도착했을 때 또 한 번 놀랐다. 네덜란드에서 아파트를 본 적이 없던 엘세는 엘리베이터를 타고 올라가면서 '정말 엄청나게 큰 집에서 사는구나.' 하고 생각했다. 영어 실력이 아직 짧았기 때문에 오펜하이머의 환대에 대한 엘세의 기억은 아름다운 가구들이 놓인 거실, 반 고흐의 작품을 비롯한 값비싼 그림 등 시각적인 것이 대부분이었다.[53]

1927년 9월, 윌렌베크와 호우트스미트는 앤아버에 도착하여 대학 강사 생활을 시작했다.

호우트스미트의 말년

호우트스미트는 지금까지 이 글에서 주역으로 등장했다. 그는 나중에도 잠깐 등장하지만, 주로 조역으로 나올 것이다. 따라서, 여기서 그의 말년의 생애에 대해 짧게 언급하고 넘어가는 게 좋겠다. 윌렌베크도 이에 대해 기뻐할 것이라 나는 확신한다. 두 사람은 호우트스미트가 죽을[54] 때까지 아주 친한 친구 사이로 지냈다.

앤아버대학에서 호우트스미트는 훌륭한 박사를 몇 명 배출했다. 그 기간에 그는 두 권의 책을 출판했는데, 하나[55]는 제자인 로버트 배처(Robert Bacher)와 함께 쓴 것이고, 또 하나는 라이너스 폴링(Linus Pauling)과 함께 쓴 것이다. 제2차 세계 대전 때에는 Alsos(로스앨러모스의 사령관인 그로브스의 그리스어명)라는 암호명이 붙은 육군의 과학적 정보 임무에 배치되어 독일의 원자폭탄 개발이 어느 정도까지 진척되었는지 알아내는 일을 했으며, 거기에 대한 책[57]도 썼다. 1948년, 그는 브룩헤이번국립연구소로 가 1970년에 은퇴할 때까지 그 곳에서 지냈다. 1952년부터 1960년까지 그는 그 곳의 물리학부 책임자를 지냈고, 1951년부터 1974년까지 미국물리학협회 간행물 편집장을 지냈다. 1958년에 그는 그 이후로 명성을 얻게 된 〈*Physical Review Letters*〉를 창간했다.

호우트스미트가 브룩헤이번에서 지내는 동안 나는 그 곳에서 열린 6주간의 서머스쿨에 방문 교수로 여러 차례 참여했다. 내가 호우트스미트를 정말 잘 알게 되고, 그의 복잡한 성격에 대해 약간의 직관을 가지게 된 것은 이 때였다. 나는 그가 열등감과 불안감을 지니고 있다는 사실을 발견했다. 이것은 그가 이론물리학을 충분히 안다는 자신이 없는 데서 비롯된 것이 아닌가 추측된다(그는 물리학에서 '탐정' 같았다고 한 말을 상기하라). 그렇다고 해서 그를 향한 나의 존경심이나 따뜻한 우정이 줄어들지는 않았다. 그리고 그는 합당한 영예를 안았다. 예를 들면, 1965년에 윌렌베크와 호우트스미트가 독일물리학협회로부터 막스 플랑크 메달을 받는 자리에 나도 함께 참석했다.

1974년, 호우트스미트는 리노에 있는 네바다대학의 방문 교수로 임명되었다. 1978년 12월 4일, 그는 그 곳 캠퍼스에서 세상을 떠났다. 그의 유언에 따라 어떤 추모 의식도 치러지지 않았는데, 그것은 스스로를 지우는 그 특유의 방식이었다.

윌렌베크와 통계역학

모두 100여 편에 이르는 윌렌베크의 발표 논문 중 약 절반은 원자 세계와 거시 세계 사이의 관계를 다루는 통계물리학에 관한 것이다. 1955년에 레이덴대학의 로렌츠 교수로 취임할 때 그가 한 연설에서 무엇이 그를 그 주제로 이끌었는지 엿볼 수 있다. "물리학에 생긴 대부분의 빈틈은 통계물리학에서 풀리지 않은 문제들로 메워졌다…내가 볼 때, 통계물리학의 큰 매력은, 그것이 아니면 접촉할 기회가 거의 없는 수학 분야들과 연결되는 데 있다고 본다."[58]

나도 통계역학이 물리학의 가장 매력적인 분야 중 하나라는 사실을 발견했다. 그러나 비록 윌렌베크와 내가 1959년에 이 주제에 관해 공동 논문(3차 비리얼 계수의 양자론에 대해)[59]을 쓴 적이 있긴 하지만, 나는 이 분야의 전문가는 아니다. 그러나 다행히도 내게는 록펠러대학의 내 연구실에서 조금만 내려가면 한때 윌렌베크와 함께 통계 문제를 연구했던 전문가이자 좋은 친구인 코헨(E. G. D. Cohen)이 있다. 나는 묻고 싶은 것이 있을 때마다 코헨을 찾아가며, 또 그가 쓴 전기적인 글인 '헤오르헤 윌렌베크와 통계역학'[60]도 고마운 마음으로 잘 이용하였다.

———————

"초창기부터 나의 주관심은 기체 분자 운동론과 통계역학이었다."라고 윌렌베크는 회고했다.[3] 이 주제에 대해 그가 처음으로 기여한 업적은 박사학위 논문[52]이었다. 이 점에 관한 한, 그는 적절한 장소와 시간에 있었다. 통계물리학 분야에서 공인된 전문가인 에렌페스트와 함께 있었고, 박사 학위 논문을 완성한 1927년은 양자통계학이 태동하던 시기였다. 그 사실은 그가 논문에서 쓴 구절, "실제 기체에 대해 어떤 〔양자〕통계학이 좋은 것인지 완전히 불확실하다."[61]에서 잘 드러난다.

1979년, 프린스턴대학에서 열린 아인슈타인 100주년 기념 회의에서 윌렌베크는 자기 논문에서 제기된 가장 흥미로운 문제를 회고했다.[62]

1927년 초에 나는 헬륨과 같은 이상 기체는 보스 통계학의 결과로 응축 현상을 나타낼 것이라고 주장한 아인슈타인의 논문[63]을 연구하기 시작했다. 이것은 매우 역설적으로 보였는데, 놀랍게도 나는 아인슈타인이 틀렸다는 결론을 얻었다! 내 견해로는 아인슈타인의 실수는 입자 개개의 에너지 준위들에 대한 분할함수를 적분으로 대체한 데 있었다. 응축점 근처에서는 그것이 허용되지 않는다. 정확한 공식에서는 어떤 종류의 특이점도 나타나지 않으며, 상태 방정식이 매우 부드럽게 나타났다. 나는 물론 매우 흥분하였으며, 특히 에렌페스트에게 내 계산을 이야기했을 때 그가 내가 옳다는 확신을 주었기 때문에 더더욱 흥분했다. 나는 그가 몇몇 장소에서 그것에 대해 강의를 했다는 것과, "왕들이 건설을 하면 하수구 청소부들도 할 일이 있다."는 구절이 포함된 편지를 아인슈타인에게 보냈다는 사실을 알고 있다.

돌이켜보면, 비록 내가 기술적으로는 옳았지만, 아인슈타인은 보스 응축과 같은 상전이는 단지 큰 계에서만 일어날 수 있으며, 일종의 극한 성질이라는 사실을 직관적으로 이해하고 있었다고 말할 수 있다. 이것은 합을 적분으로 대체하는 것을 정당화시켜준다. 물론 아인슈타인은 이것을 증명하지 않았다! 실제로 나는 훗날 30대 때 그와 대화를 하면서 그가 나의 비판에 동의했다는 사실을 알았다.

여기서 요점은 급격한 상전이는 부피 V뿐만 아니라 입자 수 N도 무한에 접근하지만, N/V 값은 고정된 소위 열역학적 극한 조건에서만 일어날 수 있다는 것이다. 이 견해는 1937년 11월 암스테르담대학에서 열린 반 데르 발스 100주년 기념 회의 때 아침의 긴 토론 과정에서 나왔다. 문제는, 분할함수에 급격한 상전이를 기술할 수 있는 정보가 들어 있느냐 하는 것이었다. 그러한 상전이는 등온선에 해석적으로 별개의 부분들이 존재함을 의미한다. 어떻게 이런 일이 일어날 수 있는지는 분명하지 않았다. 토론은 결론이 나지 않았고, 의장인 크라메르스는 그 문제를 표결에 부쳤다. 윌렌베크는 찬성과 반대가 각각 절반씩 나온 것으로 기억했다. 그러나 열역학적 극한으로 가야 한다는 크라메르스의 주장이 결국 옳은 답으로 밝혀졌다. 얼마 후, 윌렌베크는 제자인 보리스 칸(Boris Kahn)과 함께 쓴 논문[64]에서 아인슈타인에 대한 자신의 반대를 철회했다.

윌렌베크는 보스-아인슈타인 응축 문제에 대해 평생 동안 계속 생각했다. 1970년대에 그것은 초유체 헬륨에 대한 논문[65]으로 이어졌다. 그는

1995년에 보스-아인슈타인 응축이 실험으로 확인되는 것[66]을 보지 못하고 세상을 떠났다.

월렌베크가 통계물리학에서 한 연구를 다 설명하려면 책 한 권을 족히 채울 것이다. 그렇지만 여기서는 개략적으로 살펴보기로 하자.

브라운 운동. 이것에 관해서는 레이덴 시절 이후 월렌베크와 호우트스미트가 함께 쓴 두 편의 논문 중 한 편[67]과, 같은 네덜란드인인 오른스타인(Ornstein)과 함께 쓴 고전적인 논문[68]이 있다. 1945년에 그가 쓴 개관적인 논문은 참고 문헌 69를 참고하라. 그리고 25년 뒤에 그는 다시 이 주제로 돌아온다.[70]

칸과 공동 연구[71]에서 시작된 응축에 관한 고전 이론에 대한 연구는 그 다음 20년 동안 계속되었으며,[72] 이것이 계기가 되어 그는 선형 그래프 수학을 자세히 연구하게 된다.[73] 이 계통의 연구는 반데르발스 상태 방정식에 대한 그의 아름다운 논문[74]으로 끝났는데, 이것은 1964년에 그가 암스테르담대학의 반데르발스 객원 교수로 취임할 때(이번에도 최초로) 한 연설[75]의 주제가 되었다. 그가 한 다른 고전물리학 연구로는 열전도에 관한 논문[76]이 있다.

양자통계학에서 그가 훗날에 한 연구로는 2차 비리얼 계수[77]와 3차 비리얼 계수[59]에 관한 연구, 수송 현상(transport phenomena)의 양자론에 대한 연구,[78] 헬륨 II에서 양자화된 소용돌이에 관한 연구[79]가 있다. 월렌베크는 통계적 방법을 종래의 통계역학 외에 원자핵의 에너지 준위 밀도를 계산하는 데,[80] 우주선 샤워의 요동,[81] 헬륨 속에서 소리의 확산,[82] 충격파[83] 등에 적용하는 데에도 대가였다. 그는 문턱 신호에 관한 책[84]도 공동 저술했다.

그러나 통계물리학을 다루는 월렌베크의 다재다능한 재주를 보여주기 위해 소개한 이 불완전한 설명에는 그가 가장 깊은 관심을 가졌던 통계역학의 근본 문제에 관한 내용이 빠져 있다. 이것들은 특히 가역적인(시간상으로) 원자 현상과 비가역적인 거시 현상 사이의 관계를 연구할 때 나타나는 수학적 및 논리적 문제들이다. 그는 닫힌 거시적 계는 항상 평형을 향해 가고 거기서 머물려는 경향이 있다는 것을 나타내기 위해 '열역학 제0법칙'이라는 용어를 만들어냈다. 그의 견해로는 평형 자체보다는 평형을 향해 '접근'해가는 것이 통계역학의 핵심 문제였다. 여러 편의 논문과 강의 노트[85]는 이 문제에 관한 그의 연구와 견해를 다루고 있다.

더 최근에, 재규격화 그룹 방법, 스케일링(scaling) 법칙, 보편성 계급 (universality class)과 같은 통계물리학에 관한 중요한 새 개념들이 개발될 때, 윌렌베크는 거기에 참여하지 않았다. 사실, 그는 그것들을 거부하는 편이다. 코헨은 다음과 같이 썼다.

> 그는 한 시대에서 새로운 시대로 바뀌는 가장자리에 걸쳐 있는 대표적인 사람이다…그는 자신이 철저하게 지키고 만들어간 전통의 후계자일 뿐만 아니라 수호자로 여겼으며, 그 과정에서 통계역학에서 흉내낼 수 없는 고결함의 기준이 되었다…그는 통계역학 분야에서 수 세대의 물리학자들을 이 세기에 아주 보기 드문 방식으로 교육시켰다…[그의 논문은] 고전적인 고결함을 갖춘 것이었다.[60]

박사 학위 논문을 제외하고는, 윌렌베크의 통계학 및 역학 연구는 모두 레이덴을 떠난 후에 이루어졌다. 그러니 이제 그의 여정을 추적해볼 때가 되었다.

앤아버에서 위트레흐트로, 다시 앤아버로, 첫 만남

에렌페스트는 윌렌베크와 호우트스미트에게 앤아버로 가라고 강력히 권했다.

> 그는 이렇게 말했다. "물론 너희들은 그 곳에 가야 한다. 정말로 훌륭한 젊은 이들은 모두 외국으로 나가야 한다. 그리고 너희들을 교수로 부르는 곳이 있으면 돌아와야 한다." 그것은 에렌페스트가 지닌 또 하나의 신념이었다. 그는 유능한 젊은이들을 모두 외국으로 내보낸 다음, 필요할 때 다시 불러들일 수 있을 것이라고 생각했다. 그러나 두 번째 계획은 뜻대로 이루어지지 않았다.[2]

앤아버에 대한 윌렌베크의 첫인상을 들어보자.

> 우리는 변두리에 있었고, 지방에 있었다. 그것은 분명했다. 어떤 면에서는 중심에 있지 않다는(앤아버에서뿐만 아니라 미국 어디에서도) 점이 아주 좋았다. 다

시 중심으로 돌아갔다는 느낌이 든 것은 서머스쿨 때였다. 많은 사람들이 몰려 들었기 때문이다.[2] 앤아버는 미국에서, 아니 어쩌면 세계에서 최초로 물리학 서 머스쿨을 연 대학이라는 점을 기억할 필요가 있다. 해리슨 랜덜(한때 물리학부의 학장을 지낸)이 그것을 시작했으며, 서머스쿨은 우리가 도착하기 전에도 있었지 만, 우리가 온 직후부터 그것은 물리학부의 활동 중심지가 되었다. 물론 에렌페 스트도 왔고, 페르미, 크라메르스, 파울리, 조머펠트, 디랙을 비롯해 모든 사람 들이 왔다. 그래서 여름은 매우 바빠졌고, 우리는 강의에 참석할 뿐만 아니라 직 접 강의도 해야 하기 때문에 아주 열심히 일해야 했다. 그리고 가을에는 여름 동 안에 일어난 일들을 소화시키기 시작했다.[2]

서머스쿨은 계속되었다. 나도 1950년에 그 곳에서 강의를 했다(양자장 이론에 대해). 그 때, 나는 윌렌베크의 친구이자 협력자인 유명한 수학자 마 크 캑(Marc Kac)을 만났다. 윌렌베크는 1931년의 서머스쿨에서 파울리가 오펜하이머의 강의를 듣던 때의 에피소드를 들려주었다. 오펜하이머는 그 당시 아직 논란이 되고 있던 디랙 방정식에 대해 강의했다. 강의 도중에 파 울리가 자리에서 벌떡 일어나더니, 칠판 앞으로 걸어가 분필을 잡았다. 그 는 칠판을 바라보고 선 채 손에 쥔 분필을 흔들면서 이렇게 말했다. "어쨌 든 이 모든 것은 다 틀렸습니다." 친구이던 크라메르스가 파울리에게 강의 를 끝까지 들어보자고 만류하자, 파울리는 다시 자리로 돌아가 앉았다.

———————

윌렌베크가 미시간에서 지내던 초기에 "중심은 여전히 유럽이었다. 우 리가 2년마다 한 번씩 유럽에 가야 한다고 대학 행정부를 설득한 것도 그 때문이었다. 나 역시 그렇게 했다. 내가 유럽으로 돌아갈 무렵, 중심의 이 동이 일어나기 시작했다. 베테와 같은 훌륭한 물리학자들이 서서히 미국으 로 왔고, 그 결과로 원자물리학이 시작되었기 때문이다."[2]

그 다음 20년 동안 윌렌베크는 새로 시작된 이 분야에서 1934년에 양성 자나 중양성자를 리튬 원자에 충돌시키는 것에 관한 논문[86]과 '페르미 이 론에 따른 양성자나 중성자의 자연 발생적 붕괴'라는 제목을 단 논문[87] 두 편을 발표한 것을 시작으로 10여 편의 논문을 발표했다. 두 번째 논문은 첫 째, 양성자와 중성자 중 어느 것이 더 무거운지 논란이 계속되고 있다는 것

1928년 무렵에 미시간 주의 앤아버대학에서 크라메르스와 호우트스미트와 함께 서 있는 윌렌베크

과, 둘째, 윌렌베크가 불과 몇 달 전에 발표된 페르미의 β 방사능 이론[88]을 최초로 적용한 사람들 중 하나였음을(어쩌면 맨 먼저일지도) 보여준다. 그 밖의 연구로는 원자물리학에서 감마선의 역할,[89] β 방사능의 붕괴율을 원자핵 전하와 그 과정에서 방출되는 최대 에너지와 연관시킨 사전트(Sargent)의 법칙에 관한 것,[90] 동위 원소들의 안정성에 관한 것[91] 등이 있다. 1950년에 그는 연속적인 핵 방사선의 방향 상관관계에 관한 연구[92]와 β-γ 상관관계에 관한 연구[93]를 최초로 발표했다. 이 논문들이 나온 후, 실험물리학자들은 그에게 그러한 상관관계들은 존재하지 않는다고 말했지만, 그의 연구에 자극받아 그들은 곧 도처에서 그러한 상관관계들을 발견하게 되었다고 윌렌베크는 내게 말했다. 1952년에 윌렌베크는 입자물리학 분야에서는 자신의 유일한 논문인 μ 중간자에 관한 연구[94]를 발표했다.

원자물리학 분야에서 윌렌베크가 한 연구 중에서 가장 센세이션을 일으킨 것은 에밀 코노핀스키(Emil Konopinski)와 함께 1935년에 쓴 논문[95]이다. 흔히 KU 이론이라 부르는 이것은 페르미의 β 방사능 이론[88]을 수정한 것이다.

이 이론은 방출되는 전자들의 상대적 수를 전자 에너지의 함수로 예측하게 해준다. 페르미는 이미 자신의 이론에서는 느린 전자들의 수가 너무 적게 나온다고 지적한 바 있었다. 반면에, KU 이론은 그 당시의 데이터와 아주 잘 들어맞았고, 그 후 5년 동안 널리 받아들여졌다. 그 다음에 일어난 일에 대해 나는 윌렌베크에게 직접 이야기를 들었다. 짐 로슨(Jim Lawson)이라는 젊은 실험물리학자가 그를 찾아와서 지금까지의 모든 β 스펙트럼 측정은 잘못되었다고 말했다. 그 측정값은 2차적인 효과, 특히 발생원 그 자체 및 지지 물질 내에서 일어나는 흡수와 산란에 의해 왜곡되었다고 했다. 로슨은 발생원을 얇게 만들면, 측정값이 페르미 이론이 예측하는 결과에 가까워짐을 보였다.[96] 그 결과로 KU 이론은 무대에서 사라지고 말았다.

이 사례처럼 어떤 이론적 개념이 아무 결함 없이 도출되더라도, 단지 자연이 그것을 좋아하지 않기 때문에 틀린 것이 되고 마는 사례는 그 이전에도 있었고, 그 이후에도 일어났다. 윌렌베크는 조금도 서운하게 생각하지 않고 현실을 담담하게 받아들였다. 그리고 몇 년 후에 그는 코노핀스키와 함께 전이가 허용되는 것과 금지되는 것으로 분류하여 다룬, β 이론에 관한 선구적인 논문[97]을 썼다.

그러나 1938년에 내가 처음으로 윌렌베크를 만날 때만 해도 KU 이론은 아직 위력을 떨치고 있었다.

───────◆───────

에렌페스트가 자살한 해인 1933년, 위트레흐트대학의 이론물리학 교수로 있던 크라메르스는 이제 공석이 된 레이덴대학의 자리를 이어받을 후계자로 자연히 떠올랐고, 실제로 그는 1934년에 그 곳으로 옮겼다. 그러자 이번에는 위트레흐트대학에 빈 자리가 생겼다. 그 다음에 일어난 일에 대해 윌렌베크는 이렇게 기억했다. "[위트레흐트대학의] 공백이 1년 정도 지속되다가 마침내 내게 제의가 왔다…크라메르스와 긴 상의를 거친 뒤에…그는 말하자면 내게 '의무감'을 강요했다. 그는 1935년에 내가 조국으로 돌아오는 것이 내 의무라고 말했고, 그래서 나는 전혀 원치 않았는데도 그렇게 했어요."[2] 1936년 3월, 그는 취임 강의[98]를 했다.

———————◆———————

나는 조국 네덜란드의 암스테르담에서 대학 시절을 보낼 때, 물리학, 화학, 수학 강의를 뚜렷한 목적 없이 되는대로 들었다. 그러다가 1938년 겨울에 윌렌베크가 우리 대학을 방문하여 베타 붕괴에 대해 두 차례 강의를 했다. 나는 많은 것을 이해할 수 없었다. 뉴트리노에 대해서는 들어본 적도 없었다. 그럼에도 불구하고, 그 강의를 듣는 동안 나는 알 수 있었다. 내가 하고 싶었던 것이 바로 이것이라고. 그리고 윌렌베크 밑에서 대학원 과정을 마치고 싶었다.

1938년 2월, 나는 학사 학위를 딴 다음, 바로 윌렌베크에게 면담을 청하는 편지를 썼다. 나는 어느 날에 찾아오라는 답장을 받았다. 그 날, 나는 기차를 타고 위트레흐트 역에서 내려 그 당시 물리학연구소가 있던 빌하우베르스트라트까지 걸어갔다. 윌렌베크는 그 곳에 있는 방 하나를 조수와 함께 쓰고 있었다. 나는 220호실의 문을 두드리고 안으로 들어갔다. 의자에 앉으라는 말을 들은 다음, 나는 대학원에서 그의 지도를 받으며 이론물리학을 공부하고 싶다는 포부를 이야기했다.

윌렌베크의 반응은 예상치 못한 것이었다. "만약 물리학을 좋아한다면, 실험물리학자가 되는 게 어떤가? 또, 만약 이론물리학의 수학적 측면을 좋아한다면, 수학자가 되는 게 어떤가?" 그는 네덜란드에서 실용적인 이론물리학의 미래는 매우 제한되어 있다는 점을 지적했다. 반면에, 실험물리학이나 수학은 산업계 등에 활용할 수 있는 가능성이 훨씬 많이 열려 있다고 했다. 게다가 이론물리학은 매우 어려우며, 평생 동안 많은 좌절과 실망을 각오해야 할 것이라고 덧붙였다.

나는 크게 놀라 우물거리며 말했다. "그렇지만 저는 이론물리학이 너무 좋은데요." 또다시 윌렌베크의 반응은 예상치 못한 것이었다. "만약 그게 사실이라면, 무슨 일이 있더라도 이론물리학자가 되도록 하게. 그것은 상상할 수 있는 가장 멋진 분야니까." 나중에 그가 말해주었지만, 대화 과정에서 처음에 그런 식으로 불쑥 물어보는 것은 전에 자신이 대학원 과정을 시작하려고 할 때 당했던 방식이며, 자기 밑에서 연구하려고 신청하는 학생이 올 때마다 늘 똑같은 방식으로 물어본다고 했다.

이러한 예비적인 질문을 던진 뒤에 윌렌베크는 자기가 현재 하고 있는 연구에 대해 이야기해주겠다고 했다. 그 주제는 우주 공간에서 날아오는 광자 및 다양한 종류의 입자들인 우주선(宇宙線; 이것은 지상에서는 복사로 관측된다)이었다. 그는 칠판에 이론적인 개요를 적었고, 나는 앉아서 경청하면서 가끔 더 상세한 설명이나 정보를 요구했고, 그는 참을성 있게 대답해주었다. 일부 수학적 도구들은 내가 처음 보는 것이어서 단지 물리적 추론뿐만 아니라 수학적 분석을 좇아가면서 정신을 바짝 차려야 했다. 나는 그렇게 했으나, 한 시간쯤 지난 뒤에는 강도 높은 토론에 지치고 말았다. 그러나 윌렌베크는 조금도 동요하지 않고 계속해나갔다. 다시 한 시간이 지나자 나는 머리가 멍해졌지만, 이것은 불의 시련이야 하고 스스로 다그치면서 정신을 차리려고 노력했다. 이것은 꽤 오래 계속되었으며, 마침내 윌렌베크는 이야기를 멈추고는, 우리가 토론한 논문들에 대한 참고 문헌을 주면서 그것을 공부한 다음, 2주일 후에 다시 오라고 말했다. 약간 휘청거리면서 방을 나온 나는 무엇에도 시선을 집중할 수 없었지만, 어쨌든 역까지 걸어갔다.

몇 년 후, 나는 윌렌베크에게 그 날 오후의 첫 만남이 내게 큰 영향을 주었다고 말했다. 그는 미소를 지으면서 자기가 에렌페스트를 처음 방문했을 때에도 그와 똑같은 과정을 거쳤고, 나와 똑같은 반응을 보였다고 말했다. 그리고 에렌페스트는 비엔나대학에서 위대한 루트비히 볼츠만에게 똑같은 일을 겪었다고 했다. 이 전통은 극소수의 학생만 집중 훈련시키는 위대한 고전 스타일의 교수법이었다. 나는 그 당시에 윌렌베크가 이 방식을 시도한 유일한 학생이었다. 그러한 특혜 때문에 나는 스스로를 볼츠만의 정신적 증손자로 자처할 수 있다. 그러한 고전 스타일은 많은 학생들이 고등 교육을 원하는 오늘날에는 사라지고 말았다.

1938년 봄 학기 내내 나는 정기적으로 윌렌베크를 찾아갔다. 어느 날, 그는 다음 학기에 뉴욕의 컬럼비아대학으로 방문 교수로 가게 되었다고 이야기했다. 나는 크게 실망하였다.

미국에서 돌아왔을 때 윌렌베크는 최근에 발견된 핵분열에 관한 소식을 가지고 왔다. 우리는 이 아주 새로운 원자물리학 분야에 대해 길게 토론했다. 그는 보어와 페르미가 핵분열에 관한 소식을 처음으로 공개한 워싱턴 회의에 참석한 이야기와 미국의 신문들이 즉시 이 이야기를 충격적인 뉴스로 보도한[99] 이야기를 들려주었다. 그는 또한 컬럼비아대학의 퓨핀연구실에서 페르미와 방을 함께 썼다는 이야기도 했다. 페르미는 그 얼마 전에 가족을 데리고 이탈리아를 탈출해 미국으로 왔다(그가 이탈리아를 탈출한 것은 무솔리니 정권이 반유태인법을 공표했기 때문이었다. 페르미의 부인은 유태계였다). 어느 날, 윌렌베크는 페르미와 핵분열에 대해 토론하고 있었다고 한다. 그런데 토론 도중에 페르미가 자리에서 일어나더니, 창가로 걸어가 밖을 내다보면서 대강 이런 요지의 말을 했다고 한다. "핵분열은 단 몇 개만으로 이 대도시 전체를 파괴할 수 있는 아주 강력한 폭탄을 만들게 할 수 있다는 사실을 알고 있나요?" 이것은 핵무기 개발이 이미 공공연한 비밀이었음을 보여준다. 그것은 물리학자들의 눈에는 명백하게 보이는 결과였고, 젊은 물리학도인 나 역시 즉각 그것이 뜻하는 바를 알아차렸다.

내가 석사 학위를 따기 위해 해야 하는 일 중에는 이론적인 세미나를 몇 차례 여는 것도 포함돼 있었다. 첫 번째 세미나는 핵분열에 관한 것이었다. 나는 준비를 아주 잘 했다고 생각했고, 칠판에 공식을 써가면서 이야기를 시작했다. 그런데 즉각 윌렌베크가 말을 끊고 나섰다. "먼저 우리에게 문제가 무엇인지 말해주게. 그런 다음, 자네가 얻은 결론을 바로 말하게. 그런 후에야 그것을 어떻게 도출했는지 자세히 설명하도록." 나는 그 지시대로 따랐으나, 그 후에도 윌렌베크는 다음과 같은 말을 하면서 여러 차례 내 말을 끊었다. "단순한 언어로 설명하게. 자네가 얼마나 똑똑한지 보여주려고 하지 말고." 그것은 가장 교훈적이고 큰 깨달음을 주는 경험이었다. 나는 그것을 평생 동안 가슴에 새기고 살았다. 윌렌베크는 판서법의 테크닉도 가르쳐주었다. 그는 훗날 그것을 20세기 초의 최고의 선생 중 하나인 에렌페스트에게서 배운 것이라고 알려주었다. "왼쪽 맨 위에서 쓰기 시작하여 이야기가 끝날 무렵에 오른쪽 맨 아래에서 끝내라. 프리젠테이션 도중에는 절대로 어떤 것도 지우개로 지우지 마라." 이 충고는 간단해보이고, 일면 사소해보이기까지 하지만, 청중의 관심을 지속시키기 위해서는 중요한 요소이다. 많은 훌륭한 물리학자들이 한 손에 분필을 쥐고 다른 손에 지우개를 잡은 채 강의를 하여 청중의 집중력을 떨어뜨리는 실수를 범한다. 내가 이 훌륭한 스승에게 감사드리고 싶은 가르침에는 이러한 프리젠테이션 테크닉도 포함된다.

윌렌베크가 떠날 날이 다가왔다. 나는 네덜란드 땅에서 우리가 마지막으로 만난 그 순간을 생생하게 기억하고 있다. 나는 그에게서 배운 모든 것에 대해 감사를 표했다. 그가 내게 던진 마지막 말은 "우린 다시 만날 거야." 였다. 이 말은 그 후 다가온 암울한 전쟁 기간에 나에게 용기를 주었다. 그는 제2차 세계 대전이 발발하기 몇 주일 전인 1939년 8월에 배를 타고 미국으로 떠났다. 그 다음 번에 우리가 다시 만난 것은 1946년 9월 뉴욕에서였다.

말년의 생애

앞에서 통계역학과 원자물리학 분야에서 윌렌베크의 업적에 대해 이야기한 것에는 전후에 그가 이룬 과학적 업적도 거의 모두 포함된다. 그래서 이 글의 나머지 부분에서는 주로 말년의 개인적 삶을 다루고자 한다.

먼저, 전쟁 기간에 그가 이룬 연구를 살펴보자. 1943년부터 1945년까지 그는 미국 레이더 개발 중심지인 MIT의 복사연구소에서 도파관 이론을 개발하는 팀의 팀장으로 일했다. 그가 그 곳에서 어떤 과학적 활동을 했는지에 대해서는 나는 아무 정보도 얻지 못했지만, "전쟁을 이기게 해준 것은 레이더"[100]라는 사실은 잘 알고 있다. 그리고 나는 그 시기에 있었던 재미있는 이야기도 하나 알고 있다. 그것은 나와 같은 세대에 속하는 위대한 이론물리학자인 줄리언 슈윙거에게 윌렌베크가 미친 영향에 관한 이야기이다. 이 에피소드는 1938년 가을에 윌렌베크가 위트레흐트대학에서 휴가를 얻었던 때에 시작되었다.

　　나는 1938년에 컬럼비아대학에 갔는데, 슈윙거가 어려운 입장에 처해 있었다. 그는 수학 강의에 들어가지 않았고, 학점도 충분히 따지 못했기 때문에 박사 학위를 받을 수 없었다. 그래서 래비는 슈윙거에게 컬럼비아대학에서 내 강의를 들어야 한다고 말했다. 물론 그는 그러지 않았는데, 강의가 아침 일찍 있었기 때문이다. 나는 래비에게 "내가 어떻게 해주면 좋겠습니까?" 하고 물었다. 나는 슈윙거에게 학점이 필요했기 때문에 그 과목에 A를 줄 용의가 있었다…그는 분명히 내가 아는 만큼 알고 있었다…우리는 거의 맞수처럼 토론을 하는 사이였다…그러나 래비는 이렇게 말했다. "안 됩니다. 그래서는 절대 안 돼요. 그에게 시험을 보게 하세요. 아주 어려운 문제로요." 그래서 나는 시험 시간을 약속한 다음, 그에게 시험을 보게 했다. 물론 그는 모든 것을 알고 있었다. 그는 강의 노트를 구해 공부했던 것이다! 그는 또 내가 전에 다소 깨끗하지 못하게 유도했던 공식 두어 개를 훨씬 더 나은 방법으로 유도했으며, 역시 모든 것을 알고 있었다. 그래서 나는 "좋아, 이제 래비 교수에게 이야기하겠네."라고 말했다. 나는 이제 조금도 양심에 거리끼는 일 없이 그에게 A를 줄 수 있었고, 그것은 그가 박사 학위를 받는 데 도움이 되었다.

　　나는 슈윙거를 구제하는 일에는 항상 어떤 식으로든 관련되었다. 전쟁 기간에 나는 그를 복사연구소에서 일하게 함으로써 그렇게 했다. 그는 시카고대학에서 원자력에 관련된 일을 하고 있었는데, 그는 그 일을 좋아하지 않았다. 슈윙거는 그 특유의 기질을 발휘하여 자동차에 올라타 보스턴으로 갔다. 아무에게도 알리지 않고 그 곳을 떠난 것이다! 그는 복사연구소에 있던 래비를 찾아갔다. 그러자 래비는 "좋아, 물론 자넨 여기서 일할 수 있어."라고 말했다. 그는 새 일을 좋아했다. 그는 내 팀에 들어왔고, 도파관에 관한 모든 수학적 문제들을 처리했으며, 물론 아주 훌륭하게 해냈다…그는 거의 컴퓨터였으며, 그 재주는 정말 놀라웠다. 그는 수학적으로나 기술적으로 정말 놀라울 정도로 훌륭했다.[2]

슈윙거는 밤에 주로 일을 했다. 그래서

　　결국 실험자들은 오후 4시경이 되어서야 그를 찾게 되었다. 나도 결국 그에게 세미나를 오후 4시 30분에 열도록 했다. 그는 들어올 때마다 항상 숨을 헐떡거

렸지만, 나는 그 당시 그에게 어느 정도 영향력을 미칠 수 있었고, 그는 일을 아주 성실하게 해냈다. 그런데 그 때 시카고 사람들이 슈윙거가 떠났다는 사실에 흥분하여 그는 시카고에 꼭 필요한 사람이므로 돌려보내달라는 의사를 전달해 왔다. 그리고 내가 그를 빼왔다며 나를 징계할 것을 요구했다. 그래서 나는 〔복사연구소 책임자이던〕리 뒤 브리지(Lee Du Bridge)에게 불려갔다. 그는 "그 사람들은 자네가 슈윙거를 이 곳에서 일하도록 꾀어냈다고 하던데?"라고 말했다. 나는 "전혀 그렇지 않습니다! 슈윙거 스스로 온 겁니다. 저는 그의 행동에 전혀 관여하지 않았습니다. 그 스스로가 원한 일이었습니다."라고 말했다. 그러자 그는 이렇게 말했다. "알았네. 그 곳 사람들이 몹시 분개하고 있으니, 자네가 시카고로 가서 문제를 해결하게." 그래서 나는 시카고로 가서 유진 위그너를 비롯해 그 곳의 모든 사람들과 대화를 하면서 하루를 보냈다. 나는 일의 진상을 솔직하게 이야기했고, 고맙게도 그들은 더 이상 흥분하지 않고 그 문제를 끝냈다. 리 뒤 브리지는 슈윙거 문제를 훌륭하게 처리했다며 나의 외교적인 수완에 대해 칭찬을 했다. 그러나 슈윙거는 그 일에 대해 아무것도 모르고 그냥 그 자리에 앉아 있었다! 이렇게 나는 그가 싫어하던 원자력 연구로부터 그를 구제해주었다.[2]

1945년 가을, 윌렌베크는 앤아버로 돌아왔으며, 1954년에 그 곳에서 헨리 케이하트 물리학 석좌 교수가 되었다.

─────────◆─────────

1946년 9월에 내가 미국에 도착하고 나서 처음 한 일은 뉴욕에서 열린 미국물리학협회 회의에 참석한 것이었다. 거기서 나는 1939년 여름 이래 처음으로 윌렌베크 교수를 다시 만났다. 나는 그가 반가이 맞아주는 것에 감격했다. 휴식 시간에 그는 내게 자신의 친구인 호우트스미트와 점심을 같이 하자고 했다. 나는 그를 전에 만난 적이 한 번도 없었지만, 그는 내가 누군지 알고 있었다. 우리 셋은 이야기를 나누었다. 제대로 교육받은 네덜란드인인 나는 윌렌베크의 질문에 "예, 교수님." 또는 "아닙니다, 교수님." 이라고 대답했다. 잠시 후, 그는 나를 물끄러미 쳐다보더니, 이렇게 말했다. "왜 자넨 날 헤오르헤라고 부르지 않지?" 나는 얼굴이 붉어졌다. 그 질문은 내게 하나의 통과 의례였다.

그 다음에 우리가 다시 만난 것은 1947년 6월 셸터아일랜드 회의에서였다. 양자론에서 재규격화 프로그램이라 불리게 되는 이론의 기초가 마련된 것은 바로 이 회의에서였다.

나에게 더 중요한 의미를 지닌 만남은 1948-49학년도에 그가 프린스턴의 고등학술연구소에 왔을 때였다. 그 때, 우리는 처음으로 공동 연구를 했는데, 거기서 재규격화 이론의 일부 새로운 결과[101]를 얻었다. 그 다음, 우리는 다른 문제로 방향을 돌렸는데, 그것이 완성되기까지는 1년이 걸렸다. 그 때 다룬 문제는 양자전기역학의 무한들을 제거하기 위해 그 무렵에 시도된 여러 가지 방법들을 비판적으로 검토하는 것이었다. 그 방법들은 추가적인 장을 도입하는 방법(내가 시도했던 것처럼)이 아니라, 장의 행동을 비국부적인 것으로 만들어, 즉 고차의 도함수를 도입해 맥스웰 방정식들을 변화시킴으로써 전자기장 자체의 방정식들을 변화시켜 무한을 제거하려고 한 것이었다. 우리의 연구는 새로운 수학적 기법의 도입으로 이어졌고, 이러한 시도들은 예기치 못한 다른 종류의 허용 불가능한 결과에 이른다는 사실을 발견하게 되었다. 이 연구[102]는 지금도 사용되거나 인용되고 있다.

그 해에 윌렌베크는 내게 멋진 것을 가르쳐주었다. 그것은 스쿼시 게임이었다. 우리는 일 주일에 두 번씩 대학의 딜런 체육관을 찾았는데, 그 곳에는 스쿼시 코트가 15개나 있었다. 그는 나보다 거의 스무 살이나 위인데도 불구하고, 그 해의 게임에서 거의 줄곧 나를 이겼다. 그는 중앙의 유리한 자리를 차지하고는 공을 이 쪽 구석으로 보냈다가 저 쪽 구석으로 보냈다가 했기 때문에, 나는 죽어라고 이리저리 뛰어다녀야 했다. 이것을 통해 나는 운동 선수는 신체적으로 좋은 조건을 갖추어야 할 뿐만 아니라, 정신적 판단이 매우 빨라야 한다는 사실을 깨닫게 되었다.

나는 우리의 논문[102]에 마지막 손질을 하기 위해 1949년 크리스마스 휴가를 앤아버에 있는 윌렌베크의 집에서 보냈다. 그 곳에서 지내는 동안 윌렌베크의 부인인 엘세와 아들인 올케와도 친해지게 되었다. 무엇보다도 그 몇 년 동안은 윌렌베크와 나 사이에 깊은 우정이 싹튼 시기였다. 나는 그의 성격, 그 중에서도 특히 그의 순수함을 잘 이해하게 되었다. 내 문서함 중에서 내가 여러 사람과 공동으로 서명한 편지[103] 한 장이 발견되었는데, 그것은 동료들에게 윌렌베크를 미국물리학협회 회장으로 추천하자고 촉구한 편지였다. 그것은 성공하여 윌렌베크는 1959년에 회장이 되었다.

윌렌베크는 1958-59학년도에 다시 프린스턴의 연구소에서 1년을 보냈다. 그 때, 우리는 앞에서 언급한 바 있는 또 한 편의 공동 논문[59]을 썼다. 그 협력 연구의 마지막 단계 때문에 우리는 1959년 여름에 브룩헤이번국립연구소로 가게 되었는데, 거기서 우리는 특이한 경험을 하게 되었다. 어느 날 아침, 우리가 내 사무실에서 만나기로 했을 때, 마침 허리케인이 근처를 휩쓸고 지나갔다. 연구소는 무사했으나, 폭우가 쏟아져 연구소는 물난리를 겪었다. 우리는 둘 다 몸이 흠뻑 젖었기 때문에 만났을 때 옷을 거의 전부 벗어야 했다. 그 결과, 두 물리학자가 팬티만 입고 칠판 앞에 서서 토론을 벌이는 과학사에서 희한한 광경을 연출했다.

———————◆———————

1960년, 윌렌베크는 앤아버를 떠나 뉴욕에 있는 록펠러의학연구소(지금의 록펠러대학)에 교수로 갔다. 그 곳은 오래 전부터 내가 연구소 교수로 재직하고 있던 프린스턴에서 가까웠기 때문에 나는 그를 자주 방문하였다. 나는 록펠러대학의 조용하고 친근한 분위기가 좋았고, 연구소에 너무 오래 있었기 때문에, 어느 날 나는 윌렌베크에게 나를 그 곳으로 데려갈 의사가 없는지 물었다. 나는 그 때 그가 보인 열정적인 반응을 기억한다. 그렇게 해서 1963년에 나도 록펠러대학의 교수가 되었다. 그 때부터 나는 거의 매일 그와 토론을 즐길 수 있게 되었다.

1971년, 윌렌베크는 퇴직하여 명예 교수가 되었지만, 규칙적으로 자기 연구실에 출근하면서 계속 활동했다. 말년의 시기에 그는 플랑크 메달(1965년), 네덜란드왕립과학아카데미의 로렌츠 메달(1970년), 미국 최고의 권위를 자랑하는 미국과학메달(1977년), 울프상(1979년)을 비롯해 많은 영예를 안았다. 그와 호우트스미트가 박사 학위를 받은 지 50주년이 되는 1977년에는 네덜란드 여왕이 두 사람에게 오랑헤 나사우(Orange Nassau) 기사단 지휘관이라는 높은 작위를 내렸다.

———————◆———————

이처럼 윌렌베크의 삶은 평온하게 흘러갔고, 그는 통계역학의 기초에 관해 중재자의 역할을 계속했다. 그러다가 1984년 어느 날, 그가 뇌졸중을 일으켜 근처의 뉴욕병원으로 실려갔다는 전화가 걸려왔다. 약간의 시간이 지난 뒤에야 그를 만나는 것이 허락되었다. 나는 그의 핼쑥한 얼굴에 충격을 받았다. 전문가는 아니지만, 나는 그가 살 날이 얼마 남지 않았음을 감지했다. 그러나 놀랍게도 그는 회복했고, 몇 주일 후에는 퇴원하여 뉴욕의 자기 아파트로 돌아왔다.

엘세와 올케는 뉴욕이 윌렌베크의 건강에 좋은 곳이 아니라는 판단을 내렸고, 윌렌베크도 그 의견에 따랐다. 그래서 1985년 초에 가족은 올케가 미생물학 교수로 있던 어베이너샘페인으로 이사했다. 그 곳에서 그는 록펠러대학 물리학과 교수들인 우리 앞으로 여전히 멋진 필체로 쓴 편지[104]를 보내왔다. 그 일부를 인용하면 다음과 같다.

먼저 내 건강 상태부터 이야기하겠네. 훨씬 좋아졌네! 나는 평소처럼 산책을 하고 체중도 늘었어(20파운드나!). 그러나…시력과 청력은 아주 나빠졌네…나는 신문도 읽을 수 없고, 〈*Physical Review Letters*〉도 읽을 수 없네…기억력도 형편 없어졌고. 그 결과 나는 자신에게 만족을 주고, 또 어쩌면 젊은 세대에게 도움을 줄 수도 있는 제대로 된 물리학을 전혀 할 수 없게 되었네. 그래서 이제 그만둘 때가 된 것 같네…그럼, 친구들, 오늘은 이만!…여러분의 옛 친구, 헤오르헤 U.

1986년에 올케가 불더에 있는 콜로라도대학 교수로 임명되자, 가족은 그 곳으로 옮겨갔다. 윌렌베크의 건강은 이제 조금씩 나빠져갔다. 그는 1988년 10월 31일에 그 곳에서 87세를 일기로 뇌졸중으로 사망했다.

내 연구실에는 그의 유품이 하나 남아 있다. 그것은 그가 아끼던 임스 의자이다.

━━━━◆━━━━

1955년 4월 1일, 윌렌베크는 레이덴대학에서 로렌츠 교수에 취임할 때 한 연설[58]에서 이렇게 말했다.

연구자가 지녀야 할 주요 덕목 중 하나는 용기이다. 젊은 학생에게 용기를 불

어넣는 방법으로 내가 알고 있는 것은 에렌페스트의 방법뿐이다…이것은 교수
와 학생 수의 비가 이상적인 일대일이어야 가능한데, 이것은 점점 과거의 전통
이 되어가는 것 같다.

나는 나를 일대일로 가르치면서 내 속의 용기를 끌어모을 수 있게 해준
사랑하는 스승을 영원히 잊지 못할 것이다.

참고 문헌

1. A. Gerlach, *Fastes militaires des Indes-Orientales Néerlandaises*, p. 571,
   Joh. Noman et Fils, Zalt-Bommel, 1859.
2. G. E. Uhlenbeck, interview by T. S. Kuhn, December 9, 1963, transcript in
   Niels Bohr Archive (NBA), Copenhagen.
3. Ref. 2, interview on April 5, 1962.
4. E. M. Uhlenbeck, letter to A. Pais, November 20, 1990.
5. P. Ehrenfest, T. Ehrenfest, in *Enzyklopädie der Mathematischen
   Wissenschaften* Vol. 4, part 2, Teubner, Leipzig, 1911. English translation by
   M. J. Moravcsik, in *The Conceptual Foundations of the Statistical Approach
   in Mechanics*, Cornell University Press, Ithaca, NY, 1959.
6. G. E. Uhlenbeck, *Am. J. Phys.* **24**, 431, 1956.
7. Ref. 2, interview on March 30, 1962.
8. P. Ehrenfest, letter to N. Bohr, A. Einstein. J. Franck, G. Herglotz, A. Joffe,
   Ph. Kohnstamm, and R. Tolman, August 14, 1932, copy in NBA.
9. 일부 동료들의 반응에 대해서는 다음을 보라 : A. Pais, *Niels Bohr's Times*,
   pp. 408-10, Oxford University Press, 1991.
10. E. Fermi, *Rev. Mod. Phys.* **4**, 87, 1932.
11. E. Fermi and G. E. Uhlenbeck, *Phys. Rev.* **44**, 510, 1933.
12. G. E. Uhlenbeck, *Commun. Dutch Hist. Inst. Rome*, **4**, 217, 1924.
13. G. E. Uhlenbeck, *Physica* **5**, 423, 1925.
14. P. Ehrenfest and G. E. Uhlenbeck, *Proc. Kon. Akad. Wetensch.* **29**, 1280,
    1926.

15. D. Lang, *The New Yorker*, Novermber 7, 1953, p. 47; November 14, 1953, p. 45.

16. S. Goudsmit, *Naturwissenschaften* **9**, 995, 1921.

17. Ref. 2, interview on March 31, 1962.

18. S. Goudsmit, *Ned. Tÿdschr. Natuurk* **37**, 386, 1971. English translation in *Delta*, Summer 1972, p. 77.

19. S. Goudsmit, *Physica* B1, **21**, 445, 1946.

20. G. E. Uhlenbeck, *Physics Today*, June 1976, p. 43.

21. S. Goudsmit, *Physics Today*, June 1976, p. 40.

22. S. Goudsmit, *Physica* **5**, 281, 1925.

23. S. Goudsmit and G. E. Uhlenbeck, *Physica* **5**, 266, 1925.

24. M. Abraham, *Ann. der Phys.* **10**, 105, 1903, section 11.

25. G. E. Uhllenbeck and S. Goudsmit, *Naturwissenschaften* **13**, 953, 1925.

26. P. Ehrenfest, letter to H. A. Lorentz, October 16, 1925, Lorentz Archives, University of Leiden.

27. *H. A. Lorentz, Collected Works*, Vol. 7, p. 179, Nÿhoff, The Hague, 1936.

28. W. Heisenberg, letter to S. Goudsmit, November 21, 1925; reproduced in ref. 18.

29. S. Goudsmit and G. E. Uhlenbeck, *Nature* **117**, 264, 1926.

30. N. Bohr, letter to P. Ehrenfest, December 22, 1925, copy in NBA.

31. S. Goudsmit and G. E. Uhlenbeck, *Physica* **6**, 273, 1926.

32. L. H. Thomas, *Nature* **117**, 514, 1926; *Phil, Mag.* **3**, 1, 1927.

33. N. Bohr, letters to W. Heisenberg and to W. Pauli, February 20, 1926, copies in NBA.

34. G. F. FitzGerald, *Nature* **62**, 564, 1900.

35. A. H. Compton, *J. Franklin Inst.* **192**, 145, 1921.

36. E. H. Kennard, *Phys. Rev.* **19**, 420, 1922.

37. W. Pauli, *Naturw.* **12**, 741, 1924.

38. W. Pauli, Nobel lecture 1946; reprinted in his *Collected Scientific Papers by Wolfgang Pauli* (R. Kronig and V. Weisskopf, Eds), Vol. 2, p. 1080, Wiley, New York, 1964.

39. S. Goudsmit, *Physics Today* **18**, June 1961, p. 21.

40. L. Belloni, *Am. J. Phys.* **50**, 461, 1982.

41. R. Kronig, letter to H. A. Kramers, March 6, 1926, copy in NBA.

42. N. Bohr, letter to R. Kronig, March 26, 1926, copy in NBA.

43. R. Kronig, letter to N. Bohr, April 8, 1926, copy in NBA.

44. 이 책에 실린 오스카르 클라인에 관한 장을 참고하라.

45. F. R. Bichowski and H. Urey, *Proc. Nat. Ac. Sci.* **12**, 801, 1926.

46. Ref. 2, interview on May 10, 1962.

47. W. Pauli, letter to G. E. Uhlenbeck, June 9, 1926; reprinted in *Wolfgang Pauli, Scientific Correspondence* (A. Hermann *et al.*, Eds), Vol. 1, p. 329, Springer, New York, 1979.

48. 윌렌베크가 파울리에 관해 언급한 그 밖의 말들에 대해서는 이 책에 실린 파울리에 관한 장을 보라.

49. W. Pauli, letter to G. Uhlenbeck, June 4, 1937; reprinted in ref. 47, Vol. 2, p. 521; Pauli to Uhlenbeck, July 9, 1938, *ibid.*, p. 583; Uhlenbeck to Pauli, July 1938, *ibid.*, p. 590; Pauli to Uhlenbeck, July 27, 1958, *ibid.*, p. 591.

50. 5차원 상대성 이론에 관한 이 개념들은 이 책에 실린 클라인에 관한 글에서 논의되었다.

51. W. Pauli, *Zeitschr. f. Physik* **43**, 601, 1927.

52. G. E. Uhlenbeck, *Over statistische methoden in de theorie der quanta*, Nÿhoff, The Hague, 1927.

53. A. K. Smith and C. Weiner, *Robert Oppenheimer*, p. 107, Harvard University Press, 1980.

54. 호우트스미트에 관한 언급은 그에 관한 다음의 추모 기사에서 큰 도움을 받았다 : M. Goldhaber, *Physics Today*, April 1979, p. 71.

55. R. Bacher and S. Goudsmit, *Atomic Energy States*, McGraw-Hill, New York, 1932.

56. S. Goudsmit and L. Pauling, *The Structure of Line Spectra*, McGraw-Hill, New York, 1930.

57. S. Goudsmit, *Alsos*, Schuman, New York, 1947.

58. G. E. Uhlenbeck, *Oude en nieuwe vragen der natuurkunde*, North-Holland, Amsterdam, 1955.

59. A. Pais and G. E. Uhlenbeck, *Phys. Rev.* **116**, 250, 1959.

60. E. G. D. Cohen, *Am. J. of Phys.* **58**, 618, 1990.

61. Ref. 52, p. 93. 양자통계학의 초기 시절에 관한 자세한 이야기는 다음을 참고하라 : A. Pais, *Subtle is the Lord*, chapter 23, Oxford University Press, Oxford and New York, 1982.

62. G. E. Uhlenbeck, in *Some Strangeness in the Proportion* (H. Woolf, Ed.), p. 524, Addison-Wesley, Reading, MA, 1980.

63. A. Einstein, *Berl. Ber*, 1925, p. 3.

64. B. Kahn and G. E. Uhlenbeck, *Physica* **5**, 399, 1938.

65. S. Putterman and G. E. Uhlenbeck, *Phys. Fluids* **12**, 2299, 1969; the same and M. Kac, *Phys. Rev.* **29**, 546, 1972.

66. M. H. Anderson *et al.*, *Science* **269**, 198, 1995; C. C. Bradley *et al.*, *Phys. Rev. Lett.* **75**, 1687, 1995; K. B. Davis *et al.*, *ibid.*, **75**, 3969, 1995.

67. G. E. Uhlenbeck and S. Goudsmit, *Phys. Rev.* **34**, 145, 1929. 다른 논문은 다음에서 발견된다 : *Pieter Zeeman Jubilee Volume*, p. 201, Nÿhoff, The Hague, 1935.

68. G. E. Uhlenbeck and L. S. Ornstein, *Phys. Rev.* **36**, 823, 1930.

69. M. C. Wang and G. E. Uhlenbeck, *Rev. Mod. Phys.* **17**, 323, 1945.

70. R. Fox and G. E. Uhlenbeck, *Phys. Fluids*, **13**, 1893, 2881, 1970.

71. B. Kahn and G. E. Uhlenbeck, *Physica* **4**, 1155, 1937, and ref. 64.

72. R. Riddell and G. E. Uhlenbeck, *J. Chem. Phys.* **21**, 2056, 1953.

73. See the review by G. E. Uhlenbeck and G. W. Ford, in *Studies in Statistical Mechanics* (J. de Boer and G. E. Uhlenbeck, Eds), Vol. 1, p. 119, North-Holland, Amsterdam, 1962.

74. P. Hemmer, M. Kac, and G. E. Uhlenbeck, *J. Math. Phys.* **4**, 216, 229, 1963; **5**, 60, 1974.

75. G. E. Uhlenbeck, *Van der Waals Revisited*, North-Holland, Amsterdam, 1964.

76. C. S. Wang and G. E. Uhlenbeck, in ref. 73, Vol. 2, p. 743, 1964.

77. G. E. Uhlenbeck and E. Beth, *Physica*, **3**, 729, 1936; **4**, 915, 1937. See also G. E. Uhlenbeck and L. Gropper, *Phys. Rev.* **41**, 79, 1932.

78. E. Uehling and G. E. Uhlenbeck, *Phys. Rev.* **43**, 552, 1933; **46**, 917, 1934.

79. S. Putterman, M. Kac, and G. E. Uhlenbeck, *Phys. Rev. Lett.* **29**, 546, 1972.

80. G. E. Uhlenbeck and C. van Lier, *Physica* **4**, 1155, 1937.

81. A. Nordsieck, W. Lamb, and G. E. Uhlenbeck, *Physica* **7**, 344, 1940; W. Scott and G. E. Uhlenbeck, *Phys. Rev.* **62**, 497, 1942.

82. W. Chang and G. E. Uhlenbeck, in ref. 73, Vol. 5, 17, 1971.

83. W. Chang and G. E. Uhlenbeck, in ref. 73, Vol. 5, 27, 1970.

84. J. L. Lawson and G. E. Uhlenbeck, *Threshold Signals*, McGraw-Hill, New

York, 1950.

85. Samples: G. E. Uhlenbeck, in *Proceedings of the International Congress of Mathematics*, p. 256, 1958; *Phys. Today* **13**, 16, 1960; *Fundamental Problems in Statistical Mechanics*, Vol. 2, p. 1, North-Holland, 1968; same title, Lectures at Ames, Iowa, 1968.

86. G. E. Uhlenbeck and T. Y. Wu, *Phys. Rev.* **45**, 553, 1934.

87. G. E. Uhlenbeck and H. Wolfe, *Phys. Rev.* **46**, 237, 1934.

88. E. Fermi, *Ric. Scient.* **4**, 491, 1934; *Nuov. Cim.* **11**, 1, 1934; *Zeitschr. f. Physik* **88**, 161, 1934.

89. M. Rose and G. E. Uhlenbeck, *Phys. Rev.* **48**, 211, 1935; J. Knipp and G. E. Uhlenbeck, *Physica* **3**, 425, 1936.

90. G. E. Uhlenbeck and H. Kuiper, *Physica* **4**, 601, 1937.

91. M. Hebb and G. E. Uhlenbeck, *Physica* **5**, 605, 1938.

92. D. Falkoff and G. E. Uhlenbeck, *Phys. Rev.* **79**, 323, 1950.

93. D. Falkoff and G. E. Uhlenbeck, *Phys. Rev.* **79**, 340, 1950.

94. C. S. Wang Chang and G. E. Uhlenbeck, *Phys. Rev.* **85**, 684, 1952.

95. E. Konopinski and G. E. Uhlenbeck, *Phys. Rev.* **48**, 7, 1935.

96. J. Lawson and J. Cork, *Phys. Rev.* **57**, 982, 1940. See also C. S. Wu, *Rev. Mod. Phys.* **22**, 386, 1950.

97. E. Konopinski and G. E. Uhlenbeck, *Phys. Rev.* **60**, 308, 1941.

98. G. E. Uhlenbeck, *Het principe van behoud van energie*, Nÿhoff, The Hague, 1936.

99. 예를 들면, *The New York Times*, January 29, 1939.

100. Quoted in J. S. Rigden, *Rabi*, p. 164, Basic Books, New York, 1987.

101. A. Pais and G. E. Uhlenbeck, *Phys. Rev.* **75**, 1321, 1949.

102. A. Pais and G. E. Uhlenbeck, *Phsy. Rev.* **79**, 145, 1950.

103. Circulatory letter, dated February 14, 1957, signed by K. M. Case, A. Pais, and C. N. Yang.

104. G. E. Uhlenbeck, 록펠러대학의 동료들에게 보낸 편지, May 6, 1985.

1970년경의 빅토르 바이스코프

빅토르 바이스코프*

　"모든 지식과 경이(지식의 씨앗인)는 즐거움 자체의 한 인상이다." 프랜시스 베이컨이 한 이 말은 일반인이나 과학자 모두에게 즐거운 인상을 남긴 바이스코프가 자신의 저서 『지식과 경이(Knowledge and Wonder)』를 쓰는 데 영감을 주었을 뿐만 아니라, 저자가 강조하는 두 가지, 즉 지식의 추구와 다른 사람들에게 경이를 불러일으키려는 노력을 잘 전달하고 있다.

　빅토르 프리드리히 바이스코프(Victor Friedrich Weisskopf)는 1908년 비엔나에서 변호사인 에밀 바이스코프(Emil Weisskopf)와 마르타 구트(Martha Gut)의 아들로 태어났다. 바이스코프의 집안은 부유한 유태인 가문이었다(그러나 그들은 기독교에 동화되어 집에서 크리스마스를 축하했다). 바이스코프는 고향에서 초등학교와 중고등학교 그리고 대학 시절의 일부를 보냈다. 어린 시절부터 그의 관심 분야는 과학에서부터 예술, 고전 음악, 사회적 및 정치적 문제에 이르기까지 광범위했다. 8세 때 그는 피아노 레슨을 받기 시작하여 피아노 연주 실력이 수준급에 이르렀으며, 훗날 실내악 연주에 즐거이 참여하곤 했다. 고등학교 시절에는 사회주의자 청년 운동에 가담하였다. 1970년에 오스트리아 수상이 된 브루노 크라이스키(Bruno Kreisky)와의 우정은 그 때부터 시작되었다.
　바이스코프가 과학에서 예술에 이르는 자신의 다양한 관심을 나타낼 때 즐겨 사용하는 표현이 있다. "아침에 나는 신비 세계에서 현실로 돌아오고,

---

＊ 1982년 6월 2일, 록펠러대학에서 바이스코프에게 명예 박사 학위를 수여하면서 내가 한 연설

저녁이 되면 현실에서 신비 세계로 돌아간다."

비엔나대학에 입학하고 나서 2년 후인 1928년, 그는 괴팅겐대학으로 옮겨가 그 곳에서 1931년에 막스 보른의 지도를 받으며 박사 학위를 땄다. 그 직후 그는 처음으로 소련을 방문했다. 그 다음 6년 동안 그는 베를린에서 슈뢰딩거와, 그 다음에는 코펜하겐에서 보어와, 그 다음에는 취리히에서 파울리와 함께 일했다. 덴마크에 머물던 1934년에 그는 엘렌 트베데(Ellen Tvede)와 결혼했다. 그것은 아주 조화로운 결합이었다. 그들 사이에는 아들 하나와 딸 하나가 태어났는데, 그들은 각자 경제학자와 교육자가 되었다. 두 사람의 행복한 결혼 생활은 엘렌이 사망하던 1989년까지 지속되었다. 몇 년 후에 그는 다샤 슈미트(Dascha Schmid)와 결혼했다. 1937년, 바이스코프 일가는 미국으로 옮겨갔고, 바이스코프는 1937년부터 1943년까지 로체스터대학의 조교수로 지냈다. 1942년에 그는 미국에 귀화했다.

바이스코프가 이룬 주요 과학 업적은 스펙트럼선과 공명 형광의 폭과 충돌 확장 이론, 스핀이 없는 파동장들의 양자화, 양자전기역학 분야에서 쓴 일련의 기초적인 논문들, 원자핵 이론에 관한 많은 중요한 논문들 및 교과서 등이 있다.

───────●───────

많은 저명한 물리학자들과 마찬가지로, 제2차 세계 대전은 바이스코프의 운명을 바꾸어놓았다. 1943년, 그는 로스앨러모스에 참여했으며, 그 곳에서 이론부 T-3 팀의 책임자로 원자폭탄의 제조에 관여하였다. 1945년에 그는 트리니티 시험 폭탄 폭발 현장에 참석했다.

전쟁이 끝난 직후, 바이스코프는 신무기의 가공할 위험을 경고하고 나선 최초의 과학자들 중 하나였다. 로스앨러모스 읍의회 의장으로서 그는 이 문제를 다룬, 세계 최초의 읍의회 회의를 주재하였다. 그 회의는 1945년 12월 샌터페이에 있는 인류학박물관에서 열렸다. 1946년, 그는 아인슈타인이 의장을 맡은 원자과학자비상위원회의 8명의 위원 중 하나가 되었다. 그는 또 원자과학자연맹의 공동 창립자이기도 하다. 그는 비자 문제에 관한 그 위원회의 의장으로서 상원 위원회들에서 과학자들의 국제적 접촉에 관해 증언했다. 오늘날까지 그는 핵 건전성을 위한 노력을 중단한 적이 없다.

내가 바이스코프를 처음 만난 것은 1946년 뉴욕에서 열린 물리학 회의에서였다. 우리는 처음부터 친해졌고, 그 후로 훌륭한 친구가 되었다. 우리가 함께 즐기는 놀이 중 하나는 여러 나라 말로 농담을 하는 것이다. 예를 들면, 프랑스어나 독일어, 이디시어로 개나 고양이, 성, 성공, 새 등에 대해 농담을 주고받는 것으로, 다른 사람들과는 함께 할 수 없는 놀이이다.

앞에서 언급한 전후 초기의 활동은 그가 나중에 집중하는 전문 분야, 즉 과학과 사람을 다루는 그의 종합적인 재능이 발휘되어 이루어진 업적들의 시작을 알리는 것에 불과했다. 그러한 업적들을 나열하면 다음과 같다.

1961년부터 1965년까지 그는 제네바 근처에 위치한, 고에너지물리학 연구를 위한 유럽 공동 실험실인 CERN의 사무총장을 지냈다. 그 기간에 그는 프랑스 쥐라산맥 산간 마을인 베상시에 집을 한 채 사서 그 후 여름에는 그 곳에서 지냈다. 그는 베상시의 명예 소방관으로 임명(1972년)된 것을 매우 기뻐했으며, 내게 자신의 소방관 헬멧과 자격증을 자랑스럽게 보여주었다.

1966년, 그는 기금 분배 문제에 관해 정부 기관에 자문을 하는 HEPAP(고에너지자문위원단)의 초대 의장으로 선출되었고, 1976년부터 1979년까지 그는 미국예술과학아카데미의 의장을 지냈다.

이처럼 바이스코프는 두 대륙에 거주하면서 세 종류의 정보(인간 정보, 동물 정보, 군사 정보)에 능통한 르네상스풍의 사람이었다.

바이스코프는 많은 영예를 안았다. 그는 프랑스의 레종도뇌르 훈장과 독일의 푸르르메리트 훈장을 받았다. 또, 미국과학메달을 받았으며, 소련과학아카데미의 명예 회원이자 교황청아카데미의 회원이기도 한데, 이 세 가지를 겸한 사람은 아마도 그가 유일할 것이다. 그는 교황청아카데미의 회원이 된 것을 매우 소중하게 여겼다. 나는 교황에게 우주가 빅 뱅에서 창조된 것을 어떻게 설명하느냐 하는 미묘한 문제를 놓고 그와 길게 전화 통화를 한 것이 기억난다. 바이스코프는 요한 바오로 2세에게 여러 차례 핵 군축에 대해 조언을 했으며, 교황은 이 중대한 문제에 대한 자신의 관심을 전하기 위해 그를 레이건 대통령에게 파견했다. 그 일이 있은 후, 실제로 그가 교황에게 군축 문제에 관심을 가지도록 어떤 역할을 했느냐는 질문을 받았을 때, 그는 이렇게 대답했다. "교황은 비엔나 출신의 유태인으로부터가 아니라, 하느님으로부터 감화를 받습니다." 이것은 이론물리학자도 겸손해질 수 있음을 보여주는 좋은 사례이다.

그는 처음부터 줄곧 유복한 생활을 영위했다. 오늘 우리는 창조적인 과학자로서, 저자로서, 그리고 자신의 지식을 인류의 복지를 위해 사용하는 과학의 정치가로서 그에게 영예를 바치고자 한다.

덧붙이는 말: 이 글은 1982년에 한 원래의 연설 내용에다가 바이스코프의 자서전 『직관의 즐거움』(The Joy of Insight, Basic Books, New York, 1991)에 나오는 일부 내용을 첨가한 것이다.

1950년경의 유진 위그너

유진 위그너

내가 위그너와 처음으로 접촉한 것은 1946년 봄으로(그 당시 나는 코펜하겐에서 박사 학위 후 연구 과정에 있었다), 그와 존 휠러(John Wheeler)가 편지를 보내왔을 때였다. 그들은 9월 19일부터 21일까지 뉴욕에서 열리는 미국물리학협회 회의에 초청 논문을 제출해달라고 부탁했다. 나는 기꺼이 거기에 참석하겠노라고 답장을 보냈다. 그 회의 다음에는 9월 23일부터 25일까지 프린스턴대학에서 개교 200주년을 기념하기 위한 축제가 열렸는데, 나는 거기에도 초대받았다.

그래서 9월 22일에 나는 뉴욕 회의에서 만난 몇몇 물리학자들과 함께 처음으로 프린스턴대학을 방문했다. 프린스턴 기차역에는 그 곳의 동료 물리학자들이 우리를 맞이하기 위해 나왔는데, 나에게는 모두 생소한 얼굴들이었다. 그 중 한 사람이 위그너였다.

그 다음 반 세기 동안 나는 위그너를 자주 만났다. 나는 그 기간에 그와 많은 토론을 나누었으며(오버가 8번지에 있는 그의 집에서 토론을 나눈 적도 많다), 그가 쓴 논문을 상당히 많이 읽었다. 그 결과, 그 깊이뿐만 아니라, 순수 수학에서 공학까지, 철학적 사색에서 발명 특허에까지 이르는 폭넓은 그의 과학 업적을 존경하게 되었다. 500편이 넘는 논문들을 모아놓은 그의 논문집[1]은 책 여덟 권 분량에 5000페이지에 이른다. 나는 이 방대한 연구 산물을 모두 충분히 안다고 말할 수 없지만, 위그너가 다룬 다양한 주제들에 대해 평을 할 수는 있다. 그렇지만 먼저 그가 살아온 삶부터 살펴보기로 하자. 이것은 주로 그가 발표한 회고록[2]이나 그가 인터뷰한 내용[6]에서 큰 도움을 받았다.

예뇨 팔(Jenö Pal : 훗날 미국식 이름인 유진 폴 Eugene Paul로 바꾼다) 위그너(Wigner)는 1902년 11월 17일 헝가리의 수도 부다페스트의 동부 지역인 페스트에서 태어났다. 아버지 안탈(Antal)은 독일인과 유태인의 혈통을 이어받았으며, 가죽 무두질업에 종사하는 집안에서 외아들로 태어났다. 위그너는 자신의 성은 독일의 Wiegenr('요람 제작자'라는 뜻)에서 유래했다고 내게 말했다. 어머니 에르제벳(엘사)은 집안일을 돌보고, 남편과 세 자녀, 유진 위그너와 세 살 위인 베르타(비리)와 두 살 어린 마르기트(맨시)의 사회 생활을 준비하는 데 헌신했다. "어머니는 우리 가족의 취약점을 잘 알고 있었다. 즉, 나는 잠이 많고, 비리는 지나치게 친절하고, 맨시는 규칙대로 하는 것을 좋아하지 않는 결점이 있었다."[3]

부모는 모두 명목상으로는 유태인이었지만, 그들의 집안에서는 유태교 관습을 따르지 않았다. "내가 어릴 때, 우리는 세데르(유태인의 이집트 탈출을 기념하여 유월절 밤에 벌이는 축제)를 간소하게 치렀고, 나는 바르미츠바(13세 때 치르는 성인식)를 준비했지만, [그 사건은] 나나 우리 가족에게 아무런 종교적 의미도 없었다."[4]

고등학교 시절에는 그 지역의 목사와 라비를 학교로 초대하여 종교 학습을 받았다. 라비는 유태인 소년들을 엄격하게 히브리어와 헝가리어로 성경을 읽게 가르쳤고, 훌륭한 히브리어 문장을 일부 읽을 수 있도록 히브리어 문법과 단어들을 가르쳤다. 그러나 위그너는 공식 히브리어를 결코 잘 말하지 못했다.[5]

"부다페스트의 주민 중 약 25%는 유태인이었다…나는 '저 사람이 유태인일까 아닐까?' 하는 생각을 해본 적이 없다. 그런 생각은 전혀 마음 속에 떠오르지 않았다."[6] 위그너가 십대 후반일 때 그의 가족은 루터파로 개종하였다. "나는 유태교를 그리워한 적이 한 번도 없다…지금은 [이것은 70세 때 한 말이다] 나는 아주 약간만 종교적인 믿음을 가지고 있고, 유태인은 아는 사람이 거의 없다."[7]

———————

위그너의 교육은 네 살부터 열 살까지 집에서 개인 교습을 받는 것으로 시작되었다. 그런 다음, 초등학교 3학년으로 들어갔다. 그는 키가 작고 안경을 썼기 때문에 운동에는 소질이 없었다. 고등학교를 졸업할 무렵, "나는 165 cm의 키에 체중은 54 kg으로 왜소한 편이었다."[8] 11세 무렵에 그는 결핵에 걸렸다는 진단을 받고 오스트리아의 브라이텐슈타인에 있는 한 요양소로 보내졌다. 그가 수학 문제에 처음 열중하기 시작한 것은 그 때였다고 한다. "나는 며칠 동안 줄곧 의자에 누워 3개의 길이가 주어졌을 때 삼각형을 작도하는 방법에 대해 아주 열심히 연구했다."[9] 6주일 후, 의사들은 결핵 진단이 오진이었다는 판정을 내렸고, 위그너는 기쁜 마음으로 집으로 돌아갔다.

위그너는 자신의 고등학교 시절(1915년에 입학한 루터파 김나지움)에 대해 언제나 따뜻하게 이야기한다. 거기서 그는 라틴어, 헝가리어와 헝가리 문학, 수학, 역사, 종교에 대한 탄탄한 기초를 쌓았다. 그 기간에 그는 수학에 대한 사랑이 점점 커져갔다. 그는 자신의 수학 선생들에 대해 이야기할 때에는 늘 큰 존경심을 표시했다. "과학은 별로 진지하지 않게 가르쳤는데, 그것은 나를 지루하게 했다. 물리학과 화학은 지리학이나 미술보다 더 중요한 것으로 가르치지 않았다. 우리는 화학은 겨우 1년, 물리는 2년만 배웠다."[10] 그렇지만 그는 자신이 점점 큰 관심을 갖게 된 물리학 선생님에 대해서는 늘 좋게 이야기했다. 김나지움 시절에 열린 학생 토론회 때 그는 상대성 이론에 대해 한 차례 강의하기도 했다. 그는 자기 반에서는 최상위권에 속했다.

위그너는 13세 때 같은 학교에 다니던 한 학년 아래의 폰 노이만을 처음 만났다. 폰 노이만은 이미 그 나이에 수학에 뛰어난 재주를 인정받고 있었다. "나는 김나지움 시절에 폰 노이만을 잘 알고 지냈다는 기억이 없다. 아마 아무도 그런 기억은 없을 것이다. 그는 항상 사람들과 어느 정도 거리를 두고 지냈으니까."[11] 그렇지만 그들은 나중에 좋은 친구 사이가 된다.

위그너의 고등학교 학업은 공산주의자들이 정권을 탈취한 1919년 3월에 중단되었다. 이 때문에 그의 가족은 오스트리아로 피신했다가 11월에 공산주의 정권이 무너지고 나서야 다시 부다페스트로 돌아왔다. 위그너의 과격한 반공주의는 그 때 형성되었다.

1920년, 위그너는 반에서 최우수 학생 중 한 명으로 고등학교를 졸업했다. 그는 이미 물리학과 수학 관련 문헌들을 광범위하게 읽었으며, 거기서 물리학자가 되겠다는 야망이 자라났다. 그러나 헝가리에서 대학 교수직을 얻을 가망은 희박했다. 그 무렵, 헝가리 전체에서 물리학 교수는 부다페스트대학에 2명, 세게드대학에 1명뿐이었다. 더군다나 유태인이라는 신분은 대학에서 일자리를 구하는 데 결정적으로 불리했다. 가업인 가죽 무두질 공장을 경영하던 아버지는 아들이 진정 원하는 것이 물리학이라는 사실을 알면서도, 무두질 사업을 할 수 있도록 화공학을 공부하는 것이 현실적으로 더 나을 것이라고 설득했다. 위그너는 그것이 자신이 좋아하는 일이 아니었음에도 불구하고, 아버지의 제안을 받아들였다.

이렇게 해서 위그너의 대학 공부는 화학으로 시작되었다. 먼저 부다페스트공과대학에서 1년을 보낸 다음, 18세가 되던 1921년에는 베를린의 공과대학으로 옮겼다. 그 곳에서 "나는 사실상 수업에는 거의 들어가지 않았다〔시험에 통과하기만 한다면 수업에는 출석하지 않아도 상관 없었다〕…그렇지만 실험실에서 매우 열심히 공부했다. 나는 무기화학을 좋아했다."9 그는 그런 생활을 일 주일에 6일씩 2년 동안 꼬박 계속했다.

그러면서 위그너는 물리학과 수학을 혼자서 공부했다. 그가 다른 분야의 독서에서 가장 큰 감명을 받은 것은 프로이트의 『꿈의 해석』이었다. "프로이트의 심리학은 내가 평생 동안 존경한 예술적인 창조물이었다."12

그 기간에 위그너는 또한 공과대학에서 가까운 곳에 위치한 베를린대학의 목요일 오후 세미나에 정기적으로 참석했다. 세미나는 나무 의자가 세 줄로 배치된 꽤 큰 강의실에서 열렸다. 앞줄에는 아인슈타인, 플랑크, 폰 라우에, 네른스트와 같은 위대한 과학자들이 앉았다. 젊은 사람들 중에서 위그너는 에드워드 텔러(Edward Teller)와 레오 실라르드(Leo Szilard)를 그 곳에서 처음 만났다. 파울리와 하이젠베르크도 가끔 참석했다. "나는 너무 젊어서 그 세미나의 역사적 의미를 깨닫지 못했다."13 아인슈타인에 대한 기억으로는 얼마 전에 사티엔드라 보스(Satyendra Bose)와 함께 발표한 논문[9] ('보스-아인슈타인 통계'로 결실을 맺게 되는)에 대해 이야기한 것과 젊은이들에게 어떤 한 가지 연구에 파고들라고 격려한 적이 결코 없었던 사실을 위그너는 기억했다.

공과대학 3학년 때, 위그너는 베를린 근교의 달렘에 위치한 카이저빌헬름연구소에서 일 주일에 18시간 정도 일하게 되었다. 그는 그 곳에서 만난 헤르만 마르크(Herman Mark)와 함께 사방정계인 황의 격자 구조에 관한 논문[15]을 발표했다. 더 중요한 일은 그 곳에서 물리화학자인 미차엘 폴라니(Michael Polanyi)를 만난 것이다. 동향인 부다페스트 출신인 폴라니는 물리학뿐만 아니라 철학이나 정치학에서도 위그너의 사고를 형성하는 데 결정적인 영향을 미쳤다.

위그너가 박사 학위 논문의 주제로 화학 반응 속도를 선택했을 때, 폴라니는 기꺼이 그의 지도 교수가 되고 싶어했다. 두 사람은 그 연구 결과를 공동 논문[16]으로 써서 1925년 6월에 제출했다. 20년 후, 위그너는 이렇게 썼다. "폴라니는 아주 겸손한 성격을 지녔기 때문에 그의 이름을 논문에 함께 싣기까지는 상당한 설득이 필요했다."[17]

분자의 결합 및 해리 속도에 대한 최초의 이론을 담고 있는 이 논문은 경탄할 만한 일련의 가정에 기초한 것이었다. 예를 들면, "결합에 의해 분자가 얻은 들뜬 상태는 유한한 에너지 폭 $\Delta\epsilon$를 가지며[첫 번째 가정], $\Delta\epsilon$는 그 분자의 평균 수명 $\Delta\tau$와 $\Delta\epsilon\Delta\tau = h$(플랑크 상수)라는 관계가 있다[두 번째 가정]고 가정하였다."[17] 이것은 2년 뒤에 하이젠베르크가 도출한 불확정성 관계식[18]과 거의 동일한(똑같지는 않지만) 관계식이다. 또, 이 논문은 양자역학에 관한 하이젠베르크의 첫 논문[19]이 나오기 한 달 전에 제출되었다는 사실에도 주목할 필요가 있다! 훗날 위그너는 자신의 가정들에 대해 다소 간결하게 "[그것은] 그 당시에는 과감한 것으로 비쳐졌지만…얼마 후 옳은 것으로 밝혀졌다."[17]고 썼다.

22세의 나이에 대학 공부를 마치고 박사가 된 위그너는 아버지의 무두질 사업을 돕기 위해 부다페스트로 돌아갔다. 그러나 "나는 무두질 사업에

잘 적응하지 못했다…나는 그 곳에서 잘 지내지 못했다…나는 그것이 내 삶이라는 느낌이 들지 않았다."[9] 그러는 동안에도 그는 물리학, 그 중에서도 특히 양자역학에 관한 초기의 논문들을 계속 읽었다. 그러다가 1926년의 어느 날, 놀라운 소식이 날아왔다.

> 나는 카이저빌헬름연구소의 한 결정학자로부터 조수를 구한다는 편지를 받았다…원자들이 왜 대칭축들에 해당하는 결정 격자들의 자리를 차지하는지 알기 위해…그는 또한 이것이 군론(群論)과 관계가 있는 게 확실하므로, 내게 군론에 관한 책을 읽고 연구해서 자기에게 이야기해달라고 말했다.[9]

위그너는 얼마 후 이 제안이 폴라니가 힘을 쓴 덕분이라는 사실을 알게 되었다. 2년 뒤에 위그너는 폴라니와 함께 또 한 편의 공동 논문[20]을 썼다. 위그너는 아버지가 그 제안을 받아들이라고 하자, 매우 기뻤다. "베를린에 도착한 나는 그 곳에서 물리학 연구를 하는 것을 내 천직으로 삼기로 맹세했다."[21]

그것은 처음부터 놀라운 연구 성과와 함께 시작되었다. 1926년이 끝나기 전에 위그너는 이론물리학 분야에 그가 남긴 주요 업적의 시작을 알리는 연구를 했다.

"그것은 상당 부분 하이젠베르크 덕분이었다."[6]고 위그너는 말했다. 좀 더 부연 설명을 해야겠다. 1926년 봄에 하이젠베르크는 서로 대칭적으로 결합돼 있는 동일한 전하를 가진 두 진동자의 양자 상태들에 관한 논문[22]을 썼다. 그 상태들은 진동자 좌표들의 교환하에서 하나는 대칭적이고, 다른 하나는 반대칭적인 두 세트의 상태들로 나누어진다는 사실을 그는 발견했다. 그는 또한 복사성 전이는 한 세트의 상태들 내에서만 일어나며, 다른 세트의 상태들 사이에서는 일어날 수 없다는 사실을 발견했다. 동일한 입자들의 수가 2보다 크다면 비결합 세트들도 마찬가지로 존재해야 한다고 추론했지만, 그것을 증명하는 방법은 발견하지 못하고 있었다.[23] 6주일 후, 하이젠베르크는 이 연구로부터 유명한 헬륨 원자의 스펙트럼 이론[24]을 발표했다(2전자 문제는 아직 해결하지 못한 상태에서).

베를린으로 돌아온 직후 이 논문을 읽어본 위그너는 n이 2보다 큰 경우의 동일한 n개 입자 문제에 관심을 갖게 되었다. 그는 곧 $n=3$의 경우(스핀이 없는)를 해결했다.[25] 그가 사용한 방법은 상당히 힘든 것이었다. 예를 들면, 6차방정식도 풀어야 했다. 이런 방법으로 더 높은 n의 값에 대해 검토한다는 것은 정말 어려운 일이었다. 그래서 그는 수학자인 폰 노이만에게 조언을 구했다. 1950년대 말에 내가 그 당시 연구하고 있던 다른 다체 문제에 대해 그의 의견을 물으러 갔을 때, 위그너는 그 다음에 일어난 일을 내게 들려주었다.

자신이 고민하는 문제를 이야기하자, 폰 노이만은 방 한 구석으로 걸어가더니 벽을 바라보고 서서는 혼자서 중얼거리기 시작했다. 잠시 후, 그는 돌아서서 이렇게 말했다. "군특성론이 필요하군요." 그 때만 해도 위그너는 그 이론이 무엇에 관한 것인지 전혀 몰랐다. 폰 노이만은 이사이 슈르 (Issai Schur)를 찾아가 그의 논문 두 편[26]을 복사하여 위그너에게 주었다.

[그것들은] 아주 읽기 좋았고, 그것이 해답이라는 게 분명했다.[6] 몇 주일 후, 그는 일반적인 n개의 입자에 관한 문제를 다룬 두 번째 논문[27]을 완성했다. 그 논문에는 다음과 같은 구절이 포함돼 있다. "이러한 기초적인 방법[그가 $n=3$의 경우에 대해 사용한]을 4전자의 경우에 적용하기는 매우 어렵다는 사실은 명백하다. 그 계산상의 어려움이 엄청나게 커지기 때문이다. 그러나 여기에 사용할 수 있는 훌륭한 수학 이론이 개발돼 있다…군론이라고 부르는 이 이론을…폰 노이만이 친절하게도 내게 그 적절한 문헌을 찾아볼 수 있게 가르쳐주었다…내가 $n=3$의 경우에 대해 계산한 결과를 폰 노이만에게 알려주었을 때, 그는 정확하게 일반적인 결과를 예측하였다.

몇 년 후, 위그너는 분자들의 진동과 결정들의 양자물리학에 군론을 적용하였다.[27]

이렇게 해서 군론이 양자역학에 도입되었다.

위그너는 훗날 이렇게 말했다. "그 두 번째 논문은 폰 노이만과 함께 발표해야 마땅하다고 생각되므로 나는 양심의 가책을 느낀다."[6] 그렇지만 곧 두 사람은 전자의 스핀을 고려한 원자 스펙트럼에 관한 논문 세 편[28]과 고유값 문제에 관한 논문 두 편[29]을 함께 써서 발표했다. 그 후에도 두 사람은 수학적 성격을 지닌 공동 연구[30]를 발표했다.

여기서 잠깐 내가 위그너에게 조언을 구한 이야기를 소개해야겠다. 그는 내 연구에도 군특성론이 필요하다고 이야기했다. 1926년에 위그너가 그랬던 것처럼, 나는 그 당시에 그 이론에 대해 전혀 모르고 있었다. 위그너는 자기가 군론에 대해 쓴 책[31]에서 그 부분을 보라고 조언해주었다. 이 책에서는 위그너의 $3j$ 기호라든가 위그너-에커트 정리와 같은 훌륭한 업적들을 발견할 수 있다. 처음에는 독일어판으로 1931년에 출판되었는데, 나는 나중에 나온 영어 번역본을 보았다. 나는 이전에 그 책을 읽으려고 한 적이 있었지만, 그렇게 많이 읽지는 못했다. 그 책을 꼭 읽어야 할 어떤 동기가 없었기 때문이었다. 그렇지만 이제는 그런 동기가 생겼고, 나는 마치 추리소설처럼 재미있게 책 전체를 읽었으며, 필요한 단서들을 얻을 수 있었다. 그 책을 다 읽고 나자, 나는 내가 붙들고 있던 문제를 다룰 수 있게 되었다.[32]

군론을 양자역학에 적용하는 방법에 대한 위그너의 책은 실제로는 그 문제를 다룬 책으로는 두 번째로 나온 책이다. 그 전에 이미 헤르만 바일이 그러한 책[33]을 출간했다. 이 일에 대해 위그너는 평생 동안 안타깝게 생각했다. "폰 노이만과 나는 그것은 매우 부당하다고 생각했다…내 논문〔참고문헌 27〕 이전에 바일은 그것에 대한 지식이 전혀 없었다…우리는 그것은 …근본적으로 옳지 않다고 생각했다."[6] 지금도 위그너의 책은 이상적인 입문서로 꼽힌다. 바일의 책은 읽기가 훨씬 힘들지만, 노력한 만큼의 대가는 얻을 수 있다.

물리학에 군론을 도입한 것에 대해 물리학자들은 처음에는 불쾌하다는 반응을 보였다.

무엇보다도, 군론에 대한 적대감이 존재했다…die Gruppenpest(군 해충)라는 말이 생겨났고, Gruppenpest를 쫓아버려야 한다는 말을 공공연히 했다…대부분의 사람들은 '오, 그 성가신 것! 왜 군론을 배워야 하지? 그것은 물리적인 것이 아니고, 물리학하고 아무 관계도 없는 것이야.' 라고 생각했다…나는 슈뢰딩거가 한 말을 기억하고 있다. "이것은 분광학의 근원을 도출하는 최초의 방법이지만, 5년 안에는 이 방법을 사용하는 사람이 아무도 없을 것이다."[6]

우리와 같은 현대 물리학자에게 군론은 아주 중요한 필수적인 도구가 되었다. 이것은 위그너가 책에서 예견한 바와 같다.

나는 기초적인 대칭성을 신중하게 이용하는 것은 계산적인 처리보다는 물리적 직관에 더 가까운 것이라고 생각한다.

———◆———

위그너는 1927-28학년도를 괴팅겐대학에서 다비드 힐베르트의 조수로 지냈다. 20세기 초의 가장 위대한 수학자 중 한 사람인 힐베르트와의 만남은 거의 아무런 소득도 없었다. 위그너는 힐베르트를 겨우 다섯 번만 보았을 뿐이다.[6] "그는 고통스럽게 세상을 등졌다…그의 극심한 피로는 명백하게 드러났다…[그는 악성빈혈증을 앓고 있었다. 그는] 매우 늙어보였다…나는 결심했다. 만약 내가 힐베르트를 위해 일할 수 없다면, 물리학을 위해 일하리라고."[34]

그리고 그는 두 편의 주요 논문을 다시 씀으로써 그 결심을 실행에 옮겼다. 하나는 파스쿠알 요르단과 함께 쓴 것으로 다전자계(many-electron system)를 다루는 새로운 방법[35](종종 2차 양자화라 불리는)이다. 이 방법은 전자와 양전자를 체계적으로 기술하는 데 필수적인 것으로 밝혀진다. '양자역학에서의 보존 법칙들에 관해'[36]라는 제목의 다른 논문에서 위그너는 반전성(parity)이라는 새로운 개념을 물리학에 도입했다.

여기서 다루는 문제는 한 세계에서 성립하는 물리 법칙들이 그 세계와 공간적으로 반사 관계에 있는 다른 세계에서도 똑같이 성립하느냐 하는 해묵은 개념이다. 즉, 우리 세계와 거울 세계 모두에서 물리 법칙들이 똑같이 성립하느냐 하는 것이다. 위그너는 다음과 같은 기본적인 사실을 발견했다: 양자역학에서는 이 거울 연산을 각각의 양자 상태에 반전성 양자수 또는 짧게 말해서 반전성이라 부르는 하나의 수 P를 연관시킴으로써 기술할 수 있다. 여기서 P는 $+1$이나 -1 중 하나의 값만 가질 수 있다. 또, 반전성은 반응들에서 보존된다. 예를 들면, A＋B → C＋D의 반응에서 초기 상태 A＋B의 반전성은 최종 상태 C＋D의 반전성과 똑같은 값을 가진다. 이 성질은 흔히 P 보존 또는 P 불변성이라 일컬어진다(처음에는 parity란 용어 대신에 signature라는 용어를 바일[33]과 파울리[37]가 사용하였다. parity란 용어는 1935년에 발견되는데,[38] 이 용어를 누가 처음 만들었는지 나로서는 알 수 없다).

그리고 나서 위그너는 중요한 사실을 지적한다 : "고전 역학에는 반전성에 대응하는 것이 없다."[36] 즉, 반사된 공간들에서의 반전성은 비록 잘 정의되긴 했지만(그리고 결정형의 분류와 같은 곳에서 고전적으로 사용되지만), 그와 관련된 반전성이나 그 보존의 개념은 양자역학에서만 성립한다는 것이다. 그러나 "[패러티는] 아주 드물게만 사용할 수 있을 것이다. 그것은 단지 두 개의 고유값[즉, ±1]만 가지며, 따라서 예측 능력이 몹시 빈약하기 때문"[36]이라는 위그너의 말은 틀린 것으로 밝혀졌다. 훗날의 논문[39]에서 위그너와 공동 연구자들은 반전성의 측정 가능성을 자세하게 분석하였다.

몇 년 뒤, 위그너는 또 하나의 중요한 공헌을 했다. 시간 역전하에서의 반전성, 즉 어떤 계에서 시간상으로 앞으로 가는 움직임과 뒤로 가는 움직임(즉, 모든 속도와 스핀이 역전된 움직임) 사이의 관계를 양자역학적으로 처리한 것이다. 이번에도 역시 주어진 운동과 시간이 역전된 운동에 대해 물리 법칙들이 똑같이 성립했지만, 여기서는 공간 반사의 경우에서처럼 새로운 연관 양자가 존재하지 않는다고 위그너는 설명하였다.[40]

나는 지금까지 소개한 위그너의 모든 업적, 즉 양자역학에서의 대칭 원리들을 다룬 연구들을 그의 경력에서 가장 중요한 것으로 생각한다. 이것은 "원자핵과 소립자 이론에 대한 그의 기여, 그 중에서도 특히 기본적인 대칭성의 원리를 발견한 공로로"라는 1963년도 노벨물리학상 수상 이유에서도 강조되었다. 처음에 언급된 것뿐만 아니라, 원자물리학과 상대성 이론에 응용된 나중의 것까지 포함하여 군론에 그가 기여한 연구[42]를 살펴보려면, 위그너의 노벨상 수상 연설 '사건, 자연의 법칙, 불변성 원리'[41]를 읽어볼 것을 권한다.

위에서 언급한 수상 이유는 위그너가 지금까지 내가 다루지 않은 물리학 분야(물론 잠시 후 다루겠지만)에서 어떤 업적을 이루었음을 말해준다.

1928년 말에 위그너는 베를린으로 돌아갔다. "〔그 곳에서〕 나는 객원 강사로서 양자역학에 대해 강의했다. 내 강의를 듣는 학생 수는 꽤 많았다."[43] 그는 또한 저서[31] 집필과 연구도 계속했다.

베를린 시절에 위그너는 한 여인과 혼외 정사를 가져 딸을 낳았다. 나는 1980년대에 프린스턴에서 그 딸인 에리카 지머만(Erika Zimmerman)을 만난 적이 있다. 그녀는 1995년 초에 프린스턴대학 예배당에서 열린 위그너를 위한 추모 미사에도 참석했으며, 위그너의 미망인과도 잘 지냈다. 위그너의 유서에서 그녀는 '내 친구(my friend)'로 언급되었다.

1930년 10월, 위그너는 프린스턴대학에서 월봉 700달러의 조건으로 한 학기 동안 강의를 맡아달라는 전보를 받았다. "나는 그렇게 많은 돈뭉치를 본 적이 없었다."[44] 그가 베를린대학에서 받던 월급은 약 80달러였다.

위그너는 그 제의를 받아들여 11일 동안의 항해 끝에 신대륙에 도착했다. 프린스턴대학으로부터 비슷한 제의를 받은 폰 노이만과 동행한 덕분에 문화적 충격의 강도는 약간 완화되어 다가왔다. 두 사람의 계약 기간은 연장되었다. 1930년에서 1933년까지 두 사람은 프린스턴과 유럽을 왔다갔다 했다. 그러다가 나치즘이 부상하면서 그 여행은 끝나게 되었다. 1935-36학년도에 위그너는 전임 강사로 승진했고, 그 당시 초보적인 단계에 있던 프린스턴대학의 물리학 수준을 상당히 끌어올리는 데 기여했다(한편, 폰 노이만은 프린스턴대학에 새로 설립된 고등학술연구소의 교수로 임명되었다).

이 기간과 그리고 그 후에도 위그너는 1933년부터 프린스턴에 정착한 아인슈타인을 자주 만났다. "나는 〔그의〕 주위에서 같은 물리학을 매우 사랑했던 소수의 사람 가운데 하나였다. 나는 아인슈타인이 나의 대칭성과 불변성 원리를 믿은 사실을 소중하게 간직하고 있다…우리는 종종 함께 산책도 했다."[45] 산책 도중에 그들은 양자역학에 대한 아인슈타인의 끈질긴 의심에 대해 많이 토론했으며, 특히 아인슈타인이 1926년부터 오랫동안 생각해온 개념에 대해 토론했다고 위그너는 내게 들려주었다. 그것은 슈뢰딩거의 파동역학에 나오는 파동장들이 광양자나 다른 입자들에 대한 길잡이 장(guiding field)이 될 수 있다는 것으로, 하나의 입자마다 하나의 길잡이 장을 부여하는 것이었다. "아인슈타인은 〔이 개념을〕 어느 정도 좋아했지만, 결코 발표하지 않았다."[40] 왜냐하면, 입자마다 하나의 장을 부여하면, 에너지 보존의 법칙에 위배되기 때문이었다. 1949년 3월 19일, 아인슈타인의 70세 생일을 맞이하여 프린스턴대학에서 열린 심포지엄[47]과 1979년 아인슈타인 탄생 100주년 기념식[46]에서 위그너가 연사 중 한 명으로 등단한 것은 아주 적절한 선정이었다.

───●───

위그너가 미국에서 처음 발표한 논문[48]은 양자역학이 열역학에 미친 영향을 다룬 것이다. 이것은 약 반 세기 동안 주목을 받지 못한 채 잠자고 있다가 양자 카오스의 연구에 중요한 주제로 부각되었다. 이 논문은 위그너의 연구에서 괄목할 만한 변화가 일어난 것을 보여주는 첫 번째 예이다. 미국에서 발표된 그의 모든 논문들은 그 때까지 그가 다루지 않던 주제들을 다루었다.

프린스턴에서 지낸 초기 시절에 위그너가 주로 한 연구는 생겨난 지 얼마 안 된 고체물리학 분야였다. 이 연구에서 "나는 뛰어난 대학원생들과 함께 연구하는 행운을 누렸다."[49] 그 중 세 사람은 훗날 큰 명성을 얻게 되는데, 그들은 프레더릭 세이츠(Frederick Seitz), 훗날 한 분야에서 최초로 노벨상을 두 차례 받게 되는 존 바딘(John Bardeen), 코니어스 허링(Conyers Herring)이다. 위그너의 첫 번째 제자였던 세이츠는 이렇게 회상했다. "우리는 여가 시간 중 대부분을 〔위그너가〕 '너네 나라의 관습' 이라고 부른 것에 대해 토론하며 보냈다."[50] 위그너는 초기 시절에 프린스턴의 스타일에 쉽게 적응하지 못했다고 내게 들려주었다.

고체물리학에 대한 연구는 무엇이 금속을 단단하게 지탱하는가를 설명하기 위해 쓴, 나트륨에 대한 위그너와 세이츠의 획기적인 논문들[51]과, 그 뒤를 이어 위그너 혼자서 쓴, 밀도가 높은 전자 기체의 성질에 관한 논문[52]으로 시작되었다. 1935년에 그는 1가 금속에 관한 논문[53]을 바딘과 공동으로 썼다.

1934년 가을, 부다페스트에 살고 있던 여동생 맨시가 위그너를 찾아왔다. 그 때, 영국 케임브리지대학의 루카시안 석좌 교수이던 폴 디랙(Paul Dirac)은 1934–35학년도에 방문 교수로 고등학술연구소에 와 있었다. 여기서 만난 맨시와 폴 디랙은 사랑에 빠져 1937년 1월에 결혼했다. 그 때부터 위그너는 항상 디랙을 '내 유명한 처남'이라고 불렀다.

"1936년에 충격적인 일이 닥쳤다…프린스턴대학에서 나를 쫓아낸 것이다…그들은 절대로 이유를 설명해주지 않았다…나는 분노를 참을 수 없었다."[54] 그러나 나는 이 진술에 의심이 갔다. 위그너는 프린스턴에서 지내는 동안 연구 활동도 왕성했고, 훌륭한 박사들도 배출했다. 내 친구인 프린스턴대학의 물리학 교수 아서 와이트먼(Arthur Wigtman)에게 문의한 결과, 이 사실에 관한 한 위그너의 기억은 옳지 않다는 것을 알아냈다. 대학의 보관 문서들을 샅샅이 검토한 결과에 따르면, 와이트먼은 대학 당국에서는 실은 위그너를 재임명하겠다고 제안했으나, 마음에 두고 있던 자리를 얻지 못한 위그너가 불만을 품었다. 위그너는 프린스턴대학에 휴가를 내고 매디슨에 있는 위스콘신대학으로 갔다. 그 곳에 있던 그의 동료 그레고리 브레이트(Gregory Breit)는 대학 당국을 설득하여 위그너에게 임시 교수직을 제의하도록 했다. 위그너는 그 제의를 받아들여 1936년 가을에 매디슨으로 가 2년 동안 머물렀다. 1937년 1월 8일, 위그너는 뉴저지주의 트렌턴에서 미국 시민으로 귀화했다.

이론원자물리학은 1932년에 중성자가 발견되고, 그것을 통해 원자핵이 양성자와 중성자의 두 가지 성분으로 이루어져 있다는 사실이 알려진 후부터 진지한 연구가 시작되었다. 위그너는 프린스턴에 처음 머문 시기인 1930~1936년에 이미 이 새로운 분야에 흥미로운 업적을 남겼는데, 핵력에 관한 초기 연구가 그것이다. 핵력에는 네 가지가 있는데, 그 각각은 양

성자와 중성자 사이에 스핀과 (또는) 전하 교환을 허용하느냐 않느냐에 따라 구별된다. 어떤 교환도 일어나지 않는 종류의 핵력은 오늘날 위그너 힘(Wigner force)[55]이라 알려져 있다.

위그너는 브레이트를 프린스턴에서 만났는데, 브레이트는 그 당시 고등학술연구소에서 일하고 있었다. 두 사람은 원자물리학에 관해 두 편의 논문[56]을 발표했다. 두 번째 논문에서 그들은 공명 반응의 반응 단면을 나타내는 유명한 브레이트-위그너 공식을 제안했는데, 이것은 지금도 이론물리학자들 사이에 표준 도구로 사용되고 있다. 위스콘신대학에서 두 사람은 원자물리학에 관한 또 한 편의 공동 논문[57]을 발표했다.

매디슨에서 쓴 가장 중요한 논문에서 위그너는 자신의 장기인 군론을 이번에는 핵력에 적용하였다.[58] 소위 초다중항(supermultiplet) 이론에서 SU(4)라는 암호명이 붙은 한 군은 이전의 연구와는 다른 역할로 나타난다. 이전에는 군들이 보편적으로 적용 가능했으나, 여기서 SU(4)는 제한적인 조건하에서만 성립한다. 첫째, 그것은 오로지 핵력에만 적용되며, 전자기력이 포함될 때에는 성립하지 않는다. 둘째, 초다중항 이론은 낮은 핵 에너지 준위에서만 유효하다. 대체로 유효한 대칭군들이 더욱 중요한 역할을 담당하게 되었는데, 특히 위그너의 SU(4)가 또 다른 중요한 발전을 낳게 한[59] 소립자물리학에서 그러했다. 위스콘신대학에 있는 동안 위그너는 이 밖에도 대여섯 편의 논문을 더 발표했다.

매디슨에서 위그너는 유태인 물리학과 학생인 아멜리아 프랭크(Amelia Frank)와 사랑에 빠졌다. 1936년 12월 23일, 프린스턴대학 예배당에서 위그너는 아멜리아와 결혼했다. 그러나 그로부터 몇 달도 못 돼 아멜리아는 암으로 앓아누웠고, 1937년 8월 16일에 숨을 거두었다. "내 슬픔은 깊고도 오래 갔다."[60]

1938년, "프린스턴대학은 2년 전에 나에게 거절했던 것과 비슷한 자리에 나를 다시 초청했다…이 초청은 일종의 사과였다."[61] 위그너는 토머스 D. 존스 수리물리학 석좌 교수(1936년에 그가 원했던 자리)에 임명되었다.

그 다음 몇 년 동안 그는 원자물리학 분야에서 연구를 계속해 많은 업적을 남겼다.[62]

<hr/>

원자물리학의 새로운 장, 사실상 세계 역사의 새로운 장은 1939년 1월에 핵분열과 함께 열렸다. 물리학자들의 눈에는 이것이 지금까지 존재했던 어떤 폭탄보다도 더 강력한 폭탄의 탄생을 가능케 하리란 것이 명백하게 보였다. 이것은 세계 대전의 위험이 날로 커져가고 있던 그 시절에 암울한 전망을 더해주었다.

이 점을 깊이 우려한 위그너는 부다페스트 출신의 유태인 물리학자 실라르드와 이 문제에 대해 계속 토론했다. 두 사람은 베를린 시절부터 알고 지내왔으며, 실라르드 역시 미국으로 이민와 있었다. 위그너는 내게 "실라르드는 과학보다는 개인적 권력에 더 흥미를 느꼈다."라고 말한 적이 있다. 실라르드가 가장 크게 실망한 것이 있다면, 자신의 궁극적인 꿈, 즉 정치 지도자가 되는 꿈을 이루지 못한 것으로 생각된다.

위그너와 실라르드는 미국 정부에 핵분열이 가져올 군사적 위협을 알리는 게 가장 중요하다는 결론을 얻었다. 그들은 아인슈타인의 도움을 구하기로 결정했다. 1939년 6월 16일, 그들은 롱아일랜드의 피코닉에 있던 아인슈타인의 여름 별장을 찾아갔다. 아인슈타인은 그들을 반갑게 맞아주었다. 세 사람은 루스벨트 대통령에게 이 사실을 알려야 한다는 결론을 얻었다. 아인슈타인이 위그너에게 독일어로 편지 내용을 구술했다. 위그너는 친절하게도 그 때 자기가 쓴 초안의 복사본을 내게 제공해주었다. 8월 2일, 아인슈타인은 위그너가 영어로 번역한 편지에 서명했다. 이 문서는 경제학자이자 대통령의 비공식 조언자인 알렉산더 삭스(Alexander Sachs) 박사에게 전달되었고, 그는 그것을 1939년 10월 3일에 루스벨트 대통령에게 전달했다. 이 편지가 미국의 원자폭탄 개발을 시작하게 만들었다는 일부 주장은 근거가 없다.[63] 위그너는 전후에 쓴 글에서 그 편지에 대한 정부의 미온적인 반응에 대해 언급하면서, 자신과 동료들은 마치 "마치 당밀 속에서 헤엄치는 듯한"[64] 느낌이 들었다고 표현했다. 그리고 그 후에 쓴 글에서는

"아인슈타인의 편지가 없었더라도, 역사는 똑같이 진행되었을 것이다."[65]
라고 썼다.

위그너는 미국의 원자폭탄 개발 계획을 이끈 주요 인물 가운데 한 사람이 되었다. 1942년 4월, 그는 프린스턴대학에서 공식 휴가를 얻어 시카고대학의 야금학연구소로 가서 일했다.

그는 그 곳에 두 번째 아내를 데리고 도착했다. 위그너는 1940년 여름에 바사대학의 물리학 강사이던 메리 아네트 휠러(Mary Annette Wheeler)를 만났다. 그들은 처음부터 가까워져서 1941년 6월 4일에 결혼했다. 그들 사이에서는 데이비드와 마사 두 자녀가 태어났다.

위그너는 적절한 때에 도착한 덕분에 1942년 12월 2일 오후, 시카고대학의 스태그필드 스타디움 지하의 큰 홀(실제로는 스쿼시 코트)에서 최초의 인공 핵 연쇄 반응이 일어나는 순간에 그 자리에 참관했던 50여 명의 사람들 중 하나가 되었다. 연쇄 반응이 성공한 뒤에 위그너는 그 프로젝트의 책임자이던 엔리코 페르미에게 키안티 한 병을 선물했다. 그 곳에 참석했던 사람들은 그 포도주병의 라벨에 이름을 적어넣었는데, 이것은 그 역사적 사건 현장에서 남은 유일한 기록이 되었다.

1942년부터 1945년까지 위그너는 시카고대학의 에커트 홀 4층에서 20여 명의 이론물리학자들을 이끌며 일했다. 그 팀은 수많은 공학 계산을 해야 했는데, 위그너의 공학 지식이 큰 도움이 되었다. 그들이 맡은 연구에는 연쇄 반응, 감마선과 중성자가 물질에 미치는 영향, 그리고 실험 연구의 계획 및 평가 등이 포함되었다.[66] 그들의 주임무는 워싱턴주 핸퍼드에 건설될 플루토늄 생산용 원자로의 설계였다. 그 원자로의 건설은 듀폰사가 맡기로 했다. 위그너와 듀폰사의 접촉은 불행한 순간을 가져다주었지만, 즐거움도 가져다주었다. 그는 오랫동안 듀폰사와 긴밀한 관계를 유지했다.

시카고 시절에 위그너는 오늘날 원자로 설계 교재에서 가르치고 있는 많은 기술들을 발명했다. 그가 기여한 수많은 것 중에 '위그너병' (그 자신은 이 이름을 결코 좋아하지 않았지만)이라 부르는 예측이 있다. 이것은 원자로 속의 감속재로 사용되는 흑연에 중성자가 과도하게 충돌할 때, 흑연의 결정 격자가 팽창하여 원자로의 연료 원소들을 흡장(吸臟)하는 사태(원자로 공학자들이 항상 신경을 쓰는 문제)가 일어나는 것을 말한다. 이러한 활동의 결과로 위그너는 1944년부터 1953년 사이에 등록된, 원자로에 관한 미국 내 특허 37개를 독점 소유하거나 공동 소유하게 된다.[67]

원자폭탄 공격에 대비하기 위한 민방위 문제에 대한 위그너의 관심은 제 2차 세계 대전 기간에 시작되어 생을 마감할 때까지 계속되었다. 1950년 대와 1960년대에 그는 핵전쟁에 관한 미국 정부의 공식적인 입장인 "확실한 상호 파괴의 어리석음을 드러내기 위해"[68] 노력했다. 그는 1963년 여름에 미국과학아카데미의 후원으로 62명의 과학자, 공학자, 정치가가 참여한 6주간의 민방위 연구인 하버 프로젝트(Harbor Project)에 총책임자로 참여했다. 또, 퍼그워시 회의(핵무기 철폐, 세계 평화 등을 토의하는 국제 과학자 회의. 1957년에 러셀과 아인슈타인 등이 제창하여 노바스코샤주의 퍼그워시에서 첫 회의가 열렸음—역주)에 여러 차례 참석한 것은 자신의 견해를 널리 발표할 수 있는 기회를 제공했다. 자신이 편집자 겸 기고자로 참여하여 1969년에 출간된 민방위에 관한 책의 서문에서 그는 '부정할 수 없는 핵공격의 가능성'[70]에 대해 썼다. 그는 베트남 전쟁을 공공연하게 지지했다. 1980년대에는 전략 방위 구상(스타워즈)을 지지했다. 그의 자서전 가운데 한 장은 순전히 민방위에 관한 이야기로 채워져 있다.[71] 그 책은 소련의 붕괴 후에 쓰여진 것임에도 불구하고, 민방위의 필요성에 관한 그의 생각이 전혀 변하지 않은 점은 놀랍다.

위그너가 지칠 줄 모르고 민방위를 강조한 데 대한 동료들의 반응은, 위그너 자신의 표현을 빌리면, "나는 동료들에게 민방위에 관한 인식을 일깨우려고 항상 노력하고 있다. 그렇지만 그럴 때마다 대부분의 사람들은 '오, 유진! 제발 그만…나 좀 그냥 내버려둬.' 라고 이야기한다."[72] 그것은 정확하게 내 생각하고도 일치한다. 위그너가 이 문제에 이렇게 집착하는 것은 1919년에 공산주의의 횡포를 경험했기 때문이 아닌가 추측된다.

1945-46학년도에 위그너는 프린스턴으로 돌아가 순수 과학 연구를 재개했다. 그가 맨 먼저 발표한 주제는 그 당시 요구되던, 더 엄격하게 공식화된 브레이트-위그너 이론[56]이었다. 이 연구는 10년간에 걸친 일련의 논문들로 연결되는데, 거기에는 소위 그의 R 행렬 이론[73]이 포함되었다. R 행렬 이론은 그 후 공명 분석의 주요 도구로 발달했다. 이 연구는 1958년에 출판된 그의 저서[74]에 요약돼 있다. 훗날 공명 이론을 더 깊이 파고들면서 위그너는 무작위 행렬(random matrix) 연구[75]라는 새로운 분야를 창시했다. 위그너가 전후에 기여한 아주 색다른 연구 분야는 상대론적 양자역학[76]이다.

　　1946년, 위그너는 프린스턴에서 또다시 휴가를 얻어 테네시 주에 있는 클린턴연구소(오크리지국립연구소로 오랫동안 알려져온)의 연구개발팀장의 직책을 맡았다. 그 당시 그 연구소에서는 평화적 목적으로 원자력을 생산하기 위한 단계로 연구용 우라늄 원자로를 설계하고 있었다. 그 직책의 임기는 무한정이었으나, 위그너는 1년이 지나자 싫증을 느꼈다. 그는 그 곳의 관료적 분위기를 견디지 못하고 프린스턴으로 돌아갔다. 그의 자리는 그의 절친한 친구이자 유명한 원자로 물리학자인 앨빈 와인버그(Alvin Weinberg)가 물려받았다. 몇 년 후에 위그너는 와인버그와 함께 원자로 물리학에 관한 교재[77]를 공동 집필했다. 그 후에도 그는 오랫동안 오크리지연구소의 자문 위원으로 남아 있었다.

　　이것으로 위그너의 물리학 연구에 관한 내 이야기는 끝났다. 이 밖에도 그의 과학 업적에 대해 이야기할 게 더 많이 있겠지만, 이 책은 그 모든 것을 다 살펴보기 위한 것이 아니다. 그래도 더 많은 것을 알고 싶은 독자는 그의 논문집[1]을 참고하기 바란다. 그렇지만 앞에서 이야기한 것만으로도 왜 내가 이 글의 첫머리에서 위그너가 남긴 업적의 폭과 깊이에 대해 깊은 존경심을 갖게 되었는지 충분히 설명되었으리라 믿는다.

　　이제 위그너가 이룬 업적에 대해 받은 상과 영예를 한번 살펴보자. 그 중 주요한 것 몇 가지만 꼽는다면, 미국 공로장(1946년), 프랭클린 메달(1950

년), 페르미상(1958년), 평화를 위한 원자상(1960년), 플랑크 메달(1961년), 그리고 앞서 언급한 노벨상(1963년)이 있다. 내가 세어본 바로는 명예 박사 학위도 20개나 받았다. 그는 1956년에 미국물리학협회 회장을 지냈고, 1952~1957년과 1959~1964년에 미국원자력위원회 산하 일반자문위원회 위원을 지냈으며, 대통령 직속 과학자문위원회의 여러 패널에 참여했다.

이제부터는 엄격한 의미에서 물리학이 아닌 다른 주제에 대해 위그너가 쓴 글들을 살펴보고자 한다.

"노인은 일반성을 매우 선호하며, 구조들을 하나의 전체로서 보고자 하는 경향이 있다. 늙은 과학자가 종종 철학자가 되는 것은 이 때문이다…나 역시 그렇게 되고 말았다."[78]

물리학의 경계에 있거나 그것을 넘어선 주제들에 대한 위그너의 생각을 살펴보는 데 가장 좋은 것은 그의 에세이 모음집 『대칭과 반사(Symmetries and Reflections)』[41]라고 나는 생각한다(물론 이 책에는 물리학 자체를 다룬 글들도 포함돼 있다). 이 광범위한 위그너의 사상을 다룬 것으로 내가 제시할 수 있는 최선의 글은 이 책에 대해 내가 쓴 서평(내가 쓴 서평으로는 최초의 것)이다.

양자역학에 관한 현상학적 질문에서 군축에 이르기까지, 시간 역전 불변성에서 의식에 이르기까지, 생물계들의 존재 증명에서 원자력의 경제에 이르기까지, 오늘날 최고의 물리학자 중 한 사람이 쓴 논문들과 에세이들을 모은 이 책에서는 이 모든 것들을 주제로 다루고 있다. 이 글들은 원래 〈*Reviews of Modern Physics*〉, 〈*Proceedings of the American Philosophical Society*〉, 〈뉴욕타임스 매거진〉 등의 여러 출판물을 통해 발표된 것이다.

이처럼 위그너는 다양한 청중들을 대상으로 많은 종류의 문제들에 대해 글을 썼다. 그는 흥미롭고 때로는 불안감을 일으키는 질문들을 제기한다. 그가 제시한 모든 답에 동의하지 않는다 하더라도, 이 책이 아주 중요한 책이라는 사실은 누구라도 인식할 수 있다. 저자는 본문에서나 각주에서나 독자가 주의를 기울여야 할 부분이라고 판단될 때에는 자신의 권위를 포기하는 세심함을 보인다. 결코 가볍지 않은 이 책을 읽는 것은 독자에게 많은 생각을 하도록 자극한다. 이 책은 단지 물리학 독자만을 위한 것이 아니라, 훨씬 광범위한 독자들을 위한 것이다.

이 책의 주요 주제들은 20여 편의 논문 제목을 대충 훑어보는 것에서 예상할 수 있는 것보다 훨씬 큰 일관성을 지니고 있다. 비평자가 볼 때 특별히 눈길을 끄는 세 가지 주제를 선택하여 아래에 소개한다.

생명 부양의 법칙이 있는가? 생명 부양의 법칙(biotonic law : 월터 엘새서가 만든 용어)은 물리 법칙 속에 담을 수 없는 자연의 법칙이다. 이 질문은 자기 재생 상태에 대한 확률을 논의하는 과정에서 제기된다. 신중하게 진술된 가정(특히 '살아 있는' 상태와 적당한 영양물 사이의 상호 작용은 항상 증식으로 연결된다는) 하에서 저자는 이 확률이 0이 되는 간단한 양자역학적 논증을 제시한다. 이것은 샤르코(Charcot)의 금언 중 하나를 생각나게 한다. 'La théorie c'est bon, mais ça n'empêche pas d'exister.(어떤 가설이 너무 훌륭하다고 해서 존재할 수 없는 것은 아니다.)" 어쨌든, 위그너는 자신의 논증이 결정적인 것은 아니라고 이야기한다. 그와 동시에 생물학적 현상의 영역에서는 생명 부양의 법칙이 작용할 가능성을 배제하지 않는다. 실제로 그는 생명 부양의 법칙의 존재를 믿지만, 다른 근거에서 믿는다. 그의 "생명 부양의 법칙에 대한 확고한 신념은 압도적인 의식 현상으로부터 유래한다."

과학적 연구 대상으로서의 의식. 대부분의 과학자에게 이것은 기껏해야 하루의 일과가 끝난 뒤에 생각해보는 토론 대상이다. 그러나 위그너에게는 그렇지 않다. 이 책의 많은 부분에서 이 문제에 대한 강한 집착을 볼 수 있다. 위그너의 신념 한가운데에는 "내 의식의 존재와 다른 모든 것의 현실 또는 존재"라는 두 종류의 현실 혹은 존재의 구분이 자리잡고 있다.

인식론과 양자역학. 양자역학에 따르면, 외부의 무생물 세계에 대해 우리가 획득하고 소유할 수 있는 종류의 정보에 대해 위그너는 측정의 '정통' 이론에 동의하는데, 두 가지 유보 조건을 단다. 첫째, 그는 "중첩 원리를 버려야 한다."는 공식적인 대안을 진술한다. 둘째, 그는 의식이 물리 현상에 영향을 미칠 가능성을 절대로 배제하지 않는다.

양자역학의 인식론에 대한 위그너의 불안은 '숨어 있는 변수'와 같은 종류의 것이 아니라는 것은 분명하다. 초심리학자들 역시 그의 주장에 편승하려고 해서는 안 될 것이다. 이 세 가지 연관 주제를 다루는 저자의 정신은 자명한 진술도 새로운 예측도 아니고, 과학적 탐구의 범위를 현재 과학적으로 가장 금기시되는 영역으로까지 확장해야 할 필요성에 대한 진지한 관심이다. 이와 관련된 장들

(12장과 13장)의 추가적인 연구를 모두에게(이 비평자를 포함하여) 권하고 싶다. 그러나 여러분은 밀도 행렬 이론을 익히는 것이 먼저일 것이다.

이 책을 끝에서부터 처음까지 검토하기로 결정했을 때, 나는 저자의 개념이 발달해간 일반적인 맥락을 추적하기보다는 이 잡지의 독자층을 더 염두에 두었다. 왜냐하면, 저자가 다른 분야들로 감히 뛰어든 것도 물리학자로서의 활동에 깊이 뿌리를 두고 있기 때문이다. 사실, 이 책의 제목 자체도 물리학자가 아주 좋아하는 것이다. 물리학에 관한 논문들은 불변성 원리, 원자핵 이론, 고체물리학 이론에 대한 위그너의 관심과 주요 업적을 돌이켜본 것이다.

위그너는 대칭성의 대가이다. 물리학의 불변성을 다룬 이 책의 첫 논문은 원래는 프린스턴대학의 팔머연구소에서 열린 아인슈타인의 70회 생일을 기념하여 쓴 것이다. 이것은 하나의 고전이 되었다. 이것과 그 뒤에 이어지는 논문들은 실험의 초기 조건에서 부적절한 것을 찾아내는 것이 물리학자의 임무이며, 적절한 초기 조건을 최소화하는 것이 최대의 이론적 직관을 위한 필요 조건이라는 사실을 깨우쳐준다.

우리는 또다시 불변성과 보존 원리들 사이의 관계, 전하의 보존 법칙에 관한 명확성 부족, 고전 이론에 비해 양자론에서 차지하는 불변성의 중요한 역할 등에 대해 읽게 된다. 그리고 우리는 반전성의 개념을 처음으로 도입하고, 양자론에서 시간 역전 불변성의 원리를 처음으로 완전하게 기술한, 저자의 짧은 논문 두 편에 대해 생각하게 된다. 저자는 우리를 공간 이동과 시간 이동에서의 불변성이라는 물리학의 첫 번째 법칙들로부터 출발하여, 교차 대칭성이라 불리는 공분산과 같은 더 난해한 원리를 거쳐, 일반 상대성 이론을 양자역학과 어떻게 조화시키느냐 하는 아주 심오하고 어려운 질문으로 이끌고 간다. 모든 물리학도는 이것을 꼭 읽어야 하지만, 대학원 과정을 몇 년 거친 뒤에 읽는 것이 가장 좋다.

이 책에 실린 원자물리학에 관한 주요한 글은 복합 원자핵을 주제로 위그너가 강의했던 리히트마이어 강의이다. 물리학을 다룬 그 밖의 글로는 고체 속에서 만나는 네 종류의 격자에 대한 짧은 해설, (고체 속에서) 방사선 손상이라 부르는 효과에 대한 논의, 원자력의 응용에 관한 장기적 전망에서 나온 '원자로 대 증식로' 논쟁, 최초의 원자로와 플루토늄 프로젝트에 관한 역사적인 기록 등이 있다.

이 모든 물리학 가운데 내가 볼 때 위그너의 스타일과 맞지 않는 말이 하나 있다. "많은 젊은이들은 거대 과학의 거대 기계들에 매력을 느끼고, 이 기계들이 약속하는 쉬운 성공을 거부하기 어려운 것이 사실이다." 실험물리학에 종사하고 있는 프린스턴의 젊은 동료들은, 거대 기계로 하는 연구에서 좌절을 경험하는 비율은 다른 물리학 분야에서 겪는 것과 크게 다르지 않으며, 거대 기계를 취급하는 실험물리학자들도 자기 자신이나 제자들에게 결코 쉬운 길을 약속하지 못한다는 사실을 저자에게 쉽게 설득할 수 있을 것이다.

이 책에는 죽음에 직면하여 폰 노이만이 보인 투쟁과 페르미의 금욕주의를 우아한 필체로 감동적으로 묘사한 전기적인 글도 두 편 실려 있다.

"미래 과학의 장래성은 인류에게 단지 쉬운 생활 수단을 제공하는 것이 아니라 통합적인 목표를 제공하고, 단지 빵만 제공하는 것이 아니라 인간의 영혼이 필요로 하는 것 중 일부를 제공하는 것이다."라고 저자는 말한다. 그는 이 책으로 그러한 것을 제공했다.[79]

1971년 6월, 68세가 된 위그너는 프린스턴대학의 교수진에서 은퇴한 후 1년 동안 루이지애나주립대학에서 방문 교수로 지냈다. 그 후, 그는 프린스턴으로 돌아와 여행을 떠난 일부 기간을 제외하고는 여생을 그 곳에서 죽 지냈다.

마지막 25년 동안에 위그너는 250여 편이나 되는 많은 논문을 발표했는데, 마지막 논문은 87세 때 발표하였다. 이 중에서 물리학을 다룬 것은 10여 편뿐이다. 나머지는 그의 다른 관심사인 철학, 민방위, 회고, 추도사 등이다. 이 중 많은 것은 읽을 만한 가치가 있지만, 앞에서 소개한 그의 업적에는 거의 포함되지 않았다.

과학자이자 철학자로서의 위그너의 모습을 묘사하는 것(내가 지금까지 해온 것처럼)은 그의 인간적인 모습을 묘사하는 것보다 훨씬 쉽다. 그는 "가끔 위그너와 다른 물리학자들 사이에는 대화의 장벽이 있는 것처럼 보이지만, 위그너와 물리학 사이에는 아무 장벽도 없는 것처럼 보인다."[80]는 평을 받아왔다. 이 말은 파울리가 그에게 보낸 편지에서 쓴 표현을 떠올리게 한다. "우리는 사고 방식이 매우 다르며, 나는 특히 개인적인 토론에서 당신이 의미하는 것을 이해하기 어렵다."[81] 나는 코펜하겐에서 위그너가 열었던 세미나가 기억나는데, 그 때 그와 보어 사이의 대화 결핍은 눈길을 끌었다.

내 개인적인 견해를 말한다면, 나는 그가 어떤 사람인지 완전히 이해했다고 느낀 적이 한 번도 없다. 그래서 그의 성격에 대해서는 동료들과 토론을 통해 파악했다. 그의 자서전적인 저서[2]도 위그너와 세상 사이의 대화 장벽을 제거하는 데 큰 도움이 못 되지만, 다음 표현은 아주 중요한 단서를 제공한다. "미국에서 60년이나 살았지만, 나는 아직도 미국인이라기보다는 헝가리인이라고 생각한다…[미국] 문화 중 많은 것을 나는 이해할 수 없다." 이 말은 내가 위그너뿐만 아니라 실라르드와 텔러의 성격도 잘 이해할 수 없었던 사실을 설명해준다고 생각된다. 내가 유럽(네덜란드)에서 태어났다는 사실도 헝가리인의 태도에 접근하는 데 별 도움이 되지 못했다. 위그너와 나의 관계는 언제나 성실한 것이었지만, 나는 그것을 우정이라고 부르지는 못한다. 그러기 위해서는 우리가 공유하지 못한 친밀감이 어느 정도 필요하다.

모든 사람이 익히 알고 있는 위그너의 특징 중 하나는 과도할 정도의 정중함이다(나는 이것 역시 헝가리인의 기질이라고 생각한다). 많은 사람들은 그와 함께 갈 때 누가 먼저 문을 나가느냐를 놓고 실랑이를 벌인 경험이 있다. 나는 이 문제에 대한 한 가지 해결책을 생각해내 그에게 이렇게 말했다. "우리끼리 새로운 규칙을 하나 정하기로 해요. 즉, 나중에 나가는 사람이 무례한 사람이 되는 거죠." 이 묘안은 효과가 좋았다. 내 친구 샘 트레이먼(Sam Treiman)은 또 다른 전략을 구사했다. "나는 드러내놓고 그에게 먼저 나가라고 부탁했다. 그래야 내가 내기에 이긴다고 말하면서."[82]

위그너의 지나치게 겸손한 자세를 엿볼 수 있는 한 가지 예는 상대방이 자기를 알고 있다는 사실을 알면서도 그 사람에게 자신을 소개하는 것이다. 트레이먼이 그러한 예를 들려주었다.

[트레이먼이] 프린스턴대학에서 낮은 직책에 임명되어 일을 시작했을 때의 일이다. 근무 첫날, 그는 연구소 복도에서 위그너를 만났다. 그는 면접 때 위그너를 만난 적이 있었지만, 위그너가 기억하지 못할지도 모르는 그 짧은 만남을 언급하면서 인사를 건네야 할지 망설이고 있었다. 그는 인사를 해야 할지 말아야 할지 판단이 서지 않았다. 그 문제는 위그너가 다가와 인사를 함으로써 해결되었다. "안녕하시오, 트레이먼 박사. 여기서 만나다니 참 반갑군요. 당신은 날 기

억하지 못할지 모르지만, 우리는 면접 때 만난 적이 있지요. 나는 위그너요!"[83]

또 때로는 그는 정중한 표현에 뼈가 섞인 날카로운 말을 던지는 재주를 보여주곤 했다. 한번은 내가 위그너와 이야기를 나누고 있는데, 한 젊은이가 옆을 지나갔다. 그러자 위그너는 나를 바라보며 이렇게 말했다. "미안하지만, 저 친구 얼간이 아닌가요?" 또 한번은 자동차를 그의 마음에 들게 고치지 못한 수리공에게 "지옥에나 가세요.(Go to hell, please.)"라고 말했다.

위그너의 성격에 관한 이러한 이야기들은 충실한 묘사라기보다는 단편적인 일화에 불과하다. 이어지는 다음의 단편적인 이야기들 역시 약간의 도움은 될지 몰라도, 위그너의 인간성 전체를 파악하는 데에는 부족하다.

1933년, 위그너는 미국인 동료들에게 나치에게 쫓겨난 독일 물리학자들에게 재정적 도움과 일자리를 제공해달라고 호소했다.[84]

1954년에는 정치적으로 보수주의자였음에도 불구하고, 위그너는 그 악명 높은 오펜하이머 사건 때 오펜하이머를 위해 중재하려고 노력했다.[85]

또, 위그너는 리처드 파인먼에 대해 이렇게 말했다. "그는 제2의 디랙이야. 다만 이번에는 좀더 인간적이지."

1970년대에 위그너의 여동생 맨시는 내게 이렇게 말했다. "유진은 미쳤어요. 그와 이야기 좀 할 수 없어요?" 그것은 위그너가 평판이 좋지 않던 문선명의 통일교가 후원한 회의에 참석한 것을 두고 한 말이었다. 나는 맨시에게 나 역시 오빠의 판단이 잘못됐다고 생각하지만, 내가 어떻게 오빠에게 단념하도록 영향력을 행사할 수 있겠느냐고 대답했다. 이 문제에 관한 위그너 자신의 발언은 자기 입장을 분명히 밝히는 데 전혀 도움이 되지 않았다.[87]

가족. 1939년 무렵에 위그너는 60대이던 부모를 미국으로 데려왔다. 처음에는 프린스턴에서 살게 했으나, 나중에는 뉴욕주의 시골로 옮겨 살게 했다. 위그너는 부모를 최대한 편안하게 모시려고 노력했으나, 그러한 노력은 소용이 없었다. "나는 박해를 받지 않고 살 수 있는, 부모님이 동경하던 땅으로 오기를 원했으나, 부모님은 그러지 못했다. 부모님은 히틀러가 존재하지 않았더라면 하는 생각을 하며 시간을 보냈다."[88]

나는 위그너와 그의 두 번째 아내인 메리가 얼마나 행복한 부부인지 여러 차례 목격하였다. 앞에서 말했듯이, 두 사람은 1941년에 결혼하였다. 나를 포함해 그녀를 아는 사람들은 모두 그녀를 좋아하고 존경했다. 그녀는 1977년에 암으로 세상을 떠났다.

거의 같은 무렵에 프린스턴의 유명한 물리학 교수인 도널드 해밀턴(Donald Hamilton)도 세상을 떠났다. 1977년, 위그너는 해밀턴의 미망인인 아일린(Eileen)과 결혼했다. 그는 그녀를 "사랑스러운 여인, 사랑스럽게 신뢰할 수 있는 동료, 영원한 조력자이자 친구"[89]라고 불렀다. 나를 포함해 프린스턴의 친구들은 그녀를 좋아했다.

위그너는 자기가 좋아하고 존경한 많은 친구들보다 오래 살았다. 페르미는 1954년에, 아인슈타인은 1955년에, 폰 노이만은 1957년에, 실라르드는 1964년에, 폴라니는 1976년에 세상을 떠났다.

세상을 떠나기 얼마 전에 위그너는 이렇게 말했다. "나는 죽는다는 사실에는 별로 괘념치 않는다…우리는 모두 이승의 삶에서 손님들이다. 우리 문화가 이것과 다른 어떤 것을 생각하도록 우리를 설득한다면, 그것은 죄악을 저지르는 것이다…과학자로서 나는 우리가 하늘에 관한 데이터를 전혀 갖고 있지 않다고 말할 수밖에 없다. 따라서, 사후에는 단순히 존재가 끝나는 것이 아닌가 생각한다."[90]

마지막 몇 해 동안에 위그너에게는 노쇠 현상이 두드러지게 나타났다. 딸인 마사는 내게 이렇게 말했다. "세상을 떠나기 며칠 전까지도 아버지는 나를 알아보았고, 아일린도 알아보았다고 믿어요. 그는 몹시 피곤해했고, 말하는 걸 몹시 힘들어했지요. 그렇지만 그는 마지막 순간까지 사랑스럽고 친절하고 관심을 보였어요." 위그너는 1995년 1월 1일에 눈을 감았다.

그는 매우 괴짜였지만, 20세기 물리학의 거인 중 한 명이었다.

참고 문헌

1. E. P. Wigner, *The Collected Works*, A. S. Wightman, Ed. for Vols. 1-5, J. Mehra, Ed. for Vols. 6-8, Springer, New York, 1992-1997.

2. *The Recollections of Eugene P. Wigner, as Told to Andrew Szanton*, Plenum Press, New York, 1992. 위그너의 딸인 마사 위그너 업턴(Martha Wigner Upton)은 이 책에서 여러 가지 오류를 지적해 바로잡아주었다.

3. Ref. 2, p. 26.

4. Ref. 2, pp. 33-4.

5. Ref. 2, p. 47.

6. E. Wigner, interview by T. S. Kuhn, December 3, 1963, transcript in Niels Bohr Archive.

7. Ref. 2, p. 39.

8. Ref. 2, p. 60.

9. Ref. 6, interview, November 21, 1963.

10. Ref. 2, p. 54.

11. Ref. 2, p. 57.

12. Ref. 2, p. 67.

13. Ref. 2, p. 71.

14. 이 에피소드에 대해서는 다음을 보라: A. Pais, *Subtle is the Lord*, chapter 23, Oxford University Press, Oxford and New York, 1982.

15. H. Mark and E. Winger, *Zeitschr. f. Physik Chemie* **111**, 398, 1924.

16. M. Polanyi and E. Wigner, *Zeitschr. f. Physik* **33**, 429, 1925.

17. E. Wigner, obituary of Polanyi, in *Obit. Not. Fell. Roy. Soc.* **23**, 413, 1977.

18. W. Heisenberg, *Zeitschr, f. Physik* **43**, 172, 1927.

19. W. Heisenberg, *Zeitschr. f. Physik* **33**, 879, 1925.

20. M. Polanyi and E. Wigner, *Zeitschr. f. Physik Chemie* A. **139**, 439, 1928.

21. Ref. 2, p. 103.

22. W. Heisenberg, *Zeitschr. f. Physik* **38**, 411, 1926.

23. Ref. 22, p. 425.

24. W. Heisenberg, *Zeitschr. f. Physik* **39**, 499, 1926.

25. E. Wigner, *Zeitschr. f. Physik* **40**, 492, 1927.

26. I. Schur, Berl. Ber. 1905, p. 406; 1908, p. 664.

27. E. Wigner, *Zeitschr. f. Physik* **40**, 883, 1927. 분자에 대한 응용: *Gött. Nachr.*

1930, p. 133; 결정에 대한 응용: Wigner, *et al., Phys. Rev.* **50**, 58, 1936.

28. J. von Neumann and E. Wigner, *Zeitschr. f. Physik* **47**, 203, 1928; **49**, 73, 1928; **51**, 844, 1928.

29. J. von Neumann and E. Wigner, *Phys. Z.* **30**, 465, 467, 1929.

30. J. von Neumann, P. Jordan, and E. Wigner, *Ann. Math.* **35**, 29, 1934 (on the possible use of non-associative algebras in quantum mechanics); J. v. Neumann and E. Wigner, *Ann. Math.* **41**, 746, 1940; **59**, 418, 1954.

31. E. Wigner, *Gruppentheorie und ihre Anwendung auf die Quantenmechanik der Atomspektren*, Vieweg, Braunschweig, 1931. English translation *Group Theory and its Application to the Quantum Mechanics of Atomic Spectra*, Academic Press, New York, 1959.

32. A. Pais, *Ann. of Phys.* **9**, 548, 1960; **22**, 274, 1963.

33. H. Weyl, *Gruppentheorie und Quantenmechanik*, Hirzel, Leipzig, 1928, 1931. In English; *The Theory of Groups and Quantum Mechanics* (H. P. Robertson, Transl.), Dover, New York, 1949.

34. Ref. 2, pp. 109. 112.

35. P. Jordan and E. Wigner, *Zeitschr. f. Physik* **47**, 631, 1928.

36. E. Wigner, *Goett. Nachr. 1927*, p. 375.

37. W. Pauli, in *Handbuch d. Phys.* 24/1, p. 185, Springer, Berlin, 1935.

38. E. U. Condon and G. H. Shortley, *The Theory of Atomic Spectra*, MacMillan, New York, 1935.

39. G. C. Wick, Wightman, and E. Wigner, *Phys. Rev.* **88**, 101, 1952.

40. E. Wigner, *Goett. Nachr. 1932*, p. 546.

41. E. Wigner, *Symmetries and Reflections*, p. 38, Indiana University Press, 1967.

42. E. Wigner, *Ann. of Math.* **40**, 149, 1939, *Zeitschr. f. Physik* **124**, 665, 1948; *Rev. Mod. Phys.* **29**, 255, 1957; with V. Bergmann, *Proc. Nat. Ac. Sci.* **34**, 211, 1948; with E. Inonü, *Il Nuov Cim.* **9**, August 1, 1952; *Proc. Nat. Ac. Sci.* **39**, 510, 1953.

43. Ref. 6, interview on December 4, 1963.

44. Ref. 2, p. 117.

45. Ref. 2, p. 169.

46. E. Wigner, in *Some Strangeness in the Proportions* (H. Woolf, Ed.), p. 461, Addison-Wesley, Reading, MA, 1980.

47. E. Wigner, *Proc. Am. Philos. Soc.* Vol. 93, December 1949 issue.

48. E. Wigner, *Phys. Rev.* **40**, 749, 1932.

49. Ref. 2, p. 166.

50. F. Seitz, *On the Frontier*, p. 59, American Institute of Physics, 1994.

51. F. Seitz and E. Wigner, *Phys. Rev.* **43**, 804, 1933; **46**, 509, 1934.

52. E. Wigner, *Phys. Rev.* **46**, 1002, 1934; see further E. Wigner, *Sci. Monthly* **42**, 40, 1936; Transactions *Faraday Soc.* **34**, 678, 1938.

53. E. Wigner and J. Bardeen, *Phys. Rev.* **48**, 84, 1935.

54. Ref. 2, pp. 171-3.

55. E. Wigner, *Phys. Rev.* **43**, 252, 1933; *Zeitschr. f. Physik* **83**, 253, 1933.

56. G. Breit and E. Wigner, *Phys. Rev.* **48**, 918, 1935; *ibid.* **49**, 519, 1936.

57. G. Breit and E. Wigner, *Phys. Rev.* **53**, 998, 1938.

58. E. Wigner, *Phys. Rev.* **51**, 106, 1937.

59. 곧, the SU(6)-symmetry, reviewed in A. Pais, *Rev. Mod. Phys.* **38**, 215, 1966.

60. Ref. 2, p. 178.

61. Ref. 2, p. 179.

62. Including Wigner with C. Critchfield and E. Teller, *Phys. Rev.* **56**, 530, 1939; with L. Eisenbud, *Phys. Rev.* **56**, 214, 1939; *Proc. Nat. Ac. Sci.* **27**, 281, 1941; with H. Margenau, *Phys. Rev.* **58**, 103, 1940; with C. Critchfield, *Phys. Rev.* **60**, 412, 1941.

63. 이 프로젝트의 기원에 대해서는 다음을 보라 : A. Pais, *Niels Bohr's Times*, pp. 492-4, Oxford University Press, 1991.

64. E. Wigner, *Saturday Review of Literature*, November 17, 1945, p. 28.

65. E. Wigner, letter to A. B. Lerner, September 19, 1967; reprinted in A. B. Lerner, *Einstein and Newton*, p. 215, Lerner, Minneapolis, 1973.

66. 이 활동을 간략하게 소개한 내용은 다음을 보라 : E. Wigner, ref. 41, p. 113ff.; p. 126ff. 더 자세한 내용은 참고 문헌 1, Vol. 5를 보라.

67. 이 특허들은 참고 문헌 1, Vol. 5, part 4에 실려 있다.

68. Ref. 2, p. 290.

69. *Civil Defense: Project Harbor Summary Report*, National Research Council, National Academy of Sciences, 1964.

70. *Survival and the Bomb* (E. Wigner, Ed.), Indiana University Press, 1969. 이 인용 부분은 p. viii에서 발견된다. See also *Who speaks for Civil Defense* (E. Wigner, Ed.), Scribner's New York, 1968.

71. Ref. 2, chapter 17.

72. Ref. 2, p. 295.

73. E. Winger, *Phys. Rev.* **70**, 15, 606, 1946; **73**, 1002, 1948; **98**, 145, 1955; *Proc. Am. Philos. Soc.* **90**, 25, 1945; with L. Eisenbud, *Phys. Rev.* **72**, 29, 1947.

74. L. Eisenbud and E. Wigner, *Nuclear Structure*, Princeton University Press, 1958.

75. 요약된 내용은 다음을 참고하라 : E. Wigner in *Statistical Properties of Nuclei* (J. Garg, Ed.), p. 7, Plenum Press, 1972.

76. 예를 들면, E. Wigner, *Zeitschr. f. Physik* **124**, 665, 1958; *Phys. Rev.* **77**, 711, 1950; *Helv. Phys. Acta* supplement IV, 210, 1956; *Rev. Mod. Phys.* **29**, 255, 1957.

77. A. Weinberg and E. Wigner, *The Physical Theory of Neutron Chain Reactors*, University of Chicago Press, 1958.

78. Ref. 2, p. 307.

79. A. Pais, *Science* **157**, 911, 1967.

80. V. Bargmann *et al. Rev. Mod. Phys.* **34**, 587, 1962.

81. W. Pauli, letter to E. Wigner, December 30, 1935; reprinted in *Wolfgang Pauli, Scientific Correspondence* (K. von Meyenn, Ed.) Vol. 3, p. 779, Springer, New York, 1993.

82. S. B. Treiman, *Ann. Rev. Nucl. Sci.* **46**, 1, 1996.

83. Quoted in R. Peierls, *Bird of Passage*, Princeton University Press, 1985.

84. A. Kimball Smith and Ch. Weiner, *Robert Oppenheimer*, p. 173, Harvard University Press, 1980.

85. R. Rhodes, *Dark Sun*, p. 540, Simon and Schuster, New York, 1995.

86. Quoted in ref. 84, p. 269.

87. Ref. 2, p. 261.

88. Ref. 2, p. 186.

89. Ref. 2, p. 304.

90. Ref. 2, pp. 317-18.

인물 색인

20세기를 빛낸 과학의 천재들
The Genius of Science : A Portrait Gallery

지은이/ 에이브러햄 파이스
옮긴이/ 이충호

1판 1쇄 펴낸날/ 2001년 6월 16일

펴낸이/ 이보환
펴낸곳/ 사람과 책
등록일자/ 1994년 4월 20일
등록번호/ 제16-878호

우편번호 135-080 서울시 강남구 역삼동 605-10 세계빌딩 3층
전화/ (02)556-1612-4   팩시밀리/ 556-6842
E-mail/ manbook@hitel.net

* 잘못된 책은 바꾸어 드립니다.

ISBN 89-8117-060-6 03400